Ils ont domestiqué plantes et animaux

Prélude à la civilisation

Ils ont domestiqué plantes et animaux

Prélude à la civilisation

Jean Guillaume

Sommaire

Remerciements

À mon épouse Marie-Claire, pour qui la rédaction
de ce livre à entraîné beaucoup d'efforts supplémentaires
dans la vie de notre famille nombreuse.

Je tiens à remercier :

Hubert Bannerot, pour les nombreuses réflexions dont il m'a fait part au sujet de la culture et de l'amélioration des plantes alimentaires.

Maxime Trottet, qui m'a envoyé un bon nombre de documents récents très précieux sur les gènes de la domestication et plus généralement sur la génétique des céréales.

Xavier Perrier, pour la synthèse très complète qu'il m'a fait parvenir sur la domestication des bananiers.

Bernard Leclercq et Jean-Claude Blum, pour les nombreux échanges que nous avons eus au cours de notre carrière en matière de nutrition, d'aviculture et de zootechnie en général.

Bernard Carré, pour les renseignements qu'il m'a apportés sur son domaine d'excellence, les glucides des céréales.

Bernard Lessire, pour les informations qu'il m'a fournies sur l'évolution de l'aviculture au cours des dernières décennies.

Christian Legault, pour les précisions sur l'évolution de l'élevage porcin et plus spécialement sur la sélection actuelle.

Joël Gatesoupe et Laurent Labbé, pour les renseignements à propos de l'évolution récente de l'aquaculture.

Jean-Michel Faure, pour ses nombreuses connaissances en zoologie et éthologie ainsi que ses remarques et suggestions à propos de la domestication des animaux et de leur comportement.

Michel Picard, pour ses remarques originales et sa vision de la domestication des animaux et des problèmes que pose l'évolution actuelle de l'élevage.

Marc Rideau, pour ses remarques et suggestions relatives aux substances toxiques et antinutritionnelles des végétaux.

Gérard Cuzon, pour les renseignements sur l'aquaculture récente des crustacés ainsi que sur le peuple polynésien.

Carlos Caceres, Marco Cadena, Roberto Civera, Roberto Mendoza, Denis Ricques et Elizabeth Ricques-Cruz, pour les données qu'ils m'ont fournies sur la langue des Aztèques, leur mœurs et leur civilisation, les plantes dont ils se nourrissaient, la colonisation espagnole et d'autres aspects de l'histoire du Mexique, pays qu'ils m'ont aussi permis de connaître par leurs invitations.

Michel Pitrat et Claude Foury, éditeurs des *Histoires de légumes des origines à l'orée du XXIᵉ siècle*, ainsi que les auteurs des différents chapitres de ce livre. Ils m'ont permis d'y puiser de nombreuses et précieuses informations ainsi que plusieurs figures.

Michèle Plouzeau, pour son aide dans les recherches bibliographiques sur la domestication des animaux et spécialement des volailles.

Un remerciement spécialement appuyé va à Jean-Pierre Lafont pour ses vastes connaissances non seulement en sciences vétérinaires, mais aussi en botanique, en histoire de la domestication des plantes et des animaux ainsi qu'en ethnologie ; je lui suis tout particulièrement reconnaissant pour la relecture intégrale de mon manuscrit.

Je remercie enfin tous mes anciens étudiants, anciens collègues, généralement nutritionnistes, d'Amérique du Nord et du Sud, des Antilles, du Proche-Orient, d'Extrême-Orient et d'Australie, ainsi que les botanistes de tous horizons qui m'ont procuré des graines pour la constitution du jardin expérimental personnel où j'ai pu — un temps — cultiver ou essayer de cultiver plusieurs dizaines de légumes ou arbustes fruitiers anciens ou exotiques.

Mes pensées reconnaissantes vont également à ceux qui nous ont quittés : André Haudricourt, un grand monsieur qui a marqué la contribution française à l'approche de la domestication des végétaux ; René Marie, avec qui j'avais eu de nombreux échanges allant de la culture du riz — sa spécialité — à la linguistique ; Claude Calet, chez qui j'ai appris les bases de l'expérimentation en matière de nutrition animale.

Introduction

Grande histoire événementielle

Empires, guerres, souverains

Civilisations

Religions

Arts

Littérature

Histoire matérielle

Histoire des sciences

Histoire de l'agriculture

Illettrisme agronomique

L'histoire des plantes cultivées et celle de l'agriculture ont rarement passionné les historiens. L'histoire événementielle s'est très longtemps taillé la part du lion dans les livres scolaires et même dans les autres ouvrages historiques, où la succession des souverains, des guerres, des traités, des créations d'état et des partages de territoire constituent l'essentiel des sujets. Les arts et les religions sont d'autres composantes nobles de l'histoire telle qu'on l'entend le plus souvent. L'histoire matérielle, longtemps reléguée au second plan, n'a acquis ses lettres de noblesse que plus récemment avec la découverte, grâce à l'archéologie, des vestiges des bâtiments, des outils, des bijoux ou des vêtements mettant en lumière les conditions de vie et de travail à des époques passées ; mais, même dans ce secteur, l'agriculture et les plantes ont été le plus souvent négligées. Alors qu'une démarche constante des historiens a été l'étude des lignées de gouvernants, des langues, des écoles artistiques ou des civilisations en général, bien peu d'entre eux (et c'est un euphémisme) se sont souciés de la culture et de l'origine des plantes qui nous nourrissent. On peut rappeler à ce sujet la réflexion attribuée à l'entomologiste français Jean-Henri Fabre : « L'histoire célèbre les champs de bataille sur lesquels nous trouvons la mort, mais elle ne daigne pas parler des champs cultivés grâce auxquels nous prospérons ; elle mentionne le nom de tous les bâtards des rois, mais elle ne peut pas nous renseigner sur l'origine du froment ! Telle est l'inconscience de l'Homme. » (Harlan, 1987) Il ne s'agit peut-être que de la retraduction en français des phrases originales traduites par Harlan, mais elles reflètent sans doute la pensée de Fabre qui a incontestablement influencé plusieurs générations par ses ouvrages pleins d'observations, de descriptions passionnantes et de réflexions parfois profondes sur le monde des insectes ou même sur la société humaine comme dans ce cas.

Jean-Henri Fabre rappelle ainsi que les plantes cultivées aussi ont une histoire. Du vivant de Fabre, au moins un chercheur s'y était consacré à ce sujet à la fin du XIXe siècle, le Suisse Alphonse de Candolle qui n'était cependant pas considéré comme un historien alors qu'il avait nettement fait le rapport entre l'histoire ou la préhistoire d'une part et la domestication ou la « migration » des plantes cultivées d'autre part. Certes, on savait depuis la fin du XIXe siècle qu'après l'âge de la pierre taillée, notion affirmée pour la première fois lors de l'Exposition universelle de Paris en 1867, les hommes qui avaient poli certains outils au lieu de se contenter de les tailler étaient des agriculteurs succédant aux prédateurs de l'« âge » précédent. Cette nouvelle vision était cependant loin d'être acceptée ou même connue d'emblée. Pour les créationnistes, encore nombreux, la recherche de l'histoire des plantes n'avait aucun sens. Il restait, pour aborder le sujet, bien des difficultés à surmonter.

À cela s'ajoutent des raisons techniques. Si on retrouve facilement les outils en pierre, parfois les ossements ou les vestiges d'habitats, il est difficile, voire souvent impossible de retrouver les restes des végétaux qui ont servi de nourriture. Les grains de céréales, les fruits sans noyaux et plus encore les légumes verts se conservent beaucoup plus difficilement que les outils ou les ossements.

Les plus anciens textes relatifs à l'agriculture qui ont été retrouvés proviennent d'une période proche de l'invention de l'écriture : les tablettes sumériennes décrivent en détail l'organisation des semis, des récoltes, des collectes et du stockage des céréales et des fruits en Mésopotamie au cours du IIe millénaire av. J.-C. ; des textes similaires sont disponibles pour l'Égypte antique et bien d'autres civilisations anciennes. Mais, comme le fait remarquer Maurizio (1932), s'il existe une littérature pléthorique sur la gestion des exploitations agricoles, l'énumération et la description des espèces cultivées, même succincte, est rare. Les textes relatifs à des événements *a priori* sans rapport avec l'agriculture contiennent parfois de précieuses allusions à des plantes ou à des cultures bien précises. Les textes relatifs à l'approvisionnement des armées, la nourriture du peuple ou l'opulence des campagnes ne mentionnent souvent qu'un aliment essentiel comme le riz ou le blé. De plus, les anciennes données écrites relatives aux plantes, même courantes, sont loin d'être toujours facilement interprétables. La difficulté n'est pas propre aux plantes, tant s'en faut, mais la dénomination de celles-ci constitue un piège dans lequel plus d'un historien est tombé par méconnaissance de la botanique ou de l'agronomie, les anachronismes et les faux sens commis dans ce domaine passant facilement inaperçus à leurs yeux.

Par-delà les difficultés techniques, un manque d'intérêt a prédominé non seulement pour l'histoire matérielle en général, mais aussi pour celle de l'agriculture en particulier. Beaucoup d'historiens ou de préhistoriens, et peut-être plus spécialement ceux de l'école française, n'ont pas vu dans l'agriculture un sujet d'intérêt premier, l'activité des paysans n'étant pas considérée comme noble ou tout simplement représentative de la civilisation, au contraire de l'artisanat, des arts, de la guerre ou de la religion. Il est sans doute significatif que les programmes scolaires français n'aient, jusqu'à une époque toute récente, pratiquement jamais parlé de l'agriculture alors que les progrès de l'urbanisme, de la navigation, de l'armement et des sciences étaient mieux ou un peu mieux traités. L'origine sud-américaine de la pomme de terre est généralement mentionnée, il est vrai ; mais on peut feuilleter les livres scolaires de l'enseignement secondaire en usage de nos jours, on n'y trouvera aucune mention de l'origine du blé à laquelle faisait allusion Jean-Henri Fabre. La même constatation est valable pour les autres plantes cultivées qui jouent un rôle majeur dans l'économie comme l'orge, la betterave, le maïs, la pomme, l'orange, la carotte ou la tomate.

Ce manque d'intérêt semble particulièrement prononcé en France où le gentilhomme s'intéressait rarement à l'agriculture (malgré des exceptions notables comme Vauban ou Lavoiser) alors qu'outre-Manche, le *gentleman* n'avait nulle honte à devenir *gentleman farmer*. Bernard Palissy, surtout connu pour sa redécouverte de l'art de l'émail des faïences, a écrit des traités d'agriculture et dit célébrer « l'art d'agriculture sans lequel nous ne saurions vivre » (Augé-Laribé, 1955). Lors de la présentation de son projet de création du conservatoire des Arts et Métiers en 1794, l'abbé Grégoire, député de la Convention, déclara : « L'agriculture a le droit d'aînesse, elle aura la première place. » De telles paroles sont rares en France, pays latin où la hiérarchie des professions n'a peut-être pas tellement évolué depuis l'époque où les dieux de Rome étaient classés en catégories adorées par des classes sociales différentes : aux dirigeants et aristocrates les grandes divinités siégeant sur le Capitole (Jupiter, Mars, Junon, Minerve), aux plébéiens et en particulier aux agriculteurs les petites divinités du mont Avantin (Liber, Libera et Cérès), pourtant censées protéger les récoltes. Aux IIIe et IIe siècles avant notre ère, Caton l'Ancien, auteur d'un traité d'agriculture, avait beau vanter les vertus et les mérites des vaillants paysans romains, base de la puissance de la ville éternelle, il prêchait dans le désert. Cette tendance au mépris de la classe paysanne, sans être générale, se retrouve à des degrés divers dans la plupart des pays comme aimait à le rappeler le professeur René Dumont. Dans la république populaire de Chine, Mao Zédong avait osé inverser la hiérarchie des valeurs, en théorie du moins : les paysans se situaient tout en haut et les soldats tout en bas de l'échelle. Mais dans la même république qui n'a pas changé de nom malgré ses nouvelles orientations, le mérite suprême est revenu aux lettrés et non plus aux paysans. Dans les faits, la paysannerie constitue un sous-prolétariat dans bien des pays en voie de développement. Les historiens d'aujourd'hui ne méprisent certainement *a priori* ni l'agriculture ni l'histoire des plantes cultivées, mais il s'agit là de domaines qui sortent de l'histoire traditionnelle. On pourrait faire le même constat de carence pour de nombreux autres secteurs des sciences et techniques dont l'évolution a eu une influence capitale sur notre mode de vie actuel et dont les programmes d'histoire ne disent rien. Et pourtant, l'agriculture joue un rôle primordial dans la dynamique initiale de la civilisation humaine en ce sens qu'elle a permis de passer de l'économie de chasse, pêche et cueillette des nomades à l'économie de production des sédentaires, entraînant la vie en villages ou en cités, c'est-à-dire la « civilisation » au sens premier du terme. La civilisation au sens habituel, avec d'autres étapes capitales comme les inventions de l'écriture et du zéro, ont suivi. Ce rôle de l'agriculture demeure donc unique : il permet tout simplement la vie des hommes. Le slogan attribué à des agriculteurs néerlandais lors d'une exposition agricole visitée par de nombreux résidents des villes — « Citadins, sans nous vous ne seriez pas » — est parfaitement exact. En le paraphrasant, ne pourrait-on pas affirmer que, sans l'histoire de la domestication des plantes et des animaux, l'histoire telle qu'on l'entend habituellement ne serait pas ? Les rares hordes d'humains qui parcourraient la Terre n'auraient nul besoin de l'écriture, qui a permis le passage de la préhistoire à l'histoire, ni des chiffres. Ce rôle primordial de l'émergence de l'agriculture et de l'élevage justifierait amplement que l'on mette sur un même plan le nom des peuple inventeurs de la culture du blé, de la pomme de terre, du riz ou de la canne à sucre et celui des inventeurs de la métallurgie, de la machine à vapeur, de l'électricité ou de l'automobile.

Les études sur les plantes cultivées publiées depuis la remarque de Fabre sont maintenant assez nombreuses. De Candolle a été suivi par plusieurs botanistes qui ont essayé de recenser les plantes rentrant dans l'alimentation de l'homme. Il faut citer l'agronome américain Edward Lewis Sturtevant dont l'œuvre, mise en forme par U.P. Hedrick, a été rééditée en 1976. Le botaniste français Désiré Bois s'est attelé à un travail beaucoup plus détaillé insistant sur l'aspect historique, comme l'indique le titre de son ouvrage *Les plantes alimentaires chez tous les peuples et à travers les âges*, en 4 tomes publiés de 1927 à 1937 (Bois, 1927, 1928, 1934 et 1937). Il traite de tous les végétaux alimentaires… sauf des plus importants, les céréales, pour lesquelles il a vraisemblablement manqué de temps. Parmi les derniers recensements de nos aliments végétaux figure aussi la *Tanaka's cyclopedia of edible plants of the world* du Japonais T. Nakamura. Plusieurs histoires de l'agriculture ou de l'agronomie sont parues au siècle dernier, et l'histoire même de la domestication des plantes a été décrite tantôt par des agronomes comme Harlan (1987), tantôt par des préhistoriens comme Jacques Cauvin (1994) ou Jean

Guilaine (2000 et 2004) qui aujourd'hui se consacrent activement aux origines lointaines de l'agriculture et de l'élevage. De nombreux auteurs ont présenté des visions plus particulières du sujet ; citons parmi eux le pharmacien et phytothérapeute Henri Leclerc, auteur autour des années 1930 de petits ouvrages sur les fruits, légumes et épices où il met en exergue (et avec poésie !) les propriétés médicinales de nos végétaux alimentaires familiers. Le Suisse Maurizio, contemporain de Bois et Leclerc et professeur d'université en Pologne, se présente comme le premier auteur d'une histoire de l'alimentation végétale. Beaucoup plus récemment, une équipe de chercheurs de l'Inra a rédigé un remarquable ouvrage sur les *Histoires de légumes des origines à l'orée du XXIe siècle* sous la coordination de M. Pitrat et C. Foury (2003). Les auteurs, tous chercheurs spécialisés sur une espèce ou un groupe d'espèces, font un point très précis sur l'histoire des légumes des pays tempérés, leur importance économique et les techniques récentes mises en œuvre afin de poursuivre leur amélioration, sans oublier l'aspect nutritionnel des espèces. Il s'agit d'un ouvrage de référence, malheureusement sans équivalent pour les autres plantes alimentaires, du moins en langue française. Les origines des animaux domestiques ont également été l'objet d'importantes synthèses dont celles de Peel et Tribe (1983) et de Mason (1984). À cette brève revue bibliographique il faut bien entendu ajouter les nombreux ouvrages historiques, scientifiques ou techniques ayant trait à l'histoire des plantes et des animaux et à leur utilisation par l'homme, désormais abordées sous des facettes très variées, y compris la nutrition.

La synthèse envisagée dans cet ouvrage repose avant tout sur les productions végétales depuis le Néolithique jusqu'à nos jours. Les productions animales sont exposées plus succinctement et en tant que complément particulièrement précieux non seulement pour l'utilisation du domaine agricole, mais aussi de la nutrition. L'histoire de cette dernière science, qui a justifié beaucoup d'anciennes démarches et de choix empiriques mais qui a aussi apporté de précieux outils pour l'orientation des productions agricoles futures, est rapidement rappelée, de même que son rôle dans la diététique moderne et plus particulièrement dans ce qui a trait aux principales productions végétales et animales.

Chapitre I

À la recherche des ancêtres perdus

La plupart des archives historiques sont tellement résiduelles qu'elles deviennent pratiquement invisibles à ceux qui sont insensibles à la subtilité. Cependant la transparence de ces archives ne signifie pas que les époques qu'elles représentent n'existaient pas ou n'avaient pas d'importance.

Marcia Bjornerud

D'après Jeanpert, 1911

La mémoire des plantes sauvages ancêtres des cultivées est très rarement conservée dans les sociétés humaines. Quand ils se posent des questions sur ce sujet, les esprits curieux émettent des hypothèses quelquefois justes, quelquefois fausses. Par exemple, ils devineront que le salsifis cultivé est une simple amélioration du salsifis sauvage, mais d'autres fois ils verront dans le fraisier cultivé à gros fruit une amélioration du fraisier des bois, ou dans les pruniers des dérivés du prunelier. Souvent ils ne trouvent pas d'explication : l'origine du blé, longtemps mystérieuse, n'est à cet égard pas un cas unique.

Récits mythiques

Si on se réfère aux mythes, l'origine des animaux providentiels est souvent mentionnée chez les chasseurs, comme celle des plantes nourricières l'est chez les agriculteurs. Généralement, elle apparaît en seconde position, après le récit de l'origine de l'homme lui-même. Il existe de rares exceptions, telle celle des Indiens Quichés d'Amérique centrale chez qui le rôle de la plante est magnifié au point que l'ordre des créations est inversé : c'est le maïs — apporté du paradis terrestre par des divinités — qui, à la suite d'une métamorphose miraculeuse, a engendré le premier homme. Ce mythe ne semble pas très éloigné de celui des Aztèques qui se considéraient comme descendants du maïs (Haudricourt et Hédin, 1943). Les légendes relatant la Création accordent donc tout naturellement une place non négligeable à l'apparition des plantes cultivées essentielles qui surgissent *de novo* sans passer par des ancêtres sauvages. Les plantes non comestibles sont rarement citées dans les récits de ce type et, quand elles le sont — le plus souvent de manière implicite —, elles apparaissent comme des dons supplémentaires du dieu ou de la déesse de l'agriculture. Très rares sont les mythes où les plantes sauvages ont été créées dans un premier temps, généralement avec la Terre, tandis qu'une autre divinité devait, dans un second temps, apprendre aux hommes à choisir parmi la flore sauvage ce qu'ils devaient cultiver pour se nourrir.

Selon la mythologie sumérienne, les plantes cultivées et les animaux domestiques seraient des dons de deux divinités différentes : Ashnan qui a fait don des céréales et Lahar qui a offert aux hommes le mouton et la chèvre. La mythologie gréco-romaine relate le don fait aux mortels par les dieux de l'Olympe : Déméter, généralement représentée avec une couronne d'épis de blé, nous a bien entendu légué les graminées à grains comestibles aujourd'hui plus connues sous le nom de « céréales », du nom de Cérès qui était, selon les textes et les écoles, soit la déesse grecque Déméter rebaptisée par les Latins, soit une déesse voisine issue du panthéon indo-européen commun aux deux peuples. Cette déesse était également gratifiée par les Grecs et les Romains de l'apprentissage du labour. Au IIe siècle av. J.-C., l'historien de langue grecque Strabon écrivit que le culte à Déméter était tout à fait comparable à celui que les Égyptiens rendaient à Osiris et à son épouse Isis qui avaient enseigné l'agriculture aux hommes. Faisant preuve d'un grand esprit syncrétique (voire œcuménique), Strabon leur attribua le même rôle. Comme les historiens considèrent que les deux mythologies ont une origine distincte, il s'agirait d'une convergence des imaginations et des représentations de la création des plantes utiles, dons des divinités bienfaisantes. Dans les civilisations d'Amérique centrale, la création du maïs était attribuée à Quetzalcoatl. Mais il existait d'autres divinités : Chicomecoatl, déesse des aliments et de ce fait divinité tutélaire du maïs, et trois autres dont Xilonen, déesse du maïs « en herbe » (chaume de maïs), et Centeol, jeune seigneur de l'épi de maïs — tous prenant soin de l'unique céréale des Aztèques. Ces derniers rendaient à Quetzalcoatl un culte présentant de nombreuses analogies avec celui de Déméter ou Cérès, contrastant toutefois avec le caractère sanglant des cultes voués aux deux dernières divinités.

Le parallélisme existant entre divinités grecques et latines se retrouve entre Dionysos et Bacchus, bien connus encore de nos jours pour avoir fait don de la vigne et enseigné l'usage du vin. Dionysos aurait aussi fait don de la pomme, parfois attribué à Aphrodite *alias* Vénus (Bilimoff, 2006). Une autre plante essentielle aux civilisations méditerranéennes est l'olivier, paré d'une multitude de symboles et dont le fruit fournit l'huile qui a joué un si grand rôle dans les civilisations antiques. Selon les Athéniens, on doit l'existence de cet arbre à la générosité d'Athéna qui le planta à Athènes ; comme, selon d'autres légendes, Athéna serait d'origine libyenne, elle aurait pu rapporter l'olivier de ce pays (Bilimoff, 2006).

Des civilisations moins connues ont elles aussi leur explication quant à l'origine de la plante la plus centrale de leur alimentation. Il s'agit parfois du don direct d'un dieu : chez les Indiens Abénakis, c'est la déesse du maïs qui, prise de pitié pour un pauvre homme épuisé par la recherche de racines comestibles, lui apprit à brûler la prairie et à y cultiver le maïs — faisant ainsi don simultanément de la technologie et de la plante cultivée. Beaucoup plus souvent, c'est une divinité ou un personnage mystérieux qui se métamorphose en une plante afin d'assurer la survie d'un peuple : c'est le cas d'Omanatah, fille unique de la déesse mère des Iroquois, qui s'est transformée en maïs. Chez les Toupis d'Amérique du Sud, c'est Mani, fille d'une vierge, une enfant merveilleuse à la peau très blanche, aux dons et qualités extraordinaires, dont le cadavre donna naissance au manioc (Haudricourt et Hédin, 1943). De même, c'est le dieu polynésien Hina qui prit racine tandis que sa chevelure se transformait en palmes, donnant ainsi naissance au cocotier.

Il existe certains récits mythiques qui, tout en restant très éloignés des textes historiques, parlent du don fait par les dieux non des plantes nourricières, mais de l'agriculture. Ainsi dans les textes sumériens, et plus précisément dans l'*Épopée de Gilgamesh* — héro mythique des Sumériens —, on trouve un passage où un berger du nom d'Enkidou vivait au milieu de son troupeau de chèvres broutant herbes et broussailles. Sa bonté était telle que la déesse Ishta lui envoya une courtisane sacrée lui révéler l'amour et… le goût du pain. Inutile d'ajouter qu'après cela notre fruste Enkidou devint un parfait civilisé. Dans un autre passage, pendant la période qui avait suivi le déluge sumérien (et non biblique), les hommes avaient oublié l'agriculture. Les dieux mirent à leur disposition bêches, pelles, couffins et même « charrues », leur dirent de creuser des canaux permettant aux hommes de faire pousser l'orge. Ainsi les écrits de cette civilisation qui s'épanouit dans le sud de la Mésopotamie dès la fin du IVe millénaire et pendant une bonne partie du IIIe avant notre ère font-ils clairement allusion à l'époque où l'homme ignorait ou avait abandonné l'agriculture (Rachet, 1999). Une légende peu connue, décrite dans des textes tibétains du XIVe siècle de notre ère, nous livre une version de la Création où l'homme apparaît à la fin d'un processus évolutif tout à fait étonnant pour l'époque. On y voit à nouveau l'homme cultiver directement des plantes indigènes ou étrangères, sans que la domestication ne soit mentionnée : « Avalokitesvara […] envoya dans le monde un autre dieu sous la forme d'un macaque […] Le macaque s'unit à l'ogresse et six petits singes en naquirent. Ceux-ci se multiplièrent […] Ils mangèrent les fruits des arbres et le grain sauvage, si bien qu'avec le temps, leurs queues se raccourcirent, ils apprirent à parler et se transformèrent en êtres humains considérés comme les ancêtres des Tibétains. À cette époque […] l'orge de montagne, le blé, les fèves et le sarrasin poussaient en abondance. Alors ils laboururent la terre et bâtirent des villes. » (Jigmei *et al.*, 1989) On découvre donc ici une vision presque lamarckienne de l'évolution conduisant à l'invention de l'agriculture. Ce récit ne paraît pas être de nature créationniste pure, mais il faudrait pouvoir mesurer la part d'interprétation qu'ont pu y ajouter les personnes qui ont mis la légende sous forme écrite.

La description biblique de la création de l'origine de l'agriculture et de l'élevage est des plus connues. Un passage célèbre décrit la création de la nature : « Dieu dit : "Que la terre se couvre de verdure, d'herbe qui rend féconde sa semence, d'arbres fruitiers qui, selon leur espèce, portent sur terre des fruits ayant en eux-mêmes leur semence !" Il en fut ainsi. [C'était le] troisième jour […] Dieu dit : "Que la terre produise des animaux vivants selon leur espèce, bestiaux, petites bêtes et bêtes sauvages selon leur espèce !" Il en fut ainsi. » Quant aux deux premiers fils du couple primordial, « Caïn faisait paître les moutons, Abel cultivait le sol. » Il apparaît ainsi de manière tout à fait claire bien qu'implicite que les animaux comme les végétaux sauvages et domestiques ont été créés en même temps. Si ce passage de la genèse — dont la rédaction, soit dit en passant, est tardive — est considéré aujourd'hui par les spécialistes des trois grandes religions monothéistes comme purement symbolique, son interprétation littérale a eu longtemps de nombreux partisans parmi les intellectuels occidentaux (il en reste d'ailleurs quelques-uns). On peut citer à cet égard une réflexion surprenante à nos yeux menée par le célèbre explorateur écossais David Livingstone, pasteur de son état, lors de ses voyages entre le Mozambique et les grands lacs africains entre 1849 et 1871. Remarquant que certains outils agricoles des peuplades africaines étaient tout à fait similaires aux outils égyptiens antiques qu'il avait vus au British Museum, il en avait déduit que lesdits outils avaient été fabriqués par suite d'une révélation de Dieu ; les descendants d'Adam et Eve n'avaient eu ensuite qu'à transmettre à leurs descendants à la fois les plantes à cultiver (sans le passage par les ancêtres sauvages, n'en doutons pas) et le savoir-faire révélé pour en tirer parti (Livingstone, 1865).

Les descriptions de la création du blé, du maïs ou du cocotier telles qu'elles sont brièvement évoquées ci-dessus ne sont que d'un maigre secours pour les scientifiques. On trouve cependant de rares points précis qui sont en accord avec les connaissances modernes. Par exemple, l'arrivée en Grèce d'Athéna avec son olivier est décrite dans une version du mythe comme une importation de Lybie ; il s'agit bien, à peu de choses près, du pays qui a vu cet arbre domestiqué pour la première fois (Bilimoff, 2006). Le plus souvent, ces récits légendaires confortent, de façon très générale, ce que l'on sait sur l'origine géographiques de ces plantes, mais l'information est loin d'être toujours exacte. Haudricourt et Hénin (1943) citent le cas d'une variété de riz particulièrement appréciée en Côte-d'Ivoire. Les

Africains lui attribuaient une origine particulière, mystérieuse et ancienne alors que, pour les scientifiques, il ne s'agit que d'une variété asiatique, très cultivée en Amérique, introduite en Afrique soit par les Portugais, soit par les anciens esclaves noirs revenant s'établir au Liberia. Autre exemple de la non-fiabilité les légendes d'Afrique de l'Ouest, on y trouve mention de la tomate à une époque remontant « à la nuit des temps », apparemment antérieure aux grandes découvertes. Remarquons toutefois que, dans ce cas, il peut y avoir une erreur de traduction ou une confusion avec des aubergines africaines dont le fruit, par la forme et la couleur, ressemble à s'y méprendre à la tomate. Les cas d'incertitude de traduction sont malheureusement fréquents. Parmi les erreurs de même ordre, on peut citer celle que racontent les Lepcha de l'État indien du Sikkim qui se disent venir d'un royaume légendaire où ils vivaient de mets quasiment divins. Ils racontent aussi avoir semé en arrivant dans leur nouvelle contrée du millet et du maïs. Or historiquement parlant, leur installation au Sikkim est bien antérieure au XVe siècle, donc à l'arrivée de Christophe Colomb en Amérique (Bedi, 1989) ! Le cas du blé et des fèves croissant au Tibet avant l'agriculture apparaît alors comme une erreur presque mineure !

Textes religieux anciens

Avant que de Candolle n'entreprenne ses recherches, l'histoire avait fourni un certain nombre d'allusions à des plantes ou des aliments indépendamment de l'explication de la création par Dieu ou des divinités. Ces renseignements, incomplets, épars et souvent trop vagues pour les spécialistes, peuvent remonter aux textes les plus anciens connus, y compris aux textes sacrés comme la Bible, le Coran ou la Benghava Ghita. Ces écrits font souvent référence à des plantes qui permettent au lecteur de déduire le rôle qu'elles jouaient lors des épisodes décrits ou, plus rigoureusement, à l'époque où ils ont été rédigés. Ainsi peut-on savoir avec plus ou moins de précision selon les cas que les peuples dont descendent les adorateurs de Yahvé, Allah ou Boudha ont connu tel ou tel animal, telle ou telle plante. L'absence de mention d'une plante cultivée rentre dans la catégorie des arguments *a silentio*, elle ne constitue pas une preuve de sa non-existence dans le pays et à l'époque considérés. S'il s'agit d'un animal ou d'une plante de grande importance, l'absence de mention peut cependant bel et bien devenir un argument significatif : on cherchera en vain des allusions à la canne à sucre dans la Bible, au piment dans les textes hindous ou au blé dans les légendes du Nouveau Monde.

À l'inverse, la Bible fourmille d'allusions au pain de blé (ou de blés qui n'étaient pas exactement les nôtres), au vin et à la vigne, à l'olivier. La figue et la grenade apparaissent aussi parmi les présents que les Hébreux doivent fournir à Yahvé. Le coran décrit un monde très voisin tout en insistant davantage sur les animaux et le cheval en tout premier lieu. Les textes hindous et en premier le Benghava Ghita font à maintes reprises des recommandations à offrir à Dieu et on y trouve, outre des fleurs, un certain nombre de fruits encore très cultivés en Inde contemporaine. En revanche, le piment, ingrédient de première importance dans la cuisine indienne moderne, n'est jamais mentionné.

Ces citations explicites ne sont absolument pas à prendre à la lettre, l'époque à laquelle elles se réfèrent étant souvent plus légendaire qu'historique. Dans *La Bible revisitée*, Israël Finkelstein et Neil Asher Silberman (2002) confrontent systématiquement les récits bibliques à la réalité des découvertes archéologiques. Ils démontrent ainsi que, quand on n'a pas affaire à des inventions pures et simples comme le récit de la création de l'homme et de la femme, les anachronismes sont légion, la plupart des textes ayant été écrits bien après les événements qu'ils décrivent. Pour ne prendre qu'un exemple, le livre de l'Exode contient de nombreuses allusions au chameau. Or, preuves archéologiques à l'appui, les auteurs démontrent que le chameau n'a été utilisé en Palestine que bien après l'époque supposée de l'Exode, que l'on choisisse pour ce dernier une hypothèse basse ou haute. Il est bien apparu en Palestine à une époque reculée, d'abord sous forme d'animaux adultes uniquement, donc ne se reproduisant pas sur place, mais bien après l'époque des Patriarches.

Quant à la fameuse pomme qui est intimement liée au mythe de la création et du comportement d'Adam et Eve, elle est le fruit de l'arbre de la connaissance — l'espèce n'est pas citée dans la Bible. Ce n'est que dans les textes ultérieurs que le fruit défendu est désigné par un terme (*malum* pour les textes de langue latine) désignant plusieurs fruits charnus ronds et de taille moyenne, comme la pêche ou la grenade ; plus tard on emploiera le même mot pour désigner les agrumes. Les imprécisions de ce type sont courantes dans le langage populaire. Autre cas d'imprécision, toute plante herbacée de grande taille, comme le ricin et même la moutarde (le « sénevé » de la Bible), était considérée comme un « arbre ». Encore aujourd'hui dans le langage populaire, les feuilles composées (comme celles du persil, du céleri ou d'un palmier) deviennent des branches et la plus grande confusion règne sur la dénomination des graines, grains ou fruits divers.

Les botanistes et la recherche historique

La première réaction scientifique à la vision religieuse de l'origine des plantes cultivées vint sans doute des botanistes. Tous ceux qui ont parcouru le monde, en traversant des régions encore mal connues par leurs propres moyens ou en accompagnant des navigateurs ou des explorateurs — quand ils n'étaient pas explorateurs eux-mêmes — ont noté ce qui leur paraissait ressembler à des ancêtres de plantes cultivées. Les formules telles que « je ne serais pas étonné que telle plante (cultivée) soit originaire de ce pays… » se rencontrent fréquemment, mais elles satisfont rarement les agronomes qui savent que les plantes cultivées n'intéressent que fort peu les botanistes purs, ou tout au moins leur inspirent une méfiance *a priori*. On sait en effet qu'au fur et à mesure que les végétaux ont été multipliés par l'homme à des fins utilitaires, ils ont été modifiés au point d'échapper en quelque sorte à la classification des espèces naturelles. Carl von Linné (1707-1778), à qui on doit la classification systématique des espèces (voir encadré I), fondement de l'histoire naturelle moderne, avait examiné toutes les informations disponibles sur les plantes en provenance du monde entier, accumulées parfois depuis le XVIe siècle, qui se trouvaient dans les herbiers constituant sa « base de données ». Il notait toujours l'origine supposée des plantes cultivées. Mais sur

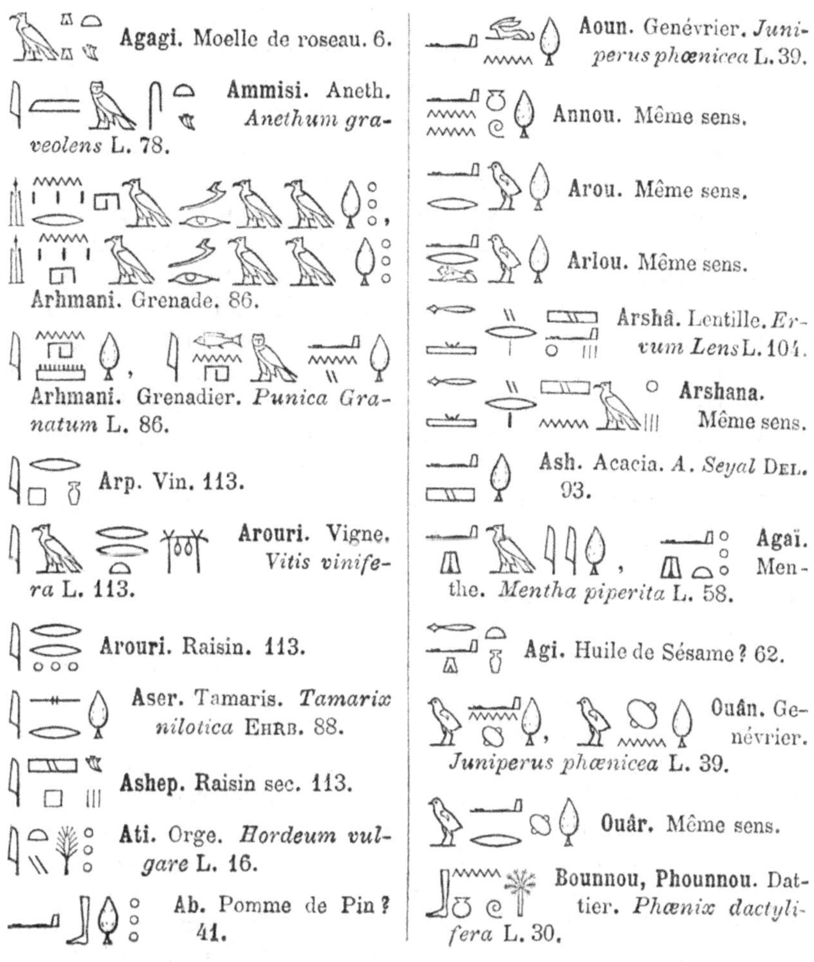

Figure I.1. Première page de l'index hiéroglyphique de Loret (1887).

ce point, certainement secondaire dans son esprit, ses informations manquaient de fiabilité, c'est le moins qu'on puisse dire. Ainsi, il nomma *Scilla peruviana* une liliacée reçue du Pérou… où elle avait été introduite peu de temps auparavant par des moines venant d'Espagne. De même, il existe une « goyave de Chine » et un « piment de Chine » qui sont l'un et l'autre d'origine américaine. On sait maintenant que ces noms surprenants viennent du transport de ces plantes par les Portugais de l'Amérique vers leurs comptoirs africains ou asiatiques jalonnant leurs lignes maritimes menant à l'Extrême-Orient. Les Arabes ont rapporté en Europe certaines de ces espèces nouvelles récupérées dans des comptoirs portugais et ils les croyaient d'origine orientale ! Quand Alphonse de Candolle reprendra avec des méthodes *ad hoc* et une rigueur incontestable l'étude de l'origine des plantes cultivées, il estimera que 75 % des assertions de Linné dans ce domaine étaient inexactes. En effet, si la démarche de Linné était louable, la base de données sur laquelle reposait son travail n'apportait pas suffisamment d'éléments fiables.

Les textes des premières civilisations de l'Ancien Monde permettent également de retrouver des allusions aux premières plantes comme aux premiers animaux ayant servi à l'alimentation de l'homme. Il peut s'agir d'espèces sauvages (surtout pour les animaux) ou d'espèces domestiques, végétales ou animales. Ainsi pour la civilisation sumérienne, considérée jusqu'à ce jour comme le berceau de l'écriture dans l'Orient ancien, on a retrouvé des textes relatifs aux cultures et surtout à la gestion des domaines. Ils permettent d'identifier avec une quasi-certitude les mots désignant le blé, l'orge, le pois, la lentille, le poireau, l'ail, le palmier dattier et une quinzaine d'autres végétaux. Mais des doutes subsistent pour des plantes comme l'abricot, le sorgho (ou mil ?) ou certaines graines de légumineuses que les préhistoriens qualifient de « haricots » (Huot, 1989 ; Rachet, 1999). Dès qu'il s'agit d'identifier des plantes secondaires, l'inconnu ou au mieux l'incertain demeurent. La description de « la plus vieille cuisine du monde » de l'orientaliste Jean Bottero est tirée de recettes rédigées en sumérien. En traduisant cette langue qui n'était ni sémitique ni indo-européenne, il a été amené à laisser des blancs dès qu'il rencontrait les noms de certains légumes, herbes aromatiques ou oléagineux (Bottéro, 2002). Dans des cas qui paraissent évidents aux yeux des historiens, le botaniste peut rester sur sa faim. Ainsi pour l'orge et le blé des Sumériens, les traductions ne sont pas fausses, mais elles permettent rarement de savoir si on a affaire à une orge à 2 ou 6 rangs, à un blé diploïde ou tétraploïde, etc.

À côté des textes proprement dits, les documents iconographiques tels que bas-reliefs, représentations sur céramiques ou autres objets, dessins et peintures murales sont souvent précieux. Il faut ajouter l'apport capital de l'épigraphie, c'est-à-dire des inscriptions retrouvées sur les mêmes monuments et objets. L'ensemble iconographique et épigraphique a fourni des renseignements du plus grand intérêt, aussi bien pour les historiens que pour les linguistes qui se sont attachés ou s'attachent encore à la lecture et à la traduction des innombrables inscriptions rédigées avec des systèmes d'écriture pas toujours faciles à déchiffrer ou dans des langues aujourd'hui éteintes et parfois sans parenté avec des langues connues. Dans tous les cas, même quand on a affaire à des langues bien connues comme l'ancien égyptien, l'akkadien, l'assyrien ou l'araméen, pour ne pas citer l'hébreu ou le sanscrit, le risque de faux sens demeure par suite de l'absence déjà mentionnée d'ouvrages de botanique. Il est exceptionnel que l'on dispose d'un document aussi élaboré que celui rédigé par Victor Loret en 1887. Cet éminent égyptologue a recherché tous les documents hiéroglyphiques ayant trait aux plantes, vérifié qu'elles poussaient bien en Égypte ancienne, a indiqué l'écriture et la prononciation du mot en vieil égyptien ainsi que le nom scientifique le plus probable (latin) et sa traduction en français. Les brefs commentaires et les références qu'il donne permettent de juger la pertinence de ses assertions, de ses corrections ou de ses doutes. La précision de ce document demeure malheureusement exceptionnelle. D'autres inventaires de la flore pharaonique ont été réalisés depuis ; Penelope Hobhouse (1994) en cite deux, dont celui de Lise Manniche comprenant 94 espèces.

Les documents purement plastiques, sans texte explicatif, sont d'un intérêt très variable. De très nombreux bas-reliefs et peintures d'origines tant mésopotamienne qu'égyptienne montrent des scènes de labour, de récolte, de contrôle par un intendant chargé d'enregistrer la production pour le compte du propriétaire ou du collecteur d'impôt. On peut identifier sans problème le lin qui est arraché, le mil qui a des épis très différent des « céréales à paille » que nous connaissons bien. Mais si l'on ne dispose pas de document comme celui de Loret, il est bien difficile d'aller plus loin dans l'identification des végétaux, *a fortiori* dans leur origine. Comment distinguer à coup sûr un blé barbu d'une orge par exemple ? Les gravures ou sculptures sur objet trouvés dans les tombeaux sont tantôt réalistes, tantôt stylisées et donc d'un intérêt variable.

L'incertitude des traductions s'avère donc un inconvénient commun à tous les textes anciens. Alphonse de Candolle (1896) distinguait les trois cas suivants : celui des langues comme le grec ou le romain où l'on dispose de textes traitant de botanique, d'agriculture ou de médecine, celui des langues comme l'hébreu ancien ou le sanscrit dont on ne connaît que des poésies, des textes religieux ou des récits politiques et militaires, et enfin celui des langues connues de façon très fragmentaire seulement. Il est clair que le risque d'erreur découle de cette classification. Même dans les textes en langues modernes, les traductions erronées restent tout à fait possibles, et même compréhensibles quand les traducteurs n'ont que de vagues notions sur les plantes. Le sens des mots change fréquemment au cours du temps, et des faux sens apparaissent quand les lecteurs d'une génération donnée ne connaissent plus ce qui est relaté dans les écrits trop anciens ; ils interprètent alors de façon progressivement erronée certains noms, comme celui d'une plante sans grande importance pour eux. L'évangile de saint Paul par exemple fait allusion au lys des champs. Il est impossible de déterminer la plante dont il s'agit : on peut seulement affirmer que ce n'était pas un lys, genre ne croissant pas en Palestine. Même les textes en grec ou en latin sont loin d'être toujours faciles à interpréter. Un exemple fameux est celui de la capitulaire « *de villis* » de Charlemagne, sorte d'ordonnance où l'empereur spécifie ce qui doit être cultivé dans ses domaines (*villae*). Ce texte est rédigé en latin, seule langue écrite de l'époque, mais il ne s'agit ni du latin classique ni de celui des botanistes modernes. Beaucoup de noms de plantes demeurent obscurs. La fameuse pomme qui aurait tenté Eve en est un exemple, du fait de l'imprécision déjà signalée du mot *malum* : elle aurait aussi bien pu être une grenade, hypothèse souvent retenue dans les traductions anglaises, ou un autre fruit.

Une synthèse des légendes et religions, des textes et documents iconographiques pour les différentes civilisations de l'Antiquité d'abord mésopotamienne, hébraïque, perse et égyptienne, puis gréco-romaine mène, malgré les incertitudes, à une uniformité assez remarquable des espèces cultivées de l'Orient à la Méditerranée occidentale. Les principales d'entre elles sont le dattier, le figuier (y compris sycomore), le grenadier, l'olivier, le pommier, le poirier, la vigne, le blé, l'orge, le concombre, l'oignon, le pois, la lentille, le radis, le romarin et diverses autres plantes aromatiques. À cela il convient d'ajouter un grand nombre d'espèces décoratives, et en particulier de plantes odorantes telles que lys (dont le bulbe était consommé), narcisses, œillets, roses, etc. Il existe également des récits dont l'origine remonte aux limites incertaines des mythes et de l'histoire tels que celui, peu banal, du « roi du concombre doux ». Parmi les ruines mondialement connues d'Angkor, au Cambodge, se dressent celles du Prè Rup, temple bâti par le roi Rajendravarman. Ce souverain n'a pas connu un sort très enviable puisqu'il a péri à cause d'un jeune homme qui devait prendre sa place sur le trône et épouser sa fille. Rien que de très banal jusque-là. L'histoire le devient beaucoup moins quand on apprend que le régicide n'était ni un général puissant, ni un ministre ambitieux, ni même un courtisan séducteur. C'était un jardinier qui cultivait des concombres doux si délicieux que le roi voulait se les réserver et aurait été tué par mégarde par leur gardien… ou, selon une autre version, que la princesse aurait voulu faire sa connaissance tant elle aimait ses concombres. L'évènement se serait passé entre 1330 et 1340 selon des annales, peu sûres il est vrai. S'agit-il du souvenir de l'obtention d'une nouvelle variété dépourvue d'amertume ? On peut le supputer. En tous cas, une grande artère de la capitale Phnom Penh porte aujourd'hui le nom de « Neay Trasak Paêm », en français « roi du concombre doux » !

L'histoire au sens propre, et pas forcément seulement ce qu'il est convenu d'appeler « la petite histoire », contient parfois des renseignements épars, plus ou moins anecdotiques mais précis sur les plantes. Un texte gravé sur la pyramide de Khéops, bâtie au XVIIIe siècle avant notre ère, énumère les vivres, seule rémunération à laquelle avaient droit les paysans employés à la construction des monuments pharaoniques : pain, ail et oignon. Et il est arrivé que, l'ail manquant, le travail s'arrête. Ce légume originaire d'Asie centrale était donc cultivé en Égypte et sa pénurie serait à l'origine de la première grève dont l'histoire ait gardé la mémoire (Vilmorin, 1991). Quand Alexandre le Grand pénètra dans la vallée de l'Indus en 326 av. J.-C., ses soldats découvrirent un grand roseau que les indigènes mâchaient pour en avaler un jus sucré. Prudent, Alexandre interdit à ses soldats d'imiter les Indiens. On a ainsi une indication précise sur la culture de la canne à sucre en Inde à une date bien connue. L'installation des papes en Avignon, en 1309, a valu à la France l'arrivée de légumes alors inconnus : artichaut, cardon et melon. L'histoire nous apprend également que le roi René Ier, dit le Bon (1409-1480), resté célèbre par ses talents d'écrivain et son mécénat, a favorisé la création de jardins et importé le mûrier en Provence. On a conservé une lettre de l'écrivain François Rabelais qui, en 1536 expédiait à son protecteur, depuis Rome, des graines de salades et de melon, un légume délicieux si recherché en France (cité par Augé-Laribé, 1955). Catherine de Médicis, après son mariage avec le futur Henri II en 1533, a apporté de son Italie natale le haricot qui devait être un légume de luxe avant de devenir notre haricot commun. Dans le même registre, on peut citer une anecdote rapportée quelques décennies plus tard. Le cardinal de Richelieu avait été accueilli dans une abbaye de province par un moine qui, nullement intimidé par le haut personnage, s'était exprimé avec une aisance parfaite. Le ministre l'ayant congratulé, le moine avait avoué qu'il s'était entraîné… devant un champ de choux dont la belle couleur rouge violacé lui rappelait celle de l'habit des cardinaux ! Ces faits de petite histoire, malgré leur caractère souvent très anodin, apportent des renseignements sur la culture de l'ail, de la canne à sucre, de diverses variétés de concombres et de choux, du murier, du haricot à des époques et lieux bien précis.

La botanique et les pièges du latin

Les écrits prennent un intérêt tout particulier dès qu'ils ont trait à la botanique ou à des sciences voisines telles que la médecine ou parfois l'agronomie. On admet généralement que les plus anciens documents de botanique assez complets qui nous sont parvenus et qui ont été rédigés dans l'Occident sont ceux que nous ont transmis les Grecs et les Romains. Aux premiers on doit l'*Histoire des plantes* d'Aristote et un traité de botanique de Dioscoride (médecin militaire du Ier siècle de notre ère) dont le second livre est consacré aux plantes alimentaires. Parmi les auteurs romains, il faut surtout citer la monumentale *Histoire de la nature* de Pline l'Ancien qui nous est parvenue dans sa quasi-intégralité. On a aujourd'hui peine à considérer tout son contenu comme relevant de la science au sens où nous l'entendons tant il abonde de racontars ou d'histoires à dormir debout. Cependant Pline cite beaucoup de lieux d'origine des plantes cultivées et en particulier des fruits. Il nous apprend ainsi que le pêcher est un arbre importé à une époque alors récente de Perse ce qui justifie son nom d'espèce (*persica*) passé dans le latin des botanistes et d'où dérivent les noms de ce fruit dans plusieurs langues européennes. De même, la cerise est censée provenir du port d'Asie Mineure appelé « Kerasos », et le coing

Figure I.2. Sur cette ancienne gravure, même avec le nom en latin des botanistes de l'époque, on hésite à reconnaître la rhubarbe (*Rheum* sp.). Extrait de Manta et Semolli (1977).

serait originaire de Cydon, un des noms antiques de la Crète, d'où les noms en latin et dans d'autres langues européennes. On sait maintenant que la pêche et l'abricot étaient souvent confondus à cette époque et que, par ailleurs, la Perse n'était que le pays par où la pêche (et l'abricot) avait transité, mais l'information met le chercheur sur la bonne voie. On ne peut en dire autant quand il appelle la grenade « pomme des Carthaginois », (elle est restée *Punica granatum* pour les botanistes, *Punica* signifiant « carthaginoise ») puisqu'on sait qu'elle est originaire des rives de la mer Caspienne.

On retrouve des informations similaires dans l'ouvrage d'Olivier de Serres qui mentionne souvent l'origine des plantes du jardin. Par exemple, la cartoufle (pomme de terre) lui est parvenue par la Suisse ; il ignore apparemment que « cartoufle » est une déformation de l'italien *tartufo* (truffe), mais il dit justement que les cucurbitacées, qu'il nomme de manière ambiguë, viennent d'outre-mer, le concombre provient d'Espagne, la bette-rave et le *cauli fiori* (chou-fleur) d'Italie. Les interprétations ne sont pas toujours aussi faciles. Certaines confusions sont nées dans l'esprit d'archéologues ou de linguistes qui n'avaient pas une connaissance poussée de la botanique. Ainsi leur a-t-il paru longtemps tout naturel de traduire le *faseolus* ou *phaseolus* des Romains (*dolichos* des Grecs) par « haricot » (*Phaseolus* dans le latin des botanistes actuels) et la *cucurbita* des Romains par « courge » (*Cucurbita* des botanistes modernes) alors que le *Phaseolus* tout comme la *Cucurbita* des botanistes d'aujourd'hui étaient inconnus dans l'Ancien Monde.

Encadré I.1. La notion d'espèce, la classification très simplifiée des espèces et la nomenclature binomiale.

Dans la classification de Linné, le plus petit taxon est l'espèce, ensemble homogène d'individus présentant un grand nombre de caractères communs et se reproduisant entre eux. Dans son esprit, les deux choses allaient de pair puisque l'espèce était l'œuvre du Créateur. Par la suite, de nombreuses autres définitions de l'espèce ont été données — jusqu'à 36. Certaines ne s'appliquent qu'à des cas bien particuliers, comme les fossiles ou des animaux aperçus ou photographiés au moins une fois mais jamais examinés de près. Aujourd'hui, on retient généralement la définition de l'espèce biologique comme l'ensemble des individus pouvant se reproduire entre eux en donnant des descendants fertiles (ce qu'ils ne font pas forcément dans la nature par suite de barrières diverses), et la définition de l'espèce écologique comme l'ensemble des individus se reproduisant normalement entre eux. Les croisements entre individus d'espèces biologiques et même de genres différents peuvent parfois aboutir à une descendance viable, mais elle est en principe stérile, sauf exceptions assez courantes.

Les espèces sont regroupées en genres. Par exemple, la carotte appartient au genre *Daucus* et à l'espèce *carota*. Selon la terminologie classique de Linné, dite « binomiale », on écrit toujours *Daucus carota*. Le latin est de rigueur, le nom de genre porte toujours une majuscule et peut s'abréger s'il n'y a pas d'ambigüité, le nom d'espèce ne s'abrégeant jamais. La dénomination des genres et des espèces peut varier dans le temps, surtout à cause de la prévalence de l'ancienneté de l'auteur de la description ou de considérations botaniques. Il existe donc des synonymies (qui ne seront mentionnées qu'exceptionnellement dans cet ouvrage).

Les genres sont regroupés en tribus, les tribus en familles, les familles en ordres, les ordres en classes, etc., qui sont de plus en plus vastes, de plus en plus hétérogènes. Les familles portent un nom latin pluriel se terminant en *-ceae*. Par exemple, la carotte appartient à la famille des *Apiaceae*, souvent traduit en français par « apiacées » dont l'ancien nom était « ombellifères ».

Exemple (très simplifié) du blé tendre

Règne : *Plantae*
  Classe : *Liliopsida* (monocotylédones)
   Ordre : *Cyperales*
    Famille : *Poaceae* (souvent traduit en français par « poacées »,
    (ex-graminacées, ex-graminées)
     Tribu :
      Genre : *Triticum*
       Espèce : *aestivum*

Appellation binomiale : *Triticum aestivum*

La courge des Romains était une *Lagenaria* (calebasse), tandis que leur haricot était une *Vigna* (sorte de dolique africaine). L'erreur se rencontre encore dans des ouvrages contemporains d'historiens et même de scientifiques manipulant (mal) la botanique. Il faut avouer que les non-spécialistes ont des excuses : dans le français du XVIIIe siècle, « courge » désignait encore la calebasse, c'est-à-dire la *cucurbita* des Romains, non la citrouille et ses variantes (la *Cucurbita* des botanistes modernes). Tous ces documents méritent donc un examen détaillé avant d'être exploités par les « historiens des plantes ».

Encadré I.2. À l'intérieur de l'espèce, la classification trinomiale : sous-espèces, cultivars ou variétés.

Dans le cas des espèces bien connues et présentant une certaine hétérogénéité, on tend de plus en plus à compléter la notion d'espèce par celle de sous-espèce, à l'intérieur de laquelle on trouve une homogénéité plus grande. Ainsi, dans le domaine des plantes cultivées, on distingue souvent une sous-espèce spontanée (sauvage) et une sous-espèce cultivée, dans lesquelles de nombreux caractères originaux sont présents parce que sélectionnés par l'homme. De ce fait, la terminologie binomiale est remplacée par la terminologie trinomiale. Ainsi *Triticum aestivum* comporte-t-il plusieurs sous-espèces, dont *Triticum aestivum* subsp. *aestivum*.

À l'intérieur de la sous-espèce, on distingue aussi — du moins pour les espèces domestiquées — plusieurs types homogènes dont la descendance est également homogène pourvu que la reproduction se fasse uniquement à l'intérieur du groupe. Ce sont les variétés dans le règne végétal, les races dans le règne animal. Les variétés d'une même espèce sont toujours interfertiles. Le mot « variété », en français académique, désigne ce que les biologistes appellent l'« hétérogénéité » ou la « variabilité » d'un ensemble (en l'occurrence l'espèce), et non des sous-ensembles différenciés. L'appellation la plus correcte de ce que les agronomes appellent « variété » est « cultivar ». Les cultivars peuvent être des cultivars-populations, comme dans le cas des anciens blés, des clones reproduits végétativement comme dans le cas de la pomme de terre ou du pommier, c'est-à-dire des ensembles parfois immenses d'individus tous identiques à celui qui leur a donné naissance. Les généticiens modernes peuvent également sélectionner à l'intérieur d'un cultivar ou d'une race des lignées homogènes pour un nombre variable de caractères. Ces lignées peuvent être croisées entre elles pour donner des hybrides commercialisés tels quels et dont la descendance n'est pas reproduite — le terme « hybridation » est alors employé de façon abusive puisqu'il devrait être réservé aux croisements entre espèces. À la limite, on parlera de deux variétés distinctes pour des lignées ou clones ne différant que par un caractère mendélien simple, comme les variétés à raisin blanc ou rouge d'un cépage donné.

On notera enfin que le mot « race » revêt un sens différent dans le règne végétal et dans le règne animal. Dans le premier il désigne une subdivision de l'espèce regroupant un ensemble de cultivars appelé aussi « cultigroupe » ou, pour les espèces spontanées (sauvages), un sous-ensemble d'une certaine homogénéité. En élevage, le mode « race » correspond aux cultivars des agronomes.

En résumé, la classification de Harlan légèrement modifiée donnerait l'arbre suivant :

Espèce

   1. Sous-espèce A : les races cultivées

      Cultigroupe (plusieurs races)

         1.2. race

         1.3. Cultivar

         1.4. Lignée, clone, génotype

   2. Sous-espèce B : les races spontanées

         2.1. race

         2.2. sous-race

Exemple concret du sorgho

  Espèce : *Sorghum bicolor*

  Sous-espèce : *S. bicolor* subsp. *bicolor*

  Race : guinéenne

  Cultivar : 'Sabba Bibi'

  Lignée : une sélection à partir du cultivar

  Génotype : une plante individuelle ou une lignée sélectionnée à partir du cultivar

  Clone : une plante reproduite de façon asexuée par bouture, culture de tissu, apoximie…

D'après Harlan, 1987

Les récits historiques, en particulier ceux des navigateurs ou explorateurs qui ont parcouru le monde — surtout depuis l'époque des grandes découvertes — abondent d'énumérations de plantes rencontrées dans les terres lointaines. Ces explorateurs n'étaient pas forcément des botanistes, et les plantes étaient rarement leur préoccupation majeure. Leurs récits sont souvent à examiner avec circonspection. Par exemple, quand Jacques Cartier arrive en Nouvelle-France (Canada), il cite parmi les plantes cultivées par les Amérindiens le grand mil et le concombre (Cartier, 1968). On reconnaît là le maïs qu'il avait déjà vu au Brésil (il avait navigué avec les Portugais), ainsi qu'une cucurbitacée qu'on ne peut identifier précisément, mais qui n'était certainement pas un concombre (*Cucumis* sp.). Quant aux descriptions faites par des marins ou des soldats, elles paraissent souvent tout aussi hérétiques aux yeux des spécialistes que celles de certains journalistes modernes qui disent que les feuilles des bettes surmontent de longues tiges partant de la racine ou qui parlent des branches du palmier. On peut aussi trouver des descriptions pour le moins ambiguës dans des textes anciens écrits par des gens dont la compétence n'est pas en cause comme Olivier de Serres. Quand cet auteur décrit la cartoufle comme un grand arbuste de 5 à 6 pieds ne vivant qu'un an, certains ont voulu y voir le topinambour qui, à notre connaissance, n'est arrivé en Europe que 8 ans après la parution du livre d'Olivier de Serres.

Les voyages des premiers botanistes français sont bien décrits par Allorge et Ikor (2006). Ils partirent d'abord en direction de l'Orient à partir du XVe siècle pour retrouver les plantes décrites par les auteurs grecs fondateurs de la botanique. Ils s'aventurèrent ensuite en Afrique, puis vers les pays découverts par les navigateurs européens. Il fallut attendre le XVIIIe siècle pour voir embarquer systématiquement à bord des vaisseaux des grands navigateurs explorateurs, des botanistes qui, comme les autres naturalistes, bénéficiaient des services de dessinateurs jouant le rôle des photographes d'aujourd'hui. Ce seront Philibert Commerson dans le tour du monde de Louis-Antoine de Bougainville (1766-1769), Daniel Carlsson Solander et le riche et célèbre naturaliste Joseph Banks dans les deux premières expéditions du capitaine James Cook qui s'étaleront de 1768 à 1787, et du médecin botaniste Joseph de la Martinière dans celle de l'infortuné Jean-François de La Pérouse qui, commencée en 1785, s'achèvera par un double naufrage sur l'île de Vanikoro (Vanuatu) en 1788. Leurs récits (Bougainville, 1982 ; Cook, 1951 ; La Pérouse, date inconnue) apporteront de nombreux renseignements fiables tant sur la flore naturelle que sur les plantes cultivées dans les pays visités. Toutefois, il s'agissait souvent d'îles qui n'abritaient ni une flore variée ni une grande diversité de plantes de culture. À ces grandes expéditions maritimes, il convient d'ajouter celles qui furent conduites par des naturalistes partis avec l'autorisation de souverains, parfois seuls, à leurs frais, dans des pays mal explorés et manquant d'infrastructures. La plus célèbre est celle que firent à pied deux amis, l'Allemand Alexander von Humboldt et le Français Aimé Bompland, de 1799 à 1802 en Amérique centrale et du Sud. Ils en rapportèrent une riche moisson comprenant des plantes décoratives qui servirent à Bompland à enrichir le jardin de l'impératrice Eugénie à la Malmaison, ainsi que des renseignements très précieux sur la flore et les cultures de l'Amérique espagnole.

L'histoire, la grande histoire, parle de l'agriculture surtout quand il est question de disette ou, à l'inverse, quand de larges excédents donnent lieu à un commerce important. Elle nous informe, parfois de façon très sporadique, seulement sur les principales productions agricoles de certains pays à des moments donnés. Ainsi Jules César dans la guerre des Gaules insistait-il sur la production de blé dans le pays dont il avait entrepris la conquête. L'introduction du maïs en Europe et sa propagation en Espagne, en Italie et en France est connue, dans ses grandes lignes du moins. Celle de la pomme de terre fait l'objet de plusieurs récits, peut-être complémentaires. Les historiens avaient gardé le souvenir de l'origine américaine des nouvelles arrivantes, même si le peuple s'y trompait (par exemple en appelant le maïs « blé de Turquie ») et si de nombreuses ombres ou lacunes ont persisté : quels ont été les variétés arrivées en Europe, leur périple ou l'accueil que leur réservèrent les populations ? Le trajet du haricot ou des courges et potirons est un cas extrême : l'importation d'Amérique de ces légumes, bien que consignée dans des écrits qui nous sont parvenus, avait été oubliée par beaucoup (contrairement à celle du maïs) et il a fallu attendre la fin du XIXe et même le début du XXe siècle pour que leur origine soit connue avec certitude. La cause de cet oubli doit sans doute être recherchée non dans un désintérêt particulier ni dans le hasard, mais dans la confusion des légumes importés avec leurs parents du vieux monde, les fèves africaines (haricots à œil noir) d'une part, la gourde ou calebasse (dont il a déjà été question) d'autre part.

Le rôle de l'archéologie

Fait rarissime, il est arrivé que les botanistes rencontrent des preuves vivantes de la domestication des plantes par l'homme. En France, à l'emplacement des anciennes abbayes ou de jardins du Moyen Âge, il arrive que l'on trouve une apiacée (ombellifère) à grosses graines, le maceron (*Smyrnium olusatrum*), poussant sur un tout petit territoire. Il s'agit de la descendance d'un ancien légume que l'on consommait à la manière du céleri à côtes et qui a survécu sous forme d'isolats, un peu comme certains serpents amenés d'Italie par les Romains et relâchés dans les enceintes sacrées des temples. Dans la jungle du Yucatán, autour des ruines de temples mayas, on trouve sur des espaces réduits des concentrations anormalement élevée de 6 espèces d'arbres qui ont tous la propriété d'avoir des fruits comestibles ; 3 d'entre eux sont devenus des arbres fruitiers domestiqués : le cœur-de-bœuf (*Annona reticulata*), un avocatier (*Persea schiedeana*) et le sapotier dont la sève sert aujourd'hui à la fabrication du chewing gum (*Achras sapota*). On a donc affaire à un échantillon vivant, datant approximativement du début de l'ère chrétienne, d'espèces arborescentes domestiquées ou prédomestiquées par les Mayas et peut-être aussi d'espèces autrefois cultivées qui ont retrouvé des caractères sauvages. Certaines adventices (mauvaises herbes) sont parfois d'anciennes plantes cultivées qui ont conservé des traces de la domestication, parfois des compagnes des végétaux utiles qu'elles suivent de par le monde. Elles peuvent donc renseigner sur l'origine des végétaux cultivés, mais elles ont l'inconvénient d'être voyageuses, malléables et instables.

En dehors de ces cas rarissimes, c'est à l'archéologie qu'il faut faire appel pour retrouver les traces matérielles des premières plantes cultivées. À côté des textes et des documents épigraphiques, l'archéologie peut fournir des documents d'une tout autre nature, nous voulons parler des traces des plantes alimentaires elles-mêmes. Comme déjà mentionné, les restes végétaux se conservent beaucoup moins bien que les restes d'os, les dents ou les cornes, du moins quand ces derniers se trouvent dans des conditions favorables, et infiniment moins bien que des poteries ou des outils en pierre ou en métal. Tout ceci est à nuancer : les parties dures des végétaux, et particulièrement les parties lignifiées (bois), résistent beaucoup mieux aux bactéries que les parties fibreuses ou molles formées de cellulose, d'amidon et de nombreux autres composés surtout glucidiques. La lignine est hydrolysée par les champignons qui viennent à bout d'un tronc d'arbre abattu en quelques dizaines d'années au plus pourvu que la température soit assez élevée et l'humidité suffisante ; cette dégradation est en revanche bloquée par la dessiccation ou inversement par l'immersion totale dans l'eau. Il n'est donc pas étonnant que les milieux très secs des déserts du Moyen-Orient aient conservé de nombreux vestiges végétaux — feuilles, tiges, fleurs et bien entendu graines sans parler des produits transformés tels que le pain ou même les résidus secs de bière ou de vin placés dans les tombeaux. Ce sont ces restes qui ont permis aux égyptologues de reconstituer en grande partie la flore du pays des pharaons, ainsi que la liste des plantes que l'on y cultivait. La coutume funéraire qui consistait à apporter de la nourriture aux défunts de prestige afin qu'ils supportent leur parcours dans l'au-delà a permis d'étudier en détail les mets des classes supérieures de la société. Pour beaucoup d'amateurs d'histoire ancienne ou de nouvelles à sensation, la découverte de grains de blé aurait même permis d'aller bien au-delà de la simple observation : le blé dit « des momies » ou « des pharaons » aurait parfois gardé toutes ses facultés germinatives ! Semés dans de bonnes conditions, il aurait levé et révélé des caractéristiques inconnues. Tel journaliste s'est émerveillé en constatant qu'un seul grain pouvait donner plusieurs chaumes et, partant, plusieurs épis ; il ignorait que cette propriété, le tallage, est commune à toutes les graminées, blés actuels inclus ! Les spécialistes avaient bien entendu détecté la supercherie car tous ces blés miraculeusement « ressuscités » étaient de type moderne très différent des échantillons authentiques qui sont de l'engrain ou de l'amidonnier[1].

À plusieurs milliers de kilomètres des déserts égyptiens, dans des zones marécageuses de Suisse, on découvrit à la fin du XIXe siècle des vestiges de cités sur pilotis qui avaient été érigées au-dessus des lacs à la fin du Néolithique et à l'âge du bronze. Ces cités, souvent très étendues, aujourd'hui appelées « palafittes », ont été retrouvées dans d'autres pays alpins voisins — Italie, France et Autriche. Elles ont livré, en plus d'un outillage considérable, de nombreux échantillons de grains et de fruits, bien conservés à l'abri de la pourriture. Ces restes de repas et de provisions étaient parfois en partie calcinés car les cités lacustres ou palafittes semblent avoir toutes été détruites par les flammes. Les outils en silex et en bronze permettent de reconstituer le mode de vie de ces Européens de la fin de la période préhistorique que l'on appelle aujourd'hui « protohistoire ». On connaît fort bien les plantes qu'ils cultivaient et qui étaient en grande partie celles de leurs prédécesseurs, les premiers paysans du Moyen-Orient.

Dans la majorité des cas, la conservation des graines, et *a fortiori* des parties molles, est nulle ou très mauvaise. Il existe cependant des exceptions. Les restes de foyer, très fréquents dans les habitations ou dans leur voisinage, livrent bien entendu des charbons de bois qui sont précieux à la fois pour la datation des foyers et pour l'identification des espèces d'arbres. Ils sont en outre souvent accompagnés de restes d'ossements provenant des reliefs du repas. Ils révèlent également quelquefois des grains en partie carbonisés qui ont été de ce fait préservées de la décomposition ; même très menus, ces fragments peuvent être identifiés par des laboratoires spécialisés. Il n'est pas rare non plus de rencontrer des débris ou des empreintes de plantes alimentaires dans la terre cuite des poteries ou encore dans l'argile crue des sols de terre battue, des murs ou des « cours » des habitations anciennes. Comme aujourd'hui, la paille des graminées pouvait faire office de combustible (laissant souvent quelques débris non brûlés), de litière ou de matériau de construction pour le toit ou le torchis.

Les méthodes employées aujourd'hui pour identifier les végétaux cultivés sur les sites anciens sont donc variées, tout en restant assez éloignées de celles de l'archéologie classique qui recherche et date plus fréquemment des artéfacts : restes de construction, armes et outils, bijoux. L'identification des styles, des cultures et leur datation sont une préoccupation bien plus constante que la recherche des

---

1. La supercherie semble remonter au XIXe siècle, époque où de nombreux Occidentaux, archéologues amateurs ou adeptes de ce qui devait devenir le tourisme se rendaient en Égypte à la suite de l'expédition de Bonaparte et du déchiffrement des hiéroglyphes par Champollion. Ils étaient friands d'antiquités qu'aucune loi n'interdisait alors d'emporter. Le blé retrouvé dans les tombes connaissant un grand succès, des Égyptiens se chargèrent d'approvisionner les amateurs occidentaux. Un noble autrichien, le comte von Sterberg, a été l'une de leurs premières victimes vers 1835 (Candolle, 1896). Un autre Occidental s'aperçut de la supercherie quand un *fellah* lui proposa une autre sorte de grain en provenance directe des tombes antiques, qui était... du maïs. Cet incident, vite oublié, n'a pas empêché le blé des pharaons de revenir périodiquement avec ses propriétés merveilleuses dans les faits divers colportés par une certaine presse.

moyens de subsistance, productions agricoles incluses. Certes, les archéologues ont fait appel depuis longtemps aux naturalistes pour identifier aussi bien le gibier chassé que les restes de végétaux recueillis ou récoltés dans les champs. Mais ce n'est guère qu'à partir du XXe siècle que des naturalistes, si possible formés aux disciplines modernes, ont eu leur place dans les équipes de fouilles travaillant sur des sites néolithiques ou d'anciennes civilisations vivant de l'agriculture.

Encadré I.3. Les méthodes de datation.

Les méthodes de datation reposent sur des techniques très variées :
— des indices archéologiques trouvés sur le site, par exemple le style des objets jugé typique d'une époque ;
— des traces géologiques des siècles passés (dépôt de sédiments) — les dépôts annuels sur le fond des lacs peuvent quelquefois se lire comme les cernes du bois ;
— des traces biologiques des siècles passés comme les cernes de croissance des troncs d'arbres (dendrochronologie) ;
— des techniques physiques diverses applicables à des cas particuliers comme l'hydratation de l'obsidienne ou la thermoluminescence (dont le principe repose sur les défauts de cristallisation piégeant les électrons) applicables aux céramiques, aux pierres brulées ou aux silex chauffés ;
— la désintégration d'isotopes instables présents dans des tissus d'échantillons retrouvés, et dont la concentration était en principe constante quand l'organisme était vivant. L'isotope est choisi en fonction de sa période de désintégration et de l'âge approximatif supposé de l'échantillon. Pour la préhistoire, on choisit en général le carbone 14 (^{14}C) ;
— la datation au ^{14}C peut être conduite selon les anciens procédés nécessitant une grande quantité de matière carbonisée (généralement du charbon de bois), ou en utilisant la spectrométrie à accélérateur de masse qui permet de travailler sur des échantillons de quelques milligrammes, et par conséquent sur de petites particules de végétaux.

La datation au ^{14}C pour des périodes relativement anciennes laisse une incertitude liée à la fluctuation du rapport isotopique du carbone dans l'atmosphère au moment de la vie des organismes étudiés. Quand cela est possible, on effectue un calibrage de cette technique à l'aide des résultats fournis par la dendrochronologie. Par convention, on cite souvent les dates non calibrées en les situant avant le présent (« av. prés. ») et les dates calibrées « av. J.-C. ».

L'archéologie classique a toujours son mot à dire, malgré l'imprécision des datations qu'elle produit : la détermination de l'âge au ^{14}C peut être gravement erronée si le charbon de bois était tombé dans un trou creusé pour enfoncer un pieu dans une cabane, ou encore provenir d'un feu bien postérieur à la période où les habitants occupaient le lieu.

D'après *Pour la science*, numéro spécial, 2004

Enfin de Candolle vint

Le travail d'Alphonse de Candolle marque le début d'une recherche systématique des ancêtres des plantes cultivées conduite selon une approche que l'on peut aujourd'hui qualifier de pluridisciplinaire. Ce botaniste suisse était le fils du Genevois Augustin de Candolle, un botaniste aux idées très novatrices qui avait travaillé sur la répartition géoagricole des plantes sauvages et cultivées de France, travail qui marquera certainement son fils Alphonse[1], lequel avait publié un ouvrage de géographie botanique avant de rédiger une première ébauche de ce qui deviendra l'*Origine des plantes cultivées* parue en 1883 et rééditée jusqu'à la fin du XXe siècle. La démarche d'Alphonse de Candolle était la suivante : identifier les ancêtres des plantes cultivées et le lieu où ils croissent ou croissaient à l'état sauvage impose de recourir à quatre disciplines distinctes : la botanique, l'archéologie et la paléontologie, l'histoire et enfin la linguistique. Il comparait sa démarche à celle d'un bon historien des peuples « qui consulte les historiens qui ont parlé des événements, les archives où se trouvent des documents inédits, les inscriptions de vieux monuments, les journaux, les lettres particulières, enfin les mémoires et même la tradition ». De Candolle jugeait nécessaire de combiner les différentes méthodes, pensant que si plusieurs d'entre elles conduisent à une bonne probabilité, on n'est pas loin de la certitude. Il admet clairement aussi que dans ce genre de recherche, on est souvent amené à remplacer la démonstration scientifique par la « preuve testimoniale » (de Candolle, 1896).

De Candolle attribuait tout naturellement à la botanique un rôle majeur, et il travaillait essentiellement sur les herbiers. Il pensait que dans tous les cas, une espèce cultivée devait croître quelque part à l'état naturel ; il ignorait le cas des espèces synthétiques issues de plusieurs espèces sauvages et sous-estimait sans doute les transformations induites par la domestication. En revanche, il soupçonnait les cas où les ancêtres sauvages avaient pu disparaître, du moins dans la zone où avait eu lieu la domestication ; mais ce ne pouvaient être que des exceptions, et c'est cette zone d'origine qu'il cherchait à identifier. Il essayait de tirer parti des autres disciplines citées qui orientaient ses recherches mais, selon lui, c'est la botanique qui devait en quelque sorte dominer le débat, et si possible trancher, en déjouant les nombreux pièges dans lesquels pouvaient l'entraîner les autres disciplines — même la botanique appliquée si on ne prenait pas assez de précautions. Si une espèce était cultivée à une grande distance de toutes ses « cousines » appartenant au même genre, il y avait tout lieu de penser qu'elle avait été éloignée de sa zone d'origine par l'homme. Il connaissait parfaitement l'existence d'aires naturelles disjointes mais, d'une manière générale, il pensait qu'il fallait rechercher d'abord dans la zone d'origine du genre. Il mettait en garde contre les imprécisions relatives aux lieux de collecte des échantillons ; selon lui, trop de botanistes ne prenaient pas suffisamment de précautions quant à la dispersion involontaire des graines par l'homme : transport avec les bagages ou le lest des bateaux, propagation à partir des champs, introduction dans des jardins d'acclimatation, échanges commerciaux, etc. De Candolle insistait aussi beaucoup sur l'identification

---

1. Avec qui il est parfois confondu.

des caractères susceptibles d'avoir été modifiés par l'homme — sans valeur pour le systématicien mais révélateurs d'une ancienne culture.

Le souci de faire appel à l'archéologie n'était pas une innovation, mais la démarche de de Candolle était nouvelle en ce sens qu'il s'appuyait systématiquement sur cette science, alors récente, dans l'espoir de pouvoir conforter ainsi son travail de botaniste. Il avait pleinement saisi l'intérêt de la démarche historique (au sens large), même si elle ne conduisait souvent qu'à des résultats insuffisants en eux-mêmes. Cette prise de conscience s'explique en partie par le retentissement qu'avaient en Suisse et ailleurs les fouilles des palaffites qui, à partir de 1854, avaient livré des restes de plantes cultivées. Dans ce domaine, de Candolle exploitait des données que l'on était en train d'acquérir.

Figure I.3. En haut, plantes de la flore française qui ne sont ni des ancêtres ni des descendants des plantes cultivées suivantes, bien qu'elles leur soient botaniquement apparentées : fraisier à gros fruits, orge, vesce cultivée, *Prunus spinosa*. **En bas**, parenté aujourd'hui prouvée de plantes indigènes ou subspontanées avec des plantes cultivées. La première espèce, une blosse, est un hybride spontané entre le prunellier et un prunier domestique. La seconde, le merisier, est un bigarautier ou un guignier subspontané. La troisième, une pomme sauvage, peut correspondre à des formes subspontanées ou des hybrides variés. Extrait de Jeanpert (1911).

Le recours à la linguistique constitue une innovation plus surprenante. Certes, depuis la fin du XVIIIe siècle, un nombre croissant d'érudits s'étaient passionnés pour les langues, et en particulier pour les dizaines d'idiomes morts ou encore parlés de l'Atlantique au golfe du Bengale, et qui constituent ce qu'on appelle aujourd'hui les « langues indo-européennes ». La filiation des ces différentes langues, leur histoire, et surtout celle des peuples qui les ont véhiculées, sont loin d'être toutes élucidées encore aujourd'hui (Lebedynsky, 2009). Il va sans dire que les parlers inconnus étaient beaucoup plus nombreux à l'époque de de Candolle. Mais cet auteur, peut-être sensibilisé par les travaux de son illustre compatriote, de Saussure, pionnier de la linguistique, avait parfaitement saisi l'intérêt de l'approche linguistique et l'avait utilisée à bon escient. En scientifique prudent, il mettait longuement en garde contre les pièges propres à cette discipline, surtout quand elle est limitée à une étude du vocabulaire vernaculaire. Une simple comparaison des noms courants dans différentes langues permet en principe de faire une première hypothèse sur l'origine de nombre d'espèces cultivées. On devine aisément que le blé d'Inde, comme on a appelé le maïs (nom amérindien authentique), ou la poule d'Inde (devenue « dinde ») ont été ramenés des Indes, occidentales en l'occurrence, c'est-à-dire d'Amérique. Mais les noms vernaculaires, pour ne pas dire les appellations triviales, peuvent être extrêmement fantaisistes et trompeurs. Le blé de Turquie est une appellation du maïs fréquente dans les dialectes français dont on ne trouve aucune explication historique, si ce n'est l'évocation d'un pays lointain et fort mal connu des premiers cultivateurs français du maïs. Le mot anglais *turkey*, « dindon », abréviation de *Turkey fowl* (volaille de Turquie) est tout aussi surprenant ; il devient carrément cocasse dans la bouche d'aviculteurs américains élevant un oiseau originaire de leur propre pays ! Les absurdités des noms vernaculaires entraînent donc des possibilités de confusion en tous sens, souvent gênantes.

Mais elles peuvent aussi résulter de la confusion du pays d'origine avec une étape du parcours. Ainsi le madère des Antillais francophones, « taro » en français usuel (*Colocasia esculenta*), est originaire d'Extrême-Orient, Madère n'était que l'île où les Portugais avaient créé un jardin d'acclimatation dédié, entre autres choses, aux plantes ramenées d'Extrême-Orient. Il y a pire : cette confusion est parfois voulue. Ainsi on a récemment appelé « artichaut de Jérusalem », en français cette fois-ci, un patisson, variété de courge (*Cucurbita pepo*) ! De même, les Néo-Zélandais ont appelé « kiwi », nom d'un oiseau typique de leur pays, l'*Actinidia sinensis* au nom scientifique bien choisi puisque l'espèce est originaire de Chine. Premiers à promouvoir la culture de ce fruit alors presque inconnu des Occidentaux, ils ont sans doute voulu renforcer le caractère néo-zélandais du produit. Autre source de confusion : les populations migrantes ont remplacé les noms « barbares » des plantes qu'ils découvraient dans des pays lointains par des noms de leur propre langue évoquant un produit bien connu dans leur pays. Les anciens appelaient « pomme » plusieurs fruits d'apparence un peu comparable ; le sens du mot s'est par la suite restreint à un seul fruit. De même, les Français voyageurs et tout spécialement les colons partis aux quatre coins du monde n'ont pas hésité à qualifier de « pommes » des fruits d'arbres sans rapport avec les rosacées comme la pomme cannelle, la pomme d'acajou ou « pomme cajou », la pommes de Cythère, la pomme d'accot et une demi-douzaine d'autres (Le Bellec et Renard, 2002). On trouve aussi diverses « prunes » et quelques « cerises » qui n'ont guère que la taille, la forme ou la couleur de commun avec les nôtres.

Quelquefois, ces noms aberrants ou absurdes peuvent néanmoins apporter des informations pour peu qu'on les décrypte un tant soit peu. Ainsi le mot français « avocat » désignant le fruit tropical n'a rien à voir avec son homonyme désignant une profession de juriste. Comme dans les autres langues européennes, il dérive du nahuatl (langue des Aztèques) *avuacate* et signifie « testicule d'arbre ». Même si la dénomination paraît très réaliste à quiconque a vu un avocatier chargé de fruits, on comprend que les Espagnols aient préféré une déformation du mot local à une traduction. En bref, si une première analyse du nom des plantes s'impose au botaniste à la recherche des ancêtres de nos champs, la linguistique avec toutes ses subtilités s'impose pour une recherche un tant soit peu approfondie. De Candolle conseille tout naturellement de rechercher, quand c'est possible, l'origine et la filiation des mots dans les divers langues et dialectes concernés en ayant recours aux travaux et avis des spécialistes. Chaque fois qu'il le peut, il donne les noms des plantes en langues indo-européennes, sanscrit compris, ainsi qu'en arabe, en turc… Un chercheur français du siècle dernier, André Haudricourt, se placera dans la droite ligne de de Candolle en usant largement de la linguistique. Ayant étudié en profondeur cette science, il connaissait les particularités des différentes familles linguistiques et les lois régissant les changements des phonèmes au cours de l'évolution des langues et tenait compte des emprunts que les locuteurs font régulièrement aux langues des peuples qu'ils côtoient. Lors de ses recherches dans l'Indochine française de l'époque, il a même participé à la reconstruction du protoannamite (protovietnamien). Haudricourt fait aussi la distinction entre les mots les plus courants qui sont soumis à un renouvellement interne, les mots moins courants relativement stables et les mots rares soumis à un renouvellement externe. Dans la première catégorie on peut placer le blé, qui a pratiquement remplacé le mot « froment » en français de France, mais non dans celui qui est parlé en Belgique. En fait, « blé » désignait une céréale utilisée pour la nourriture humaine, généralement sous forme de pain. En France, c'était, selon les régions, le froment, le seigle, le maïs ou même le sarrasin. Avec l'élévation du niveau de vie, le froment s'est petit à petit appelé tout simplement « blé », évinçant le mot « froment » pourtant resté vivant hors de l'Hexagone. En anglais, l'équivalent de « blé », *corn*, a désigné selon les pays le froment, le seigle, l'orge ou l'avoine. Aux États-Unis, le maïs, appelé *Indian corn*, est devenu *corn* tout court, appellation qui a éliminé « maize », resté en Grande-Bretagne. Parmi les remplacements externes, on peut citer le mot des Acadiens (Canadiens francophones des provinces maritimes du Canada) pour désigner le sarrasin, « béquouite », corruption de l'anglais *buck wheat*[1] (sarrasin) ; le mot français avait sans doute, comme la graine, été oublié par les premiers colons français d'Amérique.

---

1. *Buck wheat*, comme le *Buchweizen* des Allemands, dérive de *Buch*, qui signifie « hêtre », à cause de la similitude de forme des fruits du sarrasin et du hêtre.

Encadré I.4. L'arrivée de la pomme de terre en France retracée par la linguistique.

La pomme de terre a été rapportée en Espagne sous le nom de *papa*, l'un de ses noms amérindiens. Elle a été introduite rapidement en Italie, alors partie de l'empire espagnol, où elle a été baptisée *tartuffo* (« truffe » en italien). De là elle est passée en France où son nom a connu de multiples variantes centrées sur « cartoufle », mot que l'on entend encore dans certaines campagnes françaises et que l'on reconnaît dans l'allemand *Kartoffel*.

Pour les Néerlandais, ce mot ressemble beaucoup à *aardappel*, qui signifie « pomme de terre ». C'est ce dernier mot qui aurait été traduit littéralement dans plusieurs langues, dont l'allemand où il a disparu, et le français où il est resté, par le botaniste Charles de l'Écluse (Clusius), bien que la pomme de terre ressemble davantage à une truffe qu'à une pomme.

En Bretagne, province peu éloignée du Royaume-Uni, les régions les plus septentrionales l'appellent *potatez*, mot très proche du *potato* des Anglais grâce auxquels elle leur est certainement parvenue. Les autres Bretons la nomment *aval douar*, traduction littérale du français. On peut donc identifier une deuxième origine.

En Franche-Comté, on trouvait il y a peu une ancienne variété portant le nom de « quemotte ». Il s'agirait de la déformation du nom mexicain de la patate douce (*camote*) qui serait arrivée *via* des colons franc-comtois revenus du Mexique quand la Franche Comté était espagnole (un piment particulier qu'ils ont rapporté est encore cultivé). Il y aurait donc eu une troisième importation, quoique douteuse car d'autres explications existent pour le mot « quemotte ».

Si, dans le dialecte alsacien du Haut-Rhin, la pomme de terre porte le nom allemand, dans celui du Bas-Rhin, elle se nomme *grumbaere*. Cette fois, il s'agit vraisemblablement de la confusion avec le topinambour que les Néerlandais nommaient *grund peere*, « poire de terre », d'où le français « grompire », l'un des anciens noms français du topinambour. On notera que la confusion entre patate douce, pomme de terre et topinambour n'arrange pas les recherches.

La démarche de de Candolle est restée d'actualité. Désiré Bois y eut presque systématiquement recours. En lisant les écrits de de Candolle à propos de nombreuses espèces domestiquées, on a le plus souvent l'impression que les scientifiques modernes n'ont à ajouter que des détails ou des données récentes confirmant les assertions de l'auteur. Dans d'autres cas, cependant, sa démarche a abouti à des conclusions aujourd'hui rejetées. Pour le fameux froment, il ne disposait pas des données nécessaires pour identifier ce qui était non pas son, mais ses ancêtres. Dans d'autres cas, enfin, il ne disposait pas des données archéologiques, voire linguistiques, que nous avons aujourd'hui et il a seulement indiqué des zones d'origine hypothétiques ; force est de constater qu'avec le temps, la plupart ont été avérées. Les erreurs patentes que l'on décèle (il y en a) correspondent toujours à des cas où de Candolle s'était déclaré incertain.

Parmi les grands outils qui manquaient à de Candolle, figurent en premier les lois de Mendel et toutes les connaissances qui allaient en découler, en un mot la génétique. On pourra rétorquer qu'il aurait pu ne serait-ce que mentionner la possibilité ou l'impossibilité de croisement entre les types cultivés auxquels il s'intéressait et leurs supposés ancêtres sauvages. Il n'en parle pas pour la bonne raison qu'il travaillait « en cabinet » selon son expression, en consultant ouvrages, récits, herbiers et en écrivant à ses correspondants, illustres botanistes de l'Europe entière. Les voyages lointains n'étaient pas à sa portée, et l'expérimentation systématique non plus. On sait aujourd'hui comment on doit s'y prendre pour vérifier si les espèces considérées comme telles sont bien des entités distinctes, mais aujourd'hui encore l'expérimentation ne peut être appliquée pour toutes les espèces. On ne peut donc pas faire de reproche à de Candolle sur ce sujet.

Un très grand successeur, Nikolaï Ivanovitch Vavilov

À de Candolle devait succéder un éminent chercheur russe, Nicolaï Vavilov. Cet agronome né en 1887 a séjourné deux ans auprès des professeurs William Bateson et Rowland Biffen à Cambridge et a étudié la génétique et la cytologie, qui avaient rapidement progressé depuis les travaux de Mendel et Morgan. De retour dans son pays en 1914, il fut nommé professeur et entreprit une tâche immense : la recherche des aires d'origine des plantes cultivées, qu'il nommait « centres ». Sur certains points, il commença à raisonner comme les botanistes, cherchant les pays où la diversité de la flore est la plus grande, estimant que c'est de là qu'étaient parties les espèces qui l'intéressaient. Il pensait aussi que c'est dans ces centres que la diversité était la plus grande, à la fois pour les types sauvages et les types cultivés qu'il voulait améliorer. Il avait conscience de retomber dans « le vieux problème de l'origine des plantes cultivées, mais avec des buts nouveaux et définis » (Vavilov, 1951). Il écrivit d'ailleurs dans le même texte que « les botanistes connaissent très peu de choses sur les plantes cultivées ».

Linné, qui était créationniste, cherchait à identifier les espèces telles qu'elles avaient été crées, pensait-il. Toute déviation par rapport au type était suspecte. Sans êtres tous créationnistes, les botanistes des générations suivantes continuèrent longtemps de voir l'espèce linnéenne comme une entité homogène. Vavilov, agronome et généticien forcément influencé par Darwin, les voyait plutôt comme un ensemble plus ou moins hétérogène et variable dans le temps, son origine étant associée à un environnement particulier. Ce qui l'intéresse, ce sont les sous-espèces, les variétés, les génotypes. Cette variabilité qui gênait les botanistes pour la définition des espèces constituait la base de l'amélioration qu'il fallait entreprendre ; elle était pour lui le domaine le plus passionnant de ses recherches. Il rechercha par exemple, dans tous les pays du monde, les zones où l'on cultive le plus grand nombre de types de blés, de riz, de pomme de terre, etc. Ce travail rencontrait une énorme difficulté dès le départ : les herbiers et les flores disponibles couvraient déjà une grande partie de la planète à la fin du XIXe siècle — Vavilov estimait que 50 % des espèces végétales étaient encore inconnues, mais qu'elles croissaient surtout dans des forêts tropicales qui l'intéressaient peu. En revanche, aucun inventaire des sous-espèces, races, variétés n'existait pour les plantes d'intérêt agricole. Les pays neufs comme le Canada, les États-Unis, l'Argentine ou l'Australie avaient fait venir du matériel génétique des pays anciens pour tirer parti de leur « richesse génétique » ou, plus précisément pour y trouver des cultivars adaptés au contexte de leur pays. Les Allemands avaient envoyé de véritables expéditions de collecte en Asie mineure, en Amérique du Sud, en Afghanistan et en Inde. Mais le travail ponctuel de ces expéditions mis à part, tout était à faire. Et l'ambition de Vavilov n'était pas mince : il fallait, disait-il, savoir « quelles étaient les ressources variétales des végétaux [cultivés] du monde » ! Dès 1916, il effectue une expédition en Iran et dans les pays voisins pour collecter des échantillons de céréales. Sous le régime soviétique, il bénéficia pendant assez longtemps de la confiance du gouvernement qui mit à sa disposition des moyens très conséquents. Devenu président de l'Académie d'agriculture et directeur de l'Institut de botanique appliquée, il est chargé, selon les textes officiels de l'époque, de la création de plus de 400 « instituts » de recherche (nous dirions sans doute plutôt « stations ») où auraient travaillé un total d'environ 20 000 personnes dans les années 1920-1930. Ces nombres sont très difficilement crédibles et ont certainement été très fortement exagérés, propagande officielle oblige. Grâce aux moyens mis à sa disposition, Vavilov put en tous cas diriger des expéditions de collecte d'échantillons en Éthiopie, en Amérique centrale et en Amérique du Sud. Pour les seuls blés, il a rapporté environ 26 000 « types ». Il fut élu académicien de l'Union soviétique en 1929, au zénith de sa gloire.

Vavilov s'attaqua ensuite à l'interprétation de la diversité du matériel rapporté, étape préalable à son exploitation future. Comme il voulait travailler à l'échelle de la planète, il compléta ses propres collectes par des données bibliographiques relatives aux pays qu'il n'avait pas visités comme le Mexique, l'Inde ou la Chine. Puis il présenta une série de 15 publications ou communications à des congrès sur les centres de diversité qu'il définissait. Comme il se rendait compte d'un certain décalage entre sa définition des centres et la réalité, il définit aussi des centres secondaires, qui n'étaient pas des lieux d'origine mais où une grande variabilité existait malgré tout parmi les types cultivés. Ce travail de synthèse fait encore autorité dans le monde entier et il peut se résumer par une carte où apparaissent les 8 centres principaux auxquels se rattachaient 3 centres secondaires.

1. Le centre chinois.

2. Le centre indien avec un centre secondaire indo-malais.

3. Le centre d'Asie centrale.

4. Le centre du Moyen-Orient.

5. Le centre méditerranéen.

6. Le centre éthiopien.

7. Le centre mexicain et le centre nord-américain.

8. Le centre sud-américain avec les centres secondaires de Chiloe (Chili) et du Brésil-Paraguay.

a) Les 8 centres de Vavilov (1926-1930)

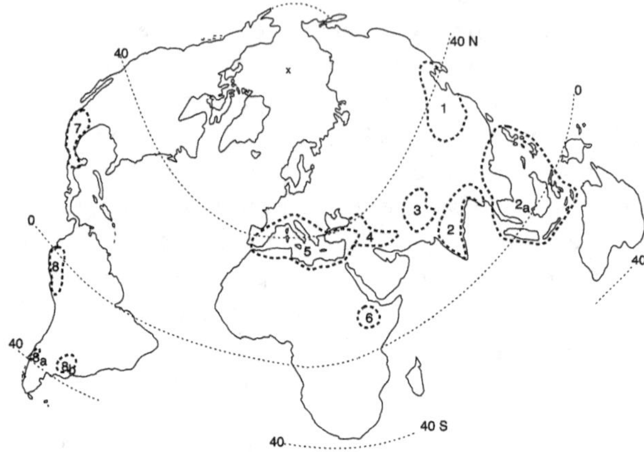

1   Chine
2   Inde
2a Indo-Malaisie
3   Asie centrale (Pakistan, Kashmir, Afghanistan et Turkestan)
4   Proche-Orient
5   Rivages méditerranéens et régions proches
6   Éthiopie
7   Sud Mexique et Amérique centrale
8   Amérique du Sud (Pérou, Équateur, Bolivie)
8a Sud Chili, îles Chiloé
8b Uruguay et Nord Argentine

Figure I.4a. Cartes des centres d'origine des plantes cultivées selon Vavilov (il en existe d'autres versions). Extrait de Pitrat et Foury, 2003.

b) Les 3 centres (1) et non-centres (2) de Harlan (1971)

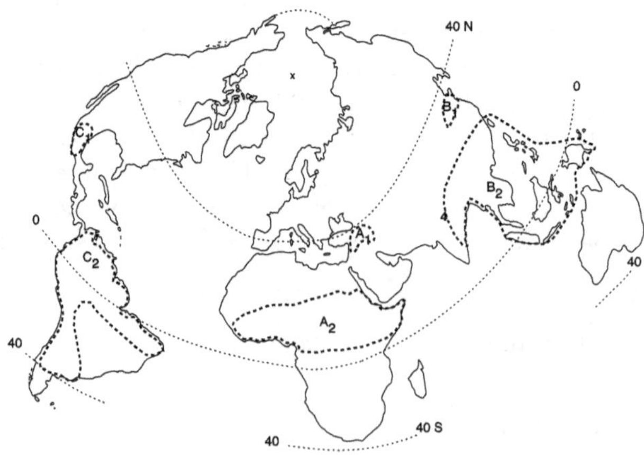

A_1 Proche-Orient, croissant fertile B_2 Sud-Est asiatique
A_2 Africain (tropical du Nord) C_1 Centre américain
B_1 Chinois C_2 Sud américain

Figure I.4b. Cartes des centres et non-centres d'origine des plantes cultivées selon Harlan. Extrait de Pitrat et Foury, 2003.

Ces résultats parurent conforter les connaissances historiques que l'on avait à l'époque sur l'origine des civilisations et de l'agriculture au Moyen-Orient, en Chine, en Inde, en Amérique du Nord et du Sud auxquels de Candolle se référait souvent. Vavilov ne les ignorait pas et il avait cherché si une variabilité élevée existait bien dans les zones où une vielle civilisation était connue et... il l'avait trouvée. Mais il apportait nombre d'autres données : il trouvait une origine moyen-orientale pour le blé là où les botanistes avaient longtemps piétiné. Il ajoutait aux centres d'apparition de l'agriculture des zones insoupçonnées telles que l'Éthiopie. Ses centres secondaires tels que celui d'Afghanistan, voire du Brésil-Paraguay étaient eux aussi insoupçonnés. La contribution des différentes zones géographiques était mieux explicitée que précédemment et, pour la première fois, les espèces d'intérêt agronomique étaient classées par centre d'origine. Il orientait enfin et surtout les généticiens et sélectionneurs de céréales ou d'autres plantes vers des pays qu'ils n'avaient pas forcément prospectés en leur faisant toucher du doigt l'importance des réserves de gènes qu'ils pouvaient espérer y trouver. Sa distinction entre les centres primaires, où l'on trouve une variabilité dès les premiers échelons de subdivision de l'espèce, et les centres secondaires, où la richesse variétale touche surtout les stades de la subdivision finale (par exemple peu de sous-espèces représentées par de nombreux génotypes), était une autre notion nouvelle. Selon Vavilov, la variabilité n'est d'ailleurs pas la même dans les centres primaires et les centres secondaires : elle est due principalement à des gènes dominants dans les centres primaires, à des gènes récessifs dans les centres secondaires. Vavilov est décédé en 1943 au camp de Magadan, en Sibérie — on le sait depuis peu. Sa disgrâce n'est pas due à ses travaux ci-dessus résumés mais, comme cela sera évoqué plus loin, à sa croyance dans la génétique classique et à son point de vue sur l'amélioration des plantes qui devait constituer l'étape suivante de son travail.

Si l'œuvre de Vavilov a d'abord permis de corriger certaines erreurs — souvent de détail — de de Candolle, elle n'est plus à appréhender dans son intégralité. Son successeur, P.M. Joukovski, a ajouté des centres supplémentaires : une partie de l'Amérique du Nord, une large partie de l'Afrique comprenant à peu près tous les pays situés au sud du Sahara, une longue bande de la zone tempérée du Vieux Monde allant de la France aux confins de la Mongolie et même un centre australien. Avec un tel schéma, rares étaient les parties non désertiques du globe qui n'étaient pas considérées comme centres. Si, avec une telle démarche, Joukovski ne risquait guère de faire des oublis, la notion de centre était passablement vidée de son sens. C.D. Darlington revint à une position beaucoup plus proche de celle de Vavilov en supprimant les foyers secondaires de ce dernier, mais en ajoutant un foyer nord-américain (Mathon, 1981). D'autres critiques, plus étayées par des travaux concrets, ont été formulées sur des points plus fondamentaux de la vision de Vavilov : tout d'abord, nombre de généticiens ou de botanistes ont fortement nuancé, pour ne pas dire nié, le principe fondamental de la théorie de Vavilov pour certaines espèces : ce n'est pas toujours dans les zones de domestication que la variabilité est la plus forte. Bien plus, pour certaines espèces, on est tout bonnement incapable de trouver une zone où la diversité est particulièrement élevée, comme pour le cas du colza mais aussi du haricot commun (Harlan, 1987). « Centre » n'est pas forcément synonyme de « lieu d'origine ». Il existe aussi des espèces pour lesquelles l'aire d'origine est extrêmement vaste et devrait être bien distinguée de l'aire de domestication, beaucoup plus réduite.

J.R. Harlan, qui a beaucoup étudié les plantes cultivées d'Afrique occidentale, conclut qu'à côté des centres d'origine existaient des « non-centres », vastes territoires où des plantes nouvelles ont été domestiquées dans des endroits dispersés disposant déjà de plusieurs plantes d'importance qui, elles, provenaient de centres véritables et anciens. Accèdent au titre de non-centres une vaste zone de l'Afrique subsaharienne, une autre de l'Amérique du Sud englobant les centres additionnels de cette région selon Vavilov, ainsi que l'ancien centre secondaire indo-malaisien de Vavilov agrandi vers le nord-ouest (Harlan, 1987). La vision de Harlan simplifie beaucoup la phytogéographie de l'origine de l'agriculture : ne subsistent en effet que trois centres associés à trois non-centres. On peut noter que la réalité du non-centre indo-malais a été sérieusement mise en cause par des naturalistes du fait que sa partie orientale est séparée du reste de la zone par la ligne de Wallace[1] qui traduit une très nette discontinuité entre les flores et les faunes asiatiques et australiennes. Ces modifications ne diminuent pas sérieusement la portée du travail de Vavilov, qui demeure le pionnier incontesté de la collecte et de l'étude du matériel végétal nécessaire à l'amélioration génétique.

De nouveaux outils

L'identification des espèces dans le cadre d'investigations planétaires selon de Candolle ou selon Vavilov n'est plus guère de mise. Mais les recherches continuent dans une série de cas particuliers. On dispose maintenant de techniques autrement performantes que celles de Vavilov et surtout de de Candolle. Pour les études historiques, on peut maintenant avoir recours à la palynologie[2] et à l'étude des phytolithes ou dater les débris végétaux à l'aide du carbone 14, y compris avec des techniques exigeant 1 000 fois moins de matériel que celles que l'on employait il y a quelques décennies, ou grâce à des mesures de thermoluminescence. La palynologie est en quelque sorte une extension de la recherche de débris végétaux à l'échelle microscopique. Les grains de pollen sont des cellules sexuelles végétales remarquablement résistantes à l'altération du temps et ont une taille et une forme très caractéristiques du genre botanique de la plante qui les a produits. Par ailleurs, ils peuvent se retrouver soit dans de la terre, soit dans des alluvions d'une ancienne zone cultivée, soit même dans des tombes ou d'autres sites archéologiques en restant identifiables. La palynologie permet des recherches là où l'homme soupçonne la présence de végétaux dans le passé alors qu'il ne distingue rien à l'œil nu. L'apparition brutale de pollen de *Triticum* sp. (blé) dans un pays d'Europe occidentale ou *a fortiori* d'Amérique où les ancêtres sauvages ainsi que les proches parents du blé étaient absents signifiera ainsi que l'homme a commencé à cultiver cette céréale ; mais la découverte en Europe occidentale de pollen d'*Hordeum* (orge) devra conduire à une conclusion plus prudente puisque plusieurs orges sauvages qui n'ont jamais été cultivées croissent dans ces pays.

---

1. Ainsi nommée en l'honneur du naturaliste qui formula la théorie sur l'évolution attribuée à Darwin indépendamment de ce dernier qui hésitait encore à publier la sienne imaginée peu auparavant.

2. Comptage et identification des pollens récents ou fossiles.

Si on se trouve dans la zone d'origine de l'orge que nous connaissons, la technique ne sera d'aucune utilité pour déceler le moment où l'homme a commencé la domestication.

L'étude des phytolithes, beaucoup plus récente, constitue un moyen en quelque sorte comparable à la palynologie en ce qu'elle consiste à recueillir soigneusement des éléments microscopiques puis à procéder à un examen qui ne peut être mené à bien que par des spécialistes, encore peu nombreux. Ces pièces qui épousent la forme des cellules de certains tissus végétaux sont de nature siliceuse et sont plus abondantes ou plus développées dans certaines plantes. Si le tissu végétal a pourri sur place dans un sédiment fin, de nombreux phytolithes peuvent être retrouvés par examen microscopique. On peut aussi en recueillir dans des cendres ou même dans des briques ou de la terre de poterie quand du matériel végétal a servi de dégraissant (Anderson et Guilaine, 2000). La méthode n'est pas applicable sous tous les climats car les minuscules formations d'opale (silice hydratée) résistent au temps de façon variable selon la pluviosité et la température. *Grosso modo*, la méthode est surtout applicable pour les zones tropicales. Elle présente alors un grand intérêt : elle permet de déceler des déviations des parties végétatives de la plante par rapport à l'espèce type, donc des traces de la domestication. Elle est particulièrement utile dans le cas des poacées riches en silice.

Parmi les techniques nouvelles, il en est d'inattendues que ne renierait pas de Candolle, partisan d'une approche multidisciplinaire. L'entomologiste Fabre, examinant les bruches (sortes de charançons) du haricot commun, constata que ces parasites étaient apparentés à des espèces américaines et non à celles qui parasitent les légumineuses européennes voisines. Il en conclut que le haricot commun était d'origine américaine. Ce résultat était d'autant plus intéressant qu'à l'époque on était dans l'incertitude quant à l'origine de cette fabacée (légumineuse).

D'une toute autre portée ont été les applications de la génétique mendélienne. Il est arrivé que des doutes anciens restés longtemps sans réponse soient levés quand, par exception, un sujet d'un cultivar stérile a fleuri. Tel est le cas de l'échalote grise : cette liliacée couramment cultivée en France et dans d'autres régions d'Europe était, selon Linné, un *Allium ascalonium*, mais le botaniste lui-même avait hésité à faire de l'échalote une espèce à part entière plutôt qu'un oignon, *Allium cepa*, se reproduisant végétativement. Les successeurs de Linné avaient tranché : l'échalote était devenue un cultigroupe d'oignons, *Allium cepa* var. 'aggregatum'. Seulement il y avait parmi les échalotes un cultivar aux particularités bien marquées et de surcroît stérile, l'échalote grise. Il a fallu la découverte de quelques individus en fleurs pour reproduire la plante par semis et la comparer à des espèces sauvages. Il s'agissait en fait d'une espèce voisine de l'oignon, *Allium Oschanini*, qui croît en Asie centrale (Messiaen *et al.* 1999).

Un outil dont disposent les agronomes ou les botanistes pour l'identification du ou des ancêtres sauvages est l'examen des chromosomes que l'on peut d'abord réaliser au microscope. Là où les naturalistes anciens se posaient des questions de parenté, les biologistes de l'entre-deux-guerres ont procédé à des examens de cartes chromosomiques et jeté les bases de la génomique. L'étape suivante consiste à étudier non plus les chromosomes mais les entités portées par les chromosomes, c'est-à-dire les gènes. La notion de gène remonte à Mendel dont le travail sera

---

Encadré I.5. Un cas d'absurdité des dénominations triviales des plantes : le topinambour.

Parmi les plantes au nom vernaculaire curieux, le topinambour (*Helianthus tuberosus*) mérite une palme d'absurdité : les Anglais l'appellent *Jerusalem artichoke*, « artichaut de Jérusalem ». Or la plante, originaire des États-Unis et du Canada, n'est pas un artichaut (elle en a seulement le goût) et n'a jamais transité par Jérusalem. « Jérusalem » est ici une corruption de l'italien *girosole* (tournesol) qui, cette fois-ci, se comprend mieux étant donnée la parenté des deux plantes. Quant à l'appellation française, elle découle du nom d'une tribu amérindienne, les Tupinambus ou Toupinambous, rameau des Tupi, éthnie du Brésil actuel. Cette tribu n'avait aucune connaissance du légume des Algonquins du Canada chez qui Champlain l'avait vu en 1603. Le nom français est apparu à la suite d'une simple anecdote relevant de la petite histoire. En 1713, alors que le topinambour était encore très peu cultivé en France, six Toupinambous avaient été amenés en délégation par des marins français à la cour du Roi-Soleil, devant laquelle ils avaient eu l'honneur de danser. Le succès avait été si retentissant que le bon peuple confondit Toupinambous et les autres Amérindiens, et que le tubercule nord-américain devint, dans le langage populaire, celui des Toupinambous (de Candolle, 1896 ; Leclerc, 1927). Parmi la dizaine de synonymes français peu courants (Baillargé, 1942), on trouve, à côté de « pomme du Canada », « artichaut du Canada » ou tout simplement « canada » (qui présentent l'avantage de donner une indication correcte sur l'origine), « pomme de terre », « tartoufle », « tertifle », ce qui a longtemps créé une confusion avec la pomme de terre actuelle dont se plaindra Parmentier ; on trouve aussi le mot « crompire » qui est une corruption du flamant *grond peer*, « poire de terre », qui évoque la forme des tubercules de certaine variétés mais prête à confusion avec un légume peu connu et appelé « poire de terre » (*Polymnia edulis*). Quant aux Français d'outre-mer, ils ont aussi donné le nom de « topinambour » à une plante tubéreuse tropicale de la famille des maranthacées, *Calathea allouia*, qui a reçu les noms de *topi tamboo* à Trinidad et Tobago et *touple nambours* à Grenade, îles des Antilles passées de la souveraineté française à la souveraineté et à la langue anglaises. On est aussi loin du tubercule des Algonquins que de la tribu des Toupinambous !

évoqué plus loin, mais l'étude et la manipulation empirique des caractères héréditaires contrôlés par les gènes est aussi vieille que la domestication elle-même. Aujourd'hui, des tests *in vitro* rapides pratiqués sur du matériel mort ou vivant peuvent fournir une réponse extrêmement fiable : oui, les plantes ont bien un matériel chromosomique presque identique ou bien, à l'inverse, elles diffèrent sensiblement et l'une a peu de chance d'être la forme sauvage de l'autre. Grâce à la gamme de techniques dont disposent les laboratoires de biologie végétale, l'éventail des recherches d'origine ou de parenté a pu être étendu à des espèces d'intérêt *a priori* secondaire, où l'origine synthétique éventuelle a pu être établie. On a alors pu reconstituer la genèse de plantes cultivées de la plus haute importance telles que le blé, la pomme de terre ou la banane, puis utiliser des espèces sauvages jamais domestiquées pour introduire des caractères absents des espèces apparues dans la nature ou des variétés crées jusqu'alors par l'homme — problématique qui sera évoquée plus en détail par la suite. L'identification des ancêtres sauvages n'est plus forcément une priorité si un grand nombre de cultivars ou d'espèces susceptibles de se croiser avec les plantes intéressant les scientifiques ou les techniciens sont disponibles. Dans d'autres cas, ce sont les ancêtres sauvages qui se montrent plus utiles que les collections de cultivars. Quand le problème d'identification se pose, les tentatives de croisement peuvent avantageusement être remplacées par des études d'ADN *in vitro*. Dans le cas du riz, là où les botanistes avaient vu un ancêtre asiatique et un africain, la biologie moléculaire a permis d'identifier plusieurs sous-espèces ancestrales asiatiques. D'une façon générale, l'application de la biologie moléculaire à l'identification des espèces (ancêtres ou non de types cultivés) montre généralement que les anciennes techniques avaient abouti à une sous-estimation du nombre d'espèces ; celles qui intéressent réellement les généticiens peuvent en tous cas être beaucoup mieux et beaucoup plus rapidement étudiées.

La combinaison des différentes méthodes d'approche permet souvent de conforter certaines hypothèses, en fournissant un faisceau de présomptions, une quasi-certitude là ou aucune discipline seule ne permettait de trancher. Le cas de l'arachide en est un bon exemple. Cette plante tropicale est aujourd'hui répandue aussi bien en Amérique qu'en Afrique ou en Asie. Linné indiquait comme pays d'origine probable de l'espèce l'Amérique et l'Afrique. Après lui, les botanistes ont opté pour une origine purement américaine, mais Loureiro, botaniste portugais du XVIIIe siècle, a distingué deux sous-espèces : *Arachis africana* et *Arachis asiatica*. Les linguistes ont montré que la première était presque partout désignée dans les langues locales par un nom dérivant du portugais et aurait été trouvée au Brésil, tandis que la seconde portait des noms dérivant de l'espagnol ou du quetchua et proviendrait du Pérou. Aujourd'hui, il ne fait plus de doute que l'arachide est d'origine amazonienne et qu'elle a quitté sa zone d'origine, emmenée vers l'Afrique par les Portugais et vers les îles du Pacifique et l'Asie par les Espagnols qui l'avaient trouvée au Pérou. La génétique permet en outre de distinguer facilement les variétés purement brésiliennes qui avaient transité par le Pérou.

La linguistique aussi corrobore remarquablement la botanique. Tout récemment, Perrier *et al.* (2009), après avoir réalisé une synthèse très complète de l'origine de la « banane dessert » cultivée de la Nouvelle-Guinée à l'Afrique, ont conclu que la poursuite de leur travail nécessitait désormais la participation des linguistes et des archéologues.

Des inconnues, encore fréquentes, demeurent cependant

Malgré toutes les recherches poursuivies, des points d'ombre subsistent, tous les botanistes ou agronomes ne sont pas d'accord entre eux. Ils ont travaillé à des périodes parfois très éloignées, utilisé des techniques différentes dont les plus efficaces n'étaient pas forcément à leur disposition, et les résultats divergent parfois. On peut ajouter que la recherche des ancêtres sauvages et des régions d'origine n'a pas toujours paru d'une grande priorité et par conséquent mobilisé les moyens nécessaires. Il existe aussi des cas où l'échec a été total sans que les moyens aient été dérisoires.

Dans certains cas, on peut invoquer la disparition de l'ancêtre sauvage. On connaît, hélas, de nombreux exemples d'espèces végétales éteintes par la faute de l'homme. Le cas du lys de la Madone (*Lilium candidum*) est un exemple intéressant. Dans l'Antiquité, il était déjà cultivé dans les jardins d'agrément des vieilles civilisations méditerranéennes. Sa floraison, en se produisant en même temps que celle de la vigne, servait de repère aux vignerons, ses pétales étaient pressés pour l'extraction de parfum, ses bulbes servaient à faire un onguent pour soigner les cors aux pieds et, détail non négligeable, c'était un légume apprécié des Romains. Sans doute traqué jusqu'à l'extinction, il a gardé le secret de son origine.

L'espèce dont dérive le curcuma, ou « safran bâtard » (*Curcuma longa*), n'a jamais été décrit. L'ancêtre sauvage du giroflier (*Syzygium aromaticum*) n'a jamais été trouvé. Il existe certes un giroflier sauvage (*Eugenia acris*) assez proche du vrai giroflier, nommé il y a peu *Eugenia caryophyllata* mais, de l'avis formel des botanistes, il ne peut s'agir de l'ancêtre du vrai giroflier qui a vraisemblablement été prélevé des forêts par les « extirpateurs » hollandais dont il sera question dans le chapitre IV. Il est aussi des cas, assez nombreux, où l'on hésite entre la disparition de l'espèce recherchée, l'hybridation entre plusieurs espèces encore vivantes aujourd'hui et des hypothèses voisines. Par exemple, les ancêtres sauvages des piments mexicains posent encore problème. On connaît des formes spontanées, mais on discute pour savoir s'il s'agit d'espèces sauvages, d'hybrides ou de formes subspontanées. Des situations de ce type sont rencontrées chez le chou, le radis ou le pommier, entre autres, pour lesquels il existe plusieurs ancêtres plausibles poussant dans des zones voisines et se croisant sans difficulté entre eux ou avec les formes domestiques. Plusieurs types peuvent être à l'origine d'une espèce cultivée alors que l'on peut considérer que l'on a affaire à des espèces très proches formant un complexe, parfois même un continuum et non des espèces distinctes, la définition de l'espèce par la barrière de fertilité (espèce biologique) étant, dans ces cas, totalement inopérante. Dans le cas de l'oignon, la situation est voisine : l'ancêtre n'a pu être relié à aucune des 5 espèces les plus voisines occupant seules ou groupées par 2 ou 3 dans de petites aires discontinues. Comme ces aires ne sont pas très éloignées les unes des autres, on peut néanmoins situer l'aire d'origine de l'oignon cultivé dans la zone irano-turanique. Localisation approximative, domestication multiple ou hésitation entre plusieurs parents possibles existent pour les alliacées, les piments, plusieurs brassicacées, et bien d'autres plantes légumières ou fruitières. La ciboulette chinoise (*Allium tuberosum*) est originaire d'une zone d'Asie que l'on ne peut localiser avec précision tant l'espèce se naturalise facilement aux alentours des endroits où on l'introduit. Il existe des cas bien connus de ce qu'Harlan appelait des « transdomestications » qui brouillent les pistes des botanistes, et l'hésitation entre ancêtres africains et asiatiques demeure pour nombre de plantes comme le pois carré (*Psophocarpus tetragonolobus*) ou l'aubergine. Quand Linné a donné au pe-tsaï le nom de *Brassica pekinensis* et d'autres botanistes le nom de *B. sinensis* au pak choï, ils pensaient certainement à des *Brassica* voisins de notre *B. oleracea* qui aurait été asiatique. Il a fallu des croisements avec les autres brassicacées domestiques pour démontrer que ces choux chinois étaient des *B. rapa* (navets, raves ou navettes) auxquels les Chinois avaient donné des formes et des usages très différents de ceux des Occidentaux. L'ancêtre des choux chinois aurait été importé d'Occident à une époque inconnue, tout comme les premiers blés et les premières orges chinoises. Si l'on considère des plantes tropicales d'intérêt quelque peu secondaire, les cas où l'origine reste inconnue ne sont pas rares : on en trouve de nombreux exemples pour les espèces fruitières (Le Bellec et Renard, 2002). Mais le cas le plus surprenant d'indétermination concerne l'un des ancêtres du blé. Depuis la remarque de Fabre commentée dans l'introduction, l'origine du blé a été bien élucidée. On sait qu'elle est synthétique, mais parmi les 4 génomes « fondateurs » des différents blés, l'un d'eux, dit « B », a résisté aux nombreuses tentatives d'identification précise : il s'agit d'un *Aegilops*, mais est-ce celui qui paraît le plus rapproché, ou s'agit-il en réalité d'une espèce disparue ou d'un hybride d'espèces encore présentes ? Contrairement au cas du lys blanc, du giroflier ou du safran bâtard, l'identification de l'ancêtre sauvage ne serait pas une simple satisfaction pour l'esprit, elle pourrait être précieuse pour la création de nouvelles variétés de l'une des céréales les plus importantes au monde.

Chapitre II

Le Néolithique, les Néolithiques

Le grain dont l'homme fait son pain n'est point un don de la nature, mais le grand, l'utile fruit de ses recherches et de son intelligence dans le premier des arts.

Georges-Louis Leclerc, comte de Buffon

L'expression « âge de la pierre polie » a été employée pour la première fois à l'exposition de Paris sur la préhistoire, en 1867, époque où les découvertes en matière de préhistoire étaient nombreuses en Europe et où on attribuait déjà la fabrication des outils en pierre polie à un peuple d'agriculteurs. Depuis, l'usage du terme « Néolithique » (âge de la nouvelle pierre), formé un an plus tôt par l'Anglais Lubbock, a progressivement remplacé « âge de la pierre polie » et s'est généralisé auprès des historiens ou préhistoriens du monde entier. Il a d'abord servi à désigner la période allant de la fin de l'âge de la pierre taillée (Paléolithique) à celui du bronze. Puis, quand les préhistoriens se sont mis d'accord pour ériger la transition entre le Paléolithique et le Néolithique en un nouvel âge, le Mésolithique, on a utilisé le terme « Néolithique » pour désigner la période allant du Mésolithique à l'âge du bronze, c'est-à-dire la période où est née l'agriculture.

On remarquera d'emblée que ce terme caractérise très indirectement le mode de vie des hommes de cette époque. Les fouilles de sites européens, et tout spécialement des cités lacustres, ont révélé la technique de la poterie, de l'agriculture et du polissage de certains outils (haches et herminettes). Il s'agit de trois innovations apparues simultanément en Europe, dont on a longtemps pensé qu'elles avaient été apportées par un peuple de colons. La réalité paraît aujourd'hui plus complexe, mais ces innovations sont bien le fruit d'une nouvelle « civilisation » étrangère à l'Europe (cf. *infra*). L'acquisition de la technique du polissage aurait résulté de la récolte de grains qui implique leur mouture, et par conséquent l'usage de meules (non tournantes à l'origine) qu'il fallait polir lorsqu'elles n'étaient pas suffisamment planes pour être utilisées telles quelles avant de se polir progressivement avec l'usage. À partir de ce constat, l'homme aurait eu l'idée de polir certains de ses outils les plus précieux, en particuliers ceux que nous nommons « haches » et qui pouvaient sans doute s'emmancher de plusieurs façons et avoir des usages multiples. On connaît des peuples qui ont pratiqué l'agriculture avec des outils de ce genre jusqu'au XIXe siècle, en utilisant par ailleurs le bâton à fouir, souvent lesté avec une pierre circulaire percée, pour enfouir les graines ou pour déterrer les racines.

Le choix de la pierre polie comme symbole de cette nouvelle société n'est pas forcément du meilleur aloi — on aurait tout aussi bien pu choisir la poterie, introduite en Europe en même temps que les outils en pierre polie. Et, de fait, la récolte de quantités substantielles de grains a impliqué leur stockage dans des récipients de qualité, avant que des récoltes encore plus grandes ne nécessitent la construction de structures maçonnées, les greniers : les contenants divers en plâtre, en pierre tendre ou en terre cuite des premières civilisations d'agriculteurs ont effectivement succédé aux récipients en vannerie, en sparterie ou en bois qui n'ont, eux, guère laissé de traces archéologiques. La poterie, fabriquée à partir d'argile bien plus abondante que la pierre très tendre, est de loin la plus courante. Au Proche-Orient, la technique de la terre cuite est bien postérieure au polissage de la pierre. Mais, à l'échelle planétaire, l'apparition de l'agriculture, celle de la poterie et celle du polissage de la pierre suivent des chronologies variables et quelquefois très différentes (Guilaine, 2000). Le polissage de la pierre a été pratiqué par des hommes ne cultivant pas la terre, comme les Inuits ; si dans certains cas on pouvait expliquer cette exception par des contacts avec des agriculteurs, ce n'est certainement pas le cas des Aborigènes de l'ouest de l'Australie, continent où l'agriculture n'avait jamais été pratiquée avant l'arrivée des Européens. La poterie elle aussi est apparue dans plusieurs régions chez des tribus de non-agriculteurs. Le cas le plus spectaculaire est celui de la poterie Jomon du Japon inventée plus de 10 millénaires avant J.-C. alors que l'agriculture, venue de Corée, n'est apparue dans ce pays qu'au cours du Ve siècle av. J.-C. Cette poterie a donc été inventée 2 à 2,5 millénaires avant les plus vielles civilisations néolithiques du monde (Testart, 1982). Des poteries encore plus anciennes ont d'ailleurs été découvertes en Chine en 2009. La fabrication des poteries à des fins utilitaires n'empêche d'ailleurs pas que l'homme ait maîtrisé l'usage du feu pour fabriquer de la terre cuite bien avant de l'utiliser à des fins utilitaires. On connaît de petits objets en terre cuite antérieurs de nombreux siècles aux céramiques de la civilisation Jomon ou des différents Néolithiques.

Il est par conséquent clair que ni la technique du polissage des pierres ni celle de la poterie ne sont des caractéristiques indiscutables de la conversion des chasseurs-cueilleurs à l'agriculture. On sait maintenant que le stockage des graines sauvages a commencé avant le Néolithique, et on pense qu'en écrasant des graines avec des pierres, les femmes auraient réalisé les premiers outils en pierre polie. Le plus souvent, cependant, l'apparition de ces différentes techniques est de fait à peu près contemporaine de l'invention de l'agriculture, et le terme « Néolithique » est maintenant employé dans le sens d'invention de l'agriculture plutôt que dans celui de période d'utilisation de la pierre polie. Tout comme la taille ou le polissage des pierres, la poterie — avec ses modes de fabrication (par colombins ou tournage), l'usage de dégraissants variés et surtout la forme et la décoration des récipients — a permis de caractériser des étapes des civilisations, de suivre les migrations des premiers agriculteurs, leurs échanges commerciaux et leurs influences sur les populations voisines.

On a coutume de parler aujourd'hui de « révolution néolithique », expression imaginée en 1925 par le préhistorien australien Gordon Childe qui fut l'un des tout premiers à s'intéresser au Néolithique du Proche-Orient. Il paraît logique en effet de considérer comme une véritable révolution le passage du mode de vie des chasseurs-collecteurs, c'est-à-dire de prédateurs d'animaux ou de plantes, à celui d'agriculteurs, producteurs d'aliments végétaux ou animaux. On a dit maintes fois que cette révolution était comparable par son importance à la maîtrise du feu ; Gordon Childe, qui se réclamait de la philosophie marxiste, avait choisi l'expression en référence à la révolution industrielle. Certes, le passage de la prédation à la production des plantes et des animaux constitue bien une étape, capitale pour l'humanité, donc révolutionnaire, en un sens. La formule a cependant été vigoureusement critiquée du fait qu'elle sous-entend un changement rapide et même brutal du mode de vie. Or, plus encore que la maîtrise du feu, l'« invention » de l'agriculture n'a pu se faire qu'au cours d'une transition lente qui s'est étalée sur une période extrêmement longue, comme on le rappellera plus loin. Il s'est agi plutôt d'une double évolution : déclin de l'importance de la chasse-cueillette, et montée progressive de la culture ou de l'élevage. Sans renier la notion de révolution, Jacques Barrau (1983) par exemple fait remarquer que l'expression « révolution agropastorale », aurait été préférable mais « révolution néolithique », malgré ses imperfections, est passée dans l'usage. Faute de connaître le nom de ces peuples révolutionnaires, on les appelle fréquemment les « Néolithiques ».

Encadré II .1. Quelques formules
illustrant l'importance du Néolithique.

« La *révolution* néolithique » (Childe, 1925).

« Le substrat de l'histoire européenne » (Riquet, 1971).

« La période où les hommes prennent conscience de leur pouvoir sur le milieu » (Aumassip, 1997).

« Processus lent, probablement vécu comme une dérive non contrôlée, difficilement compréhensible et inquiétante » (Valla, 2000).

« Bouleversement socio-économique fondamental de l'humanité » (Vigne, 2000).

Aujourd'hui, une autre évidence s'impose : il n'y a pas eu un, mais plusieurs Néolithiques. Avec sa prudence scientifique habituelle, Harlan (1987) se posait la question de la pluralité du Néolithique en s'appuyant sur les diverses théories relatives à l'apparition de l'agriculture. Il a finalement penché pour un modèle expliquant l'apparition de l'agriculture en divers points du globe, tous situées à la périphérie des zones où la production naturelle était abondante. Les recherches des « centres » de diversification des espèces selon Vavilov, mais aussi et surtout la préhistoire et l'archéologie, ont clairement confirmé plusieurs foyers d'apparition de l'agriculture. Plus personne aujourd'hui ne pense sérieusement que les civilisations précolombiennes d'Amérique puisent leur origine dans celles de l'Ancien Monde (comme d'aucuns l'ont supposé !) et qu'une filiation directe existe entre les deux plus vieilles civilisations de l'Ancien Monde, celle du Moyen-Orient d'une part, celle de la Chine de l'autre, même si des relations très anciennes ont existé entre les deux grands groupes humains, si ténues fussent-elles.

Peut-on dire pour autant que les plus anciens foyers de domestication ont tous engendré une civilisation et que, réciproquement, les grandes civilisations sont toutes issues d'un foyer de naisssance de l'agriculture ? Il est difficile de l'affirmer. Il est *a priori* tout à fait envisageable que des peuples civilisés aient indépendemment et plus tardivement réinventé partiellement l'agriculture et l'élevage en suivant la même voie que les peuples précurseurs, ceux du Proche-Orient, du Moyen-Orient, d'Afrique, d'Amérique et de Chine, dont ils ne connaissaient pas l'existence. Cette théorie connaît toujours des adeptes, et ce point sera repris plus loin.

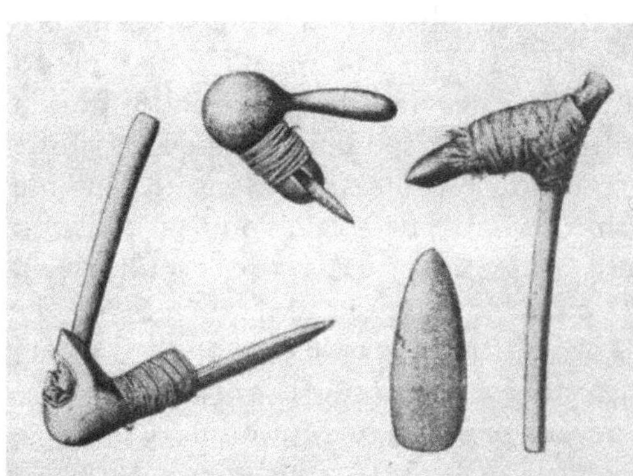

Figure II.1. Outils néolithiques utilisés jusqu'au XXᵉ siècle en Nouvelle-Calédonie. *Source* : Guillaumin (1946).

Le Proche-Orient

L'ancienneté des foyers

Si les premières découvertes sur le Néolithique du vieux continent ont été effectuées en Europe de l'Ouest à la fin du XIXe siècle, les recherches se sont très vite déplacées vers l'Orient, d'où étaient venues les grandes civilisations qui ont donné à l'Europe son histoire et son rayonnement. Cauvin (1994) rappelle que Sigmund Freud aimait comparer la démarche de retour sur le passé, d'exploration de la mémoire (anamnèse) qu'il demandait à ses patients à celle des archéologues préhistoriens. C'est peut-être pour cette raison, ou peut-être simplement pour une simple démarche logique de recherche historique consistant à remonter progressivement des événements les plus récents vers les plus anciens, que les archéologues ont très tôt déployé des efforts importants vers l'Orient en vue de rechercher l'origine de l'agriculture.

**Encadré II.2. Quelques repères chronologiques
pour situer le Néolithique.**

Le plus ancien Néolithique commence :
— 3 millions d'années après l'apparition des premiers hommes ;
— plus de 100 000 ans après l'apparition des premiers *Homo sapiens* en Afrique ;
— 80 000 à 100 000 ans après les premières traces de vie artistique récemment mises à jour au Proche-Orient,
— 40 000 ans après une grande expansion des peuplades paléolithiques, chasseurs-cueilleurs évolués, qui avaient envahi l'Eurasie, l'Amérique, l'Australie et les grandes îles d'Indonésie ;
— 10 000 ans après la fin de la dernière glaciation, soit dans la dernière phase de l'ère quaternaire, l'holocène, qui débute après le bref refroidissement du Dryas récent (fin du pléistocène) ;
— à une époque où, en Europe, flore et faune de l'interglaciaire étaient en train de reconquérir le terrain perdu lors de l'avancée des glaces ;
— 20 000 ans après la disparition des derniers *Homo sapiens neanderthalensis* en Europe ;
— 4 000 ans après la première domestication du chien (difficile à dater, il est vrai) ;
— 4 000 ans avant les premiers travaux d'irrigation et de drainage ;
— 5 000 ans avant les premières cités-États et l'invention de l'écriture ;
— 9 000 ans av. J.-C.
L'invention de l'agriculture proprement dite se situe aux alentours de 8000 av. J.-C.

Quand les premières fouilles dans ce sens ont été entreprises, l'ancienneté des civilisations au sens propre — existence de villes, de cités ou même de villages — était évidente aux yeux des Européens, ne serait-ce que d'après les récits bibliques et la littérature antique. Plus parlant encore, les imposants vestiges d'Égypte n'avaient jamais été effacés de la face du globe, et ceux de Mésopotamie et de Perse, où les maisons de briques crues étaient enfouis sous de véritables collines de débris, avaient été redécouvertes dans le courant du XIXe siècle ; si de très vieilles et très imposantes cités avaient vu le jour dans ces régions, leur construction n'avait été possible que par des peuples maîtrisant l'agriculture. En revanche, l'existence à l'état endémique de formes sauvages des premières plantes cultivées était encore bien hypothétique : on ne connaissait pas même l'ancêtre du froment.

Sur les sites préhistoriques, les recherches des archéologues de l'époque visaient essentiellement le « mobilier », c'est-à-dire des outils ou instruments de cuisines, les parures, ainsi que les restes d'habitats, les armes, les objets de culte ou les tombeaux. Comment dès lors deviner puis déterminer le moment où s'est produit le passage de la prédation à la production ? Identifier les premiers outils « agricoles » n'est pas chose simple : l'araire, ancêtre de la charrue, ou même la houe ne sont pas apparues dès que l'homme a travaillé la terre de ses premiers champs ou ses premiers jardins. Il s'est dans un premier temps vraisemblablement contenté de morceaux de bois (dont on ne retrouve rien) ou de pierre qu'il utilisait pour des travaux variés, avant de tailler puis de polir des silex spécialement pour un usage agraire. Pour la coupe des céréales, ou plus souvent de leurs épis, on sait qu'il a également utilisé des outils simples en terre cuite. Mais il a peu après fait appel à de la pierre dure comme du silex et, dans ce cas, on dispose fort heureusement d'un indice très précieux, le lustre du silex. Les formations siliceuses des végétaux, les phytolithes déjà évoqués, laissent de minuscules rayures qui donnent à l'outil une patine identifiable au microscope après des millénaires de séjour dans les sols. Les premières faucilles en pierre sont quelquefois des lames allongées utilisées à la manière d'un couteau. Ensuite on voit apparaître des éléments plus ou moins trapézoïdaux qui étaient à l'origine enchâssés sur une pièce de bois droite ou arquée, le tout formant une faucille primitive. De telles faucilles ont fort bien pu être utilisées pour couper autre chose que des graminées à grains comestibles, par exemple des roseaux devant servir de couche ou de toiture. Fort heureusement, les microrainures creusées par la paille des graminées peuvent être distinguées de celles des roseaux, par des spécialistes et après expérimentation sur du silex « neuf ». On peut même distinguer le lustre de la paille sèche de celui de la paille verte (Anderson, 2000). En revanche, le lustre est absolument le même que les graminées soient sauvages ou domestiques, ce qui oblige les archéologues à avoir recours à d'autres critères tels que les restes d'épis ou de graines pour essayer de déterminer le stade de domestication des céréales.

Les peuples du Levant avant le Néolithique : les Natoufiens et les Khiamiens

Quand, dans la première moitié du XXe siècle, les archéologues se sont intéressés au Proche- et au Moyen-Orient pour la période qui a suivi la fin de la dernière glaciation, ils ont découvert une « culture » qui n'avait rien de très particulier par rapport à celles de l'Europe : le Mésolithique, qui commence entre 20 et 22 000 ans av. J.-C. et se termine vers le Xe millénaire avant notre ère dans cette région. Cette culture, qui se caractérise par l'abondance de petits artéfacts de silex — les microlithes —, a longtemps été considérée comme une période de régression culturelle par rapport à l'apogée du Paléolithique. L'homme avait abandonné la fréquentation des grottes et ne réalisait plus les magnifiques gravures ou peintures pariétales. Il ne chassait plus, ou presque plus, le gros gibier, et avait oublié des techniques sophistiquées comme celle du harpon à propulseur en bois de renne. Au lieu des imposants vestiges de chasse au mammouth surtout connus dans l'est de l'Europe, l'homme du Mésolithique nous a laissé des monticules de coquilles d'escargots ! À cette même époque, l'homme du Moyen-Orient ne semblait avoir aucune avance technique notable par rapport à ses contemporains européens, il était chasseur-collecteur. Des découvertes récentes sur les rives du lac de Galilée, plus précisément sur le site nommé Ohalo II datées de 23 000 ans, ont mis en évidence des récoltes de graines conservées de façon remarquable dans les sédiments lacustres. Elles sont d'une rare abondance : 19 000 restes appartenant à 142 espèces distinctes, dont l'orge et l'amidonnier sauvages. Au sortir de la période glaciaire, les habitants de cette région avaient donc déjà récolté et amassé des « céréales », et ce, dix millénaires environ avant l'invention de l'agriculture (Wilcox, 2000).

Mais très vite, l'attention des archéologues s'est tournée vers une culture plus récente répandue dans une vaste zone allant du Néguev au moyen Euphrate, celle que l'on a appelée « natoufienne » (du nom du village de Natouf). Elle a duré de 12 500 à 10 000 ans av. J.-C. et a couvert une partie de l'ancienne Jordanie, c'est-à-dire d'Israël et de la Jordanie actuelles et, plus au nord, ce que l'on a appelé le « Sillon levantin »[1] (Cauvin, 1994 ; Valla, 2000). Les Natoufiens ont d'abord été des nomades parcourant une vaste partie du Levant et de la Mésopotamie qui était alors une savane arborée où poussaient chênes et arbres fruitiers sauvages, principalement des amandiers et des pistachiers. Entre les bosquets croissaient en abondance des graminées, dont les ancêtres de nos céréales : blé amidonnier spontané (*Triticum dicoccoides*), engrain (*Triticum boeticum*) et orge (*Hordeum spontaneum*), mais aussi beaucoup d'autres plantes à graines comestibles. À partir d'une époque située peu après la fin de la dernière glaciation, les ancêtres des Natoufiens récoltaient des fruits, des céréales sauvages ainsi que des graines de légumineuses également assez courantes (lentille, ers, pois, vesce et gesse). Leurs préférences alimentaires semblaient aller aux gazelles et aux céréales sauvages, mais leur nourriture était très éclectique : aussi bien des fruits secs, des pistaches ou des glands que de nombreux animaux — lézards, tortues, poissons, oiseaux et divers gibier, du lapin à l'aurochs.

À partir du XIIIe siècle av. J.-C., c'est-à-dire à partir du Dryas inférieur, les Natoufiens ont laissé des vestiges d'habitats fixes trahissant une sédentarisation partielle. Leurs maisons, semi-enterrées, étaient toujours circulaires groupées en « villages » ne dépassant pas quelques habitations et établis près des sources ou des cours d'eau. Leur mobilier comprenait beaucoup de microlithes servant à la fabrication d'armes de chasse et de pêche, comme chez leurs contemporains d'Europe. Ils ont laissé aussi des mortiers, des pilons et des meules qui témoignent probablement du décorticage ou du broyage de céréales et de diverses graines sauvages pour la préparation des repas, mais qui ont pu avoir d'autres usages comme le broyage d'ocre pour les parures. Les silex portant le lustre des céréales

---

1. La partie ouest du Croissant fertile, approximativement orientée nord-sud.

sont fréquents ; ils récoltaient donc des graminées, ou plus exactement des épis de graminées, sans que rien n'indique qu'ils pratiquaient l'agriculture — ils étaient peut-être restés cueilleurs-collecteurs. La question du stockage de grain ou de graines est controversée, aucune structure de stockage évidente n'ayant été mise à jour. On peut d'ailleurs remarquer que les traces de céréales sauvages se font plus rares à la fin de cette période, peut-être par suite de l'épuisement des populations de graminées autour des cases. Ils se sont mis alors à récolter en abondance d'autres plantes comme la renouée (*Polygonum* sp.) ou l'astragale (*Astragalus* sp. ; Cauvin, 1994 ; Valla, 2000). Ce peuple a laissé de petites sculptures représentant des animaux (statuettes de pierre ou manches d'outils sculptés), généralement des petits ruminants ou des oiseaux, mais aucune représentation de divinité. Aujourd'hui, tout le monde s'accorde pour dire que l'on a bien affaire à une époque charnière : c'est le début de changements qui allaient aboutir à l'invention de l'agriculture (Testart, 1982 ; Cauvin, 1994).

À la culture natoufiennne a succédé une culture voisine connue sous le nom de « khiamienne », sans qu'il y ait eu changement détectable de population. Elle a duré cinq siècles, de 10000 à 9500 av. J.-C. On trouve par exemple cette culture sur un site du moyen Euphrate qui fera parler de lui, Mureybet. Les Khiamiens fabriquaient des armes et des outils de plus en plus perfectionnés : ils ont innové dans l'utilisation de l'arc en dotant leurs flèches de pointes de silex à encoches, ont développé l'industrie de l'os, et les vestiges des maisons révèlent des techniques de construction plus avancées. Ils ont laissé aussi de nombreuses petites figurines anthropomorphes en calcaire, sculptées de façon très primitive ou tout au moins très schématique, mais toujours avec accentuation des caractères féminins. Aucune statuette masculine ou animale n'a été trouvée. Ces représentations féminines voisinent avec des restes de bovins (crânes, cornes) enfouis dans les matériaux de construction de leurs maisons. Statuettes et cranes ont été interprétés comme des divinités : une divinité féminine, sans doute liée à la fécondité, une autre *a priori* masculine, le taureau, qui était encore très loin d'être domestiqué (Cauvin, 1994). Les fouilles n'ont apporté aucun argument en faveur d'un début d'agriculture.

Le Protonéolithique (Néolithique précéramique A)

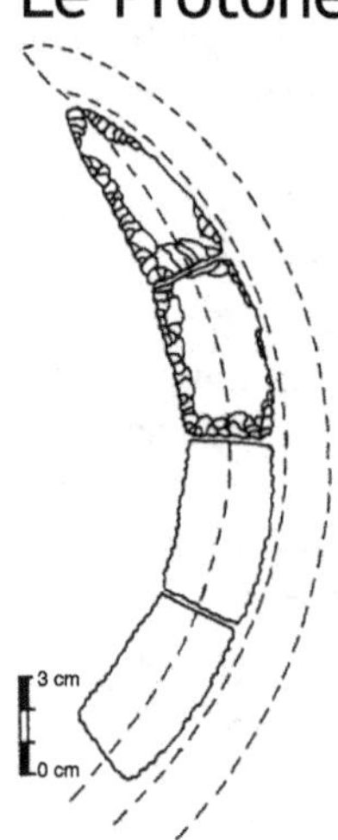

Aux Khiamiens succèdèrent vers 9500 av. J.-C. trois « cultures » directement issues de la précédente et connues par des localités situées du nord au sud du territoire des anciens Natoufiens : dans les pays du moyen Euphrate, c'est-à-dire aux confins actuels de la Syrie et de la Turquie, ce sont les Mureybétiens qui habitaient sur les rives du moyen Euphrate ; dans l'oasis du Damascène, ce sont les Aswadiens qui vivaient près de ce qui était alors un lac alimenté par une petite rivière et, tout au sud, ce sont les Sultaniens, ainsi baptisés d'après le Tell es-Sultan, nom arabe de Jéricho. C'est à la suite des fouilles du site que le terme de « PPNA », *pre-pottery neolithic A* (Néolithique acéramique,

Figure II.2. Reconstitution d'une faucille en bois armée de silex (d'après Cauvin, 1994 ; © CNRS éditions).

ou « Précéramique A »), a été employé pour la première fois. Les particularités des ces trois sites sont notables et se sont accentuées avec le temps, la culture jusqu'alors homogène s'étant diversifiée. Le site sultanien (Jéricho) a fourni un outillage abondant comprenant mortiers et meules, bifaces, « faucilles » de type nouveau ainsi que les premières haches polies. La cité, qui s'étendait sur 2 ha, était entourée d'un mur d'enceinte de 3 m de large qui protégeait peut-être la cité contre les inondations, et une véritable tour de 8,5 m, ce qui a valu à Jéricho le qualificatif de « plus vieille *ville* du monde ». Les restes végétaux attestent de l'abondance d'orge.

Sur le site d'Aswad, un vaste tell[1] incomplètement fouillé, on a trouvé, outre des pointes de flèches de type khiamien, des lames de faucilles présentant un très beau lustre de céréales ainsi que des figurines de terre mal cuite. Les maisons étaient désormais dallées et les murs construits en briques crues. Des statuettes féminines ont également été découvertes, et des lieux d'inhumation de corps séparés de leur tête — signes d'un culte nouveau — ont été mis en évidence. Les végétaux récoltés comprennent surtout de l'amidonnier. Mureybet est un véritable village de super-ficie comparable à Jéricho. Les maisons circulaires en partie enterrées, à fonda-tions de pierre, étaient devenues spacieuses. L'une d'elles, d'un diamètre de 6 m, était divisée en compartiments spécialisés avec couche surélevée, des banquettes, un foyer et des recoins pour les réserves (sans doute des greniers) ; une véritable charpente dénote la présence d'un toit plat. Les cases circulaires étaient relative-ment rapprochées les unes des autres. L'outillage retrouvé comprend des pointes de flèche foliacées ou pédonculées traduisant un nouveau mode de fixation sur la hampe, de petits récipients ou des petits objets en terre cuite (sans dégraissant, il ne s'agit pas encore de véritable poterie) et de belles faucilles à extrémité rétré-cie pour l'emmanchement. Les céréales retrouvées sont cette fois-ci un mélange d'orge, d'engrain et d'amidonnier.

L'éclatement de la civilisation uniforme antérieure s'est donc accompagné d'un progrès technique rapide et, visiblement, d'un changement des pratiques reli-gieuses bien souligné par Cauvin (1994). Cependant, c'est dans le domaine des ressources alimentaires que les évolutions ont été les plus spectaculaires. Certes, à l'époque des fouilles entreprises par Cauvin, on ne pratiquait pas encore la technique de flottaison permettant la collecte systématique des petits débris végé-taux, et les grains de céréale étaient assez mal conservés. Si quelques graines de lentille et de pois chiche ont été trouvées, seuls des fragments carbonisés de grains ont permis l'identification des céréales. Les céréales et les fabacées citées ont été considérées par Cauvin comme en partie domestiquées. Depuis, ce jugement a été contesté par suite du mauvais état de conservation du matériel et de l'insuffisance de fiabilité des techniques alors en usage. En revanche, cet auteur a bien noté la brusque augmentation du pollen de céréales à Mureybet, seul site occupé sans interruption depuis le natoufien. Il en a déduit qu'on avait bien affaire à un début d'agriculture et a corrélé ce changement à une augmentation de la population : les agglomérations abritaient déjà 200-300 habitants. Cauvin a été également l'un des premiers à conclure que le passage de la prédation à l'agriculture avait été un

---

1. Au Moyen-Orient, un tell est une colline artificielle résultant des ruines d'une agglomération antique.

processus lent, étalé sur plus d'un millénaire. En d'autres termes, s'il y a eu une « révolution néolithique » selon les termes de Childe, cette révolution a été bien lente et le Néolithique précéramique A n'en était qu'un tout début. Certains le qualifient aujourd'hui de « Protonéolithique ».

Les Néolithiques précéramiques B ancien et moyen

La seconde période du Néolithique, dite « précéramique B », à partir de – 8700, est marquée par un accroissement des territoires exploités par l'homme, une expansion démographique rapide, une diversification des espèces végétales et également l'arrivée de l'élevage inventé plus au nord. Les tout débuts de l'agriculture qui étaient cantonnés au Sillon levantin ont commencé à se déplacer vers la Palestine au sud, l'Anatolie au nord, ainsi que dans l'île de Chypre. On voit apparaître, fait entièrement nouveau, des structures rectangulaires et non plus circulaires, c'est-à-dire une géométrie beaucoup plus propice à la juxtaposition des maisons dans ce qui apparaît comme les premiers villages. À Mureybet, un bâtiment a été découvert à l'écart des cases, subdivisé en quadrilatères d'environ 1 m de côté qui — certainement des silos. Les villages de plus en plus peuplés comportaient aussi une grande case, sans doute vouée à un culte religieux. Ce type de construction s'est répandu vers le nord pour gagner l'Anatolie actuelle. La généralisation des habitats regroupés les uns contre les autres, l'augmentation de la taille des villages et le caractère spacieux des pièces des habitations sont interprétés comme les signes d'une sédentarisation définitive et d'une augmentation de la taille de la famille.

C'est à partir de cette période que les céréales peuvent être considérées comme réellement domestiquées. Wilcox (2000) a analysé en détail le résultat des fouilles de 35 sites éparpillées non seulement sur le Sillon levantin, mais aussi en Mésopotamie et jusqu'en Anatolie. La technique de récupération du matériel végétal par flottaison s'étant généralisée, les restes de céréales ont permis des conclusions beaucoup plus sûres. La densité des restes de céréales a brusquement augmenté à partir de – 9500, et ce dans de nombreux sites où par ailleurs les espèces de céréales, sauvages ou domestiquées, différaient sensiblement. Des grains de blé amidonnier, d'engrain et d'orge à deux rangs de domestication incertaine remontent à une période allant de 9300 à 8200 av. J.-C. en données calibrées. Les fabacées, et en particulier la lentille, sont devenues fréquentes.

Les études palynologiques ont aussi montré, pour la période déjà évoquée allant de 9500 à 8000 av. J.-C., une brusque augmentation de la fréquence des pollens d'une quinzaine d'espèces opportunistes, en particulier le gaillet, le coquelicot, la bourse à pasteur, les fabacées à petites graines, l'ivraie, etc. Ce sont les mauvaises herbes des paysans, les adventices des agronomes, les plantes messicoles des botanistes et des poètes ; comme l'augmentation du pollen, elles caractérisent bien une forme de travail des champs, l'existence de cultures, mais non forcément celle de plantes domestiquées. C'est la non-déhiscence des épillets de céréales qui permet de caractériser la domestication, justifiant de manière un peu arbitraire le changement d'appellation des espèces (cf. *infra*). Des blés engrain et amidonnier, considérés comme domestiques, n'étaient plus absents que sur de rares sites isolés ; ils apparurent à des époques datées de 8400 à 8000 av. J.-C. sur le site anatolien de Cafer Höyuk sur le haut Euphrate. L'orge à 2 rangs (*Hordeum vulgare*) était également connue en Anatolie, entre – 8000 et – 7500. Dans la période allant de – 8200 à – 7500, l'orge à 6 rangs ainsi que le blé nu ou froment (*Triticum aestivum*) étaient connus à Aïn Ghazal, cette fois dans un lieu situé dans l'actuel État d'Israël. Les graines de fabacées comme la lentille et l'ers existaient sur les sites fouillés depuis le début du Protonéolithique. Leur domestication n'est pas aussi facile à caractériser que celle des céréales : c'est à partir de 8000 av. J.-C. que les espèces ont pu être considérés comme cultivées — si l'on retient la non-ouverture spontanée des gousses comme critère de domestication de cette famille (Guilaine, 2000). Quelles que soient les nuances, on peut situer le début de la culture de plantes domestiquées au Proche-Orient à 8000 av. J.-C., ce qui n'exclut pas un début bien plus ancien du processus qui a mené à cette révolution.

C'est également cette époque qui vit deux animaux, la chèvre et le mouton, devenir domestiques en Anatolie centrale, dans une zone située nettement au nord du Levant (cf. chapitre V). Porc et bovins domestiques, venant également d'Anatolie centrale, suivirent peu après.

Le Néolithique « récent »

L'établissement du système agropastoral est attesté à partir du précéramique B récent, c'est-à-dire à partir de 7600 av. J.-C. : le nombre de cultivars de céréales augmente puisqu'on observe l'orge à 6 rangs, véritable cultivar obtenu à partir de *Hordeum vulgare*, à peu près au même moment que le froment, qui résulte d'une hybridation de l'amidonnier avec un autre *Aegilops* (cf. *infra*). Ces innovations sont à peu près contemporaines d'un événement qui s'est répété partout : la « migration » des nouvelles techniques. L'agriculture a gagné le Zagros, une zone du nord du Croissant fertile non contiguë du Sillon levantin où l'on vit apparaître *ex abrupto* le blé nu et 3 légumineuses, dont une de culture jusqu'alors inconnue : le pois. Bien plus, la chèvre nouvellement domestiquée était présente dès cette époque dans cette même région, alors même que la chèvre sauvage y était inexistante. La taille des agglomérations n'avait cessé de croître, pour atteindre 2 500 à 3 000 habitants sur le site d'Abou Hureyra — un grand village, pour ne pas dire une petite ville ! L'agriculture de tous les sites étudiés reposait sur des espèces domestiques ; les semences circulaient propageant les premiers cultivars loin des sites supposés de leur obtention. La présence de silos à côté des maisons, l'abondance subite des petits rongeurs qui allaient devenir des commensaux habituels de l'homme disposant de réserve, sans parler des meules et des faucilles, démontrent

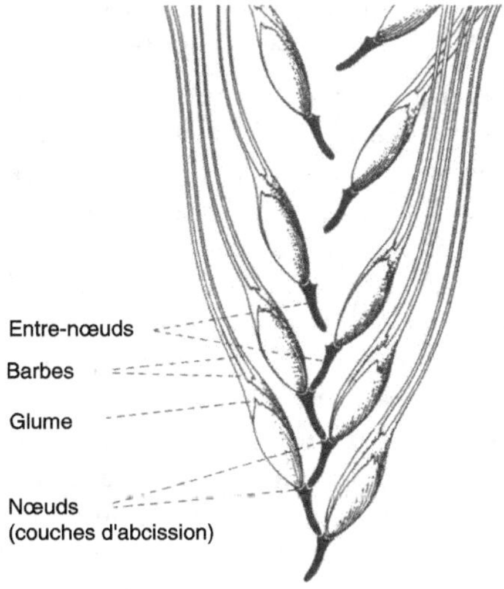

Figure II.3. Une caractéristique des céréales sauvages dont la disparition correspond au début de la domestication : la déhiscence du rachis (d'après Cauvin, 1994 ; © CNRS éditions).

clairement que l'homme tirait alors une grande partie (la plus grande ?) de sa nourriture des plantes cultivées, dont la liste était passée de 3 à 6. L'augmentation de la population, désormais regroupée en villages, les évolutions rapides de l'habitat, des armes qui se perfectionnaient, tout cela corrobore l'idée que, vers 7500 av. J.-C., la fameuse révolution néolithique était presque achevée.

Les mécanismes de la transformation des céréales sauvages en plantes cultivées sont cependant loin d'être parfaitement compris. Ils seront néanmoins abordés plus bas pour le blé (cf. chapitre III), et ceux qui ont permis la domestication de l'orge ne diffèrent *a priori* que très peu.

Le seigle, céréale qui croissait à l'état sauvage avec l'orge et le blé, mérite une mention spéciale. Son grain, difficile à distinguer de celui de l'engrain, apparaît fréquemment sur les site de fouilles de vestiges du Néolithique, tout comme l'orge, associé aux blés. L'utilisation de la spectrophotométrie infrarouge, qui permet une analyse de la composition chimique des lipides, a permis de confirmer que la céréale trouvée à Abou Hureyra était bien du seigle. Des études ultérieures ont montré qu'il s'agissait de seigle domestiqué (*Secale cereale*), et non sauvage (*S. vavilovi*). De plus, cette domestication serait antérieure à la prédomestication des autres céréales ; mais elle n'est connue que sur un seul site et sa culture n'aurait pas dépassé quelques siècles. On aurait donc affaire à une domestication très précoce suivie d'un abandon rapide pour des raisons inconnues.

À partir de 6300 av. J.-C., une nouvelle sorte d'élevage apparaît, celle de bétail gardé par des pasteurs nomades. Des bouleversements sociaux s'ensuivront avec les rivalités entre agriculteurs sédentaires et éleveurs nomades. La grande innovation technique est en outre l'invention de la poterie qui est en fait l'aboutissement d'un long processus où l'homme avait d'abord fabriqué des récipients en pierre tendre, des objets en terre cuite, de la vaisselle blanche en chaux armée de vannerie de brindilles, etc. Désormais la fabrication de la céramique cuite est maitrisée (Mazurié de Kéroulan, 2003).

Le grand changement qui caractérise cette époque porte surtout sur le dynamisme relatif des différentes régions : alors que les techniques stagnaient dans le Sillon levantin, le Zagros et toutes les régions de l'est de la Mésopotamie commencèrent à innover à leur tour. On vit apparaître les briques moulées, l'architecture complexe alliée à un véritable urbanisme, des greniers collectifs, l'irrigation, bref, toutes les conditions nécessaires à l'apparition des cités-États puis des empires. Le premier d'entre eux fut celui de Sumer, au sud de la Mésopotamie, où naquirent les premières grandes cités, la première écriture connue et, par définition, l'histoire. Par la suite, le Néolithique né dans cette région du monde connut une diffusion tous azimuts. Vers l'est, il atteignit ce qui allait devenir l'empire perse. Vers l'Afrique, il fut à l'origine de la non moins brillante civilisation égyptienne. Pour expliquer ces grandes migrations des hommes et des techniques et leur installation dans les vallées irrigables de l'Euphrate puis du Nil, il ne faut sans doute pas négliger le rôle joué dans l'épuisement des terres et même la désertification par les premières zones cultivées ou surpaturées. Selon Ruano-Borbalan (2001), c'est bien l'appauvrissement des sols qui aurait poussé les agriculteurs à bousculer les habitants des vallées pour prendre leur place et poursuivre l'évolution des techniques qu'ils avaient inventées. En Égypte, les nouveaux venus ont bénéficié des acquis du Néolithique saharien où avaient été domestiqués des bovins et l'olivier, et où la poterie était maîtrisée de longue date. Ce Néolithique saharien ne pouvait plus s'épanouir à cause des modifications climatiques ou de la désertification due au surpâturage, et une partie de ses habitants avaient sans doute gagné l'Égypte.

Après avoir été adopté dans toute la Turquie actuelle, le Néolithique proche-oriental atteignit la mer Égée, qu'il franchit vers 6800 av. J.-C. La néolithisation de l'Europe continentale (à l'exception du nord de la Scandinavie) s'est achevée en un peu moins de deux millénaires. D'ailleurs, la plus ancienne civilisation d'Europe, celle des Thraces, dans l'actuelle Bulgarie, remonte au VIe millénaire avant J.-C., et les plus vieux monuments en pierre apparurent en Europe occidentale — France, Espagne, Portugal — au Ve millénaire[1].

La colonisation de l'Europe

La néolithisation de l'Europe a suscité beaucoup d'études. Il n'y a pas eu de partisans sérieux d'une origine indigène des plantes alimentaires fondamentales de la préhistoire puisqu'il s'agissait de céréales dont les ancêtres étaient inexistants en Europe. Le même raisonnement s'applique aux caprinés — chèvre et mouton. Mais on peut supposer que les anciens Européens avaient domestiqué des sangliers et des aurochs, aussi courants chez eux qu'au Proche-Orient. Cette hypothèse a resurgi à plusieurs reprises. Des restes de bétail trouvés sur le site mésolithique de Lépenski, sur les rives du Danube (aux Portes de fer), ont été interprétés comme des signes de domestication locale jusqu'à ce qu'on se rende compte qu'ils avaient été enfouis sous les strates mésolithiques. Tout le monde s'accorde aujourd'hui pour affirmer que le Néolithique européen dérive de celui du Proche-Orient, et les principales étapes de son expansion sont désormais connues. Une synthèse remarquable de ce processus été réalisée par Karoline Mazurié de Kéroulan (2003).

Selon les premières hypothèses, l'homme venant d'Asie mineure se serait installé en Grèce avec ses semences, son bétail et ses techniques, et aurait mis en valeur son nouveau territoire avant que ses descendants ne s'éloignent un peu plus vers l'ouest et que les générations suivantes n'en fassent autant. À partir du laps de temps séparant leur arrivée en Grèce du moment où ils ont atteint les côtes atlantiques, la vitesse de l'avancée du Néolithique a pu être calculée : elle est de l'ordre de 20 à 30 km par génération. On a élaboré des modèles d'avancées par vagues *a priori* séduisants mais qui se sont révélés simplistes. Deux axes de pénétration de l'agropastoralisme ont rapidement été identifiés : les côtes méditerranéennes et la vallée du Danube, qui se prolonge par celle du Rhin. Pendant toute cette période, le substrat européen n'a fourni que bien peu de plantes cultivées nouvelles. Outre deux céréales — l'avoine et le seigle — venues du Proche-Orient sous forme d'adventices et qui ne seront domestiquées qu'à l'âge du fer (en gros durant le premier millénaire avant J.-C.), on ne peut mentionner que quelques arbres fruitiers comme le châtaignier et des légumes dont l'un d'importance, le chou.

---

1. Les plus vieux monuments en pierre datés avec certitude se trouvent dans l'ouest de la France, mais il s'agit de cairns en pierre brute et non de monuments en pierre taillée ; les premières pyramides d'Égypte détiennent donc bien le record d'ancienneté dans ce dernier domaine.

L'implantation du Néolithique en Europe telle que les découvertes archéologiques permettent de la reconstituer s'est déroulée, selon Mazurié de Kéroulan (2003), selon quatre processus : la colonisation, l'expansion démographique dans le temps et l'espace, la diffusion du matériel vivant domestiqué et l'acculturation des populations locales soit dans l'hostilité, soit dans l'amitié. Après avoir évoqué les 17 civilisations mésolithiques recensées, l'auteur décrit les 5 étapes de l'implantation du Néolithique :

— de − 6800 à − 6100, un premier Néolithique apparaît en Grèce, en même temps qu'en Anatolie. Les cultures sont présentes sur les deux rives de la mer Égée, et la poterie témoigne de la même évolution stylistique (céramique peinte). L'habitat comprend des maisons à deux pièces, dont une servant apparemment de sanctuaire. L'obsidienne utilisée pour la fabrication des artéfacts vient de Cappadoce. L'économie repose sur les céréales, les légumineuses et le bétail. On peut cependant remarquer que les quatre ongulés domestiques (ovins, caprins, bovins et porcins) sont trouvés sur un même site de Thessalie datant de − 6600, et ce pour la première fois au monde ;

— de − 6100 à − 5800, on note une expansion de la zone néolithisée vers les Balkans qui est interprétée comme une expansion démographique. Elle atteindra l'Adriatique et le moyen Danube. La poterie, encore proche de celle de la zone précédente, subit une évolution stylistique qui pourrait être influencée par le substrat mésolithique local. Les maisons sont bâties sur fondations de pierre, et des traces de fossés (de protection ?) ont été retrouvées. Le long du bassin adriatique, la progression paraît avoir été très rapide. Le pastoralisme introduit par des populations exogènes s'étend sur de nouvelles terres, mais les influences attribuables à un substrat local pourraient témoigner d'une acculturation des populations. Les sites archéologiques ont fourni de nombreux jetons dont le rôle supposé est celui d'instruments de calcul pour la gestion des ressources alimentaires — grain et bétail ;

— de − 5800 à − 5500, le Néolithique atteint la Pannonie (actuelle Hongrie), la Transdanubie, la Croatie mais aussi la Méditerranée centre-occidentale. Dans les régions nordiques, les contacts avec les populations mésolithiques sont de plus en plus évidents. Les matériaux des outils de pierre viennent de l'Europe centrale. Les styles de poterie sont diversifiés et varient selon les régions. On trouve des sites où l'élevage domine, d'autres où il est pratiqué en plus de la chasse qui demeure la première source de viande. Les bovins sont les bestiaux les plus abondants, alors que les porcs sont rares. Dans les régions méditerranéennes, des datations au ^{14}C ont montré une colonisation extrêmement rapide qui gagne les côtes italiennes, la Corse, la Ligurie, le Languedoc, les côtes orientales de l'Espagne et atteint le Portugal. C'est la civilisation de la poterie cardiale (décorée avec des coquilles de coques, *Cardium edule*) et des outils en obsidienne des îles Lipari ;

— de − 5500 à − 5300, le Néolithique s'installe partout en Europe centrale, dans un cas après rupture d'une frontière qui s'était stabilisée pendant 3 siècles. Cette fois, on dénote un rôle majeur de l'acculturation avec l'apparition de la céramique dans des zones typiquement mésolithiques (Belgique, Limbourg) ; il s'agit de céramiques dont le style original est imaginé par les populations qui ont adopté la poterie. Les habitats sont de longues maisons en bois n'ayant plus aucun

rapport avec celles des colons qui s'étaient établis dans l'actuelle Grèce. Le bœuf, l'engrain et l'amidonnier, adoptés en premier, se diffusent rapidement parmi les peuples mésolithiques. Cette époque voit apparaître dans le nord de la France de nouvelles plantes cultivées — pavot, lin, froment — qui arrivent certainement par la vallée du Rhône ;
— de – 5300 à – 4900, le style rubané (ou linéaire)[1] progresse un peu partout. Dans l'est de la France, on cultive l'engrain, l'amidonnier, l'orge, les lentilles et on élève des bovins, bien que la chasse du cerf soit encore importante. Les sites fortifiés sont nombreux. L'agriculture atteint les côtes atlantiques de l'actuelle France. On ne peut plus parler de colonisation ni d'expansion démographique.

La contribution de la palynographie

La synthèse réalisée par Mazurié de Kéroulan repose sur un impressionnant ensemble de données archéologiques, mais n'aborde pas la palynologie dont l'utilité est incontestable pour mettre en évidence le début de agriculture : diminution du pollen des arbres forestiers, apparition brutale de celui de poacées et éventuellement d'autres plantes cultivées, d'adventices ou parfois d'arbres repoussant rapidement après les défrichages. Les soudaines diminutions de pollen d'espèces arborescentes non accompagnées d'apparition de pollen de céréales peuvent correspondre à un défrichage destiné au pâturage. Le pollen de plantes cultivées n'est, quant à lui, un indice certain du Néolithique que s'il est accompagné d'indices archéologiques. Les résultats d'une étude sur les plus anciennes traces d'anthropisation du milieu en Europe ont été publiés sous l'égide du CNRS (Richard, 2004). Les données polliniques recoupent généralement celles de l'archéologie, mais ce n'est pas toujours le cas. Par exemple sur le site préhistorique de Locmariaquer, en Bretagne, une diminution subite des arbres est accompagnée d'une apparition de céréales et d'une plante messicole, le bleuet ; la datation en données calibrées situe les restes aux alentours de – 6000 ; le long de la vallée de la Loire, près d'Ancenis, des pollens de céréales, de sarrasin (*Fagopyrum* sp.) et de noyer (*Juglans* sp.) datés à peu près de la même époque ont été trouvés. Ces données, qui demanderaient d'autres travaux pour être pleinement interprétées, vont dans le sens d'une circulation extrêmement précoce de matériel végétal et d'abord de céréales. Leur dispersion et leur rareté semble correspondre à de petites cultures au sein de populations mésolithiques qui seraient loin de marquer un changement de civilisation, comme les données archéologiques le laisseraient supposer. La découverte de sarrasin et de noyer parmi ces toutes premières traces de l'agriculture de l'Ouest européen est très surprenante, mais corrobore quelques indices botaniques allant dans le même sens.

Il est intéressant de rappeler que la néolithisation de l'Europe, ayant été longtemps vue comme une colonisation par des envahisseurs, a été attribuée par des linguistes (en premier semble-t-il) puis par des archéologues à l'arrivée des Indo-Européens, mais à tort semble-t-il.

---

1. Caractérisé par des décorations assez larges évoquant des rubans souvent en lignes brisées.

Les autres sites de naissance de l'agriculture

Si important soit-il, le Néolithique du Moyen-Orient est cependant loin d'être le seul. Sa grande notoriété découle de sa très grande ancienneté et du nombre imposant d'études qui lui ont été consacrées. Les autres centres ont cependant leur originalité propre et ont apporté des contributions comparables à l'alimentation, au développement de civilisations brillantes, somme toute à la culture de l'humanité. Le but de ce chapitre est de présenter un aperçu sommaire des foyers néolithiques multiples, variés, mais moins connus.

Les centres chinois

L'origine chinoise de certaines plantes alimentaires ne faisait aucun doute aux yeux de Vavilov, comme à ceux des archéologues : la grande ancienneté de la civilisation chinoise était évidente. Les premières fouilles entreprises par le Suédois Anderson pendant l'entre-deux-guerres lui avaient permis dès 1934 de localiser au centre de la Chine un site nommé « Yanshao », où s'était épanouie une « culture de poteries peintes » (Harlan, 1987). Le peuple qui s'y adonnait pratiquait une agriculture reposant sur l'exploitation de deux millets (*Setaria italica* et *Panicum milliaceum*) qui auraient joué dans cette région un rôle comparable à celui de l'engrain, de l'amidonnier et de l'orge au Proche-Orient. Par la suite, les Chinois devaient remplacer, chaque fois que cela était possible, ces petites céréales par une autre au grain plus gros et au rendement autrement plus élevé, le riz. Mais il fallait rechercher l'origine de la culture du riz, des autres plantes locales, repousser les études jusqu'aux stades permettant de déceler la naissance du ou des Néolithiques. Il fallait aussi — chose plus délicate au plan diplomatique — distinguer, parmi les plantes cultivées depuis longtemps en Chine, celles qui sont autochtones de celles qui sont arrivées de l'ouest, c'est-à-dire du Proche- ou Moyen-Orient. Or, en 1939, l'accès du pays a été de fait interdit aux Occidentaux. Bien plus, il y eut ensuite une interdiction formelle de se référer à toute contribution des civilisations occidentales à ce que l'on a coutume d'appeler « les premières civilisations Han » (chinoises), celles des Sang et des Zhou à l'âge du bronze. Cette interdiction s'adressait à tous les domaines relatifs à la civilisation, voire aux questions ethnologiques. Pour se limiter au problème du Néolithique, on devine aisément les difficultés rencontrées par les scientifiques chinois pour expliquer l'apparition du blé et de l'orge dont aucun ancêtre n'existe en Extrême-Orient. Il a fallu attendre 1991 pour que les Occidentaux puissent avoir accès aux fouilles, confronter leurs méthodes à celles de leurs collègues chinois et prendre réellement connaissance des dernières découvertes. Fort heureusement, les Chinois avaient déployé de grands efforts pour fouiller ou tout au moins sonder environ huit mille sites dans de nombreuses provinces. Les premiers résultats, qui bénéficieront certainement des apports et modifications dans les décennies à venir, permettent déjà de compléter amplement la première vision du Néolithique chinois. Le texte ci-dessous repose essentiellement sur la synthèse de Debaine-Francfort (2000).

La Chine n'apparaît plus comme un pays où toute l'agriculture était partie d'un seul centre, mais presque comme un non-centre au sens d'Harlan ou, si l'on

Encadré II.3. Colonisation de l'Europe et arrivée des Indo-Européens.

L'hypothèse formulée depuis de début du XIXe siècle par les linguistes pour expliquer le fait que presque tous les Européens parlent des langues d'une même famille dite « indo-européenne » n'était pas sans rappeler celle de l'implantation de l'agriculture par des colons venus du Proche-Orient. Les vagues d'arrivée de peuples indo-européens submergeant l'Europe ainsi que le Moyen-Orient, une partie de l'Inde et le Tarim (aux confins de la Chine) ne seraient-elles pas celles des hommes du Néolithique colonisateurs ? Ainsi a été formulée la thèse selon laquelle les Indo-Européens seraient venus d'une région proche-orientale, l'Anatolie occidentale, où une langue indo-européenne archaïque a effectivement laissé d'assez nombreux textes. D'aucuns ont voulu conforter cette hypothèse par des études de génétique des populations. L'analyse en composantes principales réalisée par Renfrew étaye effectivement cette hypothèse, à première vue du moins, c'est-à-dire si l'on s'en tient à la première composante. Mais on sait aujourd'hui que l'arrivée des Indo-Européens en Europe est bien plus récente que l'expansion du Néolithique : elle ne remonte pas au-delà de l'âge du cuivre, soit au milieu du IVe millénaire av. J.-C. De plus, la thèse du berceau anatolien perd du terrain au profit de celle du peuple des Kourganes. Ce peuple originaire des steppes couvrant une vaste zone au nord de la mer Noire (rien n'est certain pour la localisation, il s'agit d'un « berceau à roulettes » selon une plaisanterie classique) enterrait ses morts sous des tumulus (*kourganes* en russe) et avait domestiqué le cheval vers – 2500. Il aurait pu s'établir sur une grande partie de l'Europe, mais il n'aurait atteint la Bulgarie et la Grèce que plusieurs millénaires après l'implantation du Néolithique sur les rives de la mer Égée. L'indo-européen reconstitué comprend des mots attestant une certaine connaissance de l'agriculture, mais surtout du cheval et de la roue. Les Indo-Européens ont sans doute bien davantage profité de l'agriculture qu'ils ne l'ont diffusée, du moins lors de leurs premières invasions (Mallory, 1997 ; Lebedynsky, 2009).

préfère, par un ensemble hétérogène où l'on n'a pas distingué moins de 5 centres principaux.

1. Dans la partie nord du pays, c'est-à-dire sur le cours moyen du fleuve Jaune, la vaste région correspondant au Yanshao a été amplement fouillée. Ses plus vieux vestiges, bien antérieurs à ceux qu'avait fouillés Anderson, montrent que l'homme a d'abord vécu de la chasse d'une vingtaine d'espèces (rongeurs, herbivores, sangliers, rhinocéros, tortues, escargots, etc.). Les plus anciennes cultures, de – 6000 à – 5000, ont laissé un outillage hétérogène de type microlithique et d'instruments taillés ou légèrement polis. Comme au Moyen-Orient, l'homme du Néolithique chinois s'est plus ou moins sédentarisé avant de s'adonner à l'agriculture. À cet égard, ses maisons semi-enterrées avec silos ne sont pas sans rappeler celles des Natoufiens et de leurs descendants. La récolte de graines de micocouliers sauvages (*Celtis bungeana*), de glands, de noix et de noisettes sauvages, de prunes (ou d'abricots) mume (*Prunus mume*), de macles — « macres » ou

« châtaignes d'eau » (*Trapa* sp.) — y est fréquente. On trouve aussi des faucilles et des meules attestant d'une culture du millet. Un site daté des VIIIe et IXe millénaires a livré meules, bâtons à fouir, poteries, ainsi que restes de porc et de chien domestiques. Le Néolithique proprement dit (de − 5000 à − 2900) s'y caractérise par des haches polies et un art très précoce de la poterie. Après une période où domine la cueillette, apparaissent les deux millets déjà cités, le chou chinois (*Brassica rapa* subsp. *pekinensis* et *B. rapa* subsp. *chinensis*) ainsi qu'un autre *Brassica* à graines oléagineuses, la moutarde, et le chanvre. Les restes de chiens et de porcs ainsi que de poules (*Gallus gallus*) sont abondants. Ceux de moutons, de buffles (*Bubalus* sp.) et de bovins sont rares mais paraissent correspondre à des animaux domestiques. Dans l'état actuel des connaissances, la domestication des plantes et celle des animaux semblent donc avoir commencé à peu près au même moment, à une période antérieure au Ve millénaire — en données non calibrées, aucun moyen de calibrage n'étant actuellement disponible en Chine. À la fin du Néolithique, apparaissent le blé et l'orge tandis les ovins, les caprins et les bovins sont fréquents, soit 2 végétaux et 3 animaux occidentaux.

2. Près de l'embouchure du fleuve Jaune, dans une zone de delta autour de Dawenkou, un autre centre plus récent présente des analogies avec le précédent, l'agriculture reposant surtout sur le millet et le porc. Peu connu, il semble constituer une transition entre le nord et le sud. On situe cette culture à une période allant de − 4500 à − 2500 environ.

3. Dans le nord de la Chine, plus précisément dans la province de Heilongjiang (ex-Mandchourie), a existé une culture maîtrisant le polissage de la pierre ainsi que, comme dans la région du lac Baïkal et au Japon, la poterie. Mais cette région n'a livré aucune trace d'agriculture ni de protoagriculture. En revanche dans la province plus méridionnale de Liaoning, la culture de Xinle a laissé, dans les sites les plus anciens (aux alentours de − 6000), des vestiges d'une culture microlithique et des artéfacts typiquement néolithiques avec meules, houes et haches polies chez des populations en voie de sédentarisation. Quelques grains de millet ont été retrouvés ainsi que des ossements de porc ou sanglier en cours de domestication. Quand, vers − 5000, l'agriculture est attestée, elle repose sur un seul millet, le panic, bien adapté au froid et aux climats secs. Les hommes de cette région connaissaient la poterie et vivaient déjà dans des maisons rectangulaires. C'est à partir de cette région que le Néolithique se serait diffusé vers la Corée.

4. Au sud, dans les régions du bas Yangzi (Hemoudou) et de la rivière Huai (Shangai, Hang-Zhou), les fouilles ont mis en évidence un Néolithique très différent de celui du Fleuve jaune, remontant à une période de − 5000 à − 4800 dont l'origine est inconnue. Pourtant, un site du moyen Yangzi a livré des ossements de buffle domestique et des restes de riz utilisés comme dégraissant dans les briques datés de − 7000 à − 5500. Il s'agissait du riz le plus vieux de Chine avant que l'on ne découvre au Hunan des traces d'un riz en voie de domestication évidente. Pendant la culture Hemoudou, les hommes vivaient dans des maisons sur pilotis rappelant le Néolithique alpin, fabriquaient des outils en pierre polie et de belles poteries parfois décorées de dessins d'animaux sauvages ou domestiques. Ils pêchaient, chassaient cerfs, rhinocéros, éléphants, crocodiles et oiseaux. Ils cultivaient des champs inondables en travaillant la terre à l'aide de houes fabriquées à partir d'omoplates de buffle. Leur première plante domestiquée est cette fois le riz. On y distingue très tôt deux cultivars, l'un à grain rond apparenté à *Oryza sativa japonica*, l'autre à grain long plus proche d'*Oryza sativa indica*. Leur origine n'est pas encore clairement établie, il pourrait s'agir de la divergence de populations à partir d'une même espèce sauvage (*Oryza rufipogon*). Des traces de « légumes » apparaissent à côté du riz dans les restes végétaux tels que la macle, le soja noir (*glycine max*), la calebasse (*Lagenaria* sp.), puis le melon (*Cucumis* sp.). On trouve également du sésame (*Sesamum indicum*), du chanvre (*Cannabis sativus*) à côté de fruits comme la pêche (*Prunus persica*), le jujube (*Jujuba* sp.), la noix (*Juglans* sp.), la mûre (*Morus* sp.), et même la nymphe (*Nymphaea* sp.). Pour les Chinois, la découverte majeure faite sur ce site concerne bien entendu le riz. Selon eux, la précieuse céréale aurait bien été domestiquée par leurs ancêtres, ce ne serait pas un « produit d'importation » venu du sud. Notons que des travaux récents ont daté à − 8000 des épis de riz carbonisé trouvés dans des poteries et présentant déjà des traces de domestication, c'est-à-dire à l'époque des premiers blés domestiques du Proche-Orient.

Sur ces sites où apparaissent très précocement le chien, le porc et le buffle, le vers à soie (*Bombix mori*) sera exploité dès − 3300, en association avec la culture du mûrier.

5. Dans le grand Sud, dans la province de Guangdong (Canton) au climat tropical, a été identifiée une zone de culture originale qui a vu le polissage des pierres se développer dans le courant du VIIIe millénaire alors que les microlithes subsistaient et que la poterie était déjà connue. L'homme, essentiellement chasseur et pêcheur, y aurait commencé la préculture des tubercules. Plus surprenant, il aurait domestiqué le porc sur l'un des sites. Bref, cette culture classée dans le Mésolithique se rattacherait en fait au début d'un Néolithique très différent de ceux qui ont commencé avec l'exploitation des céréales. Elle serait le fait de nomades tirant encore une grande partie de leur alimentation de la prédation. À Taïwan, un site de culture similaire a livré de nombreuses poteries de facture grossière. L'agriculture apparue au début du Ve millénaire reposait sur des tubercules pour lesquelles on ne dispose pas de marqueurs de domestication nets comme pour les céréales. Le riz ne fut domestiqué que très tardivement malgré l'abondance de riz sauvages dans la région.

En conclusion sur la Chine

Bien que les conclusions que l'on peut tirer à ce jour ne puissent être que prudentes, voire provisoires, il apparaît d'ores et déjà que les découvertes faites en Chine confortent de nombreux points déjà en partie connus comme la domestication de deux espèces de millet, du riz, de plantes typiquement chinoises comme les choux chinois et de certains tubercules, du porc asiatique et du buffle. Plus surprenant, ces études ont révélé des domestications apparemment inattendues, parallèles à celles réalisées dans d'autres régions du Vieux Continent, comme celles de la poule et du chanvre. Un site au moins apparaît comme très original, différent du reste de la Chine, celui du grand Sud que la nature des espèces domestiquées rattache par sa préhistoire davantage à l'Asie du Sud-Est qu'à la Chine. Selon plusieurs spécialistes (Ferlus, 1996), la péninsule de l'Asie du Sud-Est et l'archipel indonésien, Papouasie-Nouvelle-Guinée comprise, seraient les plus anciens foyers de l'agriculture du monde. Le grand Sud chinois ne serait que l'extrémité nord de ce foyer sur lequel on reviendra à propos de la Nouvelle-Guinée (cf. *infra*). C'est dans les zones humides de la péninsule du Sud-Est asiatique qu'aurait été pratiquée en premier la culture du taro et c'est une mauvaise herbe de ces plantations, le riz, qui aurait fini par être récoltée et domestiquée. Toutes ces acquisitions souffrent encore de lacunes nombreuses : les datations demeurent incertaines et les informations sur la préhistoire chinoise avant le Néolithique font cruellement défaut. Cet ensemble de foyers néolithiques, avec des centres voués aux millets, puis au riz, ainsi qu'au porc ou au buffle, dispersés dans le temps et dans l'espace, apparaît comme bien hétérogène pour être considéré comme un centre au sens de Harlan.

Cela étant, les domestications dont la Chine a été le théâtre, comme le millet, le taro et la poule, sont certainement parmi les plus anciennes du monde. Dans l'ensemble, le début du Néolithique paraît encore un peu plus récent qu'au Proche-Orient, les premiers millets domestiques apparaissant entre − 8000 et − 6000. À première vue, ils concordent donc avec la vision des préhistoriens européens qui considéraient que les premiers paysans du monde étaient ceux du Proche-Orient. Toutefois, les géologues du quaternaire font remarquer que, dans la partie nord tout au moins, les dépôts de loess n'étaient pas achevés quand les prémices du Néolithique se manifestaient au Proche-Orient. Il se peut que des sites aussi anciens que ceux du Levant existent en Chine, mais ils seraient recouverts de loess et donc bien difficiles à détecter ; en tout état de cause, aucune datation certaine n'est encore disponible. De toute façon, le Néolithique chinois, dont l'étude ne fait que commencer, réserve sans aucun doute encore bien des surprises.

Le non-centre d'Amérique du Sud

L'Amérique du Sud a connu une série de civilisations brillantes sur la côte pacifique, dont la plus célèbre est celle de l'empire des Incas qui s'était épanoui aux alentours de 1500, soit au moment de l'arrivée des Espagnols. Les racines de cette civilisation remontent à une époque que l'on a récemment située au IIIe millénaire av. J.-C. Dès leur arrivée, les Espagnols avaient été frappés par une agriculture originale reposant sur des plantes locales telles que la pomme de terre (*Solanum tuberosum*), le piment (*Capsicum sinense*), le maïs (*Zea mais*), ainsi que la capucine tubéreuse (*Tropeolum tuberosum*), l'oca (*Oxalis crenata*), l'ulluco (*Ullucus tuberosus*) et le quinoa (*Chenopodium quinoa*), parmi lesquelles seul le maïs était également connu des Aztèques. Les Amérindiens pratiquaient également un élevage unique au monde de petits camélidés : le lama et l'alpaga. Tout cela démontre à l'évidence qu'un Néolithique original a vu le jour non loin même si, jusqu'au début du XXe siècle, un préhistorien espagnol du nom de Fanch avait soutenu que l'agriculture sud-américaine avait été introduite par des immigrants venus de l'Ancien Monde ! L'étude du Néolithique andin n'a toutefois commencé que 20 ans après celle du Néolithique proche-oriental, par rapport auquel il souffre encore d'un retard notable.

Rappelons brièvement que le Pérou et des pays voisins comprennent des zones géographiques extrêmement contrastées. Le versant est des Andes est couvert par une végétation tropicale d'autant plus luxuriante que l'altitude est faible, et se prolonge par la jungle amazonienne. Les Andes forment une barrière impressionnante dépassant 5 000 m. Leur centre, malgré son relief accidenté, est appelé « hauts plateaux » (l'Altiplano) et comprend de vastes zones d'altitude habitables grâce à la proximité de l'équateur. La frange ouest est occupée par l'un des déserts les plus arides du monde du fait de la barrière des Andes et de la continuité des alizés. En revanche, ces mêmes alizés entraînent des remontées d'eau profondes très minéralisée, les résurgences (*upwellings*), qui sont à l'origine d'une très grande prolifération de poissons.

L'apparition du Néolithique dans cette région est connue (Lavallée, 2000). Les plus vieilles traces d'occupation humaine ont été trouvées sur la côte et remonteraient à – 8000. Des habitats sédentaires y ont été bâtis à une période postérieure de quelque 3 millénaires, ou beaucoup moins d'après les dernières estimations. Une archéologue péruvienne formula dès 1971 l'hypothèse que la sédentarisation de l'homme était le fait de pêcheurs qui tiraient parti des ressources surabondantes de poissons. Ces peuples se nourrissaient de petits poissons pélagiques (favorisés directement par les résurgences) et donc maîtrisaient la fabrication de filets à petites mailles. Il existe une grande analogie avec la sédentarisation des peuples amérindiens non agriculteurs du nord-ouest des États-Unis qui disposaient de ressources considérables de saumons du Pacifique faciles à capturer lors de leur remontée vers les zones de ponte des fleuves (Testart, 1982). Cette civilisation de pêcheurs s'est prolongée par des civilisations occupant des oasis côtières dont la nourriture comprenait également du gibier et des végétaux de collecte. À la différence des Amérindiens de la côte nord-ouest des États-Unis qui ignoraient l'agriculture à l'arrivée des Européens, ceux du Pérou ont utilisé des produits issus de l'agriculture, mais progressivement et lentement.

Le début de l'agriculture serait le fait de nomades de l'Altiplano. La grotte de Guitarrero, à 2 600 m d'altitude, a livré des restes de piment apparemment cultivé remontant à une période datée de – 8600 à – 8000. Si tel est le cas — la datation est imprécise et le caractère domestiqué contesté —, les prémices de l'agriculture andine sont à peine moins anciennes que celles du Proche-Orient. La plante en question n'est cependant pas une plante essentielle de l'alimentation, mais un simple condiment ou à la rigueur un légume. La même grotte a livré des restes plus récents de deux haricots : le haricot d'Espagne (*Phaseolus lunatus*) et le haricot commun (*Phaseolus vulgaris*), cultivés vers – 7000 à – 6000, le maïs, des amarantes (*Amaranthus* sp.) et les courges (*Cucurbita* sp.), respectivement vers – 5500 et – 4000. Par la suite, la culture se serait étendue à d'autres plantes jouant un rôle de plus en plus important dans l'alimentation. Lavallée (2000) suppose que ce peuple nomade occupait tantôt des zones de l'Altiplano, tantôt le versant est des Andes. Lors de ses déplacements, il aurait transporté et semé des plantes du campement précédent, volontairement ou non. Récemment, une autre découverte permet de repousser l'ancienneté des prémices de l'agriculture : des restes de calebasse (*Lagenaria siceraria*) ont été trouvés qui remonteraient à 13000-11000 av. J.-C. (Pitrat et Foury, 2003).

Deux plantes d'importances inégales appelées à jouer un grand rôle dans l'alimentation du peuple des Incas, la pomme de terre et le quinoa, n'ont jamais été trouvés dans des sites d'ancienneté certaine. Les plus vielles traces de pomme de terre datent d'environ – 2000 selon certains auteurs – 8000 selon d'autres, la fourchette est donc considérable. Le cas du maïs continue à faire l'objet de polémiques, même si l'origine mexicaine de l'ancêtre sauvage (*Zea mexicana*, ex-*Teosinte mexicana*) ne fait plus de doute. Aux yeux de certains, les vestiges de maïs primitif trouvés en Amérique du Sud seraient plus anciens que tous ceux trouvés au Mexique. Il faudrait alors supposer que l'espèce sauvage a été importée en Amérique du Sud, puis naturalisée ou cultivée telle qu'elle avant d'être domestiquée. De grandes inconnues demeurent cependant sur la transition entre protoculture et agriculture. Certains ont soutenu que cette dernière serait apparue sur le versant oriental de la cordillère, d'autres dans les oasis situés entre la cordillère et l'océan. Les premiers expliquent ainsi l'origine de plantes cultivées depuis une date ancienne (haricots et piments) ou plus récente (manioc, arachide, patate douce) ; les seconds s'appuient sur des données archéologiques substantielles qui impliquent un transfert d'est en ouest.

L'archéologie a mis en évidence un autre fait marquant : la domestication de petits camélidés, l'alpaga (*Lama pacos*) et le lama (*Lama glama*), issus respectivement de la vigogne (*Lama vicugna*) et du guanaco (*Lama guanicoe*). La domestication a été pratiquée par des populations différentes des premiers agriculteurs, qui vivaient à plus de 4 400 m d'altitude, c'est-à-dire dans des montagnes où la culture est impossible. C'était à l'origine des chasseurs attaquant les cervidés et, de plus en plus, les camélidés (voir chapitre V). À partir de – 3700, le nombre de reste d'animaux jeunes ou morts-nés atteste de la domestication. Comme tous les sites néolithiques, celui d'Amérique du Sud a vu l'apparition de la poterie — on ignore cependant encore s'il y a eu un seul ou plusieurs centres d'invention. La plus ancienne poterie de ce sous-continent a été découverte au cœur de l'Amazonie et remonte à 5 000 ans avant J.-C. À partir de – 2800, la technique était répandue dans tout l'empire Inca et même bien au-delà. Elle a permis des réalisations décorées de motifs très divers ainsi que la fabrication de statuettes, d'abord très primitives puis de plus en plus stylisées. Leur facture suggère un usage cultuel qui n'est pas sans rappeler celles qu'a étudiées Cauvin au Moyen-Orient.

L'Amérique moyenne ou Méso-Amérique[1]

La contribution du Mexique à la domestication des plantes est bien connue. Les conquérants espagnols avaient été frappés par la diversité et la qualité des produits agricoles qu'ils y découvraient. On y trouvait le maïs, des haricots (*Phaseolus vulgaris*) certains piments qui, on le sait aujourd'hui, sont différents de ceux du Pérou, des coquerets (*Physalis* sp.), la tomate (*Lycopersicon esculentum*) — originaire de l'Empire inca mais domestiquée dans celui des Aztèques —, des courges, l'avocatier (*Persea* sp.), sans parler de plantes aujourd'hui largement répandues à l'état subspontané en dehors des Amériques telles que les cactus et les agaves. Les

---

1. Le terme de « Méso-Amérique », qui désigne le sud de l'Amérique du Nord, présente l'avantage de se référer à une région géographique plutôt qu'à un État actuel, le Mexique. Les Mexicains ne l'acceptent cependant que difficilement car il a été créé par des citoyens des États-Unis qui tendent à réduire l'Amérique du Nord aux seuls deux États anglophones. Il est cependant passé dans l'usage courant, du moins en préhistoire.

Aztèques tiraient des premiers raquettes et fruits comestibles et des secondes des bourgeons mangés à la manière des choux-palmiers de l'Ancien Monde.

Les recherches archéologiques ont confirmé l'existence d'un ou de plusieurs foyers néolithiques locaux, mais elles ont commencé tardivement et se sont heurtées à une difficulté majeure : la faible densité de peuplement à l'époque préhistorique rendant aléatoire la découverte de sites. Comme en Amérique du Sud, elles n'ont fourni à ce jour que des résultats assez fragmentaires. Trois sites principaux ont été fouillés : l'un situé sur un massif calcaire dans la Sierra Madre, dans le nord-est du pays, et deux autres sites plus méridionaux (latitude du Yucatán) : la vallée de Tehuacán surtout connue par les trouvailles de la grotte de Coxcatlán, et la vallée d'Oaxaca. Le premier site a livré deux cucurbitacées : la calebasse (*Lagenaria siceraria*) et la courge commune (*Cucurbita pepo*) cultivées à une période initialement datée entre – 7000 et – 5000. Aujourd'hui, la domestication de la courge est datée de – 8000 (Smith, 1997). Le haricot commun y apparaît entre – 4500 et – 3000, précédant de peu le maïs.

Les renseignements livrés par les grottes de la vallée de Tehuacán ont permis les conclusions suivantes : jusqu'à 5800 av. J.-C., les hommes ne s'y livraient qu'à une collecte de végétaux sauvages accompagnés peut-être de « soins minimaux » (Michelet, 2000). Entre – 5800 et – 4300, apparurent des types cultivés de maïs, de haricot commun et de trois cucurbitacées, *Cucurbita argyrosperma* s'ajoutant aux deux espèces déjà observées dans le Nord-Est. Il faudra cependant attendre encore un millénaire pour que ces végétaux acquièrent un rôle prépondérant dans l'alimentation des petits groupes qui fréquentaient la grotte. Le dernier site a livré, lui aussi, des résultats intéressants et relativement concordants avec les précédents. On voit d'abord apparaître la courge commune (dont un spécimen daté de 7280 av. J.-C.), puis la gourde. En revanche, on ne trouve ni maïs, ni téosinte, seulement du pollen qui ne permet en aucun cas de conclure à la culture ou même à la récolte de ces plantes.

On peut donc conclure que l'agriculture a emprunté un chemin très différent de celui du Moyen-Orient et devait aboutir à des domestications originales et précieuses. Contrairement à celui du Proche-Orient, le Néolithique de la Méso-Amérique n'a livré qu'une céréale appelée à jouer un rôle capital à l'échelle de la planète, le maïs. Pour être précis, il faut ajouter une céréale secondaire, un millet (*Panicum sonorum*) d'importance modeste. La domestication du maïs a fait couler beaucoup d'encre car il a paru longtemps impossible d'identifier l'espèce sauvage ancêtre de cette imposante poacée, d'ailleurs reclassée récemment dans la nouvelle petite famille des maydacées.

Aujourd'hui, il n'y a plus aucun doute : l'ancêtre tant recherché est bien le téosinte, qui ne rappelle ni les poacées ni le maïs pour plusieurs raisons :
— son aspect touffu,
— ses épis femelles disposés à l'axe de quelques feuilles portant 2 rangs de grains gros et triangulaires,
— l'épi du téosinte est déhiscent comme celui des blés sauvages alors que celui du maïs, entouré de spathes, est parfaitement rigide et ne perd aucun grain après maturité.

Malgré ces différences considérables, non seulement téosinte et maïs s'hybrident parfaitement, mais ils donnent de surcroît des descendants toujours fertiles qui ressemblent à des intermédiaires trouvés dans les sites archéologiques mexicains. Presque tous seulement, car les types à deux rangs de grains, déhiscents ou non, n'ont jamais été trouvés. Dans l'état actuel des connaissances, les deux grands centres américains où le Néolithique est apparu paraissent donc relativement récents comparés à ceux du Proche-Orient et de Chine. On doit cependant remarquer que les sites fouillés à ce jour sont éloignés de ceux où le téosinte croît spontanément. On peut supposer que c'est dans cette dernière aire d'origine qu'il faudrait rechercher les débuts de la domestication du maïs, mais le travail n'en est encore qu'au stade de projet

Les prolongements des Néolithiques américains, à savoir les civilisations de l'âge du cuivre des Incas et des Aztèques, sont bien connus, puisque ces civilisations étaient en plein épanouissement à la fin du Moyen Âge européen, c'est-à-dire lors de l'arrivée des Espagnols. Les Européens ont été frappés pour ne pas dire stupéfaits de voir de vrais villages parsemant une campagne bien cultivée, un réseau de voies de communications bien entretenu et, surtout, des capitales imposantes telle Mexico que Cortès qualifia de « plus belle ville du monde ».

L'Afrique

L'Afrique a sans nul doute vu naître un ou plusieurs foyers néolithiques, parmi lesquels un centre saharien attesté, un centre éthiopien soupçonné et le centre égyptien de plus en plus improbable. Vavilov tenait l'existence du second comme extrêmement probable. En effet, « guidé par sa théorie qui visait à privilégier les régions montagneuse tropicales ou subtropicales, il voyait dans les régions de contraste morphologique des zones refuges pour certaines plantes sauvages, naturellement protégées, aires à partir desquelles ces espèces, une fois domestiquées, seraient parties conquérir de nouveaux espaces » (Guilaine, 2000). De fait, botanistes et agronomes d'aujourd'hui considèrent l'Éthiopie comme le centre de domestication d'au moins quatre plantes : l'éleusine (*Eleusine coracana*), sorte de millet, le tef (*Eragrostis tef*), céréale à très petits grains typiquement éthiopienne, le « bananier » tubéreux (*Ensete edulis*) et un palmier à huile (*Guizotia abyssinica*). Malheureusement, les recherches, encore très préliminaires il est vrai, n'ont apporté que des résultats pour le moins ténus ne permettant aucune mise en évidence d'un passage du Mésolithique au Néolithique. Seul l'élevage des bovins, bien antérieur à celui des ovins et caprins, paraît remonter à la fin du IVe millénaire. La poterie ancienne est abondante, comme dans de nombreuses régions d'Afrique, mais la relation entre apparition de la poterie, du polissage et de l'agriculture est, d'après Gutherz et Joussaume (2000), plus floue que dans le reste du monde.

De nombreuses régions du Sahara abondent en silex préhistoriques d'époques variées qui jonchent le sol là où les vents emportent les particules plus fines vers les dunes. Parmi les vestiges de ces peuples figurent de nombreux tessons de poterie dont certains ont été datés à − 7600, donc donc au moins aussi anciens que ceux du Proche-Orient. Les peintures rupestres de l'Ahaggar (Hoggar), qui remontent à peu près à la même époque, attestent d'un pastoralisme ancien à une période où le Sahara était beaucoup plus humide qu'aujourd'hui. Plusieurs espèces dont l'aurochs local (*Bos primigenius africanus*) et un mouflon ont visiblement subi un début de domestication, laquelle aurait été achevée pour les bovins seulement. L'olivier dérive d'une espèce qui croît encore au Sahara, *Olea laperrini*, et des noyaux d'olive ont déjà été trouvés dans des restes de repas de cette région ; on n'en sait guère davantage. Mais à l'époque où les bovins étaient au moins protodomestiqués, existait-il une agriculture ? En glanant des informations dans divers lieux étudiés du Sahara, les palynologues ont montré qu'il y avait eu défrichement et probablement culture de mil. Quant aux hypothétiques traces d'activité agricole, elles se résument à des instruments de pierre tendre de forme allongée, toujours trouvés dans des zones basses et qui auraient pu servir au travail de la terre. Rien n'est cependant sûr. *A fortiori*, la transition entre cueillette et agriculture reste à trouver.

Harlan a longuement étudié la répartition des plantes alimentaires d'Afrique subsaharienne et a conclu que mil et sorgho, pour ne citer que les deux principales, avaient assurément été domestiqués sur place. Il situait en particulier un non-centre occupant toute la frange sud du Sahara où auraient été domestiqués les sorghos. Il faut ajouter le riz africain domestiqué dans le delta intérieur du Niger. Ses dires ont été amplement confirmés, en particulier par une équipe de généticiens français, mais les traces archéologique restent à trouver et à dater.

En Égypte, les plus anciennes traces d'agriculture sont relatives à l'orge, ce qui est une première indication d'une arrivée du Néolithique proche-oriental vers − 5200, les relations entre ces deux régions, bien connues depuis la haute Antiquité, ayant commencé quelques millénaires auparavant. Certes, tous les animaux et plantes domestiques d'Égypte ne viennent pas d'Asie : l'olivier, déjà cité, est passé très tôt au Proche-Orient, et les premières formes domestiquées par les Sahariens du Néolithique ont pu transiter par l'Égypte. Au moins une espèce alimentaire cultivée a été domestiquée en Égypte, le figuier sycomore (*Ficus sycomorus*), mais c'est bien peu en comparaison de l'ensemble des espèces sur lesquelles reposait l'agriculture des anciens Égyptiens, qui sont presque toutes venues du Proche-Orient. Parmi les animaux, les bovins représentés sur les bas-reliefs égyptiens ressemblent étrangement à ceux que l'on élève encore de nos jours dans le Sahel. Il s'agirait, sinon de l'aurochs africain (*Bos primigenius africanus*) distinct de l'aurochs eurasiatique et probablement domestiqué au Ahaggar, du moins d'un croisement entre la vache domestique proche-orientale et l'aurochs africain. D'autres domestications possibles comme celle de l'oie, de l'âne et de certains poissons, voire de petits ruminants comme l'oryx, dénotent en revanche une contribution plus grande de l'Égypte dans le domaine de l'élevage (cf. chapitre V).

En résumé, dans l'état actuel de nos connaissances, le Néolithique africain reste bien mal connu. Il y a eu, sans l'ombre d'un doute, des centres de domestication multiples (un non-centre selon Harlan), mais ils sont certainement plus récents que ceux du Proche-Orient, ils ont été influencés très tôt par ce dernier et il faudra sans doute attendre le résultat de fouilles avant de pouvoir en avoir une vue d'ensemble. Il est inutile de rappeler l'ancienneté et la splendeur de la civilisation égyptienne. Tout le monde est aujourd'hui d'accord pour dire qu'elle s'est érigée après l'importation de l'agriculture (plantes et techniques) à partir du

Proche-Orient, et très secondairement du Sahara. Selon Midant-Reynes (2003), un puissant royaume était déjà établi sur un fond mésolithique très particulier. Avec l'arrivée du Néolithique proche-oriental, la brillante société que l'on sait allait s'épanouir et rayonner sur les diverses parties de la Méditerranée comme sur une partie de l'Asie et le reste de l'Afrique. Quand, au XIXe siècle, les explorateurs et conquérants européens atteignirent les derniers recoins inexplorés (par eux) du centre de l'Afrique, ils trouvèrent presque partout des sociétés vivant à l'âge du fer, issues de civilisations antérieures qui avaient produit des « bronzes » du Bénin (en fait des laitons) ou les imposantes ruines du Zimbabwe, mais l'héritage du Nord sera visible, en particulier pour l'élevage.

La Nouvelle-Guinée, la civilisation des Lapitas et le non-centre indien

Sur le non-centre indien qu'évoque Harlan, il n'existe encore, à notre connaissance, aucune synthèse complète. Une attention particulière a cependant été portée depuis peu sur un pays où l'on on était très loin de soupçonner un berceau de l'agriculture jusqu'au milieu du XXe siècle : la Papouasie-Nouvelle-Guinée. Cette île immense, découverte par les Européens au XVIe siècle, est restée jusqu'à nos jours l'un des pays les moins bien connus dès que l'on s'éloigne des côtes. Certes, il s'agit d'un très ancien centre de peuplement de l'humanité puisque les linguistes y ont aujourd'hui identifié quelques 600 langues distinctes, ce qui correspond à la plus grande diversité connue au monde. Mais jusqu'au début du XXe siècle, bien peu d'Occidentaux pensaient que les Papous ou leurs ancêtres, aient pu, pour reprendre une expression de Teilhard de Chardin, « apporter leur contribution à la civilisation humaine ». À l'arrivée des Européens, les populations des côtes élevaient des porcs, récoltaient des noix de coco et des bananes et cultivaient quelques tubercules. Mais de là à penser qu'ils avaient inventé l'agriculture, il y avait un pas qu'il était impensable de franchir. D'ailleurs, il paraissait impossible que ces peuplades aient engendré l'une des grandes civilisations du Sud-Est asiatique et, dans l'esprit des archéologues occidentaux, l'invention de l'agriculture avait pour corollaire la naissance d'au moins une grande civilisation.

Et pourtant, en 1933, des Australiens effectuant des reconnaissances géographiques aériennes au-dessus de zones où aucun Occidental n'avait encore pénétré découvrirent de grandes habitations construites à côté de parcelles rectangulaires, tirées au cordeau, qui ne pouvaient être que des champs ou des jardins. La surprise fut telle qu'ils envoyèrent aussitôt une expédition chargée d'entrer en contact avec les habitants de ces montagnes perdues. Les peuplades restées si longtemps isolées du monde cultivaient des taros (*Colocasia antiquorum*), des ignames (*Dioscorea* sp.), des bananiers et de la canne à sucre, sans parler de quelques légumes restés propres à ces contrées isolées. Une autre surprise de taille attendait les Australiens : les travaux entrepris peu après pour établir une plantation de canne à sucre dans une vallée mirent à jour des vestiges de champs et de canaux visiblement très anciens. Des fouilles furent bientôt entreprises par des archéologues australiens et néo-zélandais, et les datations au carbone 14 montrèrent que les outils en bois utilisés pour le travail des champs ou le creusement des canaux dataient de 6, peut-être 8 millénaires. Il ne s'agit encore que de travaux isolés et les datations sont contestées, mais la grande ancienneté de l'agriculture mélanésienne ne fait plus de doute.

Les végétaux cultivés à des époques reculées appartenaient tous à la flore locale : outre les bananiers dont le croisement allait donner les bananiers actuels et la canne à sucre appelés à un succès mondial, les Papous cultivaient de faux taros (*Alocasia macrorhiza*, *Cyrtosperma chamissonis*) et des ignames indigènes (*Dioscorea* spp). Ailleurs ils plantaient plusieurs arbres fruitiers, principalement le sagoutier (*Metroxylon* sp.), l'arbre à pain (*Artocarpus integrifolia*) et le cocotier (*Cocos nucifera*). Si l'on excepte le cocotier et le sagoutier, la culture reposait systématiquement sur la reproduction asexuée (végétative) et non sur le semis de graines. Selon certains historiens, il s'agit en fait d'horticulture et non d'agriculture, mais c'est là une question de terminologie beaucoup plus que de fond. L'agriculture des Mélanésiens n'est pas la seule dans ce genre : les habitants des Petites Antilles, avant l'arrivée des Espagnols, procédaient massivement de cette façon pour multiplier leurs plantes alimentaires, peut-être par suite d'une l'évolution des techniques dérivant du centre andin où les deux modes de reproduction coexistaient.

Les plantes des Mélanésiens furent adoptées par le peuple des Lapitas, ainsi nommé d'après un type de poteries décorées au peigne fin découvertes en premier sur le site de Lapita (Nouvelle-Calédonie) dont les plus anciens vestiges (environ 15 siècles av. J.-C.) ont été trouvés dans l'archipel Bismarck. Ce peuple descend de navigateurs venus de Taïwan où se sont développées ou implantées plusieurs civilisations néolithiques très proches de celle du grand Sud chinois cité plus haut. Il parlait certainement une langue de la famille austronésienne dont les très nombreux rameaux sont aujourd'hui usitées de Madagascar à l'extrême est de la Polynésie, ainsi que par les derniers Taïwanais indigènes. Partis peut-être en emportant millet et riz, les navigateurs auraient au cours de leur migration vers le sud abandonné ces plantes — le millet parce qu'il ne s'adaptait pas aux climats trop chauds et humides, et on ne sait pourquoi le riz. Ce faisant, il les avait remplacées par de nouvelles espèces vivrières trouvées aux Philippines et dans les autres îles tropicales visitées ou colonisées au passage. Au contact des Mélanésiens est née la civilisation des Lapitas proprement dite qui a laissé les imposants monuments funéraires de l'île micronésienne de Ponhpei. Ce peuple est surtout connu pour ses exploits en matière de navigation : ses marins ont en effet transporté leurs plantes et celles des Mélanésiens, ainsi que quelques animaux dont le porc, le chien et le poulet dans tout le Pacifique, des îles Hawaï à la Nouvelle-Zélande. En fait, les liens historiques entre les Mélanésiens de Nouvelle-Guinée et les Lapitas d'une part, et les Malais, les Indonésiens et les Indiens d'autre part demeurent mal connus. Selon les points de vue des Français Jacques Barrau (1983) et André Haudricourt (1962), ainsi que de l'Américain Carl Sauer (1952), le Sud-Est asiatique et l'Indonésie constitueraient comme déjà signalé le plus vieux centre de naissance de l'agriculture qui aurait rayonné sur tout le non-centre indien identifié par Harlan. Et c'est bien dans ce non-centre que sont nées les brillantes civilisations du Sud-Est asiatique, de l'Indonésie et de l'Inde. Les travaux du linguiste Michel Ferlus (1996) apportent une solide confirmation de la thèse selon laquelle le riz est une ancienne adventice des champs de taro. Le glissement linguistique du mot signifiant d'abord « taro » vers « riz » a eu lieu en Thaïlande ou en Birmanie actuelles. Là, l'homme cultivant d'abord des tubercules aurait petit à petit tourné son attention vers la céréale sauvage. Il paraît assez vain de disserter plus avant sur les liens entre Austronésiens — populations habitant antérieurement le Sud-Est du continent — et Mélanésiens. La migration des Austronésiens vers l'ouest — Malaisie, Indonésie et Madagascar — est attestée par la linguistique, mais il est difficile de se faire une idée claire de la migration des nombreuses plantes originaires du vaste non-centre indien d'Harlan. L'agriculture de l'Inde a bénéficié à coup sûr de la civilisation de l'Indus (Harapa) et de celle des Austronésiens, mais il serait cependant prétentieux de nier *a priori* l'existence d'un ou de plusieurs Néolithiques locaux sur lesquels la lumière n'a pas encore été faite. Parmi les cas connus, on peut mentionner celui des bananiers de génome A, issus de *Musa balbisiana*, ceux qui donnent les bananes desserts. Ils sont originaires d'une zone s'étirant du nord du golfe du Bengale à l'ouest, vers le sud de la Chine à l'est. Ils auraient été transportés vers la Nouvelle-Guinée où croissait *M. acuminata*, bananier de génome B. Le croisement entre les deux espèces aurait abouti aux premiers bananiers plantains triploïdes qui migreront vers l'ouest de l'Indonésie et jusqu'en Afrique. Il y aura d'autres migrations (Perrier *et al.*, 2009).

En ce qui concerne la Nouvelle-Guinée, il est intéressant de rappeler que l'on peut voir de nos jours un Néolithique en cours d'évolution chez les peuples de la côte qui récoltent l'amidon (sagou) des palmiers du genre *Metroxylon*. Dans les zones d'altitude où le peuplement en palmiers à sagou est lâche, les Mélanésiens sont restés nomades, vivent en communautés de taille réduite et tirent une grande partie de leur nourriture de la chasse ; ils ne replantent pas les arbres abattus. Quand le peuplement forestier est suffisamment dense, c'est-à-dire dans les plaines côtières, ils savent parfaitement planter de jeunes palmiers au fur et à mesure qu'ils en abattent pour extraire le sagou. Ils vendent une partie de leur production, s'adonnent systématiquement à la pêche car le sagou est presque dépourvu de protéines, et un peu au jardinage. Ils sont sédentaires et vivent dans des villages dont la population peut atteindre 1 000 habitants (Testart, 1982). On se rapproche donc nettement d'une société agricole.

L'Australie

Lors de la dernière glaciation qui avait abaissé le niveau des océans, l'Australie était réunie à la Tasmanie au sud et à la Papouasie-Nouvelle-Guinée au nord, l'ensemble formant le continent du Sahul. La terre aujourd'hui séparée de l'Australie a été le siège du Néolithique déjà évoqué tandis qu'on a coutume de dire que les Aborigènes du continent actuel ignoraient l'agriculture. Pourtant les Aborigènes d'Australie, venus de Papouasie-Nouvelle-Guinée, sont étroitement apparentées aux Mélanésiens. Il peut donc paraître surprenant qu'aucune plante alimentaire n'y ait été cultivée par les Aborigènes avant l'arrivée des Européens au sud de la mer d'Arafura. Cependant, dans certaines régions, les Aborigènes s'appropriaient des pins à grosses graines comestibles ; dans d'autres ils pratiquaient une protoagriculture : après avoir brûlé la végétation, ils semaient des graines récoltées auparavant ; il ne s'agissait pas de graines triées ni, encore moins, en voie de domestication. On ne peut cependant nier qu'il s'agissait d'un début d'artificialisation du milieu, comme le professeur René Dumont définissait l'agriculture. Dans les régions du nord, les Aborigènes remuaient régulièrement la terre, sur des centaines d'hectares, pour arracher des taros dont ils laissaient la partie apicale en terre afin d'assurer la repousse. Il s'agissait bien d'une protoculture. L'ancienne vision des Aborigènes purement chasseurs-collecteurs est maintenant contestée et doit à coup sûr être nuancée. On parle désormais de domestication de deux espèces d'ignames d'origine indiscutablement australienne : *Dioscorea hastifolia* et *D. transversa*, ainsi qu'un taro (*Colocasia esculenta*) qui croissait dans certaines zones humides du nord du continent et qui a lui aussi été domestiqué localement. Qualifier de « néolithique » le mode de vie de certaines tribus aborigènes d'Australie est sans doute exagéré, ne serait-ce que parce qu'il n'avait encore atteint qu'un stade très peu avancé ; il restait par conséquent fort éloigné d'une « révolution ». Mais on ne peut nier un recours aux techniques qui annoncent l'agriculture (Walter et Lebot, 2003).

Ce bref aperçu indique clairement qu'aucune des régions où est apparu l'agro-pastoralisme ou seulement l'agriculture ou l'élevage n'a bénéficié d'un nombre d'études comparable à celles qui concernent le Proche-Orient ; la plus grande ancienneté du centre proche-oriental, longtemps admise, pouvait n'être qu'une illusion due à une moins bonne connaissance des autres foyers. Par ailleurs, rien ne prouve que les processus mis en évidence au Moyen-Orient dans les change-ments d'alimentation — le passage de la protoculture à l'agriculture, les progrès matériels mais aussi l'évolution des pensées — soient comparables à ce qui a eu lieu dans d'autres régions du monde. Aujourd'hui, en révisant quelque peu la défi-nition du début de l'agriculture, on est amené à situer cette révolution en Asie du Sud-Est et à la dater plusieurs millénaires avant celle du Proche-Orient.

Pourquoi le Néolithique ?

Les nombreuses hypothèses sur l'origine du Néolithique

Les premières études sur le Néolithique au milieu du XIXe siècle ont évidemment engendré des théories sur les causes de ces changements qui allaient marquer si profondément l'humanité. Dans l'esprit de l'époque, ce tournant ne pouvait être qu'une étape du progrès, ce qui n'empêchait pas de s'interroger sur les motiva-tions des hommes à qui on en était redevable, ni sur les mécanismes en jeu ou les conditions nécessaires à cette fameuse révolution néolithique. On peut classer les théories en 3 catégories.

• Celles qui situent le Néolithique dans le courant de l'histoire, parmi les grandes inventions, entre le feu et l'écriture. C'est la vision de Darwin formulée à la fin du XIXe siècle qui voit dans le Néolithique une étape parmi les autres étapes de l'évo-lution en général. Elle sous-entend que l'agriculture n'a pu débuter qu'à partir d'un certain stade de maîtrise des techniques. Dans l'esprit de l'illustre biologiste comme dans celui de la plupart de ses contemporains, les nomades étaient incapa-bles de franchir le passage de la prédation à la production. Seuls des sédentaires avaient pu le faire.

• Celles qui attribuent à l'agriculture une origine liée aux pratiques religieuses et dont la première a été formulée par Eduard Hahn au tout début du XXe siècle.

Elles attribuent un rôle prépondérant aux rites ou croyances qui ont abouti à la domestication d'animaux *a priori* dangereux ou peu intéressants comme l'aurochs, mais aussi d'animaux splendides comme le paon ou de plantes comme l'amarante qui auraient pu constituer des offrandes de choix pour les divinités. Dans le même ordre d'idée, on peut classer les plantes contenant des principes psychotropes qui, avant de devenir des drogues utilisées plus tard par des franges entières de certaines populations, ont servi aux sorciers et autres chamans pour « entrer en contact » avec les esprits ou les divinités (Evans Schultes et Hoffman, 1981). Se plaçant dans le même courant de pensée, Cauvin (1994) considère que le progrès dans l'élaboration des techniques agricoles a été précédé par l'évolution des rites et des croyances. Il pense que la naissance de l'agriculture n'a pu être poussée à son terme que grâce à l'évolution des pensées, se référant à Lévi-Strauss selon qui « dans toute société humaine […] prédatrice ou agropastorale, la fonction symbolique est de rendre intelligible à l'homme le monde qui l'entoure, de même que sa propre place. »

• Celles qui voient dans la démographie, plus précisément dans l'augmentation de la population, une cause de la recherche de la production d'aliments. C'est la théorie matérialiste de Childe (1925) à l'époque où il s'intéressait au Néolithique du Moyen-Orient et y voyait une conséquence de la concentration des populations dans les oasis à la suite d'une diminution de la pluviosité. D'autres auteurs ont développé une théorie peu éloignée en insistant sur les conditions nécessaires à la naissance de l'agriculture plutôt que sur les causes du comportement nouveau de l'homme préhistorique. Parmi ces causes, on peut citer la nature et l'abondance des plantes comestibles sauvages, le climat et ses modifications, la pluviosité. Le géographe américain Carl Sauer avait imaginé la naissance de l'agriculture dans un lieu où 6 conditions étaient réunies :

– absence de disette ou de famine afin de permettre à l'homme de mener à bien un long processus ;
– grande diversité animale et végétale ;
– absence de risques d'inondations catastrophiques ;
– zones boisées permettant un meilleur contrôle des adventices ;
– maîtrise préalable de techniques variées ;
– sédentarité (condition la plus importante).

À la suite de quoi, Sauer pensait que l'on pouvait situer le premier Néolithique dans le Sud-Est asiatique (pour le Nouveau Monde, il proposait le Nord-Est de l'Amérique du Sud).

Darwin imaginait que l'agriculture avait pu en quelque sorte naître de l'observation d'un tas de détritus où l'on jetait des restes de plantes collectées dans la nature et où des graines avaient pu germer et des plantes portant des racines repousser ; il aurait suffi ensuite à « un vieil indigène » avisé de saisir l'intérêt du phénomène en question, de le réamorcer et de le reproduire ailleurs. Eduard Hahn avait émis l'hypothèse que l'agriculture a débuté par la multiplication végétative (bouturage et marcottage) avant le recours au semis. Les dernières hypothèses à propos du Sud-Est asiatique rejoignent cette vision.

Encadré II.4. Un exemple contemporain suggérant une domestication en marche et conforme à la théorie du tas de détritus… au sens large.

Les exemples de semi-cultures ou de plantes semi-domestiquées cultivées de nos jours sont très nombreux. Ils émanent presque toujours de peuples connaissant l'agriculture, et l'avenir de ces « domestications » est incertain. Ils peuvent cependant conforter des hypothèses. Ainsi, Harlan (1987) cite l'exemple amusant mais instructif des figues de Barbarie (fruits de cactus) chez des Amérindiens. Il avait remarqué qu'au voisinage de villages pauvres dépourvus de toute installation sanitaire, poussaient souvent de véritables bosquets de cactus dont les fruits, de façon générale, étaient plus appréciés que ceux que l'on pouvait récolter aux alentours. Ce n'était pas le fait du hasard. Les Indiens mangeaient des figues cueillies sur les cactus des environs donnant les meilleurs fruits. Les graines, consommées en même temps que la pulpe, se retrouvaient dans les déjections, à des endroits un peu à l'écart des habitations et donnaient naissance à des nouveaux plants qui bénéficiaient de nombreux avantages : proximité du village, fumure et… sélection pour la qualité du fruit. Ce processus, à l'époque où Harlan l'observait, n'était sans doute pas rare. Nul ne sait s'il a été un jour, ne serait-ce que dans un seul village, prolongé par un bouturage volontaire ou accidentel des raquettes de l'un des meilleurs cactus, ce qui serait le premier pas vers une domestication.

Une chose paraît en tous cas certaine : ce processus observé au XXe siècle peut difficilement être attribué à une imitation de processus connus des villageois.

Parmi les autres éléments d'hypothèses, on peut citer les quelques lignes écrites par de Candolle en 1896, juste après les premiers écrits de Darwin sur le sujet : selon lui, l'homme recherchait les produits qui lui manquaient et s'est donc mis à domestiquer certaines plantes pour pallier leur rareté. On voit ici une considération d'ordre économique qui peut paraître vraisemblable pour une personne qui connaît la société de consommation moderne, mais inattendue quand elle est prêtée à des hommes préhistoriques. Cette hypothèse se rapproche cependant de la vision de préhistoriens américains selon lesquels la protoagriculture n'a évolué vers l'agriculture proprement dite qu'à partir du moment où les efforts déployés pour améliorer les techniques ont été suffisamment récompensés.

En guise de conclusion provisoire, on peut dire que chacune des hypothèses brièvement évoquée ci-dessus apporte des éléments d'explication pour les observations et déductions faites par les archéologues. Mais aucune n'est pleinement satisfaisante. Il est d'ailleurs difficile de ne pas se rallier au point de vue de Harlan (1987) quand il fait remarquer que les psychologues ont déjà des difficultés à sonder les motivations de leurs patients ; comment dès lors retrouver celles de peuples qui ont vécu il y a plusieurs millénaires et dont on ne sait presque rien ? Le fait que des peuples aient imaginé des solutions bien différentes pour résoudre un même problème ou, à l'inverse, entrepris la même chose pour des raisons toutes différentes ne peut que nous inciter davantage à la prudence.

Y a-t-il eu progrès technique ? Jusqu'où et à partir de quand ?

Quels que soient la théorie invoquée et son auteur, on peut noter que la notion de progrès est sous-entendue ; elle paraît évidente de nos jours. L'agriculture, étape fondamentale entre l'invention du feu et celle de l'écriture ou celle du zéro, ne peut être considérée autrement que comme un progrès en elle-même. Ce jugement ne se rencontre pas seulement chez les hommes modernes fiers des acquis récents de l'informatique, de la biotechnologie ou de la maîtrise des vols spatiaux. Harlan fait remarquer que partout où cohabitent des peuples de chasseurs-cueilleurs et d'agriculteurs, ceux-ci méprisent ceux-là : les chasseurs-cueilleurs sont perçus comme des primitifs, des arriérés, des barbares, des ignorants, des paresseux également (ils travaillent si peu !) ; on sous-entend, quand on ne le dit pas carrément, qu'ils ne sont pas très intelligents. Bref, ce sont des sauvages, au sens propre (hommes des bois) comme au sens dérivé (hommes dépourvus d'éducation et de civilisation). Et pourtant, toutes ces images du chasseur-cueilleur nomade vu par l'agriculteur sédentaire ont été démenties par les ethnologues, sauf une : il est parfaitement exact que le chasseur-cueilleur travaillait moins que l'agriculteur, tout au moins que l'agriculteur d'avant l'ère industrielle qui ne disposait pas d'une mécanisation efficace — et chacun sait qu'on prend rarement en compte le travail de ceux qui s'emploient à la construction des machines et tout ce qui gravite autour. Les études de Sahlins (1968) sur les Aborigènes d'Australie, confortées par de nombreuses autres, ont montré que ces chasseurs-cueilleurs vivaient en consacrant seulement 4 heures par jour à la chasse ; ils ne souffraient pas de disette car la population se maintenait bien en deçà du seuil où les ressources naturelles peuvent devenir critiques, et ce grâce à leur excellente connaissance de la faune et de la flore. Dans le même esprit, Harlan a effectué une « moisson » de céréales sauvages à l'aide d'une faucille semblable à celle des Paléolithiques dans un des rares endroits du Proche-Orient où l'on trouve encore des peuplements denses de ces graminées. Le nombre de kilocalories dépensées pour récolter 100 kcal alimentaires s'est révélé nettement inférieur à celui qui est nécessaire à la culture et à la récolte de la même quantité de céréales cultivées. On comprend donc les réticences des chasseurs-cueilleurs à qui on veut faire miroiter les avantages de l'agriculture des « civilisés ». Qu'ils soient avant tout chasseurs ou plutôt cueilleurs, ce sont les prédateurs qui paraissent plus intelligents que les agriculteurs sédentaires si l'on retient comme critère le rendement du travail. On peut donc se demander en quoi, à ses débuts, l'agriculture a été un progrès.

Il est difficile d'invoquer des progrès techniques spécifiques à l'agriculture. Les armes de jet ou le montage des microlithes sur des pointes de sagaie n'ont rien à envier à la houe, la hache polie ou la faucille garnie de silex équivalant aux microlithes. On pourrait penser que les Néolithiques ont été les premiers à comprendre que l'on pouvait faire germer une graine pour obtenir une plante. C'est une vision bien naïve et clairement fausse car les chasseurs-cueilleurs que l'on a pu observer à l'époque moderne, vivant dans des conditions sans doute très similaire à celles du Paléolithique, connaissaient très bien les cycles germination, de croissance, de floraison et de fructification, comme d'ailleurs la vie des animaux sauvages. Certes ils en donnaient des explications choquantes pour les esprits cartésiens en invoquant les esprits, les astres ou les messages entre plantes et entre animaux, et autres phénomènes fort peu scientifiques ; mais ils savaient où, quand et comment les plantes et les animaux se reproduisaient. Quand les Européens, missionnaires ou responsables coloniaux, ont voulu « éduquer » d'anciens chasseurs-cueilleurs souvent relégués dans des réserves, et leur apprendre l'agriculture — mode de vie des gens « civilisés » —, ils ont rencontré désintérêt, réticence ou même refus, et pas seulement pour des raisons bien compréhensibles de rancune envers les colons qui avaient pris leur territoire. Le changement de vie qu'on voulait leur inculquer était loin de constituer un progrès à leurs yeux. La référence aux fils d'Adam et Eve, premiers cultivateurs et premiers éleveurs, souvent invoquée par les missionnaires chrétiens, n'avait pas davantage de poids.

La sédentarisation avait apporté un progrès dans la mesure où, de nombreuses études ethnologiques l'ont montré, elle entraîne un accroissement de la population, principalement en diminuant la mortalité des très jeunes enfants. Chez les derniers nomades chasseurs-cueilleurs du début du XXe siècle, l'infanticide était encore fréquent si une mère mettait au monde un enfant alors qu'elle en avait déjà un trop jeune pour la suivre dans sa récolte quotidienne de nourriture, puisqu'elle ne pouvait pas en porter plus d'un sur son dos. À partir du moment où l'agriculture, même primitive, a permis une production plus grande et plus régulière sur un territoire exigu, même au prix de davantage de travail, elle a constitué un progrès considérable. On estime qu'avec l'agriculture moderne, une superficie donnée permet de nourrir environ 50 fois plus d'humains que la chasse et la cueillette. L'efficacité de l'agriculture néolithique était à l'évidence bien moindre mais, comparée à la prédation, elle était à coup sûr considérable pour l'époque comme le démontre l'accroissement des populations du Proche-Orient à partir de ce stade. Chez les populations sédentaires, le travail des enfants était sans doute de règle : ils devaient désherber, cueillir, gratter la terre. Le premier mérite de l'agriculture a peut-être été d'assurer la survie de nombreux enfants, ce qui permettait une culture plus étendue. On était dans un système de rétroaction positive ou de cercle démographique vertueux. Comme les premiers agriculteurs ignoraient les moyens de maintenir la fertilité des champs, il fallait périodiquement abandonner les terres et en défricher d'autres, plus grandes. L'agrandissement des villages a entraîné la création de véritables cités, puis des cités-États, l'histoire proprement dite était en marche.

On peut remarquer à ce propos que l'avènement du Néolithique implique en quelque sorte un principe de non-retour. Cependant, il existe (ou il existait il y a peu) des tribus de chasseurs-cueilleurs dont les mœurs et l'organisation sociale dénotent, aux yeux des ethnologues, une ascendance d'anciens agriculteurs — c'est le cas des Warrau, du delta de l'Orénoque, qui sont revenus à une vie de prédateurs collectant la moelle d'un palmier, analogue au sagou de Nouvelle-Guinée (Testart, 1984). Dans le même esprit, les Cheyennes ont abandonné l'agriculture pour reprendre ou entreprendre la chasse au bison quand ils ont eu des chevaux, c'est-à-dire adopté l'élevage… l'une des conquêtes du Néolithique. Mais il s'agit d'exceptions.

Le Néolithique : révolution ou évolution de pratiques antérieures ?

La « théorie du tas de détritus » de Darwin apparaît toujours séduisante et relativise la notion d'invention qui serait, en partie, une découverte fortuite avant que ne se manifeste le trait de génie du vieil indigène. Lequel, s'il a existé, a d'ailleurs toutes les chances d'avoir été une vieille indigène, comme le fait remarquer Harlan : en effet, chez tous les chasseurs-cueilleurs, ce sont les hommes qui chassent et les femmes qui ramassent les végétaux. Si l'on prend la maîtrise du processus allant des premières observations de levées de grains de céréales non loin des cases au semis de grains déjà génétiquement différents des types sauvages, on cumule une série d'observations, de déductions, de « planifications » qui aboutissent à la maîtrise d'une production végétale radicalement différente de la prédation. Le mot « révolution » n'apparaît comme inadapté que parce qu'il s'étale sur une période estimée à deux ou quatre millénaires, soit 70 à 140 générations humaines environ. Si l'on considère le cas des agricultures qui ont commencé par des plantes « secondaires » apportant seulement quelques compléments à la nourriture principale, cette évolution ou maîtrise progressive de la production végétale étant éventuellement le fait de petits groupes de nomades, on a vu que le processus pouvait prendre environ cinq millénaires (cas du Mexique, si les données actuellement disponibles ne sont pas démenties par de nouvelles découvertes et si les datations sont exactes). Une telle situation justifie parfaitement l'hypothèse de Valla (2000) (encadré II-1) qui suppose que le Néolithique a constitué une lente dérive du mode de vie et qu'il a pu être perçu d'abord comme une évolution négative. En d'autres termes, le passage de la prédation à la production par maîtrise des cycles de reproduction, qui constitue bien un bouleversement radical du comportement de l'homme, implique un changement profond des mentalités, mais ces changements se seraient produits par une dérive étalée sur des millénaires, ce qui n'est pas le propre d'une révolution.

Marcel Mazoyer émet une hypothèse qui va dans le même sens : les révolutions néolithiques que l'on a pu décrire sont sans doute des phénomènes suffisamment marqués pour être repérés et étudiés. Rien ne prouve que l'homme n'ait pas à des échelles locales commencé la culture de plantes isolées comme la gourde ou le piment des Amérindiens du Pérou ou le figuier stérile des Natoufiens ; ces prémices de l'agriculture précédant la protoagriculture ont peut-être été des initiatives isolées ou des conséquences d'observations fortuites qui ont donné l'idée à des groupes humains de généraliser la production de plantes alimentaires. Certaines, comme celle des gourdes d'ancienneté comparable à celles du Pérou, ont pu connaître un prolongement possible dont on ignore tout. La longue période Jomon, durant laquelle la civilisation du Japon s'est stabilisée à un stade mésolithique, a déjà été évoquée. Elle recèle encore plus d'un mystère. Elle a engendré de grands progrès dans les techniques de préparations et de stockage des aliments tels que glands, châtaignes et même marrons d'Inde, et a connu une évolution spectaculaire de l'art de la poterie dont la décoration devint de plus en plus complexe et finit par être aussi surchargée qu'exubérante (Demoule, 2004).

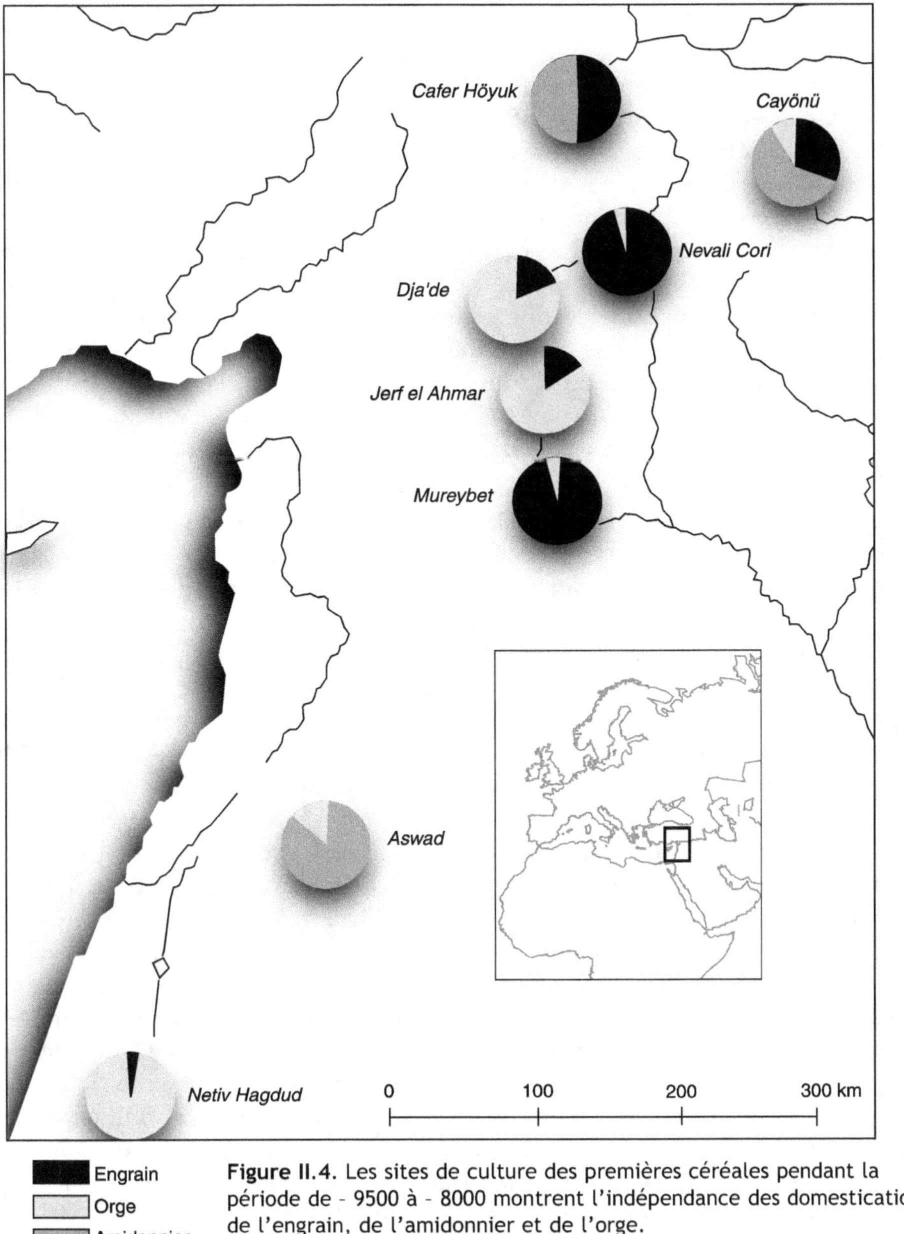

Figure II.4. Les sites de culture des premières céréales pendant la période de – 9500 à – 8000 montrent l'indépendance des domestications de l'engrain, de l'amidonnier et de l'orge.
Reproduit d'après Wilcox (2000), *in* Guilaine (2000), © Errance.

L'étude des restes de repas et des lieux de stockage des provisions a amplement montré que ce peuple vivait de la prédation, mais il n'empêche que des restes de végétaux semblent correspondre à une culture à petite échelle, une sorte de jardinage. Les études palynologiques révèlent l'abondance systématique d'une plante purement condimentaire, la périlla ou « persil japonais » (*Perilla nankinensis*), proche parente du basilic, était cultivée. On hésite sur le caractère parfois cultivé des haricots (*Vigna angularis*, *V. radiata*), et surtout de l'orge, du millet et du sarrasin à partir du IIIe millénaire av. J.-C., mais il paraît difficile d'admettre que les Jomons ignoraient totalement certaines pratiques agricoles (Nespoulos, 2008). Par ailleurs, d'autres recherches conduites sur les restes d'aliments ont monté que les châtaignes retrouvées étaient de taille croissante à mesure que les échantillons étaient plus récents tandis que la diversité génétique estimée par les analyses d'ADN s'amenuisait. Il n'y a guère qu'une explication à cela : les hommes pratiquaient une sélection, soit en abattant de préférence les châtaigniers à petits « fruits » (graines), soit en semant les plus grosses châtaignes. Les Jomons auraient donc cultivé une plante aromatique et pratiqué une sorte de sylviculture par sélection des châtaigniers. Cela ne constitue pas une agriculture selon l'acception habituelle, plutôt un aménagement original de la nature qui y a préparé le terrain jusqu'à l'arrivée vers le IIIe siècle av. J.-C. et l'adoption rapide des techniques et des plantes domestiquées de Chine.

On a vu que les peuples du Sud-Est asiatique, isolés dans leur jungle, avaient su développer une agriculture originale. Pour défricher leurs jardins, ils devaient souvent se contenter de faire périr les grands arbres sur pied en écorçant le tronc avant d'y mettre le feu, et ils ont favorisé la reproduction de tubercules apportant une quantité appréciable de nourriture sans doute bien avant d'obtenir des types nouveaux de végétaux qui devaient être un jour considérés comme domestiqués. Des archéologues ont montré que la culture des tubercules en Nouvelle-Guinée — pays se rattachant au même foyer — remontait à au moins 7000 av. J.-C., soit à peu près à l'achèvement du Néolithique avec céramique au Moyen-Orient (Walter et Lebot, 2003). Et il a dû en être de même en Amérique du Sud avec les ancêtres de la pomme de terre. Comme les sites néo-guinéen et péruvien ont l'un et l'autre commencé à cultiver des tubercules qui se conservent mal, les critères de domestication sont délicats à mettre en évidence, rendant la datation précise du début de l'agriculture difficile. Au Proche-Orient, les chercheurs d'une équipe américano-israélienne, examinant au microscope électronique des restes de figues découverts sur le site de Gilgal en Israël, se sont aperçus que les graines de ces figues étaient toutes stériles. Ils en ont conclu que les figues récoltées, compte tenu du nombre de vestiges trouvés, provenaient d'arbres tous stériles et donc reproduits par boutures ou marcottes, technique des plus faciles chez le figuier. Cette multiplication aurait été pratiquée par les Natoufiens plus d'un millénaire avant la domestication du blé et de l'orge. En cherchant ailleurs, on a pu trouver des traces de culture d'une ou de quelques plantes sans que cette activité corresponde à une forme même partielle d'agriculture. Marcel Mazoyer et Laurence Roudart (1997) citent le cas de chasseurs-cueilleurs amérindiens qui semaient et récoltaient une plante et une seule, le tabac. Ils imitaient peut-être des agriculteurs, mais un autre exemple est plus démonstratif : au Canada, la tribu des Gwich'ins, bien que vivant de pêche, de chasse et de cueillette, pratiquait à l'intérieur des campements la culture de quelques plantes et tout spécialement de celles qui leur servaient de médicaments. Il semble donc que le Néolithique tel que nous l'ont révélé les archéologues n'ait pas forcément commencé par la transformation de sociétés de prédateurs en sociétés de producteurs. Des expériences isolées ont pu avoir lieu, conduisant à la maîtrise de la reproduction de quelques plantes dont le rôle et l'importance ont pu être des plus divers, sans que cela permette de sortir de l'économie de prédation dans un premier temps.

Des processus d'évolution matérielle durant le Mésolithique comparables à ceux que l'on a pu étudier avec précision au Proche-Orient n'ont pas forcément conduit au Néolithique — l'exemple de la civilisation Jomon a déjà été cité. Des découvertes de restes de calebasses extrêmement anciennes en Thaïlande confirment elles aussi une culture de cette cucurbitacée, bien qu'on ignore tout de la postérité de cette pratique dans ce qui est supposé être le plus vieux foyer néolithique. L'exemple des Amérindiens de la côte Ouest de l'Amérique du Nord, de l'Oregon à l'Alaska, prouve que des peuples se sont sédentarisés en développant des cultures reposant sur la pêche et la chasse des mammifères marins. Au niveau de l'Oregon, la remontée des saumons du Pacifique dans les fleuves était si massive qu'elle constituait une ressource plus que suffisante pour la vie des populations qui s'adonnaient aussi à la chasse aux mammifères marins et au gibier terrestre ainsi qu'à à la récolte de bulbes très abondants comme ceux de quamash (*Camassia* sp.). Seuls aspects « néolithiques » de leurs civilisations, ils élevaient des chiens et pas seulement pour la chasse ou la viande puisque certaines tribus fabriquaient des tissus en laine de chien. Il s'agit sans doute de l'exemple le plus frappant de sociétés qui, bénéficiant d'une nature très généreuse, n'ont pas eu besoin de franchir le pas de l'agriculture, même si leur habitat, leur art, leur vie sociale étaient comparables à certaines sociétés d'agriculteurs ou de protoagriculteurs.

Pourquoi une synchronisation des différents Néolithiques connus ? L'hypothèse de l'aménagement des niches écologiques

Malgré les incertitudes régnant quant aux motivations des premiers peuples néolithiques comme sur les toutes premières plantes cultivées et protodomestiquées, plusieurs certitudes demeurent : l'agriculture est née indépendamment dans plusieurs foyers très éloignés les uns des autres et très inégalement peuplés, parmi des écosystèmes différents. Elle a porté sur des plantes distinctes, s'est accompagnée d'une évolution propre à chaque peuple mais, nuance de taille, ces époques sont, pour les préhistoriens, peu éloignées dans le temps — surtout si l'on tient compte des sites potentiellement intéressants mais encore mal connus et des incertitudes de datation. Pourquoi une telle synchronisation ? La théorie de Childe attribuant le début du Néolithique proche-oriental à un assèchement de la région n'est d'autant plus acceptée qu'elle est inapplicable à des régions où ces bouleversements ont eu des conséquences fort différentes sur les savanes du Moyen-Orient, l'Altiplano péruvien ou les plateaux de Nouvelle-Guinée. Malgré cela, cette théorie, prise dans de manière très générale, a retrouvé une certaine crédibilité auprès d'écologistes qui constatent que l'agriculture a débuté un peu partout à partir du moment où le climat et la végétation se sont stabilisés après les ultimes soubresauts de la dernière glaciation, c'est-à-dire à partir de l'holocène.

D'autres théoriciens, dont Ruano-Borbalan (2001), voient l'évolution des sociétés de prédateurs vers celle de producteurs dans le cadre d'une théorie générale de l'évolution ; en cela, ils rejoignent Darwin qui avait été fortement influencé par

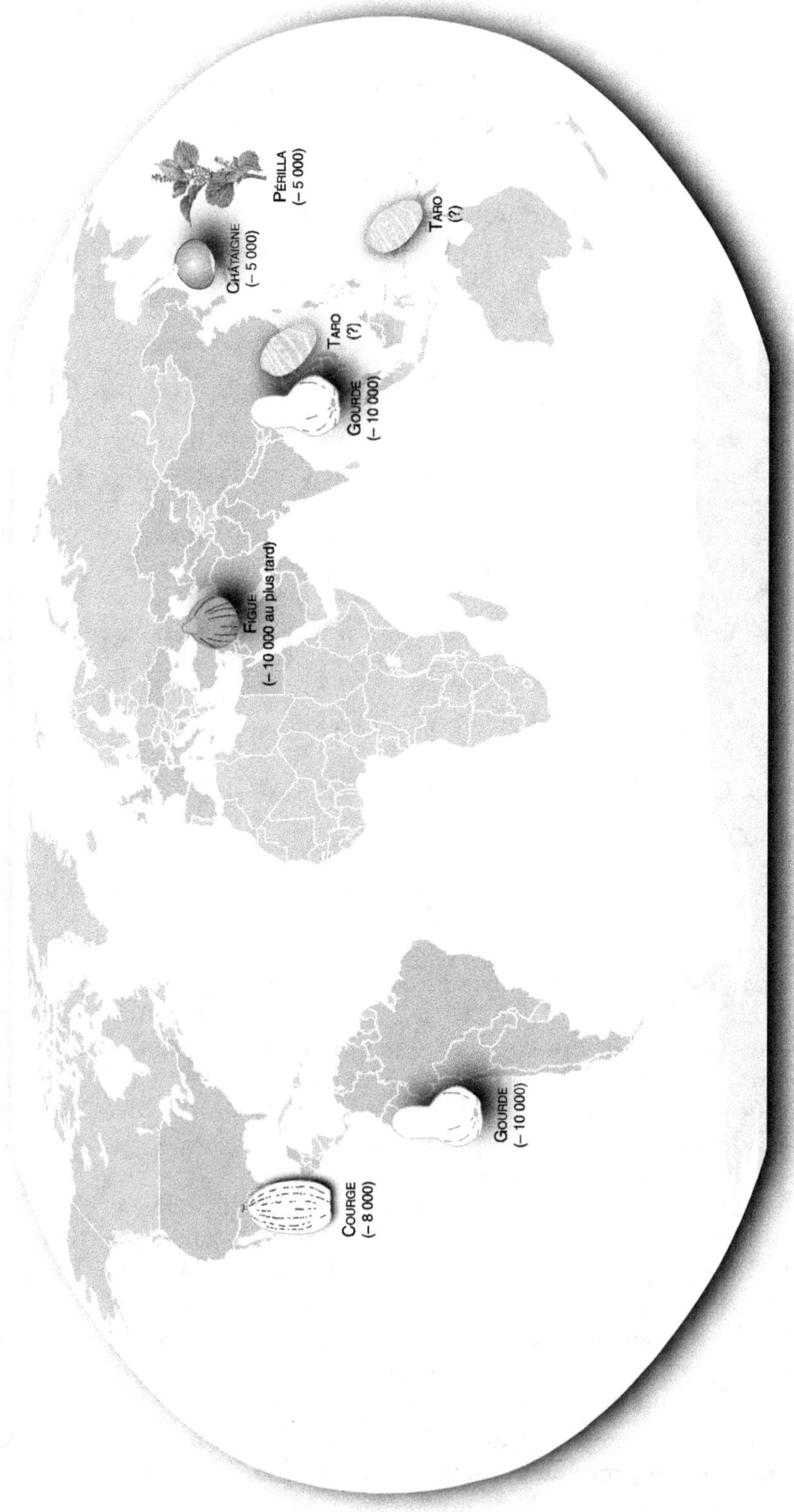

Figure II.5. Quelques prémices connues de l'agriculture antérieures au Néolithique selon l'acception classique : gourde en Thaïlande et au Pérou (– 10000), figues (– 10000 au moins) au Proche-Orient, taros en Nouvelle-Guinée et en Thaïlande, courges au Mexique (– 8000), périlla et châtaignes au Japon (– 5000 ?).

les travaux et la théorie de son compatriote, l'économiste Robert Malthus. Cette vision, récemment reprise, a suscité de nombreux débats et recueilli des adhésions. Toutefois, elle présuppose un stade d'évolution commun chez les peuples du Moyen-Orient, des Andes, de Chine et de Nouvelle-Guinée, ce qui n'est pas certain. Il serait peut-être plus rationnel d'expliquer la synchronisation des inventions de l'agriculture par la théorie des niches écologiques. En effet, même resté nomade, l'homme a pu choisir des territoires et s'y fixer pour des périodes suffisamment longues à partir de l'holocène. Il a pu, dans la plupart des contextes, aménager son territoire en repérant le gibier et ses migrations, les formations végétales avec les saisons de récolte possibles et la présence de matériel pour la fabrication des outils ; il a pu imaginer des déplacements, des sites de campement avec ou sans possibilité de rencontre avec d'autres tribus pour les échanges et les mariages, etc., avant de passer à l'aménagement des chasses et des lieux de prélèvement de ses aliments principaux. En un mot, l'homme, bénéficiant d'un climat stable, aurait pu aménager sa niche écologique comme le faisaient nombre d'animaux avant lui (Smith, 2007). Les réflexions des éthnologues raisonnant ainsi semblent être encore loin d'être toutes en accord, la niche reflétant pour la plupart d'entre eux un système stable et non un système que l'un de ses habitants fait évoluer. C'est pourtant la vision de Smith qui permet une interprétation très générale du passage du Mésolithique au Néolithique.

Chapitre III

Les mécanismes de la domestication des plantes

*Il a fallu des trésors de complaisance de la part de la nature,
d'ingéniosité de la part de l'homme.*
Henri Leclerc

Extrait de Pitrat et Foury, 2003

Les explications possibles avant Mendel

La définition du passage d'une plante sauvage à une plante cultivée paraît *a priori* assez théorique, et son histoire précise demeure dans la plupart des cas inconnue. Les peuples néolithiques et, pendant très longtemps, ceux qui leur ont succédé, n'ont laissé aucune archive au sens large du terme. On a une assez bonne idée de la nature des premières espèces qui ont été mises en culture par l'homme, mais les traces de la domestication n'ont pu être déterminées que pour quelques plantes seulement, presque toujours des plantes à graines. Par ailleurs, les motivations des hommes qui ont franchi ce pas capital pour l'histoire de l'humanité relevant du domaine de la spéculation, on ne peut dire si les mécanismes mis en jeu ont été délibérés, subis ou involontaires. L'étude de la domestication des trois premières céréales du Proche-Orient a démontré que la culture de ces graminées sauvages ou à peine modifiées par l'homme a précédé la domestication proprement dite, d'au moins un millénaire, soit environ 1 000 générations pour la plante et 30 pour l'homme, longue période de « préagriculture » ou de culture de plantes « proto-domestiquées ». Ensuite, certains caractères de domestication se sont stabilisés. Selon la terminologie moderne, ils ont été fixés, c'est-à-dire portés génétiquement par la majorité des individus de la population. Ces modifications génétiques concernent, on le sait aujourd'hui, un petit nombre de caractères, voire un seul, mais qui présentent un avantage pour la culture — en particulier la non-déhiscence du rachis déjà évoquée au chapitre II. Plus tard ont apparu d'autres modifications morphologiques, détectables ou non par les archéologues. Au début, selon Wilcox (2004), elles ont certainement été tout à fait involontaires ; ce point de vue est toutefois contesté. En revanche, il est certain qu'à partir d'une certaine époque, elles ont été recherchées et choisies par l'homme.

Le cas des céréales du Moyen-Orient n'a certainement pas une portée générale. Le maïs en Amérique et le mil et le sorgho en Afrique ont du suivre des processus de domestication voisins, mais on dispose de peu de traces archéologiques des premiers caractères modifiés, qui n'ont de surcroît pu être mis en évidence que récemment. À peu près au même moment, d'autres peuples de Chine de l'extrême sud, de Papouasie et, plus tard, d'Amérique du Sud ont commencé la domestication de divers tubercules ; dans ces cas, les étapes suivies nous échappent encore davantage. Quand on trouve des phytolithes, on peut seulement percevoir une augmentation progressive de leur taille qui reflète celle des cellules, et on en déduit une augmentation probable de la grosseur des tubercules, mais la déduction est osée. De plus, les premiers agriculteurs ont pu porter leurs choix sur des critères différents, comme l'amertume des tubercules (voire leur toxicité), la vitesse de croissance, l'aptitude à pousser dans telle ou telle condition, la production de quelques gros tubercules au lieu d'une multitude de petits, peut-être aussi leur couleur. Nombre d'effets de la domestication seraient alors impossibles à détecter pour les archéologues. Dans le cas des plantes reproduites par plantation de tubercules, la transmission des caractères choisis était systématique puisqu'on avait recours à la multiplication végétative, première forme du clonage, mais ce n'était qu'un cas particulier. On peut donc dire que le déroulement des processus transformant la plante sauvage en plante domestiquées par l'homme relève de mécanismes propres aux espèces. Pendant des millénaires, ils sont demeurés scientifiquement incompréhensibles. Pourtant l'homme en avait certainement une certaine intuition : il savait qu'en plantant, en semant ou en choisissant des reproducteurs (animaux), il avait une chance d'obtenir une descendance qui ressemblerait plus ou moins aux individus choisis. Cette chance était très inégale selon le mode de reproduction des plantes, et l'humanité a mis des millénaires à en comprendre les causes.

La longue période de l'amélioration empirique

Adaptations

Pendant des millénaires, l'homme allait inconsciemment « manipuler » les plantes qui l'intéressaient. Dans la nature, il n'est pas rare de rencontrer pour une espèce végétale donnée ce que les botanistes appellent des « écotypes », sous-espèces ou races adaptées à un sol ou un climat bien particulier, par exemple un écotype montagnard ou un écotype de bord de mer. On peut rencontrer des écotypes à port dressé à côté d'autres à port étalé, des feuilles de dimensions ou de pilosité variables, un enracinement pivotant ou non, etc. Plus surprenant, la population peut être un mélange de types à reproduction annuelle ou bisannuelle et de vivaces, même si l'un deux domine largement. De même, en déplaçant ses céréales du Proche-Orient vers les plaines d'Europe plus ou moins humides ou chaudes, en traversant les montagnes et en rencontrant de nouvelles contraintes, il a en quelque sorte créé des « écotypes de culture », des « variétés-populations » qui étaient des cultivars nouveaux. Il a aussi parfois tiré parti de modifications s'ajoutant aux précédentes au point de rendre la parenté entre l'ancêtre sauvage et ses descendants méconnaissable. C'est cette différenciation progressive qui a rendu si ardu le travail de de Candolle et de ses successeurs. On notera au passage que des cultivars peuvent prendre des aspects suffisamment différents pour que, dans le langage vernaculaire, ils reçoivent des noms d'espèces différents (encadré III.1).

Sélection empirique pour des caractères rationnels

Chez les espèces domestiques cultivées en Occident il y a un ou deux siècles, on voyait en général des variétés-populations présentant une homogénéité pour certains caractères apparents — par exemple chez le blé, la taille des chaumes, la couleur des grains mais non pour la présence de barbes. La variété-population avait une précocité généralement assez bien définie, elle avait fait l'objet d'une sélection empirique car il était souhaitable pour l'agriculteur de pouvoir récolter son champ en une fois. Les sélections portaient surtout sur des caractères ayant trait à l'adaptation à la culture et au rendement, elles ne supprimaient que partiellement la grande hétérogénéité que détectent les généticiens modernes.

L'étude des sites où l'on sait que l'agriculture est très ancienne révèle de manière plus ou moins claire l'intervention de l'homme sur les plantes aujourd'hui cultivées. Le cas de l'augmentation de la taille des graines ou des grains consommés, qu'il s'agisse de céréales, de légumineuses ou de plantes d'autres familles, est loin d'être un cas particulier. On la retrouve pour les fruits, les feuilles, les tubercules de presque toutes les espèces domestiquées. Ces indications sont rarement de nature « tout ou rien » comme la déhiscence des épillets ; il s'agit de caractères

---

Encadré III.1. Plusieurs noms vernaculaires pour une seule espèce, et *vice versa*.

Le recours à la terminologie scientifique est d'autant plus nécessaire qu'il existe souvent plusieurs noms vernaculaires pour une même espèce, la distinction existant dans le langage courant ne s'appliquant qu'à des stades de végétations ou à des usages différents.

Concombre et cornichon	*Cucumis sativus*
Jute (textile) et « mauve des Juifs » ou melokié (légume)	*Corchorus capsularis*

Mais ils peuvent correspondre également à des sélections divergentes ou à des croisements d'origine mal connue.

Navet, navette, pé-tsaï, pak choï	*Brassica rapa*
Colza, rutabaga	*Brassica napus*

On peut noter que, à l'inverse, des espèces voisines sont parfois, volontairement ou non, présentées sous un seul nom.

Courges au sens large	*Cucurbita pepo, C. moschata, C. maxima*
(courge, courgette, citrouille, courge musquée, potiron)	
Haricots au sens large	*Phaseolus vulgaris, P. Lunatus, P. multiflorus, Vigna* sp…

---

quantitatifs qui ne peuvent être utilisées comme indicateurs de domestication sans de nombreuses précautions compte tenu de l'influence du milieu, y compris le mode de culture. Par exemple, dans les cas où la domestication aurait commencé selon le processus supposé dit « du tas d'ordure », les graines récoltées sur les tas de détritus avaient de bonnes chances de provenir de plantes choisies pour la taille de leurs organes, mais elles ont pu, de surcroît, bénéficier de la fumure du terreau, des déjections humaines ou de celles des chiens, voire de l'absence de certaines plantes compétitives (voir encadré II.4). Les archéologues rappellent souvent que la prudence s'impose quand les trouvailles sont isolées, surtout quand il y a absence de matériel indubitablement sauvage dans les environs du site pour qu'une comparaison soit possible. Les conclusions émises sur la nature domestiquée ou simplement cultivée de telle ou telle plante sont d'ailleurs assez régulièrement remises en question par d'autres spécialistes estimant que le caractère sauvage ne peut pas être exclu. Le cas est particulièrement flagrant pour les espèces tubéreuses.

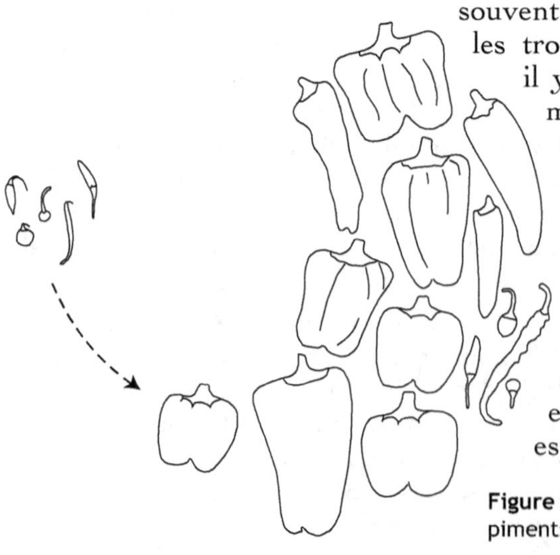

Figure III.1. Hypertrophie générale des fruits chez les piments (Pitrat et Foury, 2003).

On peut logiquement supposer que l'homme a eu tendance à choisir les plantes donnant une récolte plus grande, et il a de cette façon fini par imprimer des modifications héréditaires. Le simple fait de semer une partie de sa récolte où les individus les plus performants donnaient davantage de grains a constitué une sélection massale pouvant induire des modifications héréditaires. Pour les céréales, les hommes du Néolithique ont augmenté la taille du grain, ou bien la grenaison *via* la taille de l'épi, le nombre de rangées d'épillets, le retour à la fertilité d'épillets infertiles, le nombre d'épis, la vigueur générale de la plante, etc., comme le rappelle Harlan (1987). Pour les légumes, ils ont progressivement sélectionné des types à racine plus grosse ou plus longue, à tubercules plus gros et moins biscornus, à feuilles plus grandes, à bourgeons plus volumineux. Pour les fruits, ils ont privilégié la taille et le goût, la fertilité de l'arbre, etc. Les caractères différents de ceux liés au rendement que l'homme a modifiés consciemment ou inconsciemment sont nombreux. Il a pu également orienter la plante tantôt vers des feuilles, des racines ou des graines hypertrophiés. Il a cherché tout d'abord à rendre les plantes moins hostiles, moins délicates à manipuler. Ainsi, comme la plupart des agrumes sauvages sont garnis d'épines rendant la cueillette très pénibles, dès qu'un arbre inerme a été détecté, il a dû être aussitôt préféré aux types courants, les épines devenant l'apanage des « sauvageons » qui restent d'ailleurs fréquents parmi les sujets issus de semis de variétés domestiques, même récentes et hautement améliorées. La même différence se retrouve pour les poiriers et les pruniers, bien que le caractère épineux soit surtout un caractère juvénile. Toutefois, l'obtention de mutants sans épines n'a pas toujours été possible ou avantageuse : c'est visiblement le cas de certains types de ronces et de framboises (*Rubus* sp.) cultivées où les variétés épineuses côtoient les inermes. Un exemple moins connu est celui de l'épinard dont les graines portent, dans l'espèce type, des épines fines et acérées aussi aptes à pénétrer dans la peau qu'à s'y ancrer. On peut se demander pourquoi les variétés à graines piquantes n'ont pas encore totalement disparu (on les trouve encore au Japon) ; auraient-t-elles des qualités particulières ?

Parmi les autres caractères choisis dès le début de la domestication, il en existe de multiples concernant la forme, la facilité de consommation ou encore le pourcentage de partie comestible. Les carottes sauvages ont des racines étroites et pointues, leur « cœur » est très fibreux et plus développé que chez les carottes

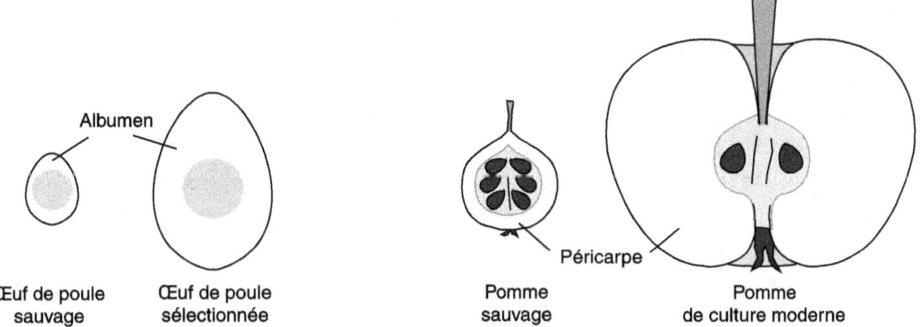

Figure III.2. Hypertrophie de l'albumen des œufs chez des poules sélectionnées pour la ponte mise en parallèle avec l'hypertrophie des parties comestibles (péricarpes) des pommes.

cultivées. Les ancêtres des légumes feuilles n'avaient ni la taille, ni l'épaisseur de celles que nous connaissons et les bourgeons hypertrophiés jusqu'à devenir des « pommes » monstrueuses pour un botaniste, comme chez le chou ou la laitue, n'existaient pas. Tous les fruits à noyau (drupes) de type non modifié par la sélection ont une « chair » mince, tandis que le noyau remplit l'essentiel du volume. L'homme, en recherchant de gros fruits, a logiquement augmenté l'épaisseur de la pulpe. De même, les fruits à pépins sauvages ont une faible épaisseur de péricarpe (faux fruit), tandis que la partie entourant les pépins, le vrai fruit, parait hypertrophiée et remplie de pépins. Bien entendu, il faut comprendre le phénomène inverse, l'homme a atrophié le vrai fruit en hypertrophiant la partie réellement comestible.

Sélection empirique pour des caractères irrationnels

Certains caractères choisis concernent la couleur, la forme, l'élégance et d'autres critères purement esthétiques. Parmi les populations sauvages, les caractères inhabituels présentent souvent un handicap pour l'espèce, ils ne se rencontrent qu'à une faible fréquence. De nombreuses baies virent du vert au rouge au moment de la maturation, ce qui permet aux prédateurs, oiseaux, rongeurs ou renards de les repérer facilement et de disperser les graines *via* leurs déjections, favorisant ainsi la propagation de l'espèce. L'homme a tantôt joué le jeu en choisissant des individus de couleur bien tranchée afin de repérer facilement la maturité, tantôt il l'a faussé. Des couleurs ou des formes rares dans la nature ont été très souvent préférées pour des raisons purement esthétiques. L'immense majorité des petits radis européens aujourd'hui consommés sont roses ou rouges, ou encore blanc et rouge ou blanc et rose, absents chez les ancêtres de l'espèce (il y en a plusieurs). De même, la couleur typique de la carotte est rouge orangé pour le non-spécialiste, alors que cette teinte n'est apparue qu'au début du XVIIe siècle en Hollande ou en Grande-Bretagne. Auparavant, il existait des carottes blanches (ou blanc jaunâtre) et d'autres rouge pourpre, et Olivier de Serres (1600) leur donnait des noms distincts : il appelait « pastenade » la rouge et « carotte » la blanche. Bien peu connaissent aujourd'hui les couleurs des anciennes carottes.

Dans d'autres cas, tout semble indiquer que l'homme a fait un choix de couleurs pour des raisons de symbolisme inconscient. Au dire des psychologues, le blanc est un symbole de pureté fortement perçu, y compris par les personnes n'ayant aucune connaissance en psychologie. Assez rare dans la nature pour l'épiderme des graines ou des fruits, il a été souvent préféré par l'homme. Ainsi au Pérou, existaient des variétés de maïs blancs bien avant l'arrivée des Espagnols, en Europe, l'homme a sélectionné des pommes ou des poires à chair très blanche, modifié les procédés de mouture jusqu'à obtenir une farine de blé le plus blanche possible ou encore élevé des poules pondant des œufs à coquille blanche. Même le tef, céréale propre à l'Éthiopie considérée comme restée au stade de la protodomestication par certains, comprend une variété à grains blancs de valeur marchande supérieure !

L'apparition de caractères résultant de la domestication peut parfois être retrouvée et datée par les archéologues (c'est rarement le cas de la couleur). On acquiert ainsi quelques informations sur l'époque de la domestication, sans plus. Dans la suite de ce raisonnement, on est bien entendu amené à se poser la question du comment. Là, tout restant dans le domaine des conjectures, on peut formuler des hypothèses, vérifiables ou non par l'expérimentation. Mais, en laboratoire comme dans la pratique de l'amélioration ou plus généralement de la transformation des plantes cultivées, la connaissance des mécanismes de l'hérédité occupe une position centrale et fondamentale. Et elle n'a été acquise qu'au début du XXe siècle.

La reproduction asexuée

La mise en évidence récente de l'ancienneté de la végéculture — agriculture reposant presque uniquement sur la multiplication par bouturage ou marcottage — démontre que la reproduction par voie végétative n'a pas échappé aux hommes préhistoriques dont le sens d'observation de la nature n'avait certainement rien à envier au nôtre, tant s'en faut. Il est facile d'observer que des branches de certains arbres peuvent prendre racine quand elles touchent le sol. Le nouveau pied devient un nouveau sujet quant il est séparé du pied mère. C'est le marcottage naturel, fréquent avec certaines espèces comme le figuier qui, on l'a vu, aurait été ainsi multiplié au Proche-Orient avant la culture du blé. La même chose est possible à partir de certaines herbacées. La fameuse théorie du tas d'ordure qui explique comment des graines ont pu lever là où l'homme jetait les restes de ses repas ou de ses récoltes peut s'appliquer également au bouturage : des arbustes, et même des arbres, ont pu se développer aux endroits où on avait jeté des branchages rapportés garnis de fruits ou de feuilles comestibles. Cette reproduction végétative accidentelle a eu de bonnes chances de se produire dans les pays de la ceinture tropicale où les longues saisons chaudes et humides sont très propices à ce genre de multiplication — à titre d'exemple, le bouturage du taro pratiqué par les Mélanésiens peut se faire simplement par plantation d'un bourgeons apical détaché de la plante mère (figure III.3). Et de fait, les Papous de Nouvelle-Guinée ou encore les Amérindiens des Caraïbes ont des pratiques culturales faisant largement appel au bouturage alors que celles des agriculteurs des pays tempérés privilégient d'une manière générale le semis. Pour ne citer qu'un exemple, la tomate est un légume reproduit par semis chez les horticulteurs de tous les pays, sauf chez les descendants des Caraïbes et autres peuples des Antilles et du nord de l'Amérique du Sud qui bouturent un même pied pendant plusieurs années, puis les pieds issus du précédent et ainsi de suite, au grand dam des vendeurs de semences et en particulier de semences hybrides.

Marcottage et bouturage, qui produisent des clones parfaits au sens biologique du terme, ont été suivis du greffage. Cette technique a sans doute été inspirée à l'homme par l'observation de branches d'arbres différents qui croissaient l'une contre l'autre et arrivaient à se souder, phénomène rare mais pas exceptionnel. Dans les cas extrêmes, il peut arriver que l'un des deux arbres

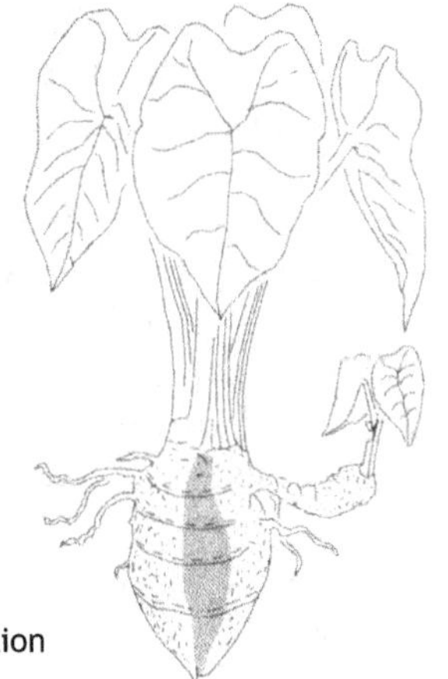

Figure III.3. Un pied de taro avec son bourgeon permettant la reproduction (d'après Guilaine, 2000 ; © Errance).

meure, le survivant portant alors un rameau vivant de son voisin. Ce nouvel arbre a donc les racines du pied vainqueur (le porte-greffe) et, sur une branche au moins, les organes du vaincu (le greffon). L'homme a probablement cherché à reproduire ce phénomène en faisant porter à un « sauvageon » des rameaux d'un individu de qualité. Après avoir imité la nature en plantant des arbres côte à côte et en les ligaturant pour obtenir la fusion des tissus (technique longtemps pratiquée pour l'olivier), il a fait preuve d'une imagination débordante pour arriver à incorporer au porte-greffe un petit rameau voire, quand la technique a été suffisamment évoluée, un seul bourgeon porté par un fragment d'écorce (écussonnage). Les avantages de la greffe sont multiples :

— le temps nécessaire pour obtenir un sujet productif est réduit, du moins chez les arbres ;

— comme avec tout clonage, on peut à partir d'un seul sujet obtenir des centaines de sujets améliorés ;

— par le choix du porte-greffe on peut apporter des caractères positifs, en particulier ceux qui ont trait au système racinaire — adaptation au sol, voire résistance à certains parasites ou maladies que l'on ne connaît pas forcément mais dont on voit les effets dévastateurs.

La greffe n'est toutefois certainement pas à l'origine de la végéculture.

Figure III.4. Un exemple de marcottage. Extrait de Joigneaux (sans date).

Quand l'espèce a tendance à émettre des drageons comme les bananiers ou les fraisiers, l'homme modifie fort peu le processus naturel en séparant les jeunes plants de leur mère ; son intervention est donc en quelque sorte intuitive. Il fait un pas de plus quand il replante des marcottes ou des boutures racinées accidentellement dans la nature, comme dans le cas des figuiers, des pruniers ou de certains cerisiers. Quand il faut couper des branches pour les planter en vue de leur faire prendre racine (bouturage), il est nécessaire de bien choisir la saison et de veiller à l'humidité du sol. La plantation de tubercules de pommes de terre, de topinambours ou de patates douces ne diffère pas biologiquement du bouturage en cela qu'elle demeure un clonage, mais elle ressemble au semis d'une graine et paraît encore plus naturelle que le « sevrage » d'un stolon.

Dans toutes ces techniques aujourd'hui regroupées sous le nom de « reproduction végétative », si l'homme ne comprenait certainement pas qu'il avait évité les *alea* de la reproduction sexuée et des combinaisons imprévisibles de gènes, il était certainement conscient d'autres avantages : gain de temps et absence de manipulation des plantules fragiles. Parmi les avantages accessoires mais non négligeables figure la possibilité de cultiver des individus stériles. L'exemple déjà cité des figues sans « graines » trouvées en Israël et qui aurait constitué la première culture des Natoufiens est plus proche de l'invention de l'agriculture. L'homme appréciant ce caractère a multiplié très tôt les arbres stériles, qu'il ait ou non marcotté des figuiers fertiles auparavant. Les bananiers triploïdes présentent également cet avantage qui a fait que l'homme a sans doute vite abandonnés les bananiers diploïdes à graines, à tel point que pour le commun des mortels du monde amateurs de bananes, ces fruits sont dépourvus de graines. La reproduction par graine est loin de permettre une transmission aussi simple chez les espèces allogames, sauf dans les cas où elle est en quelque sorte biaisée par des phénomènes comme l'apomixie donnant des sujets identiques au pied mère, de façon systématique (ronce, carambole) ou non (manguier). Le cas de cette reproduction qui part d'une graine mais n'est pas sexuée, biologiquement parlant, sera évoqué plus bas.

L'ère de la compréhension des mécanismes

La sexualité des plantes

Contrairement à l'opinion généralement admise, il semble bien que les peuples de l'Antiquité aient déjà pour le moins soupçonné le caractère sexué de la reproduction des plantes à fleurs. Les Grecs anciens pratiquaient la fécondation artificielle du dattier, peut-être il est vrai sans soupçonner l'analogie avec la fécondation des femelles par les mâles dans le règne animal. Il existe cependant un son de cloche différent de cette hypothèse : Pline cite clairement le pollen comme agent fécondateur. Il dit que « de [son] temps, la croyance des gens éclairés en histoire naturelle est qu'il y a deux sexes, non seulement chez les arbres, mais même chez les plantes. » (Bois et Gadeceau, 1910). À l'époque moderne, les Français attribuent généralement cette découverte à Sébastien Vaillant, professeur au Jardin du Roy à la fin du règne de Louis XIV qui avait observé deux *Pimenta* plantés à Paris qui fleurissaient tous deux, mais dont un seul fructifiait. Il avait vérifié que le pollen était l'agent fécondant des fleurs pourvues seulement d'un pistil. Ses observations ne sont cependant pas uniques : Chauvet (1986), cite des travaux de Camerarius sur ce sujet. Il faut également rappeler que les Arabes connaissaient la pollinisation des figuiers ou des dattiers.

Quel que soit le botaniste qui a assimilé les grains de pollen aux spermatozoïdes et les ovules du pistil aux ovules du monde animal, la notion de croisement, connue depuis longtemps chez les animaux, est devenue applicable aux plantes supérieures. À partir de ce moment, on a fait la distinction entre espèces où n'existaient que des fleurs hermaphrodites et espèces où existaient à la fois des fleurs mâles et des fleurs femelles tantôt groupées sur un même individu (espèces monoïques), tantôt sur des individus différents (espèces dioïques). Dans le cas des fleurs hermaphrodites, la fécondation peut se faire soit à partir du pollen de la même fleur — c'est l'autofécondation des espèces dites « autogames » —, soit à partir du pollen d'autres fleurs, véhiculé par le vent ou les insectes — fécondation allogame. Dans le cas du blé, la découverte de l'autogamie a du même coup permis de comprendre pourquoi des blés de variétés distinctes cultivées côte à côte ne se croisaient que rarement. À l'inverse, chez les espèces monoïques, la fécondation croisée est souvent dominante par suite de mécanismes divers comme la floraison décalée des fleurs mâles et femelles d'un individu sur le même pied. Là aussi, on a pu comprendre pourquoi, chez les espèces allogames, des types différents poussant côte à côte avaient une descendance hétérogène. Il existe aussi, chez des espèces à fleurs hermaphrodites comme les rosacées fruitières, des mécanismes rendant systématique la fécondation croisée du fait de la présence de gènes d'autostérilité (cf. *infra*). On comprenait ainsi que pour croiser des plantes comme on savait le faire avec des animaux, dans le but d'améliorer les races anciennes ou d'en créer de nouvelles, il faudrait avoir recours à des procédés nouveaux. Il faudrait supprimer les étamines du sujet choisi comme femelle et féconder les ovules avec le pollen d'une autre plante, souvent cultivée à côté mais dont la descendance ne serait pas conservée. Mais les procédés seront d'une difficulté très variable selon l'espèce. Gottlieb Kölreuter (1733-1806) est considéré comme le premier à avoir pratiqué des hybridations systématiques (Chauvet, 1986).

Un moine nommé Mendel très au fait de la science de son temps

De Candolle, qui avait recherché les ancêtres sauvages des plantes cultivées et avait prêté une grande attention aux différences entre ceux-là et celles-ci, ne se préoccupait pas des mécanismes qui les avaient produites. À cette époque, la théorie de l'évolution existait déjà : Jean-Baptiste de Lamarck (1744-1829) l'avait formulée en invoquant l'hérédité des caractères acquis, mais ladite théorie n'a guère que le mérite de l'ancienneté. L'abbé Grégoire (1750-1831), figure marquante de la Révolution française, avait rédigé un plaidoyer pour l'éducation de la paysannerie et la création d'un véritable organisme de recherche agronomique. Parmi ses nombreuses suggestions, parfois surprenantes pour son époque, en figurait une, apparemment inspirée directement de la théorie de Lamarck : l'acclimatation de plantes tropicales en France. Il fallait, selon lui, les cultiver dans des milieux de plus en plus froids, les y accoutumer jusqu'à ce qu'on obtienne, par exemple, une canne à sucre et un caféier de climat tempéré !

Au début du XIXe siècle, les mécanismes de l'hérédité intriguaient nombre de biologistes. Il y eut des expériences sur l'hybridité qui ne permirent guère de progrès. Toutes ces préoccupations n'étaient pas purement théoriques : en 1820, un dénommé Hempel écrivit que « la fécondation artificielle [serait] un jour utilisée pour la reproduction des céréales » mais qu'« il [convenait] auparavant de découvrir les lois qui [régissaient] l'hybridation des végétaux. » (Orel et Amogathe, 1985)

Gregor Mendel, né en 1822 en Moravie, alors province autrichienne et aujourd'hui en République tchèque, avait reçu un enseignement secondaire très moderne et il était entré comme novice au couvent des Augustins à Brünn (aujourd'hui Brno). Les moines de ce couvent, nullement coupés du monde, étaient au courant de l'actualité scientifique et s'adonnaient à des expériences sur les abeilles et les plantes. Mendel fut envoyé à Vienne pour y poursuivre ses études scientifiques. Il préférait les mathématiques et la physique aux sciences naturelles et fut considéré comme suffisamment brillant pour suivre des cours particuliers sur la méthodologie expérimentale que donnait le grand physicien Doppler qui avait commencé par refuser l'inscription de Mendel à l'université à cause de son trop faible niveau en physique[1].Ce cours était sinon unique, du moins très rare de par le monde et Mendel en tira le plus grand profit.

Des travaux appliqués et... quelques expériences qui allaient changer la biologie

Au couvent, Mendel rédigea 9 publications sur la météorologie et d'autres sur l'apiculture. Il apprit la fécondation artificielle des végétaux, s'adonna à la création de cultivars de potirons, probablement de poiriers et de fuchsias. Il ne fait guère de doute que les écrits de Hempel lui donnèrent matière à réflexion, car il se décida d'aborder à son tour ce domaine où, parmi les derniers en date, le Français Naudin venait d'effectuer de nombreuses et, il faut le dire, assez vaines expériences sur le datura[2]. Mendel n'en aura jamais entendu parler et, suivant les conseils de Doppler, il choisit soigneusement son matériel expérimental, en l'occurrence le pois et quelques autres plantes où on savait que ce que nous appelons la « variabilité intraspécifique » était particulièrement grande et, surtout, où existaient déjà des cultivars parfaitement homogènes pour certains caractères.

Ses expériences, qui allaient donner lieu en tout et pour tout à deux publications dans la modeste revue de la Société des sciences naturelles de Brünn (1863 et 1865), sont aujourd'hui citées dans des manuels solaires du monde entier. Rappelons en quelques mots que Mendel choisit de travailler sur le pois (*Pisum sativum*) et de croiser deux lignées pures ne différant entre elles que par des facteurs ou « caractères qui s'excluaient » — en l'occurrence le caractère lisse ou ridé de la graine —, alors que Naudin avait expérimenté sur les daturas en croisant des lignées différant par un grand nombre de caractères. Par la suite, Mendel aborda le croisement de lignées différant par 2 puis 3 caractères. Il en déduisit des lois simples sur la dissociation et la recombinaison des caractères en comptant le nombre de descendants présentant lesdits caractères et illustra ces lois avec des tableaux si clairs qu'ils ont pu être reproduits tels quels sur les manuels scolaires modernes. Mendel avait introduit la notion nouvelle de support des caractères héréditaires qu'il appela « éléments formateurs en puissance », puis « *Anlagen* » qui devaient devenir dans le langage de ses successeurs les « pangènes », puis les « gènes » ; quant aux « caractères qui s'excluent », ils sont aujourd'hui appelés « allèles » (formes possibles du gène). En deux publications dans une très modeste revue, il avait jeté les bases d'une science nouvelle, la génétique, et cela sans avoir la moindre idée de la nature des gènes, qu'il savait seulement portés par les gamètes. Après ces travaux, Mendel changea complètement d'activité. Devenu

---

1. Rappelons que Doppler a donné son nom à un phénomène, l'effet Doppler, qui est la variation de fréquence d'un son perçue à un point fixe quand la source d'émission se rapproche ou s'éloigne.

2. Naudin avait parfaitement énoncé la loi dite aujourd'hui « première loi de Mendel » relative à l'homogénéité de la descendance d'un croisement de lignées pures, publiée en 1856 ; il n'avait cependant pu aller plus loin.

supérieur de son couvent, il décida d'apprendre le droit afin d'éviter à son établissement de payer un nouvel impôt, reconversion tardive et pure perte de temps bien regrettable pour la science !

L'après-Mendel

Des progrès de la génétique

On dit souvent que les découvertes de Mendel étaient demeurées ignorées de son vivant. Cette assertion est exagérée : elles ont été souvent citées par les botanistes allemands, mentionnées dans l'*Encyclopedia britannica*, et on sait que Darwin en a eu connaissance — mais il ne semble pas que ce dernier les ait jugées à leur juste valeur. Leur retentissement dans les milieux scientifiques est resté longtemps négligeable. Les recherches sur l'hérédité connurent une nouvelle vogue à la suite de la publication d'une monographie de Darwin intitulée *The variation of animals and plants under domestication* (1897). Et puis, redécouvert ou simplement conforté par des travaux concordants (cf. encadré III.2), Mendel est entré dans le cercle des scientifiques de stature mondiale. Bien entendu, seul un aperçu des plus superficiels de cette science dont l'œuvre de Mendel ne constituait qu'un tout début ne peut être donné (voir encadré III-3). Mendel n'avait étudié (ou choisi pour ses publications ?) que des caractères contrôlés par des gènes indépendants parce que, on le sait aujourd'hui, portés par des chromosomes différents. Les gènes en questions avaient tous un allèle totalement dominant sur un autre, ce qui est un cas assez rare. Mendel ne s'était pas attaqué aux caractères quantitatifs et n'avait pas quitté le règne végétal. Il faudra de très nombreux travaux ultérieurs, et en particulier ceux de l'école américaine fondée par Thomas H. Morgan (1866-1945), pour établir la liaison entre les gènes et la biologie cellulaire. Ces chercheurs, travaillant essentiellement sur la mouche du vinaigre, ou « drosophile » (*Drosophila melanogaster*), ont d'abord montré que les lois de Mendel s'appliquaient tout aussi bien aux animaux et aux autres êtres vivant qu'aux végétaux. La poursuite de travaux de plus en plus nombreux et complexes allait mener à la découverte de 400 mutations et à la mise en évidence du support matériel des gènes, les chromosomes, ce qui vaudra à Morgan le prix Nobel en 1933. Bien plus, celui-ci, en étudiant la liaison entre gènes (*linkage*), est arrivé à les positionner sur chacun des chromosomes par simple comptage des individus portant des allèles donnés après un croisement. On a pu aussi étudier les caractères contrôlés par des allèles multiples d'un même gène, celle de caractères dépendant de plusieurs gènes, de caractères liés au sexe, c'est-à-dire portés par les chromosomes sexuels, etc.

Des applications

Alors que l'application des lois de Mendel a suscité beaucoup de réticences chez les biologistes s'intéressant à l'évolution, elle a été mieux acceptée par les professionnels de l'amélioration des plantes ou des animaux. Cela n'a rien d'étonnant puisque les généticiens travaillant sur le pois ou les autres légumes ne considèrent pas que les lois de Mendel ont permis la création de variétés, mais que c'est l'inverse qui s'est produit. De fait, Mendel a utilisé des lignées pures, déjà créées

---

Encadré III.2. Redécouverte ou vérification des travaux de Mendel ?

Selon la version généralement admise, c'est le botaniste hollandais, Hugo De Vries, qui, durant les toutes dernières années du XIXe siècle, redécouvrit les lois de ségrégation des caractères héréditaires, qu'il attribuait à des particules du noyau nommées « pangènes » puis « gènes ». Dans une publication parue en 1900, il reconnaissait que la paternité de ces lois revenait à Mendel. Il faut, pour être complet, ajouter qu'à peu près au même moment, deux autres chercheurs, Carl Correns à l'université de Tübingen et Erich von Tschermak à celle de Vienne, ont publié des résultats similaires, reconnaissant également l'un et l'autre avoir été devancés par Mendel. Comme le fait remarquer Orel (Orel et Amogate, 1985), cette présentation des choses est assez curieuse : on voit mal comment trois chercheurs ont redécouvert le travail d'un collègue dont ils citent clairement la publication datant de plusieurs décennies. Plus vraisemblablement, ils avaient eu connaissance de l'œuvre de Mendel, au plus tard pendant le déroulement de leurs propres expériences, ont voulu la vérifier, et l'ont corroborée. En publiant leurs propres conclusions après avoir cité celle du chercheur qui les avait devancés, peut-on parler de redécouverte ?

---

empiriquement par des sélectionneurs, pour découvrir les lois qui portent son nom (Bannerot, 1986). Dire, comme le font des professeurs d'université américains, que les jardiniers européens les connaissaient avant Mendel puisqu'ils avaient créé des lignées pures est tout aussi abusif : lesdits jardiniers avaient sans l'ombre d'un doute acquis une certaine connaissance empirique de la génétique, mais aucun n'avait énoncé de loi claire. Quoi qu'il en soit, à peine redécouvertes, les lois de Mendel ont permis de comprendre de nombreux aspects de l'hérédité : pourquoi certains caractères bien marqués chez un individu disparaissaient dans sa descendance pour réapparaître, ou non, quelques générations plus tard ; pourquoi, en croisant des individus portant le même caractère, on obtenait tantôt des descendants portant tous ce même caractère, tantôt un pourcentage seulement d'individus de ce type. La connaissance de la dominance intermédiaire (mise en évidence après Mendel) a permis de comprendre pourquoi certains caractères se révélaient impossibles à « fixer » sur l'ensemble de la population parce que liés obligatoirement à l'hétérozygotie. Et ainsi la manipulation de caractères faite « à l'aveuglette » par les cultivateurs quand ils sélectionnaient des semences végétales a pu être maîtrisée peu à peu. Une impulsion sans précédent a été donnée à la génétique appliquée. Les lois de Mendel et la génétique factorielle ont ainsi permis une interprétation plus plausible des processus en cause dans la création des variétés, mais aussi des espèces domestiques.

Cette interprétation nécessite la prise en compte des mutations dont Mendel n'a pas parlé dans ses écrits mais que Naudin connaissait. Comme rappelé dans l'encadré III.3, il fallut attendre De Vries pour comprendre que l'on avait affaire à une modification brutale et imprévisible d'un gène. La mutation pouvait être considérée comme une preuve de « dégénérescence », et l'individu différent (le mutant) était éliminé ; parfois, il était conservé en tant que curiosité comme cela est arrivé au fraisier à feuilles simples de Sébastien Vaillant à la fin du XVIIIe siècle

Encadré III.3. Un survol très succinct de l'évolution de la génétique de Mendel à nos jours.

Les biologistes travaillant sur les mécanismes de l'évolution ont longtemps considéré que les gènes ne pouvaient expliquer entièrement le phénomène de l'évolution. Les darwiniens purs pensaient que les phénomènes discontinus déductibles des lois de Mendel ne pouvaient expliquer les phénomènes continus, et en particulier les variations quantitatives de caractères comme la taille ou la masse. La découverte de la dominance incomplète (intermédiaire), le contrôle de certains caractères par plusieurs gènes allaient lever les principales objections.

Le calcul de pourcentages d'individus portant différents allèles, commencé par Mendel lui-même, a été étendu à des populations. On a pu, entre autres choses, déterminer le taux de mutation de différents gènes, leur disparition rapide dans le cas où ils étaient dominants et avaient des conséquences létales ou, à l'inverse, leur persistance quand ils étaient récessifs. La modélisation de la répartition des gènes et de sa variation sous l'effet de facteurs externes a finalement abouti au néodarwinisme, où les phénomènes décrits par Darwin étaient expliqués par le mendélisme. L'observation de la répartition des gènes sur de grandes populations et sur de longues périodes a montré que les gènes n'étaient pas d'une stabilité absolue et qu'ils pouvaient muter. L'énoncé clair de la notion de mutation est dû à Hugo De Vries.

La nature biochimique des gènes est restée longtemps inconnue, et la plupart des biochimistes pensaient qu'il s'agissait probablement de protéines. En 1940, un biochimiste américain, Oswald Avery, démontra, chez le pneumocoque, que le support des gènes était l'acide désoxyribonucléique (ADN). Publiés 6 ans plus tard dans une revue de bon niveau scientifique, ces résultats ne connurent pas plus de succès que ceux de Mendel en leur temps. Bien qu'Avery eût employé un protocole et des analyses rigoureuses, ses conclusions paraissaient suspectes, tant l'hypothèse du support protéique était unanimement acceptée chez les biochimistes. Quand celles-ci furent redémontrées de manière plus indirecte et enfin admises, de nombreuses équipes se consacrèrent à ce nouveau domaine qui permettait enfin d'accéder à l'intimité même des gènes.

Parmi les points capitaux de ces nouvelles étapes, on peut citer la découverte de la structure précise de l'ADN, la double hélice de Watson et Crick, les rôles respectifs de l'ADN et de l'ARN, le mécanisme d'action du gène agissant *via* la synthèse d'une protéine — par exemple d'une enzyme qui induit à son tour la synthèse d'un composé bien déterminé responsable d'un caractère donné. Ainsi chez le pois étudié par Mendel, le gène « graine lisse ou ridée » possède deux allèles induisant la synthèse d'amidons différant par leurs proportions d'amylose et d'amylopectine.

Le stade ultime atteint aujourd'hui est le déchiffrage du génome, c'est-à-dire le séquençage complet de la suite de bases constituant l'ADN dans laquelle, à côté de brins ne portant pas de gène, se reconnaissent les séquences codantes, c'est-à-dire les gènes eux-mêmes, qui peuvent s'exprimer ou non. Le séquençage du génome permet de localiser les QTL (*quantitative trait locus*), « locus de caractères quantitatifs », par analyse de la coségrégation avec d'autres caractères et d'en tirer parti en sélection. Cette connaissance ouvre une perspective nouvelle inconcevable auparavant : sa manipulation. Dans la suite des travaux de Morgan, se situent également la connaissance de la redistribution des gènes lors de la reproduction, l'existence de deux brins d'ADN chez les parents dits « diploïdes » et d'un seul chez les gamètes haploïdes, etc.

On notera que les organites cytoplasmiques (ribosomes et, pour les végétaux, chloroplastes) possèdent aussi des gènes qui ne se ségrégent pas lors de la reproduction mais sont transmis en bloc par l'ovule. Ils peuvent muter au même titre que ceux des chromosomes et servent souvent pour l'étude de l'origine des lignées maternelle d'animaux ou de plantes.

au Jardin du Roy, nommé *Fragaria vesca 'monophylla'*. On sait aujourd'hui que la grande majorité des mutations sont létales ou défavorables ; elles peuvent être également inutiles ou, plus rarement, bénéfiques à l'espèce, ne serait-ce que dans un milieu donné. Dans la nature, quand leur effet est globalement défavorable, les mutants sont éliminés par la pression de sélection, rapidement s'ils sont dominants, lentement s'ils sont récessifs. La présence de gènes récessifs apparemment inutiles voire défavorables peut augmenter la souplesse de l'espèce et l'aider à s'adapter à des milieux ou à des situations diverses, car ces gènes peuvent devenir favorables dans certaines conditions. Dans les cultures, les allèles récessifs passent facilement inaperçus s'ils sont rares parce qu'ils sont détectables seulement à l'état homozygote et qu'ils sont surtout présents à l'état hétérozygote. Il faut alors qu'ils influent sur un facteur comme le rendement, la récolte des graines ou des fruits, la beauté ou la qualité pour que l'homme les considère comme intéressants. Dans ce cas, si on peut estimer, ne serait-ce qu'approximativement, le taux d'une mutation récessive donnée (son ordre de grandeur avoisine 1 / 1 000 000) ainsi que la pression de sélection qui s'exerce à son encontre, on peut estimer le nombre d'individus qui la portent et la chance de la voir apparaître ou s'exprimer.

Les premières céréales du Proche-Orient à la lumière des acquis mendéliens

Les premières céréales domestiquées au Proche-Orient sont toutes autogames. L'autofécondation permet une grande stabilité du génome, qui est formé presque exclusivement de gènes homozygotes. L'homozygotie n'est jamais absolue, car une petite partie des ovules d'une plante globalement allogame est fécondée par du pollen venant d'une autre plante, et quelques croisements se produisent ainsi de façon régulière au sein d'une population. Si celle-ci est hétérogène, elle comporte toujours un petit pourcentage d'individus hétérozygotes mais, la reproduction autogame dominant, les hétérozygoties ont tendance à disparaître au cours des générations, et les gènes se retrouvent homozygotes pour l'un ou l'autre des allèles. De ce fait, presque chaque plante se retrouve apte à donner dans sa descendance une lignée pure, et c'est cette pureté qui est recherchée par les sélectionneurs parce qu'elle garantit l'uniformité (l'omniprésence du caractère recherché) et sa stabilité au cours des générations à venir, du moins si l'on néglige l'allogamie résiduelle et les mutations. Ce n'est donc sans doute pas un hasard si c'est avec les céréales autogames que l'homme a pu obtenir les premières « variétés » domestiquées de plantes reproduites par semis. Ce n'est peut-être pas un hasard non plus si le seigle, qui semble avoir été cultivé avant l'engrain, l'amidonnier et l'orge, a été vite abandonné : son allogamie rend son génome autrement difficile à manier.

Dans le cas de l'orge ou du blé sauvages, la déhiscence du rachis constitue le premier facteur limitant de l'efficacité de la moisson en causant des pertes de grain parfois considérables. Ce premier caractère est d'une importance capitale pour la plante sauvage puisqu'il favorise la propagation de l'espèce, mais c'est le premier qu'il convient de supprimer pour qu'une céréale puisse être considérée comme domestiquée. La surface de la zone d'abcission des épillets d'une céréale sauvage, vue au microscope, est lisse, bien différente de celle d'une brisure de rachis solide. Les archéologues qui recueillent des fragments d'épis correctement conservés, par exemple aux alentours des anciennes huttes, peuvent donc savoir si le rachis était déhiscent. Ils en trouvent souvent, dans la terre battue du sol ou dans la glaise du torchis par exemple, et ils peuvent alors être formels : la solidité du rachis n'a été systématique que tard après le début de la culture des céréales ; c'est pourquoi la domestication a pris environ un millénaire !

Pourtant, une hypothèse vient immédiatement à l'esprit : l'homme a dû profiter d'une première mutation. De fait, les généticiens confirment qu'il existe un gène *Br* dont les allèles récessifs entraînent la fragilisation du rachis (Sang, 2009). Il devrait donc suffire, en théorie, de recueillir quelques épis non déhiscents et de semer leurs graines sur de petits lopins de terre assez isolés pour espérer obtenir d'emblée du blé ayant franchi la première étape de la domestication. Sachant que le taux de mutation de ce gène est de l'ordre de 2 à 5 / 1 000 000, le mutant non déhiscent pouvait se rencontrer avec une probabilité non négligeable dans un champ ensemencé avec une céréale sauvage, et il pouvait se remarquer facilement. Le déterminisme du caractère n'est cependant pas monofactoriel : un autre gène, *Q*, participe à l'expression du caractère de non-déhiscence des épillets. Et cette fois, l'allèle propice à la domestication est partiellement dominant. Il devient alors plus facile de comprendre que pour franchir la première étape de la domestication, un millier de générations ont été nécessaires selon les archéologues, alors que deux ou trois (vérifications comprises) auraient suffi selon les généticiens. Bien entendu, un épi non cassant ne se remarquait pas forcément dans une population où la maturation était sans doute étalée, et il ne venait certainement pas à l'esprit des Néolithiques de faire de petits semis expérimentaux. Par ailleurs, deux faits d'importance ont dû rallonger le processus : tout d'abord, il faut penser aux techniques de moisson de l'époque et, ensuite, il a fallu attendre la combinaison des allèles récessifs de *Br* et de l'allèle dominant de *Q* pour avoir des épis vraiment non déhiscents et faciles à remarquer. Le premier point a été éclairci grâce à des cultures expérimentales d'engrain à partir de grains récoltés en Syrie sur des vestiges des savanes, qui avaient fourni d'abondantes quantités de grains aux Natoufiens et à leurs descendants néolithiques.

Les premiers essais ont été entrepris par Cauvin et Anderson à Jalès (département de l'Ardèche) en 1985. Il s'agissait d'abord de vérifier si la moisson favorisait la récolte des mutants à épis non déhiscents, sachant que toute sélection de grains sur ce critère était impossible après la récolte. La pression sélective due à la moisson favorisait comme prévu le mutant car, selon les modes de culture et de récolte, les pertes à la moisson variaient de 5 à 60 % pour les épis déhiscents. Cependant, les grains sauvages tombés au sol repoussaient facilement dès les premières pluies, et les « champs » qui s'étaient ainsi réensemencés spontanément parce qu'ils avaient bénéficié d'un effet positif de l'allèle de déhiscence retransmettaient le caractère aux générations suivantes. Il est plausible d'admettre que les premiers agriculteurs moissonnaient ces champs de repousse au même titre que ceux qu'ils avaient ensemencés.

Par analogie, on peut rappeler que, de nos jours, les cultivateurs amérindiens de quinoa en Bolivie n'hésitent pas ramasser du quinoa sauvage quand leur récolte est insuffisante. Dès lors, le mélange des deux types de grain dans les semences de l'année suivante n'est nullement impossible. Chez les Néolithiques du Proche-Orient, les grains sauvages ressemés spontanément et récoltés en quantité indéterminée n'ont pu que favoriser la persistance des types sauvages, ce que la précocité de la récolte a probablement renforcé. En effet, il est clair que pour limiter les pertes, les Néolithiques ont été obligés de commencer leurs moissons de céréales sauvages avant le dessèchement complet des épis, sachant que la pratique n'affectait pas la qualité de grain récolté, ni sa qualité nutritionnelle, ni — les cultures expérimentales l'ont montré — la capacité germinative du grain, comme c'est d'ailleurs toujours le cas pour les blés modernes. Or la comparaison des traces microscopique du silex des faucilles néolithiques avec celles de silex « expérimentaux » a révélé un détail précieux pour la compréhension : la patine correspondait à des marques laissées par de la paille de céréales non desséchée. Les premiers moissonneurs du Proche-Orient récoltaient donc les céréales sauvages, si possible avant la chute des premiers épillets. C'était une précaution élémentaire contre les pertes, mais un ralentissement de la sélection qu'ils effectuaient de manière aussi inconsciente qu'empirique. On peut supposer qu'il a fallu un évènement imprévu provoquant un retard de moisson suivi d'un semis sur des terres nouvelles de semences où dominaient les mutants pour que la domestication ait progressé.

Il faut aussi souligner que le gène Q est pléiotropique[1] : il influence la taille du chaume, la forme de l'épi qui devient court et trapu, la durée de la levée du grain, l'adhérence des glumes et aussi le rendement. C'est lui qui a été qualifié de « gène de la domestication par excellence » (Jahier *et al.*, 2006). Il apparaît donc que, pour cet exemple si souvent cité, si le caractère de non-déhiscence est bien responsable de ce que l'on considère comme le premier pas vers la domestication des céréales, son déterminisme n'est pas simple et ne serait même pas totalement éclairci. On comprend donc que son importance n'ait pas été perçue d'emblée et que la pression sélective du gène dans les conditions de préculture semble être restée négligeable pendant si longtemps. Un gène assurant la fonction de Q a été trouvé sur un chromosome correspondant[2] chez l'orge, mais aussi dans pratiquement toutes les espèces végétales se reproduisant en répandant des graines sur le sol, y compris la plante modèle des généticiens actuels, *Arabidopsis thaliana*. Le décryptage des génomes a permis aux généticiens modernes de localiser le gène principal responsable de la première étape de la domestication et de montrer que l'évolution de l'allèle

---

1. Qui affecte plusieurs caractères.
2. Un chromosome orthologue, dans le langage des généticiens.

Figure III.5. Épis de blé domestique (à gauche) et sauvage (à droite).

récessif *q* vers l'allèle *Q* s'était produite de manière parallèle chez plusieurs blés.

Une demi-douzaine d'autres gènes ayant joué un rôle majeur dans le processus de domestication ont été identifiés (Jahier *et al.*, 2006 ; Sang, 2009). Dans le cas des blés, un deuxième caractère d'importance a très vite caractérisé les blés domestiques : la perte de la ténacité des glumes qui deviennent ainsi moins adhérentes au grain et s'en détachent par simple battage de l'épi au lieu de nécessiter un passage au pilon. En d'autres termes, la mutation de l'allèle *Tg* (*tenaceous glume*) en un allèle récessif *tg* diminue la dureté de la glume et la rend facilement séparable du grain, ce qui permet d'obtenir du grain nu après battage. Cependant, le gène *Q* doit également être présent, et ce mécanisme, pas plus que celui de la non-déhiscence du rachis, ne provient donc d'un caractère mendélien simple.

Un autre gène a eu une importance capitale, qui concerne la résistance au froid et la vernalisation, c'est-à-dire l'exposition au froid nécessaire au redémarrage de la végétation puis de la floraison à partir du retour de la saison plus chaude. Il ne concernait pas les blés du Proche-Orient mais a permis le déplacement de la culture des blés vers le nord, bien au-delà de la Mésopotamie, grâce aux deux allèles d'un gène nommé *Vrn*. On peut en dire à peu près autant du caractère de dormance, qui empêche la germination à la moindre apparition de conditions climatiques favorables et qui souvent empêche la totalité des graines de germer même en cas de conditions réellement favorables. Ce phénomène est, comme la dispersion des graines, très important pour la survie de l'espèce. Mais, pour l'homme, il rend les semis plus aléatoires et entraîne des pertes de semence. Chez le blé, les gènes de dormance ont été trouvés, mais ils ont un effet favorable, y compris pour l'agriculteur, car ils empêchent la germination du blé sur pied. Ils n'existaient pas au Proche-Orient où la saison de maturation est généralement sèche. L'homme les a retrouvés et introduits sur les variétés de blé cultivés dans les pays pluvieux alors qu'il les a supprimés chez les fabacées dont la dormance est tenace.

D'autres caractères ont dû apparaître tôt dans les premières cultures sans qu'on puisse forcément les situer dans le temps, et beaucoup se sont accumulés pour aboutir à ce que l'on appelle maintenant le « syndrome de l'espèce cultivée ». Ils concernent ce qui est pour un écologiste l'adaptation à un écosystème réduit à l'extrême, presque monospécifique, qu'est devenu un champ propre et net. L'augmentation de la taille du grain est une des caractéristiques observées systématiquement sur les céréales et autres plantes à graines comestibles fraîchement domestiquées. Dans le cas des céréales, on sait maintenant qu'elle s'accompagne d'une diminution de la teneur en protéines, conséquence d'une augmentation de la réserve d'amidon en valeur absolue. Cette évolution ne paraît pas résulter du choix volontaire de ce caractère pourtant gage d'une plus grande récolte. Comme les caryopses de grande taille étaient sans doute à l'origine peu nombreux, il paraît tout à fait improbable que les premiers agriculteurs les aient triés pour les semer. Ils ont sans doute fait l'objet d'une sélection involontaire et progressive du simple fait que, ayant de plus grandes réserves d'amidon, leurs plantules avaient une plus grande vigueur lors de la levée. Le phénomène était sans doute d'autant plus marqué que l'homme ensemençait ses cultures dans des conditions peu favorables. La période durant laquelle s'est étalée cette sélection est difficile à évaluer puisqu'on a affaire à un caractère quantitatif influençable aussi bien par des gènes multiples que par le milieu. Faute de mieux, les archéologues, qui récoltent souvent de graines ou des grains carbonisés aux abords de foyers, utilisent fréquemment ce critère pour essayer de savoir s'ils ont affaire à des plantes déjà domestiquées ou encore sauvages.

Les blés hexaploïdes, l'orge et le riz

Le choix d'allèles rares paraissant nouveaux n'a pas été la seule voie suivie par les premiers agriculteurs. Des modifications notables d'une population ont résulté du démarrage d'une culture à partir d'une petite quantité de semences issues d'une population présentant quelque particularité par rapport à ce que nous appelons aujourd'hui l'« espèce type ». Dans ces cas, la génétique des populations montre que la probabilité pour que les semences choisies ne soient pas représentatives de la population de départ est d'autant plus grande que l'échantillon est petit. En d'autres termes, démarrer une culture avec un tout petit lot de semences peut conduire à une variété-population nouvelle bénéficiant de ce que les généticiens appellent l'« effet fondateur », observé dans les domestications modernes mais difficile à retrouver pour celles qui ont eu lieu à des époques reculées.

D'autres phénomènes ont facilité la tâche des premiers agriculteurs du Moyen-Orient. Parmi eux, la polyploïdie (cf. encadré III.4). Les agriculteurs avaient à leur disposition trois graminées dont ils ont tiré des céréales. Deux d'entre elles, l'orge et l'engrain, étaient des plantes diploïdes pourvues de deux paires de chromosomes AA ($2\,x = 2\,n = 14$ dans les deux cas). Mais la troisième était un blé, l'amidonnier (*Triticum dicoccoïdes* pour la sous-espèce primitive, *T. dicoccum* pour la forme cultivée), qui portait un stock double de chromosome AABB ($2\,x = 4\,n = 28$). Il résultait d'une hybridation qui s'était produite quelque 500 000 ans auparavant entre l'engrain et une espèce voisine, un *Aegilops* proche d'*A. searsii* (parfois appelé « *A. speltoïdes* »). Il s'agit d'un allotétraploïde. *Triticum aestivum*, le blé tendre moderne (le froment), apparu cinq à dix siècles après la domestication des précédents, est un allohexaploïde issu du croisement de l'amidonnier et d'*A. tauschii* (ex-*A. squarosa*) de type AABBDD (cf. chapitre VIII). Le froment donne de beaux grains nus, c'est le blé panifiable moderne. Ses ancêtres ont pu être retrouvés par examen du caryotype au microscope avant que la génomique ne permette de reconstituer la genèse des nombreux autres blés apparus en divers points du globe et à des périodes différentes (cf. chapitre VIII). La sélection de l'allèle dominant Q remplaçant l'allèle sauvage s'est produite de façon similaire chez les blés de trois niveaux de ploïdie. L'apparition des premiers blés hexaploïdes par hybridation du blé diploïde AABB avec *A. Tauschii* n'a pu résulter que du simple hasard, l'action de l'homme portant alors seulement sur le choix de ce nouveau venu. Cependant, si le blé amidonnier AABB était déjà devenu non déhiscent et à grains nus, les premiers blés hexaploïdes ne l'étaient plus compte tenu de la présence le l'allèle dominant de *tg* dans le nouvel *Aegilops*. Il a donc fallu une nouvelle mutation et une sélection. Et les choses sont cette fois allées vite, comme le montrent les traces archéologiques. L'homme était peut-être plus attentif aux cultivars qu'il véhiculait désormais sur de grandes distances, et les effets multiples de ce gène étaient, comme déjà mentionnés, facilement repérables : les gros épis trapus remplis de grains nus ne ressemblaient plus guère aux longs épis frêles garnis d'épillets espacés, et le moissonneur les remarquait d'autant plus facilement qu'il coupait la paille juste en dessous de l'épi. La dominance de l'allèle Q a entraîné la persistance d'hétérozygotes que l'homme a dû éliminer assez vite ; l'enjeu en valait la peine.

Encadré III.4. La polyploïdie.

Les successeurs de Mendel — et en particulier l'école de Morgan —, qui avaient identifié les chromosomes au support matériel des gènes, ont mis l'accent sur le nombre de chromosomes propre à chaque espèce. Dans les cellules somatiques de la drosophile, les chromosomes sont groupés par paires ; on dit que les individus sont diploïdes quand leur nombre chromosomique est $2\,n$. Un dédoublement après recombinaison des gènes se produit lors des méioses aboutissant aux cellules sexuelles à n chromosomes. Mais ce schéma, parfaitement valable chez les animaux supérieurs, ne l'est pas systématquement chez les plantes. Il existe un certain nombre de cas où le nombre de chromosomes peut être doublé (par exemple en laboratoire sous l'effet d'un alcaloïde, la colchicine), passant à $4\,n$ pour les cellules somatiques et à $2\,n$ pour les gamètes ; on parle alors de plantes « tétraploïdes » ou plus exactement « autotétraploïdes ». Il peut également être triplé, et on parle d'« hexaploïdes ». Certains individus tétraploïdes ou hexaploïdes, jamais viables chez les animaux supérieurs, peuvent être non seulement viables, mais fertiles chez les végétaux. *Grosso modo*, leurs cellules sont en nombre inchangé, mais elles sont plus grandes, si bien que l'individu est de taille supérieure. Chez les végétaux sauvages, il peut exister chez une même espèce des populations diploïdes et des populations tétraploïdes occupant souvent des aires distinctes. Chez les plantes cultivées, l'étude du génome a pu expliquer des faits dont l'homme avait tiré parti empiriquement. Le choix de types sauvages par les premiers cultivateurs a pu se porter sur les sujets tétraploïdes tout simplement parce qu'ils avaient une plus grande taille ou des graines plus grosses. Ainsi le poireau moderne, tétraploïde, est préféré au poireau ancien qui est diploïde. Chez les céréales, la recherche de grains volumineux peut expliquer en partie le succès des espèces tétraploïdes ou hexaploïdes par rapport aux diploïdes. Les cultivars modernes d'espèces comme le blé, la pomme de terre ou encore la banane ont en commun leur ascendance remontant non à un, mais à plusieurs ancêtres sauvages. Elles sont le fruit d'hybridations d'ancêtres sauvages voisins (homologues) qui ont donné naissance aux espèces synthétiques cultivées. Il y a eu une juxtaposition des génomes des ancêtres A et B à $2\,n$ chromosomes chacun dans une cellule allopolyploïde. Chez l'individu issu du croisement de A et de B diploïde par exemple, les cellules somatiques sont AABB, soit $4\,n$. Quand la descendance se révèle viable, les chromosomes des deux parents se divisent et se recombinent parallèlement. Le sujet obtenu par ce croisement a des caractéristiques nouvelles tant pour l'agriculteur que pour le scientifique.

Cet exemple est presque le seul où les déductions des archéologues ont pu être parfaitement expliquées par les découvertes de la génomique. Pour les autres céréales autogames, les archéologues sont jusqu'à présent beaucoup moins avancés faute de sites fouillés à ce jour permettant de suivre plutôt que de deviner les étapes de la domestication. En revanche, des gènes de la domestication correspondant aux déductions de Harlan ont bel et bien été trouvés. Dans le cas de l'orge, outre la mise en évidence d'un gène de non-déhiscence déjà signalé, l'étude des caryotypes a montré qu'il existait quelques orges triploïdes ou tétraploïdes apparemment minoritaires, mais il s'agit cette fois d'autopolyploïdes. Une originalité de l'orge réside dans le passage des épis à deux rangs aux épis à six rangs de graines, ce qui est spectaculaire. En fait, chez l'orge à deux rangs, chaque caryopse se trouve placé entre deux rangs de vestiges d'épillets. L'arrêt du développement de ces épillets, leur avortement en quelque sorte, est dû à un gène aujourd'hui connu. Les mutations qui ont levé l'inhibition du développement de l'épillet (il en existe au moins trois) ont triplé le nombre de grains sur un épi. Le caractère « grain nu » de l'orge est dû à un seul gène qui semble n'avoir été trouvé qu'une fois et qui a été sélectionné seulement dans les orges d'Extrême-Orient destinées à la consommation humaine. Le caractère de non-déhiscence de l'épi est contrôlé par un gène présent à deux locus. Il suffit que la plante soit homozygote pour l'allèle récessif de l'un des locus pour que l'épi soit non déhiscent. Et le locus concerné n'est pas le même sur les orges d'Extrême-Orient et ceux d'Occident. C'est un argument puissant en faveur de la double domestication de l'orge : outre le centre d'origine du Proche-Orient, amplement documenté, la génomique a révélé l'existence d'un autre centre situé 1 500 à 3 000 km plus à l'est (Sang, 2009). Ainsi se trouvent confirmées les intuitions ou assertions de Harlan et Vavilov. Toutefois, ces découvertes ne permettent pas de conclure s'il s'agit d'un véritable centre secondaire où une domestication nouvelle aurait été menée à partir des graminées sauvages locales ou si ces dernières se sont simplement croisées avec l'orge déjà domestiquée importée du Proche-Orient.

Dans le cas du riz, les gènes de la domestication ont été bien étudiés. Cette céréale aimant les lieux humides et portant une panicule au lieu d'un épi, appartenant à une tribu différente de celles du blé et de l'orge, a bien entendu des caractéristiques physiologiques propres, ce qui n'empêche pas qu'on ait pu y détecter des gènes de domestication assez analogues. Sang (2009) les énumère à la lumière de la génomique. Il s'agit d'une diminution de l'égrenage spontané des graines (laquelle joue le rôle de la déhiscence des épis du blé), de la disparition de la dormance, de la synchronisation de la maturation des grains, de la réduction du nombre de chaumes par pied et du renforcement de leur rigidité, de l'augmentation du nombre de ramifications portant une panicule et du nombre d'épillets par panicule. De même que pour l'orge, l'étude des caryotypes des riz cultivés modernes à révélé deux origines : le groupe des riz dits « *japonica* » et celui des riz dits « *indica* » descendent respectivement de l'espèce sauvage *Oriza rufipogon* et *O. nivara*. L'intuition des archéologues supputant plusieurs domestications du riz est donc amplement confirmée.

Les cas des hybridations entre espèces voisines aboutissant souvent à des espèces synthétiques allopolyploïdes pose le problème plus général de possibilités de croisements entre espèces voisines. On raisonne aujourd'hui en pools géniques schématisés sur la figure III.6. Deux espèces peuvent se croiser sans difficulté aucune si elles appartiennent à un même pool génique dit « primaire ». C'est le cas par exemple de l'engrain cultivé et de son ancêtre sauvage (*Triticum monococcum et T. boeticum*). Le croisement est possible, mais beaucoup plus rare si elles appartiennent au même pool génique secondaire, comme les *Aegilops* ou les différents blés dont il a été question ci-dessus. Enfin, les croisements entre espèces n'ayant en commun que quelques caractères d'un pool génique tertiaire ne sont possibles qu'avec des techniques particulières, autrement dit en laboratoire.

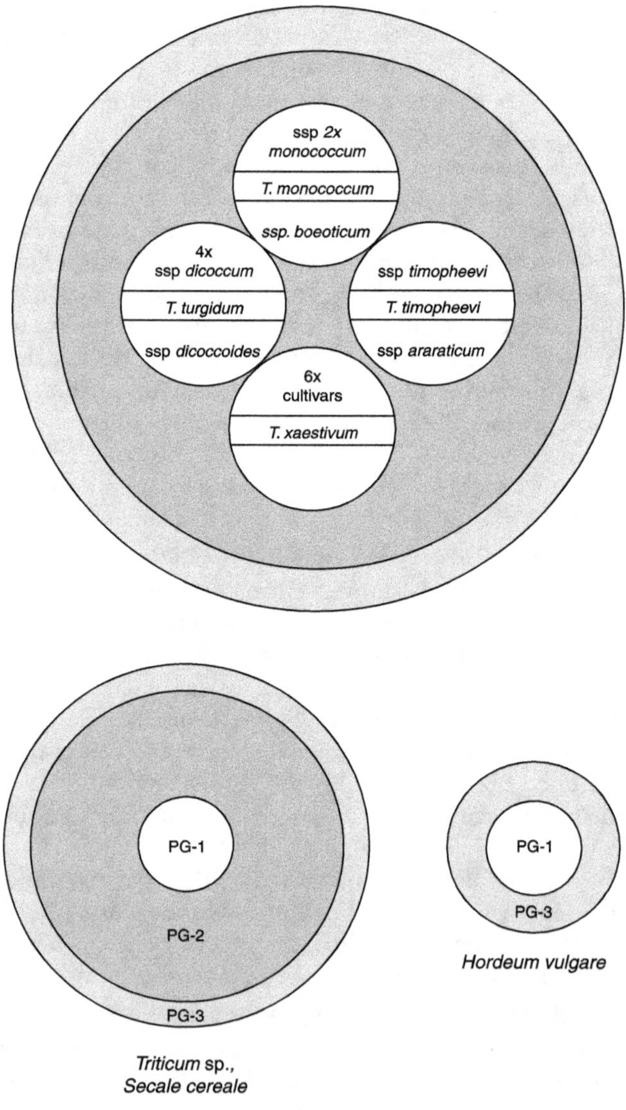

Figure III.6. Les pools génétiques selon Harlan. Cas de divers blés et du blé (ou seigle) et de l'orge. Extrait de Harlan (1987), © CILF.

Le maïs

Alors que les espèces autogames peuvent être facilement homogénéisées pour les caractères mendéliens de détermination simple, même par une sélection inconsciente, les espèces allogames entretiennent entre elles un flux continuel de gènes. À l'époque des variétés-populations, l'agriculteur qui voyait apparaître dans son champ de maïs un caractère qui lui plaisait n'était jamais assuré de le retrouver l'année suivante. Il n'aurait pu théoriquement les retrouver qu'en ressemant uniquement les descendants d'un pied intéressant isolé, lequel est toujours très peu fécondé par suite du décalage des floraisons de la panicule et de la fleur femelle. La solution aujourd'hui retenue est l'isolement des individus à reproduire avec autofécondation en conditions de laboratoire. Et pourtant, la domestication du maïs a nécessité la fixation de quelques gènes majeurs qui a nécessairement pris beaucoup de temps. Il est possible que cette solution ait été trouvée, ne serait-ce que de façon progressive, quand l'homme a abandonné des champs par suite de l'épuisement du sol ou de l'envahissement des mauvaises herbes avant de recommencer ses cultures avec un petit nombre de graines, ce qui pouvait produire des effets fondateurs homogénéisant les populations.

Comme déjà signalé, l'identification des ancêtres sauvages du maïs (*Zea mais*) par les botanistes ou les agronomes s'est très longtemps heurtée à de sérieuses difficultés. Aujourd'hui, il n'y a plus de doute (Matsukoa, 2005), il s'agit du téosinte (*Zea mexicana*, cf. figure III.7) dont les plus vieux restes de maïs cultivé trouvés sur le site de Tehuacan (loin de l'aire du téosinte) sont déjà très différents.

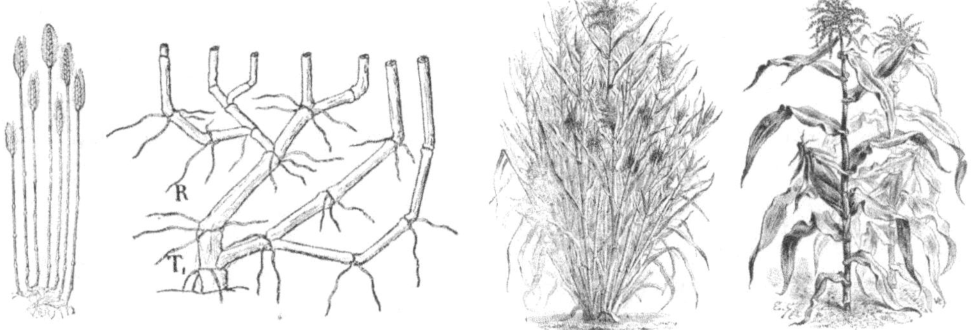

Figure III.7. Du téosinte au maïs. Passage de la touffe ramifiée de l'ancêtre sauvage à la tige unique du maïs portant des inflorescences mâles et femelles et comparaison avec le blé. Ce dernier, représenté amputé de ses feuilles sur la gauche, a des ramifications situées au niveau du sol correspondant au « tallage » qui permet à un seul grain de donner plusieurs chaumes. Le téosinte (au centre) talle également mais présente aussi des ramifications à mi-hauteur. C'est la suppression du tallage et l'évolution des rameaux latéraux partant de la tige devenue unique vers des inflorescences femelles (épis) qui ont abouti au maïs. Extraits de Parmentier (1924) et de Capus (1930).

La génomique a enfin permis d'éclairer quelque peu les premiers pas de la domestication de cette plante hors du commun. L'une des différences majeures entre le téosinte et le maïs réside dans la présence en position latérale par rapport à la tige principale de ramifications chez le premier et de fleurs femelles (auxquelles succèdent les rafles portant les grains) chez le second. Plusieurs gènes responsables de l'architecture de la plante sauvage ont été trouvés, et leur mutation a permis l'évolution du téosinte vers la plante que nous connaissons, le principal étant le gène *tb* (*teosinte branched*). Ce dernier entraîne un net raccourcissement des rameaux qui, au dernier stade, deviennent des sortes de pédoncules terminés par une rafle. Le grain de téosinte est par ailleurs entouré d'une gaine dure qui la rend impossible à consommer sans un décorticage difficile. Le gène supprimant la « dureté » des grains a également été identifié : c'est un allèle du gène *tga* dont l'action rappelle celle du gène *tg* de dureté des téguments du blé. Les grains non indurées ont le double avantage de ne plus présenter de dormance et d'être plus facilement consommables et plus nutritives pour l'homme. L'ancienne inflorescence mâle terminale des rameaux de téosinte aurait quant à elle totalement régressé, et une « transmutation sexuelle » aurait donné naissance à l'épi femelle (Jahier *et al.*, 2006). Quant à la solidité de l'ancienne tige devenue rachis de l'épi, elle apparaît réglée par neuf locus différents. Dans le cas du maïs, les caractères portés chacun par des locus sont nombreux, ce qui entraîne une variation plus ou moins continue.

Ce n'est donc certainement pas un hasard si la domestication semble s'être étalée sur une période beaucoup plus longue (Michelet, 2000) que celle du blé au Proche-Orient : plusieurs millénaires au lieu d'un. En revanche, le maïs, une fois domestiqué, s'est montré d'une diversité génétique et d'une souplesse absolument remarquables. Il a pu être cultivé dans des régions beaucoup plus humides que son ancêtre qui était adapté à la sécheresse, grâce à sa photosynthèse en C4, tout comme il a pu l'être dans des régions beaucoup plus froides que le Mexique. Sa diversité génétique s'est révélée précieuse pour les sélectionneurs qui en ont d'abord tiré des variétés-populations jamais stables mais d'une infinie variété. En cherchant à obtenir des cultivars aussi homogènes que possible, les expérimentateurs ont dû pratiquer des autofécondations, normalement difficiles chez cette plante où la maturation des gamètes mâles des gamètes femelles est désynchronisée, mais possibles avec des techniques appropriées. Ce travail a contribué à la compréhension de la dépression induite par la consanguinité et du phénomène inverse, l'hétérosis (encadré III.5).

Les gènes de domestication chez quelques autres espèces

Il existe toujours des mécanismes assurant la dispersion des espèces sauvages, et si l'homme veut les domestiquer pour leurs graines, il faut entraver ou inhiber ce mécanisme. Chez les fabacées, les deux valves de la gousse ne peuvent garder leur forme à la maturation des graines : le dessèchement provoque une grande tension entre elles puis l'équilibre se rompt brutalement, les valves se séparent et se vrillent en projetant les graines alentour, parfois à plus d'un mètre. La disparition de ce phénomène atteste de la domestication si elle est détectable. Elle permet, avec la taille du grain, de se prononcer sur l'éventuelle domestication des pois, haricots, lupins et autres fabacées à gousses longues. La levée de la dormance déjà signalée à propos du riz et du téosinte est capitale pour ces espèces où la dormance est fréquente et parfois difficile à supprimer.

Il existe des espèces où la domestication peut être aisément identifiée par des caractères simples. Harlan donne l'exemple intéressant de la coque du fruit du

Encadré III.5. L'hétérosis.

Les études de génétique des populations ont révélé un phénomène d'une extrême importance : la vigueur hybride, ou « hétérosis », qui n'était pas explicable directement par les mécanismes mendéliens et qui a des conséquences considérables dans le domaine de l'amélioration des plantes cultivées, voire de l'explication des mécanismes de la domestication. Si dans une espèce quelconque on pratique des fécondations entre proches parents ou ,mieux, des autofécondations si on a affaire à un plante autogame ou allogame monoïque, la vigueur générale des descendants diminue au fur et à mesure que le sujet devient plus consanguin ; la dépression affecte de nombreuses caractéristiques (développement général, résistance aux maladies, aux aléas climatiques, fertilité, etc.), elle correspond à ce que l'on appelle souvent en termes non scientifiques une « dégénérescence ». À l'inverse, le croisement de lignées consanguines différentes entraîne une augmentation de la vigueur (la « dégénérescence » est réversible !). Ce phénomène avait clairement été signalé par les premiers chercheurs qui s'attelaient à l'étude des lois de l'hérédité, entre autres Naudin. Il a, depuis, été nommé « vigueur des hybrides » ou « hétérosis ». Son explication scientifique n'est pas simple mais, dans la pratique, il est amplement exploité, en particulier dans les cultivars appelés improprement « hybrides » qui sont issus de croisement intraspécifiques de lignées consanguines. Leur obtention peut être schématisée comme suit :
— 1) création de lignées consanguines (A, B, C, D…) ;
— 2) testage des effets d'hétérosis par croisement des lignées deux à deux (A × B, A × D…) ;
— 3) choix des croisements de lignées grand-parentales donnant le meilleur hétérosis ;
— 4) testage des effets d'hétérosis par croisement d'hybrides simples (AB × CD, AB × CE…) ;
— 5) choix d'hybrides simples (par exemple AC et E) qui occuperont la position parentale dans les croisements donnant les semences commerciales distribuées aux agriculteurs et renouvelées chaque année.

Dans les hybrides à 3 voies, on ne retient que 2 lignées grand-parentales dont l'hybride est croisé avec une lignée pure. Les stades 4 et 5 sont remplacés par des croisements de type AB × C, AB × D, etc.

Dans les hybrides simples, on commercialise directement les meilleurs hybrides de type AB qui étaient coûteux à produire tant que l'hybridation se faisait avec une lignée « femelle » castrée manuellement.

---

palmier à huile dont l'épaisseur est réduite par un gène simple. Les fruits des arbres homozygotes pour ce gène sont préférés par les Africains mais ils ne contiennent pas de graine, le gène induisant une stérilité femelle. Ceux-ci gardent donc également des sujets hétérozygotes dont les fruits ont une coque d'épaisseur intermédiaire et sont fertiles, ce qui permet la reproduction des palmiers. La domestication est donc repérable par la fréquence de ce gène.

Dans le cas de la tomate, les recherches de gènes de domestication ont surtout abouti à la sélection d'un gène majeur responsable de la taille du fruit. Parmi les espèces fruitières ligneuses, ce caractère constitue l'un des critères principaux, mais il ne s'agit pas d'une sélection de gènes dans une lignée puisqu'on se contente en général de cloner un individu intéressant par bouturage ou par greffage. Le fait qu'il soit hétérozygote pour de nombreux gènes, loin d'être un handicap, permet de tirer parti d'effets d'hétérosis. Il existe aussi les cas, déjà mentionnés, de reproduction par semi donnant des individus identiques au pied mère par suite d'un phénomène d'apomyxie produisant de véritables lignées pures naturelles. Le cas est bien connu chez rosacées telles que la ronce (*Rubus fruticosus*), certains sorbiers (*Sorbus* sp.) ou le pissenlit (*Taraxacum dens-leonis*) qui sont des espèces sauvages ou rarement domestiquées. L'apomixie correspond au déclenchement par le pollen non d'une méiose, mais de la multiplication de cellules diploïdes de l'ovaire. Dans la flore des pays tempérés, ce phénomène concerne surtout des espèces très secondaires, mais dans celle des pays tropicaux, le bilimbi (*Averrhoa bilimbi*) produit une descendance homogène par semi grâce à ce phénomène, ainsi que le manguier accessoirement. Il existe également une céréale apomictique, le mil.

La domestication et les adventices

Les mauvaises herbes, ou « adventices », peuvent être comparées dans une certaine mesure aux animaux commensaux de l'homme tels que le rat, la souris, le moineau ou encore la blatte qui ont suivi l'homme au fur et à mesure de ses voyages et de ses migrations. Avant d'être adventices, elles étaient sans doute des espèces opportunistes aptes à coloniser les terrains perturbés par le feu, les inondations, les glissements de terrain, etc. Bien avant le Néolithique, l'homme a engendré une certaine dégradation de la nature dès qu'il a séjourné dans un même lieu pendant une période suffisamment longue en piétinant les abords de la hutte ou de la caverne, en rejetant des détritus, etc. Les sols perturbés ont été colonisés par des espèces opportunistes. À partir du moment où il a commencé à brûler la végétation et à pratiquer ses ensemencements, le phénomène s'est considérablement amplifié. Les espèces qui ont prospéré, toujours annuelles en premier, avaient des cycles et des besoins écologiques voisins des espèces cultivées, et elles étaient dotées d'une grande faculté de reproduction. Grâce à leur étonnante souplesse, elles se sont, sur un même terroir, spécialisées en adventices des cultures sarclées, des céréales d'hiver ou des céréales de printemps, leur période de végétation s'est rapprochée de plus en plus de celle des « plantes-hôtes » ; parfois, même la taille de la graine en a fait de même, permettant ainsi aux adventices d'être récoltées puis ressemées avec les plantes cultivées. Ces plantes envahissantes sont ainsi devenues de véritables plantes cultivées involontairement. Dans un premier temps, elles pouvaient intéresser l'homme. Harlan (1987) a défini un ordre croissant d'aversion et un ordre décroissant de tolérance montrant l'inégalité des adventices. Cependant, dans leur ensemble, les adventices sont des compétiteurs des plantes cultivées qui, à la suite de cultures pendant plusieurs années au même endroit, finissent toujours par nuire à la production. Les premiers agriculteurs avaient alors le choix entre l'arrachage et le déplacement du champ sur un nouveau brûlis. D'après Mazoyer et Roudart (1997), ce serait cet envahissement, plutôt que l'épuisement des sols, qui serait la cause du déplacement des lieux de culture par les premiers paysans.

Certaines étaient parfois très proches botaniquement des plantes cultivées. Dans les premiers champs de céréales, on a pu, en examinant les graines carbonisées, trouver des mélanges d'engrain, d'amidonnier, d'orge, d'avoine, de seigle où une espèce était seulement dominante, celle que l'homme essayait de cultiver peut-on supposer. Les choses n'ont pas toujours changé de façon radicale depuis cette époque. Pour les Romains de l'époque classique, l'avoine était citée comme mauvaise herbe par Pline. Des types de blés tendres ont subsisté dans les champs de blé dur jusqu'à l'époque moderne, de même que certaines avoines (type folles-avoines, *Avena fatua* ou *A. barbata*). Harlan précise que cette dernière est tolérée en Éthiopie quand elle ne s'égraine pas avant la moisson — elle a donc au moins un gène de domestication ! On trouve aussi des seigles adventices dans les champs de céréales d'Europe ou du Proche-Orient. Bien plus, certaines, de par leur proximité botanique, ont en quelque sorte noué des liens de parenté avec une plante cultivée (Harlan, 1987). L'homme a fini par domestiquer l'avoine et le seigle, mais seulement au premier millénaire av. J.-C., sans empêcher certaines avoines de demeurer des adventices tenaces, leurs grains, de taille non négligeable, n'ayant pas perdu le caractère de dissémination spontanée et résistant aux anciens désherbants sélectifs du blé. L'avoine (*Avena sativa*), dérivée d'une adventice proche-orientale, apparaît comme l'une des toutes premières domestications européennes. On trouve en Amérique des maïs primitifs créés par l'homme devenus adventices des maïs modernes avec lesquels ils s'hybrident régulièrement. Le cas des sorghos africains, bien étudié par Harlan, montre des interrelations génétiques entre le sorgho sauvage et le sorgho cultivé, le premier prenant systématiquement certains caractères du second, caractères différents selon les races (types) exploitées. Parfois l'adventice subsiste alors que la plante cultivée a disparu dans la région. La culture des millets, céréales à très petites graines, a été à peu près abandonnée en Europe au XVIIe ou XVIIIe siècle, mais certains comme *Digitaria sanguinalis* sont devenus des adventices des champs de maïs.

La céréale la plus importante qui est passée par le stade d'adventice avant d'avoir l'« honneur » d'être domestiquée est sans conteste le riz. La première donnée qui milite en ce sens est le fait que taro et riz sauvages partagent la même niche culturale ; ensuite, une étude linguistique très poussée déjà mentionnée a démontré le glissement du mot « *sro* » et de ses variantes phonétiques désignant le taro vers celui qui signifie « riz paddy » dans les langues parlées par des populations isolées linguistiquement dans le centre de la péninsule du Sud-Est asiatique comme en Thaïlande ; enfin, on connaît un rite perpétué par des cultivateurs de riz qui plantent encore un taro mère ou protecteur de la céréale dans leur rizière avant les semailles (Ferlus, 1996). De plus, comme l'avait déjà fait remarquer Haudricourt, le taro que l'on peut arracher toute l'année convient bien à la nourriture d'une famille ou d'un village, le riz qui se stocke et se transporte plus facilement est beaucoup mieux adapté à la vie en communautés organisées, donc à l'émergence des cités et des États. Il est logique de supposer que la culture du riz a été plus tardive que celle du taro. Notons que cette première domestication a pu être suivie d'autres qui découlaient de la récolte de riz sauvage, à la manière de celles que pratiquaient les habitants du Proche-Orient pour le blé et l'orge sauvages. On peut noter aussi qu'une autre céréale, le coïx, ou « larme de Job » (*Coix lacryma-jobi*), a été domestiquée dans la même région avant que sa culture ne gagne l'Inde et la Chine. À l'opposé du riz, elle a connu un déclin manifeste et on connaît peu de choses sur sa domestication.

Parmi les espèces plus éloignées des céréales à être passées du statut de mauvaise herbe à celui de plante cultivée, on peut citer la cameline (*Camelina sativa*), ancien oléagineux aujourd'hui adventice du lin, des chénopodes qui croissent volontiers dans les maïs des deux côtés de l'Atlantique, dont certains sont cultivés en Amérique pour leurs feuilles et surtout leurs graines. Les amarantes, appréciées dans plusieurs pays du monde, et d'autres « brèdes » ont connu des succès similaires. Dans le cas des moutardes — et de bien d'autres —, subsiste un doute : s'agit-il d'anciennes adventices, d'ancêtres des plantes cultivées, d'anciens cultivars ou de populations issues de croisement ? On peut remarquer que chénopodes et amarantes sont typiquement des plantes dont la domestication a pu débuter sur le fameux tas d'ordures imaginé par Darwin. Certaines d'entre elles ont sans doute gardé longtemps le statut de plantes dérobées, croissant à l'ombre et à l'abri de plantes de plus grande taille. En Europe, la mâche (*Valeriana olitoria*) a longtemps connu ce mode de culture, la récolte se faisant l'année suivant la récolte des céréales quand le champ était mis en jachère. Dans l'ensemble, les anciennes adventices qui ont eu les faveurs de l'homme sont plutôt des légumes. Certaines, tout en restant des mauvaises herbes, étaient récoltées et appréciées en tant que légumes, et pas seulement en périodes de disette. Olivier de Serres (1600) parle du pourpier (*Portulaca oleracea*) comme d'un légume nouveau qu'il n'est pas toujours nécessaire de semer car il pousse souvent seul. Plus tard, il fournira une salade appréciée au XVIIe siècle, avant qu'au début du XIXe siècle un Américain du nom de Cobbett le qualifie de « mauvaise herbe malicieuse que les Français et les cochons mangent quand ils ne peuvent rien trouver d'autre » (Hedrick, 1976). De nos jours, la consommation de feuilles cuites d'herbes est restée très vivante en Chine, où la renouée persicaire (ou des espèces très proches) est encore considérée comme un légume de grande valeur. La bourse à pasteur (*Capsella bursa-pastoris*) s'y classe parfois parmi les légumes cultivés, plus souvent dans la catégorie des espèces sauvages qui sont récoltées et vendues jusque dans les grands restaurants au moment de la fête des morts.

Harlan (1987) parle aussi des arbres adventices. Sous les climats tempérés, l'aubépine (*Crataegus* sp.) et le prunellier (*Prunus spinosa*) sont des arbustes qui occupaient les clairières, puis les friches et les haies, et ont considérablement profité des perturbations du milieu par l'homme. Ils n'ont jamais été domestiqués (à l'exception de *Crataegus azarolus et C. mexicana*, d'importance très secondaire, voir chapitre IX). En revanche, en Afrique de l'Ouest, le karité (*Buthyrospermun paradoxum*) et le palmier à huile (*Elaeis guineensis*) sont deux arbres qui suivent les défrichements. Le karité fournit un « beurre », le second, à demi domestiqué à l'arrivée des Européens, est devenu un oléagineux de première importance après le travail d'amélioration effectué dans les anciennes Indes néerlandaises.

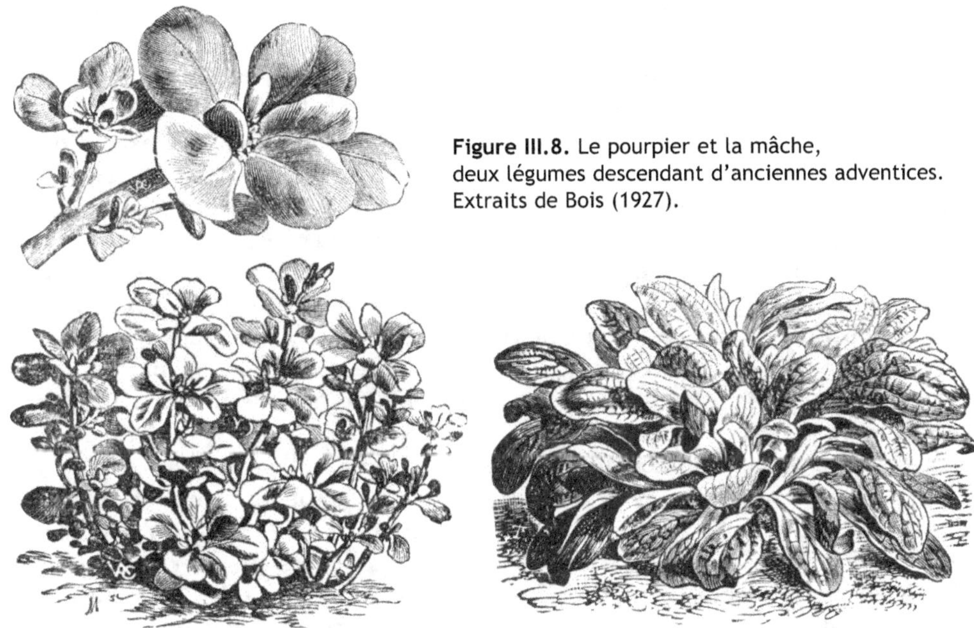

Figure III.8. Le pourpier et la mâche,
deux légumes descendant d'anciennes adventices.
Extraits de Bois (1927).

La domestication à partir du bouturage ou du greffage

La multiplication végétative donne, comme indiqué plus haut, des individus identiques au pied mère et a été à l'origine de la très ancienne « végéculture ». L'identité, totale au départ, ne se maintient cependant pas indéfiniment. De même que les cellules de la lignée germinale (celles des gamètes) sont susceptibles de subir des mutations affectant la descendance, les cellules somatiques, celles des organes végétatifs, sont susceptibles d'être modifiées par des mutations dites « de bourgeon » affectant une partie de l'individu. On peut sur une plante observer un rameau dont les feuilles, les fleurs, les fruits sont différents du reste de l'individu[1]. Le greffage ou le bouturage à partir de ces rameaux donne des individus nouveaux et le caractère engendré par la mutation est parfaitement reproductible par multiplication végétative. Dans les vignobles, de très nombreux cépages (clones) existent à la fois « en blanc » et « en rouge », c'est-à-dire que la forme initiale a subi une mutation apportant à l'épiderme une nouvelle couleur ; il est vrai que ce phénomène se classe parmi les améliorations plutôt que parmi les processus de domestication. Beaucoup de très anciens cultivars de bananiers ne diffèrent les uns des autres que par des mutations de bourgeon.

Parmi les espèces fruitières ligneuses, le semis de graines des fruits consommés a longtemps été de rigueur, et on se contentait ensuite de cloner quelques individus

---

1. Nous passerons sous silence le cas de chimères ou d'hybrides de greffe qui correspondent à un mélange de cellules du porte-greffe et du greffon.

intéressants obtenus par hasard. La taille des fruits et leur saveur ont souvent été les caractères choisis en premier ; il ne s'agit donc pas d'une sélection de gènes dans une lignée. Le fait que le sujet retenu soit hétérozygote pour de nombreux gènes, loin d'être un handicap, permet de tirer parti d'effets d'hétérosis. Le cas des espèces tubéreuses a déjà été évoqué. La taille des tubercules est un critère de domestication bien imparfait, pour ne pas dire quelque peu arbitraire, et il n'est pas étonnant que les estimations de l'ancienneté des cultures de la pomme de terre ou des taros en particulier soient entachées de marges d'erreur bien plus grandes que celles des céréales. Pour la pomme de terre, on a longtemps recherché l'ancêtre sauvage parmi les nombreuses solanacées tubéreuses d'Amérique du Sud, ainsi que parmi les isolats de *Solanum* mal déterminés repoussant parfois longtemps après les dernières cultures dans des régions reculées des Andes. La recherche de l'ancêtre a été vaine. Il a fallu, comme pour le blé, avoir recours à la caryologie pour identifier les stocks de chromosomes présents dans quelques espèces sauvages pour reconstituer non pas un, mais deux scenarios plausibles d'hybridations ayant conduit à la pomme de terre actuelle (voir chapitre VIII). L'apparition de plantes polyploïdes correspondant à ces nouveaux génomes ne peut venir que de la reproduction sexuée à laquelle les premiers planteurs de tubercules n'ont certainement pas eu recours volontairement. Les Amérindiens recherchaient sans doute des tubercules peu amers (donc peu toxiques) et assez gros. Un jour, dans ses protocultures ou ses lieux de récolte, l'un d'eux a pu trouver des plantes polyploïdes sauvages comme les Natoufiens en avaient trouvé parmi les blés. Au mieux, un croisement s'est alors produit entre une de ses « pommes de terres » cultivées et une autre soit plantée non loin, soit poussant à l'état sauvage. Si un tel croisement a lieu et que des graines mûres ont donné naissance à quelques plants l'année suivante, certains ont pu, par chance, présenter des caractères intéressants. Cependant, sur le terrain, les très petits tubercules issus de ce semis risquaient d'être difficiles à distinguer de ceux de la plantation de la première année. Ils ne pouvaient être vraiment observés et jugés qu'après une année supplémentaire. Ce scénario n'est pas invraisemblable dans le contexte de la paysannerie traditionnelle des hauts plateaux andins où les paysans suivent une politique de rotation et d'assolement aussi sage que surprenante : chaque année, ils ensemencent des lopins de terre souvent minuscules et situés aux quatre coins de leur territoire présentant des conditions de sol, d'exposition, d'altitude aussi différentes que possible ; c'est une forme d'assurance contre les catastrophes naturelles, car ainsi ils espèrent qu'une partie de leur récolte au moins échappera aux aléas climatiques, pathologiques ou autres (Morlon, 1992). Un agriculteur revient ainsi de temps à autre sur le lieu de ses cultures antérieures. Ce faisant, il a pu trouver des « variétés » nouvelles et même des hybrides de *Solanum* voisins, donc des espèces synthétiques nouvelles et, un jour, constaté ou vérifié l'intérêt de certaines plantes que le hasard avait créées. Il n'avait pas la même facilité pour observer les éventuels nouveaux cultivars que les premiers céréaliculteurs, mais il pouvait en tirer parti *illico*. Cependant, rien ne nous renseigne sur le temps qui s'est écoulé entre les premières plantations de tubercules sauvages qui pouvaient être plus ou moins amères et toxiques, et l'obtention des premières pommes de terre dignes de ce nom. Rien ne nous permet de nier le recours à de simples découvertes de croisements fortuits qui se sont produits à de très grandes distances les uns des autres. Et, en tous cas, on est loin de pouvoir détecter des marques archéologiques de la domestication et on ne peut parler de syndrome de la domestication comme on l'a fait pour les céréales ; les tentatives de datation sont en outre controversées. Pour les *Solanum* tubéreux, on pense aujourd'hui que le début de la culture a eu lieu aux alentours du lac Titicaca à une époque qui pourrait remonter au moins à − 7000, c'est-à-dire à une date comparable à celles avancées par Lebot pour la Nouvelle-Guinée et le Vanuatu. Une variété de pomme de terre, 'Emilia negra', serait cultivée depuis 5 000 ans ! Si l'estimation est exacte, elle témoigne de la lenteur de la domestication qui aurait reposé sur de rares trouvailles fortuites conservées pendant des millénaires.

Marcottage, bouturage, greffage ou tout simplement plantation de tubercules des plantes issues d'un croisement ont donc permis de tirer parti de mutations, de combinaisons génétiques intéressantes, engendrant ou non un effet d'hétérosis dont on ne sait presque rien pour un grand nombre de plantes. Les gènes de domestication ne paraissent pas toujours nécessaires quand on fait appel à la reproduction végétative. Harlan cite le cas récent de la domestication du pacanier (*Carya illinoinensis*), juglandacée dont les Amérindiens se contentaient de ramasser les fruits dans les forêts. Les arboriculteurs envisageant de le planter dans leurs vergers ont d'abord prospecté les peuplements naturels et porté leur choix sur quelques arbres qui leur paraissaient présenter le plus grand nombre de qualités et en particulier des coques minces. Ils les ont greffés en autant d'exemplaires qu'ils le désiraient, et les premiers cltivars étaient disponibles. La domestication a pu être considérée comme réalisée en une génération selon Harlan (1987) !

Les néodomestications et les échecs

Les néodomestications

Dans le cas des espèces synthétiques comme le blé ou la pomme de terre dont les génomes sont connus, il est tentant de reconstituer lesdites espèces à partir de leurs ancêtres. Et le travail a été effectué à plusieurs reprises pour les blés, non pas dans un but de science pure, mais dans celui de l'introduction de gènes présents chez les parents sauvages. Si l'opération est souvent difficile, elle se révèle possible grâce à des techniques de laboratoire (ce qui prouve, soit-dit en passant, que les premiers blés polyploïdes ne sont pas des créations de l'homme, mais des modifications de polyploïdes trouvés dans la nature). Le but est souvent d'introduire dans une espèce cultivée un gène présent dans une espèce ancestrale, comme celui de la résistance à un parasite fongique. Dans le cas des blés, le parent utilisé est souvent un *Aegilops* ; la première génération est peu fertile et présente, à côté du caractère désiré, une série d'autres qui ne le sont pas et son rendement potentiel est bien inférieur à celui de l'espèce domestique de départ. Une série de rétrocroisements avec cette dernière est alors nécessaire, en ne retenant bien entendu dans la descendance que les sujets porteurs du ou des gènes recherchés. On parvient ainsi à faire une introgression du gène de l'espèce sauvage dans l'espèce domestique. Cette démarche est régulièrement réalisée pour les céréales et de nombreux légumes. Notons qu'une expérience d'introgression de gènes de seigle dans le blé pratiquée dès la fin du XIXe siècle a montré que malgré sa perte de fertilité, l'hybride présentait des avantages inattendus ; le travail a de ce fait été réorienté vers la création d'une nouvelle espèce : le triticale (voir chapitre VIII).

Tout n'est pas domesticable

Il est des cas où l'homme n'a probablement jamais essayé de reproduire des plantes qui lui fournissaient pourtant de grandes quantités de nourriture, et ce pour diverses raisons. Il pouvait s'agir d'une nourriture de disette qui n'était ni très bonne, ni rare ; les glands, dont on retrouve des traces dans les foyers des sociétés préhistoriques d'Eurasie et qui ont servi de nourriture de base aux Amérindiens de Californie jusqu'au XIXe siècle, rentrent dans cette catégorie. Dans les régions où les chênes étaient relativement rares, l'homme en a peut-être semé, mais si début de culture ou de domestication il y eu, les traces qui nous sont parvenues sont rares, bien que Maurizio (1932) affirme avoir vu en Pologne un verger où alternaient chênes et arbres fruitiers et que Bois (1928) décrive un chêne méditerranéen à très gros glands, trouvé en Algérie, peut-être survivant d'une ancienne plantation. L'ortie (*Urtica dioïca*) est un légume sauvage souvent apprécié comme succédané de l'épinard ou comme ingrédient dans les potages ; c'est une espèce rudérale des plus courantes mais de récolte fort désagréable à cause des organes urticants présents sur les feuilles et les tiges. Seules les très jeunes feuilles *d'U. urens* peuvent être mangées en salade, selon Maurizio. Des mutants non urticants ont été trouvés mais ils se croisent si facilement avec les types sauvages que les orties cultivées redeviennent rapidement désagréables à manipuler. Maurizio a signalé une ortie autrefois cultivée en Suisse, *U. pilulifera*, qu'il considère comme la seule plante cultivée originaire de Suisse. À notre connaissance, la domestication n'a été poursuivie pour aucune ortie alimentaire.

Figure III.9. Quelques plantes dont la domestication est sans intérêt ou impossible : le chêne, dont les glands, nourriture délaissée tardivement, sont en général très abondants ; l'ortie, légume sauvage recherché en Europe mais dont il est difficile de supprimer totalement les organes urticants ; la noix du Brésil, très appréciée et fournie par un arbre qui peut atteindre 50 m de haut ; la cueillette serait très périlleuse et le ramassage des noix — qui n'est pas sans danger — suffit amplement. Extraits de Joigneaux (sans date), Jeanpert (1911), Bois (1928).

Il est aussi des cas de plantes sauvages présentant un tel intérêt pour l'homme qu'on a tout lieu de penser qu'il a essayé de les reproduire mais sans parvenir à des résultats tangibles. Bois (1927) cite ainsi parmi les racines collectées en très grandes quantités par les Amérindiens de la côte nord-ouest des États-Unis le quamash (*Camassia esculenta*), qui était le principal aliment végétal des populations de pêcheurs sédentaires amérindiens. Mais ils ne l'ont jamais cultivé, et les horticulteurs européens qui ont voulu le faire pour tirer parti de son intérêt décoratif se sont aperçus que les bulbes se développaient très lentement et se multipliaient bien moins facilement que ceux de sa proche parente, la jacinthe.

Le pourpier à grandes fleurs (*Portulaca grandiflora*), bien connu dans nos jardins, a dans son pays d'origine, le Brésil, une racine volumineuse — compte tenu de la taille de la plante — et au goût « exquis ». Bois n'a pas manqué de la cultiver avec l'aide du jardinier Pailleux dans le jardin d'acclimatation de Crosnes. Il fallut vite déchanter : la racine n'atteint qu'une taille insignifiante en plusieurs années. Pailleux et Bois, parmi les quelque 130 plantes alimentaires qu'ils ont expérimentées, quand ils n'ont pas été freinés par les difficultés liées au climat, ont émis un certain nombre de réserves et mises en garde au sujet de plantes pouvant devenir envahissantes. Ainsi le liseron du Japon (*Calystegia japonica*), dont la racine est comestible, a révélé une propension inquiétante à l'invasion ; l'oxalis de Deppe (*Oxalis deppei*), d'origine mexicaine, était pour Bois un excellent légume. Quelques horticulteurs ont essayé de la cultiver mais l'espèce, qui produit de très nombreux bulbilles, est un envahisseur plus redoutable encore que le liseron du Japon.

Après l'arrivée de la « maladie de la pomme de terre », c'est-à-dire du mildiou (*Phytophtora infestans*), la famine a frappé durement l'Irlande, contraignant une grande partie de la population à émigrer vers l'Amérique. Pour venir en aide aux obstinés attachés à la vieille Europe, des agronomes envisagèrent le retour au topinambour, qui est résistant à toutes maladies cryptogamiques connues, d'autres pensèrent qu'il fallait importer des plantes nouvelles jamais domestiquées comme la glycine rouge (*Apios tuberosa*), fabacée grimpante d'origine nord-américaine. Ses tubercules sont en effet riches en amidon et leur goût est très voisin de la pomme de terre. Malheureusement le rendement est si faible que les essais de culture ont été abandonnés *illico*. Si l'on replace la domestication des plantes potentiellement intéressantes mais peu cultivées dans le cadre du travail des généticiens contemporains, ces derniers répondent souvent que l'avance acquise sur les espèces domestiquées depuis des millénaires ou même quelques siècles seulement est telle qu'il paraît *a priori* plus rentable de le poursuivre que d'aborder de nouvelles domestications.

Certaines plantes sont quasiment indomesticables pour diverses autres raisons. Celles des déserts sont d'une germination délicate, encore difficile à maîtriser. Le recensement des plantes sauvages comestibles réalisé par Linné, Parmentier et sans doute quelques autres mentionnent des orchidées et en particulier le sabot de Vénus (*Cypripedium calceolus*), dont Parmentier disait qu'on en tirait un excellent sagou ! Est-il plausible de penser que si sa culture avait été facile, elle aurait pu devenir un légume, fût-il de luxe ? D'aucuns auraient peut-être pensé qu'elle était trop belle pour être mangée.

Les jeunes pousses de plusieurs bambous sont des plantes alimentaires de cueillette d'une réelle importance en Chine et dans d'autres régions du Sud-Est asiatique. Mais on a affaire à un groupe très particulier de monocotylédones vivaces qui fleurissent très rarement, de l'ordre d'une fois par siècle, et selon un processus pour le moins original au déterminisme encore inconnu : tous les individus d'une même espèce existant sur la Terre entière, hémisphère Nord et hémisphère Sud confondus, fleurissent la même année, après quoi toute la population meurt, du moins dans le cas général car quelques espèces ne sont pas monocarpiques. On comprend qu'avec un si petit nombre de générations par millénaire, une sélection sur plusieurs générations est pratiquement impossible. L'exploitation des pousses repose encore entièrement sur les individus sauvages, le choix de l'homme se limitant aux espèces traditionnelles les plus productives ou les plus appréciées.

Un cas particulier : les maïs « hybrides »

Quand on reproduit une plante par clonage, on peut tirer parti de la vigueur d'un seul individu, sur une durée théoriquement infinie, l'état hétérozygote étant conservé. À l'opposé, dans le cas des espèces autogames comme le blé, qui ne se reproduisent que par voie sexuée, le nombre d'individus hétérozygotes issus d'un croisement régresse rapidement au cours des générations suivantes, et par voie de conséquence leur vigueur s'atténue ; elle peut toutefois être restaurée par le croisement avec des lignées consanguines aussi peu parentes que possible (cf. encadré VIII.5). Les maïs « hybrides » ne sont pas des hybrides au sens propre — produits du croisement de deux espèces différentes —, mais des produits du croisement de lignées différentes d'une même espèce. Ce sont des cultivars particulièrement élaborés qui ont un potentiel remarquable, mais qui ne sont utilisables que sur une seule génération, leur descendance hétérogène, qui ne manifeste plus d'hétérosis, ne pouvant donner lieu à une production rentable.

La production à l'échelle commerciale de ces « hybrides » a été difficile et coûteuse (ne serait-ce qu'à cause du coût de la castration manuelle des sujets des lignées utilisées comme femelles), mais la culture des hybrides doubles s'est révélée très rentable, le gain de rendements étant de l'ordre de 25 % par rapport aux variétés-populations. Les hybrides à 3 voies ont ensuite produit des résultats tout aussi valables avant que les hybrides simples ne soient obtenus à des coûts compétitifs grâce à des procédés de « stérilisation mâle » remplaçant la castration dans les lignées femelles. Les champs d'hybrides simples présentent une homogénéité impressionnante et leur intérêt n'est plus à démontrer. Le succès des maïs « hybrides » a été tel que les sélectionneurs ont transposé, avec des succès variables, à d'autres plantes comme le chou, la tomate, des plantes ornementales, et même la ciboulette. Ces schémas d'hybridation ont ensuite été transposés au règne animal (cf. chapitre V).

En résumé

Les mécanismes qui ont conduit à la domestication sont multiples et ont différé selon que l'on avait affaire à des espèces que l'on pouvait multiplier végétativement ou non, allogames ou autogames, vivaces, annuelles ou bisannuelles, appartenant à un pool génique étendu ou restreint et présentant une variabilité intraspécifique limitée ou grande. Les étapes initiales n'ont pu être reconstituées que pour un nombre très limité de cas, en particulier celui des céréales du Proche-Orient pour lesquelles les fouilles archéologiques, concentrées sur les berceaux de l'agriculture, ont fourni de bonnes indications sur les premières modifications induites par l'homme. Il ne s'agit pourtant que d'un cas particulier : l'obtention de l'une des céréales les plus cultivées de nos jours, le blé tendre moderne, hexaploïde, n'a pu être comprise que grâce aux techniques d'analyse du matériel chromosomique. Le berceau du maïs et les tout premiers balbutiements de sa domestication demeurent inconnus, et seule la génomique a permis de retrouver les étapes inévitables.

Les connaissances actuelles permettent de comprendre pourquoi le Proche-Orient a constitué si ce n'est le plus ancien, du moins l'un des plus anciens centres de naissance de l'agriculture au monde : l'homme y trouvait des graminées produisant un grain assez facile à récolter, de bonne qualité nutritive et qui poussaient en peuplements denses. Les allèles favorables du gène de domestication, c'est-à-dire en fait les allèles défavorables du gène de propagation de l'espèce sauvage, ont pu être fixés grâce à un déterminisme proche du déterminisme mendélien simple et au caractère autogame de la plante. Même si la fixation de ce gène a pris beaucoup de temps aux yeux d'un généticien ou d'un sélectionneur moderne, elle a été rapide à l'échelle historique et a ouvert la voie à une série d'améliorations qui allaient se succéder à un rythme accéléré. De l'autre côté de l'Atlantique, à une période plus tardive, l'homme recueillait des graines de téosinte. Après une longue période dont on n'a trouvé de traces archéologiques que pour la période finale, l'espèce allait se révéler douée d'une souplesse incroyable due à sa variabilité génétique exceptionnelle ; cette variabilité ne sera pleinement exploitée qu'au XXe siècle. Pour les tubercules et les autres plantes à multiplication végétative, les mécanismes de domestication ont été en théorie infiniment plus simples, mais il est difficile de retrouver les étapes essentielles de ce processus et d'en dater le début.

Génétique des végétaux, amélioration des variétés et création d'hybrides exploitables sur une seule génération sont aujourd'hui menées de concert. Vavilov revendiquait le statut de science pour la sélection végétale, mais il voyait cependant à cette discipline des dimensions dépassant ce qu'il est convenu d'appeler « science », puisqu'il affirmait que l'amélioration était à la fois une science, un art et une branche des pratiques agricoles.

Chapitre IV

Introduction et diffusion des plantes

De tous les bienfaits que la munificence du roi veut faire présent aux habitants des pays nouvellement découverts, les végétaux utiles à la nourriture des hommes sont sans contredit ceux qui leur apportent les biens les plus durables et les plus propres à assurer leur bonheur.

Extrait des instructions données à La Pérouse pour son expédition autour du monde par Louis XVI

dessins par Benoît Guillaume

À partir du moment où une espèce est reconnue comme nouvelle dans un pays, la question de son déplacement intéresse aussi bien le naturaliste que l'historien. La répartition des espèces végétales poussant à l'état spontané révèle l'existence de plantes soit ubiquistes, soit endémiques (à zone de répartition restreinte), soit encore occupant des zones multiples disjointes ; la répartition peut également être variable dans le temps, et son étude porte alors sur l'expansion et la migration des plantes. Quand on a affaire à des plantes cultivées ou à des adventices, le rôle de l'homme apparaît comme évident — ce qui ne signifie pas que l'on puisse aisément retrouver l'époque des migrations, et encore moins leurs causes. Toute une série de mécanismes peut être invoquée, allant du transport volontaire d'espèces utiles à la diffusion involontaire de celles qui peuvent être classées aussi bien parmi les « mauvaises » herbes que parmi les plantes sauvages éventuellement utilisables.

Les migrations végétales

Les plantes sont en principe des êtres vivants sessiles, c'est-à-dire qui ne se déplacent pas au cours de leur vie. Rares sont celles qui, comme les saules ou les peupliers croissant sur le bord des rivières, peuvent être arrachées par une crue et reprendre racine quelque part en aval si elles sont retenues par un obstacle. Généralement les espèces végétales ne se déplacent que sur un intervalle d'au moins une génération, par diffusion de leurs graines. Il faut alors distinguer plusieurs vitesses de migration. Beaucoup sont extrêmement lentes et ne se font par exemple qu'au cours des dizaines de milliers d'années que dure une glaciation ou un autre changement climatique majeur, ou bien au cours des millions d'années que nécessite l'évolution des espèces. La diffusion au cours de l'évolution comporte un transport des graines vers les régions adjacentes par les moyens naturels, le croisement avec les espèces voisines et interfertiles rencontrées et l'adaptation aux nouveaux écosystèmes (Bouvier, 1946).

Au cours des glaciations, on assiste à un recul des végétaux au fur et à mesure que s'étend la calotte glaciaire, puis à une réoccupation de l'espace vide par celles qui ont survécu pendant les phases de reflux. Durant tout le quaternaire, la végétation de l'Eurasie, comme celle de l'Amérique du Nord, a ainsi fait des allers-retours nord-sud, non sans subir des pertes irréversibles. L'Europe, avec le barrage est-ouest de la Mer Méditerranée, a vu certaines espèces se réfugier dans les culs-de-sac que constituaient les Balkans ou la péninsule ibérique et y subsister à l'état de petites populations. D'autres, plus exigeantes en chaleur, ont disparu alors que leurs proches parentes survivaient en Amérique du Nord ou en Asie extrême-orientale. Ces migrations ne sont pas sans rapport, si ténu soit-il, avec l'histoire de l'agriculture puisque que les hommes du Moyen-Orient ont inventé l'agriculture à la fin du pleistocène, soit 10 000 ans après la fin théorique de l'époque glaciaire, et que le Néolithique a atteint l'Europe occidentale avant que les forêts ne se soient pleinement reconstituées avec les espèces non éliminées par la glaciation.

Les migrations à petite échelle s'inscrivent dans le cadre d'un écosystème dont la complexité est très variable. Si les moyens physiques de propagation sont prépondérants pour les graines petites ou légères, facilement entraînées par l'eau ou le vent, il n'en existe pas moins une véritable adaptation à la diffusion par les animaux. Les graines légères entraînées par l'eau peuvent se retrouver dans de la boue piétinée par les oiseaux et être emportés collés à leurs pattes ou d'autres parties du corps, voyageant ainsi sur des distances de plusieurs milliers de kilomètres. L'autre moyen de propagation par le règne animal implique le passage dans le tube digestif, milieu qui est, comme le précédent, très sélectif. Si l'enveloppe des graines est formée de cellulose ou d'un complexe cellulose-lignine elle peut résister aux sucs digestifs des mammifères monogastriques tant qu'elle est intacte. Beaucoup de végétaux supérieurs ont des fruits de couleur voyante et une pulpe succulente sucrée englobant un noyau entouré d'une enveloppe ligneuse dure ou bien encore des graines multiples protégées elles aussi par leur enveloppe. De nombreux oiseaux ou mammifères repèrent la maturité des fruits au changement de couleur ou à l'odeur ; ils en font une ample consommation et rejettent avec leurs déjections tout ou partie des graines. La capacité germinative de ces noyaux ou pépins est souvent améliorée par la putréfaction du fruit, et le remplacement de la pulpe pourrie par de la fiente d'oiseau ou des fèces de mammifères peut se révéler tout à fait avantageux. Le séjour dans le tube digestif des animaux, en altérant l'enveloppe des graines, peut améliorer cette dernière et faciliter leur germination en levant la dormance. Un exemple connu est celui des graines de maté (*Ilex paraguariensis*) dont les Jésuites obtenaient une levée de dormance en faisant manger les graines par les dindons, ce qui permettait la culture du maté (cf. chapitre IX).

Les déplacements des espèces végétales se font donc selon des modalités parfois complexes. Le plus souvent, elles ne conduisent qu'à des voyages lents et limités se traduisant par une apparente stabilité des peuplements végétaux ; mais à l'échelle des millénaires, la capacité de migration, qui équivaut à une grande souplesse d'adaptation aux climats, voire aux populations de prédateurs, est bien plus grande. Les déplacements dus à l'homme, volontaires ou non, sont d'une tout autre nature, mais ils sont souvent relayés et amplifiés par les migrations naturelles ; ajoutons que l'arrivée de quelques plantes cultivées peut bouleverser tout un écosystème.

Migrations sur les mers et les océans

Les déplacements rapides sur de longues distances, avant l'intervention de l'homme, sont donc limités. Il existe cependant des exceptions notables. Ainsi la noix de coco (*Cocos nucifera*), l'un des fruits les plus volumineux et les plus lourds parmi les espèces arborescentes, ne germe normalement qu'au pied du palmier d'où elle est tombée. Cependant, elle peut facilement rouler et, pour peu que le littoral soit proche, atteindre la mer sur laquelle elle est capable de flotter pendant plusieurs mois en conservant sa capacité germinative. Ainsi s'explique la présence de cocotiers sur des îles et des îlots des océans Indien ou Pacifique où aucun être humain n'est apparemment venu les planter. La présence d'une petite cocoteraie au large de l'Amérique centrale au moment de l'arrivée des Espagnols pourrait s'expliquer de la même façon. L'hypothèse est aujourd'hui contestée, il est vrai ; la date et le mode d'introduction du cocotier dans le Nouveau Monde restent à éclaircir.

Un autre cas, plus hypothétique, est celui de la gourde (*Lagenaria siceraria*). Le fruit de cette cucurbitacée, à la carapace relativement coriace et à la chair comestible quand il est immature, se rencontre dans tous les pays de la ceinture intertropicale et a été utilisé très tôt par l'homme, ne serait-ce que comme récipient. C'est apparemment la seule plante cultivée depuis une époque préhistorique très reculée à la fois en Asie, dans les îles océaniennes, en Afrique et en Amérique du Sud. Plutôt que d'invoquer d'hypothétiques voyages intercontinentaux de marins qui l'auraient transplantée à des époques très anciennes, on admet aujourd'hui que l'espèce existait, bien avant le début de l'agriculture, de part et d'autre de l'Atlantique et du Pacifique. L'aptitude de la gourde mure à flotter sur de longues distances en conservant des graines vivantes a été prouvée expérimentalement, avec toutefois une réserve : la gourde n'est pas spécialement une espèce des rivages marins. Les bulbilles aériens de l'igname bulbifère (*Dioscorea bulbifera*) sont eux aussi capables de flotter un certain temps sur la mer sans perdre leur pouvoir germinatif, ce qui expliquerait la présence de l'espèce en Asie et en Océanie (Walter et Lebot, 2003). On notera que pour la gourde comme pour l'igname bulbifère, l'indépendance des domestications ne fait pas de doute.

Les diffusions involontaires par l'homme

Gidon (1940) fait remarquer que l'on trouve souvent à l'emplacement des châteaux forts d'Europe occidentale de petits peuplements d'espèces originaires de contrées européennes assez éloignées, et même du Moyen-Orient. Les régions qui ont autrefois fait partie de l'Empire romain ont conservé de nombreuses plantes qui, aux dires des botanistes, ne poussaient autrefois que dans les pays méditerranéens. Par quel mécanisme les hommes ont-ils propagé des plantes ? On peut en imaginer de toutes sortes : les croisés ont pu rapporter des lieux saints des graines de plantes dont les fleurs avaient pour eux un aspect exotique et qu'ils voulaient conserver comme souvenir ou cultiver, et certaines se seraient acclimatées dans les jardins médiévaux ou leurs environs. La paille et le foin ont longtemps servi à l'emballage pour des objets fragiles et ils avaient de nombreux autres usages tels que la protection des pieds contre le froid dans les chaussures. Le crottin des chevaux, surtout des vieux chevaux dit-on, peut contenir des graines « dures » restées parfaitement vivantes. Les temps modernes nous fournissent de nombreux témoignages instructifs. Ainsi, après la guerre de 1870, des agriculteurs français ont vu pousser des plantes qu'ils ne connaissaient pas : il s'agissait d'espèces nord-africaines rapportées par les cavaliers rappelés d'Algérie pendant la guerre contre la Prusse (Bouvier, 1946). Les collines et les vallées de Lybie ont aujourd'hui une végétation un peu plus variée qu'avant la guerre de 1939-1945, de nouvelles herbes aptes à pousser en milieu aride s'étant naturalisées aux côtés des espèces indigènes. Elles étaient arrivées avec les troupes australiennes combattant sous les ordres du général Montgomery et n'auraient pas créé de concurrence sérieuse à la flore locale, colonisant des écosystèmes différents et améliorant la maigre production des zones arides.

Beaucoup d'espèces végétales du Vieux Monde, désirables ou non, ont envahi avec plus ou moins de succès les terres du Nouveau Monde. Harlan (1987), qui s'est particulièrement intéressé à cette diffusion, a retrouvé des documents montrant que ces invasions étaient systématiquement parties d'un port. Pour les espèces rudérales, il pense que le support principal a été le lest des bateaux : ces pierres servant à améliorer la stabilité des navires naviguant peu chargés étaient en effet débarquées avant chaque chargement. Elles ont ainsi pu devenir des vecteurs pour des voyages lointains. Selon Bouvier (1946), les paillasses des marins ont constitué un autre vecteur autrement efficace. Jusqu'au XIXe siècle, le confort des couchettes des marins sur les navires était pour le moins sommaire : les matelots dormaient sur une paillasse bourrée de paille ou de foin, aussi propre et odorant que possible… au départ. Avec le temps, foin et paille brisés et émiettés devenaient un support d'odeurs de moins en moins agréables. Les marins profitaient donc des escales en saison favorable pour faucher un petit carré d'herbe, la sécher au soleil et rembourrer leur paillasse à l'enveloppe fraîchement lavée. L'ancien foin était tout simplement jeté sans précaution, permettant à des plantes d'une escale précédente d'établir une tête de pont sur une nouvelle terre.

Les migrations des Néolithiques, la dispersion des plantes cultivées… et des adventices ?

Dès l'époque préhistorique, la culture des principales plantes vivrières du Croissant fertile s'est étendue en Turquie, en Europe, en Afrique ainsi que dans la direction opposée, en Perse, dans la péninsule arabique, en Afghanistan et jusqu'en Inde (Guilaine, 2004). Les archéologues et les archéobotanistes s'accordent pour considérer que le blé, comme la chèvre ou le mouton, ont été forcément amenés par l'homme à partir du moment où leurs restes ou traces sont retrouvés mêlés aux tessons de poteries dans les ruines de « greniers » ou dans les vestiges des repas humains et que les ancêtres sauvages font défaut dans l'environnement. Il existe des cas où une espèce visiblement cultivée se trouvait à côté d'espèces sauvages voisines faisant partie de son pool génique primaire ou secondaire. Guilaine (2004) s'interroge sur les « marges », zones voisines des foyers de néolithisation avérés, dont les habitants auraient été repoussés ou assimilés par des agriculteurs alors qu'ils étaient eux-mêmes sur la voie de la domestication des plantes. La résultante de l'invasion et du développement local aurait alors pu être une source de découvertes nouvelles, très difficiles à mettre en évidence, que l'on a tendance à attribuer aux foyers initiaux mieux connus. Le cas des orges orientales d'Asie, déjà évoqué au chapitre III, montre que les plantes cultivées apparemment importées ne l'étaient pas toujours.

Comme indiqué plus haut, dès que les plantes essentielles ont été domestiquées, les défrichages se sont progressivement éloignés des centres de domestication et les adventices les ont suivies. Elles ont joué des rôles parfois complexes, allant de la compétition avec les plantes volontairement cultivées à la protection du sol contre l'érosion en passant par la fourniture de nourriture accessoire pour les hommes et de fourrage (Harlan, 1987). Les adventices ont pris la place de certaines plantes sauvages de cueillette. Même certaines, réellement néfastes au développement des plantes cultivées, fournissent des graines qui ont été longtemps récoltées et consommées par l'homme, généralement en mélange avec celles des plantes cultivées ; lors des dernières famines qui ont eu lieu en France au XVIIIe siècle,

Antoine Augustin Parmentier, en répertoriant tous les végétaux incorporés au pain, mentionne des plantes réellement toxiques comme la nielle, des vesces ou encore l'ivraie. Tout permet de penser que les paysans pauvres souffrant de la faim n'avaient guère le choix et devaient récolter tout ce qui leur paraissait mangeable. Il est des observations plus surprenantes encore. Maurizio (1932) affirme que l'on a trouvé des stocks de grains d'ivraie (*Lolium temulentum*) prouvant que l'homme l'a utilisée comme céréale alors que sa toxicité est connue depuis l'Antiquité, la parabole de Jésus Christ sur l'ivraie et le bon grain en constituant une preuve célèbre. Le même auteur parle aussi de la culture de la mercuriale (*Mercurialis annua*), adventice des potagers européens de toxicité également notoire, qui aurait été introduite en Allemagne comme légume épinard. Le fait est pour le moins surprenant, mais Leclerc (1927) donne une d'information qui le rend tout à fait plausible : il suffit de faire cuire la mercuriale dans deux eaux en jetant soigneusement la première pour éliminer toute toxicité. Et l'auteur ajoute une précaution importante : ne pas confondre *M. annua* avec l'espèce voisine *M. perennis* dont la toxicité est plus prononcée. Ces exemples ne concernent sans doute que des cas isolés et des périodes brèves.

D'autres adventices, nombreuses, ont fourni des récoltes accessoires précieuses pendant des siècles ou des millénaires et ont conduit éventuellement à des domestications. Les feuilles et les graines de chénopodes sont comestibles. Les premières sont riches en acide oxalique et les secondes en principes amers ; la littérature anglo-saxonne mentionne parfois que pendant son enfance pauvre, Napoléon Bonaparte en a mangé beaucoup. En Amérique, le chénopode quinoa (*Chenopodium quinoa*) était devenu une pseudocéréale à l'arrivée des Espagnols et il avait d'ailleurs attiré l'attention des agronomes allemands de l'entre-deux-guerres. Les peuples agriculteurs ont souvent su tirer parti de ces plantes *a priori* néfaste aux récoltes principales : les Amérindiens des zones tropicales ont su les utiliser habilement comme couvre-sol pour ombrager leurs semis et protéger le sol contre l'érosion. En Europe, les graines de vesces sauvages croissant dans les blés jusqu'à l'arrivée des désherbants sélectifs au XXe siècle, bien que plus ou moins toxiques, étaient soigneusement récoltées et triées car leur richesse en protéines en faisait un aliment précieux pour le bétail. Les Chinois sont sans doute le peuple qui a conservé le mieux l'habitude de récolter les mauvaises herbes, et tout spécialement leurs feuilles pour en faire des légumes sauvages. Non seulement la luzerne est restée pour eux un légume bien plus longtemps que chez nous, mais la renouée (voisine de la nôtre) est encore un légume adventice hautement apprécié, comme d'autres plantes sauvages.

Dans le Nouveau Monde avant l'arrivée des Espagnols

On sait peu de choses sur les époques de « migration » des plantes cultivées vers le continent américain avant l'arrivée de Christophe Colomb. Pourtant les plantes de grande importance comme le maïs et le manioc, dont les ères d'origines sont aujourd'hui bien identifiées, avaient déjà beaucoup voyagé à l'arrivée des premiers explorateurs européens : le maïs a été observé non seulement dans l'empire des Incas qui en cultivaient depuis longtemps de nombreuses variétés, mais aussi jusqu'au sud du Brésil et, au nord, jusque dans le pays des Hurons, dans l'actuel Canada. Le manioc (*Manihot esculenta*) originaire d'Amazonie était cultivé également au Mexique et aux Antilles. Aucune des Petites Antilles, îles volcaniques géologiquement récentes à flore pauvre, n'a donné de plante nourricière indigène, mais leurs habitants, les Caraïbes, cultivaient des légumes et des arbres fruitiers importés pour la plupart d'Amérique du Sud par les populations arawaks : manioc, patate douce (*Ipomoea batatas*), igname (*Dioscorea batatas*), haricot de Lima (*Phaseolus lunatus*), papayer (*Carica papaya*), piment (*Capsicum* sp.), ananas (*Ananas sativus*) en particulier. Les cacaoyers, dont les fèves servaient non seulement à parfumer des boissons et des friandises, mais aussi de véritable monnaie dans l'empire aztèque et ceux qui l'ont précédé, étaient cultivés loin au nord de la forêt amazonienne d'où ils étaient originaires. C'était la production la plus précieuse de l'Empire maya. Il est probable que la diffusion de ces plantes soit partie des deux foyers néolithiques américain, le mexicain et le péruvien, sauf pour les plantes provenant du non-centre sud-américain comme le manioc ou l'ananas. Contrairement à ce qui s'est passé en Europe où presque toutes les plantes proviennent du seul foyer proche-oriental, les deux foyers américains se sont interpénétrés au point que, pour des plantes comme le maïs, les piments ou les différents haricots, les origines véritables sont restées longtemps douteuses. Sur les marges des zones de néolithisation, les connaissances sont fragmentaires. Les archéologues canadiens considèrent que les populations d'agriculteurs des zones tempérés cultivaient, outre le topinambour indigène, trois légumes venus du Sud : le maïs, le haricot et une courge qui ne seraient d'ailleurs pas arrivés à la même époque. Il n'y aurait donc pas eu de front d'avancée des colons défricheurs comme dans les pays séparant le Proche-Orient des côtes de l'Atlantique ou de la mer du Nord.

Un cas énigmatique demeure : celui de la canne à sucre (*Saccharum officinarum*) observée en culture en Amazonie dès le tout début du XVIe siècle. On a émis l'hypothèse de son arrivée au Nouveau Monde avant que Christophe Colomb ne l'introduise aux Antilles lors de son second voyage. On sait maintenant que les Portugais, qui avaient découvert le Brésil en 1500, avaient implanté la précieuse canne dès l'année suivante. Les premières observations de canne à sucre cultivées par les Amérindiens loin des implantations des Portugais ne cadrent cependant pas avec une introduction par ces derniers. Le transport par les Polynésiens est une autre hypothèse plausible (cf. *infra*).

En Afrique et en Océanie

On sait peu de choses sur les migrations anciennes des plantes de l'Extrême-Orient et des pays de l'océan Indien ou de l'Afrique. Le rôle des Lapitas dans ce qui constitue sans doute le transport le plus spectaculaire de plantes cultivées de l'histoire commence cependant à être connu. Nous avons vu que ce peuple était l'héritier des civilisations de Taïwan et du grand Sud chinois ainsi que de celles de Papouasie-Nouvelle-Guinée. La banane-dessert, issue de *Musa acuminata*, est originaire d'une vaste zone couvrant la péninsule de Malacca et l'archipel indonésien, Papouasie-Nouvelle-Guinée comprise. Les types di- ou triploïde (AA ou AAA) ont migré vers l'Inde, Madagascar et l'Afrique. L'espèce *Musa balbisiana* (génome BB), qui occupait une aire plus nordique allant du Bengladesh au nord des Philippines, a été introduite en Nouvelle-Guinée à une époque inconnue. Elle a donné naissance à des triploïdes AAB qui sont les bananes plantains, et qui ont été transportés vers l'ouest jusqu'à Madagascar et vers l'est en direction de l'Océanie. En effet, le peuple des Lapitas était établi au Vanuatu vers − 1000, mais aussi en Nouvelle-Calédonie, aux Fidji et aux Samoa. Par la suite, s'aventurant sur un océan dont l'horizon était encore plus vide, les navigateurs devaient migrer dans toute la Micronésie et toute la Polynésie, c'est-à-dire atteindre un ensemble d'îles, souvent très petites et dispersées au travers du plus vaste océan du Globe. Ils partaient, pour des raisons qui nous échappent, sur des pirogues dont les voiles en pince de crabe permettaient de remonter le vent et naviguaient vers l'est, c'est-à-dire contre les alizés. De cette manière, s'ils n'avaient découvert aucune terre, ils pouvaient revenir assez facilement à leur point de départ. Mais ils emmenaient avec eux de quoi fonder de nouvelles colonies : noix de coco, plants de bananiers, d'arbres à pain, taros, ignames ainsi que des végétaux variés pas forcément domestiqués (Orliac, 2000, estime leur nombre à 80, la plupart originaires de Nouvelle-Guinée). Chiens, poulets et porcs étaient aussi du voyage, sans compter les rats embarquant de leur propre gré. Évidemment si le voyage était trop long, fruits, tubercules et animaux assuraient d'abord la survie des navigateurs. L'île de Pâques, qui occupe la position la plus orientale, n'aura reçu qu'une maigre faune : des poulets et des rats qui acquirent de ce fait le statut de gibier activement chassé. On a établi récemment que la dernière grande vague de ces migrations d'une audace stupéfiantes a eu lieu entre 400 et 800 de notre ère, période qui coïncide avec une grande fréquence du phénomène El Niño (inversion des vents par suite de grands changements de la température de l'océan) (Smith, 2007). C'est depuis la ceinture des dernières îles atteintes, la Polynésie française et les Marquises, que partirent des expéditions plus tardives aboutissant à la découverte de l'île de Pâques, de Hawaï, de la Nouvelle-Zélande ainsi que du continent américain. En Nouvelle-Zélande, les colons n'avaient apporté que 4 espèces végétales, toutes tubérifères : le taro, un igname, la patate douce et une cordyline, *Cordyline terminalis*[1]. Les hommes durent pour se nourrir constituer des réserves de rhizomes de fougère comme le note le capitaine Cook et collecter de nombreuses feuilles et racines sauvages. La culture de la patate douce renforce l'hypothèse selon laquelle les Polynésiens ont touché l'Amérique, ont rapporté la patate douce et y ont introduit la canne à sucre. Nous verrons dans un prochain chapitre que le poulet d'Amérique du Sud est dans une situation assez comparable à celle de la canne à sucre et que le problème est depuis peu éclairci. La migration des plantes des Lapitas et de la patate douce, d'est en ouest vers la Malaisie, l'Indonésie et jusqu'à Madagascar est attestée non seulement par la langue, mais aussi par certaines plantes comme l'igname de Nouvelle-Guinée (*Dioscorea alata*), abondamment cultivée à Madagascar.

Certaines plantes africaines, en particulier le sorgho et des mils mais aussi des aubergines et d'autres, ont été introduites de longue date en Inde et même en Chine, sans qu'on sache grand-chose sur l'époque de leur transfert. Le sorgho

---

1. La liste était peut-être plus courte encore, certaines espèces ayant pu être introduites entre les dates d'arrivée des navigateurs anglais et celle des botanistes qui ont observé les cultures des Maoris.

(*Sorghum* sp.) serait passé en Asie au cours du second millénaire av. J.-C. selon Harlan (1987) qui s'appuie sur l'analyse génétique des cultivars exploités de part et d'autre du golfe d'Aden. On sait, par des sources historiques cette fois, qu'il avait été ramené dans l'Empire romain à peu près à la même période et qu'il était cultivé dans le monde méditerranéen au début de notre ère.

On sait aussi que la canne à sucre, domestication typique du foyer néo-guinéen, a été cultivée en Chine à une époque bien plus ancienne que celle où les Arabes en développaient la production des confins de la Perse au Maroc. Une autre plante cultivée de part et d'autre du golfe d'Aden a été étudiée de façon approfondie, le sésame. Les botanistes, le croyant originaire de l'Inde, l'ont appelé *Sesamum indicum* avant de s'apercevoir qu'il était cultivé jusqu'au cœur de l'Afrique. Bien plus, la plupart des espèces sauvages voisines croissent en Afrique. Le sésame a donc été considéré comme une domestication africaine qui aurait ensuite gagné l'Inde à la manière du sorgho. Et, nouveau revirement, les études génétiques menées sur les variétés cultivées de par le monde et sur les ancêtres présumés ont montré que les premiers botanistes avaient raison. Les graines de sésame, très appréciées dans la cuisine, la pâtisserie ainsi que pour leur huile, avaient quitté l'Inde pour atteindre, à une époque ancienne et inconnue, aussi bien le centre de l'Afrique que les vieilles civilisations proche-orientales puis européennes. Les Grecs le connaissaient bien plus tard, les Arabes l'ont véhiculé, mais on ne sait depuis quand eux ou leurs prédécesseurs l'ont fait.

Importations vers l'Égypte, la Chine ou l'Europe

Dans l'Eurasie à l'époque antique

Si beaucoup de renseignements épars sur l'origine des plantes émanent des données archéologiques, linguistiques, épigraphiques ou de représentations picturales ou sculptées, voire des légendes, leur transfert est plus rarement explicité. Il existe cependant quelques cas intéressants.

Selon Gabrielle van Zuylen (1994), les nombreux arbres et plantes décoratives exotiques représentés sur les bas-reliefs et les fresques ou mentionnés dans les textes de l'Antiquité démontrent que des importations multiples ont eu lieu surtout à la suite de conquêtes ou autres expéditions guerrières. Un bas-relief égyptien montre les 265 plantes rapportées par le pharaon Thoutmôsis III à la suite de son expédition militaire en Syrie ; les sculptures sont malheureusement tellement stylisées que l'on ne peut à peu près rien reconnaître. On a retrouvé les traces du jardin des rois perses à Suse, mais non la liste des plantes que l'on y cultivait. D'un tout autre intérêt est le célèbre bas-relief sculpté sur un monument de quartzite rouge à Thèbes sur ordre de la pharaonne « régente » Hatchepsout, une des trois femmes à avoir régné sur le puissant royaume d'Égypte. L'inscription gravée prouve que l'on a affaire à ce que nous appelons aujourd'hui une « expédition botanique » (qui avait également d'autres buts, il est vrai). On y voit un bateau sur lequel des Égyptiens chargent des caisses où sont plantés de jeunes arbres ou arbustes. À côté des Égyptiens aisément reconnaissables à leur costume, se trouvent d'autres personnages qui sont visiblement des Noirs. L'inscription mentionne le nom du chef d'expédition, le prince Nehasi, sa destination, le pays du Pount (sans doute approximativement la Somalie actuelle) et son but : ramener des arbres à encens pour l'embellissement du temple de Deir el-Bahari à Thèbes ; la date indiquée correspond à – 1495. Selon Paroy (1978) et Hobhouse (1994), il s'agirait de *Boswellia sacra* et peut-ête d'autres espèces produisant des résines odorantes précieuses. Dès la haute Antiquité, des souverains ont donc fait venir des arbres qui étaient hors de portée des échanges commerciaux de proximité. Ils ont eu recours à de grands moyens, supprimant les aléas des semis et permettant de gagner plusieurs années dans la création de leur jardin. On n'a aucune certitude sur la réussite de la plantation, mais, chose étonnante, ce document n'est pas le seul à relater l'importation de balsamiers. Des arbres auraient été cultivés six siècles plus tard dans les jardins du roi Salomon en Israël à partir de graines apportées en cadeau par la reine de Saba. L'historicité de cette reine de Saba (Balkis selon le Coran) est aujourd'hui discutée, mais il paraît tout à fait plausible que les balsamiers en question aient été obtenus à partir de graines venant du Saba (Yémen actuel). Les plantations de balsamiers dans la plaine de Jéricho sont attestées par les écrits romains dès leur conquête de la Palestine. L'empereur Vespasien en avait reçu des rameaux et avait ordonné que les plantations fassent l'objet d'une surveillance étroite. De fait, elles ne disparurent que sous l'occupation ottomane.

Quoi qu'il en soit, l'expédition commanditée par Hatchepsout préfigure celles que botanistes, horticulteurs, chercheurs, agronomes et sélectionneurs de végétaux ont envoyées et envoient encore aujourd'hui dans des pays lointains à la recherche de plantes qu'ils désirent.

Le blé et les Phéniciens font le tour de l'Afrique

Parmi les voyages des plantes relatés dans les textes antiques, il en est un qui occupe une place singulière : celui du blé embarqué par des navigateurs phéniciens au service du pharaon Nékao autour de la Lybie (l'Afrique au sens moderne) entre les années 609 et 594 avant notre ère. Le récit nous est parvenu par un bref passage des écrits de l'historien grec Hérodote (484-425 av. J.-C.), qui l'avait recueilli oralement quelques 150 ans après les faits sans pouvoir retrouver le nom du commandant de l'expédition. Les audacieux navigateurs avaient semble-t-il pour mission de vérifier si l'Afrique était une presqu'île que l'on pouvait contourner en partant vers le sud par la mer Rouge et en revenant par les Colonnes d'Hercule. Le blé qu'ils avaient embarqué était destiné à leur servir de nourriture, d'abord par prélèvement directe dans les provisions, ensuite après semis et récolte à l'occasion d'une longue escale. Les marins retrouvèrent effectivement l'Égypte au bout de trois ans, après avoir parcouru 27 000 km dont 17 000 de côtes inconnues. Cet exploit, que le pharaon aurait tenu secret, a laissé beaucoup de gens dubitatifs. Paradoxalement, c'est un détail qu'Hérodote lui-même (historien et non géographe) avait peine à croire qui constitue le meilleur argument en faveur de la véracité des faits : pendant une partie du voyage, les marins, navigant vers l'ouest, auraient eu le soleil à leur droite ! Or il en est bien ainsi en navigant d'est en ouest dans l'hémisphère Sud, par exemple en longeant la côte sud de l'Afrique en direction du cap de Bonne-Espérance. Selon les reconstitutions plausibles, les Phéniciens auraient semé et récolté leur blé une première fois sur la côte atlantique de l'Afrique du Sud, et une seconde fois au Maroc (Paroy, 1978). Seule la seconde culture a pu laisser des semences récupérables par des agriculteurs miraculeusement présents sur les lieux, mais le but de l'expédition n'était nullement l'introduction de la céréale dans des pays nouveaux. Cette tactique, radicalement différente de celle des Portugais choisie par Henri le Navigateur à la fin du XVe siècle, a permis un contournement de l'Afrique autrement plus rapide grâce à la culture du blé !

Les conquêtes d'Alexandre le Grand

Au début du IVe siècle avant notre ère, un jeune souverain macédonien, héritier de la prestigieuse civilisation grecque, partait avec le but de conquérir les pays situés à l'est de la Grèce, c'est-à-dire l'Empire perse qui avait peu auparavant annexé ce que nous appelons aujourd'hui l'Asie mineure, la Palestine et la Mésopotamie. Ayant brillamment écrasé ses adversaires, une autre victoire lui permit d'annexer également l'Égypte alors soumise aux Perses. Ensuite, il se tourna vers l'Extrême-Orient, atteignit l'Indus et vainquit le roi Poros en – 327. Ses soldats étant sur le point de se révolter, il dut rebrousser chemin, non sans projeter de nouvelles conquêtes. On sait que la mort, due à la malaria, arrêta le conquérant âgé de 35 ans à Babylone. Alexandre le Grand, en arrivant dans la région de l'Indus, a certainement vu une quantité de plantes et d'arbres inconnus comme les bananiers, les manguiers, les spectaculaires figuiers des banians et tant d'autres. Il a, à coup sûr, remarqué de grands roseaux dont les indigènes prisaient fort la sève, très sucrée disait-on. Ignorant tout de cette plante, il interdit à ses hommes d'y goûter comme il le faisait pour les fruits suspects à ses yeux. Il est probable que beaucoup de soldats n'ont guère tenu compte du principe de précaution excessif de leur chef. L'histoire, difficile à vérifier, rapporte que c'est un soldat de l'armée macédonienne qui rapporta dans son sac un plant de canne à sucre qu'il planta dans le lopin de terre égyptienne qu'il avait reçu en échange de ses bons et loyaux services militaires. Il lui donna le nom de « roseau de miel » (Allorge et Ikor, 2003). Il est probable qu'il ne s'agisse que d'une légende, ou tout au moins d'une simplification. En effet dès la fin du VIe siècle av. J.-C., l'empire de Darius s'était étendu des rives de l'Indus à l'Égypte, et les Perses connaissaient déjà la canne à sucre avant l'arrivée d'Alexandre ; ils l'auraient même introduite en Égypte vers – 525. Les compagnons d'Alexandre découvrirent aussi une céréale qui ne servait pas comme celles d'Occident à faire des galettes qualifiées ou du pain, mais une sorte de bouillie : le riz. Combien d'autres plantes comestibles ramenées avec le riz et la canne à sucre s'acclimatèrent au climat méditerranéen ? On l'ignore.

Zhang Qian rapporte des plantes occidentales

On ignore également de quelle époque datent les premiers échanges de marchandises qui empruntèrent l'une des nombreuses variantes de ce que l'on appelle la « Route de la soie » (depuis le XIXe siècle seulement). Des produits chinois étaient déjà parvenus en Occident depuis la haute Antiquité puisqu'un fragment de soie a été trouvé sur une momie égyptienne datant de − 1000. Mais il s'agissait peut-être d'échanges sporadiques, voire exceptionnels, dont on ignore les chemins suivis — les marchands qui les pratiquaient étant de toute façon peu diserts sur les routes qu'ils empruntaient, les relais où ils s'arrêtaient et leurs contacts ou accords avec les autorités locales. Dès le premier siècle avant notre ère, les pays occidentaux importaient déjà régulièrement des produits chinois, en particulier de l'acier qu'ils ne savaient pas encore fabriquer, et surtout de la fameuse soie. Jules César s'était fait remarquer avec un manteau taillé dans un tissu de soie, alors à peu près inconnue à Rome. Sénèque, peu après, s'offusquait de voir les Romaines fortunées s'habiller de vêtements de soie quasiment transparents. De leur côté, les Chinois appréciaient beaucoup l'or et le merveilleux corail rouge introuvable dans leurs mers, sans parler de l'étain et du cuivre ramenés du Lijian ou Da Qin, noms qu'ils donnaient à l'Empire romain. La future Route de la soie existait déjà même si l'empire du Milieu ne connaissait pratiquement rien des pays situés à l'ouest de ses frontières, tout comme l'Occident ignorait tout du pays des Sères (la Chine), sur lequel Pline écrivit quelques pages qui tiennent davantage des racontars que des récits crédibles. L'expédition de Zhang Qian a été la première envoyée sur ordre d'un souverain chinois avec entre autres missions la prise de contact avec les souverains d'Asie centrale.

Encadré IV.1. La première expédition de Zhang Qian vers la future Route de la soie.

L'expédition de Zhang Qian (Chang Kien selon l'ancienne transcription) a lieu pendant le règne de l'empereur Wudi (anciennement Wa Tsi), sous la dynastie Han dans la 3e année de la période Qianuan selon l'histoire chinoise (− 128). L'empire du Milieu était alors menacé sur ses frontières nord-ouest par un peuple nomade, les Xiongnus (peut-être les ancêtres des Huns) qui venaient de repousser vers l'ouest les Yuezhis, alliés des Chinois. Depuis, les Xiongnus lançaient régulière-ment des raids contre la Chine. Zhang Qian est envoyé en diplomate-explorateur : sa mission principale est de reprendre contact avec le roi des Yuezhis et d'essayer de nouer une alliance en vue de prendre en tenaille l'ennemi commun. Par ailleurs, il est chargé de recueillir le maximum d'informations sur les pays traversés en allant vers l'ouest.

Zhang Qian part donc de Xian, sur le fleuve Jaune, en direction de la Mongolie avec une centaine de cavaliers armés ainsi qu'un interprète, un ancien prisonnier Xiongnu passé au service des Chinois. Peu après avoir franchi la Grande Muraille, l'expédition est capturée par une bande de Xiongnus et est conduite auprès du roi. Les Chinois ont la vie sauve, mais ils sont gardés, en esclavage selon certains traducteurs, en otages selon d'autres. Cette captivité dure 11 années durant lesquel-les Zhang Qian se marie avec une esclave qui lui donnera un fils. L'occasion d'une évasion se présentant enfin, les survivants de l'ambassade, auxquels se sont joints l'épouse et le fils de Zhang Qian, reprennent la route de l'ouest, à pied. Ils longent le lac Lop Nor, dépassent la longitude du lac Baïkal et atteignent le cours supérieur du Syr-Daria, le grand affluent septentrional de la mer d'Aral. Ils ont franchi les frontières occidentales de la Chine moderne et se trouvent aux confins orientaux de l'actuel Ouzbékistan. Là, ils rencontrent un peuple qui connaît l'existence de la Chine, accueille chaleureusement les voyageurs et leur indique le nouveau pays des Yuezhis situé un peu au sud. C'est la Sogdiane des Grecs, le pays qu'avait parcouru et soumis deux siècles auparavant Alexandre le Grand entre sa victoire sur le roi Darius et sa marche vers l'Inde.

Le diplomate essaye de négocier une nouvelle alliance entre les Chinois et leurs anciens alliés. Le roi des Yuezhis ne se décide pas à reprendre la lutte. Après une année de vains efforts, Zhang Qian se décide à rentrer. Malgré une route plus méridionale qu'à l'aller, il tombe à nouveau aux mains des Xiongnus qui le ramènent à leur roi. Cette fois, c'est le décès opportun du vieux souverain qui lui permet de s'évader. Il regagne son point de départ après 12 ans d'absence, accompagné de deux personnes seulement, son fidèle guide-interprète et son épouse. Il a rapporté l'emblème des ambassadeurs de l'empereur, un bâton à poils de yak, mais non le traité qu'il devait conclure. En matière d'exploration, son voyage a été très fructueux : il rapporte des informations sur quelques 24 royaumes d'Asie centrale ainsi que sur les grands empires que sont la Perse, l'Inde et Rome, le nom de ce dernier apparaissant pour la première fois dans un texte chinois. Ses extraordinaires aventures, son audace et son zèle en ont fait un héros aussi connu en Chine que Livingstone en Grande-Bretagne ou Christophe Colomb en Europe.

D'après Boulnois, 2001

Entre ses longues et vaines négociations, Zhang Qian avait eu le temps de parcourir la Sogdiane, pays d'oasis qui lui paraissait paradisiaque et produisait d'abondantes récoltes de légumes et de fruits inconnus en Chine. Et la valise diplomatique qu'il rapporta contenait un trésor inattendu : des graines de plantes occidentales inconnues des Chinois. Selon de Candolle (1896) qui avait eu connaissance de l'expédition de Zhiang Qian par Breitschneider, ambassadeur du Tsar à Pékin, la collection comprenait le noyer (*Juglans regia*), le céleri (*Apium graveolens*), la fève (*Vicia faba*)[1], le pois (*Pisum sativum*), l'épinard (*Spinacia oleracea*), le melon d'eau (*Citrullus vulgaris*) sans oublier la luzerne (*Medicago sativa*) qui était tout autant un légume qu'un fourrage pour le bétail, ainsi que le safran (*Crocus sativus*) et d'autres plantes de l'ouest. Boulnois (2001) mentionne en outre que l'empereur Wudi avait dans son parc un zoo et un jardin exotique abritant des animaux et des plantes rapportés par Zhang Qian et ses successeurs. On y trouvait parmi les arbres, outre le noyer, la vigne (*Vitis vinifera*) et le grenadier (*Punica granatum*), parmi les légumes, la carotte (*Daucus carotta*), des oignons (*Allium* sp.), le concombre (*Cucumis sativus*), des haricots (ou fèves ?) (*Vigna* sp. ou *Vicia faba* ?) ainsi que le sésame (*Sesamum indicum*), le lin (*Linum* sp.) et une épice à fleur rouge qui pourrait être le carthame (*Carthamus indicus*). La concordance entre les deux listes n'est qu'approximative mais elle est parfaitement acceptable compte tenu de la mention des « autres plantes de l'ouest » et du fait que Zhang Qian devait,

---

1. Le cas de la fève est controversé : des archéologues chinois affirment l'avoir trouvée dans des fouilles de sites néolithiques chinois, Harlan parle d'une introduction en Chine bien plus tardive.

sept ans après son retour, entreprendra un autre voyage où, en plus des missions de diplomate et d'explorateur, il était chargé de promouvoir la vente de la soie de Chine en Perse. L'authenticité des acquisitions de l'explorateur ou de celles des voyageurs qui l'ont suivi ne laisse aucun doute aux botanistes : tous les végétaux cités comme importés de l'ouest sont bien originaires soit d'Asie centrale (ail), soit d'Occident (carotte, luzerne), d'Afrique (melon d'eau), ou du Proche-Orient pour toutes les autres. Le sésame, originaire de l'Inde, constitue une exception, mais sa présence n'a rien de surprenant étant donné l'ancienneté des relations entre l'Inde et la Sogdiane ainsi que l'ancienneté de la culture de cette plante en Mésopotamie. On peut aussi remarquer que la carotte et le lin sont encore aujourd'hui appelés par les Chinois respectivement « navet des Hu » et « chanvre des Hu », le terme « Hu » désignant tous les peuples d'Asie centrale.

Figure IV.1. Trois des plantes occidentales rapportées par Zhang Qian comptant parmi les plus importantes, selon les Chinois : la vigne, la luzerne qui servira de fourrage mais aussi de légume, et le pois. Extraits de Jeanpert (1911).

Zhang Qian est considéré comme la personne qui a véritablement inauguré le tronçon oriental de la route de la soie, le tronçon occidental existant depuis longtemps, tout au moins dans sa variante méridionale. Cette route verra passer les marchandises ou techniques les plus diverses allant des inventions ou productions typiquement chinoises comme la boussole, la poudre à canon et le thé ou, dans l'autre sens, le verre et le coton. La route a aussi ouvert la voie aux armées : la bataille de Talas, qui a vu en 751 les Chinois défaits par les Arabes, se situe sur la branche septentrionale de cette route par où arrivera le papier. Malgré la surveillance des Chinois, elle sera aussi empruntée par des voleurs de cocons de vers à soie. Parmi les plantes, la liste des « exportations » chinoises, après Zhang Qian, comprendra surtout des pépins d'agrumes, des noyaux de pêche et d'abricots et quelques autres plantes comme une épice, la cannelle de Chine ou « casse » (*Cinnamomum cassia*) dont il est toutefois difficile, comme pour la soie de la momie égyptienne, d'affirmer qu'elles ont emprunté la Route de la soie ou la route, maritime, des épices.

La mission de Zhang Qian a donc permis une pénétration spectaculaire des plantes occidentales en Extrême-Orient. Elle n'a eu pendant longtemps aucun équivalent en Occident et illustre sans doute une facette de la mentalité des Chinois différente de la nôtre : peu de diplomates ou d'ambassadeurs de souverains occidentaux auraient prêté autant d'attention à des plantes utilitaires produites par des simples paysans. Il ne s'agit cependant pas, tant s'en faut, de la première arrivée d'espèces occidentales en Extrême-Orient. Certaines, et de première importance, avaient précédé, de très loin, l'expédition de Zhang Qian. Les fouilles effectuées dans l'actuel Xinjang (ancien Turkestan chinois) ont permis la découverte de momies (en fait des cadavres conservés grâce à la sécheresse de l'air) remontant à l'âge du bronze, soit il y a environ 3 000 ans. À côté de ces momies, de type europoïde, des provisions ont été trouvées, et en particulier de l'orge et du blé. Si l'origine occidentale de l'orge est contestable, ce n'est pas le cas du blé. Ces céréales avaient donc été adoptées dans cette région d'Asie à cette époque. On sait depuis le siècle dernier que des peuples de langue indo-européenne ont vécu dans ce pays, nous laissant de nombreux textes écrits avec des caractères indiens, dans une langue appelée (improprement selon les linguistes) « tokhariennne ». Dans la région voisine du Tarim, les archéologues aidés de biochimistes ont récemment détecté un véritable *melting pot* dans une population aux origines chinoise ou protochinoise, européenne, sibérienne et autres. L'époque où le blé et l'orge se sont ajoutés aux deux céréales chinoises déjà connues, le millet proprement dit et le panic, remonte sans doute à l'arrivée des Tokhariens (Lebedynsky, 2009).

Au début du XVe siècle, 7 expéditions navales furent envoyées vers l'Inde, l'Indonésie et le golfe arabique par l'empereur de Chine Yong Le. Les flottes comprenaient des jonques de taille impressionnante comparée aux caravelles des Européens de l'époque. Elles étaient commandées par l'amiral Zheng He, un eunuque musulman. Le but était surtout de rehausser le prestige de l'empereur en poussant des souverains locaux à lui envoyer un tribut, c'est-à-dire à se reconnaître comme ses vassaux. Une expédition au moins atteignit la corne de l'Afrique, mais on sait peu de choses sur les conséquences des périples qui, semble-t-il, vidèrent les caisses du trésor chinois et furent de ce fait définitivement abandonnés par le gouvernement impérial. Une girafe, dont un dessin est bien connu, fut ramenée par les Chinois. Des plantes africaines furent-elles importées à cette occasion ? On l'ignore totalement.

Dans l'Empire romain

Peu de temps après la désintégration de l'immense mais éphémère empire d'Alexandre, ses provinces occidentales furent progressivement et méthodiquement annexées par Rome dont les conquêtes progressaient vers l'est. L'excellente administration romaine se mit en place, les marchandises se mirent à circuler d'un bout à l'autre de l'empire, les scientifiques se mirent à écrire des traités de géographie, d'agriculture et de sciences. Tout ce que l'empire avait acquis et mis à la disposition des autres peuples a été répertorié. Pline, dans son énumération des principales plantes cultivées à son époque, ne manque pas de signaler l'origine qu'il attribue aux fruits, arbres ou parfums. Parmi les arbres fruitiers, ses propos sous-entendent une origine « indigène » pour le pommier, le poirier et l'amandier.

En revanche, le coing serait venu de Crète, le cerisier à fruits acides aurait été rapporté de Numidie (bien que plus fréquent en Eurasie, la forme sauvage existe de fait en Afrique du Nord), la prune de Syrie (par les Grecs), le noyer de Perse, tout comme la pêche que les Romains ne cultivaient que depuis une époque récente. Quant à l'abricot, il viendrait d'Arménie, c'est Alexandre le Grand qui l'aurait rapporté en Grèce. On peut remarquer que pour les deux dernières espèces, le latin des botanistes a conservé les appellations du latin classique, c'est-à-dire les pays d'origine que les Romains leur attribuaient et qui peuvent bien entendu n'être qu'une étape du voyage de ces arbres depuis leur domestication. De son côté, Caton mentionne que la nèfle provient de Macédoine. On ne peut donc manquer de remarquer à quel point les conquêtes des Grecs, relayées par celles des Romains, ont enrichi les vergers des pays riverains de la Méditerranée occidentale et de l'Atlantique.

Nous avons vu des exemples montrant la manière dont les Romains notaient le nom des pays d'où provenaient les fruits qu'ils cultivaient ; Rome jouait un rôle attractif et centralisateur, mais également un rôle de propagation tous azimuts. En utilisant la linguistique, Chauvet (1986) montre avec l'exemple d'un légume, le radis, que les noms latins des gros radis (*raphanus* et *radix*) ont été diffusés vers l'ouest jusqu'au Portugal, vers l'est jusqu'en Bulgarie et vers le nord jusqu'en Islande et en Finlande. Il faudra attendre le XVIe siècle pour que la diffusion d'un nouveau nom désignant un petit radis, le « radis de glace », voisin de ceux que nous connaissons, parte cette fois de France où les jardiniers l'avaient reçu d'Italie.

Les agrumes des Arabes et le blé des Sarrasins

La civilisation musulmane, on le sait, a largement bénéficié de l'héritage des Grecs, ne serait-ce que *via* la bibliothèque d'Alexandrie malgré l'incendie de l'an 642. Dans le domaine de l'agriculture, les musulmans ont transmis à la fois des connaissances et des plantes qui ont eu un grand impact sur les exploitations de la région méditerranéenne, notamment au Maghreb et en Andalousie. À l'époque des Omeyyades et des Abbassides (du VIIe au XIe siècle), une certaine unité culturelle régnait dans les pays convertis à l'islam, des confins de l'Inde à l'Atlantique et de la Turquie à la côte africaine de l'océan Indien. Après l'établissement des Omeyyades à l'ouest de l'ancien empire arabe unifié, la canne à sucre devint une culture d'un tel rapport que des œuvres d'art italiennes comme des fontaines en marbre ont été acquises par les Marocains au prix de quelques dizaines de kilos de sucre. Après la chute de Grenade en 1483, des mercenaires normands sous les ordres d'un certain Bettancourt au service des souverains catholiques réalisèrent la conquête des Canaries, et la canne à sucre y fut aussitôt intoduite. Les Arabes cultivaient également des fruits et des légumes mal connus ou inconnus des Romains. L'abricot, déjà connu des Grecs, mais généralement confondu avec la pêche, porte dans les langues européennes un nom dérivant de l'arabe, *al baricote*, qui traduit bien sa réintroduction en Occident par les Arabes. L'artichaut, légume dont l'origine semble être en partie les côtes sud de la Méditerranée et en partie le Maghreb, porte également un nom typiquement arabe signifiant « la plante terrestre épineuse ». Les carottes rouges ont été apportées par les Arabes en Andalousie. C'est cependant dans le domaine des agrumes que les Arabes ont joué le rôle de diffuseurs le plus célèbre. Tous ces fruits sont originaires de Chine ou d'autres pays d'Extrême-Orient ou du Sud-Est asiatique. Ils sont parvenus à des dates variables et mal connues en Inde ou en Perse, empruntant selon certains auteurs la Route de la soie dans les premiers siècles suivant son ouverture officielle par Zhang Qian. Le cédrat, sorte de gros citron encore cultivé en Corse pour la fabrication de confiseries, semble le seul à avoir atteint l'Occident à l'époque antique. Les oranges, bigarades ou oranges amères, citrons et limons ne seront cultivés en Andalousie que par les Arabes à l'époque du Moyen Âge. Quand les Français imposeront leur domination sur les trois pays du Maghreb, ils y importeront des agrumes qu'ils étaient allés chercher en Extrême-Orient, mais peu de nouvelles espèces. La mandarine (si tant est qu'elle constitue une espèce) fait partie des exceptions : rapportée de Chine, elle diffusera à partir d'Alger dans les jardins ou les serres du monde entier et sera à l'origine de nombreux hybrides.

Depuis l'Antiquité et jusqu'à la fin du Moyen Âge fixée arbitrairement à 1492, l'agriculture de l'Occident a connu une incontestable stagnation — en dépit de périodes de déclin comme celle qui suivit la chute de l'Empire romain et de périodes de progrès comme les XIIe et XIIIe siècles. Les historiens ont pu identifier depuis longtemps certaines causes de cette évolution fluctuante : les invasions, les guerres, les épidémies de peste et, plus récemment, les variations climatiques. Un point demeure cependant souvent négligé : l'incroyable manque de renouvellement du matériel végétal dont disposaient les paysans de l'époque. Les expéditions outre-mer, rebaptisées depuis « croisades », avaient permis de rapporter en Europe des espèces décoratives, quelques légumes dont l'échalote, mais peu de plantes d'importance. À partir du XIVe siècle seulement, on vit apparaître une espèce qui ne ressemblait à aucune plante nourricière cultivée auparavant (selon la thèse généralement admise du moins) et qui était susceptible de donner une récolte de grain de valeur tout à fait comparable à celle des céréales ; elle venait d'Asie centrale. Les Français ont pensé qu'elle leur avait été apportée par les musulmans, appelés alors « Sarrasins ». Elle semble avoir été cultivée un peu plus tôt par les Allemands qui l'ont appelée *Buchweizen* par suite de la ressemblance de forme entre les « graines » (en réalité des fruits) avec la faine, fruit du hêtre (*Buch* en allemand). Par corruption du mot allemand, les Anglais l'ont nommée *Buckwheat*. Rapidement ce « blé noir » prit la place d'une céréale de printemps et, bien plus tard, les Américains la qualifieront judicieusement de pseudocéréale.

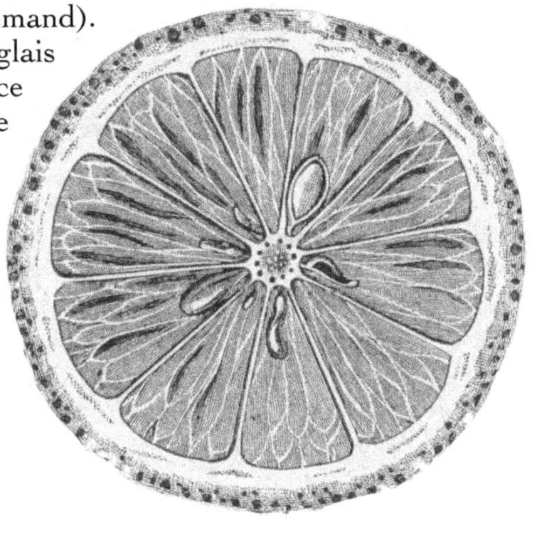

Figure IV.2. Coupe d'un agrume. Tous sont arrivés d'Extrême-Orient. Un seul a atteint l'Occident à la fin de l'Antiquité, la plupart ont transité par la Route de la soie ou par celle des épices, et leur importation en Occident a été le fait des Arabes. Extrait de Parmentier (1924).

Une autre plante diffusée grâce aux Arabes : le café

On ne sait pas à partir de quand le café (*Coffea arabica*) a été planté hors de son pays d'origine, l'Éthiopie, où les populations locales connaissaient ses propriétés médicinales mais non l'usage de la graine torréfiée pour faire des boissons. À partir du XVe siècle, sa culture, pratiquée cette fois en vue de la fabrication du « vin de l'islam », s'effectua dans les environs de Moka, en Arabie, où elle donna lieu à des exportations… de graines torréfiées uniquement. Tandis que son commerce tomba plus tard aux mains des Vénitiens, puis des Hollandais et des Français. Par suite de véritables aventures, sa culture s'est répandue aux colonies néerlandaises d'Indonésie, aux Antilles et dans les Guyanes avant de gagner le Brésil où elle explosa puis dans toutes les régions tropicales dont le climat convient à la plante (cf. encadré IV.2).

Encadré IV.2. L'épopée du café.

Les botanistes savent depuis longtemps que la première espèce de café connu, *Coffea arabica*, est originaire d'Éthiopie (région de Kaffa, dit-on), et non d'Arabie. Elle serait parvenue dans ce dernier pays à une époque bien antérieure à l'utilisation de la graine pour la confection de la fameuse boisson noire, et une légende aux nombreuses variantes veut que ses propriétés aient été redécouvertes par des moines vivant au Yémen actuel (Jacob, 1953). Il paraît plus vraisemblable d'attribuer ce transfert à des commerçants arabes. À la fin du XVIIe siècle, les Hollandais, qui commerçaient avec le port de Moka en Arabie depuis 1616, avaient réussi à subtiliser quelques pieds de caféier qu'ils plantèrent à Java avant d'en rapporter un specimen à Amsterdam. Les botanistes hollandais, animés d'un esprit désintéressé, en offrirent aux souverains d'Europe, malgré la jalousie des marchands de leur pays. Louis XIV étant un ennemi juré des Hollandais, il fallut attendre 1714 pour que le jardin royal de Paris reçoive le sien et que le roi boive la première tasse de café français. Entretemps, des marins français, et plus précisément malouins, avaient relayé les Hollandais dans leur commerce du café. Ils réussirent à planter deux arbrisseaux descendant du plant parisien à la Martinique en 1717 et, de là, le café aurait été introduit en Guyane française. Les Hollandais, quant à eux, avaient créé des plantations de café au Surinam vers cette époque, devançant sans doute les Français de quelques années. Les immenses plantations brésiliennes actuelles descendraient donc d'un seul pied qui, selon la petite histoire, aurait été apporté par un diplomate-espion qui aurait usé de son pouvoir de séduction pour tromper le gouverneur de la Guyane ainsi que, si l'on peut dire, son épouse (Allorge et Ikor, 2003). Ce récit semble avoir été quelque peu embelli, mais Sturtevant tenait pour authentique la descendance (à son époque) de tous les caféiers brésiliens d'un seul pied guyanais (Hedrick, 1972). L'essor des plantations brésiliennes au XIXe siècle est quant à lui l'une des multiples conséquences de la politique napoléonienne. Les planteurs brésiliens, un temps spécialisés dans le sucre, ne se sont tournés vers le café qu'après l'effondrement des cours qui avait suivi le développement de la culture de la betterave à sucre consécutive au Blocus continental.

Quand Français, Anglais et Belges se furent appropriés la quasi-totalité du continent africain, les cultures coloniales, c'est-à-dire destinées à l'exportation, furent l'une de leurs préoccupations majeures. Le café en faisait parti, mais les bons *C. arabica*, originaire des plateaux élevés d'Éthiopie, ne prospéraient pas dans les plaines surchauffées des régions équatoriales. Il fallut chercher parmi les autres espèces. Cette vaste exploration de la gamme à peu près complète des cafés africains, auxquels personne n'avait prêté attention auparavant, fut entreprise dans la parfaite logique des cultures coloniales et devait aboutir à des domestications d'espèces nouvelles. On a cultivé, grillé et dégusté à peu près toutes les espèces, sans en trouver une seule produisant un café aussi parfumé et léger que *C. arabica*. Ces recherches assidues n'ont cependant pas été vaines : une espèce, *C. canephora*, plus connue sous le nom de « *C. robusta* » (plus précisément *C. canephora* subsp. *robusta*) et domestiquée par les Belges, devait essaimer dans de nombreux pays. *C. liberica* devait être planté à grande échelle à Ceylan par les Anglais comme on le verra plus bas, mais son succès n'a pas été durable.

Du « blé » de Christophe Colomb au topinambour de Lescarbot en passant par le fraisier de Virginie de Jacques Cartier

Quand, en 1491, la dernière cité de l'Andalousie musulmane tomba aux mains des chrétiens, la reine Isabelle la Catholique accorda enfin au marin génois Christophe Colomb les moyens matériels qu'il demandait pour essayer d'atteindre les Indes par la route de l'ouest. Les buts de l'expédition étaient de deux ordres : entrer d'une part en contact avec les populations habitant les Indes afin de les convertir au christianisme et, d'autre part, rapporter de l'or et des épices pour renflouer le trésor royal tombé bien bas à la suite des guerres. Il fallait aussi concurrencer les Portugais qui avançaient lentement mais sûrement vers la route des Indes par l'est. Le voyage de Christophe Colomb n'est pas sans analogie avec celui de Zhang Qian : il partit en ambassadeur (il emportait une lettre à l'intention du Grand Khan), mais il était également chargé d'explorer les terres situées à l'ouest. On sait que les voyages de Christophe Colomb lui-même ne connurent pas le succès espéré aussi rapidement que prévu, mais quelques décennies après sa mort, des pays très peuplés furent annexés par les conquistadors et l'or finit par affluer en Espagne. Quand son obsession de l'or lui laissait un peu de répit, Christophe Colomb ne cessait d'ad-

Figure IV.3. Le piment est, avec le maïs, l'une des deux plantes rapportées par Christophe Colomb à avoir connu un succès immédiat en Europe : ce « poivre de fort bonne qualité » n'a pas donné lieu à un commerce comparable à celui des épices mais a été rapidement cultivé dans tous les pays chauds. Extrait de Bois (1927).

mirer la beauté et la luxuriance de la végétation. Il était convaincu que la jungle abritait beaucoup de plantes et d'arbustes qui seraient fort appréciés et dont on retirerait des substances odorantes, des teintures, des médicaments, des gommes, des mûriers pour produire de la soie, sans oublier les fameuses épices. Il avouait cependant n'avoir aucune connaissance en botanique.

Sa moisson d'épices fut bien maigre. Christophe Colomb ne rapporta aucune de celles qui étaient connues des Européens et dont il montrait régulièrement des échantillons aux Amérindiens. La cannelle rapportée dès son premier voyage était aussi fausse que les morceaux de pyrite pris pour de l'or natif. C'était sans doute une cousine de la vraie cannelle dont parle Bois (1935), *Cinnamodendron corticosum*, de piètre valeur commerciale. L'Amérique devait bien fournir par la suite quelques épices complétant la gamme de celles importées d'Asie depuis des siècles : le quatre-épices ou « piment de la Jamaïque » (*Pimenta officinalis*), ainsi nommé parce que son odeur et sa saveur rappellent à la fois le poivre, le clou de girofle, la muscade et la cannelle ; la baie rose ou « faux-poivre » (*Schinus molle*) du Chili dont la saveur est très proche de celle du poivre ; on peut signaler encore quatre « fausses cannelles » dont celle dite « cannelle de Magellan » ou « écorce de Winter » (*Drimys Winteri*) qui croît lui aussi au Chili. Leur usage est resté local. Peu de choses en somme. L'Amérique allait cependant apporter deux plantes aromatiques, apparemment difficiles à considérer comme des épices au sens strict mais qui devaient connaître un succès mondial parce que sans équivalents : la vanille (*Vanilla planifolia*) et le cacao (*Theobroma cacao*), qui surpassaient de très loin les anciennes épices compatibles avec les « douceurs » comme la cardamome (ou « cardamone ») ou la cannelle. La vanille fut rapportée par les Espagnols lors du second voyage de Christophe Colomb et l'usage alimentaire du cacao, dont les fèves étaient la monnaie des Aztèques, ne fut compris qu'après la conquête du Mexique. Christophe Colomb fut donc très déçu de ne trouver aucune des épices qu'il était venu chercher. Ce qu'il prenait pour l'extrémité orientale de l'Asie était décidément plus pauvre que la partie que les Arabes atteignaient par la route de l'est !

Fait passé longtemps presque inaperçu, cette moisson d'épices décevante devait être largement compensée par d'autres plantes remarquées d'emblée par les Espagnols. Colomb écrit qu'en plus des forêts extraordinaires, il y avait aussi beaucoup de vergers et des terres grasses où les Indiens faisaient pousser des légumes et autres plantes utilitaires. Une seule lui était connue : le coton[1]. Il mentionne très tôt des feuilles auxquelles les Indiens attribuent une grande valeur : le tabac. Comme il n'a pas de connaissances en botanique, il ne décrit les plantes nourricières que de façon très imprécise, mais note leurs noms locaux et cite leurs usages en les comparant parfois aux légumes européens. La première était une grande céréale que les habitants de Cuba consommaient chaque jour et qui fut par conséquent appelée « blé » ; les Indiens l'appelaient « maïs ». Avec leur unique céréale, les Indiens cultivaient souvent des « fèves et féveroles » bien différents des nôtres, que nous avons depuis appelées « haricots » (il s'agissait du haricot de Lima, *Phaseolus lunatus*, et non de notre haricot commun, *Phaseolus vulgaris*, que les Espagnols trouvèrent sur le continent). Le navigateur mentionne aussi le manioc

---

1. Les botanistes s'apercevront bientôt qu'il ne s'agit pas du coton du Vieux Monde, *Gossypium herbaceum*, mais d'une espèce voisine, *G. hirsutum*.

et une sorte de carotte au goût de châtaigne qui pourrait être la patate douce (*Dioscorea batatas*). Il appréciait beaucoup un « poivre », de fort bonne qualité[1]. Aurait-il enfin trouvé une épice, l'un des buts de son voyage ? Pas tout à fait : c'était le piment dont les habitants du Nouveau Monde avaient déjà à l'époque obtenu une multitude de variétés et faisaient grand usage.

Christophe Colomb rapporta soigneusement les nouvelles plantes en Espagne. Elles n'eurent pas, on s'en doute, le succès qu'auraient eu l'or ou les épices tant désirées. Même l'excellent « poivre » de Colomb, le piment, ne produisit pas l'effet escompté. Ce n'est pas parce que son goût déplût : il fut bien au contraire immédiatement apprécié, et ce succès ne s'est jamais démenti puisque les cuisines de tous les pays chauds et méditerranéens l'utilisent aujourd'hui largement. Mais, pour les commerçants, sa facilité de culture était un inconvénient majeur puisque chacun, ou presque, pouvait en cultiver pour son propre compte. Le piment allait devenir une sorte de légume d'assaisonnement, un peu comme l'ail ou le persil, certains cultivars à saveur douce devaient être consommés en tant que légumes, les poivrons. Les autres plantes connurent un succès d'abord mitigé mais croissant, à l'exception du maïs qui fut adopté d'emblée en Espagne. Au retour de son troisième voyage, Christophe Colomb, désabusé, frisant par moments la folie, reconnaissait qu'il n'avait trouvé ni or ni épices, doutait enfin par moments de son arrivée aux Indes, il se demandait s'il n'avait pas atteint « un monde nouveau inconnu des Anciens » et formulait des hypothèses ahurissantes sur le tracé de l'Orénoque descendant du paradis ou sur la forme de la terre qui ressemblerait à une poire. Mais il s'attribuait le mérite d'avoir découvert et rapporté le maïs que l'on cultivait déjà beaucoup en Castille, six années seulement après son introduction. Il avait donc conservé une certaine clairvoyance. Sur le vieux continent, le maïs devait faire une percée inégale selon les climats, mais parfois spectaculaire, comme illustré sur la figure IV-4.

La conquête du Mexique par Hernán Cortés allait révéler aux Européens les splendeurs d'une société de l'âge du cuivre qui avait développé une civilisation cruelle, mais remarquable à bien des égards. L'agriculture des Aztèques et des autres peuples du Mexique actuel allongea la liste des aliments végétaux intéressants pour les Espagnols : divers *Physalis* que les Aztèques nommaient *tomatl*, une plante de la même famille (solanacées) qu'ils appelaient *ji tomatl* et qui deviendra, après une traduction entachée d'un faux sens, notre tomate (*Solanum lycopersicum*), une pistache de terre, notre arachide ou cacahuète (*Arachis hypogaea*). Parmi les arbres fruitiers, il en est un qui porte des fruits que les Aztèques appelaient « testicules d'arbres » ; les Espagnols déformeront le nom en *auacate* et les Français en « avocat » (*Persea americana*), appellation nettement plus pudique que la traduction littérale du mot aztèque. La monnaie des Aztèques, le cacao, a déjà été évoquée. On peut signaler au passage une autre confusion de taille dans l'appellation des plantes nouvelles : les Espagnols créèrent le mot « cacao » en déformant le mot aztèque désignant l'arachide dont ils avaient déjà tiré *cacahuta* ! Les deux « fèves » n'étaient pourtant pas interchangeables, seule la première servait à préparer un breuvage hautement apprécié des Aztèques après assaisonnement avec la gousse d'une belle orchidée-liane, la vanille déjà mentionnée.

---

1. Colomb, trouvant le piment plus fort que le poivre (*pimienta* en espagnol), le nomma *pimiento*, c'est-à-dire en quelque sorte le poivre mâle.

Figure IV.4. Impact de l'importation d'une céréale majeure, le maïs, en Bresse. La paysanne lève un épi de maïs de la main gauche, tient une boule de pain de maïs (« flamusse ») de la main droite. En haut à droite, on enfourne des épis immatures afin de les torréfier légèrement et d'en tirer une bouillie appelée « gaudes » (en bas à droite). À gauche, un enfant se régale avec un épi immature grillé. Le maïs facilite l'engraissement du porc et des volailles, ces dernières (race Bresse noire à droite) acquerront une grande réputation. *Source* : Rubin (1997).

La conquête par Pizarro (ancien gardien de porcs) de l'empire des Incas rutilant d'or devait entraîner les massacres que l'on sait et le pillage des trésors et objets d'art d'or et d'argent. Accessoirement, elle permit à ses soldats de faire connaissance avec le mode de vie d'un peuple d'agriculteurs tirant admirablement parti de zones hostiles des hauts plateaux andins. On s'y nourrissait surtout de tubercules étranges et de quelques graines une fois encore totalement inconnus des Européens, à l'exception du maïs déjà observé plus au nord : la pomme de terre, l'oca, l'ulluco, la capucine tubéreuse et quelques autres plantes tubéreuses particulièrement adaptées aux hauts plateaux où, même sous l'équateur, des gelées peuvent se produire toute l'année (Morlon, 1992). Aucune de ces plantes ne connaîtra de succès immédiat. La pomme de terre ne s'est imposée, comme on le sait, que progressivement en Europe, à une vitesse très variable selon les pays ; il faudra même attendre 300 ans pour qu'elle devienne le principal moyen de lutte contre les famines. Les Indiens cultivaient aussi ce que les Espagnols appelèrent un « blé », pour nous une amarante (*Amaranthus* sp.) et un chénopode proche parent de ceux qui sont des mauvaises herbes courantes dans l'Ancien Monde, le quinoa (*Chenopodium quinoa*), tous deux classés aujourd'hui parmi les pseudocéréales. Sur le coup, les Espagnols n'y prêtèrent que peu d'attention. Le quinoa dut attendre la fin du XXᵉ siècle pour être adopté par quelques consommateurs occidentaux adeptes de diététique originale. L'arachide fit également partie des plantes rapportées par les Espagnols qu'ils implantèrent aux Philippines tandis que les Portugais, qui l'avaient trouvée au Brésil, l'importèrent en Afrique et aux Indes.

Figure IV.5. L'arachide, originaire d'Amazonie, a gagné tous les pays tropicaux en subissant des transports d'ouest en est à partir du Brésil sous des noms portugais, et d'est en ouest à partir du Pérou sous des noms espagnols ou quechuas. Extrait de Parmentier (1924).

Pour les plantes d'Amérique du Nord à climat tempéré, la « moisson » a été beaucoup plus limitée. Le Malouin Jacques Cartier, qui a débarqué au Canada en 1510 et exploré l'embouchure du Saint Laurent au cours de trois voyages successifs, bien que plus attiré par les fourrures, les métaux et les pierres précieuses (on sait qu'il rapporta de la pyrite et du quartz, confondus respectivement avec l'or et le diamant !), nota dès son premier voyage que les Indiens cultivaient le « gros mil » qu'il avait déjà vu au Brésil quand il naviguait avec les Portugais, c'est-à-dire le maïs. Il remarqua aussi que les « natifs » faisaient grand usage d'une autre plante cultivée, une « racine » alors inconnue en Europe : le topinambour (*Helianthus tuberosus*). Ce n'est pas lui, mais un autre Français, Marc Lescarbot qui devait la ramener en Europe. Cultivée dans un nombre de plus en plus grand de pays européens, particulièrement en Europe de l'Est, mais aussi en Inde et aux États-Unis, elle ne devint jamais une nourriture majeure dans un seul d'entre eux. Le Canada n'allait pas fournir une seule autre plante alimentaire cultivée à échelle significative. Les pays correspondant aux États-Unis actuels sont cependant le foyer d'origine du tournesol (*Helianthus annuus*), un cousin du topinambour appelé à un bel avenir en tant qu'oléagineux, mais peu d'autres espèces d'importance. Cartier rapporta une fraise sauvage, *Fragaria virginiana*, à fruits plus gros que la fraise des bois européenne. Celle-ci devra cependant attendre sa rencontre avec la fraise du commandant Frézier, au début du XVIIIe siècle pour engendrer une très nombreuse descendance.

L'importation de la fraise chilienne par Amédée François Frézier, espion du Roi-Soleil

La révocation de l'édit de Nantes a contraint à l'exil des dizaines de milliers de Huguenots français attachés à leur culte et certains, dit-on, ont embarqué avec un cep de vigne qu'ils ont planté en Afrique du Sud ou en Amérique du Nord. Mais il y eut aussi des exils en sens inverse pour la même raison d'intolérance religieuse, surtout des Écossais catholiques qui vinrent s'établir en France. Ce fut le cas d'une famille écossaise du nom de Frazer (anglicisation de « Fraisier » !) qui fit aussitôt refranciser son nom en « Frézier ». Un fils de la première génération née en France, Amédée François, devenu ingénieur naval, fut envoyé par le Roi-Soleil en reconnaissance (pour ne pas dire renseignement et espionnage) vers les colonies sud-américaines du roi d'Espagne. Juste après son arrivée au Chili en 1712, il remarqua sur les marchés des fraises beaucoup plus grosses que les petites fraises des bois alors quelquefois cultivées dans les potagers européens. C'était la fraise du Chili (*Fragaria chiloensis*), sans doute cultivée sur des superficies non négligeables. Connaissant le goût de son souverain pour tous les plaisirs de la table, il en rapporta quelques pieds dans des caissettes. Il ne manqua pas d'en réserver la primeur au Jardin du Roy, c'est-à-dire au futur Museum national d'histoire naturelle ; Jussieu les fit planter en 1715, année du décès de Louis XIV. Frézier planta ensuite lui-même, dit-on, le seul pied qui lui restait à Plougastel, tout près de Brest où son navire avait mouillé ; au milieu du XVIIIe siècle, les descendants du fraisier de Frézier approvisionnaient la ville de Brest. Plougastel allait pendant deux siècles être un haut lieu de production de la fraise en France et exporter jusqu'en Grande-Bretagne. Sans attendre cette date, la fraise du Chili devait connaître une belle carrière européenne. Cinq ans après son introduction à Paris, on la retrouvait en Hollande, 12 ans plus tard à Chelsea en Angleterre, quelques temps après en Italie. Les fraisiers modernes sont issus de croisements opérés à Paris par Antoine Duchesne entre la fraise du Chili et sa proche parente d'Amérique du Nord *Fragaria virginiana* rapportée par Cartier. La première fraise à gros fruits, la fraise-ananas (*Fragaria grandiflora*) était obtenue ; les croisements ultérieurs en produiront beaucoup d'autres qui seront diffusés dans le monde entier. Une incertitude demeure cependant sur… la fertilité des fraisiers de Frézier (voir l'encadré IV.3).

Avec l'achèvement de la colonisation de l'Amérique, pratiquement toutes les plantes de climat tempéré cultivées en Amérique ont été rapportées en Europe. Celles qui exigeaient un climat subtropical ou tropical ont également été tranférées, soit dans des serres, soit dans les pays à climat adéquat, pour permettre des plantations dans diverses régions du monde. Ces plantes ne connurent pas toutes un succès immédiat en Europe, loin de là. Le cas de la pomme de terre est bien connu, et

---

Encadré IV.3. Les fraises stériles du commandant Frézier.

Selon les récits disponibles, l'introduction de la fraise du Chili par Frézier n'a pas été sans accrocs. Bois signale que la production de fraises de Plougastel pour le marché de Brest a traversé une crise due à la multiplication de pieds dont les fleurs étaient dépourvues d'étamines et au taux de plants qui étaient difficilement fécondés par le pollen des plants voisins. Les pieds uniquement femelles auraient été éliminés, et la production de fraises aurait pu reprendre normalement. Selon Risser (2003), cette anomalie a été observée dès l'introduction du fraisier chilien. Elle n'a pas été générale — sinon aucun fruit n'aurait été récolté en Europe —, et elle aurait facilité l'hybridation avec un autre fraisier américain, celui de Virginie rapporté par Jacques Cartier, donnant ainsi naissance au fraiser-ananas, premier fraisier à gros fruits.

---

nous reviendrons sur les difficultés qu'a rencontrées la tomate (chapitre VII) ; il y en eut beaucoup d'autres. En France, le jardinier du Roi-Soleil, La Quintinie, a énuméré et décrit toutes les plantes potagères qu'il cultivait à l'attention de son souverain. Parmi elles se trouvaient des légumes d'intérêt très minime à nos yeux, comme le perce-pierre, la corne de cerf (*Plantago coronopus*) ou l'alleluya (*Oxalis acetosella*) ainsi que des « garnitures », tous bien européens. En revanche, aucune trace de pomme de terre, de tomate ou de piment. Un haricot est mentionné, mais un détail précis, l'œil noir, indique qu'il s'agissait d'un haricot africain, non du haricot américain pourtant rapporté par Catherine de Médicis à l'occasion de son mariage avec le futur roi Henri II en 1533. Et finalement, les seuls légumes américains dignes de figurer dans le potager royal étaient le maïs, la courge, le potiron ainsi que la capucine mangée en « câpre-capucine », peut-être aussi en « épinards ». La méfiance des grands envers les nouveautés était tenace !

Quand les Européens diffusent les plantes d'un continent à l'autre

Canne à sucre, gingembre et céréales à petits grains... et adventices d'Europe

On sait que les découvertes de Colomb n'eurent dans l'immédiat qu'un bien faible retentissement au-delà des frontières espagnoles, au point qu'il fallut la publication rapide du récit du voyage d'Amerigo Vespucci en 1504 le long des côtes du « Nouveau Monde » et pour que l'Europe en ait connaissance[1]. Les Espagnols, et Colomb en particulier, virent cependant tout de suite l'intérêt des îles nouvellement découvertes pour la culture de la canne à sucre. Espagnols et Portugais en

---

1. Sur l'initiative du moine lorrain Martin Waldseemuller, la société savante de Saint-Dié (Vosges) baptisa ce Nouveau Monde « Amérique » en l'honneur d'Amerigo Vespucci ; cela se passa en 1507 et, à ce moment, Waldseemuller n'avait pas encore entendu parler de Christophe Colomb !

avaient arraché le monopole aux Arabes, mais ils manquaient de terres chaudes et humides pour la cultiver. Dès son second voyage, Colomb en apporta des pieds aux Antilles. Les plantations ayant prospéré, d'autres furent établies au Brésil par les Portugais en 1501. Les cultures de canne à sucre des Espagnols comme celles des Portugais trouvaient enfin là des conditions très favorables. Une sucrerie a fonctionné à Cuba dès le début du XVIe siècle et, depuis, la culture n'a jamais vraiment périclité dans ces îles avec les plantations des petites Antilles, et surtout de la Jamaïque et de Cuba. Le prix du sucre diminua de façon spectaculaire, grâce à ce que l'on peut maintenant appeler un crime contre l'humanité : le transfert de dizaines de millions d'esclaves de l'Afrique vers le Nouveau Monde. La consommation de sucre s'en trouva démocratisée en Europe.

Les Espagnols en premier, aux Antilles, au Mexique puis en Amérique du Sud, les Portugais au Brésil, les Français en Nouvelle-France (Canada) et les Britanniques en Nouvelle-Angleterre se sont aussi occupés de leur propre approvisionnement en produits de leurs pays. Christophe Colomb avait apporté des semences de blé et d'orge dès son second voyage. Semé dans l'île d'Isabela (Saint-Domingue), tout près du tropique du Cancer, le premier blé du Nouveau Monde n'a pas donné de bons résultats. Plus au nord, les premiers colons ne tardèrent pas à ensemencer des terres dès qu'ils eurent achevé la construction de leurs premières habitations, et même avant ; le premier blé semé par les Espagnols au Mexique le fut à partir de trois ou quatre grains triés dans les sacs de riz apportés par Cortés pour nourrir ses troupes. C'est un esclave noir de Cortés qui les sema vers 1530 (Hedrick, 1972). Les colons européens donnèrent toujours la priorité à leur céréale préférée, à laquelle d'aucuns n'hésitaient pas à attribuer l'origine même de la civilisation, celle qui permettait de fabriquer le pain, nourriture sacrée puisque nécessaire au culte chrétien. L'introduction du blé au Pérou mérite mention. Plusieurs auteurs, dont Humboldt, rapportent, sans donner de date précise, qu'elle est due à une Espagnole qui s'est évertuée à distribuer quelques semences à tous les premiers colons du pays ; les Espagnols s'empressèrent également d'introduire deux plantes qui constituent un véritable symbole des civilisations méditerranéennes : la vigne et l'olivier. En 1542, le pilote de Roberval, nommé gouverneur de Nouvelle-France, parlait — en termes ambigus, il est vrai — de blé semblable à celui de France, poussant à l'emplacement de Montréal. Dès leur arrivée en Acadie (actuel Nouveau-Brunswick) en 1606, sous les ordres de Lescarbot, les Français semèrent blé, orge, seigle et avoine, fève, pois et « herbes de jardin ». Les colons anglais semèrent très tôt du blé sur l'île Elizabeth, au large des côtes du Massachusetts, mais il semble que la première céréale européenne dont la culture ait réussi en Nouvelle-Angleterre soit l'orge (1602) que l'on allait retrouver peu après en Nouvelle-France : elle poussait en 1605 dans le jardin de Champlain, en 1610 à Québec (Hedrick, 1972). Les autres céréales ainsi que les racines ou légumes nécessaires à l'alimentation des hommes et des bêtes suivirent. Pratiquement tout ce qui était cultivé dans l'Ancien Monde devait faire l'objet de culture ou tout au moins de tentatives de culture de l'autre côté de l'Atlantique. Certaines ont été cantonnées à des jardins botaniques, d'autres ont été réimportées à une époque récente.

Avec les plantes utiles arrivèrent leurs compagnes, les « mauvaises » herbes. Harlan a recensé parmi celles de l'Ancien Monde une myriade d'espèces, toutes originaires du Moyen-Orient. Après s'être adaptées aux écosystèmes très divers de l'Eurasie pendant plusieurs millénaires, elles devaient entreprendre la colonisation de l'Amérique du Nord aussi bien que du Sud, ainsi que plus tard de l'Afrique du Sud, de l'Australie et de nombreuses îles. Parmi les envahissantes, celles des prairies comprenaient des plantes vivaces résistant au piétinement et au surpâturage qui allaient s'implanter dans la presque totalité du continent, au point de paraître tout à fait indigènes. Pour ne citer qu'un exemple, le fameux chiendent (*Agropyrum repens*) est une véritable peste pour les cultivateurs puisqu'il se propage et se maintient dans les champs grâce à ses rhizomes. Pourtant, Harlan souligne qu'ici il a été apprécié comme fourrage dans les prairies, ailleurs il a largement contribué à stabiliser les digues construites le long des fleuves. En Amérique du Sud, les adventices qui ont colonisé les prairies ont tout bonnement préservé les herbages de l'érosion et de la catastrophe : avant l'arrivée des Espagnols, le sous-continent ne possédait pas de bétail lourd et les troupeaux de bovins et chevaux arrivant à l'impromptu auraient certainement détruit la flore locale si les « mauvaises » herbes d'Europe n'avaient pas suivi, spontanément, les troupeaux des colons (Harlan, 1987). La folle avoine (*Avena fatua*) est une adventice des céréales dont les grains velus tombent avant la récolte. Quelques grains sont arrivés mélangés à des céréales (espagnoles semble-t-il), et l'espèce s'est naturalisée dans une vaste partie de l'Ouest américain. Pendant un temps, les Amérindiens de Californie l'ont récoltée pour leur nourriture, redécouvrant ainsi un usage très ancien de la graminée.

Les voyages de la vigne

La vigne européenne (*Vitis vinifera*) est originaire du Moyen-Orient, et plus précisément des contrées voisines de la mer Caspienne où on la rencontre encore à l'état sauvage ; des pépins ont été trouvés au Proche-Orient dans les restes de repas des Natoufiens, dont les descendants allaient inventer l'agriculture. Cultivée depuis au moins 6 000 ans, d'abord dans les environs de la mer Caspienne, elle a très vite conquis tous les pays de vieilles civilisations proche-orientales ou méditerranéennes. De très nombreux textes antiques montrent qu'elle était connue, cultivée et appréciée soit pour ses fruits frais consommés tels quels, soit pour la fabrication du vin. Dès le IIIe millénaire avant J.-C., de nombreux dessins nous montrent les Égyptiens vendangeant sous des tonnelles (la taille des sarments était inconnue, on laissait la liane grimper le long de tonnelles d'où pendaient les grappes). Des vases grecs représentent des hommes buvant dans des coupes contenant sans nul doute des boissons alcoolisées — dont la consommation était interdite aux femmes. Et, sur le pourtour de la Méditerranée, on ne compte pas les représentations de scènes de beuverie ni celles de Dionysos ou Bacchus, le dieu de la divine boisson. La vigne est connue en Extrême-Orient depuis quelque 2 000 ans, ce qui nous ramène à l'époque de Zhang Qian. Tous les peuples qui l'ont cultivée avaient au moins un point commun : ils vivaient sous un climat bénéficiant d'un fort ensoleillement. Les Étrusques ont commercé avec les Gaulois dès le début du Ier millénaire avant notre ère. Ils leur vendaient des amphores de vin dont les archéologues ont retrouvé des tessons en quantités impressionnantes jusqu'au centre de la Gaule. Quand, quelques siècles plus tard, les Grecs ont établi des colonies sur la côte méditerranéenne de ce pays, ils ont importé des pieds de vigne, dont la culture s'est longtemps limitée à quelques points du littoral. La conquête romaine par Jules César, atteignant le nord de la Gaule (Belgique actuelle) et le sud de la Bretagne (Grande-Bretagne actuelle), allait insuffler à la viticulture une extension spectaculaire malgré le climat beaucoup moins favorable. On attribue l'introduction de la vigne en Champagne à un centurion de César venu s'établir sur sa centurie, lopin de terre qu'il avait reçu en paiement de ses bons et loyaux services. Des vignobles nouveaux ont ainsi été plantés jusque sur les coteaux de la Moselle et du Rhin ; ils sont encore prospères aujourd'hui alors que d'autres, plus septentrionaux (ceux du sud de la Grande-Bretagne par exemple), ont disparu depuis à la suite des changements climatiques.

Au Moyen Âge, alors qu'on a observé une régression générale de l'agriculture et malgré un refroidissement du climat très sensible à partir de la fin de l'Empire romain jusqu'aux alentours de l'an mil, la vigne était cultivée à des latitudes où elle n'existe plus aujourd'hui, à cause de la nécessité de disposer de vin pour la célébration de la messe — les annales de nombreuses communes mentionnent année après année, la date des vendanges, ce qui permet aux historiens du climat de reconstituer les cycles de refroidissement et de réchauffement du climat. Après la « découverte » du Nouveau Monde, les Espagnols ne tardèrent à planter la vigne dans leurs nouvelles colonies. *Vitis vinifera* a bénéficié de l'attention de Colomb en personne, et une première récolte de raisin a eu lieu en l'an 1494 à Haïti. La vigne fut ensuite plantée dans les diverses colonies espagnoles ainsi qu'anglaises. Comme déjà mentionné, la révocation de l'édit de Nantes, en 1685, fut indirectement à l'origine de vignobles aux États-Unis et du grand vignoble sud-africain. Les Anglais, amateurs de grands vins, se sont empressés de planter la vigne chaque fois qu'ils colonisaient un pays où le climat lui était plus favorable que celui de leur pays. En arrivant en Amérique du Nord, ils ont certes trouvé de la vigne sauvage — déjà les Vikings, colons du Groenland et premiers Européens à avoir foulé le sol de l'Amérique, avaient baptisé ce pays « Vinland ». Les botanistes devaient plus tard, pour le seul genre *Euvitis* (vraie vigne), identifier 16 espèces différentes croissant de l'Atlantique au Pacifique, des régions au climat humide et aux hivers rigoureux aux régions à climat torride. Hélas, aucun ne donnait de vin comparable à celui de *Vitis vinifera* ; on peut même dire que leur qualité était exécrable. Cela ne découragea pas les Américains qui firent des croisements des différentes espèces entre elles et surtout avec la vigne européenne. Si les efforts furent grands (Harlan, 1987), le succès demeura limité pour ce qui est de la qualité du vin. En revanche, ces hybrides rendirent un immense service aux Européens quand, sans doute à la suite d'importations imprudentes faites par des botanistes anglais, la noble vigne européenne fut infestée par un puceron américain redoutable, le phylloxera, qui arriva en France en 1863. Le vignoble était très durement atteint, et la catastrophe était telle qu'il fallut faire appel à des méthodes radicales : importation d'hybrides américains résistants au parasite, ou pour les cépages nobles qu'il était inconcevable de remplacer par des plants aussi médiocres, greffes sur porte-greffes américains. Les premiers hybrides étaient également résistants à deux maladies cryptogammiques, américaines également, l'oïdium et le mildiou. Ils servirent pendant quelque temps à la production de vins de consommation courante. Ainsi l'Amérique, où la plupart des espèces avaient acquis une résistance à l'insecte parasite comme aux deux maladies cryptogamiques les plus préjudiciables aux vendanges, rendait-elle un immense service au vaste et ancien vignoble du Vieux Monde. Elle se rachetait ainsi des dégâts qu'elle y avait provoqués peu auparavant !

Les généreuses distributions de semences par les navigateurs français des Lumières

Au siècle des Lumières, les expéditions des navigateurs français envoyés vers l'ouest avec pour mission de faire le tour du monde étaient motivées par plusieurs raisons : Bougainville était d'abord chargé de convoyer aux Malouines des Acadiens de Nouvelle-Écosse déportés par les Anglais lors du Grand Dérangement. Il avait obtenu l'autorisation de poursuivre vers l'ouest afin de relever le prestige de la marine française ; il fallait explorer les mers du Sud en vue de trouver si possible des terres colonisables pour compenser la perte du Canada et réaliser des observations scientifiques ; on voulait aussi venir généreusement en aide à ceux que l'on n'appelait pas encore les « bons sauvages » (l'expression sera forgée par Jean-Jacques Rousseau après lecture de deux récits dont celui du séjour de Bougainville à Tahiti). Pour cela, il emportait des semences de toutes sortes de légumes et céréales ainsi que des oiseaux de basse-cour d'Europe, sans se demander si le climat des mers du Sud leur conviendrait. À Tahiti, les vergers surprirent les Français par leur étendue, leur beauté et leur prospérité. Mais point de champs à proprement parler, seulement de petits potagers. Les Polynésiens acceptèrent les présents des Français avec curiosité et intérêt (encadré IV.4).

Quand La Pérouse prit la mer en 1785, les buts étaient devenus plus ambitieux : il s'agissait d'explorer les rares régions du Pacifique non encore parcourues par Cook, de voir les possibilités de commerce, en particulier de fourrures, et de recueillir le maximum de données scientifiques grâce une équipe multidisciplinaire de savants.

Encadré IV.4. Les dons des navigateurs du siècle des Lumières
aux populations des mers du Sud.

« Je fis présent au chef du canton où nous étions d'un couple de dindons et de canards mâles et femelles [...] Je lui proposai aussi de faire un jardin à notre manière et d'y semer différentes graines, proposition qui fut reçue avec joie. En peu de temps Ereti fit préparer et entourer de palissades le terrain qu'avaient choisi nos jardiniers. Je le fis bêcher [...] Ils ont aussi autour de leurs maisons des espèces de potagers garnis de giraumons, de patates, d'ignames et d'autres racines. Nous leur avons semé du blé, de l'orge, de l'avoine, du riz, du maïs, des oignons et des graines potagères de toute espèce. Nous avons lieu de croire que ces plantations seront bien soignées, car ce peuple nous a paru aimer l'agriculture, et je crois qu'on l'accoutumerait facilement à tirer parti du sol le plus fertile de l'univers. »

Louis Antoine de Bougainville, récit de son séjour à Tahiti, 1767

Ce devait être la plus grande expédition scientifique de tous les temps. La distribution de semences pour améliorer l'alimentation des indigènes n'était pas oubliée. On embarqua dans un but humanitaire « des quantités de plantes, des graines par boisseaux », et les animaux furent « séparés en deux catégories : ceux qui sont destinés à la consommation et ceux qui doivent être destinés aux peuples dépourvus » (La Pérouse, date inconnue). Mais qu'est-il resté de tout cela ? Les compagnons de Cook, venus à Tahiti pour observer une éclipse de la planète Vénus en 1769, constatèrent que les plantes apportées par Bougainville n'avaient pas fait merveille : toutes avaient disparu, à l'exception des citrouilles (ou potirons)… que les Polynésiens n'apprécient guère. Aurait-on oublié de leur apporter les recettes de cuisine et les ingrédients nécessaires ? On n'en sait guère plus sur les introductions de La Pérouse ; il semble seulement que la Californie du Nord (actuelle Californie étasunienne) lui doive la pomme de terre qui, curieusement, n'avait pas encore atteint cette région. Dans l'ensemble, le résultat de cette générosité utopique paraît bien mince.

Les transferts « coloniaux » en tous sens

Espèces consommées par les Européens

De même que les Romains avaient diffusé dans toutes les contrées de leur empire de nombreuses plantes utiles chaque fois qu'elles voulaient bien y croître, les planteurs des empires coloniaux modernes, portugais, puis espagnols, hollandais, anglais et français (pour ne citer que les plus anciens) ont d'abord répandu dans le monde entier les plantes cultivées en Europe : céréales, légumineuses, légumes, arbres fruitiers en même temps qu'ils importaient celles qu'ils trouvaient et qui leur paraissaient intéressantes. Il a pu y avoir d'emblée un échange ou un chassé-croisé, comme dans le cas du blé, du pois-chiche, de la fève et du pois prenant la direction de l'ouest tandis que le maïs et les différents haricots prenaient celle de l'est. L'adoption par les peuples ou par les classes supérieurs des plantes originaires de l'autre rive de l'océan n'a cependant pas été immédiate. Les Mexicains des familles où dominait l'ascendance amérindienne — c'est-à-dire la majorité de la population — préféraient le maïs au blé, le haricot à la fève, et leurs légumes favoris étaient la tomate et le piment tandis que dans les familles où prédominait l'ascendance européenne, on prisait plutôt le blé, le riz, l'huile d'olive et le vin. Les Français et les Anglais, s'installant dans les régions au climat plus tempéré de l'Amérique du Nord, ont fait bien davantage d'introductions que d'exportations vers l'Europe. Tout cela ne s'est pas fait sans une certaine réticence de la part des producteurs européens, qui craignaient souvent une concurrence des nouveaux pays. Que les colons d'Amérique veuillent cultiver leur blé et leur vin, nécessaires à la nourriture de chaque jour et surtout à la messe, ils l'acceptaient volontiers ; mais qu'ils veuillent produire de l'huile d'olive alors que la métropole pouvait leur en livrer, ils l'acceptaient beaucoup moins facilement. Le point de vue des pionniers était différent : ils bénissaient le travail des colons. Ainsi les Canadiens français ont conservé les noms de Louis Hébert et de son gendre, Guillaume Couillard, qualifiés l'un ou l'autre selon les sources de « premier colon du Canada ». Le premier défricha et cultiva à la main un petit lopin de terre, le second, disposant en 1627 d'un bœuf et d'une charrue, put l'agrandir et, à coup sûr, cultiver du blé ; c'était le début d'une culture qui allait gagner du terrain d'année en année. Les Américains ont retenu le nom de John Chapman, surnommé John Appelseed (John « pépin de pomme »), n'a cessé de faire de la propagande pour diffuser dans les colonies anglaises d'Amérique un arbre répandu dans toute la vieille Europe mais dont les cultivars étaient absents en Amérique du Nord : le pommier (*Malus* × *domestica*). Comme les porte-greffes manquaient, il distribuait partout des pépins de pommes de toutes origines. Les « sauvageons » qui poussaient donnaient rarement des fruits acceptables, mais ils pouvaient servir de porte-greffes : le chemin était préparé.

Vers les pays tempérés de l'hémisphère Sud, les introductions par les Européens furent, de très loin, plus nombreuses que les importations. Les plantes importées d'Amérique devaient acquérir une importance considérable, parfois rapidement comme pour le maïs, mais le plus souvent lentement. Les pommes de terre furent d'abord plus ou moins réservées aux pauvres, et il fallut quand même 2 à 3 siècles pour qu'elles soient acceptées partout en Europe et en Amérique du Nord. Lors de la colonisation de l'Australie et de la Nouvelle-Zélande, les Anglais l'introduisirent en même temps que le blé. En Nouvelle-Zélande, elle eut beaucoup plus de succès que le blé car elle rappelait la patate douce, plante préférée des Maoris, et son rendement était bien plus élevé. Du coup, la première tribu maori qui la cultiva put partir en guerre contre une autre qui ne disposait pas des mêmes réserves stratégiques (Peel et Tribe, 1983). Les peuples colonisés tiraient donc quelquefois parti des plantes cultivées apportées par les colonisateurs pour résister à leurs ennemis, y compris peut-être les colonisateurs eux-mêmes !

Les transferts de colonie à colonie

Le tabac (*Nicotiana tabacum*), déjà fumé par de nombreuses tribus amérindiennes, a connu un succès rapide en Europe ; les colons anglais l'ont rapidement cultivé, en Virginie surtout, et en ont tiré des profits colossaux. Mais il fallait trouver d'autres produits encore. Pour compenser l'absence d'épices coûteuses dans le Nouveau Monde, les Britanniques introduisirent en Jamaïque dès 1547 le gingembre (*Zingiber officinale*) qui allait devenir l'une des richesses de la colonie. Les autres épices étaient sous la garde des Portugais qui avaient créé puis consolidé des comptoirs jalonnant la route des Indes *via* le cap de Bonne-Espérance. Leurs comptoirs étaient bordés de têtes de pont où l'on cultivait pour partie les fameuses épices qui étaient revendues en Europe du Nord par l'intermédiaire des Hollandais. L'annexion du Portugal par l'Espagne en 1580 allait avoir de graves conséquences. Quatorze ans plus tard, le très catholique roi d'Espagne Philippe II interdit l'accès de ses ports aux Hollandais qui étaient souvent protestants. Du coup, les anciens partenaires des Portugais allaient devenir de redoutables concurrents cherchant à s'emparer du commerce puis du pays des épices. En Extrême-Orient, les Hollandais s'intéressèrent spécialement aux épices les plus précieuses, le girofle (*Syzygium aromaticum*) ainsi que des épices inconnues à l'Antiquité, la cannelle (*Cinnamomum zeylanicum*) et la noix de muscade (*Myristica fragrans*). Au XVIIIe siècle, le commerce était presque entièrement aux mains des Hollandais qui possédaient alors Ceylan (l'actuel Sri Lanka) et les Moluques. Les

Espagnols établis aux Philippines, comme les Portugais qui avaient été chassés des Moluques et n'avaient conservé que Timor, n'avaient plus que des bribes du marché, grâce à la contrebande d'épices des Moluques qui n'avait jamais cessé. Pour protéger leurs avantages commerciaux, les Hollandais imaginèrent une politique implacable permettant la consolidation de leurs monopoles et le contrôle de la quantité produite, donc des cours. Certaines îles furent autorisées à cultiver une épice, et une seule : Ceylan fut la seule à cultiver le cannellier[1], les îles Banda, le muscadier, tandis que les îles d'Amboine et d'Uleaster étaient seules habilitées à la production du giroflier, les autres très nombreuses îles de l'archipel des Moluques et de l'Indonésie devant cesser toute production. Au début de cette politique économique, les Hollandais essayèrent d'obtenir l'accord des chefs locaux pour qu'ils abandonnent leur production, en les soudoyant au besoin, puis ils usèrent de ruses telles que l'achat des feuilles, ce qui poussait les Malais à effeuiller les arbres et à les faire mourir. Finalement, ils envoyèrent dans chaque île des « extirpateurs » qui employèrent la méthode radicale qui leur valut leur nom.

Anglais et Français étaient particulièrement hostiles à cette politique qui s'opposait à leurs ambitions. C'est un Français du nom de Pierre Poivre qui devait s'attaquer au monopole hollandais avec l'aide de la Compagnie des Indes (encadré IV.5). Il lui fallut trois tentatives pour rapporter enfin assez de pieds et de graines de girofliers et de muscadiers pour mettre en place sa première plantation sur l'île de France (l'actuelle île Maurice), en 1770. Le monopole hollandais avait vécu. Pour les botanistes français, Poivre est resté l'un des plus grands « transplanteurs », un bienfaiteur sinon de l'humanité, du moins du royaume de France alors passablement mal gouverné. Il n'est pas certain que les Hollandais aient la même opinion de lui, bien que les procédés qu'ils avaient eux-mêmes utilisés pour se procurer le caféier ne paraissent guère différents. Les Français ne sont toutefois pas restés longtemps les seuls bénéficiaires de la chute du monopole hollandais. Après 1794, la conquête de la Hollande par les Français pendant les guerres de la Révolution permettra aux Anglais de s'emparer de l'île de France et de Ceylan, qu'ils garderont, et du reste des colonies hollandaises qu'ils restitueront à chute de l'Empire napoléonien.

Encadré IV.5. Introduction des épices sur l'île de France par Pierre Poivre.

Pierre Poivre est né tout près de Lyon en 1719. Dans sa jeunesse, il hésite entre la carrière ecclésiastique, vers laquelle le poussent les Jésuites, et celle de peintre. Optant pour la vocation religieuse, il entreprend un voyage en Chine avant son ordination, exécutant à l'occasion une série de dessins dont il est assez fier. Mais, durant le voyage de retour, son navire est attaqué par les Anglais ; blessé et prisonnier, il est amputé de l'avant bras droit et finalement abandonné à Batavia (maintenant Jakarta) par les marins qui n'avaient que faire d'un captif infirme. Ses dessins sont perdus et il doit renoncer à la carrière ecclésiastique puisqu'un prêtre ne peut bénir de la main gauche. C'est là qu'il prend connaissance de la production et du commerce des épices par les Hollandais et qu'il conçoit le projet d'acclimater les

---

1. L'autre cannelle, celle de Chine (*Cinnamomum cassia*), est de moindre qualité.

plus précieuses espèces dans les colonies françaises des Mascareignes. Son retour *via* Pondichéry et l'île de France est lui aussi des plus aventureux : il connaît de nouveau les geôles anglaises avant d'être assez vite libéré.

Revenu en France, il apprend que son projet a rencontré des échos. Il est d'abord chargé d'une première mission officielle en Cochinchine (sud du Vietnam) pour établir des liaisons commerciales et diplomatiques. Puis, envoyé cette fois par la Compagnie des Indes, il effectue une mission secrète à Manille. Il en rapporte cinq muscadiers et des noix de muscade qu'il dépose à l'île de France. De là, avec l'accord du gouverneur de l'île, il repart sur une petite frégate en mauvais état à Timor, colonie portugaise, où il peut acheter des baies de girofliers, quelques muscadiers et des noix de muscades. Hélas, les graines de giroflier ne germeront pas et tous les muscadiers périront, victimes de l'obstination d'un botaniste qui affirmait que le giroflier ne pouvait pas pousser aux Mascareignes et qui était allé jusqu'à saboter le travail de Poivre pour avoir raison !

Ecœuré, Poivre regagne la France, se marie et devient correspondant de l'Académie des sciences. Sa réputation ayant grandi, il est nommé gouverneur de l'île de France en 1768. Là, il reprend aussitôt que possible son projet de culture des épices et il bénéficie cette fois de la collaboration du célèbre botaniste Commerson, qui vient d'achever sa circumnavigation aux côtés de Bougainville. En 1769, il envoie vers les Moluques deux bateaux, sous les ordres du commandant Etcheverry accompagné d'un ancien de la Compagnie des Indes parlant malais. Cette fois la chance sourit aux Français : après avoir abordé une première île récemment visitée par les extirpateurs, ils rencontrent à l'île de Céram (Uleaster) un colon hollandais qui est en tel désaccord avec la politique de ses compatriotes envers les Malais qu'il est prêt à trahir son pays. Il accepte des cartes marines offertes par les Français et, en échange, leur donne des renseignements sur la culture des girofliers et des muscadiers et leur indique une première île où des Malais pourraient leur fournir les plants espérés. Hélas il n'y en a plus, les extirpateurs viennent de passer. C'est dans une autre île, Patany, qu'Etcheverry pourra enfin embarquer un nombre significatif de muscadiers, ainsi que des girofliers qu'on lui apporte alors que le bateau allait lever l'ancre. En échange, il donne un meuble de bateau. Il ne reste qu'à échapper aux cinq garde-côtes hollandais lancés à la poursuite des Français. L'habile marin les déjoue et, en 1770, 400 muscadiers et plus de 70 girofliers arrivent à bon port. Et cette fois, ils prospèreront. L'année suivante, une nouvelle expédition complétera la collecte. Poivre a atteint son but.

Cet homme, très apprécié pour ses qualités de fermeté, de probité et d'intelligence, aura été également un remarquable administrateur de la petite colonie. Il connaîtra cependant une semi-disgrâce à son retour en métropole où il décèdera en 1786. Pour l'anecdote, on peut ajouter que l'influence de la famille Poivre ne s'est pas limitée au domaine des épices. Madame Poivre ne connaîtra peut-être pas la célébrité de son mari mais, bien malgré elle, elle a été l'inspiratrice du personnage de Virginie dans le célèbre roman « Paul et Virginie » de l'écrivain préromantique et botaniste Bernardin de Saint-Pierre, son amoureux éconduit. Après le décès de Pierre Poivre, elle épousera un académicien du nom de Dupont de Nemours ; le couple émigrera aux États-Unis où ses descendants marqueront l'histoire de l'industrie chimique.

Les « transplantations » de Poivre ne furent cependant pas sans conséquences : les Français, chassés de l'île de France rebaptisée « île Maurice » par les Anglais, avaient déjà planté girofliers et muscadiers sur l'île voisine de la Réunion où ils prospéraient. Ils effectueront d'autres plantations aux Antilles et sur leur nouvelle colonie de Madagascar. C'est sur l'île de France que, à l'aube de la Révolution française, les Anglais s'étaient procuré les premiers muscadiers qu'ils plantèrent dans l'île de Penang, dans l'actuelle Malaisie, pourtant beaucoup plus proche des Moluques. Quand un Arabe planta à Zanzibar quelques girofliers en provenance des Mascareignes, il obtint une récolte triple de celles connues à l'île Maurice ou à la Réunion du fait de la température plus élevée en période de floraison ; la culture du giroflier s'établit sur une grande échelle et prospéra jusqu'à nos jours. Les plantations de muscade réalisées par les Anglais à la Grenade et surtout à Sainte-Lucie, toujours à partir des arbres de Poivre, rencontrèrent elles aussi des conditions si favorables que cette île, très montagneuse de 600 km^2 seulement, produira jusqu'à 40 % de la récolte mondiale.

Pour la vanille, le problème fut tout différent ; la liane grimpante, facile à bouturer, pouvait croître sans difficulté dans de nombreux pays tropicaux. Toutefois, les premiers vanilliers emportés du Mexique aux Philippines par les Espagnols produisaient des fleurs qui n'étaient que rarement fécondées. Les botanistes en trouvèrent la raison : la plante est monoïque, et les fleurs femelles sont fécondées sur le continent américain par des oiseaux-mouches et des abeilles locales qui font défaut aux Philippines. Les plants apportés sur l'île de la Réunion n'étaient pas plus fertiles… jusqu'à ce que, en 1841, un esclave de 12 ans, Edmond Albius, ne trouve le moyen de transporter artificiellement le pollen des fleurs mâles vers les fleurs femelles. La culture devint rentable et put être étendue à d'autres territoires comme Madagascar, Tahiti, diverses îles d'Indonésie. Parmi les autres origines de la dispersion des plantes à épices, on doit signaler également le petit commerce de la diaspora indienne. À l'époque coloniale, les commerçants originaires du sud de l'Inde s'établirent sur l'ensemble de l'Empire britannique, et même en dehors. Non seulement ils vendaient des épices de leur pays ou d'ailleurs, mais ils en cultivaient parfois quand cela était possible (Nantet *et al.*, 1992).

L'arbre à pain et la mutinerie de la *Bounty*

Le commerce du bois d'ébène obligeait les négriers à bien nourrir leurs esclaves pendant le transport et ils ont souvent acheté la nourriture en même temps que les hommes sur le sol africain. Une recherche sur la déportation des esclaves en Amérique s'appuyant à la fois sur des textes historiques et sur les anciens herbiers a montré qu'un riz sauvage d'origine africaine s'était implanté uniquement dans les régions où les Blancs avaient fait travailler des esclaves. Mais les esclaves travaillant dans les plantations nécessitaient beaucoup de nourriture. Une espèce qui en elle-même n'a jamais eu une grande valeur aux yeux des Européens a néanmoins fait couler beaucoup d'encre et entraîné des aventures dont les échos ont largement éclipsé ceux des expéditions de recherche du giroflier et du muscadier. Il s'agit de l'arbre à pain (*Artocarpus communis*). Ce bel arbre, originaire des îles du Sud-Est Asiatique, était bien implanté dans les archipels du Pacifique, plus spécialement à Tahiti (l'île George des Anglais, la Nouvelle-Cythère des Français) où les navigateurs anglais (Carteret, Cook) et français (Bougainville, La Pérouse) l'ont découvert. Ils ont été frappés par le rôle que jouait l'énorme fruit à pain — qui dépasse souvent 1 kg — dans l'alimentation des insulaires. L'arbre atteint de très grandes dimensions, et un seul sujet peut fournir des centaines de kilos de fruits. Les Anglais ont donc pensé qu'il pourrait procurer une nourriture abondante et peu coûteuse aux esclaves de leurs plantations de la Jamaïque. Une expédition fut préparée et confiée au Capitaine Bligh. Un navire, la (ou le) *Bounty*, quitta donc la Jamaïque pour Tahiti en vue de rapporter des plants d'arbre à pain. Elle échoua à cause d'une révolte restée célèbre. Il faudra une seconde expédition pour ramener les arbrisseaux désirés, en 1791. Mais les esclaves refusèrent de manger les fruits à pain, leur préférant les bananes ; on dut donc étendre les bananeraies. Les trois coûteuses expéditions — il y en eut une lancée à la poursuite des mutins — n'avaient servi à rien sinon à acclimater aux Antilles les arbres à pain aux immenses feuilles échancrées qui font aujourd'hui la joie des touristes.

L'ambassade de Macartney en Chine

À la veille de la Révolution française, la marine marchande britannique était en pleine puissance, le commerce était florissant. Mais le gouvernement britannique, fortement poussé par la Compagnie des Indes, cherchait à accroître ses échanges avec ces pays, et tout spécialement la Chine. Dans ce but, une ambassade réellement imposante fut envoyée par le roi Georges III vers l'empereur Qianlong.

Les Britanniques, qui devaient d'abord obtenir l'établissement d'une délégation commerciale permanente, essuyèrent un échec cuisant et n'eurent plus qu'à rembarquer, mais quelques personnes purent gagner le sud de la Chine par l'intérieur en empruntant le Grand Canal de Chine afin d'embarquer à Canton (cf. encadré IV.6). Chemin faisant, les Anglais espionnèrent de leur mieux. Ils n'obtinrent pas la moindre information sur la production de la soie, mais quand ils traversaient de magnifiques plantations de jeunes théiers ainsi que d'arbres à vernis ou d'arbres à suif, ils demandaient quelques plants. Les Chinois les leur donnaient. Naïveté, obéissance de fonctionnaires n'ayant pas de consigne précise, méconnaissance des conséquences possibles ou obligation de suivre les lois de l'hospitalité, même vis-à-vis de barbares ? On ne sait, mais les Anglais ont, *via* leur Compagnie des Indes, obtenu un bel atout.

Les précieux arbustes furent chargés sur la conserve qui les débarquera en 1794 à Calcutta, afin d'être expédiés *illico* dans un jardin botanique au Bengale pour donner naissance à la production de thé indien dont on connaît le succès. Le quasi-monopole du thé détenu par la Chine était virtuellement tombé. Les Anglais essayèrent même un autre coup. À Java, ils obtinrent d'un Hollandais quelques muscadiers et girofliers. Ils eurent donc, comme les Français, la possibilité de développer la production des épices jusqu'ici monopolisées par les Néerlandais, et ce sans avoir besoin de recourir à la quasi-piraterie de Poivre. Mais, cadeau empoisonné ou non, les précieux arbrisseaux dépérirent, et il fallut les abandonner à Sainte-Hélène, où ils ne survécurent pas.

Figure IV.6. Parmi les très rares plantes ramenées par l'ambassade de Macartney en Chine à l'époque de la Révolution française, figure le thé qui allait apporter une ressource majeure à l'Inde et au Royaume-Uni. Extrait de Bois (1937).

Mis à part cette importation spectaculaire, les plantes cultivées chinoises n'attirèrent pas les Européens comme celles d'Amérique. Et ce pour des raisons multiples : Chine et Europe n'étaient « que » les deux extrémités du Vieux Continent, il y avait davantage de parenté entre les flores de ces régions qu'entre celles de l'Ancien et du Nouveau Monde ; les contacts entre Moyen-Orient et Extrême-Orient remontaient à la préhistoire, et des échanges avaient eu lieu depuis avant de s'intensifier (tout en restant modestes dans le domaine qui nous concerne) après l'ouverture de la Route de la soie et le commerce des Arabes, relayés par les Portugais puis les autres Européens. Les missionnaires catholiques — et en particulier les Jésuites —, qui tentèrent des siècles durant de convertir les Chinois, étaient souvent d'excellents naturalistes et ils accomplirent un travail considérable sur les flores, voire, plus rarement, sur les agricultures locales. Malgré cela, les études en profondeur des plantes vivrières purement chinoises ne furent pas légion. Il fallut attendre le XIX\ :sup:`e` siècle pour que l'on voie des agrumes passés inaperçus comme la mandarine, des légumes comme les choux chinois, des légumineuses comme certains haricots asiatiques (haricot mungo en particulier), des cucurbitacées nouvelles ou encore l'anecdotique crosne du Japon faire l'objet de cultures plus ou moins expérimentales en Europe. Parmi les exceptions figurent la mandarine (voir ci-dessous) et le soja. Ce dernier, une fabacée, était cultivé de longue date pour être transformé en « lait » et en « fromage » (tofu). Les Américains furent, davantage que les Européens, séduits par sa richesse en huile et en protéines (cf. chapitres VII et VIII).

Les jardins coloniaux

Grace aux plantations, canne à sucre, café, cacao, épices ainsi que tabac, coton et autres ont prospéré du XVII\ :sup:`e` au milieu du XX\ :sup:`e` siècle dans les Amériques, l'Asie, l'Afrique et l'Océanie. Mais le succès avait souvent dépendu des plantes transplantées au prix d'expéditions dont nous venons de voir quelques exemples et dont l'adaptation aux nouvelles terres n'était pas toujours garantie. Les puissances coloniales, afin de développer le grand commerce pratiqué par leurs compagnies de navigation et qui favorisait si puissamment leur prospérité, avaient dû fournir des aides techniques voire scientifiques, afin d'aider les colons et les compagnies de navigation. Le développement des plantations coloniales demandait des investissements, et les jardins botaniques, les jardins coloniaux et autres jardins relais jouèrent de ce point de vue un rôle souvent décisif (Bouvier, 1946).

Une première initiative dans ce domaine revient sans doute aux Portugais qui, pour leurs voyages en Extrême-Orient, avaient découvert sans doute empiriquement les bienfaits des fruits dans la prévention du scorbut qu'ils appelaient « maladie de Loanda » (Luanda, en Angola). Pour cela, ils n'hésitaient pas à faire escale dans leur colonie d'Amérique du Sud, le Brésil, afin que les équipages consomment et achètent des fruits pour le reste du voyage. Puis ils plantèrent des arbres fruitiers à Madère et eurent l'idée d'en emporter en Extrême-Orient. Finalement, leur île africaine devint un véritable jardin d'acclimatation d'espèces américaines aussi bien que d'Extrême-Orient pouvant intéresser l'Amérique (certaines furent ramenées d'Afrique orientale où les Arabes les avaient plantées). Ainsi s'explique la confusion des origines de plusieurs espèces dans l'esprit des botanistes — la goyave-fraise du Brésil nommée « *Psidium cattleianum* » ou un piment du Pérou nommé « *Capsicum sinense* » par Linné. Parmi les espèces venues d'Extrême-Orient, le taro (*Colocasia esculenta*) a conservé dans les Antilles françaises le nom vernaculaire de « madère » qui révèle bien son transit par l'île portugaise.

Encadré IV.6. Des Anglais en Chine.

À la fin du XVIIIe siècle, l'Angleterre avait non seulement une flotte de guerre extrêmement puissante, mais aussi une industrie et un commerce florissants. La perte des colonies d'Amérique du Nord n'avait porté qu'un coup temporaire à son économie : le commerce anglo-américain avait en grande partie remplacé le commerce colonial. Cependant, les échanges avec la Chine étaient déficitaires : l'Angleterre achetait du thé, des porcelaines et des soieries mais vendait peu. Les pays catholiques, Portugal, Espagne et France, avaient surtout fait porter leurs efforts sur les missions religieuses. Les Jésuites avaient si l'on peut dire courtisé les autorités et tout spécialement les empereurs eux-mêmes, mais sans jamais obtenir de résultat décisif. Quant aux échanges commerciaux, ils passaient par le Portugal et sa concession de Macao, ainsi que par les Britanniques, les Hollandais, les Espagnols et les Français. Si les Anglais détenaient une part très honorable du marché, ils étaient loin d'avoir le monopole. C'est dans le but d'obtenir une préférence — et si possible un monopole — que le gouvernement du roi George II décida d'envoyer à l'empereur Qianlong une imposante délégation chargée d'établir une ambassade permanente dans l'empire du Milieu. Conduits par Lord Macartney, les envoyés voyagèrent sur deux puissants navires — le *Lion*, armé de 64 canons, et un trois-mâts de la Compagnie des Indes — et une corvette. En cours de route, ils achetèrent un petit bateau français, et un autre navire de la Compagnie des Indes les rejoignit à l'arrivée à leur mouillage. Au total, c'est plus de 700 hommes, en comptant les équipages, qui firent le voyage. Ils arrivèrent avec de somptueux présents et une lettre adressée à l'empereur avec une liste de sept demandes, allant de la concession d'une ville ou d'une île à l'installation d'un ministre permanent à Pékin, l'ouverture de nouveaux ports aux bateaux anglais… L'esprit même de cette expédition nous paraît aujourd'hui ahurissant : un pays de 8 millions d'habitants, se présentant comme le plus puissant du monde, voulant traiter d'égal à égal avec un empire quatre fois millénaire de plus de 300 millions d'habitants, et obtenir de lui ce que 16 délégations occidentales n'avaient pu avoir !

La délégation avait quitté Portsmouth en 1792, atteint la Chine au comptoir portugais de Macao, longé la côte et mouillé dans une baie non loin de Pékin. La délégation autorisée à débarquer gagna la résidence d'été de la cour et obtint une entrevue avec l'empereur. Mais tout devait se faire aux conditions imposées par le protocole : l'empereur, souverain *du* pays civilisé, pouvait recevoir des envoyés des peuples barbares venant prêter allégeance, non des ambassades ; il pouvait accepter des tributs, mais pas des présents d'un barbare soi-disant souverain. L'ambassadeur et sa suite firent preuve d'une grossièreté inouïe : alors que le protocole exigeait que tout le monde se prosterne face contre terre devant l'empereur et frappe le sol à six reprises avec la tête, ils restèrent debout, s'inclinant seulement. Ils remirent, certes, leurs cadeaux et leur lettre, mais la réponse qu'ils obtinrent fut d'un mépris cinglant, l'empereur n'accordant pas la moindre attention au projet d'accord commercial et n'hésitant pas à donner des ordres au roi d'Angleterre, son vassal.

La délégation n'eut plus qu'à rentrer bredouille. Macartney demanda cependant une faveur pour quelques membres de la délégation : gagner le port de Canton par le Grand Canal de Chine. Bien que méprisant leurs hôtes, les Chinois devaient respecter les principes fondamentaux de l'hospitalité. Ils finirent par accepter, et ce détail concédé au dernier moment eut des conséquences très positives pour les Anglais.

Les jardins botaniques « classiques » créés à la suite de ceux des écoles de médecine d'Italie puis de Montpellier, créés au XVIe siècle, s'étaient développés dans les grandes villes européennes. D'abord centrés sur les plantes médicinales, ils étaient progressivement devenus des collections d'espèces appartenant aux principales familles botaniques pouvant pousser sous le climat local. Les plus riches possédaient aussi des serres où l'on pouvait faire pousser les plantes exotiques rapportées par les botanistes sous les ordres des souverains ou obtenues à partir des graines reçues de pays lointains. Les jardins tels que le Jardin des Plantes de Paris, d'Amsterdam, de Kew en Angleterre ont ainsi reçu très tôt des plantes exotiques précieuses et allaient servir de relai pour leur diffusion.

À l'âge d'or des plantations coloniales, les puissances coloniales avaient le choix entre deux politiques. Ils pouvaient développer les anciens jardins implantés en métropole, ce qui présentait l'avantage de bénéficier plus facilement de l'aide des botanistes, des agronomes et des autres spécialistes. L'entretien des serres chaudes était cependant coûteux, le milieu reconstitué n'était pas identique à celui des colonies, il était très difficile de cultiver de grands arbres, d'avoir de grandes collections de variétés, de comparer divers types de sols, de suivre l'action des parasites et des maladies locales, etc. L'alternative consistait à créer des jardins aux colonies, les jardins relais, beaucoup plus efficaces pour les expérimentations et plus utiles aux planteurs : ils pouvaient abriter un grand nombre de plantes, servir à la création de ce que l'on appellerait aujourd'hui des « banques de données » et donner lieu à des comparaisons et des expérimentations dans un esprit prospectif. Surtout, ces jardins permettaient aux planteurs de se renseigner et de s'approvisionner sur place. Toutes les grandes puissances coloniales, parfois appelées « empires » depuis que la reine Victoria avait été couronnée impératrice des Indes, eurent au moins un jardin relais dans chacune de leurs colonies importantes : le parc de Buitenzorg à Java, celui de Paradeyia à Ceylan, le jardin de Calcutta aux Indes, celui des Pamplemousses à l'île de France… Le jardin ou parc de Buitenzorg était considéré comme le plus beau et le plus riche jardin colonial du monde. Situé dans une zone montagneuse, chaque coin avait été aménagé en tirant le meilleur parti de l'exposition, des sols ou de ce qui restait de la végétation naturelle. Les Néerlandais, en grands amateurs de plantes décoratives, n'avaient pas hésité à joindre l'utile à l'agréable en plantant des espèces purement décoratives comme les flamboyants et de très nombreuses orchidées. L'un des points forts du parc était sa collection de théiers, mais celle-ci était entourée d'une série d'autres vouées à la canne à sucre, au quinquina, au café arabica, au cacao, au kapok, etc. À côté des plantes connues en Indonésie avant la création du jardin, les Néerlandais y avaient introduit de nouveaux caféiers comme celui du Liberia (*Coffea liberica*), puis le robusta (*C. canephora*), des thés (en 1873), des variétés améliorées de manioc et de tabac, des plantes à caoutchouc dont *Castilloa elastica*, qui ne donna que de piètres résultats en culture, mais aussi *Hevea brasiliensis*. En plus des espèces faisant l'objet d'une exploitation commerciale intense, on y trouvait toute une série de plantes d'intérêt secondaire, voire purement potentiel, comme la ramie (*Boehmeria nivea*), urticacée chinoise servant à fabriquer du papier de luxe, ou encore le palmier à huile africain (*Elaeis guineensis*) auquel aucun industriel ne s'intéressait alors. Les Néerlandais avaient établi une carte pédologique complète de Java, chose très rare à l'époque, même en Europe. Les colons pouvaient également compter sur l'Institut d'étude pour les maladies des plantes. Buitenzorg formait un ensemble d'une étonnante polyvalence, très peu dépendant de la métropole et d'une remarquable efficacité. C'est à lui que l'on dut, vers la fin de la période coloniale, de spectaculaires progrès dans les plantations de canne à sucre, de café, de quinquina, d'hévéa et même de thé.

L'Angleterre, qui avait un empire colonial immense comprenant à son apogée un total de 64 colonies éparpillées dans toutes les parties du monde, avait choisi l'autre option. Les jardins de Kew, au cœur de l'empire, constituaient un organisme impressionnant, certes coûteux, mais à la portée d'un pays aussi riche. C'est en 1841 que, sur l'initiative d'un botaniste célèbre, Joseph Banks, débuta le projet grandiose à la hauteur des ambitions de la couronne britannique. À côté du jardin botanique en plein air, furent édifiées des serres qui étaient les plus grandes et les mieux aménagées du monde. La partie la plus spectaculaire était sans aucun doute la serre palmeraie (*palm house*) qui abritait une immense collection de palmiers exigeant un climat de la ceinture intertropicale. D'autres bâtiments abritaient des collections de caféiers, de théiers, de cacaoyers, d'hévéas, sans parler de nombreuses autres espèces d'intérêt médicinal, industriel ou autre, susceptibles d'être utiles aux différentes possessions de la Couronne. On s'efforçait de recréer les conditions de sol, de température et d'humidité convenant à chaque espèce et on parvenait même à réaliser des expériences que l'on aurait difficilement crues possibles ailleurs qu'en plein air et dans les pays chauds. À côté des serres dites « de forçage », existaient des serres « de reconstitution » qui permettaient l'isolement et le traitement des sujet malades, une infirmerie en quelque sorte. Cette section fonctionnait en liaison avec un laboratoire de pathologie végétale qui, à l'origine, avait été conçu uniquement pour l'analyse des sols et des engrais. Kew avait aussi la charge de l'entretien d'un herbier, encore aujourd'hui l'un des plus riches, si ce n'est le plus riche du monde. À côté de cette activité vouée à la botanique fondamentale, le jardin entretenait également des expositions et une documentation absolument remarquables à l'intention de tous les Britanniques intéressés (mais non des étrangers), et en particulier des colons, des commerçants ou des industriels ; en retour, on leur demandait de fournir toutes les informations qu'ils pouvaient obtenir. Ce remarquable ensemble a eu l'efficacité que l'on sait dans la prospérité de l'Empire britannique, avant que les révoltes et la décolonisation ne modifient la problématique. L'un des exemples les plus célèbres de cette efficacité a été l'intervention de Kew en 1882, lorsque la culture du café à Ceylan fut victime d'un redoutable problème pathologique et faillit disparaître. Les pathologistes de Kew diagnostiquèrent un complexe de sept maladies impossible à enrayer. Ils préconisèrent le remplacement du *Coffea arabica* par le *Coffea liberica*, beaucoup plus résistant, et les plantations de Ceylan furent sauvées.

La France choisit, quant à elle, une politique intermédiaire entre celle des Britanniques et des Néerlandais. Le Jardin royal de Paris avait été fondé en 1635, sous le règne de Louis XIII, et s'était agrandi sous l'époque de Louis XIV. Il avait abrité des espèces végétales venant du monde entier dans le but de constituer des collections botaniques. Avec la création et le développement des colonies, il avait ajouté à sa vocation celle de jardin relais. Nous verrons le rôle qu'il a joué pour la culture du caféier. Parmi les plantes utilitaires qui transitèrent par le Jardin royal, citons le nopal à cochenilles (un cactus), la coca, le riz de montagne, l'arbre à quinquina, la vanille. Après la Révolution, ce vénérable établissement royal est devenu le Muséum national d'histoire naturelle et son rôle n'a fait que croître. Sous le Premier Empire, il recueillit l'impressionnante collection de plantes et d'animaux rapportée par les marins et scientifiques survivants de l'expédition de l'infortuné capitaine Baudin mort à l'île de France en 1803. Il fallut construire de nouvelles serres pour abriter toutes ces nouveautés. Au XIXe siècle, ce rôle s'amplifia avec les collections de navigateurs comme Louis de Freycinet ou Dumont d'Urville.

À partir de la seconde moitié du XIXe siècle, le Muséum, à l'instar des jardins de Kew, s'est lui aussi orienté vers la botanique commerciale. Au début de la Troisième République, un directeur du service des cultures nommé Cornu expédia de Paris, en huit ans seulement, au moins 150 espèces tropicales utilitaires dans les différentes colonies françaises. Il ne s'agissait pas d'envois hasardeux, mais uniquement d'expéditions vers de nouvelles terres où les conditions climatiques se montraient *a priori* favorables, toujours accompagnées d'informations sur la culture, les exigences de l'espèce et de conseils en tous genres. Un ancien directeur de Kew rendant visite à son collègue français fut surpris par l'ampleur du travail accompli avec des moyens bien inférieurs aux siens. Les Français avaient également créé un beau jardin colonial à Alger. Il semble qu'ils aient accordé une grande place aux décors exotiques ainsi qu'aux essences tropicales dont ils espéraient établir des plantations lucratives sous le ciel de l'Algérie beignée par un climat subtropical (Baltet, 1895). Sur ce point, ils ont été déçus.

Les transferts à la fin du XIXe et au début du XXe siècle

La situation dans les différentes colonies paraissait stabilisée. Le temps des opérations de type commando pour ne pas dire des piratages était à peu près révolu, remplacé par celui du commerce ou des échanges amiables. Une exception notable est cependant à signaler : celle de sir Henry Wickham, « commissionné pour l'introduction du caoutchouc pour le compte du gouvernement des Indes » en 1876, à l'époque où toutes les plantes à caoutchouc étaient déjà dépassées par l'hévéa du Brésil. Si ce dernier, qui tirait alors d'énormes revenus de la saignée des hévéas sauvages, n'a jamais interdit l'exportation des graines de son arbre à caoutchouc, ses douaniers s'y opposaient dans les faits autant que faire se peut. Wickham fut envoyé à l'occasion de l'inauguration d'une nouvelle liaison maritime entre la Grande-Bretagne et le Brésil, discrètement mais avec armes et champagne, en vue de collecter un lot de graines bien conditionnées. Il parvint à en amasser 70 000. Le champagne destiné à amadouer les douaniers coula à flot, il ne fut pas nécessaire de faire parler la poudre. Il convoya les semences avec des précautions d'ordinaire réservées aux trésors et parvint à les livrer à Kew dans un temps record. Malgré le faible taux de germination, 1 900 arbrisseaux qui prirent le chemin de Ceylan suffirent pour commencer les plantations et, en quelques décennies, faire de l'Asie du Sud et du Sud-Est la première zone de production de caoutchouc végétal du monde. Le Brésil avait perdu l'une de ses grandes richesses.

La première moitié du XXe siècle ne vit plus de transferts de végétaux aussi spectaculaires que ceux opérés par les « héros » cités. Les échanges entre jardins, des achats légaux ou illégaux avaient progressivement prévalu. On ne pensait pas avoir inventorié toutes les espèces rentables : certains botanistes poursuivaient leurs études dans ce sens dans le domaine de l'horticulture (Pailleux et Bois, 1892 ; Bois et Gadeceau, 1910), mais beaucoup estimaient qu'on en possédait déjà une liste suffisante pour permettre un progrès conséquent. On en était plutôt au temps de l'amélioration, et le rôle des stations expérimentales s'affirmait d'année en année.

Alors que Britanniques, Français et Néerlandais entretenaient leurs rivalités séculaires, les nouveaux venus — Belges, Allemands et, *in fine*, Italiens — ne restaient pas inactifs. Ils disposaient certes de l'expérience de leurs prédécesseurs, mais ils déployèrent aussi des efforts considérables. La colonisation allemande du Cameroun passa pour un modèle du genre ; les Belges firent du Congo qui, avec les petits pays adjacents de Rouanda et du Burundi, constituait leur unique colonie, une réussite incontestable, en matière économique du moins. Ils essayèrent presque toutes les cultures de rapport susceptibles de prospérer sous ces climats, à l'exception de ceux dont le marché était déjà saturé, comme les épices (ils ne plantèrent que le poivre et la vanille). Ils n'oublièrent pas les zones montagneuses d'altitude pouvant convenir à des plantes de pays tempérés, et même, dans le domaine de l'élevage à l'aquaculture d'un poisson d'eau froide, la truite arc-en-ciel ! Toutes ces introductions ne furent pas rentables ou n'atteignirent pas le stade de la culture à grande échelle, mais l'ensemble demeurait impressionnant (cf. encadré IV.7). Les plantes africaines comme le café, la pastèque, le palmier à huile et plusieurs fabacées figuraient parmi les élues ; le café, couramment appelé « robusta » (*C. canephora*), fut une domestication locale. Quelques légumes locaux ne présentant aucun intérêt pour les exportations ni même pour l'alimentation des colons, comme c'était le cas du melon-courge, du concombre africain, de l'éponge végétale ou encore du *safo* ou *msafu*, fruit d'un arbre local, le safoutier (*Dacryodes edulis*), avaient été retenus pour améliorer l'alimentation des populations locales.

D'après les données de Marcel van den Abeele et René Vandenput (1956), 84 % des espèces venaient des autres parties du monde.

Encadré IV.7. Les plantes alimentaires cultivées ou expérimentées par les Belges au Congo.

	Afrique	Proche-Orient, Méditerranée	Chine, Extrême-Orient	Inde, Indonésie, Océanie	Amériques
Céréales, amylacées	1	1	1	5	5
Saccharifères	-	-	-	1	-
Oléifères	2	-	2	2	2
Épices, à boisson	1	-	1	2	3
Fruitières	1	-	1	9	9
Légumes secs	3	1	2	2	4
Légumes	5	7	-	-	7
Divers	-	4	-	-	1
Total	13	13	7	21	31

À côté de ces 85 plantes alimentaires, les Belges s'intéressèrent à 38 autres classées parmi les espèces textiles, à caoutchouc, à tannin, à parfum, médicinales ou insecticides, sans parler de 45 ornementales.

D'après van den Abeele et Vandenput, 1956

Il y eut aussi, pour les grandes plantations, des surprises et des bouleversements. L'un des plus spectaculaires fut le lancement de la culture du palmier à huile, *Elaeis guineensis*. De l'huile de palme avait déjà été importée d'Afrique par les Portugais au XVe siècle, alors qu'ils exploraient la route des Indes, mais elle était moyennement appréciée et sa production, modeste, était restée purement africaine. C'est alors qu'intervint un homme d'affaire belge passionné par les finances et les plantations, Adrien Hallet, qui avait vu des palmiers à huile au Congo. Contrairement à tous ses collègues, il croyait en l'avenir de l'huile de palme. Saisi d'une nouvelle passion pour l'Indonésie, la Malaisie et l'Indochine française, il tomba un jour, à Sumatra, face à deux rangées de ses chers palmiers bordant une avenue privée. Leurs fruits avaient une pulpe beaucoup plus épaisse que leurs ancêtres africains et était littéralement gorgée d'huile. Hallet venait de tomber par hasard sur des specimens issus d'une sélection entreprise à Buitenzorg en 1876 et abandonnée faute d'intérêt. Juste après la guerre de 1914-1918, il effectua en Indonésie les premières plantations de palmiers à huile sélectionnés. Avec l'aide d'un agronome belge, il rectifia ses premières erreurs et put ainsi parvenir à des rendements en huile triples de ceux que l'on obtenait en Afrique. Bientôt le palmier à huile se répandit en Indonésie, en Malaisie et dans les pays voisins (Bouvier, 1946). Aujourd'hui, son extension continue de plus belle, au prix cependant d'une destruction croissante de la forêt primaire.

Pendant que des résultats spectaculaires étaient obtenus outre-mer, les Européens et les Américains consacraient beaucoup d'efforts à l'amélioration des espèces qui avaient fait leurs preuves en climats tempérés. Les Américains avaient, les premiers, procédé à des importations massives et systématiques de cultivars de céréales et d'autres plantes utilitaires de tous les pays, ou presque, où elles étaient cultivées de longue date ; ils s'étaient ensuite lancés dans des programmes d'amélioration de plus en plus scientifiques. Les Soviétiques leur avaient emboîté le pas, confiant à Vavilov la direction d'un inventaire titanesque des principales plantes vivrières pouvant croître en URSS. Mais le goût de l'exotisme n'avait pas abandonné tous les esprits. Le tournesol, un oléagineux auquel peu d'agronomes promettaient un avenir radieux, faisait l'objet d'un programme ambitieux dans l'Est européen, mais aussi dans d'autres pays tempérés. Dans le domaine des plantes maraîchères, alors que les Français et en premier la maison Vilmorin intensifiaient leurs efforts d'amélioration, quelques botanistes continuaient à rêver de nouvelles plantes exotiques susceptibles d'élargir la palette des légumes des potagers, ne serait-ce que ceux des amateurs éclairés. Le botaniste Désiré Bois, qui était l'un des meilleurs spécialistes mondiaux des plantes alimentaires, en faisait son violon d'Ingres. Collaborant avec un jardinier aussi passionné que lui, Auguste Pailleux, il avait essayé dans un jardin situé à Crosne, tout près de Paris, des centaines de « légumes » originaires de toutes les régions du monde dont le climat n'était pas trop différent de celui de la France. Dans un ouvrage (Pailleux et Bois, 1982), les deux passionnés relatent leurs essais portant sur quelques 130 espèces. Aujourd'hui, un seul de ces légumes est encore cultivé comme légume de luxe : *Stachys affinis*, baptisé « crosne du Japon » ; il ne s'agit bien sûr que d'une innovation mineure dans le jardinage ou le maraîchage européens. Si leurs essais avaient porté préférentiellement sur les fruits, ils auraient peut-être été plus chanceux : au moins une espèce nouvelle cultivable en zone tempérée est devenue récemment familière des consommateurs européens : l'actinidia de Chine (*Actinidia sinensis*) baptisé « kiwi » par les Néo-Zélandais qui l'ont promu sur les marchés.

Les expéditions botaniques de nos jours

En ce début du XXIe siècle, la diversification des cultures se poursuit, mais en suivant un cours très différent du passé. En Europe, le maïs, grâce à des sélections audacieuses conduites d'abord en France, a gagné des zones où le climat tempéré l'excluait auparavant. Le soja (*Glycine hispida*), acclimaté, sélectionné et finalement cultivé à grande échelle aux États-Unis, a atteint les parties les plus chaudes de l'Europe à la fin du XXe siècle et, sous l'impulsion de puissantes sociétés américaines, s'est implanté à une très grande échelle au Brésil et en Argentine. Dans le domaine de l'horticulture florale, les introductions continuent de plus belle mais elles ont fortement ralenti dans celui des plantes potagères. Parmi celles que Pailleux et Bois considéraient comme dignes d'intérêt, quelques-unes comme le fenouil doux, plante bien connue en Italie, sont aujourd'hui de culture

Figure IV.7. Une des dernières importations de plantes chinoises par les Européens : le crosne du Japon, arrivé au XIXe siècle. *Source* : Parmentier (1924).

courante, du moins dans quelques pays ; d'autres comme le physalis du Pérou et les espèces voisines ont fait l'objet de cultures d'amateurs ou de professionnels spécialisés dans les légumes de luxe, curieux, anciens ou exotiques ; d'autres encore, très prisées par les anciens expatriés ou les communautés d'immigrés, voire les restaurants travaillant pour le tourisme, sont consommés en Europe, mais essentiellement à partir d'importations comme la brède mafane (*Spilanthes oleracea*), des persicaires asiatiques (*Polygonum* sp.), le galanga frais (*Alpinia galanga*) ou encore le nagi (*Myrica rubra*)[1]. Est-ce à dire que le matériel végétal a été en quelque sorte homogénéisé dans toutes les parties du monde où climat et sol permettent en théorie les mêmes cultures ? Certainement pas. Un néophyte occidental qui visite un marché de légumes chinois se rend tout de suite compte que les légumes chinois n'ont rien à voir avec les nôtres. Au Japon, chacun est frappé par la coexistence de la civilisation occidentale et de la tradition locale savamment préservée ; et ceci est également vrai dans le domaine des plantes alimentaires : on mange y toujours des lys (sans doute de plusieurs *Lilium*), des tubercules d'asperge (*Asparagus lucidus*), des pousses étiolées d'oudo (*Aralia cordata*), des pétioles de fuki (*Petasites japonicus*), le wasabi (*Eutrema wasabi*) — une sorte de raifort bien différent du nôtre —, des fleurs de chrysanthème (*Chrysanthemun coronarium*) ou d'un *Allium* à fleurs jaunes, sans parler de la fécule des racines d'une aracée surprenante, *Amorphophallus rivieri*, propre à l'île d'Hokkaïdo. Qui les connaît en Occident ? Exemple plus surprenant de plante demeurée dans son pays d'origine, *Ipomea batatas*, un type non sucré de patate douce, n'est toujours cultivé que dans son berceau d'origine, l'Amazonie, et reste inconnu ailleurs. Pourquoi personne ne s'y est-il intéressé ?

Les importations de matériel végétal des pays d'origine sont toujours nécessaires aux généticiens, sélectionneurs, biochimistes, pharmaciens, chercheurs en tous genres de plantes utilitaires, décoratives ou médicinales, sans parler des collectionneurs d'espèces rares. Mais aujourd'hui ces expéditions, qui peuvent être dirigées par exemple vers des zones peu connues de l'Himalaya ou des Andes, sont très coûteuses. Elles peuvent durer toute une saison, le temps de laisser aux botanistes la possibilité de repérer et d'identifier les espèces pendant la floraison

---

1. Ce fruit, couramment importé par les restaurateurs chinois d'Europe, est vendu en France sous le nom botaniquement absurde d'« arbutus de chine » !

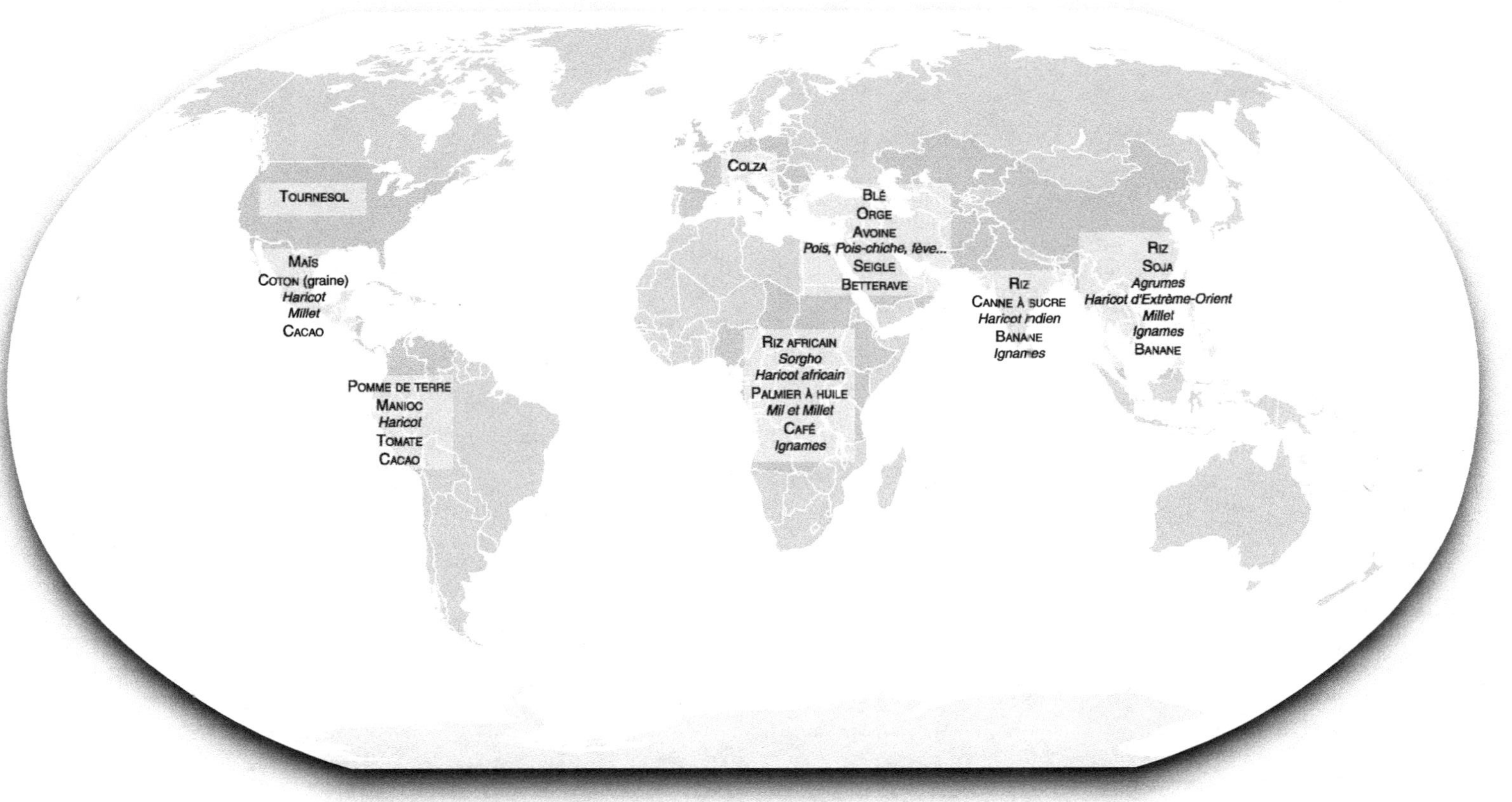

Figure IV.8. L'origine des plantes qui nourrissent le monde. Cette figure, établie d'après les données de Harlan (1987), mentionne les plantes domestiquées dans les différents centres d'origine par ordre d'importance décroissante. Les espèces en caractères minuscules correspondent à des ensembles, comme le groupe des millets et l'ensemble des haricots, pois, pois chiches et légumineuses apparentées.

puis d'attendre la maturation pour prélever les semences ou des bulbes, généralement à l'attention de plusieurs organismes ou sociétés privées. Telle est la version moderne des grandes expéditions botaniques des siècles passés.

C'est à la suite de l'ensemble de ces migrations et transferts que les domestications des plantes alimentaires essentielles ont pu être prolongées par des améliorations et adaptations pour finir par assurer l'alimentation de l'humanité.

Chapitre V

Avec les plantes, les animaux

L'invention de la machine à vapeur n'est pas, dans l'histoire des peuples civilisés, un événement aussi important que l'a été la domestication des animaux dans la vie des peuples primitifs.

H. Zwaenepoel

Extraits de *INRA Productions animales*,
11(5), 1998 ; 12(3), 1999 ; 13(2), 2000 ; 13(3), 2000 ; 19(3), 2006.

Pendant des siècles, l'hypothèse selon laquelle l'élevage avait précédé l'agriculture a prévalu. Elle a été attribuée à l'Allemand Eduard Hahn aux alentours de 1900, mais elle avait en fait déjà été émise plus de deux millénaires auparavant par les philosophes grecs de l'école d'Aristote (384-382 av. J.-C.). Les fouilles conduites sur les sites néolithiques du Proche-Orient ont montré que l'élevage des animaux dont l'homme se nourrissait était né dans plusieurs régions et qu'il était le fait de peuples qui tantôt pratiquaient, tantôt ne pratiquaient pas l'agriculture. Ce qui est vrai pour le Proche-Orient ne l'est pas forcément pour les autres lieux de naissance de l'agriculture et de l'élevage, Chine, Amérique du Sud ou Nouvelle-Guinée (où aucun élevage n'est d'ailleurs attesté). D'autre part, il est certain que le premier animal domestiqué est le chien, mammifère qui devait aider l'homme dans une tâche de la plus haute importance, la chasse, mais aussi l'avertir efficacement des dangers, le protéger contre ses ennemis, sans parler d'une multitude de fonctions qui apparurent au fur et à mesure de l'évolution des sociétés humaines et de la domestication. En revanche, dans la plupart des cas, cet animal n'était pas élevé pour servir d'aliment à ses maîtres, le chien de boucherie a sans doute apparu plus tard. De par la position très particulière qu'il occupait dans la société humaine, le chien a parfois eu droit à des égards qui nous permettent d'affirmer que l'on avait bien affaire à un compagnon de l'homme et non à un loup : il pouvait être enterré aux côtés de son maître — il est alors identifiable — avant que la domestication n'ait sensiblement modifié sa taille et sa morphologie. Et, fait unique, sa domestication remonte à une date bien antérieure au Néolithique, vraisemblablement au Mésolithique moyen, les premiers restes qui peuvent lui être attribués datant de 15 000 ans (Arbogast *et al.*, 1987 ; Chaix, 2004).

Il faudra toutefois attendre des millénaires pour que l'homme commence à diriger la reproduction et l'élevage de bêtes appartenant à des familles différentes qui lui fourniront chair, peau, os, tendons, boyaux, poils, lait ou énergie musculaire. On se retrouve alors à peu près à l'époque du passage à l'économie de production, le Néolithique. Les animaux domestiqués ne seront plus dès lors des carnivores mais des herbivores ou des omnivores : bovidés et caprinés au Proche-Orient, camélidés en Amérique et en Asie orientale, suidés (porcins) au Proche-Orient et en Chine. Les oiseaux, presque tous phasianidés ou palmipèdes, s'ajouteront aux mammifères à une époque un peu plus tardive.

La domestication, une notion imprécise

Définitions de l'animal domestique

La définition de l'animal domestique n'est pas simple (Horard-Herbin et Vigne, 2005 ; Faure et Le Neindre, 2009). Il s'agit d'un animal se nourrissant et se reproduisant pratiquement au sein des sociétés humaines, mais il est difficile de donner une définition plus précise s'appliquant à toutes les espèces animales considérées de nos jours comme domestiques, même si on écarte le sens purement zoologique du mot « domestique » qui est « vivant dans la maison » (la souris [*Mus domesticus*], le moineau [*Passer domesticus*] et la mouche domestique [*Musca domestica*] ne sont pas des animaux domestiqués !). On peut noter au passage qu'au Moyen Âge, le mot français « domestique » avait un sens proche de celui de *domesticus* (« qui vit dans ou près de la maison »), il était même plus général encore : le renard, la belette, la pie et le corbeau par exemple étaient considérés comme domestiques (Pastoureau, 2009). Quelques auteurs utilisent le terme de « domestication » dans un sens très général pour désigner des animaux vivant au voisinage de l'homme, ce dernier contrôlant tout ou partie de leurs processus vitaux. Avec cette définition, les dindonneaux capturés à l'état de poussins dans la nature et qui étaient élevés par les Indiens de la côte est des États-Unis devraient être domestiques, alors qu'ils ne sont pas considérés comme tels de nos jours, à l'opposé du vison d'Amérique d'élevage, du rat ou de la souris de laboratoire qui sont forcés à se reproduire en captivité. Généralement, l'éléphant d'Asie travaillant sous les ordres de son cornac et le furet (un putois blanc) élevé par des chasseurs pour déloger les lapins de leurs terriers sont considérés à tord comme des animaux domestiques. Certains auteurs vont même plus loin : le cygne blanc d'Europe est aujourd'hui un oiseau souvent inféodé à une pièce d'eau ou à un domaine, parfois par éjointage, c'est-à-dire ablation des deux phalanges d'une seule aile, de façon à déséquilibrer son vol et l'empêcher de fuir. Au Moyen Âge, c'était un oiseau libre qui pouvait changer de domaine et même de pays, mais il avait un propriétaire théorique. En Angleterre, les jeunes cygnes étaient marqués au bec comme du bétail de ranch, un service royal enregistrait les propriétés et le cygne était considéré comme domestique (Chaix, 2004) ! Pour un zoologiste, ces animaux ne sont que des captifs, voire des bêtes en liberté surveillée sur lesquelles il est vain de chercher un début de différentiation par rapport au type sauvage (sauf pour la couleur chez le furet). C'est aussi le cas du gibier de repeuplement même issu de la reproduction d'animaux déjà captifs. Depuis l'essor de l'aquaculture moderne, on parle couramment de domestication dès qu'on maîtrise la reproduction en captivité de poissons ou de crevettes permettant de ne plus avoir recours à la capture de juvéniles ou de reproducteurs pour le renouvellement des effectifs. Cette pratique n'implique pourtant pas un début de transformation des espèces.

La seconde définition, d'ordre zoologique, a trait à la notion de commensalisme, c'est-à-dire de partage de nourriture. L'animal domestique « quémande » tout ou partie de ses repas à l'homme. Le comportement du chat, du chien ou du porc dénote une grande part de commensalisme. Mais le rat et la souris sont de vieux commensaux non désirés par l'homme, qui l'ont suivi pratiquement dès qu'il s'est sédentarisé. Plus généralement, les zoologistes estiment que sur 1 759 espèces de rongeurs recensés, 125 sont devenus des commensaux de l'homme et ce, presque toujours malgré les efforts de ce dernier pour les écarter (de Planhol, 2009). Dans ces cas, les commensaux « nuisibles » n'approchent nullement l'homme pour réclamer leur nourriture : ils s'en emparent en évitant autant que faire se peut de le rencontrer. Les oiseaux comme les moineaux sont dans le même cas. La liste des espèces d'oiseaux s'installant en ville, comme les moineaux dans les premiers villages néolithiques, s'allonge sans cesse, sans que ces espèces n'aient été en cours de domestication ; le pigeon est peut-être le seul à avoir parfois atteint ce stade. Le comportement des animaux domestiques est plutôt comparable à certains commensalismes impliquant deux animaux, comme pour le renard et l'ours polaires. Il n'est en effet pas rare qu'un véritable couple se forme, le renard suivant l'ours pendant toute la migration estivale et profitant des restes de repas du plantigrade, qui tolère le charognage mais en se réservant les parties nobles de la proie qu'il vient de tuer. L'ours demeure le maître, et il en va de même pour l'homme à l'égard de ses animaux domestiques. Mais l'homme va beaucoup plus loin : il s'occupe des animaux à condition d'en être lui-même bénéficiaire, il se les approprie et s'efforce de prolonger sa mainmise sur plusieurs générations animales, ce qui implique des transformations héréditaires des espèces.

On ne peut pas non plus passer sous silence la notion de dépendance équilibrée que l'on a appelée « mutualisme », l'équivalent en biologie du parasitisme équilibré, ou symbiose. L'homme élève des animaux pour en tirer des bénéfices, mais il les protège, les nourrit, les loge souvent, parfois les choie. Bien que Buffon ait en grande partie raison quand il compare celui-ci à l'esclave et celui-là au maître (idée déjà exprimée dans les textes d'Aristote), la comparaison avec le mutualisme paraît parfois plus juste. Plusieurs peuples de pasteurs nomades d'Afrique (Peuls, Malgaches) laissent proliférer leurs bovins au point d'avoir peine à les nourrir, n'en tirant guère qu'un capital qui leur octroie un prestige social. C'est le *cattle complex* selon les Anglo-Saxons. Les personnes, souvent marginales il est vrai, qui en Europe, entretiennent plusieurs dizaines de chats ou de chiens à leur domicile ne sont-elles pas elles aussi victimes d'un mutualisme qui se déséquilibre en leur défaveur ?

L'abeille est un autre animal entretenu par les sociétés humaines depuis des millénaires. Les ruches sont emportées lors des déménagements, voire des transhumances des hommes, et leurs habitantes restent attachées à leur demeure mobile, donc indirectement à l'homme. Cependant les essaims d'abeilles essayant de fonder une nouvelle colonie peuvent s'installer dans un tronc d'arbre creux ou dans la charpente d'une maison. Peut-on dire que le comportement social du pigeon ou de cet insecte, très différent de celui des mammifères, a été modifié par l'homme ? La réponse est fort douteuse.

L'apprivoisement, acceptation individuelle du contact avec l'homme

L'apprivoisement est une notion différente de la domestication. Il concerne l'état d'un animal directement issu de la vie sauvage, le plus souvent isolé, presque toujours capturé depuis son tout jeune âge et maintenu en étroite relation avec l'homme. Dans ce cas, la distance de fuite est pratiquement nulle : l'animal se laisse toucher, caresser, transporter. Nombre d'animaux peuvent s'apprivoiser, rester des années ou toute une vie dans un village, auprès d'une personne qui les a recueillis, mais sans que cela ne donne lieu à une descendance menant la même vie. L'expérience se termine souvent par une fugue de l'animal apprivoisé auprès des congénères sauvages et parfois d'une difficulté à se nourrir dans la nature. C'est souvent à un stade bien précis de sa vie que l'animal s'échappe, parfois s'il été capturé trop âgé et qu'il ne s'accommode pas du contact de l'homme. Le dressage correspond à l'éducation d'un animal apprivoisé ou domestique pour une activité donnée, garde, jeux de cirque, etc. Il s'agit d'un stade de la domestication poussé à l'extrême ou de l'apprivoisement, lequel est un phénomène d'ontogénèse.

La domestication, l'apprivoisement et *a fortiori* le dressage sont loin d'être possibles pour toutes les espèces. Certaines y sont même tout à fait rebelles, tentant sans cesse de s'échapper, attaquant l'homme ou se laissent mourir plutôt que de vivre en captivité. Le zèbre est bien connu pour son caractère rebelle si différent de celui de ses proches parents le cheval et l'âne ; le lièvre refuse absolument la captivité, le chevreuil à peine moins alors que le chamois, apparemment beaucoup plus sauvage, s'apprivoise facilement. Dans certains cas, l'apprivoisement peut avoir été une étape préliminaire à la domestication dans la mesure où il a permis de connaître les exigences de l'espèce. Pendant la préhistoire, et tout spécialement pendant la fin du Néolithique, le cerf a joué un grand rôle dans les sociétés humaines, aussi bien en Europe qu'en Amérique du Nord et du Sud où vivaient 4 espèces, différentes du cerf élaphe européen (*Cervus elaphus*). L'homme a suivi ses migrations, il a essayé de l'attirer, établi des pièges et réservé des espaces situés près des villages pour lui fournir de l'herbe et abattre facilement une partie du troupeau. Aristote parle de cerfs castrés utilisés comme appelants. En Gaule, on a retrouvé un squelette de cerf portant un mors, donc apprivoisé et monté. Mais les tentatives sous jacentes de domestication ont toutes échoué. Cet animal nocturne, nerveux, dangereux et de surcroit grégaire pendant une partie de l'année seulement s'est révélé indomesticable bien qu'il supporte la vie en enclos mieux que le chevreuil.

Les implications de la domestication

Les ouvrages sur le sujet sont multiples et nous nous sommes référés principalement à ceux de Horard-Herbin et Vigne (2005) et de Faure et Le Neindre, (2009). La vie au voisinage de l'homme, acceptée ou recherchée par l'animal, constitue un préalable possible mais non obligatoire à la domestication. Ainsi le pigeon biset (*Columba livia*), oiseau monogame, accepte voire recherche l'habitat au voisinage des maisons — peut-être parce qu'il niche dans les falaises et que les murs sont autant de falaises artificielles pour lui. Cela n'empêche pas les jeunes de quitter le colombier pour aller fonder un nouveau nid ailleurs ; à l'inverse, les célibataires, et surtout les individus que l'on sépare de leur « compagnon », s'efforcent de regagner leur habitat si on les en éloigne (*homing* à l'origine de la sélection des pigeons voyageurs).

À l'inverse, les espèces réellement domestiquées sont en principe coupées depuis des générations des populations sauvages, et les contraintes imposées par l'homme se sont traduites par des modifications génétiques pouvant toucher la morphologie, la taille, la couleur, la physiologie, le comportement. Évidemment, la séparation entre congénères sauvages et domestiques peut parfois être perméable : dans les élevages fermiers européens, à une époque récente, il n'était pas rare de voir des canes domestiques s'accoupler avec des mallards (mâles sauvages), tout comme cela se produisait chez la poule en Extrême-Orient, là où les populations de coqs sauvages étaient restées nombreuses. Ces croisements limitent la divergence des caractères propres à chaque population. Mais dans l'immense majorité des cas, la coupure remonte à des siècles ou des millénaires, et les populations domestiques ont subi des modifications qui les éloignent très sensiblement du type sauvage. Des modifications se retrouvent précocement sur les squelettes des premiers bovins, ovins ou caprins domestiques (Helmer, 1992). À partir du moment où des représentations iconographiques sont disponibles, en particulier des peintures murales, on voit apparaître des couleurs de la robe différentes de celles des individus sauvages, et en particulier des taches blanches (caractère pie), très rares dans la nature.

Les modifications physiologiques peuvent concerner la vitesse de croissance, la reproduction (saison d'accouplement, fréquence des mises bas, fertilité et en particulier taux de ponte chez les oiseaux…), la lactation devenue plus que pléthorique chez la chèvre et surtout la vache eu égard aux besoins des jeunes, etc. Elles peuvent être tout aussi spectaculaires que celles de la morphologie bien qu'impossibles à détecter sur les restes des premiers animaux d'élevage. Contrairement aux aurochs qui s'accouplaient en septembre et mettaient bas en juin (Helmer, 1992), la vache moderne peut être fécondée tout au long de l'année — sauf exceptions où les caractères ancestraux se traduisant par une infertilité temporaire réapparaissent pendant quelques mois. Le sanglier est le plus prolifique des ongulés d'Eurasie : la laie donne naissance 1 ou 2 fois par an à une portée de 4 à 5 marcassins. Chez la truie, les mises bas sont toujours de l'ordre de 2 par an, mais elles peuvent avoir lieu tout au long de l'année et le nombre de porcelets peut dépasser la vingtaine pour certaines races. Chez la poule, alors que la femelle sauvage pondait chaque année une dizaine d'œufs avant de les couver, les pondeuses des races spécialisées actuelles peuvent pondre de 300 à 350 œufs par an en moyenne — et même 365 chez des individus exceptionnels ! Dans ces lignées, la pause pour la couvaison et le gloussement caractéristique du comportement maternel ont disparu.

Le mouflon perdait son poil (incomplètement laineux) à la mue annuelle, alors que les moutons modernes doivent être tondus. Chez le cobaye, l'animal domestique ne s'accouplerait plus avec son congénère sauvage (Brocchi, 1886). Cette exception unique pourrait mériter une étude, du moins si elle en était indubitablement une. Or il se trouve qu'elle correspond précisément à l'un des rares cas où l'identification de l'ancêtre sauvage pose encore problème (cf. *infra*). Chez la truite arc-en-ciel (*Onchorhyncus mykiss*), élevée depuis moins de deux siècles, les mécanismes physiologiques de la reproduction ont été modifiés au point que l'ovulation spontanée est généralement impossible : l'homme doit recueillir manuellement ovules et sperme puis effectuer une fécondation artificielle. La croissance des animaux domestiques dont l'homme consomme la chair est devenue beaucoup plus rapide que celle des types sauvages : le dindon et le coq atteignent au stade adulte une masse corporelle respectivement quatre et dix fois plus élevée que leurs ancêtres sauvages et ce un temps bien plus bref ; les vaches de la race Blanc-Bleu-Belge donnent naissance à des veaux de taille telle que la mise bas est impossible sans césarienne. Un autre exemple de domestication poussée à l'extrême est celui du ver à soie (*Bombyx mori*), domestiqué depuis 3 000 ans : devenu un animal inerte, comme paralysé, il ne se déplace plus et se « contente » d'ingérer les feuilles de mûrier qui lui sont apportées, se multiplie et assure ainsi la production de cocons pour l'homme qui l'entretient dans des conditions très artificielles. À l'époque où le nombre chromosomique faisait l'objet d'une très grande attention, on a remarqué que la domestication s'était parfois accompagnée d'une modification du nombre de chromosomes. C'est le cas du cheval sauvage (taki ou cheval de Przewalski) où la domestication a abouti à une diminution du nombre de chromosomes $2n = 32$, au lieu de 33 chez le cheval sauvage (Helmer, 1992). Il ne s'agit cependant que d'un cas particulier connu.

La modification du comportement a bien entendu été primordiale (cf. *infra*) : elle a touché la perte de la peur de l'homme et, partant, la facilitation des contacts avec lui, l'acceptation de la captivité, la diminution de l'agressivité, voire le renoncement aux migrations et bien d'autres traits. L'éthologie, science du comportement, nous apprend que les relations de l'animal à l'homme sont très variables d'une espèce à l'autre, pouvant aller d'une acceptation passive systématique de la situation à une remise en cause assez fréquente, surtout par les mâles, de certains points comme l'imposition d'un territoire, l'immixtion dans un repas ou l'approche des animaux en rut. Haudricourt (1962) distinguait deux sortes d'action de comportement de l'homme vis-à-vis de l'animal : l'action directe positive, où il était l'acteur majeur dans la vie de l'animal (protection, guide vers la nourriture) de l'action indirecte négative où l'animal pouvait prendre l'initiative et inverser les rôles ; il cite ainsi l'exemple saisissant des buffles qui, au Vietnam, acceptaient d'être chevauchés et conduits au pâturage par un jeune enfant et, en cas de menace par un tigre, l'entouraient en formant un cercle de cornes baissées tournées vers l'extérieur, ce qui dissuadait le tigre d'attaquer. Ce dernier type de comportement est relativement rare, sauf chez le chien. Le rôle de la transposition de la hiérarchie existant dans les sociétés animales à une « société » comprenant hommes et animaux sera traité plus bas. Il va sans dire qu'il ne s'applique pas aux poissons qui ne vivent pas dans le même milieu, bien que de nombreuses caractéristiques de l'élevage des poissons comme l'acceptation des bassins et la diminution de la peur de l'homme soient tout à fait similaire à ce que l'on observe chez des animaux terrestres.

Retour à l'état sauvage : le marronnage

La domestication n'est nullement irréversible ; elle n'implique une impossibilité de retour à l'état sauvage que pour des cas extrêmes et le plus souvent limités à celle de se reproduire. Tous les animaux domestiqués peuvent en l'espace d'une génération en liberté retrouver le comportement social de leurs ancêtres à la façon des pigeons et des abeilles. De nombreuses populations d'animaux apparemment sauvages sont en fait issues d'animaux échappés des élevages, autrement dit de troupeaux marrons (ou férals). On peut citer les chèvres aegagres des îles grecques, celles d'îles du Pacifique qui descendent de chèvres domestiques échappées dès l'époque néolithique ou d'animaux abandonnés volontairement par les navigateurs ; les mouflons de Corse et de Sardaigne, eux aussi reconnus comme issu d'une race d'ovins néolithiques ; les mustangs des États-Unis descendent d'un petit nombre de chevaux et de juments certainement perdus par l'armée du conquistador Cortés lui-même ; les bovins de l'île d'Amsterdam, isolée au milieu de l'océan Indien, sont la descendance de bétail abandonné volontairement, au même titre que les lapins des îles Kerguelen, pour faciliter la survie d'éventuels naufragés ; les dromadaires d'Australie avaient été importés à l'origine pour faciliter la traversée du désert ; on s'interroge encore sur la nature des derniers chevaux sauvages qui parcourent les steppes mongoles, les chevaux de Przewalski. On peut également citer les très courants chats harets, chats domestiques qui ont choisi la liberté, tout comme les pigeons qui ont déserté les colombiers familiaux. Et que dire des rennes « domestiques » pour lesquels la séparation entre individus sauvages et d'élevage reste floue ? Si les cas de marronnage de la poule sont rarissimes, on sait qu'il en existe dans des îles de la Grande Barrière de corail, au large de l'Australie. Même le chien — qui n'abandonne en principe jamais son maître — n'échappe pas à la règle puisque les bandes de chiens de type hétéroclite, sans maîtres, sont fréquents aux alentours des villes du tiers-monde. Dans tous les cas où le comportement de ces animaux marrons a été étudié, les bandes ont adopté une organisation sociale tout à fait similaire à celle de l'espèce sauvage et, en règle générale, arrivent fort bien à coloniser seuls des territoires parfois très différents de ceux de leurs ancêtres.

En revanche, les béliers de races à viande très améliorées ne peuvent plus suivre les brebis de races rustiques sans s'épuiser complètement ; les moutons à toison laineuse épaisse souffrent gravement des aléas climatiques s'ils ne sont pas tondus. On peut deviner la gravité des problèmes que rencontreraient des vaches Holstein produisant 10 000 litres de lait par an si elles n'étaient pas traites, les poules pondeuse modernes qui ne couvent plus, sans parler des carences nutritionnelles ou de vulnérabilité devant les prédateurs qui décimeraient les poulets de chair à croissance très rapide ou les dindons de souche lourde. Les impossibilités totales de marronnage existent pour la truite arc-en-ciel et pour le mouton à grosse queue. Cet animal, quand il est bien nourri, stocke une énorme masse de graisse dans son appendice caudal (très apprécié des Bédoins), empêchant l'accouplement sans intervention de l'homme. La vache Blanc-Bleu Belge ou le bombyx du mûrier sont d'autres cas extrêmes de modifications génétiques extrêmement préjudiciables sinon incompatibles avec la vie à l'état sauvage.

Les animaux élevés à des fins alimentaires

Aucune définition précise ne s'applique donc à la domestication de toutes les espèces, même de celles que l'homme exploite pour son alimentation, seules traitées dans cet ouvrage. La faible distance de fuite[1], donc l'absence de crainte vis-à-vis de l'homme, s'observe aussi chez des animaux sauvages dont les ancêtres n'ont pas connu l'homme agressif, comme les oiseaux des îles de l'Antarctique ou les mammifères des grands parcs animaliers. Rien ne prouve pour autant que ces animaux soient domesticables. Les modifications morphologiques comme celles des cornes ou des défenses des ongulés sont sans doute significatives, mais il existe des espèces parfaitement domestiques comme le chien dont certaines races ont gardé une apparence très voisine de leur ancêtre sauvage ou, à l'inverse, sont devenues très dissemblables du loup tout en conservant un comportement agressif redoutable. La diminution de taille corporelle, si utile pour détecter la domestication sur les ongulés du Néolithique, ne se retrouve pas chez le cheval, et encore moins chez les oiseaux où on observe plutôt le phénomène inverse — sans doute parce que les animaux lourds volent moins facilement. Certaines souches de truites arc-en-ciel domestiques ont une distance de fuite plus faible que celles des salmonidés récemment soumis à l'élevage, mais elles ne diffèrent en rien du type sauvage tant que l'on ne regarde que la couleur, la morphologie, ou, parfois, la taille. Leur caractère domestique paraît donc bien mince à première vue. Cependant, comme déjà signalé, elles ne peuvent, sauf rares exceptions, se reproduire sans l'intervention de l'homme.

---

1. Distance de l'homme à partir de laquelle un animal se sent en sécurité.

La définition la plus logique de l'espèce domestique, dans le contexte de cet ouvrage, est donc celle de l'espèce ou de la sous-espèce coupée de longue date de l'espèce sauvage, et dont l'homme a sélectionné et fixé des caractères héréditaires intéressants pour lui. Tout d'abord, l'animal accepte de se reproduire auprès de lui, et sa descendance est généralement viable et nombreuse tout comme la plante domestiquée ne disperse plus ses graines, ce qui permet à l'homme de les récolter. Par ailleurs, les caractères de « production » ont été considérablement modifiés dans le sens souhaité, de même que dans le règne végétal. Le présent exposé sera centré sur les espèces qui constituent les sources majeures de viande, de lait ou d'œufs. Celles qui peuvent être considérées comme secondaires par suite de leur faible extension ou de leur contribution marginale à l'apport alimentaire, ainsi que celles dont la domestication est encore incomplète, seront plus brièvement mentionnées. Des espèces ne pouvant pas encore être qualifiées de domestiques seront citées dans la mesure où elles ne sont pas *a priori* dénuées d'avenir, comme c'est le cas d'un nombre élevé d'espèces de poissons d'aquaculture récemment mis en élevage et souvent citées abusivement comme espèces domestiques.

Les mécanismes de la domestication

À propos des ancêtres sauvages

Le nombre d'espèces animales domestiquées est très nettement inférieur à celui des plantes qui méritent ce nom. Faure et Le Neindre (2009) ne recensent guère qu'une trentaine de mammifères et une vingtaine d'oiseaux dans cette catégorie. Comme pour les plantes, les espèces domestiques peuvent différer suffisamment de leurs ancêtres pour que les zoologistes leur aient attribué un nom distinct. Selon la définition qu'on donne à l'espèce, cette distinction est justifiée ou non. Les types domestiques et sauvages sont toujours interfertiles et s'accouplent généralement sans difficulté, sauf différences morphologiques trop grandes. L'exception des cobayes domestiques et sauvages qui refuseraient de s'accoupler est un cas particulier encore mal expliqué (cf. *infra*). Comme dans le domaine végétal, l'identification de l'ancêtre sauvage pose parfois problème. Des cas d'extinction avérée de l'ancêtre sauvage existent : les plus connus sont ceux des bovins et des dromadaires. Les données de l'archéologie, de même que des documents historiques, prouvent que les bovins domestiques descendent de l'aurochs, mammifère qui vivait en Eurasie de l'Atlantique au Pacifique ainsi que dans le nord de l'Afrique et qui a été exterminé dans l'Ouest européen à l'époque de Charlemagne (peut-être par les chasses impériales) et en Pologne au XVIe siècle seulement. L'ancêtre du dromadaire demeure inconnu, mais il faut remarquer que l'on tient rarement compte de l'interfertilité du dromadaire et du chameau ce qui, en principe, signifie que l'on a affaire à une seule et même espèce (cf. *infra*). Dans le cas de la poule domestique, on a hésité entre plusieurs sous-espèces interfertiles. Les squelettes du loup et du chacal, ancêtres possibles du chien, ne peuvent souvent pas être différenciés par un spécialiste alors que le comportement des animaux vivants le permet aisément. Ceux de l'âne et du cheval sont dans le même cas pour peu que le cheval soit petit, alors que n'importe quel profane distinguera les animaux vivants simplement d'après le cri ou la longueur des oreilles. L'apport de la biologie moléculaire est autrement précieux, mais il est encore relativement clairsemé, bien que la démarche soit en plein essor.

Encadré V.1. Nomenclature des espèces domestiques.

Comme pour les espèces végétales, la terminologie officielle est parfois surprenante, et en tout cas souvent discutée. Il arrive que, depuis Linné, l'espèce domestique et l'espèce sauvage ancestrale portent le même nom. Ainsi le porc et le sanglier s'appellent-ils l'un et l'autre « *Sus scrofa* ». Mais la vache, la brebis et la chèvre (*Bos taurus, Ovis aries* et *Capra hircus*) ont pour ancêtres respectifs *Bos primigenius, Ovis orientalis* et *Capra aegagrus*. Si l'on retient le principe de l'interfertilité comme critère fondamental, c'est-à-dire la notion d'espèce biologique, cette distinction est infondée ; si en revanche c'est la notion d'espèce écologique qui est privilégiée, elle devient acceptable. Comme pour les plantes, il existe une subdivision des espèces en sous-espèces sauvages et domestiques. Ainsi le nom du coq, *Gallus gallus*, est justifié pour les partisans d'une domestication à partir d'une seule sous-espèce sauvage, tandis que *Gallus gallus domesticus* (de moins en moins usitée) serait préférable pour les partisans d'une domestication à partir de plusieurs sous-espèces.

Corbet et Clutton-Brock (1984) ont proposé la classification suivante.

Ire catégorie. Les espèces d'ancienne ou très ancienne domestication portant un nom généralement accepté et utilisé, différent de celui de l'espèce sauvage. Il suffit dans ces cas de mettre le nom latin de l'espèce domestique entre guillemets pour que tout le monde se comprenne. Ainsi la brebis, le chat, le chien ou le vers à soie (bombyx du mûrier) deviendraient respectivement *Ovis* « *aries* », *Felis* « *silvestris* », *Canis* « *familiaris* », *Bombyx* « *mori* ».

IIe catégorie. Espèces domestiques qui sont clairement distinctes des types sauvages mais qui n'ont généralement pas reçu de nom scientifique différent. C'est le cas d'espèces comme le renne (*Rangifer rangifer*), le rat de laboratoire (*Rattus norvegicus*), mais aussi le canard de Barbarie (*Cairina moschata*) et le carassin, ou poisson rouge (*Carassius auratus*).

IIIe catégorie. Espèces de domestication récente ou très récente dans lesquelles l'action de l'homme n'a provoqué que peu de modifications et où l'emploi du nom du type sauvage se justifie parfaitement.

L'emploi de la terminologie trinomiale, retenue par les zoologistes et les botanistes modernes, serait sans doute un moyen de s'accorder. Ainsi l'aurochs qui vivait en Occident est *Bos primigenius primigenius*, le taureau moderne *B. primigenius taurus*, l'aurochs d'Orient (éteint comme ceux d'Occident et d'Afrique) devient *B. primigenius namadicus* et le zébu *B. primigenius indicus*. Cette terminologie n'est pas encore étendue à tous les cas mais réserve parfois des surprises ; ainsi le yak domestique est *B. grunniens grunniens* — le bœuf grognon grognon — et son ancêtre sauvage, *B. grunniens mutus* — le bœuf grognon muet !

De la dérive génétique
au contrôle du comportement social

Les causes des modifications subies par les espèces sauvages sous la pression des hommes peuvent faire l'objet d'hypothèses que l'on ne peut que partiellement vérifier avec les données de la préhistoire d'une part, de la zoologie et de l'éthologie d'autre part. Les animaux qui allaient être l'objet d'une protodomestication ou d'une domestication ont d'abord été séparés du reste de la population à laquelle ils appartenaient, triés, puis protégés et amenés à se reproduire entre eux. Le faible nombre de reproducteurs a eu pour conséquence immédiate la limitation des combinaisons de gènes présents. En vertu des lois de la génétique des populations, l'homogénéité tendait alors à s'accroître dans le groupe isolé en un type de plus en plus éloigné de celui de la population sauvage, avant même que l'homme ne cherche à privilégier tel ou tel type ; comme dans le cas des plantes, on a un effet fondateur.

La deuxième cause de la déviation des caractères héréditaires, de loin la plus importante, est la sélection. Dans la nature, on admet depuis Darwin que la sélection naturelle est le moteur de l'évolution qui favorise systématiquement les plus aptes à survivre. Ce dernier point est aujourd'hui controversé pour un certain nombre de raisons, mais la sélection naturelle reste de mise pour l'essentiel. Et, comme l'avait écrit Darwin, la sélection naturelle est chez les animaux d'élevage *grosso modo* supprimée et remplacée par celle qu'exerce l'homme : les individus de couleurs plus facilement repérables par les proies peuvent ainsi être conservés ou même préférés pour des raisons esthétiques ou de marquage ; la pression de sélection qui favorisait les plus forts ou les plus aptes à fuir, à se défendre ou à attaquer devient un facteur défavorable aux yeux de l'homme, qui cherche à rendre son bétail le moins dangereux et fugueur possible. Celui-ci le force au contraire à s'adapter à son propre milieu, à renoncer aux migrations autres que celles qu'il lui impose parfois, à accepter la nourriture qu'il lui laisse ou lui offre. Il le transforme en son « esclave », selon l'expression de Buffon. De manière plus précise, Faure et Le Neindre (2009) distinguent la sélection passive qui résulte des avantages de la vie auprès de l'homme et la sélection active, qui résulte des choix et des contraintes imposés par ce dernier. La théorie baptisée « néodarwinisme », qui explique le mode d'action de la sélection — naturelle ou artificielle — *via* la génétique, est bien entendu l'une des pierres angulaires de l'interprétation moderne des modifications qui apparaissent à la suite de la domestication.

La domestication implique donc que les animaux tolèrent la présence de l'homme et même la recherchent, ne serait-ce que pour leur alimentation, leur protection ou leur hébergement ; l'aptitude à accepter un dressage n'est pas nécessaire dans tous les cas. D'une manière générale, on peut dire que les espèces aptes à la domestication sont des espèces sociales qui passent au moins une partie de leur vie en groupes organisés sous la conduite d'un individu dominant auquel les autres sujets se soumettent : l'« individu alpha » des éthologistes. En dessous de ce chef, existe également une hiérarchie plus ou moins stricte allant de l'individu qui ne se soumet qu'au sujet alpha à celui qui est dominé par tous, l'« individu oméga ». Pour qu'un troupeau de l'espèce considérée soit domesticable, il faut que le sujet le plus élevé dans la hiérarchie animale reconnaisse l'homme comme individu alpha, autrement dit qu'il devienne l'individu béta. Tous les individus obéiront alors en principe également à l'homme. Bien entendu, il existe dans cette soumission à l'homme un grand nombre de nuances : l'homme dominant l'animal peut être une personne bien particulière, le maître, comme c'est le cas du chien de garde qui se montre intraitable vis-à-vis de tout humain autre que son maître ; ce peut être aussi un homme en général, comme dans le cas du troupeau de moutons qui suit toute personne — même une chèvre tenue par un homme ; la soumission à l'homme peut être stricte comme chez le cheval ou relativement lâche comme chez le chat qui conserve toujours une part d'indépendance. Elle peut ne concerner que certaines phases de la vie : beaucoup d'animaux redeviennent plus ou moins sauvages pendant la période de reproduction — le dromadaire en rut est redoutable, même pour son maître. Pour le taureau, un texte sumérien cité par Jean Bottero illustre parfaitement l'importance que les éleveurs — les bovins étaient domestiqués depuis environ 50 siècles — attachaient à la dangerosité : toute personne reconnue coupable d'avoir introduit dans un troupeau un animal dangereux risquait la peine capitale. De nos jours, on trouve encore des taureaux qui, après la puberté, tentent de se révolter contre l'homme, même contre celui qui les nourrit ou conduit le troupeau.

Après des milliers de générations où l'élimination systématique des individus les plus dangereux était de règle, la soumission de l'espèce à l'homme n'est donc pas absolue. Les éthologistes connaissent bien les mécanismes d'apparition de cette soumission. Ceux-ci reposent sur un préalable, l'accoutumance du très jeune animal à l'homme. Pendant la première phase de sa vie, le jeune s'attache à l'individu qui s'occupe de lui, que ce soit sa mère ou un autre être vivant — l'homme par exemple. Passé un certain âge, comme s'il avait acquis trop d'indépendance, l'accoutumance est impossible. Le jeune chien ne s'attachera que difficilement à un homme qui le recueille et essaie de devenir son maître quand il a plus de 3 à 4 mois. Chez le loup, cette période ne dépasse pas un mois, ce qui peut expliquer en partie l'échec des multiples tentatives modernes de domestication (cf. *infra*). Chez les animaux sauvages, la hiérarchie sociale est remise en cause par les jeunes mâles adultes : des combats ont lieu entre eux et avec le mâle dominant du groupe, ce qui a pour conséquence le maintien du plus fort à la tête du groupe. Les femelles établissent leur hiérarchie sociale entre elles, donc pour tout le troupeau, même en l'absence de mâle.

Il existe également un comportement territorial qui persiste en captivité et qui est plus ou moins accentué selon les espèces. Un animal domestiqué ou simplement apprivoisé défend parfois son territoire avec énergie, les fauves des zoos peuvent réagir avec la plus extrême violence si un animal ou simplement la main d'un homme autre que leur dresseur pénètre de quelques centimètres dans leur cage. Ce même comportement territorial se manifeste chez le chien tantôt par de simples aboiements, tantôt par des menaces ou des attaques. Le chat, espèce au comportement social beaucoup plus lâche que le chien, a un comportement territorial plus développé.

En résumé, la possibilité de l'animal de s'imprégner de la présence de l'homme et d'intégrer sa « société » est un préalable à l'apprivoisement, comme à la domestication. Quand cette possibilité n'existe pas, l'espèce ne sera en principe jamais domestiquée. On connaît les échecs systématiques qu'ont connus les tentatives d'apprivoisement du zèbre, du lièvre, du cerf ou même du loup (à la période contemporaine). Ce préalable n'est cependant pas toujours très net. Ainsi, la poule sauvage n'est pas un animal social mais aurait acquis ce caractère au cours de sa domestication, qui a eu lieu depuis un nombre considérable de générations. Il est des espèces exploitées en élevage qui ne considèrent visiblement pas l'homme comme leur supérieur et qui méritent cependant le qualificatif de « domestiques » par suite des modifications génétiques subies au cours des générations de captivité, ne serait-ce que la moindre peur de l'homme. Il s'agit d'espèces maintenues en stricte confinement par l'homme où le contact n'est pas nécessaire. L'exemple de la truite arc-en-ciel domestique en fait partie. Pour ce poisson, si la hiérarchie sociale est très nette à l'intérieur de la bande, elle n'a évidemment aucun sens à l'égard de l'homme alors même que l'espèce est bel et bien domestique.

La protodomestication, approche archéologique

La recherche de l'origine des animaux domestiques a des analogies avec celle des plantes cultivées, bien qu'elle se heurte globalement à moins de difficultés. Les études des textes anciens, de l'épigraphie, de l'iconographie, de la linguistique constituent là encore des sources de renseignements précieuses et complémentaires. Les textes sumériens et chinois abondent en renseignements sur les troupeaux, sur les sacrifices offerts aux dieux, sur les tributs apportés aux souverains, sur les banquets, etc. Le porc est abondamment cité dans les textes chinois, l'agneau et la brebis dans les textes méditerranéens. Dans la Bible, l'absence d'allusion au porc, si ce n'est en tant qu'animal déclaré impur pour les croyants, sous-entend d'ailleurs son élevage chez les peuples voisins d'Israël. De nombreuses statues et autres représentations font apparaître le gros bétail, et particulièrement le taureau, ce qui révèle un culte pratiqué avec faste dès la fin du Néolithique, bien avant le début de l'histoire. Ainsi le taureau portait-il une valeur symbolique et jouait-il un rôle central dans la religion du peuple de Çatal Höyuk (sud de la Turquie actuelle) (Cauvin, 1994). En Égypte, les représentations de troupeaux de bovins sont suffisamment précises et nombreuses pour qu'on puisse se faire une idée des races alors élevées, et même du mode d'élevage. Le panthéon égyptien, qui accordait une large place aux divinités zoomorphes, avait déifié le bœuf api qui portait le disque solaire entre ses cornes. Le rôle du taureau comme animal de sacrifice suprême s'est perpétué dans les civilisations méditerranéennes, celles des Grecs et des Romains pour ne citer que les plus connues. Certains rites déjà attestés chez les Natoufiens, qui enterraient des bucranes sous leur hutte et, surtout, dans les vestiges de Çatal Höyuk, se retrouvent dans les fresques crétoises et des anthropologues voient dans la corrida espagnole un vestige désacralisé de cet ancien culte qui aurait ainsi été exporté vers l'ouest avec l'animal lui-même. Cependant, les informations épigraphiques sont, comme pour l'agriculture, très postérieures au début de la domestication. Sur les fresques égyptiennes, la couleur des vaches, tachetées de blanc, la forme des cornes et l'atrophie relative de l'avant-train sont des indices clairs de transformations peut-être déjà anciennes. Pour identifier les ancêtres sauvages et retrouver les plus anciennes traces de domestication, il faut, comme pour les végétaux, faire appel à l'archéologie en recherchant les restes aussi bien conservés que possible des animaux eux-mêmes.

Le règne animal présente l'intérêt de laisser fréquemment des os, des dents ou des cornes qui, s'ils sont assez nombreux, permettent d'identifier l'espèce, le sexe, l'âge, voire la race ou tout au moins un signe de domestication. Comme pour les végétaux, l'état de conservation et les études taphonomiques produisent des résultats très variables selon le site et plus spécialement le pH du sol — les sols acides limitent la conservation des ossements à une durée de quelques décennies. Les zooarchéologues se heurtent aussi à une difficulté propre à l'usage que les hommes faisaient aussi bien du gibier que des animaux domestiques : la découpe des carcasses, la dispersion des morceaux et la brisure de certains os pour récupérer la moelle ou le cerveau. Quand il s'agissait de gros gibier, les anciens chasseurs abandonnaient volontiers les parties peu intéressantes sur les lieux de chasse et rapportaient les morceaux les plus charnus près de leurs habitations. La présence de chiens n'arrangeait évidemment pas l'état des restes. Si l'archéologue parvient à reconstituer un squelette à peu près entier, certains os manquent souvent ou sont mutilés.

L'identification de ces vestiges se révèle plus ou moins facile : les archéologues travaillent par comparaison avec des squelettes de référence et certaines traces morphologiques de la domestication bien connues (Helmer, 1992). Chez la chèvre domestique par exemple, la cheville osseuse est plus frêle, à section plus plate tendant à une forme en amande peu différenciée pour les deux sexes alors qu'elle diffère nettement entre mâles et femelles chez la chèvre aegagre. Chez les mouflons, les cornes décrivent une spirale plus ample et leur section diffère également de celle des ovins domestiques, tandis qu'apparaît une diminution progressive de la taille des individus domestiqués. Chez l'aurochs, la forme des cornes était généralement différente de celle rencontrée chez le taureau ou la vache, bien qu'il y ait eu des exceptions : les cornes des races de type Pie-Rouge de Suisse et de l'est de la France ont à peu près conservé la morphologie de celles de l'aurochs, en beaucoup plus courtes. La domestication du sanglier a quant à elle entraîné une modification profonde de la forme du crâne qui peut être mise en évidence sur diverses parties osseuse ainsi que par examen des seules canines (Helmer, 1992). Chez le cheval, la face devient plus longue et la boîte crânienne plus bombée, mais c'est l'une des rares modifications apparues chez cette espèce dont l'anatomie est très peu différente entre animaux domestiques et sauvages. Notons que chez toutes ces espèces à l'exception du cheval, on observe une diminution de la taille de l'encéphale. Sur des parties isolées du squelette, les identifications peuvent devenir ardues, rendant les toutes premières traces de domestication hautement suspectes si elles reposent sur des vestiges isolés — la distinction entre squelettes partiels de chèvre et de mouton est par exemple souvent impossible.

Quand on dispose d'un effectif suffisamment grand, les calculs statistiques deviennent possibles et apportent une série d'informations des plus intéressantes : l'apparition massive et brutale dans les environs d'habitats humains d'une espèce qui n'était pas présente ou très rare dans la région milite en faveur d'un début de domestication ou de l'arrivée d'un troupeau prédomestiqué, même si les modifications du squelette sont encore ténues. La proportion de chaque sexe est fortement altérée, avec une préférence pour les femelles pour assurer la descendance, alors qu'un petit nombre de mâles suffit, l'élimination de ces derniers présentant de surcroît l'avantage de diminuer la proportion d'individus rebelles comme les boucs, les béliers ou les taureaux. Le rendement en viande des jeunes mâles est tout aussi bon que celui des femelles mais, dans le cas du porc, la viande des mâles acquiert à la puberté une odeur d'urine fort désagréable. Depuis des millénaires, on pallie cet inconvénient par la castration des jeunes mâles ; au Néolithique on les abattait à un stade précoce. À cette même époque, les mâles de 6 mois à 2 ans étaient rapidement et massivement abattus, qu'il s'agisse d'agneaux, de cabris ou de veaux (Helmer, 1992). Les conclusions de ce genre ne sont possibles que si les restes sont suffisamment nombreux et complets pour que les sexes soient bien identifiables. Ce n'est pas souvent le cas et, par ailleurs, des modifications de ce genre peuvent également résulter d'une chasse bien gérée. La diminution de l'âge moyen des individus tués à la chasse résulte de l'obligation de se rabattre sur des bêtes de plus en plus jeunes, signe d'une grande prédation. On peut noter que dans les élevages primitifs, l'âge d'abattage des jeunes avant reproduction est assez variable mais nettement plus tardif que de nos jours pour les agneaux, les cabris et les veaux de lait du fait de la vitesse de croissance qui s'est régulièrement accrue dans les élevages, surtout au cours des derniers siècles. Pendant la poursuite de la domestication, les pièces squelettiques continuent à s'éloigner de celles des ancêtres sauvages, alors que l'évolution de la taille des animaux s'inverse, les individus redevenant plus lourds.

La proportion des sexes peut varier selon le but de l'élevage. Tout laisse à penser que le mouton était d'abord élevé pour la viande, et que ce n'est que plus tardivement qu'il le sera pour son lait et pour son poil (qui n'était pas encore de la laine). Pour les bovins, l'élevage pour le lait ou le travail sont assez anciens. Des découvertes récentes de traces de lait sur des poteries datant d'environ un millénaire après la domestication de la vache démontrent que la traite a été pratiquée beaucoup plus tôt qu'on l'on ne pensait. Pour déceler la traction par les bœufs, les archéologues disposent d'indices tels que les déformations induites par le port du joug et l'usure des cornes. Pour les équidés, on remarque par exemple des déformations provoquées par le port du bât ou l'usure des canines par le mors ; dans le sud de l'Ukraine, on a également retrouvé des pièces en bois de cerf qui pouvaient être des mors primitifs au voisinage de squelettes de chevaux parmi les plus anciens où la domestication est apparente (Roche, 2009). Comme le fait remarquer Vigne (2000), il est toujours opportun, voire nécessaire, de réunir le plus grand nombre possible de critères pour affirmer qu'il y a eu domestication.

Les motivations possibles des premiers éleveurs

Les différents peuples qui sont à l'origine de l'agriculture comme de l'élevage étaient parvenus à des civilisations matérielles assez voisines caractérisées par un outillage de type microlithique. Comme mentionné pour les plantes, on peut imaginer qu'une certaine idée de ce que nous appelons le « progrès matériel » était dans l'air. Toutes les hypothèses évoquées pour les cueilleurs devenant agriculteurs ne sont cependant pas transposables au cas des chasseurs devenant éleveurs. Ainsi, celle du tas d'ordure où des graines auraient germé, formulée par Darwin, n'est pas défendable pour les animaux. En revanche, le lien entre sédentarité et augmentation de la population d'une part, et appauvrissement de l'environnement des habitations et besoin de disposer de ressources alimentaires plus sûres d'autre part, formulé en premier par Childe (1925), peut s'appliquer au début de l'élevage tout comme à celui de l'agriculture. L'utilité des stocks de grain chez les Natoufiens et leurs successeurs a pour pendant chez les éleveurs celle du bétail sur pied aisément abattable. Une hypothèse mérite une attention plus grande dans le cas des animaux : celle des motivations de type religieux ou irrationnel. Elle semble convenir davantage à des animaux devenant divinités ou offrandes qu'à des plantes. Cauvin (1994) pensait que les aurochs avaient été choisis malgré leur dangerosité pour servir d'offrande de haute valeur. Le paon fournit un autre exemple pour lequel une hypothèse de même nature est très plausible : ce splendide oiseau est en effet pour les hindous comme pour les bouddhistes un animal sacré. Il sert de monture, pour les premiers à la déesse Lakshmi, pour les seconds à Bouddha lui-même. Son rôle dans la destruction du serpent, incarnation du mal, est souvent évoqué. Pour les Chinois, il est l'incarnation du Yin, le principe féminin. Quand cet oiseau atteignit le monde méditerranéen, les Grecs en firent l'emblème de Héra, 3e épouse de Zeus. Les premiers chrétiens, comme s'ils voulaient conserver ce symbole sacré, virent en lui le symbole de la résurrection du Christ et ils l'ont souvent représenté sur les tombes des catacombes de Rome (Grahame, 1984). Parmi les causes de la domestication du cobaye se trouvent peut-être également des motivations de type irrationnel. Jusqu'à nos jours, dans certaines régions du Pérou, des devins examinent ses entrailles pour prévoir l'avenir et les destins, pratique tout à fait similaire à celle des augures chez les anciens Romains.

Les anthropologues ont souvent observé de jeunes oiseaux ou de jeunes mammifères comme des sangliers (ou suidés voisins) apprivoisés dans les tribus de chasseurs-cueilleurs. Les pécaris apprivoisés — ou élevés, selon certains anthropologues — sont courants dans certaines tribus d'Amazonie. Il n'est en outre pas exceptionnel que ces jeunes « cochons » soient allaités par des femmes. Quand on demande aux intéressées la raison de ces soins, elles répondent en général que les chasseurs ont tué la mère et que l'adoption temporaire d'un jeune est un moyen de se réconcilier avec les esprits de l'animal ou les divinités qu'il représente et, en Amazonie, il existe une corrélation étroite entre espèces dont on apprivoise des sujets et espèces dont on consomme la chair. N'a-t-on pas alors affaire à un protoélevage ? Le cas du cheval ne nous éloigne peut-être pas non plus beaucoup du sujet. Roche (2009) a fait remarquer que le cheval sauvage était l'animal le plus représenté dans l'art pariétal de la fin du Paléolithique européen. Les hommes l'ont abondamment chassé, et sa domestication n'a pas eu lieu avant le IVe millénaire. Par la suite, il a été animal de selle, de trait, de boucherie

Figure V.1. Pour compenser la raréfaction du gibier, il aurait bien fallu intensifier l'élevage ! Extrait de Dumas (1978).

aussi. Mais la consommation de sa viande a été souvent condamnée, par exemple par l'Église catholique du début du christianisme jusqu'à l'époque récente où l'interdit est tombé en désuétude. Il est possible d'envisager que « la plus noble conquête de l'homme », selon la célèbre formule de Buffon, ait été au Paléolithique le plus noble des gibiers, ce qui expliquerait la fréquence de ses représentations sur les parois des grottes. Une autre hypothèse est que sa chair a pu être censée transmettre les vertus du bel animal. Ce pourrait être l'origine de l'interdit de l'hippophagie chez les catholiques qui voulaient mettre fin à une pratique chamanique restée vivace, peut-être réintroduite par les invasions « barbares ». Des croyances religieuses ont donc pu être l'origine de l'apprivoisement ou de la domestication.

La position prestigieuse de l'animal

De manière plus générale, on ne peut nier que les relations de l'homme à l'animal et de l'homme aux plantes diffèrent considérablement. Les premiers occupent une sphère toute autre dans le domaine affectif aussi bien que dans le domaine symbolique ou religieux, et il faut évoquer une réciprocité : aux rapports de l'homme à l'animal s'ajoutent ceux de l'animal à l'homme. Le jeune chat ou le jeune chien exercent sur l'enfant une attraction sans commune mesure avec une fleur, aussi belle et odorante soit-elle, ou avec un arbre. La symbolique des animaux, qu'ils soient domestiques comme le taureau, la vache, la brebis ou le coq, ou sauvages comme le loup, le lièvre ou l'antilope, surpasse très nettement celle des céréales et des fruits (Biedermann, 1996). Dans les religions anciennes, les sacrifices d'animaux, pas nécessairement entourés d'une aura mystique, étaient considérés comme le don suprême que l'on pouvait ou devait faire aux dieux, surpassant à l'évidence les offrandes de nourriture ou de bouquets de fleurs. Harlan pensait que le mithan de l'Inde *(Bos frontalis*, cf. *infra*) a longtemps été élevé en Inde, non comme du bétail domestique comparable au bœuf, mais comme animal de prestige et de sacrifice : les riches pouvaient faire de spectaculaires sacrifices dans le but de narguer un rival ou de plaire aux divinités avant de laisser la chair des victimes aux pauvres. D'une manière plus générale, tout élevage, ou presque, permettait de disposer d'animaux pour les sacrifices qui permettaient théoriquement de se concilier les divinités — plus surement les prêtres.

On ne peut passer sous silence l'attrait particulier qu'exerce la chair animale pour l'homme. Tout repas avec de la viande en abondance revêt un caractère festif indéniable. Les premiers Néolithiques qui se nourrissaient de leurs réserves de céréales n'avaient nullement renoncé à la chasse et à la pêche. Les produits carnés sont cependant beau-

Figure V.2. L'une des quatre statuettes en or représentant un taureau (ou un aurochs ?) surmontant le dais funéraire de la tombe « royale » de Maïkop (Russie, territoire de Krasnodar, IIe millénaire av. J.-C.). *Source* : Lebedynsky (2009).

coup plus périssables que les grains. Les méthodes de boucanage et de salage n'ont été mises au point que bien après le Néolithique, ne serait-ce qu'à cause du risque sanitaire qu'elles entraînaient et de la rareté du sel dans la plupart des régions. Aujourd'hui encore, beaucoup de peuples vivant dans la zone intertropicale et ne disposant pas de ressources matérielles suffisantes font en sorte que tout animal tué soit consommé dans la journée. Ce détail renforce l'intérêt des cheptels.

Des animaux commensaux à la chasse gérée et la capture des jeunes

L'hypothèse de la domestication *via* des adventices devenant plantes cultivées trouve un équivalent dans le règne animal, les animaux commensaux étant assez comparables aux mauvaises herbes. Rats et souris ne sont devenus des animaux domestiques que très tardivement et pour un usage fort restreint : comme animaux de laboratoire. Cela n'a pas été le cas des moineaux ou des merles, mais une espèce de pigeons, *Columba livia*, attirée par les murs bâtis par l'homme comme déjà mentionné, est bien l'ancêtre du pigeon domestique qui, selon les pays, peut être un oiseau d'agrément ou de « sport » (pigeon voyageur), mais aussi une petite volaille de basse-cour. Bien que peu d'informations soient disponibles sur la protodomestication de la poule, du dindon, voire des canards ou des oies, il est plausible qu'elle ait suivi des voies similaires. À côté de l'apprivoisement, la commensalité a très bien pu constituer le début de la domestication pour d'autres espèces.

Konrad Lorenz, prix Nobel de physiologie ou médecine (sic) en 1973, considérait comme tout à fait possible que le chat se soit approché des campements humains, ait été remarqué pour son aide à la lutte contre les petits rongeurs, en soit venu à accepter des restes de nourriture, puis à les quémander. Pour finir, il se serait fait domestiquer empiriquement plutôt qu'il n'aurait subi une domestication préméditée par l'homme. Ici encore on imagine que la sédentarité a facilité le processus. On a montré, pour quelques cas particuliers, que l'homme, avant de tenter l'élevage, avait rationnalisé sa prédation des hardes de gibier comme il l'avait fait des peuplements naturels de plantes sauvages comestibles. La sédentarisation a sans doute facilité la création d'enclos pour les premiers troupeaux qui étaient à l'origine des bribes de hardes captives, comme elle avait contribué à la transformation des peuplements naturels de céréales sauvages en champs. Rappelons qu'Harlan (1987) a émis une hypothèse très intéressante à propos du rôle des femmes : selon lui, c'est sans doute à elles, et non aux hommes, que l'on doit les premiers semis, donc la création des premiers jardins ou des premiers champs, tout simplement parce qu'elles étaient chargées de la récolte et de la transformation des végétaux comestibles sauvages.

Leur rôle paraît tout aussi plausible pour la protodomestication de certains animaux. Il est bien connu que le comportement maternel est très prononcé chez la femme comme chez les femelles en général. Il existe également un comportement de protection des créatures jeunes et faibles, même d'espèces différentes. Chez les chasseurs-cueilleurs d'Amazonie, les jeunes singes, rongeurs ou oiseaux, souvent orphelins, sont fréquemment apprivoisés. Pour les poussins ou canetons, on peut penser de même que la femme qui ramassait les œufs d'oiseaux sauvages avec les fruits ou les racines connaissait les mœurs de la femelle et savait comment se protéger de ses attaques éventuelles si elle essayait de prendre des poussins. L'envie de faire plaisir aux enfants a pu renforcer la motivation des mères néolithiques dans leur tentative d'apprivoisement puis de domestication d'animaux comme les canidés, les ovins ou caprins, ou encore les oiseaux de basse-cour. Elle devait être, il est vrai, épaulée par l'homme qui chassait et donc connaissait d'autres aspects des mœurs des animaux sauvages et était seul en mesure de s'emparer de petits gardés par leur mère quand l'espèce était redoutable. Le cas de la pintade est intéressant car il existe encore de nos jours des pintades protodomestiquées dans de nombreux villages d'Afrique occidentale. Les pintades *Numida meleagris* y vivent un peu à la manière des moineaux autour des fermes d'Europe où d'Amérique du Nord : elles parcourent les champs et la brousse, nichent assez loin des habitations mais viennent ramasser les restes d'aliments humains, guettant en particulier les débris du mil que les femmes viennent de piler et leur laissent ostensiblement. Devenant moins méfiantes, les couvées subissent de temps autre des prélèvements de la part des Africains qui s'approvisionnent ainsi en gibier volaille. Il est cependant certain que ceux-ci ont parfois, et depuis fort longtemps, poussé la domestication de la pintade à un stade plus avancé puisque cette volaille faisait partie des basses-cours égyptiennes.

Ces différents modèles ne s'appliquent cependant pas à une espèce dangereuse comme l'aurochs où le mâle et même la femelle en mauvaise posture devaient être réellement dangereux si on en juge par les bovins actuels où des taureaux « méchants » se rencontrent encore de temps à autre malgré une sélection millénaire pour la docilité. Il est vrai que le choix des taureaux pour l'insémination artificielle repose maintenant sur des critères incluant le niveau de testostérone, ce qui a pu contrecarrer en partie le succès de la sélection qu'est la soumission à l'homme. Un veau de quelques mois est déjà un animal de force suffisante pour bousculer sans difficulté une femme, un enfant et même un homme qui cherche à le tenir. Dans ce cas, non seulement l'hypothèse de la domestication pour des raisons religieuses paraît la plus probable, mais l'intervention des hommes pour la capture des premiers jeunes semble nécessaire. Par la suite, au stade de la protodomestication, l'homme ne gardait certainement que quelques individus peu dangereux qui ne se laissaient pas mourir en captivité et ne s'enfuyaient pas à la moindre occasion.

Autrement dit, il a sans doute d'emblée sélectionné les animaux qui n'avaient pas trop peur de lui et voulaient bien se soumettre à la condition d'« esclaves », ou qui acceptaient l'homme comme individu dominant selon les éthologistes. Et on sait maintenant que le comportement est une caractéristique héritable. Contrairement aux cultivateurs qui ont d'abord manipulé les plantes involontairement, l'éleveur a été obligé d'opérer des choix très précoces et d'induire des modifications volontaires. Les premières préoccupations ont parfois nécessité des efforts de très longue haleine. Une fois la sécurité des éleveurs assurée de façon raisonnable, l'homme pouvait apprendre à faire pâturer les troupeaux, à les conduire, à les surveiller puis à procéder à des abattages au moment désiré. En contrôlant la reproduction, il a ensuite induit des modifications génétiques : il a sélectionné des types de plus en plus adaptés à l'élevage en réduisant la taille, la longueur des pattes, la dimension des cornes, tous caractères présentant une variabilité dans la population et pouvant subir des mutations. La modification de la couleur du poil a pu être considérés par l'homme tantôt comme inutile, tantôt comme d'intérêt esthétique. Les nouvelles couleurs permettaient aussi de reconnaître les animaux, d'identifier les familles puis des cheptels et plus tard des races qui divergeront petit à petit. Cette sélection était nécessairement empirique. Certaines modifications ont apparu de façon apparemment spontanée au début de la domestication ; c'est le cas pour les chevilles osseuses des bovins ou des caprinés, ou encore le crâne des porcins (Helmer, 1992), mais aussi les oreilles tombantes ou la queue redressée chez le chien ou encore la deuxième période de chaleur de la chienne. Il s'agit de conséquences de l'élevage dont les raisons sont encore loin d'être connues, mais l'homme les a recherchées ou exploitées. Plus étonnant, des élevages expérimentaux d'animaux sauvages ont montré que des modifications de comportement et même de physiologie (reproduction surtout) apparaissaient assez rapidement sans sélection voulue par suite des contraintes résultant de la proximité de l'homme (Faure et Le Neindre, 2009).

La période à partir de laquelle les éleveurs ont commencé à profiter des autres productions comme le lait ou la force musculaire des animaux est plus difficile à connaître. La traite était facile chez la chèvre et même chez la brebis, mais impossible chez la vache sans le veau qui tète pendant que l'homme recueille une autre partie du lait. L'éleveur a certainement eu recours à des subterfuges comme l'insufflation d'air dans le vagin — technique surprenante mais ancienne —, encore employée en Inde avec la vache-zébu. Il a ensuite obtenu des vaches acceptant spontanément d'être traites (la présence du veau qui tète ne demeure indispensable que pour les races primitives). À partir de ce stade d'exploitation, l'orientation de la sélection empirique de races aux aptitudes divergentes est devenue possible, bien que difficile à cerner pour les troupeaux de très ancienne domestication.

Deux exemples historiques

Pour les ongulés, le motif de la domestication s'explique aisément par le désir de pallier la rareté du gibier ou de rationaliser l'approvisionnement en viande et en cuir. La gestion des chasses a souvent conduit à des tactiques visant à attirer le gibier pour mieux le tuer, comme il en a existé pour le cerf castré des Grecs ou le cerf du Piémont pour lesquels des pâturages ont été entretenus près des villages jusqu'au Moyen Âge (Montanari, 1995). Ces pratiques qui avaient pour but d'abattre plus facilement les animaux sauvages permettaient aussi de capturer des jeunes et de tenter la domestication. Un exemple historique relativement récent est éloquent à ce point de vue : celui du lapin (Callou, 2005). Avant le Néolithique, ce rongeur était inféodé aux lisières des forêts plus ou moins discontinues des zones méditerranéennes. Il était pratiquement endémique de la péninsule ibérique[1] et du sud de la France. Les lapins ont ensuite étendu leur habitat vers le nord puis vers l'est quand les Néolithiques ont défriché les forêts d'Europe. Dans l'Antiquité, ils ont été introduits aux Baléares, en Corse et dans presque toutes les

---

1. Le nom de l'Espagne vient d'un mot phénicien désignant un rongeur voisin du lapin. Les Phéniciens ont utilisé ce même nom pour désigner le lapin qu'ils ont découvert quand ils sont arrivés en Espagne, qui est donc, étymologiquement, « le pays des lapins ».

îles de la Méditerranée. Les élevages de lapins, signalés depuis l'époque romaine, étaient uniquement destinés au repeuplement des chasses ou au peuplement d'îles. Dans celle d'Astypalea, à l'époque de la civilisation grecque antique, ils avaient tellement proliféré qu'ils ravageaient toute la végétation. Les habitants étaient allés consulter l'oracle de Delphes, laquelle avait répondu qu'il fallait introduire des chiens de chasse. En Europe, jusqu'à la fin du Moyen Âge, la chasse des lapins était réservée aux nobles, qui faisaient souvent aménager des garennes pour favoriser leur prolifération. Ce n'est qu'à partir du XVe et surtout du XVIe siècle que les

Figure V.3. Zébu gravé sur un sceau d'Harappa (civilisation dite « de l'Indus »).
Source : Lebedynski (2009).

seigneurs ont progressivement desserré leur contrôle sur ce gibier et autorisé les élevages de lapins, qui sont devenus petit à petit domestiques. La prolificité de l'espèce a permis d'obtenir rapidement des races différenciées.

Un autre exemple historique relatif à une transition entre chasse et domestication a été relaté par les Espagnols à leur arrivée au Pérou. À cette époque, les Amérindiens construisaient de grands pièges à l'aide de clôtures menant à des enclos. Ils y rabattaient ensuite des troupeaux sauvages d'herbivores — cerfs, guanacos et vigognes. Les cerfs étaient tués, certains guanacos étaient gardés pour être ajoutés aux troupeaux domestiques, tandis que les vigognes étaient tondues puis relâchées (Wing, 1983). On voit donc que les cerfs étaient considérés comme indomesticables, que quelques guanacos, sans doute jeunes, permettaient d'agrandir ou d'améliorer le troupeau et que les vigognes étaient relâchées pour une prochaine capture, comme si les animaux à laine sauvages et domestiques se complétaient.

Il paraît donc sage de conclure qu'il n'y a sans doute pas eu une raison unique du passage de la chasse à l'élevage. Les élevages postnéolithiques dont il sera question plus bas laissent supposer des causes d'ordres matériel ou économique, mais cela ne présume en rien de la nature profonde des manières de penser et d'agir des hommes de ces époques, qui avaient leurs propres valeurs qui nous demeurent inconnues.

Les processus connus de domestication

Avant le Néolithique : le chien

Le chien (*Canis familiaris*) occupe une place à part parmi les animaux domestiques : c'est le compagnon par excellence de l'homme, le seul qui soit vraiment attaché à notre espèce, le seul animal réellement domestiqué selon certains auteurs. C'est aussi, de loin, l'espèce qui présente le plus grand nombre de races où l'on trouve la plus grande diversité. Cette dernière concerne la taille (depuis le minuscule chihuhua jusqu'au danois), le pelage (longueur et couleur des poils), la morphologie (allant de celle du loup jusqu'à des difformités plus ou moins hideuses). Le caractère et le comportement des chiens sont tout aussi variables et en grande partie héréditaires : ils vont de l'exacerbation du comportement territorial chez le chien de garde au comportement « contre nature » du chien d'arrêt qui se couche en observant le gibier quand il l'a découvert au lieu d'essayer de le capturer, en passant par le réflexe de certains chiens de berger qui s'aplatissent quand ils viennent de mordre le jarret d'un bovin, réflexe qui demeure de façon comique quand un animal de telles races élevé en appartement et n'ayant jamais vu de bétail joue avec son maître ; on peut citer aussi l'incroyable comportement du chien gardien de trésor tibétain qui aboie dès qu'un objet ou un meuble de « sa » maison a été déplacé, et ce sans qu'on lui ait enseigné ce « travail ». Parmi les autres buts de l'élevage du chien figurent la boucherie chez certaines populations africaines où la mouche tsé-tsé interdisait l'élevage de ruminants, mais aussi chez les Touaregs, les Chinois, les Amérindiens et les Polynésiens. Moins connu est le chien à poils laineux avec lesquels les Amérindiens Salish, de l'île de Vancouver, fabriquaient ses tissus.

Le chien est le plus anciennement domestiqué de tous les animaux et le seul présent dans l'Ancien et le Nouveau Monde avant l'arrivée de Christophe Colomb. C'est aussi l'espèce dont l'ancêtre sauvage est le plus mystérieux. On a certes dit et enseigné depuis longtemps que le chien descendait du loup (*Canis lupus*), dont il est vrai qu'il diffère parfois fort peu — par la morphologie du moins, bien qu'il ait des dents plus courtes et un cerveau plus réduit. L'utilisation de la biologie moléculaire a d'ailleurs consolidé cette hypothèse en apparence si logique : le génome du chien est à 99 % identique à celui du loup. C'est à première vue amplement suffisant pour accréditer la thèse implicitement admise par tous et confortée par un argument de taille : comme le chien, le loup est un animal social, contrairement à la plupart des autres canidés voisins. Et pourtant il existe des objections sérieuses : le génome du chien, estimé d'après l'ADN mitochondrial seulement, est à peine plus éloigné de celui des chacals (*Canis adustus, C. aureus, C. mesomelas*) ou du coyote (*Canis latrans*). Déjà Darwin considérait que le chien descendait probablement du loup, mais aussi du chacal et du coyote. Selon l'éthologiste Konrad Lorenz, il y a de fortes chances pour que le chien descende du chacal plutôt que du loup. Le premier n'hésite pas à s'approcher des villages et à donner l'alarme à la façon du chien, le second vit avec sa meute loin de l'homme qu'il observe à distance, s'en approchant rarement. Autre objection non moins sérieuse à la filiation chien-loup : il est impossible de dresser un loup, même né de parents captifs depuis des générations comme on peut dresser un tigre ou un lion pour des spectacles de cirque. On arrive à apprivoiser un louveteau, mais on n'a jamais réussi à le faire obéir à l'homme et à faire en sorte qu'il lui reste attaché toute sa vie ; dès qu'il a atteint la maturité sexuelle, il cherche à dominer l'homme, devient dangereux et fait tout pour s'échapper.

Les thèses modernes (Postel-Vinay, 2004) reprennent cette théorie et laissent supposer que parmi les populations de charognards nocturnes s'approchant des villages se sont trouvés des animaux moins craintifs qui sont passés du stade d'éboueurs nocturnes à celui d'éboueurs diurnes. En se reproduisant entre eux, ils auraient petit à petit, avec l'aide de la sélection naturelle, engendré des animaux moins farouches. Ainsi auraient apparu les « chiens de village », sans maîtres, tolérés voire utilisés par l'homme comme il en existe encore dans de nombreuses régions d'Asie ou d'Afrique. Le stade suivant, on le devine, est l'apprivoisement puis la domestication après l'adoption de chiots. Ainsi peut-on voir dans ces stades hypothétiques un rôle du commensalisme comme premier moteur de la domestication de ces canidés, qui étaient peut-être des hybrides de loup ou de chacals.

Encadré V.2. La linguistique et le chien.

Une des préoccupations des linguistes est la classification des 6 000 langues actuelles de l'humanité en familles, et des familles en macrofamilles. Une école américaine s'est fixé comme objectif ultime la recherche, dans toutes les langues sans parenté apparente, des racines de mots communes parce qu'issues d'une « langue primordiale ». La notion même de langue primordiale qui aurait été parlée par *Homo sapiens* quand il a quitté l'Afrique il y a plus de 100 000 ans est discutée. Néanmoins, Merill Ruhlen a publié une liste de 27 mots correspondant, selon lui (car sa méthodologie est également discutée), au vocabulaire de la langue primordiale (Coupé, 2005). La plupart se rapportent aux parties du corps, à la famille, à des verbes fondamentaux ; deux ont trait aux « éléments » principaux, la terre et l'eau ; un seul concerne un animal, le chien, *kuan*. Compte tenu des glissements de sens auxquels les linguistes ont recours dans ce genre de démarche, ce mot peut désigner aussi bien un canidé sauvage que le chien. Traduit-il la vieille peur du loup et de ses parents sauvages ou l'importance du « meilleur ami de l'homme » ?

L'archéologie et la biologie ne fournissent pas de données permettant d'étayer ou de réfuter la thèse de la filiation loup-chien, pas plus que celle de la filiation chacal-chien. Une des raisons de cette énigme persistante est sans doute la proximité spécifique des canidés tels que loups, chacals et coyotes, pour ne citer que les plus proches. Toutes sont parfaitement interfertiles, ce ne sont que des espèces écologiques se reproduisant séparément dans la nature tant que les effectifs sont suffisants, mais donnant le cas échéant une descendance tout à fait fertile. Le chien et le renard classés dans des espèces, des genres et même des sous-familles distinctes peuvent également avoir une descendance fertile. En Australie, des croisements complexes entre des dingos (canidés sauvages issus d'animaux marrons) et des chiens sont aujourd'hui observés dès que les effectifs des hordes sauvages diminuent. Des croisements de ce type ont fort bien pu se produire dans le passé. Une thèse plausible suggère que le chien, avec ses oreilles tombantes, sa queue dressée et son aboiement, serait un loup, un chacal ou un coyote ayant gardé des caractères juvéniles, un animal néoténique en quelque sorte. Le chien serait alors le descendant de canidés portant un caractère héréditaire d'immaturité ! Une expérience peu banale et éclairante relatée par Postel-Vinay (2004) a été tentée il y a une cinquantaine d'année par un généticien, Dimitri Belyaev, et se poursuit actuellement en Russie : dans un élevage de renards argentés, les individus les moins craintifs vis-à-vis de l'homme ont été accouplés entre eux. La 18e génération obtenue a montré des caractères tout à fait semblables à ceux du chien : les petits sont venus rechercher l'affection de l'homme, se sont mis à aboyer et, bien plus, leur anatomie et leur couleur se sont modifiées : queue dressée, pelage varié, robe multicolore et, pour terminer par un caractère physiologique, les femelles ont mis bas deux fois par an. Cette expérience aux résultats pour le moins surprenants montre que des transformations importantes et caractéristiques de la domestication peuvent être obtenues en un nombre réduit de générations. Cette rapidité ne peut s'expliquer par une sélection génétique telle qu'elle est classiquement admise. L'auteur, après avoir vérifié que les niveaux sanguins de plusieurs hormones avaient été sensiblement modifiés, explique ce phénomène par l'existence de gènes « dormants » qui se manifesteraient grâce à la disparition de stress propres à la vie sauvage. Plus généralement cette expérience démontre que ce que l'on peut qualifier d'« évolution dirigée » du loup vers le chien, que l'on n'a jamais pu démontrer par des vestiges archéologiques ni reconstituer avec des populations de canidés de notre époque, a pu être obtenu chez une espèce voisine encore jamais considérée comme ancêtre possible du chien. Les généticiens russes disposaient d'un grand stock de renards sauvages qu'ils pouvaient observer sur plusieurs générations en captivité ; il n'en était évidemment pas de même pour nos ancêtres préhistoriques qui ont dû, selon cette hypothèse, bénéficier d'un heureux hasard assurant un « effet fondateur » aussi spectaculaire, ou encore faire preuve d'une immense patience. Faute de preuves tangibles, l'origine du chien demeure donc un mystère d'autant plus difficile à résoudre que les gènes du comportement sont encore pour le moins fort mal connus.

Les ongulés du Proche-Orient

Le Néolithique du Proche-Orient a fourni, outre les céréales et les légumineuses, un ensemble inégalé dans les autres foyers de quatre ongulés domestiques restés espèces majeures dans l'élevage moderne à l'échelle planétaire : des ovins, des caprins, des bovins et des porcins. Comme déjà signalé, les ancêtres de ces animaux sont bien connus et les quatre espèces de bétail ont été domestiquées dans ce qui était sans doute la seule région au monde où vivaient l'aurochs, le mouflon d'Orient, la chèvre aegagre (chèvre à bézoard) et le sanglier, l'Anatolie (Helmer, 1992). Comme pour l'agriculture, la naissance de ces activités ne correspond pas à un changement climatique majeur, mais plutôt à la dynamique d'évolution interne apparue entre le XIe et le IXe millénaire avant notre ère (Vigne, 2000). Plus précisément, on situe les débuts de l'élevage d'animaux protodomestiques au IXe millénaire avant J.-C. dans la région correspondant au sud de l'Anatolie. Les habitants de cette zone ont d'abord domestiqué les caprinés (chèvre et mouton). Selon Mazurié de Kéroulan (2003), le processus pourrait être considéré comme achevé aux alentours de − 7500 pour les caprinés ; à cette même époque, l'élevage a commencé à gagner les populations d'agriculteurs qui s'adonnaient désormais à l'agropastoralisme. La domestication des petits ruminants paraît donc quelque peu postérieure à celle des premières céréales, mais le laps de temps est faible, peu significatif compte tenu de l'imprécision des datations.

Un deuxième foyer d'élevage plus tardif de chèvres a été découvert dans les monts Zagros mais, comme déjà signalé, il correspond à l'arrivée de colons amenant leurs troupeaux domestiques. À la fin du IXe millénaire, l'élevage, fraîchement adopté par les peuples d'Anatolie et de Mésopotamie centrale, s'est en effet étendu dans plusieurs directions. Au VIIIe millénaire, il a gagné le Levant sud où l'agriculture était pratiquée de longue date : les ossements de chèvres ont des caractères d'animaux sauvages qui ont progressivement évolué vers un stade domestique. L'homme y aurait mené un troupeau de chèvres aegagres qu'il protégeait sans les avoir domestiquées. Les études de l'ADN mitochondrial entreprises sur des chèvres de types différents (orientation de l'élevage vers la chair, le lait ou la laine) provenant du monde entier ont néanmoins révélé une étonnante uniformité : 3 lignées maternelles seulement ont été trouvées, dont l'une regroupe à elle seule 90 % des effectifs des troupeaux mondiaux. Selon les auteurs, il n'y a aucun doute que toutes les chèvres descendent d'ancêtres communs domestiqués dans une seule zone d'Anatolie. Certains auteurs considèrent aujourd'hui que la chèvre a été domestiquée un peu avant le mouton. Les sites anatoliens mis en évidence en premier, à Göbekli Tepe et Cafer Höyuk dans l'actuelle Turquie, révèlent une domestication en cours pour les deux caprinés à une époque où les porcins, peut-être gardés en enclos, ne présentaient aucune trace de domestication. À cette même époque, les indices de domestication de l'aurochs sont encore très rares et même très douteux puisqu'un seul site a livré des ossements d'aurochs avec un abattage ciblé vers les jeunes.

Une migration de l'élevage avait eu lieu vers l'île de Chypre dès le Néolithique précéramique B et a été bien étudiée par Vigne. On peut tout aussi bien supposer que ce sont les Chypriotes qui sont venus chercher des animaux en Anatolie (distante d'environ 100 km). Les connaissances sur les premiers stades de la domestication ont progressé à partir du moment où les archéozoologistes se sont intéressés aux vestiges d'ongulés de cette île où ne vivait aucun des ancêtres sauvages des ruminants et porcins domestiques. La faune de Chypre avait connu des animaux pour le moins peu banals : des éléphants nains éteints depuis longtemps et des hippopotames nains exterminés peu avant l'introduction des quatre espèces citées, mais aussi des chiens et des daims de Mésopotamie (*Dama mesopotamica*), aujourd'hui éteints, qui étaient en quelque sorte des protégés de l'homme, mais non domestiques[1]. On a découvert également le squelette d'un chat enterré près d'une femme suggérant au moins un apprivoisement. Les premières arrivées de bétail domestiqué ou en voie de domestication ont eu lieu moins d'un millénaire après les premières traces de domestication relevées sur le continent. La poursuite des études a apporté bien d'autres surprises : pour les caprinés, la domestication amorcée en Anatolie avait été poursuivie sans discontinuité, et certainement sans réimportation. En revanche, c'est après avoir exterminé les hippopotames nains que les Chypriotes sont allés chercher des sangliers pour repeupler leur île en gibier. À partir de ce moment, ils ont commencé à élever leurs chèvres et leurs moutons tout en chassant le sanglier. On peut aussi supposer qu'ils avaient également gardé le chien, utile pour la conduite des troupeaux comme pour la chasse. Cet exemple semble être le premier cas connu de gestion d'une population sauvage par introduction dans une île et conduite parallèlement à l'élevage d'autres espèces.

---

1. L'espèce voisine, *Dama dama*, originaire du Moyen-Orient qui a elle aussi disparu à l'état sauvage dans sa zone d'origine, ne subsiste que dans des parcs ou de petites zones de chasse protégées.

En Perse, en Inde, en Chine et en Europe

Au début du Néolithique à céramique, une autre domestication de l'aurochs a eu lieu, cette fois au Pakistan actuel, dans le foyer de l'Indus. Il n'y a pas de doute possible sur l'indépendance de la domestication vis-à-vis du Proche- ou du Moyen-Orient car l'aurochs de cette région diffère de celui du Proche-Orient ou d'Europe. Il s'agit de *Bos primigenius indicus*, ancêtre du zébu (*Bos taurus indicus*), sous-espèce de notre taureau, facile à distinguer par sa bosse, les deux sous-espèces restant parfaitement interfertiles. La preuve de la différence génétique des deux populations d'aurochs été récemment apportée par le séquençage d'ADN microsatellitaire et mitochondrial : la distance génétique des zébus par rapport aux bovins d'origine proche-orientale est nettement plus grande que celle qui sépare divers bovins où la variabilité est non négligeable. Les fouilles menées sur le site de Mehrgarh, aux confins du Pakistan et de la Perse, ont mis en évidence non seulement la domestication du zébu à partir de l'aurochs local, mais aussi la présence d'ovins, de caprins et de porcins d'origine proche-orientale, ainsi que du buffle (*Bubalus bubalis*) dont la domestication remonte au Ve millénaire avant notre ère.

En Chine, le porc domestique a été trouvé à une époque à peine plus tardive qu'au Moyen-Orient, dans la région du Yangtse qui livre également des restes de buffle domestique. Comme celle du zébu, cette domestication semble un peu plus récente que celles des ongulés du Proche-Orient, mais les datations sont encore peu nombreuses. Il existe une troisième domestication du porc qui a eu lieu dans l'île de Sulawesi (Célèbes) à partir d'un animal un peu différent : *Sus celebensis*. Elle ne semble cependant pas avoir eu de grandes répercussions sur les porcins modernes, le porc de Célèbes ayant été rapidement croisé avec le porc commun.

L'hypothèse d'une domestication du bétail par des chasseurs habitant dans ce qui est devenu l'Europe a longtemps influencé l'inconscient d'Européens désireux d'imaginer leurs ancêtres participant au progrès au lieu de se laisser submerger par des envahisseurs orientaux qui leur apportaient en bloc techniques du polissage de la pierre, poterie, agriculture et élevage. À ces hypothèses, les archéologues rétorquent qu'à l'époque où les populations du Levant et d'Anatolie optaient pour la « manipulation » des plantes et des animaux, les populations mésolithiques d'Europe étaient peu nombreuses et vivaient dans des pays couverts de forêts où le gibier abondait. L'argument est cependant insuffisant pour nier une petite contribution de l'Europe à la domestication des animaux de ferme. Certes, les sites les plus anciens où les quatre ongulés du Proche-Orient ont été trouvés côte à côte sont situés en Grèce et non pas en Asie, mais on peut rejeter toute participation majeure de l'extrémité occidentale de l'Eurasie : aucun site européen n'a livré de traces de domestication du sanglier ou de l'aurochs. Seule une légère nuance a été apportée par la biologie : des études d'ADN mitochondrial conduites en Grande-Bretagne ont montré que des croisements entre taureaux domestiques et femelles aurochs locales ont pu avoir lieu, à une échelle limitée. Il en serait de même pour des porcins européens[1]. La Chine, pas plus que l'Europe, n'a connu de possibles

---

1. Vigne (2000) mentionne le décryptage des séquences d'ADN chez des porcs prouvant que ces derniers ont une origine étrangère aux centres moyen-oriental et chinois, en l'occurrence une origine italienne et indienne ; la date de leur domestication demeure cependant inconnue.

ancêtres sauvages du mouton et de la chèvre, et aucune trace de domestication de l'aurochs n'y a été trouvée. Les linguistes ont d'ailleurs remarqué que parmi les très rares mots chinois ayant apparemment une racine indo-europénne, figurent ceux de la vache, du mouton et de la chèvre (Lebedynsky, 2009). Tout plaide donc en faveur d'une importation *via* l'Asie centrale des espèces déjà domestiquées par les Néolithiques du Proche-Orient. L'arrivée des bovins et du mouton remonte à plusieurs millénaires avant notre ère. Il semble que la chèvre soit arrivée après le mouton, car les deux idéogrammes qui le désignent signifient « mouton de montagne ». Le cheval était connu à une période très ancienne, mais on ne dispose pas non plus de traces archéologiques d'une domestication locale.

Les espèces des élevages actuels

Le cheval, l'âne et le mulet

Le cheval (*Equus caballus*) n'est pas un ruminant, mais un herbivore de la famille des équidés. Sa domestication, relativement récente, semble ne remonter qu'au IVe millénaire av. J.-C., soit bien après celle des quatre ongulés utilisés pour la production de viande, de lait, de cuir ou de laine. Il est assez difficile d'être plus précis car on fait souvent référence à des morceaux d'os qui auraient servi de mors mais dont l'usage est très discuté. Il est donc difficile de savoir à partir de quand le cheval a été monté, de même qu'il est difficile de déceler les modestes modifications du squelette induites par la domestication. Cette dernière a eu lieu en Ukraine selon les avis les plus fréquents, plus à l'est selon des découvertes récentes. Deux autres aires de domestication secondaire ont été localisées : l'une en Espagne non loin du lieu où subsiste une très ancienne race, le pottok, et une autre au Portugal. L'espèce sauvage, *E. ferus*, était représentée par deux sous-espèces : le tarpan (*E. ferus gmelini*), au profil bien connu grâce aux peintures pariétales des grottes ornées, et le cheval de Przewalski (ou Prejvalski, du nom du naturaliste russe qui a trouvé le dernier troupeau en Asie centrale), *E. ferus Przewalskii* (Vigne, 2000 ; Chaix, 2004). La contribution de l'Europe à la domestication des grands herbivores n'aurait donc pas été nulle !

Le cheval a eu, selon les lieux et les époques, le destin d'animal de boucherie, celui plus noble d'animal de sacrifice (parfois non consommé), d'animal de trait ou de selle, et le lait de jument a été soigneusement collecté par les nomades des steppes asiatiques à l'actuelle Hongrie. Le cheval était déjà le symbole du prestige des chefs pendant l'âge du bronze européen tandis que l'invention de la selle et des étriers ne remonte pas au-delà du Moyen Âge. Le char de combat est également ancien, mais seule l'invention du collier d'attelage remplaçant la lanière de cuir placée devant le poitrail a permis un accroissement très marqué de la force de traction et de la vitesse des transports ; elle a atteint l'Europe au Moyen Âge. De nombreuses races ont été sélectionnées pour le transport rapide, la promenade, le sport, les travaux des champs. Les Arabes avaient, les premiers, sélectionné des chevaux de selle d'un type toujours hautement apprécié. Ce mode de sélection n'a pas été profondément modifié jusqu'à l'époque moderne au sein des haras, où des races ont été orientées vers le labour ou le trait parfois très lourd, comme le percheron qui atteignait une tonne alors que les poneys pèsent parfois moins de 100 kg. Si l'on excepte la taille, il n'existe pas de caractère radicalement modifié par la domestication. Il n'y a jamais eu de race spécifiquement à viande ni de race laitière, bien que les juments soient toujours traites par les nomades d'Asie centrale.

L'âne (*Equus asinus*) descend de l'« âne commun » qui porte le même nom scientifique et qui n'est que l'une des espèces sauvages vivant en Afrique et en Asie. La domestication serait plus ancienne que celle du cheval et aurait eu lieu en Afrique. L'âne ressemble beaucoup à un cheval miniature mais c'est un animal plus rustique et au pied très sûr. Très courant en Europe à l'époque où le cheval était réservé aux classes aisées, l'âne est aujourd'hui surtout utilisé en Afrique et en Asie comme animal de selle ou de bât, plus accessible que le cheval. Son croisement avec le cheval donne le mulet (âne accouplé avec jument) ou le bardot (cheval avec ânesse) qui sont des animaux stériles (quelques très rares mules sont fertiles). C'est un animal courageux, plus fort que l'âne et au pied extrêmement sûr qui le rend irremplaçable en montagne où il n'est surpassé que par le yak. Il existe des races d'ânes de grande taille spécialement sélectionnées pour produire des mulets.

Les bovins

La domestication des bovins proprement dits, *Bos taurus* (ou *B. primigenius taurus* selon la terminologie trinomiale) et *B. indicus* (*B. primigenius indicus*), a d'abord donné lieu et les populations séparées. L'Europe a vu l'arrivée des bovins proche-orientaux, l'Afrique celle de chacune des sous-espèces : la vache venant du Proche-Orient est parvenue en Égypte et en Afrique du Nord où elle a peut-être subi quelques croisements avec l'aurochs ou les bovins du Sahara (*B. primigenius africanus*, protodomestiqués ou domestiqués ?). La vache zébu s'est d'abord répandue en Inde, puis dans le Sud-Est asiatique d'où elle a été transportée en Indonésie et à Madagascar au début de l'ère chrétienne. Elle à atteint le continent africain par un point et à une époque dont on discute encore. Les croisements entre les deux types de bovins, tout à fait possibles répétons-le, n'ont — modestement — commencé que récemment dans les zones à climat chaud.

Animal de prestige, plus ou moins sacré pendant les périodes préhistoriques qui ont suivi la domestication, vache, taureau et bœuf sont devenus progressivement le bétail le plus important pour l'alimentation de très nombreuses sociétés. Seuls y ont échappé le monde chinois où les meilleures terres étaient systématiquement réservées à l'agriculture, l'Afrique intertropicale là ou la mouche tsé tsé interdisait l'élevage des bovins ainsi que l'Amérique, l'Australie et l'Océanie précoloniales.

Figure V.4. Taureau de race indéterminée, première moitié du XIXe siècle. La conformation est encore bien médiocre.
Extrait de D... (1840).

On a longtemps pensé que les premiers éleveurs de bovins ne tiraient parti que de la viande, des peaux, des cornes et des autres matières premières transformables en artéfacts. Comme déjà mentionné, l'homme aurait très tôt trait les vaches, comme il savait déjà le faire pour les petits ruminants mais en faisant appel à des subterfuges comme la traite pendant la tétée. On peut supposer que la persistance de l'aptitude de l'homme à digérer le lactose après le sevrage est apparue progressivement à partir de cette lointaine période. Bien entendu il n'a pu s'agir à l'origine que de la mutation d'un gène dont la fréquence aurait augmenté progressivement parmi les populations d'éleveurs de vaches. Aujourd'hui elle est très grande chez les Européens du Nord et les bergers d'Afrique et d'Asie, mais très faible chez les Amérindiens, les Chinois ou les Aborigènes d'Australie. Pendant que la descendance des aurochs s'adaptait de mieux en mieux à la vie auprès de l'homme, les femelles se laissant traire, l'homme acquérait progressivement la possibilité de tolérer le lait de vache, même après une interruption de sa consommation. Il y a donc co-évolution de l'espèce bovine et de l'espèce humaine ! Cette vision du monde partagé en deux zones, celle où l'homme ignorant la consommation de lait de vache ne peut plus supporter quand il atteint l'état adulte et celle où il tire parti du lait sans problème, a été largement vulgarisée et enseignée. On a cependant fait remarquer que dans la première zone, on trouve des hommes qui ont consommé du lait de vache apporté par les Occidentaux dès leur enfance, n'ont jamais cessé d'en boire et le tolèrent visiblement. Le partage du monde en deux aptitudes enzymatiques distinctes ne serait donc pas aussi tranché qu'on l'a écrit.

L'espèce bovine s'est subdivisée dès l'Antiquité en une multitude de rameaux dont les caractéristiques se sont diversifiées depuis longtemps ; pour citer un exemple, on trouve déjà mention au XVIIe siècle de la grande production de lait des vaches des Provinces-Unies (Pays-Bas) d'où provient la meilleur laitière actuelle, la Holstein. Mais la notion de race n'a été explicitée qu'au début du XIXe siècle, d'abord en Grande-Bretagne, et elle ne reposait que sur des caractères extérieurs : taille, conformation[1], forme des cornes, couleur du pelage, etc., correspondant à ce qui avait été défini comme le standard de la race. Progressivement, les caractéristiques corrélées avec la production de lait ou de viande sont devenues plus importantes, mais la « pureté » de la race et l'appartenance à un livre généalogique (*herd book*) resteront longtemps la référence privilégiée. Un très grand nombre de races, pures ou non, ont alors été reconnues par le monde et classées en rustiques, améliorées, laitières, à viande, mixtes, etc. Depuis le XXe siècle, une sélection est entreprise pour améliorer, de manière de plus en plus scientifique, la production de viande ou de lait. La généralisation de l'insémination artificielle à partir de taureaux soumis à une sélection intense et engendrant une très nombreuse descendance a permis une accélération sans précédent du progrès génétique. Le nombre de races reste très grand (plusieurs centaines), surtout pour la production de viande. Dans le domaine laitier, une race très spécialisée, la Holstein, dérivée de la Hollandaise, domine toutes les autres par ses performances ; elle est toutefois loin d'être unique. Pour la production de viande, le croisement industriel est

---

1. La conformation, pour les zootechniciens, est le développement ainsi que la disposition des différentes parties du corps de l'animal. Elle est jugée par rapport à un type idéal de référence propre à chaque race.

Figure V.5. Veau sous la mère, XIXᵉ siècle. La conformation de la vache n'est pas très bonne pour un éleveur d'aujourd'hui, et les dimensions du pis sont signe d'une production laitière modeste. Extrait de Dumas (1978).

devenu courant. Il permet de profiter de l'hétérosis entre races à viande, et de valoriser la descendance de vaches laitières quand leurs veaux sont destinés à la production de viande et non de lait. Certaines races anglaises ou écossaises comme la Hereford ou l'Angus ont été diffusées presque partout dans le monde. Des races françaises comme la Charolaise ou la Limousine ont suivi. Il en existe beaucoup d'autres parmi lesquelles la race Blanc-Bleu-Belge, déjà citée, détient le record de production de viande.

À l'échelle de la planète, l'espèce bovine se place en première ou seconde position (après le porc) pour la viande de boucherie et, de très loin, en première position pour le lait. La quantité de lait produite par vache a augmenté de façon spectaculaire dans les élevages intensifs et continue de s'accroître sous l'action conjointe des méthodes de sélection d'une indéniable efficacité, et de l'alimentation scientifiquement adaptée. La composition du lait a d'abord varié d'une race à l'autre d'une manière aléatoire mais, chez les races laitières les plus performantes, la teneur en matière grasse avait tendance à décroître. Par la suite, les programmes de sélection ont permis de contrôler la teneur du lait en matière grasse où en caséine selon que l'on s'orientait vers la production de beurre ou de fromage par exemple. En revanche, la qualité gustative des fromages à laquelle tiennent tant les Français est liée à la nature des caséines, qui diffère d'une race à l'autre. L'alimentation des vaches à très hautes performances laitières a progressivement imposé la distribution d'aliments concentrés riches en protéines et autres nutriments (minéraux en particulier), en plus de la ration de base constituée d'herbe ou d'autre plantes comme le maïs fourrager. Tout cela est pris en compte par des programmes informatiques régulant la distribution de la ration de concentré à chaque vache au moment de la traite. Pour la production de viande, certains élevages ont conservé un caractère extensif lié essentiellement au pâturage pendant la belle saison et à la consommation de foin pendant l'hiver. Mais dans d'autres, et en particulier dans les fermes américaines, on fait largement appel aux céréales et aux tourteaux comme pour les vaches laitières. Les bovins font maintenant une large concurrence aux monogastriques dans le domaine de la consommation des céréales et des tourteaux.

Les bovidés secondaires et le buffle d'Asie

En Asie et en Indonésie, le zébu n'est pas le seul bovin domestique. On trouve tout d'abord en Inde et en Asie du Sud-Est une espèce d'importance mineure, le gaur (*Bos frontalis*), et en Indonésie ainsi que dans la péninsule du Sud-Est asiatique une espèce assez voisine et mineure également, le bovin de Bali (*B. javanicus*). Ces espèces descendent respectivement du mithan et du banteng qui, contrairement à l'aurochs, n'ont pas été exterminés, quoique l'un et l'autre soient menacés.

Pour ces deux bovidés, la domestication, qui remonte à une époque inconnue, n'a pas entraîné de modifications aussi poussées que chez la vache ou le taureau, et on emploie aujourd'hui le même nom scientifique pour les populations sauvages et domestiques. On peut seulement noter que, dans les deux cas, les sujets domestiques ont souvent une taille inférieure à celle des individus sauvages et une robe unie, sauf les pattes et le ventre qui demeurent blancs. Les femelles des deux espèces peuvent s'hybrider avec le taureau ou le taureau zébu, mais en donnant des mâles toujours stériles et des femelles fertiles. Ces dernières, accouplées avec des taureaux *B. taurus*, finissent par avoir une descendance entièrement fertile au bout de 7 à 8 générations. L'exploitation des gaurs semble avoir changé depuis l'époque où Harlan voyait en eux avant tout des animaux de sacrifice. Aujourd'hui, les hybrides sont recherchés pour la production de viande (en dehors des pays de religion hindou) ainsi que pour la traction. Les bantengs sont également appréciés pour les mêmes usages, surtout en Indonésie et dans les pays du Sud-Est asiatique. Dans ces pays, de nombreux bovins domestiques semblent porteurs de gênes provenant du banteng ; il y a donc certainement eu introgression (involontaire ?) de gênes de ces bovidés particuliers dans les bovins communs.

Beaucoup plus connu, le yak (*B. gruinniens*) correspond à une domestication propre aux régions himalayennes. L'espèce descend du yak sauvage (*B. mutus*) aujourd'hui rare, animal beaucoup plus gros, caractérisé par une très mauvaise vue palliée par une acuité auditive hors du commun. Le yak a une toison de longs poils laineux imprégnés d'une sécrétion augmentant encore son pouvoir isolant. Utilisé pour la monture, le transport sur bât, la viande et le lait, il est irremplaçable dans les très hautes altitudes (au-dessus de 3 500 m d'altitude). Comme le gaur et le banteng, il peut s'hybrider avec les bovins proprement dits, plus facilement avec le zébu qu'avec le taureau commun, dit-on. Il donne alors naissance, lui aussi, à des hybrides mâles stériles et des femelles fertiles. Ces hybrides sont mieux adaptés que leurs parents aux moyennes altitudes, c'est-à-dire en dessous de 3 000 m. Des essais d'acclimatation du yak en Europe ont été tentés au XIXe siècle, sans succès. Aujourd'hui, quelques élevages existent aux États-Unis ainsi qu'en Suisse.

Alors que le buffle d'Afrique s'est montré indomesticable, son cousin asiatique (*Bubalus bubalis*) est un puissant bovidé descendant du buffle sauvage, ou « arni », dont quelques troupeaux sauvages subsistent dans la péninsule de l'Asie du Sud-Est. On ne peut dire s'il y a eu une seule ou plusieurs domestications de ce bovidé placide mais impressionnant. Le buffle, espèce éloignée des autres bovidés domestiques, est un animal aux mœurs semi-aquatiques. Si sa peau très épaisse le protège des parasites, sa pauvreté en glandes sudoripares l'oblige à se plonger dans l'eau ou se vautrer dans la boue pendant les périodes très chaudes. Surtout élevé comme animal de trait, sa chair est également appréciée en Inde où elle échappe à l'interdit frappant la viande de bœuf. La production laitière est suffisamment importante pour être recensée dans les statistiques de la FAO. Son lait, très gras, est recherché pour la fabrication de certains fromages comme la mozzarella italienne. Le buffle s'est répandu dans une grande partie de l'Asie, jusque dans le sud de l'Europe et l'Égypte, ainsi que dans une moindre mesure en Afrique subsaharienne et en Amérique du Sud (Brésil).

Les caprinés, les camélidés et le renne

Le mouton et la chèvre, deux espèces spécifiquement proche-orientales, ont connu une répartition plus universelle que le porc du fait qu'elles n'ont pas souffert d'interdits religieux. Bien au contraire, le mouton a bénéficié de l'exclusion du porc dans les pays musulmans en prenant en quelque sorte sa place comme animal de taille moyenne que l'on pouvait sacrifier même dans les familles modestes à l'occasion des fêtes, ou tout simplement pour se procurer de la viande. La chèvre, cependant, par suite de sa sensibilité à des parasites comme les douves du foie (*Fasciola hepatica* et *Dicrocoelium* sp.), ne peut être élevée que dans les régions suffisamment sèches, généralement sur les terrains calcaires. L'apparition de traitements efficaces contre les parasites en question n'a modifié que récemment sa répartition.

Les deux « petits ruminants », comme on les appelle souvent, sont les plus anciens ongulés domestiqués par l'homme, et la chèvre est probablement l'animal qui a été trait en premier du fait de l'anatomie de son pis à citerne très développée. Les deux espèces ont en commun d'être exploités aussi bien pour la production de viande que pour celle de laine ou encore de lait — ce dernier convient mieux à l'homme que celui de vache car il entraîne moins d'allergies et ses lipides sont mieux digérés. Cette triple utilité remonte aux civilisations méditerranéennes de l'Antiquité, et peut-être même au Néolithique. L'agneau et le taureau ont été fréquemment des animaux de sacrifice. Puis le bœuf est devenu un animal de trait fournissant aussi la viande nécessaire pour les festins, mais le paysan moyen tirait son lait ainsi que le peu de viande qu'il consommait des brebis et des chèvres, très rarement des vaches. Les animaux à laine (qui est en fait un sous-poil), existaient déjà parmi les troupeaux des Néolithiques qui ont introduit l'agropastoralisme en Europe à partir du VIIe millénaire avant notre ère. L'utilisation de la laine à la place des peaux de bêtes a rapidement progressé, les brebis et les chèvres demeurant les principales pourvoyeuses de lait. Les ovins n'ont reculé devant les bovins dans la moitié sud de l'Europe que vers le début du XXe siècle. À la fin du XVIIIe siècle, Louis XVI importa d'Espagne un troupeau d'ovins d'une race donnant une excellente laine, les mérinos, qui, sélectionnés et améliorés, sont à l'origine de tous les grands troupeaux de brebis lainières du monde, et en particulier de ceux d'Australie et d'Argentine. Au XIXe siècle, les Britanniques ont créé des races orientées vers la production de viande qui ont été exportées vers la plupart des pays soit pour être élevées en races pures, soit pour améliorer en croisement industriel la progéniture des races rustiques. La production de viande ovine se situe au 4e rang mondial, après celles de porc, de bovin et de poulet. Plus rares, les races aux aptitudes laitières prononcées alimentent surtout la fabrication de fromages parmi lesquels le roquefort, mondialement connu. Les moutons sont élevés aussi bien dans les pays chauds que froids.

À l'échelle mondiale, les effectifs de chèvres se répartissent de manière relativement équilibrée entre troupeaux laitiers (les plus connus en Europe), à laine (dont les races mohair et les célèbres chèvres du Cachemire) ou à viande. Il existe des races sélectionnées pour leurs aptitudes laitières, en particulier en Allemagne, dont la production, proportionnellement à leur taille, est tout à fait comparable à celle des meilleures vaches laitières. Le lait de chèvre est apprécié et sert à la fabrication d'une multitude de fromages. On reproche cependant aux chèvres de s'attaquer aux arbustes et même aux arbres sur lesquels elles sont capables de grimper pour brouter les feuilles. Les troupeaux de chèvres constituent une menace pour l'environnement plus grande que celles des ovins.

Les textes anciens et le langage commun confondent souvent le chameau à deux bosses (*Camelus bactrianus*) et le dromadaire, ou « chameau à une bosse » (*C. dromedarius*). Tous les zoologistes ne sont d'ailleurs pas d'accord sur la validité scientifique de la seconde appel-

Figure V.6. Mouton et son gigot. Extrait de Dumas (1978).

lation. Le fœtus de dromadaire a deux bosses qui se fondent au cours de la gestation, et les deux espèces sont parfaitement interfertiles. Le dromadaire serait au mieux une sous-espèce de chameau en voie de spéciation ; ainsi, seule l'espèce *C. bactrianus* serait justifiée. Le plus anciennement domestiqué semble être le chameau à deux bosses, au début du IIIe ou peut-être au IVe millénaire av. J.-C., en Asie centrale, d'où son autre nom de « chameau de Bactriane ». Son ancêtre sauvage, dont il ne subsiste que très peu d'individus, n'a pas reçu de nom scientifique différent ; le second a été domestiqué au milieu du IIIe millénaire en Arabie. Son ancêtre sauvage a connu le sort de l'aurochs. Tous deux ont été utilisés pour la selle, le transport sur bât, mais aussi l'attelage, la production de viande et de lait. Le chameau à deux bosses allie la sobriété à la résistance au froid grâce à sa longue toison qui donne une laine de grande qualité. C'est l'animal des caravanes de la Route de la soie. Le dromadaire est surtout connu pour sa sobriété qui permet à l'homme de traverser les déserts brûlants comme le Sahara. Le turkoman, qui résulte du croisement du chameau et du dromadaire, a une bosse légèrement subdivisée et a la même fonction que ses parents en Asie.

Les deux camélidés du Nouveau Monde, le lama et l'alpaga, sont des animaux dont la masse, dépassant rarement 120 kg, est très modeste comparée à celle de leurs cousins d'Eurasie qui atteignent aisément une tonne. Comme les deux chameaux, le lama (*Lama glama*) et l'alpaga (*L. pacos*), sont parfaitement interfertiles, bien que, dans la nature, leurs ancêtres sauvages le guanaco (*L. guanicoe*) et la vigogne (*L. vicugna*) forment des troupeaux distincts ; il s'agit donc d'espèces écologiques, et non biologiques, comparables aux canidés sauvages voisins du loup. Le lama, avant tout exploité pour le transport de marchandises bien qu'il ne puisse guère transporter plus de 20 kg, ne saurait servir d'animal de selle. Il est également élevé pour sa chair et accessoirement son lait, mais son poil est de qualité médiocre. Il a été domestiqué en premier, sans doute au cours du IVe millénaire av. J.-C. On a vu que la réintroduction d'animaux sauvages dans les troupeaux avaient encore lieu à l'arrivée des Espagnols. L'alpaga, plus petit (il ne dépasse guère 70 kg), est un animal sélectionné pour la production de laine d'excellente qualité. Il existe des races à poil long ou frisé de couleur variable. L'élevage des deux espèces s'est maintenu sur les territoires de l'ancien Empire inca malgré la concurrence du mulet et du mouton ; en dehors de ces pays, il n'a connu qu'un succès tardif. Quelques élevages existent aujourd'hui au Canada, aux États-Unis, en Nouvelle-Zélande et en France.

Un autre ongulé a fait l'objet d'un début de domestication, le renne (*Rangifer rangifer*). Il n'est élevé que depuis 3 000 ans et ses effectifs n'ont pas beaucoup progressé depuis. Les hommes du Grand Nord européen et sibérien suivent les troupeaux de rennes « domestiques » plutôt qu'ils ne les conduisent ; ils pratiquent des castrations de vieux mâles dominants, traient les femelles et sont à l'origine d'une certaine hétérogénéité de la couleur de la robe. Bien peu d'évolution par rapport aux rennes sauvages, avec lesquels les animaux domestiques s'accouplent encore fréquemment.

Le porc

Le porc a été domestiqué aux deux extrémités de l'Eurasie à partir d'une même espèce dont le jeune se laisse apprivoiser sans difficulté aucune. C'est, de loin, le plus prolifique des ongulés de nos fermes, et son caractère omnivore le rend adaptable à de nombreux modes d'alimentation. Il a été introduit dans tous les pays du monde, mais sa chair et même son élevage sont condamnés par deux grandes religions, le judaïsme et l'islam. L'absence d'os de porc dans les vestiges archéologiques de Palestine prouve que cet interdit et très ancien (Finkelstein et Silberman, 2002). On s'est depuis longtemps interrogé sur les origines de ce refus et l'hypothèse d'une cause d'ordre sanitaire a été souvent évoquée : la viande de porc est susceptible de transmettre à l'homme le ténia et la trichinose. Aux dires des parasitologues, ces deux types de parasites n'existaient pas au Moyen-Orient à l'époque antique. Il faudrait plutôt rechercher l'origine de cette condamnation dans l'« impureté » dont il fait preuve en mangeant des déchets de toutes sortes, et en particulier des excréments — y compris les siens[1]. Le jugement du porc comme animal impur traduirait donc le rejet d'un moyen pour celui-ci de compenser des carences alimentaires. D'autres spécialistes pensent que son élevage a été interdit du fait que, contrairement aux ruminants, il ne peut survivre dans les régions arides sans entamer les réserves alimentaires de l'homme.

Figure V.7. Porcs au pâturage ou à la glandée au XIXᵉ siècle. Extrait de Dumas (1978).

---

1. Les nutritionnistes expliquent que ce comportement (la coprophagie) lui permet de récupérer des vitamines synthétisées par les bactéries de son tube digestif.

Le porc est une espèce dont la variabilité est très réduite, qu'il s'agisse de la taille, de la couleur, du pelage ou de la conformation. Cette homogénéité doit cependant être relativisée puisque son son élevage n'est orienté que vers une seule fin : la production de chair. Si les boyaux sont utilisés en charcuterie, la peau n'est que rarement tannée. Outre sa prolificité, le porc bénéficie d'une très grande vitesse de croissance. Sa viande est appréciée et son gras sous-cutané, le lard, a été pendant des millénaires un aliment énergétique précieux. Le cochon abattu à la ferme était presque une institution (ou un rite) dans les campagnes. La transformation des différents « produits » du porc a donné lieu à l'industrie de la charcuterie qui reste florissante malgré la méfiance aujourd'hui de mise envers les viandes riches en graisses, elles-même riches en acides gras saturés. Les grandes étapes de sa domestication peuvent être schématisées comme suit : l'animal a été pendant des millénaires un mangeur d'herbes, de résidus de l'alimentation de l'homme (les eaux grasses), de coproduits de la meunerie et de la fromagerie, de racines cultivées, de céréales non panifiables, etc. Il était élevé dans les fermes et transformé en grande partie en charcuterie ainsi qu'en lard salé si le sel était un produit abordable. Les élevages étaient toujours de taille réduite ; les animaux appartenaient à des races souvent indéfinissables mais toujours aptes à déposer de grandes quantités de gras dans leur carcasse. Au XIXe siècle, l'importation de porcs chinois *via* les porcs consommant les déchets sur les bateaux qui faisaient la liaison avec le sud de la Chine a permis aux Britanniques de créer, par croisement avec des porcs européens, de nouvelles races dont certaines avaient des carcasses de meilleure qualité charcutière que les porcs européens. Le milieu du XXe siècle a vu naître un engouement pour ces nouvelles races comme le Large White anglais, aux dépens des races européennes jugées trop grasses. D'autres pays, en choisissant la sélection des races indigènes, ont amélioré la conformation et diminué le dépôt de gras (cas du Landrace danois). Les Américains ont de leur côté sélectionné, entre autres, un porc brun rouge descendant du porc ibérique introduit très tôt dans le Nouveau Monde. Malgré tous leurs efforts, la qualité des carcasses a plafonné et la rentabilité a pâti d'une stagnation ou d'une diminution de la prolificité des races ainsi obtenues.

Des importations récentes de porcs chinois de la région de Shangaï appartenant à la race meishan ont changé la donne grâce à la prolificité et aux qualités laitières des femelles. Ces races, avec lesquelles on peut obtenir jusqu'à 16 porcelets sevrés par portée, avaient cependant une croissance relativement lente et produisaient des carcasses très grasses. Il s'est trouvé que le croisement entre ces porcs chinois et les porcs de type anglais se traduisait par un hétérosis étonnant : des descendants à la prolificité comparable à celle du parent asiatique croissant à peu près à la vitesse que le parent européen. Il a fallu éliminer le caractère d'engraissement excessif des carcasses hérité de la race meishan

Figure V.8. Cochon de lait à la broche. Extrait de Dumas (1978).

pour obtenir des lignées servant aujourd'hui à la production de porcs charcu-tiers *via* des croisements assimilables aux hybridations à trois voies. Les femelles appartiennent aux lignées les plus prolifiques et les mâles aux lignées les mieux conformées ou à la croissance la plus rapide. Le croisement grand-parental est un croisement entre une lignée sino-européenne et une lignée européenne améliorant la vitesse de croissance et la conformation (ou entre deux lignées européennes ou américano-européennes dans les formules plus classiques). Lors du croisement final, les truies parentales sont accouplées à des mâles d'une troisième lignée, très peu fertile mais très lourde et très musclée ; la descendance obtenue donne les porcs charcutiers. À ce dernier stade de l'élevage, les truies ont une descendance de l'ordre de 11,5 porcelets sevrés par portée en moyenne si une des lignées grand-parentales est sino-européenne (10 dans dans les autres cas). Sur une année, les truies produisent une moyenne de 27 porcelets. Ce schéma est, comme on le verra plus loin, calqué sur celui mis en œuvre auparavant chez la volaille, lui-même inspiré du maïs (voir encadré III.5). Notons que, chez le porc comme chez la volaille, les lignées font l'objet d'une sélection continue et bénéficient d'une amélioration de génération en génération. Parallèlement, l'industrialisation de l'élevage du porc, apparue dans la première moitié du XXe siècle, s'est fortement amplifiée. Les besoins alimentaires de l'espèce ont été bien étudiés et le porc est maintenant le mammifère qui assure la meilleure transformation d'aliment en viande. La production se fait au sein d'entreprises privées ou de coopératives contrôlant l'ensemble de la chaine, et la taille de ces élevages s'est considérable-ment accrue ; en Europe, une exploitation devient rentable à partir de 300 truies environ.

La viande de porc se situe au premier rang à l'échelle mondiale, devant celle de bœuf, mais les bovins restent les premiers fournisseurs de protéines compte tenu du lait et du fromage.

Le lapin et le cobaye

Le lapin européen (*Oryctolagus cuniculus*), d'abord utilisé pour le peuplement d'îles, fait partie des espèces de domestication récente. La catastrophe écologique provoquée en Australie par la prolifération du lapin de garenne n'est que le cas le plus spectaculaire de cette initiative aux conséquences imprévues étendue à l'échelle d'un continent. L'élevage quant à lui a gagné d'abord l'Europe puis de nombreux pays du monde. Le lapin est classé parmi les lagomorphes et non plus parmi les rongeurs, dont il se distingue par la réingurgitation (nocturne) de fèces particuliers, les caecotrophes ; ce comportement particulier lui permet de mieux digérer les substances cellulosiques (fibres). Le caractère herbivore et la prolifi-cité de l'espèce en font la source de viande la plus facile à produire sur un espace restreint, pourvu qu'ont puisse trouver de l'herbe ou des débris végétaux. L'éle-vage à échelle moyenne s'est répandu dans de très nombreux pays. La chair du lapin est appréciée en France et dans les pays méditerranéens par exemple, mais très rarement consommée dans les pays anglo-saxons, si ce n'est par les immi-grants récents. En Allemagne, elle est souvent dédaignée parce qu'elle rappelle les souvenirs de la dernière guerre (comme le topinambour en France). L'indus-trialisation de la cuniculture a été prônée au milieu du XXe siècle, à une époque où on pensait qu'elle pourrait emboîter le pas à l'aviculture, alors en plein développement. Aujourd'hui cette activité a régressé par suite de problèmes sanitaires non résolus. Le poil de lapin sert à la fabrication de feutre ; sa fourrure n'a guère de valeur s'il s'agit de races communes, mais il existe des races produisant une fourrure de qualité supérieure (Rex et surtout Orylag) et le poil du lapin angora fournit une laine de luxe.

Le cobaye, ou « cochon d'Inde » (*Cavia porcellus*), est un petit rongeur domestiqué en Amérique du Sud, essentiellement pour sa chair rappelant, selon les Européens, celle du porc. Il semble qu'il y ait eu deux foyers de domestication, l'un au Pérou, l'autre en Équateur. Comme indiqué plus haut, l'identification de son ancêtre sauvage est difficile, car l'animal domestique ne s'accouple avec aucun des *Cavia* sauvages, lesquels sont assez nombreux. L'hypothèse la plus souvent retenue fait descendre le cobaye domestique de *Cavia aperea*, à moins que ce ne soit d'hybrides interspécifiques ou d'une espèce disparue. La chair de cobaye n'est guère mangée en dehors de son pays d'origine où elle est restée très populaire. Il s'agit cependant de races lourdes, atteignant 4 kg, différentes de celles d'Europe où le cobaye a connu une grande célébrité en tant qu'animal de laboratoire utilisé pour les recherches sur l'immunité. Il a servi également pour les études sur le scorbut car il est, en dehors des primates, l'un des très rares mammifères à ne pouvoir synthétiser l'acide ascorbique.

La poule

La poule (*Gallus gallus*) est l'oiseau de basse-cour le plus répandu au monde. Plusieurs sites de la civilisation de Harappa (dite aussi « de l'Indus ») datés de −2500 à −2100 ont livré des restes de poules au moins en voie de domestication. Les os indiquent une augmentation de la taille des volailles et non une diminution comme pour les bovidés et les caprinés. Les Chinois ont fait récemment état de découvertes sur les sites du moyen Yangzi d'ossements de poules remontant au IIIe millénaire av. J.-C. eux aussi. Il est curieux de constater que ces deux sites sont respectivement à l'extrême ouest et à l'extrême est de l'aire de répartition des *Gallus* sauvages qui recouvrait une grande partie de l'Inde, l'Indonésie, le Myanmar, la péninsule du Sud-Est asiatique et atteignait le sud de la Chine. Les ancêtres de la poule appartiennent certainement à l'espèce *G. gallus* (l'une des quatre espèces du genre), subdivisée en sous-espèces, toutes interfertiles entre elles et avec la poule domestique. L'hypothèse selon laquelle la poule domestique descendrait d'au moins deux sous-espèces justifierait le nom de « *G. domesticus* », qui est cependant de moins en moins accepté. Plusieurs zoologistes pensent que le coq a été domestiqué comme animal de combat ou comme oiseau chanteur (ces oiseaux sont très populaires en Asie) : l'homme aurait été séduit par la fierté du coq lorsqu'il chante ! L'élevage de la poule a gagné rapidement toute l'Eurasie et l'Afrique. En Occident, l'une des premières représentations du coq a été trouvée dans le célèbre tombeau de Toutânkhamon, soit au XVe siècle avant notre ère. À la fin de l'Antiquité, le coq était un animal de sacrifice beaucoup plus accessible qu'un agneau et son rôle de réveille-matin n'était pas négligeable. L'élevage a ensuite été pratiqué surtout pour la chair, les œufs demeurant un coproduit jusqu'à la sélection de races spécialisées, dites « pondeuses », à la fin du XIXe siècle

Figure V.9. Poule, coq, poulet du XIXe siècle. À gauche, avant l'importation de races asiatiques : type méditerranéen, léger. À droite, volailles alourdies par croisement avec les races asiatiques. Extrait de Dumas (1978).

seulement — ce qui n'exclut pas les très nombreuses races décoratives ou de combattants. La poule avait atteint l'Océanie *via* les migrations des Lapitas et, de là, l'Amérique du Sud avant que les Européens ne l'y introduisent, comme l'attestent les vestiges datés du XIVe siècle découverts récemment au Chili. Après avoir atteint l'Extrême-Orient, les navigateurs européens ont importé des races chinoises et indiennes qui ont permis d'alourdir nettement les poules européennes jusqu'alors très légères. Ces races asiatiques ont par la suite contribué à la création des races qui se sont répandues en Europe à partir du XIXe siècle. Il en existe une multitude différant par la taille, la couleur et la disposition du plumage, la forme de la crête, la couleur des tarses ou de la peau, la taille et la couleur des œufs ainsi de nombreux autres caractères.

De toutes les espèces domestiques d'importance, la poule est de loin la plus prolifique et celle dont la croissance est la plus rapide. Elle a été multipliée à grande échelle par incubation artificielle des œufs en Égypte bien avant que le thermomètre ne soit disponible, mais la technique n'a pris un essor en Occident qu'après l'invention de ce dernier. Les grands élevages ont ensuite été rendus possibles par le progrès vétérinaire permettant de maîtriser les maladies propres à ces grandes concentrations d'individus souvent confinés. Le poulet, qui était depuis des millénaires un produit de luxe, a ainsi pu être produit à une échelle inconcevable auparavant. Partie des États-Unis, l'aviculture moderne a bénéficié de toute une série de travaux scientifiques appliqués et concertés de génétique, de nutrition, de physiologie de la ponte et de la reproduction ainsi que de pathologie. Il en a résulté une industrialisation reposant sur des croisements qui produisent des

Figure V.10. Poule et coq de race Crèvecœur.
Source : Dumas (1978).

poussins dits « autosexables », c'est-à-dire dont on reconnaît aisément le sexe dès l'éclosion.

La production du poulet de chair a très vite reposé sur des races lourdes, parmi lesquelles deux seulement assurent la quasi-totalité du marché : la White Plymouth Rock, d'obtention anglaise, et la Cornish, qui descend du Combattant indien. Les deux races sont exploitées selon un schéma en croisement à trois voies directement inspiré des maïs hybrides. Les lignées grand-parentales sont généralement deux lignées de White Plymouth Rock de fertilité acceptable ; on fait ensuite appel à des coqs de race Cornish, très peu fertile mais très bien conformée et à la croissance très rapide pour le dernier croisement. La sélection pratiquée à l'aide de méthodes très sophistiquées a permis une diminution continue de l'âge d'abattage, qui est passé d'environ 16 semaines à 6 ou 7 de nos jours, le gain génétique étant de 2 jours par génération ! Cependant les problèmes tels que rupture de l'aorte, mauvais emplumement et surtout faiblesse des pattes se sont aggravés au fur et à mesure que la vitesse de croissance était accrue. Au cours des dernières décennies, il a fallu renoncer à la sélection de volailles de plus en plus lourdes pouvant être abattues de plus en plus jeunes. Une initiative, due au généticien français Léon-Paul Cochez, a permis de produire des poulets à partir de croisements comportant une lignée nanifiée à l'aide d'un gène récessif lié au sexe. On obtient ainsi une poule de taille réduite donc plus « normale » qui, accouplée à un coq de taille normale, donne une descendance de poulets lourds. Le coût de production du poussin a ainsi été nettement réduit sans que sa vitesse de croissance ne soit sensiblement affectée ; ce type de croisement s'étend de par le monde. On connaît depuis longtemps les répercussions négatives de l'abattage précoce sur la qualité sensorielle de la chair, et les Français ont « labélisé » des volailles à croissance plus lente, abattues plus âgés et de chair plus goûteuse, qui connaissent un grand succès, surtout en France et en Grande-Bretagne. L'étude des besoins nutritionnels a contribué à faire de cet animal le meilleur transformateur d'aliment de tous les animaux terrestres.

La production des œufs de consommation a également connu un développement spectaculaire. Elle repose, au niveau mondial sur deux anciennes races : la Leghorn, d'origine italienne mais améliorée aux Etats-Unis, qui pond des œufs blancs, et la Rhode Island, d'obtention américaine pondant des œufs à coquille teintée préférés par certains consommateurs. Le nombre d'œufs pondus par poule de souches légères spécialement sélectionnées s'est accru pour avoisiner des moyennes de l'ordre de 300 à 320 œufs par poule et par an. Il continue d'augmenter, sans avoir encore atteint le palier, prédit depuis longtemps et mathématiquement inéluctable. On utilise fréquemment des croisements dits « autosexables » pour distinguer les mâles des femelles dès la naissance à la seule vue d'un caractère extérieur (figure V.11). C'est sur les lignées de poules pondeuses Leghorn que les schémas de production des hybrides doubles de maïs ont été en premier transposés au règne animal. Les

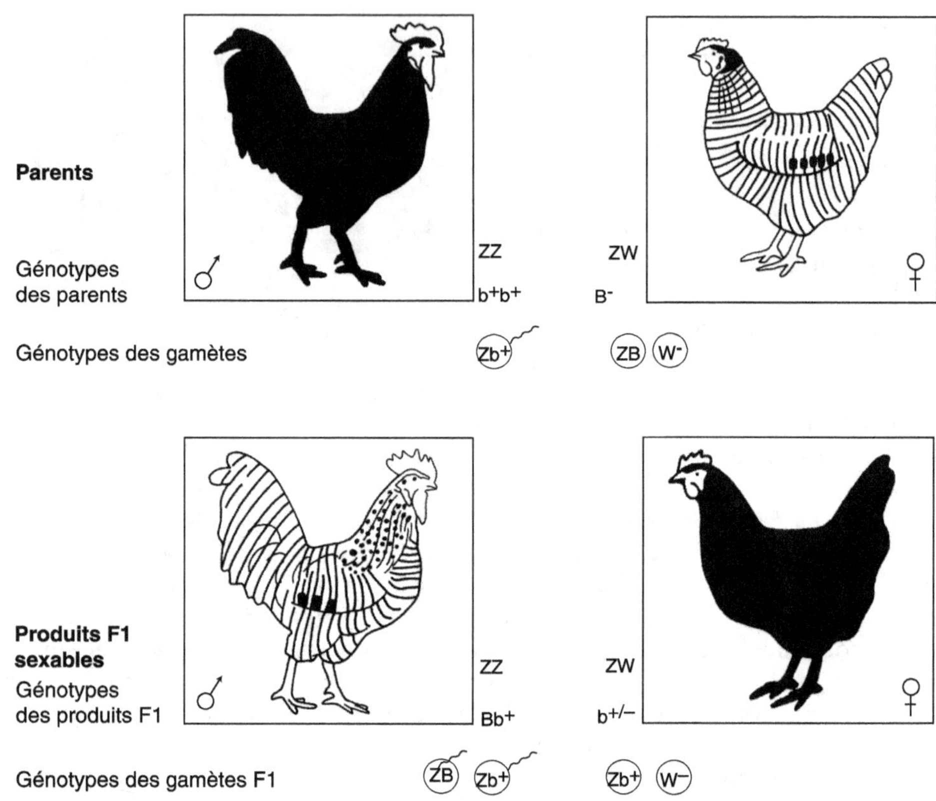

Figure V.11. Un croisement autosexable chez la poule permettant de reconnaître le sexe des poussins dès leur naissance. *Source* : Coquerelle (2000).

résultats ont cependant été moins avantageux que prévu, et la plupart des sélectionneurs sont revenus à des croisements plus simples. L'efficacité alimentaire des poules pondeuses est tout aussi remarquable que celle des poulets. La consommation d'œufs par habitant a longtemps progressé, avant de décroître à cause de la mise en garde contre les dangers du cholestérol (dont la teneur de l'œuf n'est pas sélectionnable). Les pays occidentaux élèvent approximativement une poule pondeuse par habitant. La moyenne est un peu moindre au niveau mondial, mais le nombre d'individus vivant sur la planète, tous âges confondus, est de l'ordre de 30 milliards ! La consommation européenne de volaille et d'œufs arrive juste après celle de bœuf et de veau, très loin devant celle de mouton.

Le dindon et la pintade

Le dindon (*Meleagris gallopavo*), de la famille des phasianidés comme la poule et la dinde, est le résultat d'une domestication réalisée par les Aztèques pour qui il était, avec le chien, le seul animal domestique consommé. Il descend de l'espèce sauvage avec laquelle il s'accouple facilement aujourd'hui, *M. gallopavo sylvestris*, l'une des 6 sous-espèces de dindons sauvages qui vivaient sur une grande partie du Mexique et des États-Unis actuels. La domestication aurait eu lieu quelques siècles avant notre ère et, à l'arrivée des Espagnols, l'espèce était élevée dans tout le Mexique, en Amérique centrale et dans une partie des Antilles. Une autre sous-espèce, *M. gallopavo meriami*, domestiquée par ses Amérindiens Pueblo dans le sud-ouest des Etats-Unis, est un oiseau qui s'approchait des villages et se comportait un peu comme les pintades en Afrique. Le dindon est le plus gros des phasianidés domestiques. Il a été rapporté en Espagne pratiquement dès sa découverte par les Espagnols (qui l'avaient pris pour une sorte de paon) et il s'est répandu en Europe en quelques décennies. Les colons de la Nouvelle-Angleterre et de la Nouvelle-France n'ont pas tardé à y importer des dindons d'Europe, c'est-à-dire mexicains. En Nouvelle-Angleterre, ils se sont rapidement croisés avec les dindons sauvages locaux de la sous-espèce ancestrale, engendrant des animaux de couleur plus sombre et de plus grande taille. Par la suite, le dindon est devenu la volaille du jour d'actions de grâces aux États-Unis puis une volaille de luxe réservée aux fêtes en Europe. La création et l'amélioration des races a été surtout l'apanage des Américains. Avec les progrès de la génétique, la taille de certaines souches a augmenté de façon spectaculaire : des reproducteurs mâles adultes peuvent aujourd'hui dépasser 40 kg, et la reproduction ne peut se faire que par insémination artificielle. L'élevage de ces très grosses volailles permet de commercialiser des rôtis de dinde qui remplacent souvent ceux de veaux. La dinde est le seul animal domestique américain qui fasse l'objet d'élevages industriels assez comparables à ceux du poulet et qui connaisse un succès mondial.

Figure V.12. Dindon et pintade du XIXe siècle. *Source* : Dumas (1978).

La domestication de la pintade (*Numida meleagris*) à partir de l'espèce africaine du même nom en Afrique occidentale a déjà été relatée. L'espèce a été non seulement réintroduite en Europe, mais aussi transportée en Asie et en Amérique. Des populations marronnes existent dans les Antilles, en Amérique centrale et en Indonésie (Plouzeau et Mongin, 1984). L'espèce est à l'évidence peu domestiquée : son comportement nerveux et craintif oblige l'éleveur à de grandes précautions, et la couleur et la taille sont encore très souvent celles du type sauvage. La pintade est recherchée dans les pays où la gastronomie est une grande tradition comme la France et l'Italie ainsi que, dans une moindre mesure, dans les pays de l'Est européen. Dans l'ex-URSS seulement elle est élevée pour la production d'œufs de consommation. Les élevages à caractère industriel sont nombreux surtout en

Italie et en France, ce dernier pays ayant pratiqué avec succès et depuis plusieurs décennies la sélection rationnelle pour la masse corporelle et la conformation.

Les canards et les oies

Le canard commun (*Anas platyrhynchos*), un descendant du canard colvert qui porte le même nom latin est qui est l'une des nombreuses espèces de canards de l'hémisphère Nord, est l'une des espèces qui ont connu au moins deux foyers de domestication : l'un dans la région méditerranéenne, au Proche-Orient (au sens large), l'autre en Extrême-Orient. Dans les deux cas, l'ancêtre sauvage est le même oiseau[1] nichant dans une très vaste zone et qui se laisse facilement apprivoiser. Il semble bien que les canards engraissés et gavés pour la production de foie gras par les Égyptiens, les Grecs et les Romains étaient encore des oiseaux sauvages capturés. À l'inverse, la domestication de l'espèce en Extrême-Orient pourrait remonter à une période antérieure au premier millénaire av. J.-C. car la diversité des couleurs et des conformations (le coureur indien se tient presque debout) plaide en ce sens. Le canard n'a ni l'allure fière, ni le chant majestueux, ni la combativité du coq. Contrairement à ce dernier il n'a pas attiré beaucoup d'amateurs et son élevage s'est propagé lentement en dehors de ses aires de domestication. C'est cependant une volaille prolifique dont les œufs étaient recherchés, surtout en Asie — leur commerce est réglementé en Occident par suite de risques de transmission de germes pathogènes, les salmonelles. La croissance du canard est rapide, sa chaire goûteuse mais sa carcasse, plus grasse que charnue, est peu attrayante pour les Occidentaux soucieux de diététique.

Le canard de Barbarie, ou « canard musqué » (*Cairina moschata*), est originaire du nord-ouest de l'Amérique du Sud. C'est un oiseau plus lourd, zoologiquement assez éloigné du précédent. Sa domestication a probablement eu lieu au Pérou, avant l'arrivée des Espagnols, mais on ne peut être plus précis sur ce point. Il était déjà élevé aux Antilles à la fin du XVe siècle. Son rendement en chair est plus élevé que celui du canard commun et son goût légèrement musqué est apprécié. Il donne avec le canard commun des hybrides stériles, les mulards, surtout recherchés en France pour leur aptitude à concurrencer l'oie dans la production du foie gras mais également élevés à Taïwan.

Figure V.13. Canard commun. Extrait de Espanet (1870).

---

1. L'homogénéité de la population sauvage de cette espèce est tout à fait remarquable.

Figure V.14. Oie sauvage et de Toulouse. La différence d'échelle des deux dessins atténue beaucoup l'alourdissement de la race domestique. Extrait de Espanet (1870).

Parmi les oies sauvages, gros palmipèdes migrateurs de l'hémisphère Nord, deux espèces principales ont été domestiquées. Les Égyptiens de l'Antiquité élevaient, peut-être depuis le IIIe millénaire av. J.-C., des oies cendrées (*Anser anser*), mais il ne se serait agit encore que d'oiseaux sauvages. Crawford (1984b) pense que la domestication de l'oie occidentale a eu lieu en Égypte vers le milieu du IIe millénaire, c'est-à-dire, selon lui, plus tard qu'en Europe où elle aurait apparu dans plusieurs régions ou pays — opinion novatrice mais surprenante. À peu près à la même époque, les peuples d'Extrême-Orient domestiquaient l'oie cygnoïde (*Anser cygnoïdes*), dont les races les plus connues sont dites « oie de Guinée » et « oie du Siam ». Les deux espèces d'oies appartiennent en fait à une seule espèce biologique et plusieurs races proviennent du croisement de ces deux espèces écologiques. Les oies n'ont été que peu modifiées par la domestication. Elles diffèrent des canards par leur mœurs moins aquatiques, leur comportement herbivore et leur étonnante aptitude à la marche : à l'époque antique, des troupeaux entiers d'oies étaient menés de Gaule jusqu'à Rome… à pied. Longtemps recherchée comme volaille idéale pour les grands repas pour sa graisse jugée aussi fine que le beurre, l'oie a également été élevée pour son plumage : si son duvet est de qualité inférieure à celui de l'eider, il est bien supérieur à celui des autres volailles domestiques. Ses rémiges taillées ont servi pour écrire dès le Ve siècle et, à une époque ancienne, elles ont aussi revêtu une importance stratégique considérable car elles servaient à la confection de l'empennage des flèches. L'utilisation des oies comme gardiens est connue surtout depuis l'épisode où elles sauvèrent Rome d'une attaque nocturne des Gaulois en − 390, mais elle persiste dans des villages andins. Bien que l'oie soit aujourd'hui élevée le plus souvent pour sa chair et parfois pour la production de foie gras, il existe quelques races assez bonnes pondeuses en Allemagne et en Chine, et son élevage continue à progresser à l'échelle mondiale. Le pays où elle avait gardé la plus grande importance était l'URSS. Une autre espèce, la bernache du Canada (*Branta canadensis*), abondante en Amérique du Nord et peu farouche, a été élevée par les premiers colons, mais sa domestication balbutiante a été abandonnée dès l'importation d'oies de l'Ancien Monde.

Les volailles secondaires

La caille japonaise (*Coturnix japonica*) est une petite volaille de domestication récente encore peu connue en Europe. Son ancêtre sauvage, qui porte le même nom scientifique, est un oiseau migrateur hivernant au sud de la Chine ainsi que sur les côtes du Japon, de Chine et de Corée et se reproduisant plus au nord. Il a d'abord été domestiqué en tant qu'oiseau chanteur il y a quelque 6 siècles, avant que les Japonais ne s'aperçoivent qu'on pouvait l'élever dans un faible volume, obtenir en quelques semaines un petit oiseau apprécié des gourmets ainsi que de nombreux œufs. Le stock domestique a failli disparaître pendant la Seconde Guerre mondiale, mais il a été sauvé. La caille japonaise a été importée en Occident pour le repeuplement des chasses, pour la production d'œufs et surtout de toutes petites volailles rappelant le gibier. C'est également un animal de laboratoire servant pour des recherches de génétique car sa reproduction est plus rapide que celle de la souris.

Le pigeon domestique (*Columba livia*) fait partie des oiseaux familiers à l'homme. Comme déjà indiqué, il a été attiré par les bâtiments et s'y est volontiers fixé en raison de son comportement peu farouche. La distance de fuite est pratiquement annulée chez l'oiseau qui couve (qui est le mâle pendant une partie de la journée). Cette espèce accepte d'être enfermée, mais elle préfère voler aux alentours de sa demeure, et son comportement territorial est tel qu'elle y revient même si on l'en éloigne de plusieurs centaines de kilomètres. Dans ce cas, les échecs sont d'autant plus fréquents que la distance est grande, mais la faculté de revenir à son pigeonnier (*homing*) a été exploitée pendant longtemps pour le transport de messages. Ce pigeon est monogame, comme la pintade, et il se distingue de toutes les autres volailles domestiques par son appartenance à la catégorie des oiseaux de nid qui doivent nourrir les jeunes jusqu'à ce qu'ils puissent voler. Les pigeons sont, selon les pays, des pigeons voyageurs aujourd'hui réduits au domaine « sportif », des oiseaux familiers et décoratifs ou bien de petites volailles de luxe de faible importance.

L'autruche, oiseau africain géant très vulnérable à la prédation humaine, était autrefois répandue du Maghreb à l'Afrique australe, mais son aire a été considérablement réduite par la chasse. Son élevage a connu trois périodes :
— dans l'Antiquité, on l'a élevée de l'Égypte à Rome surtout pour sa chair (les grandes dames la montaient aussi à certaines occasions !) ;
— aux alentours de 1900, une grande quantité de plumes étaient utilisées pour la décoration, en particulier des chapeaux, et l'autruche était élevée jusqu'en Europe. L'élevage a périclité puis a disparu pour cause de mode ;
— il connaît aujourd'hui un regain d'intérêt, cette fois-ci pour la production de viande qui rappelle curieusement celle du bœuf. Son intérêt à venir est possible.

Encadré V.3. Deux volailles prestigieuses du passé.

Les paons sauvages (*Pavo cristatus*, originaire de l'Inde, *et Pavo muticus*, de Malaysie et de Java) sont deux espèces parfaitement interfertiles dont la première a engendré le paon indien, et la seconde le paon vert, plus rare en élevage. La domestication de ces splendides oiseaux remonte au IIe millénaire av. J.-C. Les raisons possibles de leur domestication et les principaux usages auxquels a servi leur élevage ont déjà été relatés. Le paon rôti a également eté considéré comme le summum des grands festins, pour ne pas dire des festins royaux ; il faut dire que, servi avec ses plumes rectrices disposées en éventail comme du vivant de l'oiseau faisant la roue, il devait produire un effet inégalable. Aujourd'hui, le paon est avant tout un oiseau décorant les grands parcs et jardins.

Le cas du cygne (*Cygnus olor*) a déjà été évoqué à propos des espèces considérées comme domestiques alors qu'il s'agit d'un oiseau à peine modifiées par l'homme. Bien que moins beau que le paon, il a également trôné dans les grands repas et les festins sous la forme de rôti où il a, comme le paon, été remplacé par le dindon. C'est aujourd'hui un très bel et très majestueux oiseau évoluant sur les pièces d'eau.

Un grand nombre de tentatives passées de domestication d'animaux terrestres nous échappe sans doute du fait de leur échec. D'autres plus récentes sont connues et parfois poursuivies (cf. encadré V.4).

Batraciens et reptiles

Parmi les batraciens, et plus spécialement les grenouilles qui sont des prédateurs typiques, aucune espèce n'a atteint le stade de la protodomestication malgré de multiples tentatives d'élevage extensif.

Certains reptiles sont élevés de manière relativement intensive. Les premiers essais remontent aux alentours de 1930 pour des crocodiles. Ultérieurement, ils se sont tournés vers les espèces les plus demandées pour le commerce des peaux et cuirs de luxe : l'alligator (*Alligator mississippiensis*), le crocodile du Nil (*Crocodylus niloticus*), le crocodile d'eau douce de Nouvelle-Guinée (*C. novaeguineae*), le crocodile d'estuaire (*C. porosus*). Le crocodile du Nil a été la première espèce dont on a obtenu la reproduction en captivité, vers 1970. On est cependant encore loin de pouvoir parler d'espèces domestiquées.

Les tortues marines sont, comme les crocodiliens, menacées de disparition et par conséquent protégées. Les rares élevages qui ont vu le jour partent de la récupération de juvéniles nouvellement éclos qui sont normalement victimes d'une prédation extrêmement élevée de la part des oiseaux. Pour compenser le prélèvement, une partie des juvéniles ainsi sauvés doit être relâchée à un stade où ils sont beaucoup moins vulnérables. Dans les quelques élevages qui ont vu le jour parmi les pays de la ceinture intertropicale, il est encore trop tôt pour parler de protodomestication. Il existe des élevages de tortues terrestres en Chine, où leur chair est très recherchée.

Encadré V.4. Quelques domestications abandonnées ou en cours.

Les espèces animales qui ont été domestiquées à une époque plus ou moins ancienne sont assez nombreuses bien que souvent douteuses, les conditions de vie des animaux étant mal connue ; s'agissait-il d'animaux captifs, apprivoisés ou plus ou moins domestiqués ? Il est également permis de penser que de multiples tentatives de domestication n'ont pas laissé de traces.

Les anciens Égyptiens ont représenté des hyènes tachetées (*Crocuta crocuta*) tenues en laisse et des bergers conduisant des troupeaux de mammifères voisins des antilopes, en particulier des oryx (*Oryx* sp.). Il est probable que leur élevage ait été abandonné au profit respectivement du chien et des caprinés — des oryx ont toutefois été récemment introduits dans des ranchs texans. Les Romains se régalaient avec la chair du loir (*Glis glis*) qu'ils engraissaient dans des poteries trouées rappelant les faisselles à fromage ; il s'agissait sans doute d'animaux capturés. Certaines domestications sont périodiquement abandonnées puis reprises ; c'est le cas de l'élan (*Alces alces*), dont la domestication la plus ancienne semble être européenne. Elle a ensuite été reprise en URSS où des fermes collectives s'étaient spécialisées dans ce grand herbivore assez docile. Les ouvrages français de gastronomie du XIXᵉ siècle parlent du hocco, nom générique donné à plusieurs volailles de la famille des cracinés (voisins des phasianidés) d'Amérique du Sud. Leur chair est réputée et leur élevage a été pratiqué dans des basses-cours en France, mais il n'a visiblement pas perduré.

Parmi les tentatives de domestication très récentes, on peut citer celle du bœuf musqué (*Ovibos moschatus*). Ce petit mammifère d'allure intermédiaire entre le bovin et le mouton, couvert d'une longue toison, vit dans les toundras du Grand Nord américain. Sa domestication a été entreprise il y a plusieurs décennies dans le but de fournir une ressource nouvelle aux Inuits. Dans les zones relativement méridionales pour l'espèce, l'élevage s'est montré étonnamment facile : les femelles mettaient bas chaque année au lieu d'une année sur deux et la laine obtenue était de qualité tout à fait exceptionnelle. Le projet a cependant été abandonné tant sa transposition dans le Grand Nord paraissait irréaliste du seul point de vue de la rentabilité.

Le cabiais ou capybara (*Hydrochaeris hydrochaeris*) est un animal aux mœurs semi-aquatiques qui vit en Amérique du Sud, du plateau des Guyanes au sud du Brésil. Cet animal, le plus gros des rongeurs (jusqu'à 60 kg), vit en petites bandes bien structurées. Sa bonne prolificité et le rendement en viande de sa carcasse ont motivé un début de domestication qui remonte à plusieurs décennies ; les résultats paraissent encourageants.

Actuellement, au moins deux rongeurs des forêts africaines font l'objet d'une domestication pour la production de chair, un peu à la manière des premières productions de lapins en Europe sans doute : le cricétome (*Cricetomys* sp.), qui ressemble à un rat atteignant 1,5 kg, et l'aulacode (*Thryonomys swinderianus*), qui n'est pas sans rappeler le cabiais mais ne dépasse guère 7 kg en élevage. Le nandou (*Rhea americana*), grand oiseau voisin de l'autruche qui ne dépasse pas 30 kg, donnerait lieu, comme cette dernière, à une production apparemment rentable.

Les cyprinidés d'Asie

Des élevages plus ou moins extensifs de poissons ont été décrits par les Européens à leur arrivée à Mexico, c'est-à-dire dans une civilisation de l'âge du cuivre, et aux îles Hawaï dans une civilisation proche du Néolithique. À une époque remontant au Ier millénaire av. J.-C., les Chinois pratiquaient déjà une aquaculture d'étang sophistiquée. Des documents épigraphiques égyptiens représentent des bassins où vivent des poissons, mais on ne sait pas s'il s'agissait de viviers ou de bassins d'élevage. Néanmoins, on considère que les premiers élevages de poissons ont été développés par les Chinois et les Égyptiens et remonteraient à plusieurs siècles avant notre ère. Les Chinois ont mis au point de longue date une méthode de pisciculture portant sur 4 espèces vivant dans le même étang qui repose sur un savoir-faire et des règles très empiriques mais d'une efficacité remarquable. Les espèces utilisées aujourd'hui sont la carpe herbivore (*Ctenopharhyngodon idella*), la carpe argentée (*Hypophtalmichtys molitrix*), la carpe indienne (*Catla catla*) et la carpe commune (*Cyprinus carpio*) ; le mot « carpe » est, comme on le constate, employé au sens large, sauf pour la dernière espèce. Chacune prélève sa nourriture à un niveau particulier de la chaîne trophique : la carpe herbivore est l'un des rarissimes poissons capables de manger de l'herbe qu'on lui distribue, comme un lapin, la carpe argentée filtre le phytoplancton, la carpe indienne se nourrit de divers invertébrés, tandis que la carpe commune est omnivore après le stade larvaire. L'élevage peut être intensifié par la distribution d'aliments relativement peu coûteux.

La carpe commune est originaire des bassins de fleuves de l'Est européen et de l'Ouest asiatique. Elle a besoin d'eaux relativement chaudes pour sa reproduction, mais tolère des eaux froides l'hiver et surtout des teneurs en oxygène faibles, ce qui en fait une espèce bien adaptée à la pisciculture d'étang. Ce poisson, élevé déjà par les anciens Romains, est l'un des les plus répandus dans les plans d'eau du monde entier. Les races domestiquées, à croissance rapide, ont une morphologie différente de celle de l'espèce type et les souches dites « miroir » ont une peau dépourvue d'écailles (d'autres sélectionnées pour être consommables selon les prescriptions de la Bible ont quelques écailles seulement). En Extrême-Orient, certaines races ont fait l'objet d'une intense sélection pour des critères purement esthétiques : couleurs variables, taches dépigmentées ou à l'inverse richement colorées, nageoires de forme et de longueur parfois démesurées. Ces carpes dites « coï » font l'objet de commerce et de spéculations, certains sujets atteignant des prix inimaginables en Occident. Le poisson rouge, ou « carassin » (*Cyprinus carassius*), est une espèce très proche de la carpe avec laquelle elle se croise sans difficulté. Sans intérêt pour la production de chair, ce serait le plus ancien poisson domestique.

Les salmonidés

Les diverses espèces de salmonidés, poissons migrateurs ou sédentaires inféodés aux eaux froides et très oxygénées, sont toutes recherchées pour leur chair, mais leur élevage n'a pu être maîtrisé que récemment. Les premières fécondations artificielles d'ovules de truites *in vitro* avec des spermatozoïdes recueillis, comme les ovules, par pressage de l'abdomen, ont été réalisées par des Autrichiens sur des truites communes (*Salmo trutta*) dès le XVIIIe siècle. L'élevage des larves

---

Encadré V.5. Les différents types d'aquaculture.

Le terme « aquaculture » désigne toutes sortes d'élevages en milieu aquatique. On peut en différencier de nombreux types selon la finalité :
— de production ou de repeuplement ;
— selon l'intensité — extensif ou intensif ;
— selon le milieu (donc les espèces) — d'eau douce, marine ou saumâtre ;
— selon le phyllum — reptiles, poissons, mollusques, crustacés ;
— avec contrôle total ou partiel du cycle biologique
— en bassin ou en milieu naturel à partir de juvéniles capturés dans la nature.

Dans ce dernier cas, une particularité de l'élevage des poissons migrateurs anadromes consiste à élever les alevins dans un bassin d'eau douce situé sur un cours d'eau non loin de la mer jusqu'à ce qu'ils soient devenus smolts*, puis à les lâcher pour qu'ils gagnent d'eux-mêmes la mer. On attend ensuite le retour des poissons qui reviennent se reproduire dans le cours d'eau où ils sont nés. On les capture alors facilement, mais le rapport capturés/lâchés doit être suffisant. Ce mode d'aquaculture qui ne s'est répandu que pour les saumons du Pacifique s'appelle le *sea ranching* (« pacage marin »).

Selon l'espèce, le pays et le contexte économique, des techniques d'élevage particulières ont été retenues pour chaque type d'élevage. Ainsi l'aquaculture, toujours intensive, du saumon de l'Atlantique se pratique généralement en cages flottantes et celle des salmonidés d'eau douce en bassins à terre ; la pénéiculture (élevage de crevettes pénéides) en bassins de terre avec renouvellement de l'eau de mer ou celle des tilapias en Asie, très souvent en petits étangs fertilisés avec des fientes de bétail ou des déjections humaines. Les exemples d'aquaculture semi-intensive sont nombreux où l'aliment artificiel supplée (en général à partir d'un certain stade de développement du poisson) l'insuffisance quantitative de la « production naturelle », cette dernière palliant éventuellement les carences nutritionnelles de ce dernier.

* Jeunes poissons vivant en eau douce mais acquérant à un stade de développement donné et à une saison précise les caractéristiques physiologiques de poissons marins (adaptation à l'eau salée). Dans la nature, les smolts migrent vers la mer.

---

jusqu'au stade juvénile (fretin) n'a pas posé de problème ardu car les salmonidés présentent l'avantage de pondre de gros œufs (plusieurs centaines de milligrammes) donnant naissance à des larves faciles à nourrir. Une espèce de la côte ouest de l'Amérique du Nord, la truite arc-en-ciel (*Oncorhynchus kisutch*, ex-*Salmo gairdneri*), introduite en Europe à la fin du XIXe siècle, s'est révélée la plus apte à l'élevage intensif en bassin. La nourriture d'abord composée exclusivement de déchets d'abattoirs a été progressivement remplacée par des aliments complets à partir des années 1950. Les techniques sont aujourd'hui parfaitement au point. Bien que cette truite passe généralement toute sa vie en eau douce, il existe des populations sauvages migrant en mer à la façon des saumons, et l'espèce domestique est parfois élevée dans des cages flottantes en mer à partir d'un certain stade de développement. C'est le salmonidé le plus élevé dans de

Figure V.15. Truite commune représentée sans la nageoire dorsale. Au milieu, daurade ; en bas, turbot. Extrait de Dumas (1978).

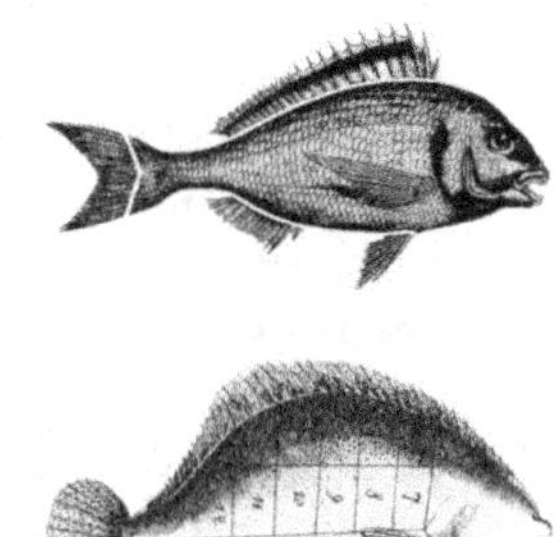

nombreux pays tempérés de l'hémisphère Nord comme de l'hémisphère Sud (où les salmonidés ont été introduits), tant qu'il disposent de cours d'eau ou de sources dont l'eau est suffisamment froide et oxygénée.

Le saumon de l'Atlantique (*Salmo salar*) n'a commencé à être élevé à des fins de production qu'à partir des années 1960. Il s'agit d'une espèce se reproduisant en eau douce (comme tous les salmonidés) et migrant en mer après la smoltification. Il a fallu étudier le déterminisme hormonal de ce phénomène et le maîtriser pour transférer le jeune saumon quand il est apte à vivre en eau salée dans des cages flottantes en mer sans risque de mortalité massive. L'élevage a rencontré des conditions optimales dans les fjords de Scandinavie, plus spécialement en Norvège, où il s'est développé à un rythme exponentiel. Le produit vendu en frais ou sous forme de filets fumés a connu un vif succès, et l'élevage s'est étendu à l'Écosse, au Canada, au Chili et à d'autres pays aux eaux côtières froides. En revanche, dans les pays plus méridionaux de l'hémisphère Nord dont les cours d'eau abritent de jeunes saumons, les smolts transférés en mer dans des cages ne peuvent supporter les conditions estivales ; il faut dire que, naturellement, ils migrent vers le nord dès qu'ils ont atteint la mer ! Les recherches appliquées portent maintenant sur de nombreux aspects tels que la génétique (les performances des souches augmentent sans cesse), la pathologie, la nutrition, la qualité de la chair, etc. C'est l'un des grands succès de ce que l'on a appelé l'« aquaculture marine nouvelle ». Si l'on inclut dans la production du saumon atlantique celle des saumons du Pacifique, tous deux du genre *Oncorhynchus*, l'aquaculture du saumon arrive au 3e rang mondial des espèces aquacoles. On notera cependant que pour ces dernières espèces, il s'agit de pacage marin, ou « *sea ranching* » (cf. encadré V.5).

Quelques espèces d'aquaculture marine nouvelle

Dès les années 1930, les Japonais s'étaient intéressés à la possibilité d'élever des espèces marines appartenant à des embranchements très éloignés comme les vertébrés, les crustacés et les mollusques. Ils concentraient leurs efforts sur des espèces qui avaient une haute ou très haute valeur marchande dans leur contexte économique. Ces recherches les ont amenés à étudier la nutrition des larves dont la masse est de l'ordre du milligramme et à mettre au point la culture d'algues unicellulaires et de rotifères, c'est-à-dire de phytoplancton et de zooplancton d'élevage leur servant de nourriture. Ils ont obtenu des résultats encourageants dans l'élevage d'espèces telles que la dorade du Japon (*Chrysophrys major*) et la crevette japonaise (*Marsupenaeus japonicus*). L'aquaculture de la sériole (*Seriola quiqueradiata*), dont la reproduction en captivité n'était pas maîtrisée, a néanmoins été pratiquée grâce à l'engraissement en cage de juvéniles capturés en mer. Avec un certain retard, les chercheurs de plusieurs pays européens comme la Grande-Bretagne et France leur ont emboîté le pas. Les poissons choisis ont été, comme au Japon, des espèces de grande valeur pour lesquelles les stocks naturels maintenaient les captures bien en deçà de la demande. Parmi ces espèces, le bar, ou « loup » (*Dicentrarchus labrax*), le turbot (*Scophthalmus maximus*), la dorade royale (*Chrysophrys aurata*) et la sole (*Solea solea*). Le résultat n'a pas toujours été au rendez-vous : l'élevage de la sole ne s'est pas révélé rentable et celui des autres espèces s'est souvent développé plus lentement que prévu. Cependant, il existe maintenant des écloseries et des élevages commerciaux de bars et de dorades et même de turbot, surtout dans les pays méditerranéens où les conditions thermiques leur sont les plus favorables.

Nouvelles espèces d'eau douce et d'eau de mer

Pendant que l'on s'efforçait de promouvoir cette nouvelle aquaculture, l'élevage généralement semi-intensif d'espèces d'eau douces et d'espèces tropicales a pris un essor considérable. Parmi les espèces nouvelles d'eau douce élevées en climat tempéré, on peut signaler le poisson-chat américain (*Ictalurus punctatus*), élevé en étang, les anguilles européenne et asiatique (*Anguilla anguilla* et surtout *A. japonica*, produites en bassins à partir de civelles capturées dans la nature), le poisson-chat européen, ou silure glane (*Silurus glanis*), l'ayu japonais (*Plecoglossus altivelis*), la perche de Chine, ou « poisson mandarin » (*Perca* sp.). Parmi les espèces tropicales, le nombre de nouveaux venus est au moins aussi grand. Des poissons d'origine africaine, le clarias (poisson-chat africain, *Clarias gariepinus*) et surtout les diverses espèces appartenant au genre *Tilapia* ou à des genres voisins, tous vendus sous le nom de « tilapias », ont connu un succès considérable. Ces espèces, dont certaines vivent aussi bien en eaux saumâtre ou même marine qu'en eau douce, sont loin d'être produites uniquement en conditions intensives (voir plus loin). Mais le démarrage le plus spectaculaire a été celui d'un poisson-chat asiatique, la panga (*Pangasius hypophthalmus*). Dans le domaine marin tropical, le nombre d'espèces aquacoles est pour le moins aussi grand que celui d'espèces dulçaquicoles. On peut citer *Lates calcarifer*, baptisé « bar tropical » uniquement en raison du goût de sa chair, le poisson-lait (*Chanos chanos*, « *milk fish* »), toujours « engraissé » à partir de juvéniles capturés en mer, plusieurs mérous (*Epinephelus* spp) dont les larves paraissent difficiles à élever. Le thon rouge (*Thunnus thynnus*) est une espèce très recherchée, en particulier par les Japonais pour la confection de leur plat favori de poisson cru, le sashimi, mais il est victime de la surpêche. Le cycle complet de la production n'a pas encore été réalisé, mais des « fermes d'engraissement » existent, où les thons sont enfermés dans d'immenses cages de 200 m de long. L'espèce vedette est actuellement le cobia (*Rachycentron canadum*), unique représentant de la famille des Rachycentridés. C'est un poisson d'eaux chaudes (dépassant 20 °C) à croissance très rapide qui atteint 2 m et 70 kg à l'état « adulte »[1]. Sa chair est très appréciée et il est facile à élever avec des techniques variées, y compris dans des cages flottantes en pleine mer. Sa production qui a commencé à l'extrême fin

---

1. Les poissons, comme les batraciens et les reptiles, n'ont pas d'état adulte au sens propre : ils continuent à grandir toute leur vie.

du siècle dernier dépasse déjà les 30 000 tonnes et certains pensent qu'elle équivaudra bientôt dans les eaux tropicales à celle du saumon dans les eaux fraîches. Le maigre (*Argyrosomus regius*) s'est ajouté récemment à la gamme des poissons d'aquaculture méditerranéens. Deux espèces marines bien adaptées aux eaux relativement froides, le cabillaud ou morue (*Gadus morhua*), et le flétan (*Hippoglossus* spp) connaissent aujourd'hui un certain succès en Europe.

L'aquaculture des crevettes

Figure V.16. En adoration devant la belle Ernestine à Saint-Jourt près d'Étretat qui apprêtait si bien la crevette ou (comme le consommateur d'aujourd'hui) devant la crevette ? *Source* : Dumas (1978).

Il existait en Indonésie une très ancienne aquaculture extensive de crevettes pénéides qui venaient se reproduire dans les lagunes appelées « *tambaks* ». La technique consistait à barrer la communication entre les lagunes et la mer aussitôt après la ponte. Les reproducteurs avaient regagné la mer, mais les larves puis les juvéniles enfermés grossissaient dans la lagune jusqu'à ce qu'on les capture. Les travaux japonais, suivis de beaucoup d'autres, ont permis de produire des larves en bassin, de les élever au-delà de la métamorphose pour les relâcher dans des étangs d'eau salée ou des bassins dans lesquels où ils atteignaient la taille commerciale. De nombreuses techniques plus ou moins intensives ont été essayées, mais seule celle du bassin de terre alimenté en eau pompée s'est révélée rentable. Les « postlarves » se nourrissent d'abord avec les organismes qui se développent naturellement puis avec les aliments complets qui leur sont distribués. La rentabilité de la péneiculture a été telle que le littoral de nombreux pays tropicaux, tout spécialement là où se trouvaient des mangroves, s'est trouvé peu à peu occupé par des fermes à crevettes. La part de l'aquaculture dans la production totale de crevettes est nulle dans les pays froids, faible dans les pays tempérés, mais elle atteint 30 % en Chine, 68 % au Brésil et 95 % en Équateur. Les principales espèces exploitées sont la crevette géante tigrée (*Penaeus monodon*), la crevette blanche (*Litopenaeus Vannamei*), les crevette de Chine et de l'Inde (*P. sinensis* et *P. indicus*) et la crevette bleue (*P. stylirostris*). Il existe une production beaucoup moins importante de crevettes d'eau douce zooloogiquement éloignées des pénéides, la chevrette, ou « crevette géante d'eau douce » (*Macrobrachium rosenbergii*), qui conserve une part du marché grâce à sa pauvreté en sodium. Des écrevisses de grande taille sont également élevées de façon extensive en Australie.

En conclusion sur l'aquaculture

Si l'on fait la somme des espèces nouvellement élevées, c'est-à-dire de celles qui ont fait leurs preuves et de celles qui sont encore produites en quantités minimes et qui seront éventuellement supplantées par d'autres, tous pays confondus, on arrive à un nombre excédant celui de toutes les autres espèces « alimentaires » domestiquées. Et ce sans compter les espèces de repeuplement ou décoratives. Ce nombre peut s'expliquer par deux raisons : tout d'abord, pour élever des poissons, le préalable de la soumission sociale n'est pas nécessaire, la domestication, prise au sens large, peut donc être rapide. Ensuite, le nombre d'espèces dans la classe des poissons, estimé à un total de 30 000 environ (soit le double de la liste dressée à ce jour par les zoologistes) surpasse nettement celui des batraciens, reptiles, oiseaux et mammifères réunis. L'état actuel de l'aquaculture mondiale ne reflète sans doute qu'un aperçu instantané, mais il témoigne d'un tournant et d'un incontestable potentiel dans la domestication des animaux élevés pour leur chair. Toutefois, le nombre d'espèces pas plus que la nouveauté des techniques ou la rapidité fulgurante du développement de l'aquaculture marine nouvelle ne doivent impressionner : 87 % de la production aquacole mondiale provient encore de l'aquaculture d'eau douce, surtout centrée sur des techniques extensives pratiquées de longue date en Asie. Les carpes chinoises à elles seules totalisent près de 20 millions de tonnes, suivies par le saumon, certes, mais ensuite par les tilapias et les anguilles. Notons que selon le degré d'intensification des élevages, les rendements vont de l'ordre de 100 kg/ha à 100 kg/m^3 d'eau pompée, filtrée et aérée (il n'est plus possible de parler de production par unité de surface dans ce cas). L'aquaculture actuelle est donc une juxtaposition d'élevages hétérogènes assez difficilement comparables aux élevages terrestres. L'« aquaculture marine nouvelle » comme celle de bars, de salmonidés ou des thonidés repose sur des espèces carnivores situées tout en haut de la chaîne alimentaire qui n'ont d'équivalent dans les élevages terrestres que des animaux de compagnie et des animaux à fourrure. Les aliments sur lesquels repose l'aquaculture marine doivent être pauvres en amidon car ce nutriment est très rare en milieu marin et les poissons le valorisent mal, mais ils doivent être riches en protéines et en lipides contenant des acides gras oméga 3 à longue chaîne qui ne se trouvent que dans le milieu marin. Les premiers aliments adaptés aux besoins des poissons marins étaient riches en farine de poissons, une solution de facilité logique. Des efforts sont aujourd'hui accomplis pour s'éloigner de cette solution peu compatible avec une utilisation optimale des ressources marines surexploitées. Fort heureusement, les espèces aquacoles qui ont aujourd'hui le vent en poupe sont les tilapias, les siluridés et les cyprinidés qui peuvent être nourris avec des régimes bien moins contraignants.

Conclusion sur l'élevage

Comme pour les espèces végétales, la contribution des différents continents pour la domestication des animaux est nettement déséquilibrée. La majeure partie des espèces domestiques provient de l'Eurasie avec des « doublons » comme la double (ou triple) domestication du sanglier, du canard commun et de l'oie au Moyen-Orient et en Extrême-Orient, ainsi que celle de l'aurochs au Moyen-Orient et en Inde. Sauf dans le cas du canard, il existait certainement des différences entre les ancêtres sauvages de part et d'autre du continent eurasiatique. Elles étaient sans aucun doute marquées pour les bovins pour lesquels les acquis des civilisations éloignées se sont complétés. De même, les croisements entre porcs européens et chinois se sont montrés très fructueux. En tout cas, les quatre ongulés du Proche-Orient, avec ou sans leurs « doublons » d'Asie orientale, ont remporté un succès mondial. Et il en est de même pour le poulet, purement extrême-oriental, dont la production de chair est du même ordre de grandeur que celles du bœuf et du porc. Parmi les autres espèces domestiques d'importance mondiale, seul le dindon n'est pas originaire d'Eurasie. Il faut descendre au niveau des espèces plus secondaires comme le chameau du Moyen-Orient, le buffle asiatique, le lama et l'alpaga des Andes et la pintade d'Afrique pour trouver des animaux qui ne se sont répandus un peu partout mais qui demeurent méconnus dans beaucoup de pays.

Si tous les animaux domestiques évoqués ci-dessus ont contribué à des degrés divers à l'alimentation humaine, si, en plus de la chair, les mammifères ont également fourni lait, cuir, fourrure ou laine et les oiseaux œufs, plumes ou duvet, plusieurs espèces ont joué des rôles prestigieux. Le bétail a très vite constitué une réserve de viande sur pied, un capital, un signe de richesse. Les bovins ont été déifiés au Néolithique et dans la civilisation égyptienne antique, ils le sont encore dans une certaine mesure chez les Indous qui les vénèrent et leur ont construit des maisons de retraite. Le bétail, et pas seulement les bovins, est un signe ostentatoire de richesse du clan ou de la famille plus qu'un capital récupérable et une source de revenus chez plusieurs peuples africains comme les Peuls et les Massaï d'Afrique orientale ou les Hovas de Madagascar. Il ne fait guère de doute que bétail et grain sont depuis longtemps deux richesses d'un pays. L'usage de jetons chez les premiers Néolithiques européens et les innombrables documents de comptabilité retrouvés sur des tablettes d'argile ou des papyrus dans les premiers empires montrent que les récoltes et les troupeaux ont très tôt fait l'objet d'une comptabilité. Ils suggèrent même que l'élevage et l'agriculture ont hâté l'invention des mathématiques.

Le cheval quant à lui a été l'animal irremplaçable pour les déplacements rapides et le prestige du cavalier. Dès l'âge du bronze, soit à partir du IIIe millénaire av. J.-C. au Moyen-Orient et du IIe à la pointe de l'Europe, les chefs se déplaçaient à cheval. Il est inutile d'insister sur le rôle de la plus noble conquête de l'homme dans les guerres. Beaucoup d'historiens pensent que les langues indo-européennes sont aujourd'hui parlées dans presque toute l'Europe, et dans une partie de l'Asie parce que leurs premiers locuteurs étaient maîtres dans l'usage du cheval domestiqué peut-être par leurs ancêtres, probablement dans leur pays d'origine. Et personne ne nie le rôle des cavaliers dans l'écrasement de l'Empire aztèque par une poignée d'Espagnols.

D'une manière générale, l'homme a pendant très longtemps cherché à tirer parti des étendues herbeuses non cultivables, en substituant les herbivores domestiques aux herbivores sauvages. Il est surprenant de remarquer que, parmi les civilisations matériellement avancées, seule celle des Aztèques n'avait pas d'herbivore domestique, mais comme indiqué brièvement ci-dessus, ce n'est pas faute de tentatives. L'homme a également valorisé ses excédents de tubercules, herbes succulentes, céréales et débris divers en élevant le porc, ainsi que (y compris chez les Aztèques) la volaille. Et il a combiné les espèces disponibles au mieux de ses ressources alimentaires. Ce n'est que récemment que les terres labourables ont été vouées à l'alimentation des bovins à une grande échelle, ce qui est sans nul doute une aberration pour la nutrition de l'humanité. Certes, dans l'Antiquité, le pâturage des jachères était systématique et, dès le XVIIIe siècle, une petite partie des terres a servi à la culture de fourrages artificiels, surtout trèfles, luzernes et autres fabacées destinées à la fois à enrichir les sols en azote et à fournir un complément de nourriture (la pratique était connue des hommes de l'Antiquité). Mais à partir du XIXe et surtout du XXe siècle, défrichement de nouvelles terres et progrès de l'agriculture liés à la mécanisation, à l'emploi des engrais minéraux et plus tard des pesticides ont permis de consacrer de grandes superficies à des récoltes destinées aux volailles, aux porcins et aux ruminants. Malgré la diminution (puis souvent la disparition) de la portion destinée aux animaux de trait (chevaux et bœufs), une part croissante du maïs, du blé, de l'orge ainsi que des tourteaux d'oléagineux a été incorporée aux aliments des porcs, des volailles, puis des ruminants, ces derniers recevant par ailleurs souvent de l'ensilage de maïs en lieu et place de l'herbe et du foin. Les ruminants sont ainsi devenus, à l'échelle mondial, des compétiteurs de l'homme des pays en développement pendant que l'homme des pays développés diminuait sa consommation directe de céréales ainsi que de légumes et d'autres végétaux, fruits exceptés.

L'élevage des animaux à viande a incontestablement apporté à l'homme un aliment pour lequel il avait, sauf exceptions, une incontestable appétence quoiqu'en disent les adeptes du végétarisme. Il est inutile d'insister sur l'intérêt nutritionnel des protéines d'origine animale sur lequel nous reviendrons (voir chapitre VI). Les herbivores ont été les seuls à fournir de surcroît à l'homme un aliment complet et de ce fait particulièrement précieux, le lait. Au contact des peuples de bergers ou les conquérants blancs, les populations sans bétail laitier ont d'une manière générale adopté les laitages et surtout les fromages qui ne causaient pas de troubles aux consommateurs intolérants au lactose.

L'évolution des élevages d'espèces majeures, comme la volaille suivie du porc puis des bovins et des ovins, a été spectaculaire depuis le début des années 1950. La concentration des unités de productions a permis une diminution spectaculaire des coûts de production. Cette évolution n'a été rendue possible que par la conjonction sans précédent des recherches dans toute une série de disciplines déjà évoquées. Les techniques d'élevage incluant la reproduction par insémination artificielle, les soins préventifs et l'alimentation évoluent sans cesse et ne s'adressent plus à des races selon la définition du XIXe siècle, mais à des souches ou des lignées dont le patrimoine génétique est amélioré scientifiquement et de façon continue. Les schémas de croisements industriels sont loin des accouplements naturels entre meilleurs sujets d'un même élevage, les modes d'élevage modernes sont loin des traites en étables ou au pâturage, des petits poulaillers ou petites porcheries sur lesquels la zootechnie a longtemps reposé. On cite souvent le cas de la race bovine Blanc-Bleu-Belge dont la mise bas n'est plus possible par les voies naturelles, mais il existe d'autres exemples similaires : la poule qui pond 320 œufs par an ne couve plus, comme le dindon de souche chair pesant plusieurs dizaines de kilos ne peut se reproduire sans le recours à l'incubation et parfois à l'insémination artificielle. On est en droit de s'interroger sur certains aspects de ces élevages, et il est difficile de condamner l'interdiction de l'élevage des poules en batterie par l'Union européenne. Que l'on s'abstienne ou non de considérations éthiques, on peut dire que l'évolution de l'élevage et des animaux d'élevage eux-mêmes a été aussi grande du début du XXe siècle à nos jours que du Néolithique au début du XXe siècle. Elle a d'ailleurs un peu plus coupé le monde des campagnes de celui des villes dont les enfants n'ont souvent jamais vu aucune truie, aucun taureau, aucun dindon.

1. Élevage en plein air de bœufs de race normande (race mixte). Cliché Gérard Paillard.

2. Taureau charolais « culard » (race à viande) au Salon international d'agriculture de Paris. Cliché Michel Meuret.

3. Traite d'une femelle dzo (hybride de yak et de vache). Cliché Joseph Bonnemaire.

4. Chèvres laitières de race Saanen sur un parcours où alternent feuillus et fabacées. Cliché Michel Meuret.

5. Brebis dans un alpage des Alpes du Sud. Cliché Michel Meuret.

1. Tête de jeune alpaga dans un élevage amérindien de l'Arizona (États-Unis). Cliché Michel Meuret.

2. Âne dans un élevage de brebis à l'alpage. Cliché Michel Meuret.

3. Lapin à fourrure Orylag. Cliché Christian Slagmulder.

4. Porcelets de race Gasconne au Salon International de l'Agriculture à Paris. Cliché Christophe Maître.

5. Jeunes porcelets de race chinoise Meishan, très prolifique. Cliché Jean-Claude Caritez.

6. Local d'engraissement de procelets de type moderne. Cliché Christophe Maître.

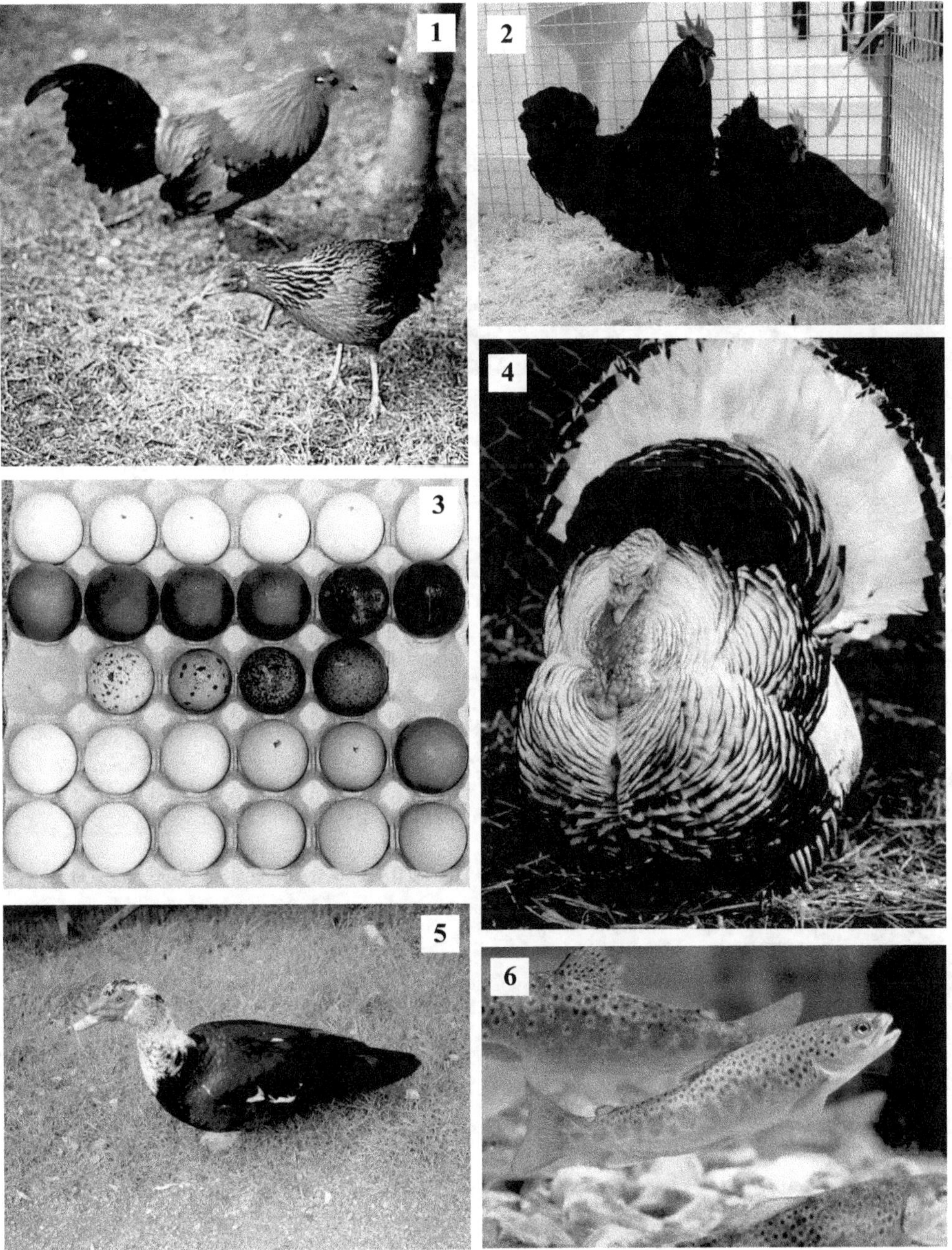

1. Poule et coq de Java sauvages (*Gallus gallus bankiva*). Cliché Pierre Hermans.

2. Une ancienne race de poule : la Géline de Touraine. Cliché Christophe Maître.

3. Variabilité de la couleur de l'œuf de poule. Cliché Gérard Coquerelle.

4. Dindon de race Royale. Cliché Jean Weber.

5. Canard de Barbarie. Cliché Sophie Normant.

6. Truite fario. Cliché Didier Marie.

1. Champ de blé dans un domaine expérimental de l'Inra. Cliché Gérard Paillard.

2. Rizières en terrasses aux Philippines. Cliché Chantal Loyce.

3. Champ d'orge avec coquelicots au premier plan. Cliché Gilles Louviot.

4. Champ de maïs. Cliché Gérard Paillard.

5. Champ de sorgho. Cliché Michel Chartier.

6. Épis de seigle. Cliché Jean Koenig.

1. Semences de tournesol, soja, colza, féverole, haricot, blé et pois. Cliché Chantal Nicolas.
2. Fleur de féverole. Cliché Christian Slagmulder.
3. Fleur de lupin blanc. Cliché Roland Bruneau.
4. Gousses de soja avec graines en formation. Cliché Roland Bruneau
5. Champ de colza. Cliché Jean Weber.
6. Jeunes palmiers à huile obtenus par multiplication végétale *in vitro* et endomycorhizes. Cliché Silvio Gianinazzi.

1. Tri de pommes de terre au centre de ressources génétiques de l'Inra. Cliché Christophe Maître.
2. Fleurs mâles et femelles de l'igname (*Dioscorea alata*). Cliché Gérard Hostache.
3. Chou-rave cultigroupe de chou. Cliché Véronique Chable.
4. Choux pommés (cultigroupe de chou). Cliché Claire Doré.
5. Brocoli (cultigroupe de chou). Cliché Corinne Énard.
6. Chicorée rouge. Cliché Claire Doré.
7. Culture de laitues. Cliché Claude Guimbard.

1. Pastèque. Cliché Jean Weber.
2. Melon. Cliché J.-P. Longchamp.
3. Variabilité chez l'aubergine : 3 espèces cultivées et leurs ancêtres sauvages.
Cliché Marie-Christine Brand-Daunay.
4. Cocotier chargé de noix. Cliché Jean-Marie Bossenec.
5. Pommiers dans un verger. Cliché Jacqueline Nioré.
6. Fleurs de bananier au stade « doigts horizontaux ». Cliché Alexandra Jullien.

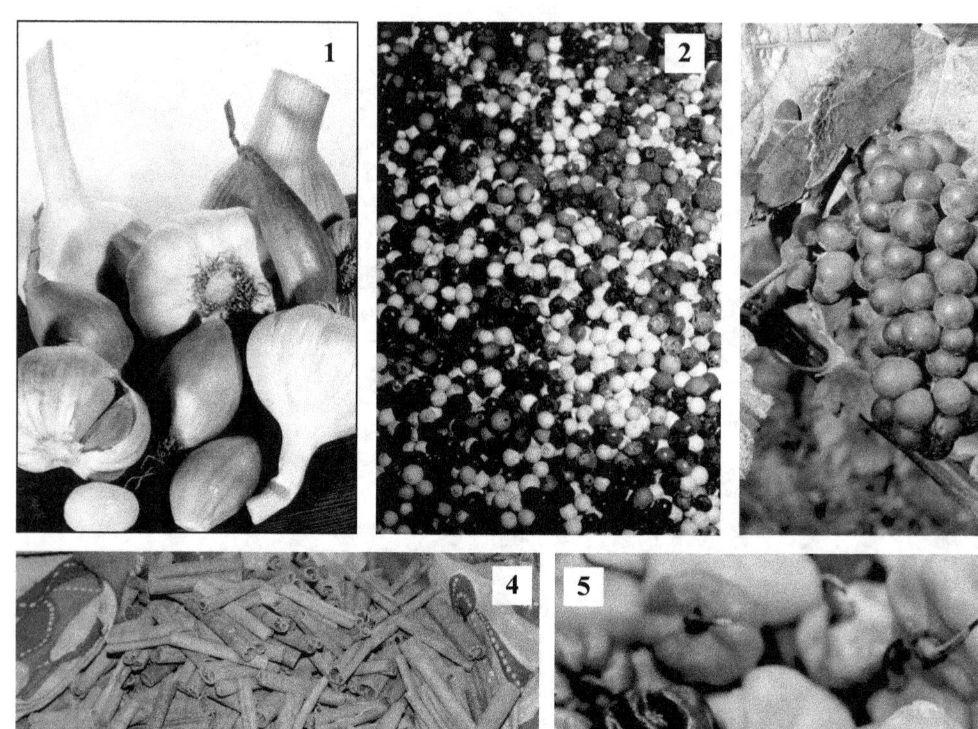

1. Ail, oignon et échalote. Cliché Jean Weber.
2. Épices à saveur poivrée : mélange de cinq baies. Cliché Jean Weber.
3. Grappe de raison du cépage pinot gris. Cliché Vincent Dumas.
4. Écorce de cannelle en bâtons. Cliché Anne-Hélène Cain.
5. Petits piments de la Réunion. Cliché Bertrand Nicolas.
6. Citron (*Citrus limon*), domaine expérimental Inra de Corse. Cliché Camille Jacquemond.

Chapitre VI

Quand la nutrition fait avancer les choses

*L'homme est probablement consommateur de symboles
autant que de nutriments.*
Jean Trémolières et Jean Claudian.

*La destinée des nations dépend de la manière
dont elles se nourrissent.*
Jean-Anthelme Brillat-Savarin

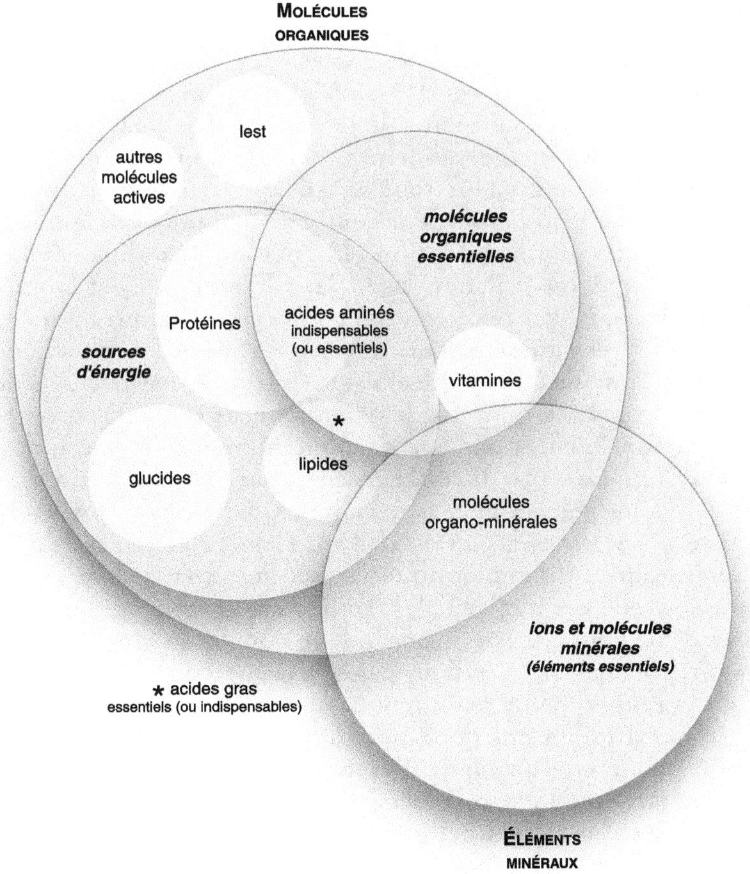

Source : Guillaume *et al.*, 1999

De l'obscurantisme à l'empirisme

Le choix des nutriments chez l'homme

La recherche d'aliments est l'un des comportements innés les plus fondamentaux, dont le déterminisme se rattache à des lois sortant largement du cadre de cet ouvrage. On peut cependant faire un bref rappel sur la faim et la satiété d'une part, sur le choix des aliments d'autre part. La faim est la traduction d'un besoin physiologique, longtemps interprété comme la simple nécessité de compenser les pertes de matière se produisant lors du jeûne. L'appétit et la recherche d'aliments qui en résulte sont en fait plus complexes. Sans entrer dans les détails, il convient de se demander si, pour ses recherches et ses choix, le jeune enfant, hors de l'apprentissage qu'il subit très tôt, est guidé par un « instinct » qui l'orienterait vers ce qui est nourrissant ou, plus précisément, vers les nutriments qui lui sont nécessaires. Le problème avait été abordé en 1928 par la pédiatre américaine Clara Davis. Une expérience menée sur de très jeunes enfants sevrés placés devant un choix d'aliments variés avait montré que ces bébés goûtaient, mangeaient puis délaissaient un peu tout ce qui était à leur disposition. Et, malgré cela, les régimes reconstitués par chacun étaient sensiblement équilibrés. Cette expérience est aujourd'hui considérée comme biaisée car on avait présenté aux enfants un assortiment d'aliments « classiques » pour bébés américains de l'époque (Fischler, 1993). En fait, les jeunes bébés placés devant des aliments, des plats et des objets divers sont attirés par la forme et la couleur tout autant que par l'odeur, portent à leur bouche ce qu'ils voient ou ce qui leur tombe sous la main. Ce n'est que dans un second temps, quand une sensation olfactive ou gustative est connue, que ces perceptions, rapidement mémorisées, les guident — c'est l'apprentissage. Dans la vie pratique, ce genre d'expérience n'a cependant qu'une portée limitée puisque l'enfant est guidé et contrôlé par sa mère, ou plus généralement ses congénères. L'homme, bien que faisant partie des espèces à odorat peu développé par rapport à la plupart des mammifères qui l'entourent, est certes attiré par le parfum ou le fumet de certains aliments, même quand ils sont nouveaux pour lui. Le sens du goût, assuré par d'autres chimiorécepteurs, fournit une deuxième sensation caractéristique de l'aliment porté à la bouche ; si la substance a une saveur sucrée, pas trop amère, acide ou salée, et si ses autres caractéristiques organoleptiques telles que texture, dureté, onctuosité sont acceptables, elle est avalée. Dès qu'il a été trouvé agréable au goût, et éventuellement au goût associé à une odeur (on parle alors de « flaveur »), un aliment sera recherché. Couleur, aspect, association à d'autres souvenirs influenceront la recherche de cet aliment ou, inversement, son refus. L'acquis personnel ou social intervient donc puissamment dès le plus jeune âge. Si le consommateur recherche un aliment riche en protéines ou en vitamines par exemple, ou encore doté de propriétés pharmacologiques, ce sera uniquement par suite de son acquis personnel ou de celui de son groupe. Barrau (1983) rappelait que la sensation de goût, qui paraît *a priori* dépendre des seules propriétés organoleptiques de l'aliment, est en fait difficilement dissociable de sa teneur en nutriments et en principes pharmacologiques.

Sensations désagréables et satiété

Une sensation de réplétion stomacale fait rapidement diminuer l'appétence et la rend même négative, le « consommateur » ne ressent plus d'attrait pour l'aliment qu'il recherchait peu de temps auparavant et le délaisse provisoirement. La présence de substances toxiques n'induit d'une façon générale aucune sensation spécifique et n'entraîne ni méfiance ni rejet immédiats. Mais il peut très bien arriver qu'un aliment agréable au goût provoque des troubles stomacaux, intestinaux, des malaises, voire une intoxication. Ces informations sont vite mémorisées. Toute saveur, odeur ou même vue de l'aliment paraissant responsable de ces troubles se traduira par une méfiance, une aversion ou même une phobie. La mère, en premier, apprend à son enfant à ne pas toucher à un certain nombre de plantes, d'animaux, de minéraux plus ou moins dangereux et la mémoire de plusieurs générations vient ainsi en aide aux « éducateurs » et donc à l'intéressé lui-même, l'expérience propre intervenant en cas d'insuffisance des deux premiers paliers.

Figure VI.1. Le paradoxe de l'omnivore illustrant le comportement du consommateur devant un aliment nouveau (Fischler, 1993 ; © 2001 Odile Jacob).

Depuis la nuit des temps, l'homme a constaté que les aliments ne procuraient pas tous la même sensation de satiété : ils pouvaient supprimer la faim pour une durée longue ou réduite et, à plus long terme, redonner ou non des forces à une personne affaiblie, faire grossir ou non, etc. De là viennent les expressions populaires d'aliments « qui calment bien la faim », « qui remplissent l'estomac », « qui tiennent au ventre », « roboratifs », etc. Ce n'est sans doute que tardivement qu'a été employé, pour caractériser l'une ou l'autre de ces aptitudes, un terme ou une périphrase équivalant à « nourrissant » ou « nutritif », mot dont la trace écrite la plus ancienne dans la littérature anglo-saxonne semble remonter à un ouvrage anglais de 1742 intitulé *La diététique de la santé* (Thodhunter, 1965). Mais, comme déjà mentionné, il est souvent très difficile de dissocier, dans le jugement global porté envers un aliment, ce qui a trait à des propriétés bénéfiques ou nocives et ce qui le rend nourrissant. Tous les peuples, même ceux qui vivent dans une civilisation matérielle rudimentaire, ont une connaissance très poussée des plantes qui peuvent être mangées et de celles qui peuvent servir à guérir certains maux. Ces plantes médicinales peuvent être aussi bien des aliments que des simples. Hippocrate, le fondateur de la médecine rationnelle, écartant l'intervention divine ou maléfique dans l'étiologie des maux, parlait de la nécessité de tenir compte des saisons, de l'âge, du sexe et de l'activité dans les diagnostics comme dans les prescriptions de régimes alimentaires ; mais il s'attardait semble-t-il assez peu sur les propriétés des aliments.

Encadré VI.1. Diététique, gastronomie, nutrition, alimentation et nutriments.

L'alimentation est un terme général qui englobe la préparation et la distribution des aliments (sens surtout employé pour les animaux), l'approvisionnement et la distribution des divers vivres, mais aussi la nutrition au sens large.

La **gastronomie** était au XVIIIe siècle l'usage des aliments en vue de satisfaire les besoins de l'estomac et plus généralement du tube digestif en vue de son bon fonctionnement. C'est ce que nous appelons aujourd'hui la physiologie digestive. Le sens a donc bien dévié puisque la gastronomie est aujourd'hui l'art de combiner les mets et les boissons pour les plaisirs de la table.

La **diététique**, d'un mot dérivé du grec *diaita* qui signifie « genre de vie », apparaît comme une notion fondamentale de la médecine au Moyen Âge. Selon l'école de médecine de Salerne (XIe et XIIe siècles), c'est l'ensemble du bon usage de l'air respiré, du boire et du manger, de l'action et de l'inaction ainsi que des passions de l'âme, autrement dit de ce que nous entendons aujourd'hui par hygiène. Réduite au bon usage du boire et surtout du manger, elle se définit aujourd'hui comme la science des repas avec le choix des aliments, leur préparation en vue de la satisfaction des besoins, l'absence d'excès et le respect de l'équilibre des nutriments.

La **nutrition** est une branche de la physiologie humaine ou animale ayant trait aux processus de digestion et d'absorption des aliments ainsi qu'à leur métabolisme. Dans sa partie appliquée, elle prend en compte la définition des besoins en nutriments.

Un **nutriment** est un composé chimique doté de propriétés nutritives, comme un sucre, un acide aminé, un acide gras, une vitamine ou un oligoélément. Au sens large, les glucides, les protéines ou les lipides sont également appelés « macronutriments » ou « nutriments », mais non les composés habituels des aliments aux propriétés pourtant recherchées pour leur pouvoir aromatique, colorant, antioxydant ou autre.

Interdits, tabous et préjugés

Le rôle du groupe social dans le choix des aliments est souvent régenté par des interdits religieux, des tabous, des craintes superstitieuses ou, à l'inverse, des préjugés favorables, des croyances en des vertus magiques, imaginaires ou pseudoscientifiques, voire des manies ou des habitudes. Ces interdits, qui ont fait l'objet de revues détaillées (de Garine, 1990 ; Fischler, 1993), sont de natures très diverses et peuvent concerner les peuples, les classes sociales, le sexe, l'âge, le stade physiologique (jeune fille, femme enceinte ou allaitante par exemple). Ils frappent plus souvent les produits d'origine animale : interdiction du porc chez les juifs et les musulmans, interdiction de la viande le vendredi chez les catholiques, de la viande de bovin chez les hindous, de l'œuf chez de nombreux peuples d'Afrique occidentale, de l'anguille à Tahiti... Ces interdits évoluent avec le temps, en même temps qu'évoluent les croyances religieuses ou superstitieuses, la disponibilité des aliments, les prescriptions médicales ou pseudomédicales, etc. Ainsi en Europe la consommation de la viande de cheval a-t-elle été proscrite par l'Église catholique, pour des raisons assez peu claires d'ailleurs, pratiquement jusqu'à la fin du XVIIIe siècle. La consommation de produits comme les insectes, les araignées et les mollusques a été interdite par la même Église en Europe, mais celle des mollusques a été rapidement tolérée. Quoique moins nombreux, certains végétaux ont été bannis : chez les Hébreux, la racine de l'accoub (*Gundelia tournefortii*) était interdite, peut-être parce qu'elle pourrit assez facilement en cas de fortes pluies pendant le repos végétatif ; dans l'Égypte ancienne, les aliments immondes[1] comprenaient l'oignon et la fève (ou la féverole), sur lesquelles nous reviendrons ; en Tunisie, on défendait aux jeunes garçons (mais non aux jeunes filles) de manger des pois crus ; en Inde, les graines d'une légumineuse dont la culture a été interdite à la fin du XIXe siècle, la gesse (*Lathyrus sativus*), étaient réservées aux parias, tout comme les fruits de mer si prisés par les classes aisées en Occident.

Les sociologues et les psychologues se sont longuement penchés sur l'origine lointaine de ces comportements parfois passablement surprenants, qui n'ont pas disparu de nos jours des sociétés occidentales (Fischler, 1993). Il est toujours tentant pour les esprits cartésiens de leur trouver une explication rationnelle *a posteriori* ; de telles interprétations seront traitées plus loin lorsqu'elles seront pertinentes. Toutefois, il est bien souvent difficile d'en identifier les raisons : même en invoquant les risques sanitaires que pouvait faire courir la mauvaise conservation des produits carnés, il est difficile d'expliquer de nombreux interdits relatifs à la viande : les parasites du porc transmissibles à l'homme par exemple étaient absents du Moyen-Orient quand les Hébreux avaient déjà banni cet animal « impur » de leur menu. Pourquoi, en Éthiopie, la viande rôtie était-elle interdite aux femmes enceintes ? Pourquoi les poissons, pour être consommables d'après la Thora, doivent-ils avoir des écailles — au moins une d'après les intégristes ?

Valeur symbolique et propriétés imaginaires des aliments

Rares sont les sociétés qui n'attribuent pas une valeur symbolique à un aliment capital dans leur mode de vie. Pour les Européens et les autres peuples issus des civilisations proche-orientales, l'aliment par excellence est le pain. La tradition remonte sans doute à son invention, survenue à une époque datant d'au moins 3000 av. J.-C. La valeur symbolique de cet aliment est au cœur de l'eucharistie, un sacrement fondamental de la religion chrétienne dominante en Europe. En France, de manière plus profane, le pain était jusqu'à une période très récente l'aliment qu'il fallait à tout prix respecter ; les enfants apprenaient à n'en jamais jeter le moindre morceau. Au Mexique et dans les pays d'Amérique centrale, alors que les classes aisées ont la même préférence que les Européens, les classes plus modestes, où domine le « sang » amérindien, restent beaucoup plus fidèles au maïs et aux haricots autrefois considérés par les Amérindiens comme des dons divins.

---

1. Dans le sens d'impurs pour la religion.

En Asie, la valeur symbolique était bien entendu portée par le riz dont il est inutile de rappeler le rôle historique et la place dominante dans les repas. En Chine, bien que le pain fasse l'objet d'une promotion officielle de la part du gouvernement, sa consommation ne progresse que lentement. Parmi les symboles culturels forts, on peut également citer le mépris qu'affichent pour la viande grillée certains peuples qui connaissent depuis longtemps la cuisine dans des récipients, fussent-ils des poteries (Barrau, 1983). Il existe aussi d'innombrables préjugés en faveur ou en défaveur d'aliments particuliers. Selon les psychologues, ils sont en partie — mais en partie seulement — interprétables par des symboles inconscients ou non. Ainsi Montanari (1995) cite-t-il le prestige dont jouissaient les fruits en Italie, aliments aériens qui se développent au milieu de la verdure, caressés par la rosée et les rayons de soleil par rapport aux racines ou tubercules qui poussent sous terre et n'ont aucun parfum. Parmi les préjugés de nature philosophique, on peut citer l'opinion visiblement influencé par l'épicurisme de Pline selon qui « la nourriture la plus profitable est faite d'aliments simples ; l'accumulation des saveurs est funeste et l'assaisonnement la rend encore plus pernicieuse. » (Pline, livre XI)

La valeur symbolique du blanc est très puissante. Ainsi, en Afrique subsahélienne, il est courant de donner aux malades une bouillie légère blanche obtenue à partir des fruits du baobab, dont la couleur évoquant le lait peut suffire à expliquer ses vertus bénéfiques supposées. La préférence des variétés blanches pour les céréales, la chair des fruits, la couleur de la chair de veau ou de la peau des poulets et bien d'autres aliments a déjà été évoquée. Ainsi les maïs blancs sont-ils souvent préférés aux maïs jaunes, surtout quand il s'agit de confectionner la *tortilla* mexicaine traditionnelle.

Pourquoi tel aliment est-il réputé chaud, échauffant et tel autre adoucissant ou froid dans la médecine occidentale ancienne — yin ou yang en Extrême-Orient ? La plupart des cas ont résisté aux interrogations ou investigations scientifiques. On pourrait ajouter que, parmi les préjugés, on trouve des erreurs propagées par suite de fautes, comme les épinards censés donner de la force parce que riches en fer, alors que leur prétendue richesse en fer résulte d'une erreur de virgule dans l'une des premières tables publiées dans le domaine des oligoéléments. Cette multitude de facteurs avait été rapportée par Jean Trémolières, médecin et philosophe : « Notre comportement alimentaire, nos appétits sont un tout intégré. Ils résultent de l'harmonisation que fait chacun de nous d'un ensemble de facteurs physiologiques, psychosensoriels, symboliques s'inscrivant dans des expériences personnelles et sociales. » (Claudian et Trémolières, 1978) Les facteurs psychosensoriels incluant les aspects hédoniques constituent à eux seuls un monde, celui de la gastronomie au sens moderne du mot, qu'un ouvrage entier ne suffirait pas à traiter.

La nutrition en tant que catalogue des propriétés de chaque aliment

Les propriétés laxatives, constipantes, flatulentes, carminatives, béchiques ou calmantes, etc., de certains aliments sont connues depuis longtemps. De même, certains ingrédients, aromates ou condiments sont utilisés ou préconisés depuis une époque immémoriale pour leurs vertus plus ou moins marquées, mais réelles dans bien des cas. Paradoxalement, la toxicité de certains végétaux, quand elle est peu prononcée, est moins connue. Deux ouvrages européens datant des environs du XIe siècle nous donnent une vision des médecins de l'époque sur les aliments. La première, rédigée en vers, émane de Richard de Normandie, frère de Guillaume le Conquérant, qui avait fait escale à Salerne, siège de la plus prestigieuse école européenne de médecine de son temps. La seconde est celle de Hildegarde de Bingen, supérieure d'un couvent de bénédictines allemandes, qui disait tenir ses informations de Dieu lui-même. Ses ouvrages de médecine lui ont donné, aux yeux de certains, le titre de meilleur médecin du Moyen Âge. Hildegarde avait parfois des jugements pour le moins surprenants au premier abord. Ainsi on apprend que la pêche est un fruit exécrable qui fait disparaître les humeurs bonnes qui sont en l'homme ; on ne peut la manger, à la rigueur, qu'après en avoir enlevé noyau et peau et fait tremper la chair dans du vin salé et poivré. La fraise ne vaut guère mieux. La poire crue, lourde et âpre, peut provoquer des maladies graves mais, heureusement, la cuisson à l'eau chasse ses sucs mauvais et les poires cuites sont bénéfiques car elles emportent la pourriture avec elles.

Une partie de ces assertions se comprend assez bien quand on se remet dans le contexte de l'époque où ces deux fruits, petits amers ou âpres, étaient bien loin de nos pêches et poires modernes. Beaucoup des jugements positifs de Hildegarde sont parfaitement justifiés, tels que ceux sur les céréales, le pain « correctement fabriqué », les légumineuses, les carottes, les salades, etc. Le nutritionniste moderne est un peu plus dubitatif quand il lit par exemple que l'épeautre est la reine des céréales et que, parmi les légumes, il faut se méfier du poireau qui provoque, chez l'homme, des inquiétudes pendant le plaisir d'amour (et c'est une nonne qui l'écrit !). Il existe des points communs entre Robert de Normandie, ou plutôt entre l'école de Salerne et Hildegarde de Bingen : même méfiance à l'égard de la viande de porc, même éloge de celle d'agneau, même vertu attribuée à la poire cuite, qui est restée conseillée jusqu'à nos jours dans la diète des patients... par les médecins anglo-saxons. Mais on reste dubitatif dans une série de jugements sur des aliments pris un à un. Il faut remarquer qu'à la fin du XVIIIe siècle, la vision de nombreux aliments reposait encore sur des propriétés douteuses pour nous mais affirmées de façon péremptoire à l'époque (voir encadré VI.2). Au XXe siècle, Leclerc (1925, 1927, 1930), quand il commente l'origine, la composition et les propriétés des légumes, des fruits ou des aromates, demeure dans cette tradition en insistant longuement sur les propriétés réelles ou supposées des légumes et des fruits. Dans un style incomparable, il mêle légendes, racontars anciens et découvertes récentes, probablement parce qu'il pense avoir affaire à des lecteurs avertis capables de distinguer le sérieux du pince-sans-rire. Cette vision des aliments sous l'angle dominant de la pharmacopée doit être fortement nuancée !

Des régimes variés dès la préhistoire

Les hommes préhistoriques, sauf exceptions, n'avaient jamais de régimes strictement végétariens ou strictement carnassiers. Voulaient-ils tirer parti de suppléments disponibles de-ci de-là au gré de leurs migrations et des saisons ? Désiraient-t-ils rendre leurs repas plus agréables (début de la gastronomie) ou simplement rompre la monotonie ? Avaient-ils une notion intuitive des besoins

---

Encadré VI.2. Quand la diététique se résumait aux propriétés pharmaceutiques supposées des aliments.

« Quoiqu'on prétendît que le pain de froment convînt aux mélancoliques, celui d'épeautre aux estomacs faibles, celui de seigle aux tempéraments sanguins, le pain d'orge aux goutteux, le pain de blé de Turquie aux personnes attaquées de pierre, le pain de sarrasin contre le dévoiement, enfin le pain de pomme de terre pour adoucir l'acrimonie des humeurs, il est possible que le premier jour où l'on se sera nourri de l'un de ces pains, on ait aperçu quelqu'altération dans l'économie [physiologie] animale… ; mais l'habitude en est bientôt contractée : ainsi le pain dont on continue l'usage un certain temps, n'importe son origine, […] ne conserve que *sa faculté alimentaire.* »

Antoine Augustin Parmentier, 1781

---

de leur organisme ? La dernière hypothèse a séduit des archéologues reconstituant très méticuleusement le régime d'hommes préhistoriques d'après des tas de graines sauvage ramassées. Ils s'étonnaient de la rareté des légumineuses bien connues pour leur richesse en protéines ; on peut objecter à cet étonnement qu'il aurait fallu, pour que l'homme en ramasse davantage, qu'il connaisse l'existence des protéines, la composition des diverses graines et enfin qu'il sache qu'il en avait besoin ! Cela fait beaucoup de choses que ses descendants ont mis des millénaires à comprendre — sauf cas où leur consommation aurait eu des effets bénéfiques notables parce que les hommes étaient fortement carencés ! Pourtant la diversification des aliments, comparable à celle de la multiplicité des plats dans un repas tant soit peu appétissant est recherchée depuis longtemps… quand elle est possible.

À partir du Néolithique, les plantes de base faisaient l'objet de tous les soins, en particulier les céréales au Moyen-Orient, en Chine et au Mexique, et les fruits secs en Amérique du Nord et au Japon. Les réserves devaient permettre de passer la saison « morte ». Dans les pays tropicaux, la récolte de tubercules, qui s'étalait sur une bonne partie de l'année, permettait en quelque sorte de conserver les provisions sous terre. Dans les pays tempérés, on cueillait, dès que le stade de la végétation le permettait, des feuilles de légumes sauvages ou cultivés qui devenaient des compléments précieux à plus d'un titre. Les disettes commençaient quand le gros des provisions était épuisé, c'est-à-dire au moment où la végétation printanière était en pleine luxuriance mais ne permettait encore aucune récolte autre que l'herbe, les feuilles et quelques racines : les pauvres essayaient d'accumuler des provisions de quelques aliments essentiels, puis ramassaient ce qu'ils pouvaient. Il existait quelques moyens de conserver les légumes à l'état humide au moyen de la fermentation. L'un d'entre eux est demeuré en Occident (la choucroute), mais bien davantage au Japon. Maurizio (1932) insiste beaucoup sur ces techniques presque oubliées par les hommes qui disposent aujourd'hui de conserves et de réfrigérateurs, malgré leur importance il y a quelques siècles seulement.

Il est évidemment impossible de décrire le régime alimentaire type pendant les périodes historiques, puisqu'il a existé une infinité de situations elles-mêmes fluctuantes dans le temps. Bien plus, la littérature disponible sur ce sujet ne concerne le plus souvent que les classes aisées et très minoritaires de la population. La notion de besoin apparaît sous sa forme la plus fruste dans les archives de l'intendance des armées. Il y est question de la quantité d'aliments allouée à chaque soldat, la ration. L'approche est empirique et simpliste, mais elle tient compte des balbutiements de la nutrition puisque les intendants militaires devaient réfléchir, observer, éventuellement faire appel aux médecins afin de conserver les hommes en état de marche et de combat. Quelques archives d'hôpitaux constituent des sources d'informations plus récentes et plus précises sur les rations des malades (cf. Todhunter, 1965, à propos de l'hôpital Saint Bartholomew de Londres au XVIIe siècle) : les médecins savaient qu'il fallait varier les repas, et ils complémentaient le pain avec des produits animaux. On était déjà loin de la recommandation par Pline d'une alimentation aussi simple et uniforme que possible ! L'observation, le bon sens et une certaine aisance avaient petit à petit plaidé en faveur de ce qui nous apparaît aujourd'hui comme un progrès, bien que l'intérêt des légumes et des fruits restât inconnu, semble-t-il.

Régimes végétariens ou carnassiers

La simple appétence de l'homme pour les régimes carnés a fait de la recherche de viande (gibier puis animaux d'élevage) ou de poisson une des préoccupations constantes du mâle, la collecte puis la culture des végétaux nourrissants étant un domaine considéré comme un peu secondaire laissé à la femme. Fischler (1993) illustre de nombreux aspects de la quête d'aliments carnés qui semble correspondre à une véritable appétence innée pour les protéines animales. L'hypothèse se heurte *a priori* à une objection majeure : les protéines animales pures n'ont pas d'odeur et seulement une saveur légère, longtemps inconnue des Occidentaux mais identifiée de longue date par les Japonais, l'*umami*. Mais les viandes grasses ont une flaveur aussi recherchée que le sucré, et les réactions de Maillard[1] entre acides aminés et sucres engendrent lors de la cuisson les parfums et fumets incomparables qui peuvent très bien expliquer cette appétence et la position privilégiée des plats carnés dans les festins. Les effets nutritionnels des protéines, sur lesquelles nous reviendrons, ont incité les médecins à recommander une ration de produits animaux depuis une époque certainement très ancienne, du moins pour les puissants ainsi que les soldats dont dépendait la sécurité des États. Les régimes à forte dominante carnée se rencontrent surtout chez les éleveurs de bétail et plus spécialement les nomades éleveurs. Parmi les plus célèbres carnassiers figurent les redoutables nomades des steppes asiatiques, les Mongols, qui étaient parvenus jusqu'à la mer Noire. Menacés par leur chef, Gengis Khan, le roi de France Louis IX et le pape avaient envoyé des ambassadeurs qui nous ont laissé des récits précieux sur leurs mœurs (T'Serstevens, 1949). Les Mongols se nourrissaient surtout de chair d'animaux domestiques, de gibier, de souris (à queue longue uniquement) et même de cadavres humains ! Le mil (ou millet ?) et quelques autres produits végétaux venant de leurs « métairies du Midi » n'étaient pas

---

1. Réaction entre glucides et acides aminés engendrant des composés assez nombreux à saveur différente de celle des nutriments.

dédaignés, mais ils représentaient une faible part de leurs menus. Lors de leurs expéditions guerrières, leur régime ne comprenait (en dehors de ce qui provenait des rapines, peut-ton supposer) que de la viande, des abats ainsi que le lait des juments qu'ils emmenaient toujours en grand nombre pour les traire. Et c'est en nourrissant ses soldats de cette façon que Tamerlan créa quelques siècle plus tard le plus vaste empire de tous les temps.

Mais la tendance inverse apparut également : les partisans des régimes végétariens se sont manifestés depuis la plus haute Antiquité. Un passage de la Bible relatif au peuple juif en captivité à Babylone (livre de Daniel) a été interprété dans ce sens, bien qu'il ne soit pas très explicite. L'interdiction de viande pendant les jours maigres par les catholiques est davantage une condamnation de l'hédonisme lié aux repas carnés que de l'intérêt diététique de la viande. L'interdiction de la viande de bœuf chez les bouddhistes semble remonter au désir d'un souverain de préserver le cheptel bovin (Ruchpaul, 1965) ; ce n'est qu'ultérieurement que le décret aurait été justifié par des principes religieux. Les sociologues et les psychologues expliquent le refus de la chair par son lien à la mort et aux nombreux symboles qui en découlent (Fischler, 1993). Quoi qu'il en soit, la supériorité des régimes végétariens strictes n'a jamais été démontrée scientifiquement, tant s'en faut, et elle ne concerne qu'une infime minorité de la population mondiale.

Deux pionniers méconnus de la nutrition : Spallanzani et Parmentier

À la fin du XVIIIe siècle, l'abbé Lazzaro Spallanzani, professeur à l'université de Pavie, était déjà célèbre par ses travaux sur la reproduction des batraciens et ses expériences réfutant la génération spontanée de la souris, quand il entreprit l'étude de la digestion chez l'homme en expérimentant sur lui-même. Il avait pour cela adapté l'idée géniale du physicien et naturaliste René-Antoine de Réaumur qui avait fait ingurgiter à un rapace de petits récipients de fer percés remplis de viande. Comme il les récupérait vides dans les pelotes de régurgitation, Réaumur avait conclu que la digestion résultait d'un processus chimique et non d'un broyage mécanique. Spallanzani remplaça les récipients en fer par des récipients en bois, les avala et les récupèra dans ses selles. Il conclut que chez l'homme comme chez l'oiseau, l'aliment est bien dégradé par le suc digestif. Ces travaux ont permis de comprendre la digestion, première étape de l'utilisation des aliments.

Toujours à la fin du XVIIIe siècle, un jeune Picard, Antoine Augustin Parmentier, trop pauvre pour achever ses études et accéder au grade de docteur en pharmacie, avait opté pour la carrière militaire. Fait prisonnier huit fois pendant la guerre de Sept Ans, il avait eu tout le temps de faire connaissance avec un légume que les Prussiens lui donnaient comme unique pitance, la pomme de terre, alors méconnue en France. Il la trouvait à son goût et s'était promis de lui consacrer des études sérieuses. Aujourd'hui, Parmentier est surtout célèbre en France où les manuels scolaires en ont fait l'homme d'une seule passion, la pomme de terre.

La réalité est plus complexe et plus intéressante : animé par un altruisme rare, il a consacré presque toute sa vie à un grand projet : mettre fin par tous les moyens possibles aux famines qui décimaient encore périodiquement le « riche » royaume de France. Pour améliorer la situation des populations sous-nourries, il reprit d'abord l'inventaire dressé par Linné de toutes les plantes spontanées d'Europe considérées comme nourrissantes ; il préconisa l'usage de 25 plantes sauvages dont on peut consommer directement la racine ou la « semence » qui sont farineuses, d'un nombre comparable de plantes dont la racine, bien que non farineuse, est mangeable, et enfin de 35 qui sont toxiques mais dont on peut extraire une fécule nourrissante. Il mit ainsi au point un procédé d'élimination des substances vénéneuses du très toxique tubercule de la bryone (navet du diable, *Bryonia dioica*) mais échoua dans sa tentative d'élimination des saponines du marron d'Inde. Finalement, il parvint à proposer une belle liste de plantes susceptibles de soulager la faim des pauvres gens. Il pensa aussi à la mise en culture de petits recoins incultes comme les berges des canaux et s'intéressa à de nouvelles plantes alimentaires, toutes américaines : maïs, topinambour, patate douce et, bien évidemment, pomme de terre. Il était un partisan convaincu de la vulgarisation de toutes les connaissances pouvant œuvrer à une meilleure alimentation, publia des articles de vulgarisation et alla jusqu'à suggérer que le curé du village dans son sermon dominical ajoute un passage sur les moyens de mieux cultiver la terre pour mieux se nourrir ; plus tard, il rédigea un traité en plusieurs volumes à l'intention des ménagères (Parmentier, 1781).

Fait nouveau, il voulut, avant toute vulgarisation ou propagande à grande échelle, réaliser une étude scientifique de la valeur nutritive des plantes. Il remporta le concours lancé par l'Académie de Besançon en 1770 sur le moyen de pallier les disettes en énumérant tous les végétaux nourrissants cités plus haut et en insistant beaucoup sur la pomme de terre. Par la suite, il obtint de l'administration des armées un local dans le domaine des Invalides et y installa un laboratoire (1772). Avec les méthodes de l'époque, il parvint à séparer les protéines et l'amidon de pomme de terre, à les peser et à réaliser ainsi un dosage assez précis. Ces résultats le confortèrent dans l'idée selon laquelle la pomme de terre doit sa grande valeur nutritive à l'amidon. Il se persuada même, chose plus surprenante, que c'est l'amidon qui est *la* substance nutritive du tubercule, voire des aliments végétaux en général. À une époque où on calculait encore parfois le rendement de la pomme de terre en nombre de tubercules

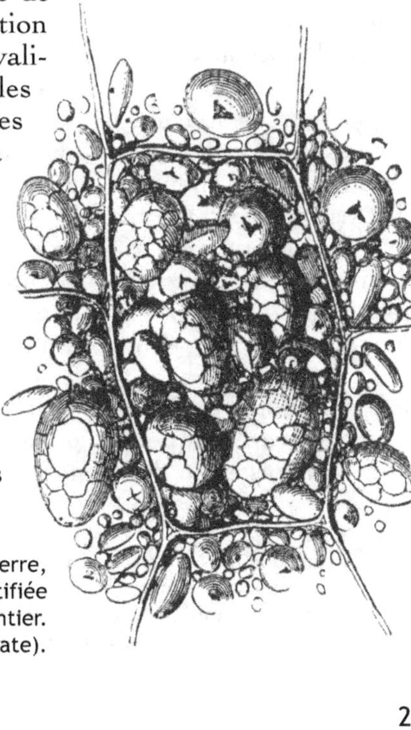

Figure VI.2. L'amidon (fécule) de pomme de terre, première substance nutritive identifiée en tant que telle par Parmentier. Extrait de Joigneaux (sans date).

récoltés pour un planté, il calcula la quantité d'amidon produite par un arpent de terre, démontrant ainsi que la pomme de terre était plus productive que les céréales. Fort de ses premiers résultats, il essaya, avec des moyens non négligeables pour l'époque, de déterminer sur un invalide volontaire la ration quotidienne d'amidon nécessaire à son alimentation, mais son expérience, déjà fort critiquable en elle-même, a été biaisée : l'invalide ne s'abstenait pas de boisson alcoolisée !

Convaincu que la pomme de terre ne serait pas acceptée par les Français tant qu'elle ne serait pas incorporée dans le pain, il consacra des mois de travail à la mise au point d'un pain de pomme de terre qui refusait obstinément de lever. L'addition de pomme de terre à la pâte à pain connu cependant un certain succès.

Les autres travaux de Parmentier sont nombreux et variés[1]. S'il consacra de grands efforts à la technologie des vins, du pain et des produits laitiers, il restera comme l'homme qui a essayé de relier ce que nous appelons la « valeur nutritive » des aliments végétaux à leur composition chimique ; il est parfois à ce titre considéré comme le pionnier de la chimie alimentaire.

L'entrée en action de la nutrition

Lavoisier et les débuts de la nutrition moderne

La plupart des nutritionnistes, anglo-saxons en tête, font remonter le début de leur science à Antoine de Lavoisier (1743-1794), souvent moins connu pour son œuvre scientifique que pour le sort qu'il a connu pendant la Terreur et pour la déclaration (peut-être apocryphe) du juge à son égard : « La République n'a pas besoins de savants. » Il fut précurseur dans des domaines débordant largement la chimie puisqu'ils touchaient la physique, la géologie et... la nutrition animale. À l'époque, la chaleur était quelque chose de mystérieux, et Lavoisier a toujours admis qu'il s'agissait d'un corps pur, le calorique, qui différait de tous les autres par son absence de masse (donc de poids) ; et que dire de la chaleur produite par les animaux ? On n'en avait aucune idée. Lavoisier démontra qu'il existait une remarquable similitude entre le suif de la chandelle brûlant en produisant du « calorique » et un animal qui avait consommé des aliments contenant du carbone et dégageant lui aussi de la chaleur. Dans les deux cas, le carbone se combinait à l'oxygène de l'air pour produire du gaz (anhydride) carbonique. Lavoisier mesura à l'aide d'un calorimètre à glace la quantité de chaleur dégagée d'abord par une chandelle placée sous une cloche à mercure, puis par un cobaye. Dans les deux cas, la disparition de l'oxygène, la formation d'anhydride carbonique et le dégagement de chaleur correspondaient à la même relation. Lavoisier en déduisit qu'on avait affaire à la même réaction (globale),

---

1. Dans le domaine de la pharmacie militaire, on lui doit des analyses de l'écorce du quinquina et le premier décret rendant obligatoire la vaccination des soldats français contre la variole ; dans le domaine de la santé publique, des analyses de l'eau de la Seine — que l'on buvait encore à l'époque — ou le déménagement des squelettes des cimetières parisiens vers les catacombes.

une oxydation. Autrement dit, il démystifiait la source de chaleur propre au vivant, condamnait définitivement la notion de phlogistique et jetait les bases de l'énergétique animale. Son interprétation de l'expérience est restée incomplète : son calcul de la chaleur produite était entaché d'une certaine erreur qui ne fut élucidée que près d'un siècle plus tard. Malgré ces insuffisances, Lavoisier avait montré que la transformation de l'énergie par un être vivant pouvait se mesurer par le suivi de ses échanges gazeux, méthode toujours utilisée aujourd'hui. Cette expérience de pionnier est à l'origine d'une habitude longtemps généralisée dans le milieu scientifique : la valeur énergétique d'un aliment peut s'exprimer en calories, et Lavoisier avait permis de la mesurer (encadré VI.3). Progressivement, des physiologistes allemands améliorèrent la méthode : ils affinèrent la mesure de la quantité d'énergie réellement utilisable par l'organisme (les « calories », selon l'expression triviale) en tenant compte des déchets rejetés lors de processus digestifs ainsi que métaboliques. Chose curieuse, ces améliorations ont moins intéressé les médecins que les zootechniciens qui calculent de manière aussi précise que possible la composition des régimes, et en particulier leur teneur en nutriments, de manière à produire viande, lait, œufs de la façon la plus rationnelle et la plus économique possible.

Encadré VI.3. Énergie alimentaire, calories, joules.

Lavoisier, en mesurant les échanges gazeux d'un cobaye, avait montré que c'était l'oxydation des aliments (du carbone des aliments pensait-il) qui était la source de la chaleur animale, laquelle n'est autre chose qu'une forme d'énergie. La chaleur doit, selon les règles actuelles, être exprimée dans les mêmes unités que les autres formes d'énergie, le joule. Les nombreux physiologistes et nutritionnistes qui ont poursuivi le travail de Lavoisier ont longtemps continué à parler des calories (des kilocalories, en fait), un peu comme les techniciens qui parlent du voltage ou de l'ampérage au lieu de différence de potentiel ou d'intensité ou les garagistes qui parlent du kilométrage au lieu de la distance. Aujourd'hui, l'usage des kilojoules se répand en diététique appliquée, dans les informations destinées aux consommateurs, si ce n'est dans la vie courante.

Mais il y a d'autres remarques d'importance sur le fond. Quand on a réalisé des bilans énergétiques sur des animaux selon la méthode de Lavoisier, on a été amené à déduire de l'énergie des aliments la fraction non digérée qui se retrouvait dans les fèces, et on obtenait l'énergie digestible. En déduisant l'énergie des composés urinaires, on a été amené à utiliser l'énergie métabolisable. Les zootechniciens sont allés plus loin en déduisant une troisième forme d'énergie inutilisable par l'organisme, thermique cette fois, pour aboutir à l'énergie nette.

En nutrition humaine, on a généralement recours à des valeurs énergétiques correspondant à une énergie métabolisable calculée à l'aide de coefficients moyens, les coefficients d'Atwater.

Magendie et le besoin protéique

Après les travaux de Parmentier sur l'amidon des végétaux et ceux de Lavoisier sur la combustion des nutriments dans l'organisme, les travaux ont repris sur les différents composants des organismes animaux d'une part, et des aliments d'autre part. À l'aube du XIXe siècle, les chimistes distinguaient déjà les grandes classes de matières organiques présentes dans les tissus animaux et végétaux : les hydrates de carbone (les glucides ou sucres), les lipides (matières grasses) et enfin les matières contenant de l'azote (les protéines, qu'on appelait alors « matières albuminoïdes »). Il semble que ce soit un médecin français, François Magendie (1783-1855), qui le premier a eu l'idée d'appliquer aux aliments cette classification chimique. L'abondance des protéines dans les tissus animaux était évidente, mais leur origine restait controversée : l'azote qu'elles contenaient venait-il de l'air respiré ou était-il apporté par les protéines alimentaires ? Magendie apporta une réponse éclatante à la question en publiant un mémoire intitulé « Sur les propriétés nutritives des substances qui ne contiennent pas d'azote » (Magendie, 1816). Il avait expérimenté sur des chiens en les nourrissant soit avec du sucre pur, soit avec de la dextrine (qu'il appelait « gomme »), soit encore avec de l'huile d'olive ou du beurre. Dans tous les cas, les chiens (il en utilisait un par aliment) étaient morts au bout d'un mois environ. Magendie est considéré comme la personne qui a sinon introduit, du moins imposée l'expérimentation comme démarche fondamentale dans le domaine de la médecine et de la physiologie — innovation d'ailleurs souvent attribuée à son très illustre élève, Claude Bernard (Adrian, 1994). Pour que la démonstration soit complète, il aurait fallu ajouter quelques chiens recevant des protéines. Mais nul ne doutait des résultats qu'auraient fournis ces chiens « témoins » ; la démonstration était quand même très spectaculaire et Magendie, très prudent, écrivit que « [son travail] pourrait à la rigueur suffire pour rendre [...] très probable que l'azote qui se trouve dans l'économie animale [= métabolisme] est en grande partie extrait des aliments. » Il venait de démontrer l'existence d'un besoin azoté, ou plus exactement protéique comme on dira à partir de 1838 quand le Néerlandais G.J. Mulder baptisera « protéines » les composés azotés des plantes nécessaires aux animaux. L'interprétation des résultats de Magendie a été immédiatement contestée par ses collègues anglais, qui d'ailleurs feignaient d'ignorer qu'un de leurs compatriotes, un certain Dr Stark, s'était nourri uniquement de sucre pendant un mois et... était mort peu après son expérience dont il avait été sans doute été la victime selon son entourage (Magendie, 1816, 1830).

Encadré VI.4. Les principales étapes de la découverte de la nutrition protéique.

Après la découverte du besoin protéique qualitatif par Magendie et les travaux de Boussingault démontrant que l'animal transforme les protéines des plantes en protéines de son propre organisme, de nombreuses étapes restaient à franchir.

Voit, vers 1860, confirme d'autres travaux de Boussingault démontrant qu'un animal qui est à l'équilibre azoté a néanmoins besoin de protéines alimentaires ; c'est le besoin d'entretien.

Harald Rubner, en Allemagne, démontre que ce besoin est lié à une excrétion inéluctable d'azote, et Otto Folin, aux Etats-Unis, qu'il est lié à un renouvellement constant des protéines de l'organisme.

Depuis l'isolement par Henri Braconnot de la glycine, un composant des protéines, les biochimistes découvrent d'autres composés que l'Allemand Fischer nommera « acides aminés » en 1914.

Les Britanniques E.G. Willcock et F.G. Hopkins, en voulant affiner les données précédentes, utilisent les premières protéines purifiées disponibles, la gélatine et la zéine. Stupeur, ces protéines ont une valeur nutritionnelle à peu près nulle (1906) ! Ils analysent la zéine et découvrent qu'elle est dépourvue d'un acide miné, le tryptophane qui, rajouté à la zéine, lui confère une valeur nutritive positive. Ils écrivent que cet acide aminé est « absolument nécessaire à la vie ».

De très nombreux auteurs se penchèrent sur le rôle des acides aminés dans la nutrition. On démontra progressivement que certains sont synthétisables par l'organisme à partir de n'importe quel autre acide aminé tandis que certains ne le sont pas ; ce sont, respectivement les acides aminés banals (ou non indispensables) et les acides aminés indispensables.

Karl Thomas, un élève de Rubner, ne cessait de dire que chaque protéine alimentaire avait sa propre aptitude à couvrir les besoins des animaux qu'il appelait « valeur biologique ». Il définit cette valeur indépendante de la digestibilité et décrit une méthode pour la mesurer.

Il faut attendre la découverte du dernier acide aminé, la thréonine, pour démontrer que l'organisme animal n'a pas besoin de protéines mais seulement de ses composants, les acides aminés. Ce point capital n'empêche nullement que les acides aminés non incorporés aux protéines constituent un carburant pour l'organisme, une source d'énergie (« calories »).

La valeur biologique des protéines s'explique par leur teneur en acides aminés essentiels et la similitude de leur « profil », comparé à celui des protéines corporelles. Dans l'expérience de Willcock et Hopkins, l'absence d'un seul acide aminé indispensable annulait la valeur biologique. Justus von Liebig montrera que sa rareté en fait le « facteur limitant », selon la loi du minimum.

L'arrivée de l'informatique permet de facilement développer les connaissances disponibles sur le besoins en protéines et sur chaque acide aminé indispensable.

Tableau VI.1. Liste des acides aminés indispensables et non indispensables à l'homme. Extrait de Guillaume (1999).

Indispensables	Non indispensables et semi-indispensables
Arginine[°]	Alanine
Histidine[°]	Asparagine
Isoleucine	Acide aspartique
Leucine	Acide glutamique
Lysine	Glutamine
Thréonine	Glycine
Tryptophane	Proline
Valine	Sérine
Méthionine	Cystéine[°°]
Phénylalanine	Tyrosine[°°]

[*]Acide aminé indispensable encore parfois considéré comme non indispensable pour l'homme adulte du fait de l'imprécision d'anciennes mesures de bilans.

[**]Acide aminé semi-indispensable parce que synthétisable, mais seulement à partir d'un acide aminé indispensable.

Jean-Baptiste Boussingault

Jean Baptiste Boussingault (1802-1887) était un très brillant scientifique français dont les recherches sont allées de la géologie (il était ingénieur des mines) à la chimie et l'agronomie. Il était déjà célèbre pour avoir démontré, lors d'un séjour en Colombie, le rôle des eaux chargées en iode dans la guérison du goitre (cf. *infra*). En 1851, il s'est intéressé au métabolisme de l'azote chez les plantes et les animaux et a prolongé en quelque sorte le travail de Magendie. Après avoir démontré que les plantes fixaient dans leurs protéines l'azote minéral, éventuellement de l'air, il a franchi une étape supplémentaire en étudiant la valeur nutritive des plantes en fonction de leur teneur en azote, et donc, approximativement, en protéines. En nourrissant des canards avec des aliments de teneur azotée variable, il observa que, dans les conditions où il a mené ses expériences, cette valeur était proportionnelle à la teneur en azote (Adrian, 1994). Dès lors, il n'hésita pas à caractériser la valeur nutritionnelle des aliments par leur teneur en protéines (aujourd'hui souvent, mais incorrectement, appelée « taux protéique »), notion fondamentale en nutrition appliquée et en alimentation de nos jours.

Cette assertion, Boussingault n'a pas tardé à l'affiner par des mesures du bilan azoté, en montrant qu'un régime ne contenant que des protéines n'était pas celui qui assurait les meilleurs performances : il fallait également apporter des glucides et des lipides pour limiter l'utilisation des protéines dans le métabolisme énergétique — sans compter les éléments minéraux dont il était l'un des premiers à tenir compte. La notion de régime équilibré était établie et a ouvert la voie à des centaines, puis des milliers d'expériences visant à déterminer le besoin en protéines ;

elles se poursuivent aujourd'hui à un rythme soutenu, du moins sur des espèces animales nouvelles ou dans des conditions plus variées. Il est hors de question de rentrer dans le détail de ce roman fleuve qu'est la nutrition protéique appliquée, dont les étapes principales sont présentées succinctement dans l'encadré IV.4. La compréhension du métabolisme des protéines dans l'entretien et la synthèse des protéines corporelles a révélé la nature et la gravité du kwashiorkor, maladie due à la carence en protéines chez l'homme. Elle a également permis de mieux réguler leur apport en fonction de la croissance, de la gestation, de l'allaitement, de la résistance aux maladies, etc., et de trouver des explications plausibles ou tout au moins possibles de l'appétence de l'homme pour les protéines animales. La découverte des acides aminés indispensables et de leur rôle a considérablement simplifié la démarche des nutritionnistes : au lieu de prendre en compte d'une part la teneur en protéines et leur valeur biologique, on peut raisonner directement sur leur apport pour chacun des acides aminés indispensables. Aujourd'hui, les nutritionnistes disposent généralement, pour l'homme et surtout pour les espèces animales les plus importantes, des besoins en chacun des acides aminés indispensables pour un stade physiologique donné.

La somme impressionnante de recherches qui ont été consacrées aux besoins protéiques de l'homme et des animaux a donc conduit à l'identification d'une première série de composés organiques relativement simples, indispensables à l'organisme parce que non synthétisables : les acides aminées indispensables, molécules appartenant toutes à la même famille et qui jouent un rôle plastique dans le développement de l'organisme. Ces composés se retrouvent dans les protéines corporelles en même temps que les acides aminés non essentiels, qui peuvent provenir de l'alimentation ou du métabolisme des acides aminés en général.

Les vitamines

Les ravages du scorbut et les travaux de James Lind

À la fin du XVe siècle, lorsque les Occidentaux, las de voir les Arabes monopoliser le commerce des épices et de la porcelaine, ont essayé d'atteindre les Indes par voie maritime, ils ont su construire des bateaux de haute mer, mais ils se sont alors heurtés à des maladies nouvelles. À l'époque en effet, et pour encore deux siècles, les équipages n'étaient nourris qu'avec des aliments concentrés se conservant longtemps, en particulier des biscuits secs et des salaisons. Ce n'était que pour des voyages exceptionnels, sur de gros vaisseaux en partance pour des régions lointaines, commandés par des nobles, que l'on embarquait quelquefois une vache dont le lait était bien entendu réservé à l'état-major. Les matelots devaient attendre des conditions favorables (absence de vent et eaux peu profondes) pour être autorisés à pêcher, et le poisson était leur seule nourriture fraîche. Dans ces conditions, après quelques mois de navigation, l'équipage contractait très souvent une maladie redoutable qui se traduisait d'abord par de la fatigue, puis par une enflure des membres inférieurs, des hémorragies multiples, le déchaussement puis la chute des dents et bien souvent la mort. Les Portugais la découvrirent sans doute lors des premiers voyages en Angola puisqu'ils l'appelèrent « maladie de Loanda »

(Luanda). Les médecins ont rapidement constaté le caractère non contagieux de la maladie que certains ont rapprochée d'une maladie connue, curieusement, dans des pays éloignés de la mer comme l'Europe centrale. Ils cherchèrent le lien commun entre les situations où sévissait le mal et pensèrent à l'humidité. Les marins, c'est évident, vivaient dans une atmosphère on ne peut plus humide, comme les habitants pauvres des huttes mal chauffées d'Europe centrale. Une fois revenus à terre, les marins même gravement atteints recouvraient la santé à une vitesse impressionnante. Si les médecins avaient connu les auteurs plus anciens, s'ils avaient disposé de connaissances sur les régions désertiques, ils auraient su que ce mal avait été décrit en Égypte sur le papyrus d'Eber daté de − 1150. La *Chronique de la croisade de Louis IX en Égypte*, écrite par le sieur de Joinville, relate la guérison des prisonniers français scorbutiques par les médecins arabes à l'aide d'une boisson qui était sans doute un jus d'agrume. Plus récent est le récit d'une guérison spectaculaire observée par Jacques Cartier, l'explorateur du Canada, lors de son premier hivernage sur les bords du Saint-Laurent en 1535. Il a laissé une excellente description du scorbut (souvent citée par les Anglo-Saxons) qui emporta 26 de ses 103 compagnons. La maladie frappait également les Amérindiens mais un jour, Cartier rencontra leur chef qui, sérieusement atteint 10 jours auparavant, était totalement guéri. Étonnement du Français à qui l'Amérindien livra sans difficulté son remède : une tisane d'épinette blanche (épicea du Canada). Ce récit et d'autres prouvent que des remèdes antiscorbutiques étaient déjà connus de longue date, mais nul ne pensait à les utiliser à titre préventif.

Lors de son premier voyage en Inde, en 1498, le capitaine portugais Vasco de Gama perdit plus de 60 % de ses 170 hommes. La catastrophe fit réfléchir les Portugais qui pensèrent sans doute aux fruits, dont les agrumes, qu'ils jugèrent bénéfiques, mais ils se gardèrent bien d'en informer les marins étrangers. Quand les Anglais puis les Français prirent le relais des Portugais et des Hollandais dans les voyages vers de nouvelles terres, ils ignoraient tout des moyens de prévenir le scorbut. Les Anglais payèrent à la maladie un des plus lourds tribus de toute l'histoire lors de la circumnavigation d'Anson, de 1740 à 1744 qui, parti avec 6 navires, revint triomphalement avec 400 000 écus capturés sur un galion espagnol, mais après avoir perdu plus d'un millier d'hommes. Après cet événement, les Anglais s'intéressèrent à leur tour sérieusement à cette maladie. À cette époque, les Hollandais faisaient de fréquents voyages dans leurs colonies d'Extrême-Orient, sans souffrir beaucoup du scorbut semblait-il. Les Anglais les espionnèrent et apprirent qu'ils emportaient sur leurs navires de la choucroute, une affreuse conserve, typiquement germanique aussi peu connue que peu appréciée des Anglais et des Méditerranéens. On sait aujourd'hui que, plus discrètement, les Hollandais rapportaient des Indes, en plus de leurs précieuses épices, ce que l'on pourrait appeler des coproduits : les fruits du giroflier (antofles) et l'enveloppe de la « noix » de muscade (le macis), tous deux d'assez piètre valeur marchande. Les marins menacés du scorbut en recevaient, peut-être simplement parce que les épices avaient la réputation d'éloigner les maladies. Toujours est-il que l'antofle confite comme les marins hollandais la consommaient est bien une source de vitamine C (Leclerc, 1983). Les marins anglais, quant à eux, pensaient que la meilleure santé des marins hollandais venait de la conception de leurs bateaux qui étaient beaucoup mieux aérés, ce qui rendait l'atmosphère moins humide et moins viciée ; des « espions » anglais démentirent, mais sans convaincre.

Quand les Anglais s'attaquèrent au problème, les deux hypothèses furent prises également au sérieux. L'Académie royale de Londres décida d'offrir un prix à la personne qui apporterait la réponse, et cet appel d'offre fut tenu secret. Le prix récompensa finalement un médecin écossais du nom de James Lind. Ce dernier fit d'abord une sorte d'enquête épidémiologique avec la bibliographie disponible et remarqua les propos de plusieurs navigateurs britanniques fréquentant les pays méditerranéens où des vertus antiscorbutiques étaient souvent attribuées à l'orange et au citron. Les récits de ce genre persuadèrent Lind que certains végétaux, et en particulier des fruits, contenaient une substance capable de guérir les scorbutiques. Il procéda en 1754 à une expérience fameuse à bord du *Salisbury* sur 12 marins atteints du scorbut. Il divisa son groupe en six paires de deux patients qui reçurent chacune une thérapeutique différente : cidre, élixir de vitriol (alcool, acide sulfurique et extraits de gingembre et cannelle), vinaigre, eau de mer, oranges et citrons. La 6e paire reçut un médicament complexe (ail, graine de moutarde, extrait de radis, baume du Pérou et gomme de myrrhe), elle devait boire du moût de bière additionné de tamarin et était purgée régulièrement. Six jours plus tard seuls les marins qui avaient reçu des agrumes étaient guéris, et une légère amélioration était perceptible chez les hommes qui avaient bu du cidre. La démonstration avec un mode d'expérimentation nouveau était éclatante[1]. Lind poursuivit ses travaux sur le sujet, en particulier sur le pouvoir curatif de plusieurs autres fruits et légumes ou préparations (dont une sorte de choucroute et des germes de cresson alénois) ; dans la dernière partie de ses recherches, il mit au point des jus concentrés de groseilles à maquereau dont on pouvait donner chaque jour une petite ration parfaitement efficace contre la terrible maladie. Mais Lind ne pensa jamais qu'on puisse prévenir le scorbut en modifiant le régime des marins.

La première édition du livre où ces résultats ont été publiés en 1753, eut assez peu de succès auprès du public. Si de nos jours l'expérience de Lind est très célèbre, elle ne convainquit pas tous les médecins et encore moins les marins de l'époque. Il est vrai qu'on peut aujourd'hui reprocher à ce génial médecin de n'avoir pas étudié l'aspect préventif de la maladie. D'aucuns pensèrent cependant que si les végétaux pouvaient guérir du scorbut, il y avait de bonnes chances qu'ils puissent aussi prévenir son apparition. C'est le célèbre explorateur James Cook (1728-1779) qui réalisa la première expérience en vraie grandeur afin de vérifier les qualités préventives de divers aliments ou boissons choisis d'après les écrits de Lind (qu'il ne cite jamais). Pour son second voyage, de 1771 à 1773 qui devait l'emmener aux îles Kerguelen, en Nouvelle-Zélande, à Tahiti et aux Tonga, il emporta pour la première fois, en plus des biscuits et des salaisons, du malt, de la choucroute, du moût et de la bière et même de la marmelade de carotte recommandée par un certain baron Storsch de Berlin, sans oublier des jus de

---

1. Cette expérience est souvent citée comme la première effectuée avec un protocole rigoureux aujourd'hui généralisé en sciences expérimentales. Elle souffrait cependant d'une critique sérieuse : les patients n'étaient pas distribués dans les différents traitements au hasard, mais en fonction de la gravité de leur mal, ce qui a certainement biaisé les résultats sans pour autant fausser la conclusion principale.

citron et d'orange réservés aux scorbutiques. Les matelots n'étant pas attirés par la choucroute — qu'ils n'avaient jamais goûtée —, on la réserva aux officiers ; les matelots en volèrent tout de même et on finit par leur en donner. L'expérience fut entièrement concluante : il y eut seulement 5 cas de scorbut léger diagnostiqués par le chirurgien et aucun décès. Pourtant, Cook ne parvint pas lui non plus à convaincre tout le monde. Il faut dire qu'il avait distribué les aliments supposés préventifs selon son intuition, de façon peu conforme à un protocole expérimental et n'a laissé aucun compte-rendu sur ce point, visiblement tenu pour secondaire par rapport à ses explorations. Les rivaux ou ennemis français (dont La Pérouse) avaient eu vent de l'embarquement de choucroute, mais ils n'en devinèrent pas les enjeux.

Il fallut attendre 1794 pour qu'un médecin de la marine britannique, Gilbert Blane, persuadé que le jus de citron était aussi efficace à titre préventif qu'à titre curatif, parvînt à convaincre l'amirauté. Il réalisa pour cela un essai grandeur nature : un navire dont l'équipage devait consommer un citron chaque jour, fit l'aller-retour d'Angleterre aux Indes sans s'y arrêter ; aucun cas de scorbut ne fut enregistré à bord. L'année suivante, Blane obtint la promulgation d'un décret rendant obligatoire la distribution de 2 à 3 onces (environ 50 à 80 mL) de jus de citron par jour à chaque marin. Dès lors les choses allèrent très vite : la même année, le premier lord de l'amirauté en visite à Portsmouth voulut rendre la traditionnelle visite aux scorbutiques de l'hôpital ; il n'y en avait plus un seul. Le scorbut était éradiqué de la marine britannique. Si des cheminées, aujourd'hui factices, existent toujours dans le salon des navires de Sa Gracieuse Majesté, elles ne sont plus depuis longtemps qu'un souvenir de l'époque où les Anglais croyaient aux vertus antiscorbutiques de l'air sec !

La marine de Sa Gracieuse Majesté en bénéficie grandement, la science nettement moins

Les marines tant militaire que marchande du royaume britannique ont tiré des avantages considérables des découvertes de Lind et de ses successeurs. À l'époque où la France rêvait de compenser la perte du Canada par des terres australes, les voyages vers des pays aussi lointains impliquaient des pertes humaines que seuls les Anglais savaient éviter. Ils étaient donc les seuls en mesure de s'emparer de régions aussi lointaines (cf. encadré VI.5). Dans le domaine militaire, malgré une supériorité technique des navires français, la marine anglaise avait généralement tenu la dragée haute à la flotte française. Le summum de cette suprématie est apparu à la bataille de Trafalgar où les vaisseaux anglais ont littéralement anéanti les flottes française et espagnole réunies. Les causes de cette défaite humiliante aux conséquences historiques immenses sont certainement multiples. L'une d'elles est cependant rarement citée : les marins français, commençant à souffrir du scorbut, étaient en état de fatigue alors que les marins anglais, grâce à leur ration quotidienne de jus de citron, étaient en pleine forme (Labadie, 1991). Quelle est la part réelle de cette composante sanitaire dans les causes de la défaite franco-espagnole ? Il appartient aux historiens d'en débattre, mais on peut citer à ce sujet un passage du *Handbook for Royal Navy Medical Officers* où Robert Blane écrit : « L'acceptation des règles de Lind a permis à la

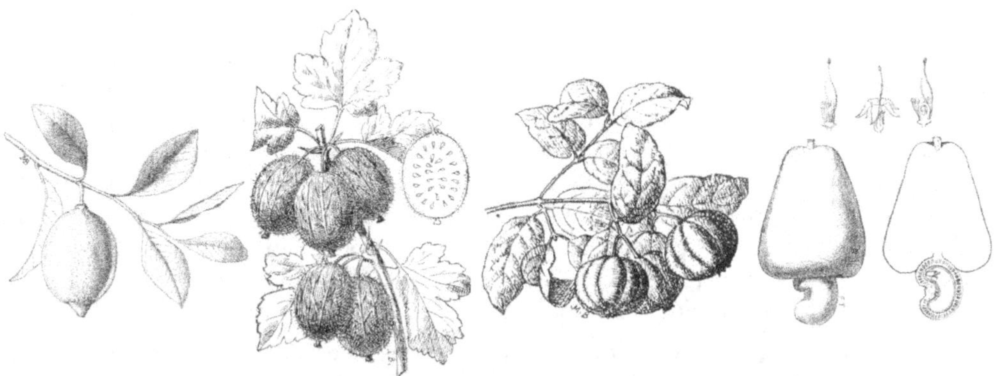

Figure VI.3. Fruits et légumes antiscorbutiques. Citron et groseille à maquereau sont deux remèdes testés par Lind pour guérir les scorbutiques. Des fruits plus efficaces ont été trouvés depuis : la cerise de Cayenne (*Eugenia uniflora*) et surtout la pomme cajou (*Anacardium occidentale*), mais aussi le chou (*Brassica* sp., non représenté ici). Extraits de Bois (1928, 1937).

flotte de conserver la même force de frappe avec un nombre de bateaux réduit de moitié. » Et un chirurgien du nom de Robert Finlayson d'ajouter : « La plupart des officiers expérimentés sont d'avis que la guerre de blocus qui a annihilé la puissance de la France n'aurait jamais pu réussir si le scorbut n'avait pas été maîtrisé. »

Lind avait réalisé la première expérience de guérison d'une carence en vitamines. C'est sans doute vrai si l'on excepte celles qu'ont dû effectuer à leur manière les Chinois, les Arabes, voire les Algonquins et d'autres. En démontrant le rôle bénéfique majeur d'un fruit, il avait, sans s'en rendre compte, démontré la nécessité de certaines substances végétales, dans des contextes particuliers pensait-il. En effet, il n'a jamais voulu admettre que le scorbut était provoqué par le seul manque d'un quelconque principe présent dans les végétaux ; selon lui, il fallait aussi l'intervention d'autres facteurs, probablement l'humidité si souvent citée. Pour preuve, il avançait l'argument suivant : durant l'Antiquité, il n'était pas rare que le siège des villes dure 6 mois ou plus d'un an, sans que l'on signale de maladie assimilable au scorbut alors que les assiégés n'avaient à coup sûr plus de vivres frais… mais ils bénéficiaient de l'air doux et sec des pays méditerranéens ! On n'ose dire qu'un excès de culture gréco-latine peut entraver les progrès de la science, et pourtant…

Un long délai pour les autres vitamines

Les travaux de Lind furent exemplaires pour leur époque. Le délai entre leur publication et la généralisation de leur application est imputable à la routine et au secret (d'État, pourrait-on dire). Si les conséquences économiques, militaires et politiques de la victoire contre le scorbut furent considérables, le travail restait inachevé d'un point de vue scientifique. Dans l'ouvrage où il résume son œuvre, Lind ne consacre qu'une dizaine de lignes à l'explication du mode d'action des principes provenant des agrumes ou autres végétaux. Elle est ahurissante pour un lecteur moderne, puisqu'elle repose toujours sur la théorie des 4 humeurs d'Hippocrate — la rouge (le sang), la blanche (la lymphe), la noire (bile noire, qu'on a cherchée en vain) et la jaune (bile) ! L'idée que les substances apportées par des végétaux sont indispensables au bon fonctionnement de l'organisme n'affleurait pas les scientifiques de l'époque. Après que Magendie a démontré que les éléments azotés (les protéines) devaient être obligatoirement apportées par les aliments, une vision nouvelle de la nutrition s'était pourtant imposée ; mais de là à étendre la notion de caractère indispensable à des substances inconnues présentes en très faible quantité, il y avait un pas qu'il a fallu beaucoup de temps pour franchir. Plus tard, après la révolution pasteurienne, la tendance à attribuer les maladies à la présence de micro-organismes ou de leurs toxines s'était imposée et elle a certainement freiné la recherche de l'étiologie des maladies de carence nutritionnelle.

Une prise de conscience de l'insuffisance des régimes composés seulement de glucides, de lipides et de protéines, c'est-à-dire de macronutriments, devait avoir lieu pendant le siège de Paris, en 1870. Le lait venant à manquer, on demanda au chimiste Jean-Baptiste Dumas de préparer une sorte de lait artificiel afin de sauver les milliers de nourrissons qui risquaient de mourir de faim. Dumas avait été le premier à analyser le lait d'animaux monogastriques, et ses compétences en chimie organique, dont il est considéré comme l'un des fondateurs, étaient internationalement reconnues. Pourtant son lait artificiel donna des résultats catastrophiques. Il n'avait ni le temps ni les moyens pour entreprendre des recherches sur les défauts de son lait qui n'intéressa plus personne après le siège de Paris. Il fallut attendre 17 ans pour qu'un physiologiste suisse du nom de Lunnin, essayant de nourrir des souris avec des régimes synthétiques, ne découvre que l'on pouvait préserver la survie à condition d'ajouter un peu de lait naturel. Et le chercheur de conclure que le lait devait contenir, à côté des composés connus, de petites quantités d'autres substances inconnues mais essentielles à la vie.

Entretemps, la marine japonaise avait vu surgir une nouvelle maladie, presque aussi terrible que le scorbut : le béribéri. En 1885, un médecin de la marine japonaise, K. Takaki, rédigea un rapport dans lequel il décrivait l'apparition de la maladie parmi les équipages effectuant de longues croisières et l'attribua à l'excès de riz blanc (décortiqué) dans l'ordinaire des marins. Personne ne l'écouta. Ce mal, les Chinois l'avaient déjà décrit chez les mangeurs de riz blanc 2 600 ans avant J.-C. Takaki, une fois devenu responsable des services de santé de la flotte nippone, démontra le bien-fondé de ses vues en supprimant la mortalité sur les équipages des navires croisant dans le Pacifique qui s'élevait auparavant à une quarantaine d'hommes par croisière. Il avait suffi de remplacer le riz décortiqué par de l'orge et d'augmenter les rations de viande et de légumes. La contribution de Takaki s'arrêta là car il pensa avoir démontré que le béribéri était dû à une carence en protéines. À peu près au même moment, un jeune médecin hollandais, Christian Eijkman qui venait de recevoir une solide formation en microbiologie auprès de Robert Koch, arriva à Java en 1881 pour exercer la fonction de médecin du pénitencier. Il observa, lui aussi, des cas de béribéri, décrit de longue date à Java. Il chercha mais sans succès à isoler un agent infectieux. C'est alors qu'il remarqua que les poules du pénitencier présentaient des troubles nerveux graves comparables au béribéri humain et qui pouvaient par conséquent avoir la même cause ; ses soupçons furent renforcés quand il apprit que les volailles ne contractaient cette maladie que si on remplaçait le paddy (riz non décortiqué), nourriture habituelle des poules, par des déchets de riz blanc (décortiqué) des cuisines. On connaît la suite : le directeur fit un essai comparatif sur deux lots de poules, l'un nourri de paddy et l'autre de riz décortiqué. Les troubles nerveux apparurent dans le second lot seulement. Il fit ajouter du son de riz à leur ration et les poules guérirent. Il put de même guérir les occupants du pénitencier malades avec du riz brun, grossièrement décortiqué (sans doute moins que le riz « complet » des boutiques de diététique européennes actuelles). Eijkman avait franchi un grand pas, tant en méthodologie avec l'utilisation d'animaux comme modèles expérimentaux, que dans l'identification des causes de la maladie. Son hypothèse était la suivante : le riz contenait une toxine et le son une antitoxine. Il fallut attendre 1901 pour qu'un de ses confrères et collaborateurs, Grijns, écrivît que « le riz décortiqué manquait d'une certaine substance importante dans le métabolisme du système nerveux central ». Si l'on remplace « importante » par « indispensable », la notion de vitamine était correctement formulée, bien qu'Eijkman qualifiât encore longtemps cette substance d'« antidote pharmacologique ». Le travail fut enfin achevé quand le biochimiste polonais Casimir Funk isola le composé en question ; comme elle portait un radical amine, il l'appela « vitamine » c'est-à-dire « amine nécessaire à la vie ».

Funk, doué d'une grande intuition, émit bientôt l'hypothèse d'autres maladies de carences nutritionnelles : rachitisme, scorbut et pellagre. Chacune pouvait être due au manque d'une substance encore inconnue. Funk employait déjà le mot de « vitamines » au pluriel et il en voyait 3 à découvrir. Toutes ces hypothèses furent avérées, on trouva même petit à petit un total de 12 vitamines, sachant que Funk conseillait de garder le terme de « vitamines » pour les substances nouvelles qui ne seraient certainement pas toutes des amines. On notera qu'une fois encore les aliments végétaux, parfois méprisés par les gens qui pouvaient se permettre des régimes carnés, étaient sur le devant de la scène.

Les vitamines A et D, PP et C

Les défauts de vision crépusculaire, que l'on nomme aujourd'hui « héméralopie », étaient connus depuis l'Antiquité. Des études épidémiologiques menées à la fin du XIXe siècle les ont reliés à la malnutrition. À la veille de l'isolement de la vitamine, deux équipes de chimistes, F.G. Hopkins et W. Stepp d'une part et E.V. Mc Collum et M. Davis d'autre part, travaillaient sur des facteurs de croissance qui permettaient au rat nourri avec des régimes simplifiés de gagner du poids au lieu de stagner, voire de dépérir. Elles isolèrent du beurre et du jaune d'œuf un composé liposoluble (A) et de la levure du lait ou du jaune d'œuf un composé hydrosoluble (B) qui, tous deux en très faible concentration, stimulaient la croissance. Le facteur de croissance fut baptisé « vitamine A » en 1913 par référence aux travaux de Funk dont la vitamine, devenue « vitamine B » avant de devenir B_1 ou « thiamine », était déjà connue. Mc Collum et Davis démontrèrent en 1914 que l'action de la vitamine A, aujourd'hui « rétinol », s'exerce à la fois sur la croissance et la vision (Grusse et Watier, 1993). Leurs formules furent établies au cours des années 1930 (McCollum, 1957 ; Combs, 1992).

Encadré VI.5. La rivalité franco-anglaise pour la découverte et la colonisation du continent Austral.

Quand les Français furent évincés du Canada par les Anglais selon les termes du traité d'Utrecht (1713) puis de Paris (1763), ils rêvèrent de recréer leur empire colonial sur le continent Austral. Quelques Acadiens déportés par les Anglais et ramenés en France acceptèrent en 1764 de partir pour une colonie que fondait Bougainville sur les îles Malouines. Hélas, en 1767, le roi d'Espagne devenu notre allié se déclara souverain de ces îles. Bougainville fut alors chargé de remettre la colonie aux Espagnols qui voulurent bien assurer leur rapatriement. Après quoi, il entama la première circumnavigation « officielle et scientifique » d'un navire français. Il accosta à Tahiti (peu après l'Anglais Carteret), découvrit quelques îles de Mélanésie et regagna la France, fier de n'avoir perdu à cause du scorbut que 7 hommes en 2 ans et 4 mois. La raison de ce succès ne vient pas seulement de l'escale de Tahiti, elle tient aussi à ce qui aurait pu amener une catastrophe : biscuits et salaisons étaient dans un tel état que seuls les rats s'en régalaient ; les hommes d'équipage préféraient manger des rats qui jouèrent le rôle d'antiscorbutique imprévu mais relativement efficace (le rat synthétise l'acide ascorbique qui n'est pas une vitamine pour lui !). Bougainville n'ayant découvert aucun cap du fameux continent Austral, les Anglais le caricaturèrent en train de prendre possession d'un îlot de quelques mètres carrés.

Peu après, Louis XV envoya Yves de Kerguelen à la recherche de ce continent. Le marin découvrit en 1772 des îles qu'il baptisa « îles de la Fortune ». Il rentra annoncer la bonne nouvelle sans même débarquer. Le commandant de sa conserve, Louis de Saint Allouarn, ayant perdu de vue Kerguelen et l'attendant en vain au point de ralliement, prit possession de la Nouvelle-Hollande découverte en 1605 par Abel Tasman, c'est-à-dire de l'ouest de l'Australie.

En 1771, le capitaine Cook partit pour son second voyage au cours duquel il testa une série d'aliments censés guérir du scorbut. On sait que seul l'effet du moins efficace fut divulgué, les autres faisant merveille. Cook visita les terres découvertes par Kerguelen, constata qu'il n'y avait que des îles auxquelles il donna leur nom actuel. Ayant parcouru l'océan Pacifique en tous sens, il conclut que les seules grandes terres australes étaient la Nouvelle-Hollande et la Nouvelle-Zélande.

En 1800, Napoléon Bonaparte envoya deux navires avec de nombreux savants sous les ordres de Nicolas Baudin vers la Nouvelle-Hollande. Outre des études botaniques, zoologiques, anthropologiques, l'expédition devait cartographier les côtes et voir si le pays était formé d'une seule terre ou de plusieurs îles. En 1802, par suite d'un hasard à peine croyable, Baudin se trouva proue à proue face au navire de l'Anglais Flinders, sans doute envoyé à sa poursuite. La paix d'Amiens venait d'être signée, mais chacun des deux hommes croyait son pays en guerre contre l'autre. Malgré cela, la solidarité des gens de mer l'emporta. Baudin n'avait plus que 9 hommes pas trop atteints du scorbut et capables de manœuvrer son navire. Flinders lui proposa de faire voile vers Port-Arthur (Sydney), où les Français furent très bien accueillis. Ces derniers purent reprendre des forces, ce qui ne signifie pas que Baudin ait été au bout de ses malheurs. De toute façon, il était clair que l'Australie (nom proposé par Flinders) était à la portée des seuls Anglais qui maîtrisaient le scorbut.

Le projet d'empire colonial français dans les mers du Sud devint d'autant plus impossible que Trafalgar allait imposer l'écrasante domination de la flotte anglaise et, cette fois encore, le scorbut n'était pas étranger au cours de l'histoire. Même la tentative française de colonisation de l'île du sud de la Nouvelle-Zélande en 1840 devait échouer. Les Français maîtrisaient mieux le scorbut en croquant chaque jour une pomme de terre crue, citron du pauvre ; mais les Anglais déjà trop bien implantés dans le secteur venaient de signer un traité avec les Maoris quand les Français arrivèrent, et l'expédition française tournera au vaudeville

Proust de la Giraunière, 2002

Le rachitisme, caractérisé par des déformations particulièrement nettes au niveau des membres inférieurs qui se courbent, était connu depuis des siècles mais, surtout à partir de la révolution industrielle jusqu'aux premières décennies du XXᵉ siècle, sa survenue était en nette augmentation. Il sévissait davantage dans les pays d'Europe nordique ou centrale et en Amérique du Nord que dans les pays méditerranéens. Ses ravages étaient plus graves chez les pauvres qui s'entassaient dans les taudis des quartiers miséreux. Les premières enquêtes précises signalèrent une relation entre sa prévalence et le niveau de vie. Le rôle bénéfique des régimes carnés, voire de certains corps gras, fut avancé mais démenti par d'autres observations. Dès 1782, un médecin anglais, Dale Percival avait expérimenté un remède connu des Baltes et des Scandinaves, l'huile de foie de morue, dont on disait qu'il avait pour la guérison du rachitisme la même efficacité que le jus de citron pour le scorbut. Près d'un siècle plus tard, le médecin français Armand Trousseau montra que la maladie, qui frappait également les adultes, pouvait être non seulement guérie, mais aussi prévenue par l'huile de foie de morue ainsi que, chose surprenante, par le rayonnement solaire. Enfin, en 1919, un médecin allemand utilisa le rayonnement ultraviolet de la lampe à mercure pour guérir le rachitisme. En 1922, Mc Collum décomposa la fraction A en séparant la vitamine A déjà connue de la vitamine antirachitique : la vitamine D.

On démontra plus tard qu'une des formes de la vitamine D était synthétisable dans la peau à partir du cholestérol, à condition que l'individu soit exposé aux rayons solaires ou à une autre source de rayons ultraviolets. On comprenait enfin pourquoi le rachitisme sévissait davantage dans les pays peu ensoleillés, surtout si les enfants étaient enfermés dans les taudis presque sans fenêtres. Si la vitamine D n'est donc pas une vitamine au sens stricte, elle l'est dans la pratique pour les populations vivant dans des pays peu ensoleillés. Après sa synthèse, une analyse des aliments usuels montra que les principales sources étaient les produits carnés et les laitages.

Quand, en 1786, le jeune poète Johann von Goethe visita l'Italie, il s'attendait à rencontrer des gens sains et heureux de vivre dans ce pays baigné par le soleil au milieu d'une végétation qu'il considérait comme exotique. Il fut très déçu de voir qu'une grande partie de la population était atteinte d'une maladie de peau plutôt repoussante, la pellagre (« peau rugueuse »). Il faudra attendre un siècle pour que Funk devine qu'il s'agissait d'une maladie de carence. Contrairement au scorbut, au béribéri, à l'héméralopie ou encore au rachitisme, la maladie n'avait pas été décrite avant le XVIIIᵉ siècle. Le premier médecin à en avoir

Figure VI.4. Les huiles de foie de poisson, et tout spécialement de foie de morue, se sont révélées efficaces pour prévenir le rachitisme… en l'absence de soleil ou de rayons ultraviolets. Ce sont aussi des sources d'acides gras essentiels de la série oméga 3. Extrait de Dumas (1978).

parlé, au milieu du XVIIe siècle, était un médecin espagnol qui pensait que sa cause était la consommation de maïs avarié. De fait, la pellagre fut retrouvée dans tous les pays du Vieux Monde où l'on mangeait beaucoup de maïs : Italie, France, Roumanie et Égypte. Plus tard, elle apparut aux États-Unis, également dans les milieux pauvres. Un médecin chargé d'élucider la nature de la pellagre alla jusqu'à s'injecter des fluides et avaler de l'urine et des fèces d'enfants atteints de la maladie pour démontrer qu'elle n'était pas contagieuse. Il n'y avait pas d'agent infectieux, mais la recherche de la vitamine antipellagre dont l'existence avait été supposée par Funk ne fut pas aisée car on manquait d'animaux sensibles à la maladie. Après qu'on a découvert un tel animal, le chien, dont la langue noircit quand on lui donne des régimes humains induisant la maladie, le travail de trois équipes permit, en 1937, la purification de la vitamine PP (pour « *pellagra preventive* »), aujourd'hui niacine ou vitamine B_3. On s'aperçut alors qu'elle avait été synthétisée par un chimiste allemand et que Funk lui-même l'avait isolée, mais qu'il ne s'y était pas intéressé car elle ne guérissait pas le béribéri, sur lequel il travaillait alors. On découvrit également que la vitamine PP pouvait être synthétisée par l'organisme à partir d'un acide aminé indispensable, le moins abondant de tous il est vrai : le tryptophane. Elle n'est donc pas non plus une vitamine au sens absolu du terme. Mais cette particularité n'expliquait toujours pas pourquoi les Amérindiens qui se nourrissaient presque exclusivement de maïs ne contractaient jamais la pellagre. Il fallut encore 25 ans pour le comprendre (cf. *infra*).

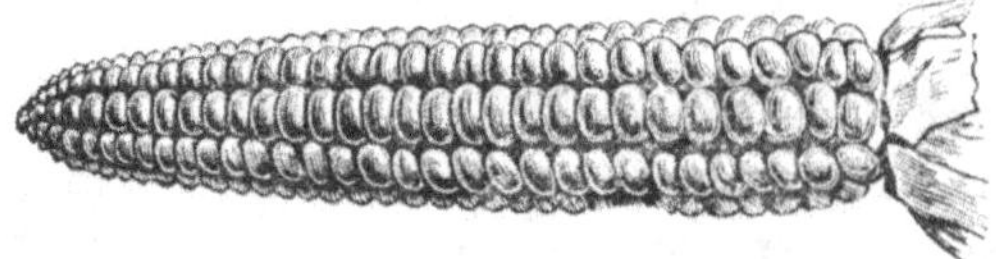

Figure VI.5. La pellagre, signe de carence en niacine (vitamine PP ou B_3) observé chez les gros mangeurs de maïs après l'introduction de cette céréale en Europe, n'était pas due à une absence de la vitamine dans cette plante mais à une mauvaise cuisson. Toutes les vitamines ne sont donc pas détruites par la chaleur. Extrait de Capus (1930).

L'identification du facteur dont la carence provoquait le scorbut se heurta à des difficultés similaires à celles de l'identification de la vitamine PP : on savait très bien où la trouver, mais on n'avait pas d'animal susceptible de contracter le scorbut. Deux chercheurs norvégiens le trouvèrent par chance : en 1907, voulant travailler sur le béribéri des marins, ils prirent des cobayes et s'aperçurent que, nourris avec un régime composé de céréales, les animaux devenaient scorbutiques. Le principe actif fut extrait dès 1912, mais il fallut attendre 1932 pour que la vitamine antiscorbutique soit identifiée à un acide déjà connu, aujourd'hui appelé « acide ascorbique », la vitamine C.

Les dernières vitamines

Tableau VI.2. Liste des 13 vitamines nécessaires à l'homme.

Nom scientifique	Appellation abrégée	Rôle positif	Remarques
Rétinol	A (axérophramique)	Vision et croissance	
Calciférol	D (antirachitique)	Homéostasie Ca et P	Synthèse possible sous l'action des UV
Tocophérols	E	Antioxydants	
Ménadione	K (antihémorrhagique)	Coagulation sanguine	Nombreuses formes d'origines variées
Thiamine	B_1 (antibéribéri)	Métabolisme des glucides	
Riboflavine	B_2	Oxydo-réduction	
Niacine	B_3 ou PP (antipellagre)	Métabolisme de l'énergie	Synthétisable à partir du tryptophane
Acide pantothénique	B_5	Métabolisme des lipides	Pas de signe de carence connu chez l'homme
Pyridoxine	B_6 (pyridoxol)	Métabolisme des acides aminés	
Biotine	B_8	Carboxylations	Pas de carence spontanée chez l'homme[a]
Acide folique	B_9	Transfert des groupes monocarbonés	
Cobalamine	B_{12} (anti-anémique)	Tansméthylations	Absente des aliments végétaux
Acide ascorbique	C (antiscorbutique)	Antioxydant	Subcarences encore fréquentes

a. Des carences peuvent résulter de l'administration d'un antagoniste de la biotine.

En **gras**, les vitamines dont les carences graves sont encore trouvées aujourd'hui dans certains pays (d'après Le Grusse et Watier, 1993).
En *italique*, les vitamines dont l'apport doit être particulièrement surveillé, selon le corps médical, dans le contexte français.

Figure VI.6. Malgré leur teneur apparemment faible en vitamines, les légumes feuilles d'excellentes sources d'acide folique (vitamine B$_9$) et de fibres compte tenu des rations consommées. Extrait de Bois (1927).

Dans les années 1920 et 1930, les travaux sur les vitamines ont continué, même si les maladies attribuables *a priori* à des carences vitaminiques devenaient plus rares. Les techniques étaient alors bien rodées avec des protocoles faisant appel à des animaux de laboratoires, des régimes purifiés sans vitamines, où l'on pouvait ajouter soit des vitamines pures, soit des composés supposés en apporter. Et c'est ainsi que les facteurs de croissance de Mc Collum et la vitamine B, devenue « complexe B » de Funk, ont ouvert la voie à la découverte de nouvelles vitamines, dont certaines comme l'acide pantothénique (parfois appelé « vitamine B$_5$ ») jouent un rôle capital dans le métabolisme énergétique sans que l'on connaisse de signe de leur carence chez l'homme. La biotine, ou « vitamine B$_9$ », est une autre vitamine dont la carence est normalement inconnue chez l'homme. On découvrit aussi des carences rares comme certaines formes d'anémie ou des défauts de coagulation sanguine imputables à des déficiences vitaminiques nouvelles.

La liste des vitamines avérées s'allongea donc pour atteindre un total de 13 en 1947, 14 si l'on inclut la choline qui est plutôt considérée comme une pseudovitamine et qui reste souvent ignorée par le corps médical. Avec la détermination en 1955 de la formule de la cyanocobalamine (principale vitamine B$_{12}$) et sa synthèse en 1973, la liste des vitamines était pour ainsi dire close, mais non les travaux les concernant qui se poursuivent à un rythme ralenti.

Deux scientifiques français, Lucie Randouin et Henri Simonet, ont démontré que pour la plupart des vitamines du groupe B (ainsi que la vitamine K), des synthèses sont réalisées par les bactéries du tube digestif, c'est-à-dire la flore intestinale. Ce secteur, assez peu vulgarisé, est d'importance très inégale selon l'espèce et la nature des vitamines. La synthèse peut être massive chez les animaux à flore active comme les herbivores, chez lesquels le bol digestif séjourne longuement et subit

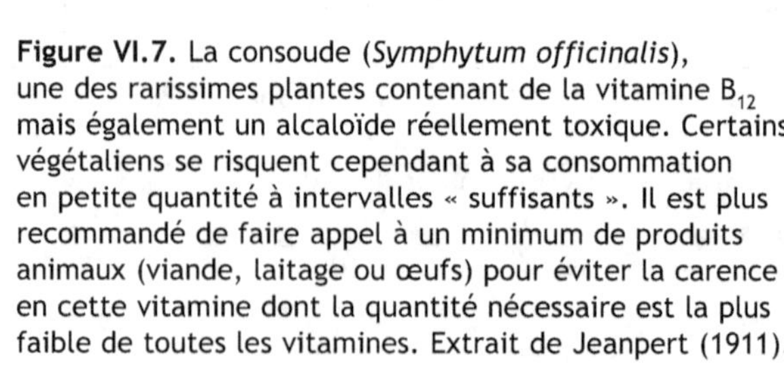

Figure VI.7. La consoude (*Symphytum officinalis*), une des rarissimes plantes contenant de la vitamine B$_{12}$ mais également un alcaloïde réellement toxique. Certains végétaliens se risquent cependant à sa consommation en petite quantité à intervalles « suffisants ». Il est plus recommandé de faire appel à un minimum de produits animaux (viande, laitage ou œufs) pour éviter la carence en cette vitamine dont la quantité nécessaire est la plus faible de toutes les vitamines. Extrait de Jeanpert (1911).

des fermentations complexes. Les bactéries qui s'y développent synthétisent leurs propres vitamines que l'animal récupère en partie après la mort des micro-organismes. Chez les omnivores comme l'homme, la synthèse de vitamines dans le tube digestif a été mise en évidence de longue date, mais elle est généralement très insuffisante et, partant, souvent considérée comme négligeable par le corps médical.

On peut dire que la découverte des vitamines a constitué la plus grande révolution de l'histoire de la nutrition. Elle a démontré que, outre les macronutriments, un nombre fini de micronutriments organiques étaient absolument indispensables à l'organisme animal. On a ainsi pu expliquer non seulement les maladies de carence, mais aussi les rares et néanmoins réels troubles dus aux excès de vitamines, leur stockage dans l'organisme, leur stabilité à la chaleur, à l'oxydation, à la lumière ou au pH. L'expérimentation sur des animaux de laboratoire a permis des avancées considérables sur leur mode d'action. En reprenant la démarche d'Eijkman qui avait transposé aux poules l'étude d'une carence dont souffrait l'homme, on a pu conduire de nombreuses expériences sur des cobayes, des porcs, des poulets et surtout des rats, afin d'élucider pour chaque vitamine les « effets positifs » selon la formule de G.F. Combs (1992), c'est-à-dire non plus seulement les effets pathologiques de la carence, mais aussi les fonctions biochimiques dans des conditions normales. Beaucoup de vitamines, et tout spécialement celles du groupe B (hydrosolubles) se sont révélées être des cofacteurs d'enzymes, molécules complexes que les organismes hétérotrophes ne peuvent plus synthétiser et qu'ils doivent se procurer en consommant des autotrophes, plantes ou bactéries[1]. À ce titre, l'étude des vitamines a permis des progrès considérables dans la compréhension de ce que l'on appelle maintenant le « métabolisme intermédiaire », et même de la biochimie en général.

La vulgarisation de la notion de vitamine a eu un retentissement immense. Mais le public de l'époque, peu au fait de la nutrition, n'a évidemment pas compris grand-chose à la nature de ces composés. Ces substances naturelles actives à si faibles doses étaient douées d'un pouvoir merveilleux. Selon les interprétations, on pouvait y voir un superconcentré d'aliments, un moyen d'augmenter la vitalité, d'acquérir une force supérieure, une résistance aux maladies, une vie plus longue, bref, ce que Falk (1994), appelle un « monde magique »[2]. Le mot « vitamine », qui signifie « amine nécessaire à la vie », évoque la vitalité et, l'imagination aidant, bien d'autres choses positives. Le plus étonnant est que cette magie du verbe ait été voulue par l'inventeur du mot lui-même, Casimir Funk, peut-être aussi doué en psychologie qu'en biochimie : il voulait frapper fort pour que la notion de vitamine soit popularisée (Combs, 1992) ! Il a sans doute réussi au-delà de ses attentes.

---

1. Au cours de l'évolution, en perdant l'aptitude à synthétiser certaines molécules indispensables comme les vitamines, les organismes hétérotrophes ont « économisé » une dizaine d'enzymes par vitamine, soit de l'ordre de 120 au total. Par un raisonnement analogique, on peut supposer que, comme tous les organismes spécialisés, ils ont pu reporter leurs « efforts » sur des propriétés nouvelles.

2. Aujourd'hui, les vulgarisateurs disent encore que la chaleur *tue* les vitamines. Ainsi donc les vitamines seraient des organismes vivants, sans doute situés du côté du bien, à l'opposé des micro-organismes pathogènes, sur l'axe du mal !

G.O. Burr et M.M. Burr découvrent les acides gras essentiels

En 1930, un couple de médecins chercheurs américains, G.O. Burr et M.M. Burr, étudiant le remplacement des sources de lipides par des glucides chez le rat, découvrirent des nouveaux signes de carence qui rappelaient les carences en vitamines mais n'étaient dus à aucune de celles que l'on connaissait. Analysant les lipides, ils remarquèrent que la carence semblait correspondre à l'absence de deux acides gras insaturés, l'acide linoléique et l'acide linolénique que les méthodes analytiques de l'époque ne permettaient pas de séparer facilement. Il s'agit de deux acides gras à 18 atomes de carbones dont le premier porte 2 doubles liaisons et le second 3. Des expériences de carence puis supplémentation puis réhabilitation permirent de confirmer le caractère indispensable d'une nouvelle catégorie de molécules organiques qu'ils appelèrent « vitamine F ». On les a depuis nommées « acides gras essentiels » car ils sont nécessaires en quantités plus grandes que les vitamines et s'incorporent dans les lipides des tissus, un peu comme les acides aminés essentiels dans les protéines corporelles. Les biochimistes avaient montré que ces molécules avaient un caractère indispensable parce qu'elles portaient des doubles liaisons en position « oméga 6 » ou « oméga 3 » que seules les plantes pouvaient synthétiser. Les animaux, en revanche, pouvaient modifier ces deux acides gras et en fabriquer d'autres à chaîne plus longue, toujours oméga 3 ou oméga 6, qu'ils incorporaient massivement dans les phospholipides des membranes cellulaires, du cerveau et d'autres tissus, et avec lesquels ils synthétisaient également des molécules essentielles au métabolisme de la cellule, les prostaglandines et substances apparentées. Dans la pratique, l'homme n'était que rarement totalement privé de ces acides gras alimentaires — on ne rencontrait qu'exceptionnellement des carences nettes.

Et puis brusquement, à la suite d'une enquête épidémiologique, les acides gras essentiels sont apparus sur le devant de la scène et le sont restés. Une étude des causes de mortalité conduite en Alaska a montré que les Inuits qui avaient conservé les habitudes alimentaires de leurs ancêtres souffraient et mourraient beaucoup moins de maladies cardiovasculaires que les « Occidentaux ». Or le poisson, la chair et l'huile de phoque ou de baleine qu'ils mangeaient en grande quantité contenaient des lipides très fluides (on parle d'huiles et non de graisses), extrêmement riches en acides gras polyinsaturés à longue chaîne de la famille oméga 3. On avait tout lieu de penser que ce sont ces nutriments qui étaient à l'origine de la moindre survenue des maladies cardio-vasculaires et cérébro-vasculaires. Cette hypothèse a été corroborée non seulement par d'autres enquêtes épidémiologiques, mais aussi par un nombre considérable de travaux dans tous les pays du monde où ce type de recherches est possible. Brièvement, on peut dire que les acides gras saturés sont les moins favorables à la santé, et les polyinsaturés à longue chaîne comme les huiles de poisson sont les plus bénéfiques. La chair d'animaux terrestres, les œufs et les laitages apportent beaucoup d'acides gras saturés ainsi que de cholestérol, favorisant ainsi les maladies cardio- et cérébro-vasculaires. À l'opposé, les lipides d'organismes marins sont des sources uniques d'acides gras oméga 3 à longue chaîne, qui se déposent dans les lipides corporels des membranes cellulaires et de

---

Encadré VI.6. Les acides gras essentiels
— séries oméga 3 et oméga 6.

La terminologie « oméga *n* » s'applique aux acides gras insaturés possédant au moins une double liaison entre deux carbones, *n* désignant le nombre de carbones séparant cette double liaison de l'extrémité méthyl.

Les acides gras saturés, toujours présents dans les lipides alimentaires, sont facilement synthétisables par l'organisme à partir d'autres nutriments ; ils n'ont donc aucun caractère essentiel. Il en est de même des acides gras oméga 9 (par exemple l'acide oléique), qui peuvent eux aussi être d'origine exogène ou endogène et n'ont donc pas non plus de caractère essentiel.

Les acides gras oméga 6 sont d'origine obligatoirement exogène et sont de ce fait essentiels. Celui dont la chaîne est la plus courte (18 atomes de carbone) est l'acide linoléique. Dans l'organisme, sa chaîne peut être élonguée et désaturée, c'est-à-dire recevoir davantage de doubles liaisons. Ces transformations aboutissent à la synthèse de l'acide arachidonique (AA), principal acide gras essentiel à longue chaîne, ainsi que de deux séries de prostaglandines et de thromboxanes.

Les acides gras oméga 3 sont eux aussi d'origine obligatoirement exogène. Celui dont la chaîne est la plus courte (18 atomes de carbone) est l'acide linolénique. Dans l'organisme, sa chaîne peut également être élonguée et désaturée, aboutissant à la synthèse de l'EPA (acide eicosapentaénoïque) et du DHA (acide docosahexaénoïque) ainsi que de deux séries de prostaglandines distinctes de celles qui dérivent de la série oméga 6.

Les acides gras essentiels à 18 carbones (linoléique et linolénique) sont parfois appelés « précurseurs ».

---

tissus comme le cerveau ; ces mêmes acides gras permettent aussi la synthèse de prostaglandines qui limitent l'incidence des maladies vasculaires évoquées. Quant aux sources végétales d'acides gras, les huiles, elles peuvent apporter en proportions variables des acides gras saturés, mono-insaturés, polyinsaturés oméga 6 ou oméga 3. Cependant, dans ces deux dernières catégories, on ne trouve que des acides gras à chaîne courte (précurseurs) dont l'effet sur la santé est bien moindre que celui des acides gras à chaîne longue. L'équilibre entre les acides gras de la série oméga 6 et ceux de la série oméga 3 joue un rôle important du fait de la nature des prostaglandines qu'ils permettent de synthétiser : dans l'ensemble, les excès d'acides gras oméga 6 sont défavorables alors que les acides gras oméga 3 conservent leurs vertus bénéfiques même à forte dose. Les enquêtes ont monté que les Inuits n'avaient pas le monopole des régimes de santé. Certaines populations méditerranéennes, les Crétois étant d'abord pris en exemple, avaient une alimentation très pauvre en viande, donc pauvres en acides gras saturés, mais riche en légumes, donc bien pourvue en acides gras polyinsaturés oméga 3 (à chaîne courte). Dans ces populations, la survenue des maladies cardio-vasculaires était plus réduite que chez les mangeurs de viande et de graisse. Les acides gras essentiels, dernière classe de nutriments organiques indispensables, jouent donc un rôle nécessaires à la vie, tout comme les acides aminés indispensables et les vitamines, mais ils exercent de surcroît une action bénéfique sur la santé aujourd'hui considérée comme majeure, surtout pour les personnes d'âge mûr.

Un secteur longtemps négligé : les minéraux

L'emploi de minéraux dans l'alimentation humaine est extrêmement ancien. Le sel (chlorure de sodium) provenant de la mer, de sources salées ou de mines est utilisé en cuisine depuis la préhistoire — et tout spécialement depuis le Néolithique — dans pratiquement toutes les parties du monde. Certaines tribus africaines vivant loin de la mer et des gisements de sel gemme le remplaçaient par des cendres de plantes aquatiques. Les Chinois ajoutaient des cendres d'algues dans la nourriture des goitreux à une époque qui remonterait à plusieurs millénaires avant J.-C. Dans plusieurs régions du Globe, on faisait donc appel inconsciemment aux vertus de l'iode. Le sel, quant à lui, a longtemps été considéré comme un condiment, non comme une source de nutriments. Pour une personne de notre époque qui a reçu un enseignement minimal en chimie et qui sait que les os contiennent du calcium, il paraît évident que cet élément provient des aliments. Pour surprenant que ce soit, cette relation n'allait pas de soi à la fin du XVIIIe siècle ou au début du XIXe. Le rôle des minéraux nécessaires à l'organisme, comme le sodium et le potassium présents en quantités plus faibles, n'avait retenu l'attention de personne tandis qu'on ignorait absolument tout de la présence dans les organismes animaux des oligoéléments : fer, cuivre, zinc, manganèse, fluor, silicium, etc. Avant que la célèbre formule Lavoisier « Rien ne se perd, rien ne se crée » ne soit connue, quelques Européens avaient écrit que l'animal avait besoin de « cendres ». L'Amérindienne Rigoberta Menchu, prix Nobel de la paix 1992, en décrivant l'alimentation traditionnelle de ses compatriotes, précise qu'ils ajoutaient toujours de la chaux à l'eau de cuisson du maïs (nous reviendrons sur ce point). Elle dit que la chaux fortifie les os (Burgos, 1992). L'explication lui a peut-être été fournie par un Blanc, mais certainement pas la recette. Il a fallu attendre 1842 pour qu'un scientifique, le suisse J. Chossat, s'intéresse au calcium alimentaire. Il étudia la formation de la coquille des œufs chez la pigeonne et vérifia que le calcium du carbonate qui la constitue provenait bien de la nourriture. Si le régime auquel il soumettait une femelle était dépourvu de calcium, celle-ci épuisait ses réserves, ses os se décalcifiaient puis elle ne pondait plus que des œufs sans coquille. Carbonate et « sous-phosphate » de calcium remédiaient à la carence. Il venait de faire la première approche expérimentale du besoin en calcium, comme Magendie l'avait fait pour le besoin en protéines.

Boussingault, alors employé par une société qui exploitait une mine d'or en Colombie, avait étudié la relation entre guérison du goitre, teneur en iode de l'eau de certaines sources et utilisation du sel marin. Son étude épidémiologique était remarquable : il avait procédé à des dosages précis de l'iode dans l'eau des sources et montré que seuls les habitants qui buvaient régulièrement de l'eau iodée ne connaissaient pas le goitre. Le sel de mer contenait également de l'iode, mais, quand il était transporté loin de la mer, dans des conditions où les

Figure VI.8. Les salines en terrasses de Maras, au Pérou. Ces salines étagées sur une pente à 45 ° sont des propriétés familiales ; elles fournissent un sel (l'un des très rares « aliments » minéraux) dont la couleur trahit la présence d'oligoéléments. *Source* : Morlon (1992).

cristaux d'iodure se séparaient du chlorure de sodium, la teneur devenait insuffisante (Boussingault, 1825 ; Adrian, 1994). Boussingault a clairement vu le rôle préventif de l'iode car il a écrit que c'était à l'usage continuel de l'eau iodée que les habitants de la province devaient l'absence de goitre. Dans les décennies qui suivirent, ce sont surtout les chercheurs allemands qui devaient s'attaquer à d'autres éléments minéraux. On montra en particulier le rôle du phosphore dont le métabolisme est étroitement lié à celui du calcium, ainsi qu'à la vitamine D. Des études furent conduites sur le fer dont les cendres de sang sont très riches. On ne savait pas encore que l'hémoglobine contenait du fer, mais on mit le doigt sur les besoins en un minéral qu'il n'est pas facile de couvrir. Des travaux ultérieurs ont démontré le rôle du magnésium ainsi que du sodium et du potassium impliqués surtout dans l'équilibre ionique et du chlore. Tous ces éléments sont regroupés sous le nom de « macrominéraux » ou tout simplement de « minéraux ».

L'iode est aujourd'hui classé parmi les oligoéléments nécessaires à l'organisme. Le nombre d'autres éléments minéraux nécessaires à la vie en faibles quantités est de l'ordre d'une quinzaine. Les données sont nombreuses et sûres pour les macroéléments qui rentrent en quantité notable dans la composition des organismes animaux, mais il n'en est pas de même pour les oligoélements. L'étude de ces derniers, tout comme des vitamines, demande en effet des régimes purifiés, de l'eau de boisson distillée, voire une analyse des matériaux des cages, mangeoires ou abreuvoirs, et le besoin peut être réellement infime. Le tableau VI.3 donne une liste simplifiée des minéraux nécessaires à la vie.

Tableau VI.3. Les minéraux et les principaux oligoéléments indispensables.

Éléments	Fonctions associées
Minéraux (macroéléments)	
Calcium	Ossification, contraction musculaire, fonctionnement du système nerveux, cofacteur enzymatique
Phosphore	Ossification, phospholipides, molécules riches en énergie, cofacteur enzymatique
Sodium	Équilibre ionique (abondance dans le compartiment extra-cellulaires), régulation d'activités enzymatiques
Potassium	Équilibre ionique (abondance dans le compartiment intracellulaire), contraction musculaire
Magnésium	Croissance, métabolisme énergétique, cofacteur enzymatique
Chlore	Acidité stomacale
Principaux oligoéléments	
Fer	Composant de l'hémoglobine cofacteur d'enzymes
Iode	Composant des hormones thyroïdiennes
Zinc	Cofacteur d'enzymes
Manganèse	Cofacteur d'enzymes
Cuivre	Cofacteur d'enzymes, absorption intestinale
Sélenium	Cofacteur d'enzymes de protection contre l'autoxydation des lipides
Silicium	Composant mineur de plusieurs tissus, dont les cartilages

Les sources de minéraux sont nombreuses et plus variées que pour les nutriments organiques puisque l'eau et quelques composés minéraux en contiennent. Les macroéléments comme le calcium et le phosphore sont surtout abondants dans les produits carnés, les poissons et les produits laitiers. Dans les végétaux, calcium et phosphore peuvent être présents sous forme de réserves relativement abondantes, mais souvent peu disponibles, comme c'est le cas des phytates dans les céréales et dans bien d'autres organes de réserves (voir chapitre VII). Le sodium est à l'état plus concentré dans les produits animaux tandis que le potassium et le magnésium le sont davantage dans les végétaux. Le fer disponible est rare dans les végétaux alors que la chair (tissu musculaire) et le sang des animaux sont d'excellentes sources de cet oligoélément parfois classé parmi les macroéléments compte tenu des besoins relativement élevés de l'organisme. Les oligoéléments sont également de répartition capricieuse : contrairement aux vitamines, leur présence dans les végétaux peut être influencée par la composition chimique des sols. Ils sont très rares dans les plantes poussant sur des roches elles-mêmes pauvres en certains éléments (il s'agit généralement de roches géologiquement très anciennes). Inversement, des excès d'oligoéléments comme le fluor dans les sols peuvent se répercuter sur la composition des plantes qui deviennent alors toxiques. Le simple dosage des minéraux dans les plantes est parfois insuffisant car il ne rend pas compte de leur disponibilité pour l'organisme animal.

L'étude des oligoéléments a rejoint celle des vitamines (quelquefois qualifiées d'« oligoéléments organiques ») en ce sens qu'ils agissent souvent en tant que cofacteurs de nombreuses enzymes, un peu comme les vitamines du groupe B. La vulgarisation du besoin en ces composés n'a pas eu un retentissement dans l'opinion publique aussi considérable que celui des vitamines, dans le cas général du moins. Le fer des épinards et son héro imaginaire sont une belle exception. Le fer n'est pas plus abondant dans les épinards que dans les autres légumes, c'est une malencontreuse d'erreur de calcul (de virgule plus précisément) qui l'a fait croire. Le fer symbolisant la solidité, donc pourquoi pas la force, un fabricant de conserves américain a eu l'idée d'exploiter le phénomène. On connaît la suite. Les oligoéléments se caractérisent, comparativement aux autres nutriments, par le rôle très marqué de leur apport : très bénéfique à faible dose, ils peuvent devenir des toxiques violents en cas d'excès comme c'est le cas du zinc, du cuivre et surtout du fluor et du sélénium.

Équilibres multiples, fibres et facteurs « accessoires » divers

Ce bref aperçu ne mentionne que les grandes étapes de la découverte des principaux nutriments, non leur mode d'action ni leurs interactions. Boussingault avait été l'un des premiers à parler de l'importance de l'équilibre des nutriments. Par la suite, la notion n'a fait que prendre de l'importance. De même qu'il existe un équilibre entre calcium, phosphore et vitamine D pour la fixation du calcium dans les os, il existe une interaction entre acides aminés soufrés (méthionine et cystéine), sélénium et vitamine E pour ce qui est de la lutte contre la peroxydation des molécules fragiles. Ces phénomènes ne furent compris qu'à partir du moment où les différentes voies du métabolisme intermédiaire furent connues. En étudiant les nutriments nécessaires à la vie, les nutritionnistes n'avaient pendant longtemps pris en compte que la survie, la survenue ou la guérison des maladies de carence et la vitesse de croissance des jeunes animaux de laboratoire. La découverte des acides gras essentiels a ramené les chercheurs à un problème plus général de santé qui ne correspondait pas à une carence visible, c'est-à-dire à un cas où l'effet bénéfique du nutriment pouvait être observé bien au-delà de la couverture du besoin *sensu stricto*.

Les recherches conduites sur les animaux de laboratoire ou d'élevage ont mis ou remis l'accent sur d'autres substances dont les fibres, matières inertes, chimiquement assimilables à la cellulose « brute » des analyses selon la vieille méthode allemande de Weende. Il s'agit en fait d'un ensemble hétérogène, présent uniquement dans les végétaux, cellulose vraie, hémicelluloses, pectine, autres polymères non digestibles de sucres simples, modifiés ou non, et composés phénoliques comme la lignine. Depuis le XIXe siècle, on sait que la cellulose est un nutriment énergétique pour les ruminants qui disposent d'une flore bactérienne permettant d'en décomposer une partie dans leur tube digestif, alors que leurs enzymes digestives en sont incapables. Chez l'homme, la cellulose n'est pas digérée ; en quantité excessive, elle peut devenir non seulement inutile mais irritante, et elle peut même entraver l'absorption de certains nutriments. Depuis la nuit des temps, l'homme avait eu tendance à remplacer autant que faire se pouvait ce composé inutile par de l'amidon, des sucres, des protéines, des lipides pour lesquels il éprouvait davantage d'appétence et qui calmaient bien mieux la faim. Et puis, le balancier est reparti dans le sens opposé : les nutritionnistes du début du XXe siècle ont fini par s'inquiéter des effets pervers de cet appauvrissement en matière organique indigestible et réputée inutile. La pauvreté des aliments en fibres perturbe le transit digestif, sans parler de son action indésirable sur l'absorption du cholestérol et de quelques autres nutriments. Elle entraîne des surconsommations avec les risques bien connus d'obésité, de diabète non insulino-dépendant et autres maladies de pléthore. On a trouvé également une relation statistique entre consommation de fibres en général et apparition de certains cancers, dont celui du colon. Bref, beaucoup d'effets positifs pour un composé jugé inerte. Le soin accordé autrefois aux aliments végétaux souvent très fibreux conservés par fermentation s'accorde bien avec un effet positif, sans doute perçu inconsciemment, des fibres et des vitamines, lesquelles peuvent provenir des végétaux ou être synthétisées par les bactéries.

Parmi les composés qui ne peuvent être considérés comme des nutriments, mais dont l'effet est bénéfique à la santé, figurent de nombreuses substances pharmacodynamiques des légumes, fruits ou plantes aromatiques. Aujourd'hui où l'accent est mis sur la prévention des cancers et des maladies non transmissibles liées à l'alimentation (MNTA), on ne peut passer sous silence les antioxydants et les caroténoïdes dont les sources alimentaires sont multiples parmi les légumes et les fruits et qui, souvent, peuvent agir en synergie avec les antioxydants indispensables que sont les vitamines C et E. On notera que l'effet bénéfique du bétacarotène, abondant dans les légumes verts et quelques fruits, peut s'expliquer par sa nature provitaminique ; ce n'est cependant pas le cas du lycopène, autre caroténoïde pourtant actif contre le cancer de la prostate.

L'homme avait anticipé

L'âge d'or du Paléolithique,
ou le chasseur-collecteur sans carence alimentaire

Il est sans doute assez naïf de croire que l'homme paléolithique vivait dans un monde idyllique dont les descendants du Néolithique ont gardé un souvenir inconscient : le mythe de l'âge d'or. Harlan attribue ce mythe au souvenir d'une époque où la nature satisfaisait les besoins de l'homme sans qu'il ait à peiner en grattant la terre. Un constat émanant du monde vétérinaire permet d'élaborer une autre hypothèse, peut-être elle aussi risquée : de même que les vétérinaires ne voient jamais de carence franche chez les animaux sauvages en liberté dans leur milieu, les hommes paléolithiques vivant dans leur savane africaine ne souffraient

---

Encadré VI.7. Les aliments fermentés, un moyen de conserver les aliments sauvegardant ou produisant des vitamines.

Les aliments végétaux conservés grâce à des fermentations lactique ou autre sont aujourd'hui souvent tombés en désuétude par suite de l'essor des procédés de conservation par stérilisation, dessication ou congélation. Ils ont cependant été très largement utilisés de par le monde. L'archétype en est la choucroute, traduction phonétique passablement amusante de l'allemand *Sauerkraut* (*sauer* signifie « acide » et *kraut* signifie « mauvaise herbe » ou « chou ») : il s'agit d'un aliment obtenu d'abord par fermentation d'adventices diverses parmi lesquelles beaucoup d'oseilles, puis de plus en plus de choux. Ce dernier subit une fermentation lactique qui empêche la putréfaction. Les plus anciennes préparations fermentées seraient à base de sève et de feuilles d'arbres : hêtre (*Fagus sylvatica*), châtaignier (*Castanea vulgaris*), érable (*Acer* sp.), frêne (*Fraxinus* sp.), orme (*Ulmus* sp.) et vigne (*Vitis vinifera*). Certaines « choucroutes de feuilles d'arbres » servaient aussi à l'alimentation animale à la manière de nos ensilages modernes. Les herbes sauvages utilisées par la suite étaient très nombreuses : plusieurs oseilles et polygonacées voisines comme l'oseille des Alpes (*Rumex alpinus*) ; l'oseille des neiges (*Rumex nivalis*) dont la choucroute était renommée pour son goût de cidre, le chénopode Bon-Henri (*Chenopodium bonus-henricus*), les renouées (*Polygonum* sp.) et une polygonacée de Laponie (*Oxyria reniformis*). On trouve aussi des herbacées variées : bourrache (*Borago officinalis*), trèfles (*Trifolium* sp.), orties (*Urtica* sp.), plantains (*Plantago* sp.), blette (*Amaranthus blitum*) et berce (*Heracleum sphondylium*). Plus tard s'y sont ajoutés des légumes ; outre les choux, la laitue (*Lactuca sativa*), l'arroche (*Atriplex hortensis*), et même la tomate et le piment. On ajoutait parfois à titre de condiment des brindilles de conifères, de la menthe et jusqu'à des tiges et des feuilles de la cirse (*Cirsium spinosissimun*) que l'on retirait avant consommation, peut-on supposer, si on ne voulait pas se piquer la bouche (Maurizio, 1932 ; Aubert, 1985) ! Au Japon, parmi les plantes consommées fermentées, figurent des racines comme les raves et le radis.

---

peut-être jamais de carences vitaminiques prononcées. Pendant le tout le début de son histoire, l'homme avait chassé, pêché, ramassé des insectes, mollusques et autres bestioles, collecté également un grand nombre de végétaux comestibles. En dehors des régions, très rares, où le climat est totalement uniforme d'un bout à l'autre de l'année, il était migrateur tout comme de nombreux animaux afin de mieux profiter de la fluctuation de la nourriture avec les saisons. Comme la population humaine était très clairsemée, il est probable que les disettes étaient modérées, les famines véritables très rares, comme l'ont encore observé les anthropologues il y a un siècle environ chez les derniers chasseurs-cueilleurs de la planète. Évidemment, rien ne permet de dire que la nutrition était idéale chez ces hommes qui, on le sait avec certitude, mouraient jeunes et avaient peu de descendants atteignant l'âge adulte. Il y a cependant tout lieu de penser que les graves carences alimentaires aujourd'hui identifiées étaient rares. Les aliments fournissaient sans doute de l'énergie, des protéines, des vitamines et d'autres nutriments indispensables dans des proportions rarement très déséquilibrées. Quand l'homme se rapprochait des zones à saison sèche marquée, il se « gavait » peut-être dès qu'il le pouvait afin d'acquérir une obésité temporaire le garantissant contre d'éventuelles disettes, comme on l'a observé chez les Aborigènes australiens. Mais, le plus souvent, l'abondance des végétaux riches en fibres limitait les excès durables d'énergie et par conséquent les inconvénients de la suralimentation.

Les choses se sont sans doute dégradées quand l'homme a gagné les latitudes élevées et vécu dans des régions à hivers longs. Pourtant, selon Brigitte et Gilles Delluc et Martine Roques (Delluc *et al.*, 1995), les chasseurs du Paléolithique européen étaient grands, minces (les dimensions des boyaux qu'ils empruntaient pour aller peindre au fond de certaines grottes le prouvent), leurs squelettes portaient peu de traces de rhumatismes et aucune trace de carences nutritionnelles n'est décelable.

Recul de l'état nutritionnel à l'avènement du Néolithique

Dès le début du Néolithique, l'alimentation a reposé sur les grains de céréales sous les climats tempérés et subtropicaux et sur les tubercules dans les zones intertropicales. Dans les deux cas, les hommes continuaient à chasser (le matériel de chasse retrouvé le prouve amplement) et les femmes à collecter des végétaux sauvages, surtout pendant les pénuries de gibier. La dentition des premiers agriculteurs du Moyen-Orient est facilement reconnaissable à l'usure des molaires résultant de la consommation de farine qui contenait une sorte de sable provenant de l'usure des meules taillées dans de la pierre trop tendre. Les adultes étaient sensiblement plus petits qu'au Paléolithique. La fin de la dominance du régime carné, pléthorique en protéines de bonne qualité, en lipides, en calcium, en phosphore, en oligoéléments et en certaines vitamines a donc fait reculer l'état nutritionnel. Certes, par rapport à un régime jugé idéal aujourd'hui, ce régime était excessif en protéines (que d'acides aminés indispensables gaspillés !) et en lipides (riches en acides gras saturés) de surcroît. Les céréales et les tubercules, vus sous un angle nutritionnel, ont en commun une composition relativement peu variable : teneur très élevée en amidon, modérée en protéines et faible en lipides. La concentration des nutriments dans les tubercules est beaucoup moins grande que dans les céréales, mais seulement du fait de leur teneur en eau : ramenée à la matière sèche, la composition globale des deux n'est pas très différente. Tous deux sont relativement aptes à couvrir les besoins d'un adulte, à l'exception des femmes enceintes ou allaitantes, mais ils gagnent grandement à être complétés par d'autres végétaux et, mieux encore, par un minimum de produits animaux[1]. Comme déjà mentionné, le gibier a longtemps conservé son statut royal de mets à part, et les fruits produits de cueillette sont restés, tant qu'ils étaient disponibles, des régals et des sources de précieuses de vitamines. Mais un aliment de longue conservation plus riche en amidon, amassé pendant la période des récoltes, demeurait le plat de résistance habituel, comme l'atteste l'usure des dents. Certes, les protéines excédentaires servant de source d'énergie étaient remplacées par de

---

1. Le cas particulier du manioc est abordé au chapitre VII.

l'amidon, mais des carences en protéines et en vitamines n'étaient plus exclues. Les hommes, moins robustes, étaient certainement plus sensibles aux maladies. Et la prédominance des céréales s'est accentuée quand, la population humaine commençant à exploser, les ressources cynégétiques ont commencé à régresser ; en outre, la société agropastorale, avec son équilibre entre culture de céréales et élevage de bétail, ne s'est pas établie immédiatement et partout. Ainsi, au Mexique et en Amérique du Nord, ce stade na été atteint qu'avec l'arrivée des Européens ; en Chine, les laitages produits surtout par des minorités étrangères aux Hans étaient peu prisés jusqu'à l'époque moderne. Entretemps, des solutions diverses, nutritionnelles ou autres, sont heureusement venues atténuer les effets pervers des excès de céréales.

Une première intervention imprévue de la génétique humaine

Chez les mammifères, le nouveau-né a essentiellement une physiologie de carnivore : le lait lui fournit une protéine, la caséine, qui est très proche de celles qui circulent dans le sang de sa mère et dont la valeur biologique est excellente ; les lipides, les minéraux, les oligoéléments et les vitamines sont bien adaptés à sa digestion et à ses besoins. Les glucides occupent une place à part : ils sont représentés par un seul sucre particulier au règne animal, le lactose, qui est bien digéré, par le jeune du moins. Il n'en est pas de même pour les mammifères adultes qui perdent après le sevrage la capacité de synthétiser la lactase, enzyme hydrolysant le lactose. Parfois la synthèse de la lactase peut être conservée si l'animal ne cesse de boire du lait, d'autres fois elle est définitivement perdue passé un certain âge.

Chez l'homme, on trouve les cas extrêmes d'individus conservant toute leur vie l'aptitude à hydrolyser le lactose, et d'autres qui l'ont définitivement perdue quand ils sont adultes — un simple verre de lait déclenche chez eux des fermentations intestinales anormales, et les seuls laitages qu'ils tolèrent sont les fromages où le lactose a été transformé en acide lactique par les bactéries qui font ainsi coaguler le lait. Tolérance ou intolérance sont déterminées génétiquement. Les gènes responsables de la tolérance au lactose chez l'adulte sont absents dans de nombreuses populations d'Asie, chez tous les Aborigènes d'Australie et chez les Amérindiens non métissés. En Occident, ils sont plus abondants dans les populations nordiques que chez les Méridionaux. Et, dans tous les cas, on peut relier la fréquence de ce gène à la consommation de lait — les pasteurs et agriculteurs éleveurs sont aptes à le digérer toute leur vie. Certes des populations très nombreuses comme celles de l'Extrême-Orient n'ont pas subi cette adaptation et sont pourtant à l'origine de civilisations tout aussi brillantes que celles des Occidentaux, mais elles ont fait appel à d'autres sources de protéines, de minéraux ou de vitamines. On ne peut toutefois terminer cette présentation simplifiée sans mentionner le son de cloche de certains contestataires, qui refusent la classification aussi tranchée entre peuples descendants d'éleveurs conservant leur lactase toute leur vie et descendants d'agriculteurs strictes qui ne tolèrent plus le lait au-delà du sevrage. Dans cette dernière catégorie, ont voit des personnes boire chaque jour un peu de lait sans en souffrir, mais il s'agit d'une nuance.

Améliorations progressives

Les archéologues et les préhistoriens qui ont suivi le déroulement de la « révolution néolithique » du Proche-Orient ont clairement mis en évidence une augmentation du nombre de sites peuplés et des dimensions des agglomérations, ce qui traduit incontestablement un accroissement de la population malgré un certain recul de l'état nutritionnel. Les populations néolithiques avaient acquis une prolificité nouvelle qui leur permettait de peupler de manière de plus en plus dense leur territoire. La diminution de la stature n'avait pas empêché un accroissement du nombre d'enfants viables. Au Proche-Orient, les cultures de blé et d'orge ont très vite été mélangées ou pratiquées à côté de celles de lentilles, de fèves ou de pois et, au bout d'un temps difficile à évaluer, les générations d'hommes, plus mal nourris que leurs ancêtres chasseurs ou cueilleurs, ont corrigé progressivement les défauts de leur nourriture monotone. La récolte de plantes plus riches en protéines que les céréales ou les tubercules, à savoir les fabacées (légumineuses), a sans aucun doute atténué les carences non seulement en protéines, mais aussi et surtout en acides aminés essentiels. Car les protéines des fabacées sont bien pourvues en acides aminés comme la lysine (peu abondante dans les céréales), et elles ont fourni un moyen de complémenter les protéines de céréales dont l'une des principales caractéristiques est une richesse en un autre acide aminé, la méthionine. Le succès des associations céréale-légumineuse ou tubercule-légumineuse est patent dans toutes les civilisations du monde, à l'exclusion de celles où les produits carnés ou laitiers sont très abondants. En effet, l'arrivé de l'élevage a entraîné un nouveau bond dans la qualité du régime. La combinaison d'aliments amylacés et de protéines de viande a constitué, peut-être un peu par hasard, une invention géniale d'un point de vue nutritionnel. Il a fallu des millénaires pour que cette association soit analysée, comprise et reconnue à sa juste valeur car ses qualités dépassaient largement l'équilibre protéines-énergie. Les grains de céréales pas trop décortiqués sont bien pourvus en vitamines du groupe B, celles de la viande plutôt en vitamines liposolubles. Les céréales pauvres en calcium mais riches en phosphore sont également valorisées par leur combinaison avec les produits carnés et surtout laitiers riches en calcium. Dans une certaine mesure, on peut en dire autant des oligoéléments et même des acides gras. La complémentarité de l'agriculture simple et de l'élevage, évidente sur le plan agronomique, se retrouve donc de manière très nette sur le plan nutritionnel.

Au Mexique, un des rares pays où les seuls animaux domestiques consommés étaient le dindon et le chien, le haricot et le maïs ont constitué très tôt le fondement du menu quotidien ; seuls des tubercules, des fruits légumes comme la tomate et le coqueret et des fruits comme l'avocat rompaient la monotonie, tandis que les piments — assaisonnement omniprésent — relevaient le goût, et les insectes (surtout des vers) compensaient quelque peu la rareté de la viande. La dominance du plat de haricots et de la tortilla de maïs n'a pratiquement pas changé jusqu'à nos jours dans la classe moyenne, où la consommation de vers demeure malgré la répugnance des Européens. La culture et la consommation associées de maïs et de haricots ont franchi les océans : on les a retrouvées en Europe partout où le maïs pousse, et jusque dans certaines régions chinoises.

Les Africains associent couramment mil ou sorgho et niébé, un haricot africain. De même, la nourriture des Canadiens français réservait une place de choix au pain et au pois, les Chinois complétaient le riz avec du fromage de soja et du porc. Avant l'arrivée des plantes américaines, les paysans européens associaient le pain (de seigle, de blé, d'orge ou d'autres céréales) avec des fèves, du fromage et un peu de viande. On pourrait citer de très nombreux autres exemples.

On notera que l'aquaculture est le seul élevage apportant, en plus de protéines très comparables à celles de la viande (ainsi que des minéraux et vitamines variés), des acides gras polyinsaturés à longue chaîne oméga 3 bénéfiques à la santé de l'homme.

Légumes frais, fruits et vitamines — quand les choses se compliquent

Les populations pauvres des régions intertropicales, et principalement les femmes, ont encore aujourd'hui une tâche quotidienne : le ramassage de feuilles, de jeunes pousses, de racines et d'autres végétaux pour améliorer l'ordinaire. En ajoutant ces végétaux dans le plat ou dans ce qu'elles nomment la « sauce », les Africaines savent qu'elles économisent du riz ou du mil tout en améliorant ou en variant les saveurs. Elles font en réalité bien plus que cela. Elles apportent des fibres, dont elles viennent souvent d'éliminer une grande quantité en pilant le riz ou le mil (il s'agit, il est vrai, de fibres de nature différente), mais aussi des vitamines (C et provitamine A surtout), des oligoéléments et un peu de glucides et de protéines complémentaires de celles des céréales. Les légumes verts cultivés, en prenant la suite de ces végétaux de collecte, ont permis de régulariser et d'augmenter la consommation de végétaux frais. Ils ont aussi permis à l'homme de pratiquer des cultures à des fins bien particulières : les racines des amylacées comme les carottes ou les raves ont servi à rendre plus consistants les pot-au-feu où l'on avait mis des « herbes à pot » et où on ajoutait du pain pour faire une soupe, de la viande pour les grands jours. Les légumes feuilles comme le chou étaient devenus extrêmement précieux pour passer l'hiver. Arrachés et stockés avec leurs racines à l'abri du gel, les choux peuvent se conserver tout l'hiver ; sous forme salée ou fermentée en choucroute, ils s'imposent comme une source irremplaçable de fibres et de vitamines diverses. Les Romains en faisaient une véritable panacée que l'on peut d'abord attribuer à ces propriétés nutritives.

L'expansion démographique amorcée au Néolithique n'a pas cessé jusqu'à nos jours, et a été considérablement amplifiée par les progrès de la médecine et tout spécialement par la révolution pasteurienne. La recherche du gibier complétée par l'élevage des animaux de basse-cour accessibles même aux pauvres n'a jamais cessé d'apporter son lot d'acides aminés essentiels, de vitamines, de minéraux et d'oligoéléments. En récupérant tout ce qui était comestible, on ne manquait pas de manger le foie, organe de stockage des vitamines et d'autres nutriments, la moelle, la peau. Les aborigènes d'Australie allaient jusqu'à manger les yeux du gibier, riches en vitamine A. Les avantages nutritionnels des laitages ont déjà été signalés. On peut rappeler que le beurre, même en petite quantité, est une source remarquable de vitamines A, D et E (encadré VI.8).

L'homme s'est également installé dans des zones semi-désertiques où la production de légumes ou de fruits frais devenait vite insuffisante pour un peuplement dense. Encore aujourd'hui, la carence en vitamine A provoque cécité et mortalité infectieuse de l'Inde au Sud-Ouest asiatique ainsi que, dans une moindre mesure, en Afrique où les sources de vitamine A sont trop chères. Quand l'homme a colonisé les zones tempérées, il a appris à modifier ses menus, à recourir à des aliments parfois très inhabituels, à faire des réserves et des conserves. Parmi ces dernières, figurent non seulement la choucroute, mais toute une série d'autres végétaux fermentés, dont l'encadré VI.7 mentionne un certain nombre. Les Japonais, qui avaient élaboré des procédés similaires de fermentation (*miso* et autres légumes lacto-fermentés), en consomment encore beaucoup (Aubert, 1985).

Quand certaines tribus ont atteint les zones circumpolaires ou plus vraisemblablement quand elles y ont été repoussées, les végétaux comestibles ont fait défaut presque toute l'année. Les difficultés se sont aggravées et certaines carences nutritionnelles sont devenues redoutables. En l'absence de végétaux, les Inuits en étaient venus à manger la chair et les abats sans les cuire. De là vient leur ancien nom d'« Esquimaux », terme péjoratif signifiant « mangeurs de viande crue ». Cette coutume les obligeait à jeter le foie de requin qui est toxique parce que trop riche en vitamines A, D et E. Pendant le bref été, ils récoltaient soigneusement des pousses de légumes sauvages comme l'angélique et surtout les airelles, seul fruit produit par la terre groenlandaise, et ils en faisaient des « conserves » originales dans l'huile de phoque en prévision de l'hiver, comme l'a relaté Paul-Émile Victor après un hivernage chez les Inuits.

Nouvelle intervention de la génétique : la peau claire des populations nordiques

La vitamine D, ou plutôt les calciférols, sont rares dans les aliments et leur synthèse dans la peau est, de loin, plus importante que les apports alimentaires. La pénétration des rayons ultraviolets est freinée par la pigmentation de l'épiderme. Malgré cela, les Noirs de l'Afrique subsaharienne sont beaucoup plus rarement atteints de rachitisme que les Maghrébins à la peau plus claire qui ne s'exposent pas au soleil (surtout les femmes). Plus au nord, l'ensoleillement est plus faible, mais les populations sont favorisées par une moindre pigmentation de la peau. D'après les généticiens, la sélection naturelle pour la couleur de la peau a pu se faire très rapidement. Elle a abouti pour les habitants des régions chaudes à des peaux très foncée limitant les effets néfastes des rayons ultraviolets, et pour ceux des pays tempérés, à des peaux très claires permettant la synthèse de la vitamine D pour un faible ensoleillement. Dans les régions arctiques, l'hiver démesurément long aurait rendu la vie très difficile, si les aliments usuels (poissons et phoque) n'avaient pas regorgé d'huiles très riches en vitamine D et A.

Un cas difficile pour les végétaliens, la vitamine B_{12}

Les vitamines prises une par une sont généralement abondantes dans les abats et le foie en particulier, principal organe de stockage de ces nutriments. Les micro-

274

Encadré VI.8. Dieux contre Esquimaux, ou civilisés contre barbares.

Claude Fischler cite la phrase suivante attribuée au poète et dramaturge espagnol Miguel de Unamuno : « Le monde est divisé en deux parties dont la frontière passe aux environs de la Loire. Au sud vivent de petits hommes bruns qui mangent de l'huile d'olive ; ce sont des dieux. Au nord de grands hommes blonds, qui mangent du beurre ; ce sont des Esquimaux. »

La référence aux Esquimaux (Inuits), qui dans la réalité sont plus bruns et plus petits que les Méditerranéens, est mal choisie, et le terme est de surcroît péjoratif. Mais la phrase reflète bien la suffisance, sans nul doute affectée, des hommes issus des grandes civilisations occidentales, héritiers de l'olivier, don de la déesse Minerve.

Oui, dirait un nutritionniste ou un cardiologue d'aujourd'hui, la fort bonne cuisine à l'huile d'olive des Méditerranéens les préserve longtemps des maladies cardiovasculaires et leur assure longue vie.

Oui mais, aurait répliqué un diététicien de la première moitié du siècle dernier, le beurre est une source unique de vitamine A, D et E réunies, sans parler de ses propriétés hédoniques !

Et puis la cuisine des Inuits apporte des huiles marines bien plus efficaces que l'huile d'olive pour la prévention des maladies cardiovasculaires et dépassent de loin le beurre par leurs teneurs en vitamines A et D.

Moralité : les Inuits ont une nourriture meilleure pour la santé que les habitants des deux rives de la Loire ! Ne reste alors en faveur du beurre et de l'huile d'olive que l'aspect hédonique !

---

organismes à multiplication rapide comme les levures, les réserves (transmises à la descendance) comme les jaunes d'œuf ou les germes de céréales sont des sources très riches de vitamines du groupe B qui jouent un rôle similaire dans le métabolisme des animaux, des plantes et des micro-organismes. Des apports plus réduits ou plus irréguliers sont fournis par les aliments usuels d'origine tantôt animale, tantôt végétale et, compte tenu des quantités ingérées, sont souvent bien plus importants que celui des sources très concentrées mais rares. La vitamine B_{12} est une exception, puisqu'elle ne se trouve que dans les aliments d'origine animale ainsi que dans certains micro-organismes dont les levures[1]. Les apports doivent donc se faire *via* les aliments carnés, les laitages, les œufs ou certaines levures. Ceci n'engendre pas de problème chez les « végétariens », qui refusent la chair mais acceptent laitage et œufs. La situation est plus délicate pour les végétaliens qui survivent malgré tout, peut-être grâce au besoin particulièrement faible en cette vitamine et à la synthèse assurée par les bactéries de leur flore digestive, mais avec des concentrations sanguines anormalement basses de vitamine B_{12}, à moins qu'ils ne consomment des produits enrichis fournis par l'industrie ou l'artisanat modernes.

---

1. Elle existe aussi dans un nombre infime d'espèces végétales connues mais non alimentaires.

Un moyen empirique de combattre trois carences à la fois : la chaux dans le maïs

La pellagre n'avait pas livré ses secrets même après que la formule de la niacine a été établie. Pourquoi les Mexicains et les autres Amérindiens d'Amérique centrale ne contractaient-ils pas cette maladie quand leurs repas étaient presque exclusivement à base de maïs et de haricot pendant de longues périodes ? Il fallut très longtemps pour que l'on attache une importance à une coutume remarquée d'emblée par les Espagnols avec un certain dédain : les Amérindiens ne mangeaient jamais de maïs simplement moulu et cuit à l'eau sans lui avoir fait subir un traitement bien particulier, le trempage dans une eau additionnée de chaux pendant une nuit. Ce traitement était pour eux obligatoire et il l'est resté. Rigoberta Menchu écrit clairement : « [À une certaine période,] nous n'avions plus assez d'argent pour acheter de la chaux, nous ne pouvions plus manger de maïs. » (Burgos, 1983) Évidemment, la raison de cette recette pour le moins inhabituelle avait échappé aux Espagnols qui rapportèrent en Europe la céréale sans le mode d'emploi.

Ce n'est qu'aux alentours de 1960 que les processus en question ont été pleinement élucidés grâce à des expériences sur le poulet, animal sensible à la carence en niacine. On sait maintenant que la niacine est présente dans le maïs sous une forme de complexe, et qu'elle n'est ni libérée au cours de la digestion, ni absorbée par l'intestin sans un traitement particulier. La macération en milieu légèrement alcalin comme la chaux la rend disponible et la cuisson ne la détruit pas, contrairement à ce qui est observé avec de nombreuses autres vitamines. On a aussi découvert que l'apport de chaux présentait d'autres avantages comme celui de préserver le tryptophane, acide aminé indispensable d'autant plus précieux qu'il est peu abondant dans le maïs, si bien qu'il est l'objet d'une compétition pour la synthèse de la niacine et celle des protéines. Un troisième effet plus évident de la chaux est son apport de calcium dont le maïs, comme la plupart des céréales, est très mal pourvu. L'apport de chaux ou de carbonate de calcium, solution économique et efficace pour pallier la déficience des céréales, a été envisagé en Europe au XIXe siècle ; il était pratiqué de longue date par les peuples d'Amérique qui ne connaissaient pas les laitages. Ainsi, par ce traitement, les Amérindiens arrivaient à faire d'une pierre trois coups ! Évidemment, on peut s'interroger sur l'origine de cette pratique, certainement empirique. Aucune tradition, légende ou fait historique n'y fait allusion, à l'exception de l'idée, rapportée par Rigoberta Menchu et parfaitement exacte, que la chaux fortifie les os.

On peut remarquer que le traitement du maïs par la chaux n'est pas le seul moyen de prévenir la pellagre. En France, la culture du maïs s'est répandue en Bresse avant de gagner le Sud-Ouest, pourtant limitrophe de l'Espagne. Dans cette région, la coutume de consommer de la bouillie de maïs torréfié (appelée « gaudes ») s'est maintenue jusqu'au milieu du XXe siècle. Une bouillie était préparée avec du lait, riche en niacine, et la pellagre y était inconnue. Mais cela ne permet pas de conclure à la présomption d'un effet antipellagre du lait dans ce contexte où l'alimentation était sans doute plus variée que chez les Amérindiens du Mexique et d'Asie centrale. À titre d'hypothèse (personnelle), il est permis d'échafauder pour l'Amérique le scenario suivant : les premiers cultivateurs de maïs vivaient dans un pays où les roches calcaires abondaient. Comme beaucoup de Néolithiques, ils avaient coutume de cuire leurs aliments dans des poteries en chauffant l'eau avec des galets brûlants tout juste retirés du feu. Si les cailloux avaient été longuement chauffés, une couche extérieure de calcaire avait été transformée en chaux vive (oxyde de calcium) qui se dissolvait au contact de l'eau. Dès lors, la supériorité du maïs cuit au contact de galets calcaires sur celle du maïs cru ou cuit avec d'autres galets a pu être remarquée et l'intelligence humaine a abouti à ce processus stupéfiant qui n'a été élucidé que si tard par des chercheurs. On sait d'ailleurs que dans certaines régions d'Amérique, les cendres de végétaux (riches en soude) peuvent remplacer la chaux.

En conclusion

Pour les périodes très anciennes de l'humanité, l'alimentation des populations ne peut être qu'imaginée par déduction de ce que l'on a pu observer chez les dernières peuplades de chasseurs cueilleurs, même si on peut évaluer le rapport nutriments animaux / nutriments végétaux par des méthodes d'analyses isotopiques. La recherche des aliments était favorisée par la connaissance de la nature et d'autres acquis culturels ; elle était certainement modulée par l'influence des chamans, sorciers et guérisseurs. La valeur symbolique, mystique ou magique des aliments comptait sans doute autant que leur aptitude à remplir l'estomac et à couvrir les besoins nutritionnels, dont la découverte a demandé de nombreux millénaires. Pendant les phases ultérieures de l'histoire de l'humanité durant lesquelles cette dernière a occupé progressivement toutes les terres habitables, y compris les déserts et les zones circumboréales, l'homme est parvenu à se nourrir dans des contextes très variés et parfois très difficiles, et d'une manière qui nous apparaît aujourd'hui assez chaotique : le recul de l'état nutritionnel au Néolithique, la faiblesse des manants du Moyen Âge que l'on raillait parce qu'ils avaient « du jus de navet dans les veines » ou les carences vitaminiques qui ont provoqué épisodiquement des hécatombes de l'Antiquité au XXe siècle sur tous les continents illustre bien cette progression hasardeuse. Des découvertes empiriques remarquables ont eu lieu, comme la consommation d'eau iodée ou d'algues marines dans les Andes, les associations très fréquentes de fabacées et de céréales ou la consommation de lait de ruminants dans l'Ancien Monde. Ces pratiques n'avaient cependant pas une efficacité suffisante pour que l'on puisse parler de nutrition tant soit peu équilibrée à l'échelle mondiale.

La découverte des lois qui régissent la nutrition ainsi que l'analyse des aliments et l'essor de la science alimentaire permettront de comprendre les succès et les échecs des époques passées. Les grandes lois sont aujourd'hui bien connues et les agronomes ont, en théorie du moins, le pouvoir d'orienter cultures et élevages dans une voie qui permet de satisfaire au mieux les besoins alimentaires de l'humanité. Dans la pratique, la situation est loin d'être idéale : le kwashiorkor et les carences en vitamines A, D, B$_1$, PP et B$_{12}$ surtout se manifestent encore à des degrés divers, de même que la sous-alimentation tout court, et ce pendant que, dans d'autres pays, l'obésité et les autres maladies non transmissibles liées à l'alimentation sont en constante progression. Il est vrai que pour la résolution de tous ces problèmes, la  science de la nutrition est bien désarmée si elle ne reçoit pas l'appui de l'éducation, de la vulgarisation, de la politique économique et de la réglementation du commerce. Et il serait aussi prétentieux que néfaste pour la santé humaine de ramener les aliments à leur seul contenu en nutriments. L'attrait hédonique, la qualité sensorielle, la préparation culinaire, la gastronomie ont un rôle puissant dans le choix et la transformation des aliments dont l'influence sort très largement de cet ouvrage (cf. figure VI.8).

Figure VI.9. L'attrait de ces deux personnages pour la botte d'asperges n'est certainement pas lié à leur teneur en fibres ou en vitamine C, ni même à leurs propriétés diurétiques. Extrait de Dumas (1978).

Chapitre VII

La lutte contre les facteurs indésirables

Contrairement aux produits chimiques ajoutés aux aliments volontairement ou par inadvertance, [les] substances toxiques naturelles posent un problème particulier puisque leur élimination n'est pas directement soumise à la législation.

Irwin E. Liener

Dans un opuscule sur la nutrition, un médecin du début du XXᵉ siècle décrivait les aliments comme des substances qui nourrissaient, excitaient, fatiguaient et empoisonnaient (Pascault, vers 1900). On peut voir dans la dernière partie de cette allégation surprenante une croyance dans les dangers bien réels de la suralimentation et les vertus du jeûne. On peut y voir également des rôles assez contradictoires de la nourriture, le premier évident, le second et le troisième faisant allusion à un effet temporaire des repas, l'« action dynamique spécifique », le quatrième évoquant les multiples constituants qui, loin d'être des nutriments, exercent une véritable action indésirable, nocive, voire toxique. Et ces composés sont nombreux. Quelques-uns sont bien connus du public, d'autres, bien qu'omniprésents, ne le sont que des spécialistes.

La peur universelle des aliments inconnus

Les enfants qui vivent à la campagne, dans quel que pays que ce soit, reçoivent toujours de leurs parents des informations précises sur ce qu'ils ne doivent pas porter à leur bouche : « Ne touchez pas à telle plante, c'est un poison ! » ; « Vous pouvez manger cette plante-ci, mais surtout ne confondez pas avec celle-là ! » Il semble que même sans ce genre d'éducation reçue dans l'enfance, l'homme manifeste une méfiance très forte pour les aliments qu'il ne connaît pas et en particulier pour les plantes, que ce soient les feuilles, les graines ou les fruits. Les baies rouges sont attractives pour les enfants mais on leur apprend à s'en méfier particulièrement ; les gens enclins au finalisme attribuent volontiers à cette couleur un caractère plaisant, en quelque sorte un piège pour « attirer le prédateur » qui, survivant ou non, contribuera au transport des graines et à la propagation de l'espèce. C'est pourquoi les tomates rouges, si prisées presque partout dans le monde, font l'objet d'un rejet total dans certains pays comme le Cambodge où elles sont remplacées par des variétés restant vertes à maturité. Cette méfiance *a priori* a été analysée par les psychologues et sociologues qui la qualifient de « paradoxe de l'omnivore » (Fischler, 1993). L'innovation implique soit un danger combattu par la recherche de la sécurité et le conservatisme, soit une nécessité imposée par des contraintes et le choix de changements. Il en résulte une anxiété qui n'est pas propre à l'homme : l'animal dans la nature se méfie des aliments nouveaux. Le rat, compagnon de l'homme qui le supporte involontairement, omnivore comme lui, fait preuve d'une très grande prudence quand il se trouve devant plusieurs aliments inconnus. Il en goûte un seul à la fois, n'en prenant qu'une petite quantité et attend plusieurs heures avant de se décider entre refus et consommation ultérieure. Il ne revient le manger que s'il n'a ressenti aucun malaise et, dans le cas contraire, il urine sur l'aliment en question pour avertir ses congénères. S'il bénéficie d'un apprentissage social, il lui fait en principe confiance. Ces mécanismes de méfiance ne sont pas infaillibles : le rat avale les produits toxiques avec lesquels l'homme essaie de l'empoisonner si leur effet ne se fait sentir qu'à long terme. Il peut cependant modifier son comportement en cas d'intoxication chronique, c'est-à-dire quand il perçoit l'effet des doses faibles à mais avalées régulièrement.

De même, l'homme mange de très nombreux aliments dans lesquels les chimistes ont mis en évidence des composés toxiques, même quand ceux-ci sont résistants à

Figure VII.1. L'étude de la nature chimique des substances indésirables et des nutriments a véritablement commencé à la fin du XVIIIᵉ siècle dans des laboratoires tels que celui-ci, décrit dans l'*Encyclopédie* de Diderot. *Source* : Adrian (1894).

la cuisson ou aux autres traitements. Qui sait que quand il croque une pomme il côtoie un poison ? Certaines personnes prudentes recommandent ou interdisent à leurs enfants de manger les pépins qui sont toxiques. Mais combien les croient, leur obéissent, avalent involontairement des pépins, voire se délectent de la saveur d'amande amère ? Et rien n'arrive. Pourtant ces pépins contiennent, certes en très faible quantité, des glycosides cyanogènes libérant de l'acide cyanhydrique, poison aux effets ultrarapides. La littérature anglo-saxonne relate volontiers l'histoire d'une personne qui était si friande de pépins de pomme qu'elle en mit de côté jusqu'à remplir une timbale entière ; elle croqua alors la totalité de son régal… et en mourut. Cet exemple où la toxicité ne concerne que les parties normalement non consommées n'est qu'un cas particulier. Il existe de nombreux autres cas où l'homme ingère des toxiques qu'il ignore, le plus souvent en quantité modérée.

C'est la dose qui fait le poison

Parmi les légumes presque universellement connus figure la carotte, cette belle racine de couleur rouge orangé, moyennement riche en amidon, en fibres et en minéraux et de surcroît gorgée de bêta-carotène, une provitamine A qui lui doit précisément son nom. La carotte est le type d'aliment sain, utilisé pour confectionner des mets fort appréciés, recommandé pour le régime des bébés et vanté par le diététicien Gaylord-Hauser qui a inventé une recette permettant de la servir crue en entrée : les carottes râpées. Et pourtant la carotte, comme de nombreux autres membres de la famille des apiacées, contient une substance redoutable de nature terpénique que les chimistes rangent dans le groupe des composés polyacéthyléniques, la carotatoxine (Liener, 1980 ; Frohne et Pfänder, 1984). Si aucun ouvrage de vulgarisation ne le mentionne, c'est pour une raison évidente : le poison ne présente aucun danger pour l'homme tant sa concentration est faible (alors que celui des espèces de la même famille telles les cigües, de formule apparentée, sont redoutables). Les composés de ce type sont par ailleurs volatiles et aisément détruits par la cuisson.

Figure VII.2. La carotte, une plante inoffensive qui contient pourtant une substance réellement toxique... en quantité infime. Extrait de Dumas (1978).

Les feuilles d'une autre plante alimentaire des plus courantes qui appartient à la même famille, le persil, ne sont pas non plus aussi inoffensives qu'on le pense généralement. Elles renferment de petites quantités d'apiol, un composé de type phénylpropane dont les effets ne sont connus que pour des usages particuliers : les décoctions de persil ont été utilisées pour provoquer des avortements (Frohne et Pfänder, 1983), et ce n'est sans doute pas un hasard si les feuilles de persil n'ont pas dépassé l'usage quantitativement modeste de garnitures de plats avec lequel le danger est nul. Il faut se référer au principe très anciennement connu *Dosa sola facit venenum*, « c'est la dose qui fait le poison ». Certes, le mot « poison » peut paraître exagéré en cela que l'on considère généralement qu'il n'existe pas plus d'un millier de plantes susceptibles de causer un empoisonnement au sens propre ; et encore, pour de nombreux cas, on ne connaît pas l'agent toxique avec précision, ou bien la toxicité ne se manifeste que dans des conditions particulières plus ou moins définies. Mais à côté des substances naturelles considérées comme des poisons francs, il en existe de nombreuses autres qui interfèrent avec les mécanismes physiologiques sans causer de désordres suffisamment graves pour mettre la vie en danger.

Les exemples d'aliments dans lesquels se trouvent ces substances plus ou moins toxiques et que l'homme consomme sans méfiance réelle sont innombrables. Comme on peut le deviner, il existe aussi des cas limites où l'homme connaît le danger ou l'ignore, tout simplement parce qu'il est variable. On peut citer comme exemple le cas du sureau noir (*Sambucus nigra*), petit arbre croissant dans les zones tempérées de l'hémisphère Nord. Selon les pays, ses petites baies noires (en réalité rouge très foncé) sont diversement appréciées : en France, elles sont souvent considérées comme des poisons, en Allemagne elles sont mangées par les enfants ou transformées en confitures ou gelées et, au Canada, celles d'une espèce voisine sont de petits fruits de luxe plus chers que les framboises ou les groseilles. Les chimistes ont mis en évidence la présence d'esters cyanogènes, susceptibles de libérer de l'acide cyanhydrique. La dose de ces composés toxiques est visiblement trop faible pour présenter un réel danger, comme le prouve la consommation des baies, l'acide cyanhydrique n'étant mortel qu'à une dose relativement élevée (la DL50 est de l'ordre de 500 mg pour un homme adulte). Mais la méfiance très courante rencontrée dans certains pays n'est peut-être pas sans fondement : existence de sous-espèces ou races naturelles plus riches en esters, consommation occasionnelle de très grandes quantités de fruits par des enfants (ou des animaux) affamés, etc.

Des rencontres plus ou moins catastrophiques attestées par l'histoire

Dès le début de l'hominisation, il y a quelques millions d'années, l'homme ou le primate en voie d'hominisation avaient déjà certainement une connaissance des plantes dangereuses, tout comme les animaux qui les entouraient. Il bénéficiait certainement de l'acquis culturel de son groupe, la mère orientant son enfant vers les aliments qu'elle savait inoffensifs et lui apprenant à éviter ceux qu'elle savait dangereux. L'homme prédateur mangeait des racines, des bulbes ou des tubercules, des feuilles, des fleurs, des fruits ou des graines très divers. Les confusions étaient possibles : les migrations des populations, les modifications du milieu dues à son action ou à d'autres causes comme les changements climatiques pouvaient provoquer l'apparition de plantes dont la dangerosité était inconnue. Il y eut certainement bien des intoxications dont certaines mortelles, surtout pendant les disettes et les famines, quand la consommation de grandes quantités d'un végétal renfermant un composé faiblement toxique pouvait déclencher des troubles sérieux alors que l'on n'avait rien remarqué quand on en mangeait peu. Et on pouvait manger des plantes méritant véritablement le nom de « poison ». Quand les voyages lointains mettaient l'homme au contact de végétaux inconnus, les accidents étaient plus difficiles à éviter.

Si on regarde la période historique, il en existe des exemples célèbres. Lors du second voyage de Christophe Colomb, des marins furent victimes d'un empoisonnement dû à un manque de prudence rare. Trouvant des graines d'une légumineuse sauvage leur rappelant les fèves de l'Espagne, ils en récoltèrent et le cuisinier en fit un bon plat. Une partie de l'équipage refusa de goûter ces « fèves » suspectes, les autres en mangèrent et… en moururent. Il s'agissait sans doute d'une espèce du genre *Canavalia*, voisin du haricot, peut-être *Canavalia obtusifolia*. Le pois sabre (*C. ensiformis*) est un légume dont il existe plusieurs cultivars appréciés et consommés, tous inoffensifs, alors que les types sauvages sont très toxiques.

Harlan (1987) raconte une histoire plus instructive encore. Des compagnons de Cook ayant remarqué que les Aborigènes mangeaient des « graines » (en réalité des prégraines pour un botaniste) et la moelle d'un *Cycas*, des membres de l'équipage voulurent en récolter et y goûter. Ils tombèrent gravement malades et il y eut plusieurs morts. La conclusion des survivants fut que les Aborigènes devaient avoir une grande résistance physique pour vaincre ce poison. Ils admiraient déjà ces hommes pour leur robustesse qui leur permettait de supporter de dures conditions de vie, leur admiration augmenta encore considérablement. La vérité était autre : les Aborigènes savaient éliminer le poison par un trempage des produits réduits en poudre dans de l'eau renouvelée régulièrement pendant plusieurs jours.

En 1860, la première expédition anglaise qui traversa l'Australie du nord au sud vint à manquer de nourriture. Les explorateurs virent les Aborigènes ramasser de jeunes frondes de fougère pour les manger ; ils en cueillirent à leur tour et en mangèrent, sans doute beaucoup car

Figure VII.3. Le cycas, dont le tronc contient une fécule comestible mais dont les graines causèrent la mort de plusieurs membres de l'équipage du capitaine Cook. Extrait de Capus (1930).

ils étaient affamés — les pousses de fougères n'étaient-elles d'ailleurs pas mangées par les Européens et d'autres peuples ? Ils ne tombèrent pas malades tout de suite, mais manifestèrent progressivement les symptômes du béribéri. On démontra par la suite que les frondes de plusieurs fougères contiennent une antivitamine B_1, en l'occurrence une enzyme, la thiaminase, qui hydrolyse la thiamine. Si les Aborigènes pouvaient les consommer sans problème, c'est tout simplement parce qu'ils les cuisaient après un long trempage dans l'eau froide.

Durant la Seconde Guerre mondiale, des Anglais et des Néerlandais prisonniers des Japonais en Extrême-Orient recevaient pour toute nourriture une maigre ration de riz blanc. Se sachant condamnés à une carence en vitamines et en protéines, ils demandèrent du soja à leurs geôliers. Ils en obtinrent un peu, mais les graines cuites à l'eau (sans doute brièvement) se révélèrent aussi insipides qu'indigestibles. Les Néerlandais eurent l'idée de transformer le soja en *tempeh* (soja fermenté), comme ils l'avaient vu faire en Indonésie, alors colonie néerlandaise : ils ensemencèrent le soja décortiqué étalée sur un plateau improvisé recouvert d'un tissu humide avec des pétales d'hibiscus à moitié fanés. Les champignons visiblement apportés se développèrent très rapidement et, en 24 heures, le soja avait été transformé en une masse grise, de goût agréable. Le soja, certainement enrichi en vitamines n'était plus toxique. Les prisonniers échappèrent ainsi aux carences (Aubert, 1985).

On voit depuis quelque temps des médecins se préoccupant de la santé des Africains partir en campagne contre le manioc qu'ils qualifient de « nouveau poison de l'Afrique ». Certains ajoutent qu'il n'est pas africain, et même que ce n'est pas un aliment. Effectivement, le manioc n'est pas africain, mais c'est un aliment pour les populations amazoniennes qui s'en nourrissent depuis une époque bien antérieure à l'arrivée des Portugais et qui ne s'empoisonnent pas. Il y a donc un problème sur lequel nous reviendrons plus bas.

De grandes différences entre animaux et végétaux

D'une manière générale, les produits animaux sont des aliments plus dangereux que les végétaux dès qu'ils ne sont pas conservés correctement. Depuis le début de l'ère pastorienne, chacun connaît le risque du développement rapide des bactéries dans les produits carnés, les œufs ou les produits laitiers et le danger qu'il représente pour la santé du consommateur. Des recettes empiriques de stérilisation par ébullition étaient connues bien avant Pasteur et elles sont sans doute à l'origine de la méthode préconisée par Nicolas Appert pour la fabrication des premières conserves de viande en bocaux de verre dès 1794, puis en boîtes de fer-blanc aux alentours de 1810 (Adrian, 1994). Mais le fondement de ces méthodes, la stérilisation, n'était pas connu et d'autres types de conserves comme les saucisses présentaient un danger récurrent : le botulisme, ainsi appelé par suite du nom du nom latin de la saucisse. À l'époque contemporaine, dans les pays en développement où font défaut aussi bien les moyens de réfrigération que le transport rapide ou encore les connaissances sur la stérilisation par cuisson prolongée, on a recours à une précaution souveraine : la consommation de la totalité de l'animal dans la journée où il est abattu.

Mais les toxines bactériennes ne sont pas des facteurs antinutritionnels. Le cas des poissons et des fruits de mer (crustacés et mollusques) est un peu différent. Les navigateurs explorant le Pacifique aux XVIIIe et XIXe siècles ont rapporté à plusieurs reprises que les indigènes leur faisaient comprendre qu'il ne fallait pas manger tel ou tel poisson qu'ils venaient de capturer. Les zoologistes ont, depuis l'époque, remarqué que les poissons dangereux étaient toujours des carnassiers situés en haut de la chaîne alimentaire, c'est-à-dire des prédateurs de prédateurs qui accumulaient une toxine, laquelle, on le sait maintenant, est synthétisée à la base de la chaîne par des algues microscopiques du groupe des dinoflagellés. Médecins et biochimistes ont fini par caractériser et purifier l'agent responsable, la ciguatoxine. On dispose d'un test rapide pour vérifier si un poisson est toxique : quelques heures avant de le cuire, on donne ses entrailles à un chat ; s'il ne présente aucun symptôme nerveux anormal, le poisson est consommable, d'où l'abondance des chats dans les restaurants de bord de mer de certains pays de la ceinture intertropicale. On n'a jamais trouvé de moyen de détruire la ciguatoxine, et seul le contrôle des espèces pêchées permet d'écarter le risque.

Les mollusques peuvent également être porteurs de toxines, le plus souvent produites par des algues ou des protozoaires. Il s'agit d'infections à caractère accidentel et ne durant que quelques mois et qui surviennent à la suite de ce que l'on appelle des « marées rouges », même si la couleur de l'eau est loin d'être systématiquement affectée. Les agents responsables sont des algues microscopiques proliférant parmi les autres espèces de phytoplancton qui synthétisent des toxines dont la dose létale pour l'homme est souvent de 0,5 mg. Environ 300 de ces toxines sont aujourd'hui répertoriées et peuvent provoquer des symptômes beaucoup moins graves, comme de simples diarrhées ; leur apparition fait l'objet d'une interdiction de consommation des mollusques dans tous les pays développés.

Le cas d'un poisson semblant renfermer un poison naturel se rapprocherait de la toxicité des végétaux. C'est le fugu, ou plus exactement les fugus, poissons globes très recherchés au Japon. En fait, les études scientifiques ont montré que ce poisson accumulait dans ses viscères, mais non dans sa chair, une toxine algale comparable à la ciguatoxine par son origine et extrêmement virulente. Le premier remède qui vient à l'esprit pour supprimer les accidents serait d'interdire purement et simplement sa consommation : mais sa chair a, au dire des Japonais, une texture tellement délicieuse qu'ils ont choisi une autre politique : seuls sont autorisés à apprêter le fugu les cuisiniers qui ont appris à enlever les organes dangereux sans contaminer la chair, et qui sont titulaires d'un diplôme délivré spécialement par l'État. Dans le règne animal, il n'existe guère qu'un cas de facteur antinutritionnel ne résultant pas d'une contamination et tout à fait comparable à ceux que l'on trouve dans le règne végétal : une protéine du blanc d'œuf qui rend indisponible une vitamine, la biotine. Elle est inactivée par la chaleur et son danger théorique n'est qu'anecdotique. Dans le règne des champignons (encore considérés, à tort, comme des végétaux), on trouve à la fois des espèces mortelles ou très toxiques, des espèces toxiques à l'état cru mais non à l'état cuit et des espèces inoffensives. Le fait est bien connu et, de toute façon, les champignons ont rarement contribué de façon significative à l'alimentation de l'homme.

Dans le règne végétal, la diversité est très grande. On trouve pour ainsi dire tous les cas de figure : de l'action antinutritionnelle peu prononcée à celle capable d'entraver le développement d'un animal de laboratoire, même quand sa nourriture apporte de faibles quantités de la substance ; de la toxicité légère passant souvent inaperçue au poison violent ; des facteurs détruits par une simple cuisson à ceux que l'on n'a pas encore réussi à inhiber efficacement avec un procédé rentable. La connaissance empirique de ces facteurs a pu relever du domaine des « sorciers » comme des cuisinières de l'époque préhistorique ; leur étude scientifique peut intéresser aujourd'hui les pharmaciens comme les chimistes de l'industrie agro-alimentaire.

Un survol des diverses catégories de facteurs antinutritionnels et de leur répartition

Les facteurs antinutritionnels sont, au sens stricte, des composés qui inhibent au moins partiellement l'utilisation des nutriments, qu'ils soient énergétiques, protidiques, lipidiques, vitaminiques ou minéraux. Ils peuvent agir au niveau du tube digestif lui-même ou sur le métabolisme des nutriments. Des polyphénols, tannins, voire d'autres composés phénoliques comme la lignine, peuvent également être considérés comme antinutritionnels même s'ils n'exercent pas d'effet spécifique sur un nutriment donné. Au sens large, des composés perturbant un métabolisme ou un mécanisme physiologique sont qualifiés d'« antinutritionnels » simplement parce qu'ils sont présents dans les aliments. De nombreux composés naturels plus ou moins toxiques agissant sur des fonctions sans rapport avec la nutrition sont eux aussi souvent qualifiés d'« antinutritionnels » pour la même raison. Ce qualificatif est donc abusif pour un nutritionniste rigoureux, mais celui de « toxique » l'est également dans une certaine mesure pour un médecin.

La nature chimique de ces facteurs est très variable ; on y trouve des protéines, des peptides, des acides aminés, des esters, des glycosides, des saponines, des molécules organiques plus ou moins bien définies comme celle des alcaloïdes, etc. Il est souvent plus commode de les classer en fonction de leur nature chimique que de leur action sur l'organisme. La classification retenue par Liener (1980), indiquée dans l'encadré VII.1, fait état de 17 groupes, le plus souvent définis d'après la nature chimique des composés, mais parfois aussi d'après leurs propriétés. Leur élimination ou leur neutralisation dépend bien entendu de cette nature et n'est pas toujours facile. Tantôt, des pratiques culinaires très simples et très anciennes suffisent, tantôt le recours à des procédés industriels s'est imposé, dont la mise au point a été ardue. La facilité de leur détection par l'homme est elle aussi très variable. Il existe des cas où les composés incriminés sont dotés d'un goût très prononcé rendant leur détection possible par une simple dégustation. D'autres fois, seules les conséquences de l'ingestion des aliments informent l'intéressé soit rapidement, soit après des mois de consommation régulière. La répartition des facteurs antinutritionnels n'est pas aléatoire : en règle générale, les groupes les plus primitifs sont les mieux pourvus en composés toxiques. Certaines familles comme les apiacées, bien que non considérées comme primitives, sont *a priori* dangereuses, les espèces comestibles y côtoyant les espèces mortelles. C'est aussi le cas des fabacées et des solanacées, familles dans lesquelles l'homme a pourtant domestiqué des plantes de la plus haute importance pour son alimentation. En revanche, les poacées renferment très peu de facteurs nocifs et, quand tel est le cas, il s'agit rarement d'une toxicité réelle. À l'intérieur d'une même famille, les plantes inoffensives peuvent être inégalement réparties selon les pays ; l'exemple des solanacées en est un exemple qui sera traité plus bas. Le cas des îles éloignées des continents, et en particulier de celles qui ont émergé pendant les ères tertiaire ou quaternaire, est intéressant : leur flore est pauvre, les vertébrés herbivores étaient inexistants avant leur introduction par l'homme et, à l'intérieur d'un taxon végétal, on trouve souvent des espèces moins armées contre les prédateurs : absence d'épines, de poils urticants ou de composés antinutritionnels. Malheureusement, la flore de ces îles, de par sa pauvreté, n'a pratiquement pas livré de plante alimentaire apte à la domestication. Pour une plante donnée, certains organes peuvent être comestibles, d'autres non et l'homme a très vite intégré ces notions dans ses pratiques de ramassage puis de préparation culinaire.

Encadré VII.1. Tableau simplifié des principaux facteurs antinutritionnels des végétaux comestibles (d'après Liener, 1980).

1. Inhibiteurs des protéases
2. Hémagglutinines (lectines)
3. Glucosinolates
4. Cyanogènes
5. Saponines
6. Gossyol
7. Lathyrogènes
8. Facteurs responsables du favisme
8. Allergènes
9. Carcinogènes naturels
10. Facteurs toxiques divers :
    - facteurs œstrogéniques,
    - facteurs hypoglycémiants,
    - acides aminés toxiques,
    - antivitamines,
    - antienzymes,
    - chélateurs des métaux,
    - tannins,
    - facteurs de flatulence,
    - autres.

Du fait de la multiplicité des facteurs toxiques, ce problème de la plus haute importance dans l'histoire des plantes alimentaires ne sera traité que par des exemples illustrant sa complexité. Les « familles » de composés intéressant surtout l'alimentation animale comme les saponines ou le gossypol ne seront pas prises en considération et beaucoup d'autres ne seront que brièvement mentionnées.

Les inhibiteurs du métabolisme calcique

Bois (1927) rapporte un débat assez surprenant qui a eu lieu au sein de l'Académie des sciences de Paris à propos de la rhubarbe (*Rheum officinale*). Le sujet paraît anodin puisqu'il concerne un légume assez secondaire dont seuls les pétioles sont consommés, sous forme de confiture ou de compote. Or un décès avait eu lieu à la suite de la consommation des feuilles cuites à la façon des épinards. Les études entreprises à cette occasion ont vite montré que l'agent responsable était l'acide oxalique, un composé bien connu présent dans de nombreux végétaux. À faible dose, celui-ci procure une agréable saveur aigre à certaines feuilles comme celles d'oseille ou d'oxalis que les enfants mangent souvent à l'état cru. À plus forte dose, la saveur acide devient désagréable et l'acide oxalique forme des sels calciques très stables, se comportant comme un véritable décalcifiant. Les doses présentes dans la feuille de rhubarbe sont tolérables dans le pétiole mais peuvent devenir dangereuses dans le limbe. L'Académie recommanda donc de ne consommer que le pétiole, mais il existe également des variétés de rhubarbes « douces » dont les compotes demandent moins de sucre pour être agréables au goût.

Un fruit tropical aisément reconnaissable à sa section étoilée, la carambole (*Averrhoa carambola*), existe sous deux types différents : le type courant, un peu amer et très acide et le type « doux » qui ne diffère du premier que par une richesse en acide oxalique bien moindre. Les Chinois avaient obtenu la même amélioration sur ce fruit que les Occidentaux sur la rhubarbe. Les uns et les autres avaient certainement voulu simplement obtenir des cultivars plus sucrés ou demandant une moindre adition de sucre : ils les avaient rendus également moins « décalcifiants ».

Les troubles de la calcification ne sont pas rares chez l'homme et, moins encore chez les animaux d'élevage. La cause en est souvent le manque de calcium, minéral peu abondant dans les céréales et dans bien d'autres végétaux. Mais on les observe également dans des conditions d'alimentation où le calcium n'est pas spécialement déficient. Le responsable est un composé, l'inositol hexaphosphate ou « acide phytique » qui, comme l'acide oxalique, a la propriété de former des sels calciques très stables. Cette molécule joue un rôle de première importance chez les végétaux où elle assure le stockage du phosphore, mais aussi du calcium et d'autres métaux. Les organes assurant la multiplication de l'espèce — graines, tubercules — en sont particulièrement riches. Pour les animaux consommateurs de végétaux, cette substance devrait à première vue fournir les minéraux dont ils ont eux aussi besoin, mais ce n'est qu'illusion car il n'est pas hydrolysable par les enzymes de leur tube digestif. Seules les enzymes des bactéries de la flore digestive en hydrolysent des quantités généralement faibles chez les monogastriques, plus grandes chez les omnivores et surtout les ruminants.

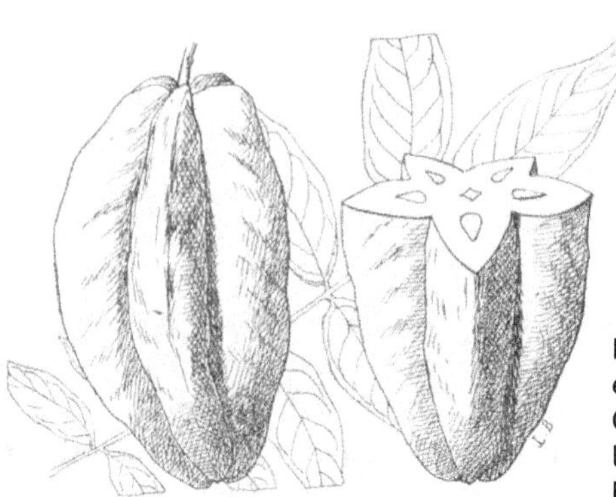

Figure VII.4. La carambole, fruit tropical très riche en acide oxalique (sauf pour les cultivars « doux »). Cet acide est également abondant dans de nombreux légumes comme l'oseille ou le chénopode bon-henri. Extrait de Bois (1928).

Les teneurs en acide phytique et en phytates, bien connues dans les végétaux rentrant dans la nourriture des humains et surtout des animaux d'élevage, sont variables d'une espèce à l'autre, mais il est paraît vain de rechercher des mutants de végétaux n'incorporant pas d'acide phytique dans les réserves compte tenu de leur rôle en physiologie végétale.

Les inhibiteurs non spécifiques des protéases et de la digestion ou de l'absorption intestinale

Le sorgho de type céréalier (par opposition au sorgho fourrager) fournit des grains diversement appréciés par l'homme hors de son pays, l'Afrique. En revanche, pour l'alimentation animale, il entre en concurrence avec le maïs dans les régions sèches ou aux sols pauvres. Dans les autres cas, le maïs est plus productif et la valeur nutritionnelle de son grain jouit d'un préjugé plus favorable. Le sorgho pâtit du fait que ses grains, petits et bien visibles sur leur panicule, sont plus convoités par les oiseaux que ceux du maïs, et la prédation peut être sensible. Un sélectionneur américain, remarquant que certains pieds ne subissaient pas de prédation, eut l'idée de créer une lignée de sorgho « résistant aux oiseaux ». Quand on passa à l'utilisation des grains, on s'aperçut qu'ils présentaient une véritable toxicité due à leur forte teneur en tannins.

Les divers composés de cette vaste famille de polyphénols sont connus pour se fixer aux protéines et les dénaturer. Dans le tube digestif, ils limitent donc l'activité des enzymes digestives, diminuant entre autres celle des protéases. Les tannins hydrolysables sont moins incriminables sur ce point mais ils sont responsables d'un goût âpre et de propriétés astringentes. Signalons au passage que certains sorghos, en particulier les types fourrager, contiennent un facteur autrement indésirable : un ester cyanhydrique analogue à ceux dont il sera question plus bas. On sait que la concentration de cette substance diminue avec l'âge de la plante jusqu'à devenir à peu près inoffensive à la maturation des grains.

Les composés appelés, pour des raisons de simplification, « fibres », bien que de nature glucidique comme les amidons, ne sont pas digestibles. Présents exclusivement chez les végétaux, dans toutes les parties de la plante, elles entrent dans la composition des tissus fibreux, mais aussi des enveloppes souples ou dures des graines, de l'épiderme des fruits, des tubercules ou des grains ainsi que des parois cellulaires. Plus les fibres sont abondantes et coriaces, moins les aliments sont appréciés des consommateurs humains — surtout des enfants — et à partir d'un certain stade ils deviennent inconsommables. Leur présence a aussi pour conséquence de diminuer la valeur nutritive des aliments en réduisant la concentration des éléments nutritifs. L'homme s'est donc efforcé de réduire la teneur en fibres de ses aliments végétaux de diverses manières : choix des céréales à grains nus comme le froment ou le maïs plutôt que celles à glumes adhérentes comme l'avoine, le blé et l'orge vêtus, mouture des grains suivie d'un blutage éliminant les parties provenant de « l'écorce » (épiderme), amélioration des techniques de meunerie et de panification jusqu'à obtention de pain blanc, sélection de légumes à feuilles tendres, gousses de haricots dépourvues de filets et consommables en « haricot verts », etc. L'extraction des huiles et des sucres est l'étape ultime où l'homme isole à l'échelle industrielle des nutriments purifiés dépourvus de fibres.

Mais la disparition de ce que Parmentier appelait déjà les « substances de lest » se révèle alors passablement néfaste : chez les omnivores à intestin long que nous sommes, le transit du bol alimentaire est ralenti et passablement perturbé (chapitre VI). Il faudra une réaction du corps médical pour que l'on retrouve les vertus de fibres et préconise une certaine consommation de ces composants redevenus bénéfiques alors qu'on n'avait cessé de les réduire dans nos rations.

Les acides aminés toxiques

S'il n'existe que 20 acides alpha-aminés incorporés dans les protéines corporelles, il en existe une multitude d'autres présents dans certains végétaux qui, ingérés par l'homme ou un animal, peuvent provoquer des effets toxiques. Les séléno-acides aminés ne diffèrent des acides aminés soufrés habituels (méthionine, cystine et cystéine), que par le remplacement des atomes de soufre par des atomes de sélénium. Et les séléno-acides aminés s'incorporent à la place de leurs homologues naturels, dans les protéines du prédateur et provoquent de graves désordres dans l'organisme. Sur les sols sélénifères de Colombie par exemple, on récolte un maïs riche en séléno-acides aminés qui, consommé par l'homme de façon chronique, entraîne une sérieuse intoxication avec vomissements, diarrhées et perte des cheveux. Dans le même pays, les petites noix de la marmite de singe (*Lecythis ollaria*, une espèce voisine de la noix du Brésil) peuvent acquérir la même toxicité. Au États-Unis, une intoxication chronique moins sévère sévit dans plusieurs États et semble avoir la même cause (Liener et Kakade, 1980).

Des acides aminés bien particuliers peuvent être responsables de troubles graves, et en particulier de paralysies irréversibles. On en trouve dans le cycas, qui contient aussi d'autres substances dangereuses comme un autre acide aminé, la 3,4-dihydroxyphénylalanine ou « Dopa », assez répandu dans le monde végétal. On la trouve dans la fève, mais aussi dans le blé et l'avoine. Sa teneur élevée dans la fève l'a fait suspecter depuis longtemps d'être un agent du favisme (voir plus loin). L'acide aminé toxique le plus redoutable est sans doute celui qu'on appelle « Odap », principal agent du lathyrisme (voir plus loin également).

Parmi les substances proches des acides aminés, on peut mentionner un dérivé de la bêta-alanine présent dans un fruit d'origine africaine et importé par les négriers anglais dans le but de fournir aux esclaves une friandise leur rappelant leur pays. Ce fruit est appelé « pomme d'akée », « ris de veau » (*Blighia sapida*) dans les Antilles françaises à cause de la ressemblance entre la partie comestible, une arille, et cet organe. La consommation de ce fruit peut provoquer des hypoglycémies extrêmement prononcées et entraîner la mort. Pour éviter ces accidents, il faut cueillir les fruits bien mûrs et les manger tout de suite, précautions que les Africains connaissaient certainement mais qui avait été oubliée pendant l'esclavage. Ajoutons que la cuisson rend la substance incriminée totalement inoffensive.

Les antivitamines

Sur un total de 13 vitamines, 8 peuvent être plus ou moins efficacement contrées par des antivitamines apportées par les aliments végétaux. Parmi celles-ci figurent les 4 vitamines liposolubles ; les carotènes dont certains sont des pro-vitamines A sont détruits par une lipoxygénase présentes dans le soja ; l'huile d'orange, extraite de l'écorce de ce fruit, a un effet nocif sur le système vasculaire des animaux de laboratoire (effet prévenu par l'apport de vitamine A) ; les graines de soja cru provoquent chez les volailles et le porc un rachitisme qui peut être guéri par un apport de vitamine D ; une enzyme hydrolysant la vitamine E existe dans les graines crues d'une autre fabacée, le haricot commun.

Le cas de l'antivitamine B_1 présente dans les pousses de plusieurs fougères (dont la très courante fougère aigle, *Pteridium aquilinum*), a déjà été signalé. Une anti-vitamine B_6 est présente dans la graine de lin ; il s'agit d'un peptide, la linarine, formé par un acide aminé naturel, l'acide glutamique, et un acide aminé inhabi-tuel, lequel inhibe l'action de la pyridoxine (vitamine B_6) en formant un complexe stable. D'autres facteurs, moins bien étudiés, ont été signalés : la consommation de sorgho (*Sorghum vulgare*) semble liée à l'occurrence de la pellagre en Inde, sans que la nature de l'antivitamine ait été clairement établie ; il en est de même pour l'antivitamine B_{12} du soja cru.

Les alcaloïdes

Les alcaloïdes sont des composés de formules très variées, caractérisés par des propriétés alcalines surprenantes et connus depuis le début du XIXe siècle (cf. encadré VII.2). Ils sont surtout répandus dans le règne végétal où l'on s'inter-roge encore sur leur rôle dans la physiologie de la plante. Certains ont une action si puissante sur l'organisme que leurs sources figurent dans les pharmacopées, non sur les listes d'aliments. Les alcaloïdes moins susceptibles de provoquer des empoisonnements ne sont pas rares dans les aliments ou les boissons.

Pourquoi les solanacées américaines étaient suspectes aux yeux des Européens

Avant leurs contacts avec le Nouveau Monde, les Européens connaissaient surtout dans cette famille des plantes franchement toxiques comme la belladone, la jusquiame, la mandragore ou le datura qui étaient éventuellement utilisées à doses appropriées comme médicaments. Selon les ethnologues, plusieurs auraient été utilisées de longue date comme stupéfiants par les soi-disant sorciè-res qui ont été brûlées vives en Europe jusqu'au XVIIe siècle (Evans Schultes et Hofmann, 1981 ; Bilimoff, 2006). On ne connaissait par ailleurs aucune plante alimentaire de cette famille, à l'exception possible de la morelle noire, consom-mée en cas de disette, et de l'aubergine, introduite depuis une époque récente et à laquelle on attribuait, soit dit en passant, des propriétés aphrodisiaques. Quand les navigateurs espagnols ont rapporté d'Amérique la pomme de terre, la tomate, le piment et quelques autres espèces, les médecins — qui étaient, à l'époque, aussi de bons botanistes — ont tout de suite remarqué que ces plantes, paraît-il consommées par ces barbares d'Indiens, appartenaient à une famille hautement dangereuse et ils déconseillèrent carrément leur consommation. Les marins avaient bien vu que les Indiens les mangeaient sans en pâtir, mais cela ne faisait pas changer d'avis les gens de science : certes, la pomme de terre n'était à l'évidence pas un poison violent, mais ses pouvoirs cachés pouvaient bien donner la peste ou la lèpre. Au mieux pouvait-on la donner aux pauvres qu'il fallait bien nourrir d'une façon ou une autre ! Quant à la tomate, on a supposé que, avec sa belle taille et sa couleur éclatante, elle était hautement trompeuse et perfide, d'où le nom donné à son espèce, *Lycopersicon*, c'est-à-dire « pomme de loup » Elle était douée de propriétés telles qu'un médecin s'est vanté d'avoir pu guérir un malade mental simplement en l'exposant à l'effet d'une belle tomate tenue près de lui (Leclerc, 1925) ! À cette époque, tout le monde ne faisait pas confiance aux médecins qui, on le sait, n'étaient pas toujours crédibles. L'agronome Olivier de Serres, à l'extrême fin du XVIᵉ siècle, cultiva dans son jardin la pomme de terre qu'il appelait « truffe » sans la suspecter de la moindre vertu néfaste ; il alla même jusqu'à dire qu'apprêtée comme la vraie truffe, elle en avait presque le goût ! Peu de gens l'ont suivi sur ce dernier point. La tomate s'est plus facilement imposée, semble-t-il, quand les Italiens l'ont transformée au point d'en faire un véritable légume nouveau (Harlan parle à ce sujet de « transdomestication »).

Pourtant, les botanistes de la Renaissance n'avaient pas entièrement tort. Comme presque tous les membres de sa famille, la pomme de terre contient un alcaloïde : la solanine, présente dans toutes les parties de la plante, en particulier les germes et surtout les fruits — sa sythèse s'accompagne cependant d'un verdissement bien visible ainsi que d'une franche amertume. Elle était certainement présente à des concentrations notables dans les tubercules des ancêtres sauvages de la pomme de terre, mais on n'en trouve plus que des quantités négligeables dans les tubercules tant qu'ils n'ont pas verdi après une exposition au soleil. Par ailleurs, les dangers de la solanine sont somme toute minimes. Les intoxications collectives signalées dans des cantines ou les restaurants d'entreprises où avaient été mangés des plats de pommes de terre suspectes étaient le plus souvent dus à une infection par des salmonelles et non à la solanine (Frohne et Pfänder, 1984). Leclerc (1927) ne signale qu'un cas d'intoxication collective franche dûe à cet alcaloïde : celui de soldats prussiens qui avaient mangé des pommes de terres abandonnées sur un champ par des paysans fuyant sans doute devant la troupe. L'odeur repoussante des feuilles de pomme de terre crues n'empêche pas qu'elles soient parfois cuisinées en épinards ou « brèdes » dans les pays pauvres, par exemple à Madagascar, où on insiste peu sur les accidents qui peuvent en résulter. Une adventice voisine de la pomme de terre et répandue presque dans le monde entier, la morelle noire (*Solanum nigrum*), est considérée comme toxique, ce qui n'empêche que dans certains pays ses baies sont transformées en confitures appréciées et que, dans d'autres, ses feuilles sont consommées en brèdes sensées « faire dormir ». Il serait intéressant d'étudier la teneur en alcaloïdes des différentes races locales de cette solanacée qui est quelquefois cultivée comme légume protodomestiqué tout en restant généralement une adventice. Une autre solanacée alimentaire d'origine américaine, le coqueret du Pérou (*Physalis peruviana*), plante voisine du très connu amour en cage (*P. alkekengi*), contient également des alcaloïdes. Il est cependant cultivé pour son fruit exotique, souvent appelé « groseille du Cap », sans inconvénient notable. Le composé toxique, présent dans les rhizomes, ne se retrouve pas dans les baies, pas plus que dans celle des autres *Physalis* cultivés outre-Atlantique (les vraies *tomatl* des Aztèques). Notons que l'on n'a jamais signalé d'alcaloïdes dans les aubergines, autre légume de la famille des solanacées qui nous est arrivé de l'Inde mais dont les formes ancestrales seraient surtout africaines.

Encadré VII.2. Les alcaloïdes.

Chimiquement assez mal définis, les alcaloïdes sont des composés de formules très variables contenant au moins un atome d'azote par molécule. Ils ont longtemps été considérés comme caractéristiques du règne végétal, plus spécialement des plantes supérieures, jusqu'à ce qu'on en découvre également dans la peau de certains batraciens « venimeux ». Ils sont si répandus parmi les végétaux qu'on a tout naturellement été amené à rechercher le rôle qu'ils pouvaient bien jouer chez la plante. Toutes ces tentatives ont été vaines : ni leur répartition dans les différentes parties (des racines aux fleurs ou aux graines), ni leur évolution au cours du cycle de végétation n'ont permis de déceler un rôle physiologique. En revanche, la comparaison des plantes de types sauvage avec des mutants « doux » (pauvres en alcaloïdes) a généralement montré que les premiers étaient plus résistants aux prédateurs et agresseurs divers qu'ils découragent par leur amertume, leur action pharmacodynamique ou leur toxicité franche selon les cas. On retrouve un effet similaire à celui qu'exercent les composés cyanogènes dans l'écorce des racines du manioc également. Pour le prédateur humain (consommateur), ces mécanismes de défense constituent bien évidemment des caractères défavorables. Le cas extrême est celui du poison violent, et on peut citer dans cette catégorie les alcaloïdes de la grande ciguë (*Conium maculatum*) ou de l'aconit napel (*Aconitum napellus*).

Si beaucoup d'alcaloïdes sont utilisés en pharmacie, d'autres — parfois les mêmes — sont employées depuis des époques très reculées pour entrer en contact avec les divinités ou pour accéder aux « paradis artificiels » à notre époque. Ces domaines sortent largement du cadre de cet ouvrage. On peut cependant rappeler que la graine de pavot est appréciée comme condiment dans les pâtisseries de pays de l'Est européen et qu'elle a été cultivée comme oléagineux. Des substances très voisines se rencontrent dans la laitue dont il a existé autrefois des variétés à fumer ! Certaines brèdes (plantes tropicales variées se mangeant à la manière des épinards) appartenant à la famille des solanacées ont la propriété de faciliter le sommeil, ce qui s'explique tout simplement par les propriétés de la solanine, l'alcaloïde des parties vertes de la pomme de terre. Un autre alcaloïde bien connu, la caféine, est présent dans le thé, le maté, la noix de cola et le café. Il s'agit de boissons, non d'aliments, mais on ne peut nier leur importance dans la vie de l'homme actuel. L'action de la caféine sur la veille et le sommeil n'explique pas toutes les vertus du thé ni tous les aromes du café, mais son rôle dans la lutte contre le sommeil d'une part et l'addiction à ces boissons d'autre part est indéniable.

Les glycosides, les lectines et quelques autres substances toxiques

Les fabacées américaines

L'intoxication mortelle dont a été victime une partie de l'équipage de Christophe Colomb est révélateur d'un comportement assez rare, peut-être attribuable à un relâchement de méfiance compréhensible chez des marins désireux de varier l'ordinaire après des mois de repas de biscuits et de salaisons. Mais il est également permis de supposer que les marins espagnols aient été victimes du même préjugé que celui des médecins et botanistes espagnols : ils avaient tendance à attribuer les propriétés des plantes qu'ils connaissaient à leurs parentes du Nouveau-Monde. Dans l'Ancien Monde, ne cultivait-on et ne consommait-on pas de longue date plusieurs légumineuses considérées comme inoffensives telles que pois, lentille, haricot à œil noir (africain) ? Alors, pourquoi n'en serait-il pas de même en Amérique ? En réalité, sur le nouveau continent, les fabacées cultivées inoffensives côtoyaient celles qui le sont moins. En Europe, la fève avait suscité bien des méfiances de la part du corps médical et même des religieux, mais les marins de Christophe Colomb ne le savaient certainement pas. Pour ce qui est des espèces américaines, les nombreuses recherches effectuées sur *Canavalia obtusifolia* ont abouti à l'identification de onze substances antinutritionnelles ou toxiques, dont des protéines, des saponines, des polyphénols et des polyamines. La plante dans son ensemble, et tout spécialement ses graines, sont réellement dangereuses.

Le haricot commun (*Phaseolus vulgaris*) est un aliment des plus appréciés pour ses qualités nutritionnelles multiples et, si on lui reproche de provoquer facilement des flatulences, il ne vient à personne de le considérer comme toxique. Pourtant les rats, prédateurs « sages » et méfiants vis-à-vis de toutes les réserves alimentaires mises de côté par l'homme, n'y touchent jamais après le premier « test » effectué par le plus audacieux ou le plus faible (l'individu oméga) désigné par ses congénères. Et le haricot cru provoque des diarrhées suivies de lésions intestinales graves en cas d'ingestion notable. On sait maintenant que le composé responsable est une protéine, une lectine également appelée « phytohémagglutinine ». Elle est dénaturée par 10 min d'ébullition. On a parlé d'un autre facteur de nature protéique présent dans la graine, la favine, d'ailleurs mal défini ; il est également thermolabile. Le danger des haricots crus pourrait passer pour une notion presque théorique chez l'homme, une angoisse de luxe en quelque sorte, puisqu'il disparaît dans les conditions normales de consommation et que le haricot cru est de toute façon pratiquement immangeable. Et pourtant, Frohne et Pfänder (1984) signalent qu'au centre antipoison de Berlin, le haricot commun occupe la 9e place parmi les plantes responsables d'intoxications, toutes espèces confondues. Les accidents proviennent toujours de la consommation de gousses de haricots verts, jamais mangées en Amérique Latine (berceau du haricot) mais très prisées en Europe. Les victimes de ces intoxications sont soit des enfants, soit des adeptes du crudivorisme dont les promoteurs ne sont visiblement pas bien renseignés.

Le haricot de Lima (*Phaseolus lunatus*) est de premier abord plus dangereux. Ce haricot, dont il existe deux races principales (à grosses et à petites graines) et de nombreuses variétés dans chaque race, nécessite des climats plus chauds que le haricot commun et il est peu connu en Europe mais très populaire en Amérique du Nord et dans plusieurs pays d'Afrique et d'Asie. Ses graines mûres sont connues pour leur toxicité et, pour certaines variétés, elles doivent être cuites dans deux eaux, toutes deux devant être jetées. Le poison — on ne peut employer que ce terme — est l'acide cyanhydrique, présent dans la graine mure sous forme d'un glycoside qui peut être hydrolysé lors de la préparation. La concentration d'ester cyanhydrique est très faible, pratiquement négligeable dans les variétés blanches, tandis que, réciproquement, les variétés noires ou de couleur foncée en sont les plus riches. Mais cette relation n'est pas fiable à 100 % : il ne s'agit que d'une corrélation et il existe quelques variétés de couleurs vives peu toxiques. On notera au passage que, dans ce cas, l'attrait du blanc, symbole de pureté, conduit à un choix qui se révèle le plus souvent judicieux. Par ailleurs, les esters cyanhydriques sont peu abondants dans les graines immatures. Le sens de l'observation et la tradition culinaire des populations amérindiennes avaient permis de prendre des précautions empiriques pour éviter les accidents. Lorsque les Français promurent la culture de ce haricot dans leurs colonies, et tout spécialement à Madagascar, ces précautions avaient été passablement oubliées ou mal expliquées. Sa consommation provoqua des accidents mortels (Schnell, 1957). Il fallut trier les variétés et procéder à des dosages systématiques d'acide cyanhydrique pour la commercialisation.

La fève et la gesse

À l'époque de l'Égypte antique, les prêtres, personnages instruits et puissants, étaient vêtus de blanc et jouissaient d'un grand prestige. Ils s'imposaient des règles de vie strictes avec, entre autres choses, des interdits alimentaires. La fève, (*Vicia faba*) était l'un des aliments qui leur étaient strictement interdits. Ils avaient pour cette plante une telle aversion que, s'ils en voyaient une par hasard, ils détournaient aussitôt le regard, comme s'ils avaient vu quelque chose d'impudique, tandis que les gens du peuple pouvaient la regarder et la manger. Pythagore, le célèbre mathématicien, avait élaboré une doctrine philosophico-religieuse où la consommation de fève était un péché ; il serait d'ailleurs mort frappé par un soldat qui le poursuivait alors qu'il aurait pu lui échapper en traversant un champ de fèves, ce qu'il ne voulut pas faire. Plusieurs auteurs anciens, dont Hérodote, mentionnent le fait avec étonnement et sans donner d'explication. Les spéculations sur l'origine de cet interdit ne manquent pas (Leclerc, 1927 ; Vilmorin, 1991 ; Bilimoff, 2006). Il pourrait s'agir de caractères symboliques subtils : en germant, la graine rappelle, pour certains, le sexe féminin tandis que la forme des graines pourrait rappeler les testicules ! Lors de la cuisson, elle peut dégager une odeur de sperme (que dégage aussi la cuisson de la graine de lupin, non interdite alors chez les Égyptiens) ; d'autres ont pensé que les taches violet foncé, presque noires, de la fleur pouvaient passer pour funestes (mais alors les variétés à fleur blanche auraient dû être autorisées).

Aujourd'hui, il est tentant d'expliquer ces jugements catégoriques de façon rationnelle. Pour cela, il faut considérer que malgré sa valeur nutritionnelle incontestable, surtout pour des populations se nourrissant principalement de céréales, la fève peut avoir un pouvoir redoutable bien que peu évident. Et, de fait, une alimentation presque exclusivement à partir de fèves pendant une période suffisamment longue entraîne une maladie parfois mortelle, le favisme, qui se traduit par un affaiblissement progressif accompagné d'anémie — dans certains cas et seulement chez certains individus, presque toujours des garçons, la maladie est mortelle. À l'heure actuelle, le favisme peut encore frapper tout ou partie de certaines familles. L'implication de la fève dans cette maladie a donc, pendant longtemps, paru incertaine ou tout au moins difficile à comprendre. On sait aujourd'hui que le favisme ne frappe que les personnes atteintes d'une particularité génétique se traduisant par la déficience d'une enzyme nécessaire à la lutte contre les stress oxydatif (G6PDH). Chez les individus déficients, les globules rouges enflent puis éclatent, ce qui provoque anémie, jaunisse et troubles rénaux. La déficience est due à un gène récessif lié au sexe. On a aussi trouvé que la répartition de ce gène était très inégale selon les populations, sa fréquence étant très élevée au Moyen-Orient.

Les sélectionneurs français commencent seulement à créer des variétés de fèves ou de féveroles pauvres en vicine et en convicine, facteurs responsable du favisme. Elles ne sont pas forcément destinées à la consommation humaine car la fève fait partie des protéagineux, faciles à cultiver dans les régions tempérées, susceptibles d'être substitués au soja dans l'alimentation des volailles, des porcs ou des ruminants. Comme pour la plupart des autres légumineuses, il existe dans cette espèce un autre facteur antinutritionnel, les tannins condensés, qui diminuent la digestibilité des protéines. Les variétés sans tannins, en cours de sélection, sont facilement identifiables à leurs fleurs blanches — la recherche de la « pureté » du banc est ici également bénéfique.

En Tunisie, quand une mère de famille demande à ses enfants d'égrainer des gousses de pois, elle interdit aux garçons, non aux filles, d'en manger tant qu'ils ne sont pas cuits. À l'écouter, les garçons risquent de devenir boiteux et incontinents. Évidemment, les garçons désobéissent pour voir ce qui se passe et rien ne se passe. Et tous les enfants de se demander d'où peut bien provenir une pareille ineptie. Pour une personne au courant de la consommation des légumes quelques décennies auparavant, l'origine de ce préjugé devenu absurde est claire : elle remonte à une époque où les Tunisiens cultivaient et mangeaient à la manière de nos pois (*Pisum sativum*) des « pois carrés » (*Lathyrus sativus* ou des espèces voisines) dont la plus connue est le pois de senteur, ou « gesse odorante » (*L. odoratus*). La consommation régulière de cette gesse provoque des désordres nerveux entraînant au bout de trois mois environ une boiterie évoluant en paralysie totale des membres inférieurs ainsi que l'énurésie. La maladie est irréversible mais n'atteint pas elle non plus les filles.

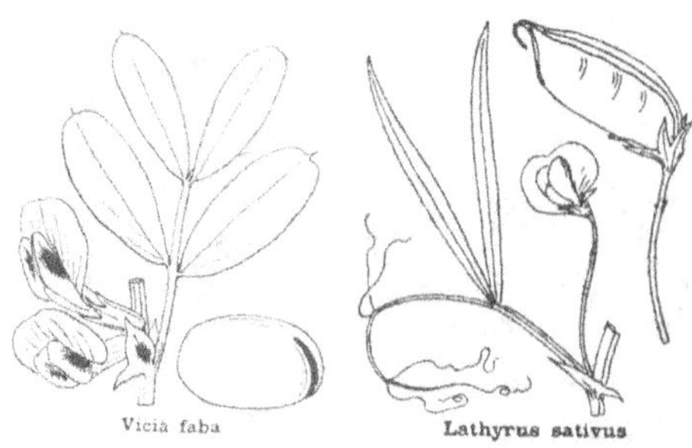

Figure VII.5. La fève (ou féverole pour les variétés à petit grain) et la gesse. La première peut provoquer le favisme qui conduit parfois à la mort, mais seulement en cas de consommation prolongée et chez des personnes souffrant d'une anomalie métabolique héréditaire. La seconde, consommée en grande quantité, provoque chez les garçons une boiterie et une énurésie irréversibles. *Source* : Jeanpert (1911).

Le composé responsable est un acide diaminé, l'Odap[1], qui agit en prenant la place de l'acide glutamique quand celui-ci exerce la fonction de neurotransmetteur. Il faut préciser que le mode d'action de l'Odap est encore loin d'avoir été entièrement éclairci et que l'on ne comprend toujours pourquoi les filles échappent à cette maladie connue sous le nom de « lathyrisme », pas plus qu'on a totalement élucidé la double action du ou des poisons au niveau du système nerveux et de la calcification. Des traitements de la graine par lavage et cuisson sont d'une médiocre efficacité, et le seul moyen de lutter contre la maladie est de ne consommer la gesse que de façon très parcimonieuse ou, mieux, d'y renoncer totalement. En Europe, d'après Bois (1927), cette gesse était encore cultivée en Italie, en Espagne, en Hongrie, en Turquie et un peu en France, mais sans doute pour la nourriture des animaux de ferme qui la supportent à doses modérées, sauf le mouton qui ne contracte jamais le lathyrisme. Les derniers cas de lathyrisme humain en Europe semblent remonter à la guerre d'Espagne de 1936. Depuis, sa culture a été progressivement abandonnée en Occident, la plante ne demeurant qu'à l'état subspontané. Mais sa culture et sa consommation sont restées courantes jusqu'à une date récente en Inde et au Bengladesh, où les récoltes étaient réservées aux parias. Depuis les années 1970, cette culture a été progressivement interdite dans tous les États de l'Inde, sauf dans 4 où elle demeure autorisée pour l'alimentation animale. La vente directe des gesses pour la consommation humaine semble avoir cessé, mais non leur incorporation frauduleuse dans la farine de pois chiches, comme le révèlent des contrôles récents (2008). Des cultures subsistent aussi, à moindre échelle, au Népal et en Éthiopie. Il s'agit donc d'un cas unique de production d'un aliment très dangereux sciemment réservé à une classe sociale jugée inférieure jusqu'à une date récente.

Des généticiens continuent à rechercher des lignées exemptes de facteur toxique, sans succès jusqu'à ce jour. Par ailleurs, des chimistes travaillent toujours sur des moyens d'éliminer ledit facteur d'une fraction de la graine qui serait un concentré inoffensif de protéines d'un intérêt nutritionnel au moins égal à celui des protéines de soja. Cependant, le tourteau de soja est un coproduit de l'huile qui assure à elle seule une bonne partie de la valorisation de cette culture, ce qui n'est pas le cas de la gesse.

La percée du soja

Une légumineuse connaît un succès mondial qui ne cesse de croître : le soja (*Glycine max*), d'origine chinoise. Il s'agit d'une espèce botaniquement très proche du haricot dont la graine était souvent appelée « pois oléagineux » à cause de sa ressemblance avec notre pois et de sa richesse en huile (15 à 20 % au lieu de 3 à 4 % au maximum chez le haricot commun ou le pois). Son ancêtre est *Glycine soja*, qui croît en Mandchourie. Il est cultivé depuis l'époque préhistorique en Chine et dans les pays voisins, en particulier au Japon où il est nommé *soyu*. Il a depuis longtemps des usages variés : son huile a servi et sert toujours aussi bien à l'éclairage qu'à la fabrication de peinture, mais c'est surtout une huile de table qui fait l'objet d'un commerce considérable. En Extrême-Orient, on tire du soja une

---

1. Acide bêta-oxalyl-L alpha,bêta-diaminopropionique, analogue structural de l'acide glutamique.

sauce pour l'assaisonnement et, après dissolution puis précipitation des protéines coagulées à l'aide du sel, on obtient une sorte de fromage végétal, le *teo fou* (*tofou* des Japonais). En Indonésie on transforme la graine décortiquée et humidifiée en un produit fermenté, le *tempeh*, auquel il a déjà été fait allusion. Importé en Europe dès 1740 par des missionnaires jésuites, le soja est resté longtemps cantonné aux collections des jardins botaniques. Les analyses effectuées dès la fin du XIXe siècle ont confirmé son intérêt, mais les essais de culture se montraient décevants, principalement à cause de ses exigences climatiques et de la nécessité de favoriser la symbiose de la plante avec des bactéries fixatrices d'azote atmosphérique. Les agronomes américains l'avaient importé dès la fin du XVIIIe siècle comme fourrage. Il a fallu attendre la fin du XIXe siècle pour qu'ils jugent correctement l'intérêt de cette plante qui croissait mieux dans leur Middle West que dans l'Europe trop tempérée. Ils appréciaient son huile et entrevoyaient parfaitement les autres intérêts de la plante. Pour l'anecdote, on peut noter que, parmi les grands partisans étatsuniens du soja, figurait le père d'un certain Henry Ford qui s'intéressa finalement davantage à l'automobile qu'au soja.

Encadré VII.3. Un facteur antinutritionnel typique :
« le » facteur antitrypsique du soja.

Le facteur antitrypsique est en fait composé de deux peptides distincts, l'un se liant à la seule trypsine, principale enzyme protéolytique du pancréas, l'autre également à la seconde enzyme protéolytique secrétée par cette glande, la chymotrypsine. L'un et l'autre forment des complexes stables, indigestibles, qui sont excrétés dans les fèces. La digestibilité des protéines totales s'en trouve donc diminuée. L'organisme met alors en place un mécanisme compensatoire : le pancréas s'hypertrophie (phénomène caractéristique de l'ingestion de facteurs antitrypsiques) et sécrète davantage d'enzymes. Si la quantité de facteurs antitrypsiques est faible, la compensation est d'une certaine efficacité puisqu'elle limite la diminution de la digestibilité des protéines alimentaires. En revanche, si les facteurs antitrysiques sont très abondants, l'hypersécrétion d'enzymes pancréatiques, loin d'être bénéfique, aboutit à un accroissement de l'excrétion fécale de complexes protéiques ; la digestibilité n'est pas améliorée, bien au contraire : la réaction du pancréas est alors contre-productive. De plus, l'hypersécrétion de trypsine demande une quantité croissante de cystine, acide aminé soufré abondant dans l'enzyme. Pour faire face à ce besoin, l'organisme est obligé de synthétiser la cystine à partir de la méthionine, autre acide aminé soufré, indispensable, celui-ci. Le besoin en méthionine devient donc plus élevé. Les protéines de soja étant pauvres en acides aminés soufrés, il faut avoir recours à davantage de méthionine supplémentaire pour contrebalancer autant que faire se peut l'accroissement du besoin. Et tout cela n'empêche nullement l'effet premier du facteur antitrypsique, à savoir l'excrétion fécale massive de protéines en partie endogènes et en partie exogènes.

Les Américains, après avoir extrait l'huile, pensaient valoriser le tourteau en le faisant manger aux animaux. Hélas, les résultats étaient très médiocres et pendant tout un temps, il fallu se contenter de l'épandre dans les champs comme amendement organique et engrais azoté. Au XXe siècle, les analyses du tourteau devenues plus performantes ont montré que les acides aminés des protéines du soja étaient très intéressants et que leur proportions n'étaient pas très éloignées de celles des protéines animales et en particulier des protéines musculaires, et que seuls les acides aminés soufrés étaient trop peu abondants. Les prévisions théoriques étaient infirmées par les essais sur animaux. Quand la prise de pouvoir de Mao Zedong en 1949 coupa court les importations de soja chinois par les Américains, ces derniers savaient parfaitement le cultiver et commençaient à savoir valoriser son tourteau, dont la qualité demeurait cependant trop aléatoire. Chercheurs et industriels s'attaquèrent alors vraiment aux procédés technologiques de destruction des facteurs antinutritionnels. On y parvint d'abord en altérant les acides aminés au point de les rendre presque inutilisables par l'animal. Et la liste des facteurs antinutritionnels s'allongea. Le plus connu est un peptide antitrypsique lié aux albumines, mais il existe également une uréase qui hydrolyse l'urée, un facteur hémolytique (lectine), une isoflavone mimant l'action des hormones femelles, des antivitamines déjà mentionnées et d'autres en quantité moindre... au total une dizaine de composés au mieux indésirables, ce qui n'est pas loin de constituer un record parmi les aliments courants. Le facteur antitrypsique est de loin le plus important : il est thermolabile (les autres facteurs antinutritionnels le sont également dans leur ensemble), mais une cuisson trop poussée rend les acides aminés en partie indisponibles pour l'animal. Trouver un compromis entre les différents paramètres de cuisson, de température, de pression de vapeur d'eau et de durée du traitement n'a pas été simple. Des centaines d'expériences — probablement bien plus — se terminant par des essais de croissance sur rats ou poulets ont été nécessaires pour standardiser une méthode de cuisson fiable applicable à l'échelle industrielle. Il a fallu également proposer aux acheteurs des tests de laboratoires permettant de détecter les éventuelles sous-cuissons ou sur-cuissons. Cette utilisation récente en Occident n'a pas éliminé tous les problèmes ; on s'est ainsi aperçu récemment que des isoflavones se retrouvaient dans les yaourts de soja alors qu'ils étaient mieux éliminés dans les produits fabriqués selon les méthodes chinoises traditionnelles.

Les alcaloïdes des lupins

Les lupins, autres fabacées, sont répandus aussi bien dans l'Ancien que dans le Nouveau Monde ; parmi eux on compte des plantes décoratives bien connues, des plantes redoutées des éleveurs de bétail d'Amérique du Nord à cause de leur très grande toxicité ainsi que les types comestibles dont les graines ne contiennent ni protéine toxique, ni glycoside cyanogène, ni acide aminé inhabituel, mais ils sont en général très amers. Les Égyptiens consommaient sans réticence le lupin blanc (*Lupinus albus*), mais après avoir pris soin de les laisser tremper dans l'eau afin de les désamériser. Les Incas qui eux aussi avaient domestiqué un lupin à graine comestible (*L. mutabilis*) avaient recours à un procédé similaire. Quand les Égyptiens et les Incas les éliminaient par trempage prolongé dans l'eau, ils ne le faisaient pas forcément dans l'intention de les rendre moins toxiques, mais d'abord de les rendre mangeables. C'est ce qui explique que les données épidémiologiques sur les effets de l'ingestion des alcaloïdes des lupins sont pour ainsi dire inexistantes. Les Incas étaient pourtant bien conscients des propriétés des substances qu'ils éliminaient des lupins amers puisqu'ils utilisaient l'eau de macération pour tuer les poux ! Depuis, les agronomes et les chimistes qui se sont intéressés aux lupins en tant que source de protéines pour l'homme ou des animaux ont identifié les composés responsables de l'amertume : ce sont des alcaloïdes plus ou moins toxiques, présents en concentrations variables, mais plus amers que la caféine souvent prise comme référence dans les échelles d'amertume. Les trois principaux sont la lupine, la spartéine et la lupanine. Cette dernière est la plus redoutable pour l'animal. Elle provoque une diminution de l'appétence, des troubles respiratoires, digestifs, et aussi nerveux ; une dose élevée peut être mortelle. Quand, dès le début du XXe siècle, les agronomes allemands ont voulu promouvoir ces plantes pour l'alimentation animale, ils ont recherché d'éventuelles variétés dépourvues d'alcaloïdes et ils ont trouvé des mutants qui n'en contiennent que des quantités très réduites. Ils ont ainsi pu créer des variétés dites « douces » mangeables telles quelles. Ces variétés qui simplifient énormément le travail de préparation des aliments ne présentent cependant pas que des avantages : la plante est plus sensible aux ravageurs.

Si des mutants doux s'étaient mêlés aux lupins amers d'un champ, ils étaient *a priori* défavorisés et un non-spécialiste n'aurait eu aucune chance de les remarquer ; quant au goût agréable des graines, il ne pouvait que passer inaperçu après désamérisation. Aujourd'hui, le caractère doux a été retrouvé dans d'autres espèces de lupins restées auparavant sauvages (*L. luteus*, *L. angustifolius*) ou ornementales (*L. polyphyllus*), permettant à ces espèces d'accéder tardivement au statut de plantes alimentaires cultivées.

Le lupin des Incas (*L. mutabilis*), appelé *tarwi* au Pérou, n'ayant pas livré de mutant doux, sa culture était tombée en désuétude ; son principal défaut n'était pas d'ordre nutritionnel mais social : il s'agissait d'une nourriture des Indiens et, partant, méprisée par la plupart des Blancs et des Métis ! Oubliés les haricots, piments et pommes de terre, tous amérindiens, dont les Blancs pourraient difficilement se passer aujourd'hui ! Dans la campagne de réhabilitation, soutenue par des Allemands, il a fallu rebaptiser le *tarwi* pour que cette intéressante plante puisse avoir quelques chances d'être de nouveau appréciée. Il est devenu le *lupino*.

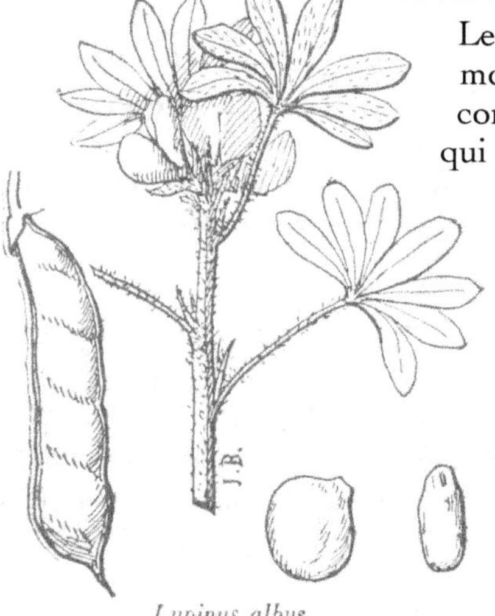

Les lupins sauvages des prairies de l'ouest des montagnes Rocheuses, en particulier *L. cereus*, contiennent un redoutable poison, l'anagyrine, qui est tératogène, c'est-à-dire qu'il peut induire des malformations sur un fœtus dont la mère ingère cette sustance. Les ruminants paissant sur ces prairies se contaminent fréquemment et excrètent de l'anagyrine dans leur lait. On a signalé le cas d'un enfant anormal dont la mère buvait le lait d'une chèvre broutant des lupins.

Lupinus albus

Figure VII.6. Les lupins dont les alcaloïdes sont extrêmement amers font partie des plantes dont l'homme n'a pu que tardivement repérer des mutants « doux » et créer des cultivars non toxiques. Extrait de Bois, 1927.

Les autres fabacées alimentaires à graines

Il est impossible de s'attarder sur toutes les autres fabacées qui ont été cultivées pour l'alimentation de l'homme. Dans le centre du Moyen-Orient, l'archéologie révèle la présence très précoce de graines de lentilles, ers, vesces et gesses aux côtés des grains de céréales. Il s'agit sans doute d'abord d'adventices spontanées grimpant le long des chaumes des graminées, ensuite d'adventices tolérées et enfin de plantes cultivées parce que l'homme aimait les manger en plus de l'orge et du blé. Le pois apparaît plus tardivement. Les graines de vesce sont restées mélangées aux céréales servant à la fabrication du pain des pauvres, au moins jusqu'au XVIIIe siècle en Europe occidentale. Les paysans n'avaient pas les moyens de trier facilement leurs grains et ils ne voulaient sans doute pas perdre ce qui pouvait rentrer dans la fabrication du pain. Pourtant les vesces sont riches en facteurs antinutritionnels peu labiles.

Le pois, cultivé séparément depuis une époque reculée, est très pauvre en substances antinutitionnelles : les tannins sont absents des types à fleur blanche, aujourd'hui presque seuls cultivés, et les lectines, peu nocives, sont détruites par la cuisson. La lentille crue semble moins inoffensive, mais elle le devient après cuisson. L'homme avait donc fait un choix correct pour ces premières fabacées. Il a trouvé, on ne sait comment, un moyen de consommer les graines de lupin, impossibles rappelons-le à avaler sans traitement, et l'idée du trempage pour les désamériser n'était guère intuitive. Deux cas sont restés mal résolus qui demandent des observations, voire des études plus approfondies : celui de la gesse et celui de la féverole évoqués ci-dessus. Peut-être, dans ces deux cas, l'homme s'en est-il tenu à une consommation modérée ou parcimonieuse, tant qu'il avait autre chose à manger.

Le cas de légumineuses exotiques, souvent tropicales, ne diffère pas fondamentalement de ceux de leurs cousines moyen-orientales ou chinoise. Aucune n'est exempte de facteurs antinutritionnels. On y rencontre presque toujours ceux qui sont connus dans les espèces déjà citées, ou tout au moins des molécules apparentées. L'homme les neutralise le plus souvent par cuisson, parfois après avoir choisi les types génétiques peu toxiques ou les stades de végétation les moins dangereux. Une légumineuse bien connue, l'arachide (*Arachis hypogaea*), occupe une place à part. Elle est traditionnellement consommée grillée en Amérique, comme en Asie et en Afrique où elle a été introduite par les Portugais. Les Européens en ont fait une culture coloniale alimentant des huileries et fournissant également un tourteau très riche en protéines utilisable pour l'alimentation animale. Assez rapidement, ce tourteau a cependant acquis une mauvaise réputation car il pouvait présenter une toxicité aiguë. Cette fois, le principal responsable n'était pas endogène : il s'agissait de toxines fongiques, les aflatoxines, synthétisées par des moisissures lors d'un stockage en atmosphère trop humide. L'arachide contient bien des facteurs antinutritionnels, des lectines en particulier, mais elles sont thermolabiles. L'emploi des arachides dans l'industrie agro-alimentaire a révélé un autre danger : les allergènes. Avec les autres fruits à coque (noix, noisette, amande) ainsi que certains fruits de mer, les arachides sont la principale source de ces composés que l'on hésite à classer parmi les facteurs antinutritionnels. On remarquera que dans ce cas comme dans celui des isoflavones du soja, les facteurs indésirables étaient détruits par le mode de consommation traditionnel, non par certains procédés industriels développés sans doute un peu trop hâtivement.

L'homme n'a pas cultivé les fabacées seulement pour leurs graines comestibles. Beaucoup produisent des feuilles qui sont précieuses pour l'alimentation des animaux, comme les trèfles, les lotiers ou les luzernes. La luzerne classique (*Medicago sativa*) a été un légume longtemps apprécié en Chine, et elle figurait encore en France jusqu'en 1939 sur les livres de recettes… militaires. On trouve des variétés de pois dont les Chinois consomment non seulement les gousses (à la façon des haricots verts), mais aussi les jeunes pousses. Il existe également des fabacées à racines ou à tubercules comestibles, comme la glycine rouge déjà citée, la gesse tubéreuse (*Lathyrus tuberosus*) ou le pois manioc (*Pachyrhizus* sp.), dont le tubercule est un bon légume alors que les graines seraient toxiques. Ce serait l'inverse du haricot d'Espagne (*Phaseolus multiflorus*) dont les graines sont comestibles — et les racines toxiques d'après Bois, 1927.

Les fabacées sont donc une famille dont les protéines présentent un très grand intérêt nutritionnel, mais sont systématiquement accompagnées de facteurs anti-nutritionnels ou carrément toxiques. On a dénombré des dizaines de familles de molécules, et l'inventaire est loin d'être achevé (Frohne et Pfänder, 1984 ; Liener, 1980). Et pourtant l'homme a réussi à inclure dans son alimentation des dizaines de légumineuses ; il a su trouver au coup par coup des solutions satisfaisantes, ou tout au moins acceptables. Les exceptions comme le favisme et le lathyrisme n'ont pu cependant être comprises et (en principe) supprimées que très récemment ; il est inutile de revenir sur les espèces jamais domestiquées dont le premier inconvénient était sans doute une toxicité trop grande. Ces aspects étant pris en compte, les fabacées ont amplement démontré leur intérêt comme source de protéine végétale, intérêt déjà évident bien avant que Magendie ne démontre la nécessité de l'apport de protéines pour la croissance, la lactation ou simplement la survie des organismes humains ou animaux. Les progrès de la nutrition animale et humaine ont permis de mieux comprendre l'intérêt particulier des protéines de légumineuses pour les populations, nombreuses, dont la nourriture de base était les céréales ou les tubercules amylacés. De ce fait, la science a permis la promotion et le soutien de programmes de culture et de valorisation de légumineuses par des populations sous-alimentées et surtout mal nourries.

Les brassicacées, une famille de grande importance pour l'homme

Pendant le Moyen Âge européen, on citait souvent l'adage latin *In cruce salus*, « le salut est dans la croix ». Le sens premier de la phrase est bien entendu religieux : seuls ceux qui croient au Christ, symbolisé par la croix, auront droit à la vie éternelle. Mais, chose étonnante, on n'hésitait pas à appliquer cet adage aux plantes, affirmant ainsi que le salut sur terre, c'est-à-dire le moyen de ne pas mourir de faim, venait des plantes dont les fleurs rappelaient le symbole du christianisme. Il ne pouvait s'agir d'un blasphème, une telle abomination ne pouvant être écrite. C'était plutôt une référence aux bienfaits de la Création. Pendant longtemps il a été de bon ton, chaque fois que l'on décrivait une espèce, de philosopher sur la raison probable de sa création, c'est-à-dire son utilité pour l'homme alors placé, comme chacun le savait, au centre de la Création. On peut donc interpréter ainsi la pensée des auteurs de l'adage sur les crucifères : Dieu avait donné une allure de croix aux fleurs non seulement pour inciter les hommes à penser à leur salut mais aussi leur rappeler sa bonté ; de telles créatures leur apportaient une nourriture généreuse. L'interprétation de ce symbole se rattache d'ailleurs à la médecine des signes. De fait, les brassicacées ont occupé une grande place dans l'alimentation de l'homme en Occident comme en Extrême-Orient. Depuis l'Antiquité, l'Occident connaît le radis (*Raphanus sativus*), la rave ou navet (*Brassica rapa*), le chou (*B. oleracea*la), la roquette (*B. eruca*), le cresson de fontaine (*Nasturtium officinale*), le cresson alénois (*Lepidium sativum*), les moutardes (*Brassica alba* et *B. nigra*), etc. Le rutabaga (*B. napus* 'napobrassica') et sa forme oléagineuse, le colza (*B. napus*), sont apparus plus récemment. En Chine, on cultive des « choux » différents des nôtres, dont les botanistes avaient fait deux espèces : le pe-tsaï (*Brassica sinensis*) et le pak choï (*Brassica pekinensis*)[1]. On sait maintenant qu'il s'agit dans les deux cas de *Brassica rapa*, pe-tsaï et pak choï ne sont donc que des navettes ou des navets sélectionnés pour leurs feuilles et non, comme en Occident, pour leurs graines oléagineuses ou leur racines (il existe aussi des navettes oléagineuses chinoises). Les Chinois cultivent une grande quantité de moutarde brune (*Brassica juncea*) dont ils consomment surtout les feuilles, mais également l'huile[2].

Toutes les brassicacées ont de nombreux points communs : la saveur des feuilles et des racines, voire des graines, est souvent piquante ; les alcaloïdes y sont systématiquement absents ; mais cela ne signifie pas qu'elles ne renferment aucun facteur antinutritionnel. On sait depuis longtemps que les lapins de clapier nourris aux choux contractaient souvent un goitre, connu aussi, bien que plus rare, chez les humains gros mangeurs de choux. Évidemment, les lapins avaient droit à du chou cru tandis que les hommes le cuisaient et, bien plus, ils le cuisaient systématiquement dans deux eaux, la première étant toujours jetée. Les chimistes ont isolé depuis des décennies des composés organiques à goût prononcé, la sinapine, et d'autres molécules voisines ainsi que d'autres composés soufrés, les glucosinolates. Ces derniers sont souvent accompagnés de produits de leur propre dégradation (principalement nitriles, thiocyanates et vinyl-oxo-thiocyanates ou VOT). Les composés antithyroïdiens du chou sont les VOT qui se forment par action d'une enzyme présente dans la plante, la myrosinase. La méthode empirique de cuisson à deux eaux permet de dénaturer l'enzyme et donc d'éliminer l'essentiel des composés goitrogènes. L'homme avait donc adopté depuis une époque immémoriale mais postérieure à l'invention de la poterie un mode de cuisson neutralisant la plus grande partie des facteurs antithyroïdiens des brassicacées.

---

1. Sans se rendre compte que les deux noms n'étaient que des variantes dialectales du même mot, le premier appartenant au chinois officiel (mandarin) et le second au cantonnais.

2. L'espèce assure la troisième production d'huile après le soja et le palmier à huile, et est parfois aussi cultivée pour les racines tubéreuses de la variété *B. juncea* 'napiformis' ; on trouve même encore quelques cultures d'une ancienne brassicacée parfois adventice chez nous, la bourse à pasteur (*Capsella bursa-pastoris*).

Figure VII.7. Une simple cuisson à deux eaux permet d'éliminer le facteur goitrogène du chou et des espèces voisines. Extrait de Bois (1927).

Le problème est devenu plus ardu quand on a voulu valoriser l'huile et le tourteau de colza. L'huile renferme une grande quantité d'un acide gras inhabituel, l'acide érucique qui, des expériences conduites sur rats l'ont montré, peut induire des cardiopathies sévères. Les études épidémiologiques réalisées dans les pays gros consommateurs de cette huile n'ont pas confirmé ce danger chez l'homme, mais en vertu du principe de précaution, on a préféré interdire les variétés classiques au profit de nouvelles variétés très pauvres en acide érucique : ce furent les *canbras* (pour *Canadian brassica*) des Canadiens et les « nouveaux colzas » des Européens. Tous deux fournissaient une huile dite, avec une nette exagération, « zéro érucique ». Les nouvelles huiles avaient cependant une composition assez comparable à celle d'olive et elles furent bien accueillies par les consommateurs ainsi que par le corps médical. Pour la rentabilité de la filière colza, il importait également de tirer également le meilleur parti du tourteau, comme les Américains l'avaient fait pour le soja. Si le but était le même, les méthodes ne pouvaient cependant que différer, les facteurs antinutritionnels n'ayant aucune parenté chimique. Les premières méthodes expérimentées visaient à empêcher la formation des principaux facteurs antithyroïdiens, les VOT, par inactivation de la myrosinase. On recherchait un procédé industriel aboutissant en gros au même résultat que la cuisson à deux eaux des choux ; il ne s'était pas encore totalement imposé quand il est devenu obsolète. Les généticiens canadiens avaient en effet repéré une lignée pauvre en glucosinolates qui fut croisée avec du colza « zéro érucique » pour aboutir au *canbras* qualifié de « double zéro ». Les colzas européens « double zéro » suivirent avec quelques années de retard. Leur teneur en glucosinolates n'était pas nulle mais suffisamment faible pour rendre le toastage inutile. Tout en étant moins riche en lysine, ces nouvelles sources de protéines ont été appréciées pour d'autres acides aminés essentiels et ont conquis une part du marché des tourteaux servant à l'alimentation du bétail dans les pays où, pour des raisons climatiques, son rendement dépasse celui du soja.

Les esthers d'acide cyanhydrique

La fréquence des esters cyanogènes

Une curieuse mention des facteurs antinutritionnels se trouve dans la masse des écrits relatifs à l'anti-américanisme primitif qui naquit en France dès l'indépendance des États-Unis. Buffon, dans l'illustration de sa théorie pour le moins surprenante de la « dégénération » des hommes, des animaux et même des plantes d'outre-Atlantique, accumulait des éléments disparates pour étayer sa thèse[1].

---

1. Il mettait pêle-mêle le caractère chétif des félins américains comparé à celui des tigres et des lions, le caractère muet de certaines races de chiens américains et bien d'autres.

Il cite ainsi l'exemple de ces pauvres Indiens d'Amérique du Sud qui n'avaient d'autre moyen pour se nourrir que de manger une racine, le manioc (*Manihot esculenta*), tellement toxique qu'ils étaient obligés de la faire tremper dans l'eau avant de la cuire. Cette théorie de Buffon, prise dans son ensemble, paraît aujourd'hui si absurde qu'on n'y fait guère allusion quand on cite l'œuvre, par ailleurs immense, du célèbre naturaliste. Mais il est exact qu'en Amérique du Sud et principalement en Amazonie, les peuples d'agriculteurs ont largement fait appel à un tubercule amylacé dont le type courant, de saveur amère à l'état cru, est fortement toxique. Les botanistes ne s'en étonneront guère car le manioc est presque la seule plante comestible de la famille très polymorphe et dangereuse des euphorbiacées. L'acide cyanhydrique, à l'état de traces ou en quantités notables, est loin d'être l'apanage du manioc : on le trouve dans de très nombreux végétaux — herbes, racines ou tubercules, fruits ou graines —, mais aussi dans des champignons, des bactéries et même certains insectes. En dehors du manioc, les esters cyanhydriques sont très fréquents parmi les rosacées fruitières, les bambous dont les jeunes pousses sont très consommées en Extrême-Orient, certaines graminées comme le sorgho (dans les races fourragères surtout), mais aussi certaines graines de légumineuses déjà mentionnées, les graines de lin, etc.

Les dangers du manioc

Le manioc contient un des glycosides cyanogènes les plus répandus parmi les aliments, la linamarine (à l'instar des haricots de Lima), dont les Néolithiques de l'Amazonie ont dû trouver un moyen de supprimer la toxicité. La linamarine et les composés voisins sont des bêta-glycosides insolubles présents à l'intérieur des cellules. Ils peuvent être hydrolysés par action d'une enzyme, toujours extracellulaire, qui libère glucose, aldéhyde ou acétone et acide cyanhydrique. Les Amérindiens avaient recours à un trempage dans l'eau courante pendant une durée de l'ordre d'une semaine, c'est-à-dire à un rouissage. Les glycosides étaient ainsi hydrolysés et l'acide cyanhydrique libéré passait dans l'eau. Comme le tubercule à la fin du rouissage était gorgé d'eau, il fallait le presser et, dernière précaution importante, le faire sécher au soleil pour éliminer les restes d'acide cyanhydrique, qui s'évapore à 26 °C. La linamarine non hydrolysée n'est pas forcément dangereuse car, absorbée par l'organisme, elle est en grande partie éliminée telle quelle dans les urines. Mais une fraction peut également être hydrolysée dans l'intestin par les bactéries, phénomène d'importance encore mal connue. On peut aussi soumettre les racines à un trempage suivi de cuisson avec une longue ébullition qui permet l'évaporation de l'acide cyanhydrique. Les Européens ont étudié d'autres méthodes permettant d'obtenir du manioc détoxifié, y compris à une échelle industrielle. Ainsi une méthode préconisée au Congo comprend-elle une première fermentation, un séchage, une transformation en cossettes puis en farine, puis une deuxième fermentation et enfin une cuisson à l'eau bouillante. Le produit ainsi obtenu est à peu près exempt d'acide cyanhydrique (Montgomery, 1981). La découverte de maniocs génétiquement doux, ne contenant que de faibles quantités de linamarine qui n'est de toute façon présente que dans l'écorce, a grandement simplifié la préparation puisqu'il suffit théoriquement d'éplucher la racine pour enlever les glycosides toxiques. Le problème n'est cependant pas aussi simple qu'il paraît, car après épluchage l'élimination est incomplète et le rendement de variétés douces est très inférieur à celui des variétés amères — l'amertume n'est en outre pas un marqueur sûr des glycosides cyanogènes.

Les faibles doses de cyanure peuvent être converties par l'organisme en composés moins toxiques, les thiocyanates ; ce sont les mêmes composés goitrogènes que l'on observe après ingestion de glucosinolates de crucifères. Dans la pratique, les risques de la consommation de manioc sont très loin d'avoir disparu dans les populations des pays tropicaux en voie de développement : les goitres sont fréquents parmi les populations non amazoniennes qui sont devenues grandes consommatrices de manioc, et les intoxications aigües avec troubles nerveux parfois mortels existent encore. Si les procédés de détoxification efficaces sont utilisés à l'échelle industrielle pour la fabrication du tapioca, il est autrement difficile de les vulgariser auprès des populations qui font leur cuisine avec leur propre récolte, surtout dans les pays comme l'Afrique où cette plante n'est devenu un aliment de base qu'assez récemment. Et des erreurs de manipulation apparemment infimes peuvent avoir des conséquences graves : un couvercle posé sur la marmite où se fait la cuisson prolongée peut ainsi condenser la vapeur et limiter l'évaporation de l'acide cyanhydrique. La FAO s'efforce de vulgariser les moyens de fiabiliser la préparation culinaire de cette racine, mais il s'agit d'un travail de longue haleine. On doit ajouter que certains effets de la consommation régulière de petites quantités d'acide cyanhydrique restent mal connus. Montgomery (1981) considère comme avérée l'induction d'une forme de cécité et d'une maladie neurologique chronique (l'ataxie tropicale), sans parler du diabète et de troubles mineurs comme la constipation chronique. Ces troubles sont aggravés par une carence ou une subcarence en acides aminés soufrés,

en vitamines du groupe B, en acides gras, et même en fibres. Il faut en effet rappeler que la détoxification est loin de suffire pour faire de ce tubercule un aliment tant soit peu équilibré. Le manioc demeure, de tous les aliments amylacés (excepté le sagou), de loin le plus pauvre en protéines (2 à 3 % de la matière sèche), et le plus déséquilibré. Et, selon l'hypothèse haute, précisons-le, il fournirait 10 % de l'énergie alimentaire consommée par l'humanité !

Figure VII.8. Dans le nord du Vietnam, racines de manioc doux (blanches, à gauche) et racines de manioc amer (grises, à droite), autrement dangereuses. Extrait de Capus (1930).

Les esters cyanogènes ne sont pas propres aux seuls haricots de Lima et au manioc. Outre certains sorghos fourragers dont la concentration diminue au cours du cycle de végétation, les jeunes pousses de certains bambous en sont riches, surtout à leur pointe, où la teneur en acide cyanhydrique peut être triple de celle des maniocs ou haricots de Lima les plus dangereux. Les pousses de bambou sont pourtant un légume de grande consommation dans le sud de la Chine où l'on a recours à des préparations culinaires performantes pour éliminer l'acide cyanhydriques, ce qui ne supprime cependant pas totalement les accidents. Les graines du lin, qui fut une pseudo-céréale pendant les temps préhistoriques et celles de nombreuses rosacées sont d'autres sources de glycosides cyanogènes bien connues. En cas d'utilisation massive de graines de lin, un trempage s'impose comme pour le manioc, l'action de l'eau désactivant l'enzyme qui libère l'acide cyanhydrique. Une incorporation minime de graines dans du pain, usage récemment retrouvé, ne demande aucune précaution particulière. Parmi les rosacées, il est clair que les espèces domestiquées par l'homme sont celles où les glycosides dangereux ne se trouvent que dans les pépins, non consommés. Le cas de l'amande amère est bien connu : le composé cyanogène, l'amygdaline, est hydrolysé dans l'intestin par la bêta-glycosidase du fruit ou de l'intestin ; la dose mortelle serait facilement atteinte si les variétés amères n'avaient été remplacées par les variétés douces pour la production de fruits secs destinés à la consommation humaine.

On ne trouve que peu de facteurs antinutritionnels dans les céréales à l'exception des sorghos et de certaines variétés de seigle renfermant des bêta-glucanes et des composés phénoliques particuliers. L'homme occidental a consommé du pain de seigle dans les pays où le blé poussait mal sans que l'on signale, à notre connaissance, d'intoxication ou même de troubles digestifs chroniques. Il est bien démontré que cette même céréale est mal tolérée par la volaille, peut-être d'abord à cause de l'abondance des bêta-glucanes. Si l'on cherche des facteurs antinutritionnels dans les racines et tubercules autres que celle du manioc et de la pomme de terre dont le cas a déjà été évoqué, on en trouve systématiquement. En règle générale, patate douce, ignames ou taros cultivés contiennent des inhibiteurs de protéases, comparables aux facteurs antitrypsiques, des lectines déjà signalées à propos des graines et d'autres composés peu désirables, mais jamais à des doses suffisantes pour que l'on parle de toxicité franche. *A fortiori*, ces racines ne présentent aucun danger après cuisson. Il existe cependant de rares exceptions : le taro contiendrait une certaine quantité d'oxalate, substance décalcifiante. L'igname bulbifère (*Dioscorea bulbifera*) ainsi que d'autres ignames sauvages contiennent un alcaloïde qui doit être éliminé après râpage et trempage dans l'eau.

Conclusion

Nous n'avons pas la prétention d'avoir passé en revue, ne serait-ce que sommairement, tous les facteurs antinutritionnels ou toxiques présents dans nos aliments. Leur liste, à coup sûr incomplète à ce jour, dépasse très largement les cas les plus représentatifs ou les plus courants. On ne peut cependant qu'être frappé par le fossé séparant le danger potentiel de cette gamme d'agents plus ou moins dangereux et bien étudiés par les scientifiques du danger réel encouru par les consommateurs. La raison n'est pas à rechercher dans la « bonté » de la nature encore trop souvent exprimée par le préjugé « c'est naturel, donc inoffensif », mais dans l'acquis impressionnant accumulé par l'humanité depuis des millénaires, qu'il s'agisse de l'identification des espèces dangereuses, du repérage des organes ou des stades physiologiques consommables, des recettes de cuisine détoxifiantes, des procédés industriels ou encore de l'amélioration des variétés cultivées. Et il faut remarquer que les agents toxiques, courants dans certains aliments des plus utiles comme sources d'amidon ou de protéines, ont pu être souvent neutralisés depuis une période très ancienne par des procédés aussi simples que la cuisson, à une ou plusieurs eaux, le rouissage et le séchage au soleil, traitements qui devaient cependant être adaptés à la nature de la substance et à sa concentration. En règle générale, bien peu d'aliments toxiques à l'état cru mais riches en nutriments précieux auraient pu acquérir le stade de plante cultivée de haute valeur sans la poterie, invention trop oubliée du Néolithique. Et puis la sagesse ou le bon sens ont joué leur rôle puisqu'il est frappant de constater que là où les scientifiques détectent un danger potentiel dans un aliment courant et intéressant, les habitudes alimentaires l'ont relégué à un usage parcimonieux... ou aux cas de disette.

Mais il y a également eu des échecs. L'exemple de la gesse entraînant paralysie, énurésie et troubles de l'ossification, qui n'a pas disparu totalement des repas de certaines populations, est un exemple frappant. Celui du manioc dont la consommation crée encore des problèmes de santé, certes moins spectaculaires mais graves et surtout fréquents, est un autre cas dont la solution dépend peut-être autant de l'éducation et de la vulgarisation que des recherches restant à mener sur l'ingestion chronique de composés cyanogènes. Il concerne des centaines de millions d'habitants.

Chapitre VIII

Les plantes vivrières : céréales, pseudocéréales, amylacées et légumes

Extrait d'un document FAO

Extrait de Dumas, 1978

De même que plusieurs historiens de l'agriculture ont essayé d'évaluer la contribution des différents foyers de domestication, civilisations ou continents, à l'agriculture mondiale, les botanistes, et en particulier Bois, ont cherché à recenser les espèces alimentaires par famille. Origine géographique, civilisations et familles botaniques, chacun de ces facteurs a joué un rôle dans la nutrition de l'humanité mais aucun n'est réellement indépendant des autres. L'homme a d'abord recherché sa nourriture parmi les familles botaniques qui l'environnaient. On aurait pu penser que c'est dans les familles les plus vastes qu'il devait trouver le plus de plantes intéressantes. Il n'en est rien, les Néolithiques n'ont pas eu la même chance partout. Certaines familles sont inféodées à des climats ou des zones géographiques bien définies et d'autres, comme les poacées, malgré leur universalité et leur nombre impressionnant d'espèces, n'ont pas offert partout à l'homme le même matériel végétal nourrissant et cultivable. Le Proche-Orient est la seule zone où croissaient au moins cinq poacées à grains relativement gros qui allaient devenir autant de céréales majeures. En Amérique seulement existaient de nombreuses solanacées tubéreuses et à fruits comestibles.

L'homogénéité des familles botaniques est par définition grande dans le domaine des organes floraux ; elle peut être également notable pour les organes végétatifs tels que feuilles, tiges ou racines, donc des parties comestibles, ainsi que la composition chimique — et par conséquent la valeur nutritive — et la toxicité éventuelle. Pour ces raisons, il existe des familles riches en plantes alimentaires alors que d'autres ne comprennent que des espèces toxiques ou immangeables. L'homogénéité est, par définition, plus grande à l'intérieur des ordres et *a fortiori* des genres qu'à l'intérieur des familles, et l'« intérêt nutritionnel » de quelques taxons a été très souvent perçu par l'homme en des endroits très éloignés. Harlan parle d'« espèces vicariantes », c'est-à-dire remplaçant celles qui ont été choisies dans d'autres pays pour des usages voisins, mais l'auteur (ou son traducteur) réserve le mot aux plantes d'une même famille. Le cas des plantes de familles distinctes domestiquées dans un même but est également une vicariance au sens général du mot, fréquente parmi les légumes, les épices et les plantes à boissons en particulier. À l'opposé de ces généralités, il existe de toutes petites familles comme les musacées qui ne renferment qu'un nombre infime d'espèces, mais qui ont donné des plantes alimentaires cultivées dont l'importance pour l'humanité est considérable.

La liste des espèces alimentaires cultivées et leur importance relative subissent une évolution incessante et souvent propre à chaque pays. Un recensement exhaustif est impossible : doit-on encore mentionner celles qui sont en déclin marqué comme le sarrasin ou le seigle, devenus rares dans les emblavures des pays occidentaux, ou certains millets qui ne subsistent que pour des cultures anecdotiques à destination des oiseaux en cages ou du gibier de repeuplement ? Qu'en est-il du blé inca, une amarante à graines comestibles des hauts plateaux des Andes, redevenue adventice alors que des chercheurs américains croient à son grand intérêt nutritionnel ? Quatre-vingts ans après que Bois s'est efforcé de faire un inventaire aussi exhaustif que possible des « plantes alimentaires chez tous les peuples à travers les âges », une grande partie de celles-ci a disparu des marchés des villes, et seuls de rares spécialistes peuvent dire ce qu'il en reste dans les potagers familiaux « locaux » où ont prospéré les légumes « européens », introduits par les colonisateurs ou importés après l'indépendance. Ces reculs ne sont pas forcément définitifs : Maurizio (1932) a écrit que le quinoa connaîtrait bientôt le destin du mango, céréale des Amérindiens du Chili supplantée très tôt par celles de l'Ancien Monde, tout comme, dans le règne animal, le jaguarondi domestique des Aztèques l'a été par le chat européen.

Tableau VIII.1. Exemples de genres qui ont fourni des aliments de cueillette dans plusieurs parties du monde très éloignées, dont certaines espèces ont été domestiquées (d'après Harlan, 1987).

Genre	Continent
Polygonum	Am, Af, As, E, O
Solanum	Am, Af, As, E, O (D)
Typha	Am, Af, As, E, O
Ficus	Am, Af, As, O (D)
Hibiscus	Am, Af, As, O (d)
Ipomea	Am, Af, As, O (D)*
Lagenaria	Am, Af, As, O (D)*
Lepidium	Am, Af, As, E (d)
Physalis	Am, Af, As, E (d)
Oryza	Am, Af, As, O (D)
Panicum	Am, Af, As, E (D)
Portulaca	Am, Af, As, E (d)
Rubus	Am, Af, As, E, O (D)
Rumex	Am, Af, As, E (d)
Sambucus	Am, Af, As, E (d)
Vitex	Am, As, As, O (d)

Am : Amérique. Af : Afrique. As : Asie. E : Europe. O : Océanie.
d : au moins une domestication. D : domestication d'importance.
* Genres comprenant une espèce domestiquée dans plus d'une partie du monde.

Il est donc assez difficile de fixer une limite entre espèces d'importance évidente et espèces très mineures. Il est également ardu d'avancer des estimations chiffrées des productions des principales espèces cultivées, des familles auxquelles elles appartiennent et de la contribution des différents continents. L'encadré VIII.1 donne une idée de la longueur de ce que pourrait être une liste se voulant exhaustive, aussi difficile à établir que discutable ou erronée. La synthèse présentée dans ce chapitre et le suivant n'est qu'un essai où l'accent est mis sur l'aspect nutritionnel qui, empiriquement ou non, a toujours sous-tendu l'agriculture vivrière.

Les céréales

Omniprésentes sur les terres émergées non recouvertes de glace, les poacées sont de loin la famille la plus vaste du règne végétal. Les botanistes y dénombrent 7 000 espèces 600 genres, 6 sous-familles et plusieurs dizaines de tribus parmi lesquelles 5 seulement comprennent des espèces qui ont été transformées en céréales cultivées. La plupart des espèces demeurées à l'état sauvage sont des fourrages de grande importance pour le bétail. Quelques autres ont des usages artisanaux voire industriels, pour la sparterie ou la pâte à papier, mais aussi pour la construction des maisons et même, pour les bambous, d'objets en bois dur, etc. Celles qui ont directement contribué à la nourriture humaine sont donc très peu nombreuses, mais elles ont revêtu une importance toute particulière grâce à leurs grains qui sont des aliments énergétiques concentrés faciles à stocker, à conserver pendant des années et à transporter. On sait que, sans avoir été apparemment les premières plantes cultivées sur la planète, leur exploitation a précédé de quelques millénaires seulement l'émergence des civilisations agricoles, à l'exception de certaines parties du foyer indien comme la Nouvelle-Guinée. À l'échelle de la planète, elles occupent aujourd'hui 6 des 8 premières places parmi les plantes qui nourrissent l'humanité. Si l'on a coutume de compter quatre céréales issues du Moyen-Orient, les combinaisons de génomes d'abord spontanées puis élaborées ou exploitées plus ou moins empiriquement par l'homme ont abouti à un nombre bien plus grand d'espèces de blés définies scientifiquement.

La Chine a suivi un parcours différent de celui du Proche-Orient puisqu'elle a d'abord été en contact avec l'agriculture issue de la culture des tubercules qui allait faire d'une adventice, le riz sauvage, la céréale que l'on connaît. Dans d'autres foyers du pays, l'agriculture s'est d'abord appuyée sur les millets avant de recevoir (ou de domestiquer indépendamment ?) le riz qui allait jouer dans tous les pays chauds un rôle comparable à celui du blé. Puis, dès le Ier millénaire av. J.-C., le blé et l'orge venant du Proche- et du Moyen-Orient ont allongé la liste des céréales cultivées en Extrême-Orient. Le coix, poacée assez peu éloignée du maïs, ne s'est que faiblement implanté et sa culture s'est peut-être maintenue non pour la grande valeur nutritive des grains, mais de leurs vertus médicinales selon les Chinois. Les Amériques ont suivi un parcours assez voisin avec la domestication d'un millet suivi d'une seule céréale majeure, le maïs. L'Afrique a créé des céréales mineures (millets et éleusine) ainsi que deux céréales majeures, le mil et le sorgho, domestiquées dans un ordre encore inconnu.

Le blé

Le blé — ou plus exactement l'ensemble des blés — a disputé régulièrement au riz la première place au niveau mondial des céréales produites. L'Europe puis l'Asie et l'Amérique sont les principaux producteurs. Depuis 1918, on sait que les blés forment une série polyploïde où l'on rencontre des types diploïdes à 14 chromosomes — dont l'engrain à l'origine des premières cultures —, les types tétraploïdes — dont l'amidonnier, cultivé peu après, ainsi que les blés durs et l'épeautre et des blés hexaploïdes comme indiqué dans le chapitre III. Il existe des sous-espèces chez lesquelles les géniteurs A et B comme D peuvent être remplacés par un autre génome, G et, *in fine*, on compte 9 sous-espèces de blé dur et 7 de blé tendre. Le pool génique secondaire des blés est très vaste. Les blés durs sont peu aptes à la panification et servent à la fabrication de pâtes ; il se trouve qu'ils sont mieux adaptés aux climats méditerranéens. Les blés tendres, cultivées dans des régions plus froides, sont des blés panifiables, mais aussi — et de plus en plus — fourragers. Les variétés existant de nos jours se comptent par dizaines de milliers. Dans le cas de la seule France, 200 sont cultivées malgré l'abandon de nombreux cultivars anciens qui étaient des variétés-populations et non des lignées.

Tableau VIII.2. Nomenclature usuelle des blés et selon J. Mackey en 1966 (extrait d'Auriau *et al.*, 1992).

	Mackey, 1966	Nomenclature usuelle	Génome
Diploïdes		*T. urartu* Tum.	AA
	T. monococcum L.		
	ssp. *boeoticum* (Boiss) MK.	*T. boeoticum* Boiss.	
		ssp. *aegilopoïdes*	AA
		ssp. *thaoudar*	AA
	ssp. *monococcum*	*T. monococcum* L.	AA
		T. sinskajae A. Filat et Kurk.	AA
Tétraploïdes	T. *turgidum* (L.) Thell.		
	subsp. *dicoccoïdes* (Körn) Thell.	*T. dicoccoïdes* (Körn) Schweinf	AABB
	subsp. *dicoccum* (Schrank) Thell.	*T. dicoccum* (Schrank) Schulb.	AABB
	subsp. *paleocolchicum* (Men.) MK.	*T. paleocolchicum* Men.	AABB
	subsp. *turgidum*		
	conv. *polonicum* (L.) MK.	*T. polonicum* L.	AABB
	conv. *durum* Desf. MK.	*T. durum* Desf.	AABB
	conv. *turanicum* (Jakubz.) MK.	*T. turanicum* Jakubz.	AABB
	T. *timopheevi* Zhuk.		
	subsp. *araraticum* (Jakubz.) MK.	*T. araraticum* Jakubz.	AAGG
	subsp. *timopheevi*	*T. timopheevi* Zhuk.	AAGG
		T. militinae Zhuk. et Migusch.	AAGG
Hexaploïdes	T. *aestivum* (L.) Thell.		
	subsp. *spelta* (L.) Thell.	*T. spelta* L.	AABBDD
	subsp. *macha* (Dek. et Men.) MK.	*T. macha* Dek. et Men.	AABBDD
	subsp. *vavilovi* (Vill.) MK.	*T. vavilovi* (Tum.) Jakubz.	AABBDD
	subsp. *compactum* (Host.) MK.	*T. compactum* Host.	AABBDD
	subsp. *shaerococcum* (Perc.) MK.	*T. sphaerococcum* Host.	AABBDD
	T. vulgare (Will.) MK.	*T. aestivum* L.	AABBDD
	T. zhukovskyi Men. et Er.	*T. zhukovskyi* Men. et Er.	AAAAGG

Encadré VIII.1. Combien de plantes alimentaires cultivées sur la planète ?

Il est impossible de compter, même approximativement, le nombre d'espèces végétales qui ont contribué à l'alimentation de l'homme durant la longue période de la cueillette ; le problème est d'autant plus ardu que, pendant les disettes ou les famines, on devait se contenter de nourriture déplaisante, infecte ou toxique. Il est tout aussi difficile de dire combien de plantes l'homme a cultivées ou essayé de cultiver. Hedrick (1976) énumère environ 1 400 espèces que l'agronome américain Sturtevant avait recensées en les accompagnant de commentaires de longueur inégale ; il s'agit le plus souvent, mais pas toujours, d'espèces cultivées. L'estimation est faite par défaut, le recensement des espèces de cueillette étant succinct, surtout pour les zones intertropicales. Maurizio (1932) aboutit à un nombre légèrement inférieur des plantes de culture et de cueillette alors que son inventaire ne concerne que l'Eurasie. Yanowky (sans date) a passé en revue les publications d'ethnologues étalées sur 80 ans et dresse une liste de toutes les espèces végétales alimentaires utilisées par les Amérindiens d'Amérique du Nord et arrive à une liste d'environ 2 000 espèces, où figurent d'ailleurs des introductions européennes. Plus récemment, Walter et Lebot (2003), bénéficiant de nombreux travaux des ethnologues, botanistes ou agronomes des zones tropicales où la biodiversité végétale est plus grande que dans les pays tempérés, citent des nombres beaucoup plus élevés : environ 7 000 espèces végétales parmi les 500 000 répertoriées sur la planète auraient été cultivées ou collectées par l'homme de par le monde à un moment ou un autre. Bien plus, les auteurs se risquent à une estimation du nombre de plantes comestibles : de l'ordre de 30 000. L'homme aurait donc manqué de temps pour acquérir les connaissances nécessaires à leur consommation, à moins qu'il n'en ait écarté d'emblée certaines qui voisinaient avec d'autres plus intéressantes ou déjà bien connues.

Si l'on se limite aux plantes cultivées, le nombre d'espèce est considérablement inférieur et ne cesse de diminuer. Tout le monde est aujourd'hui d'accord pour dire qu'une trentaine environ de plantes fournissent environ 95 % de l'énergie et des protéines consommées sur la planète, autrement dit nourrissent le monde.

L'augmentation de la production, continue jusqu'à nos jours, résulte de celle des emblavures, mais aussi et surtout de celle des rendements engendrée par les progrès réalisés en matière de fertilisation, de désherbage, d'amélioration génétique ainsi que, plus récemment, de lutte contre les maladies cryptogamiques. L'amélioration génétique, dont la dynamique est très ancienne, dispose maintenant d'outils nouveaux extrêmement performants et se traduit par un renouvellement constant des cultivars dont la « durée de vie » est de l'ordre de 5 ans en Europe. Tous les blés modernes ont des chaumes nettement plus courts que les anciens. Le principal gène responsable de cette diminution de taille est le gène *Rht* trouvé dans des blés des collections japonaises et sans doute originaires de Corée. Ce gène présente d'assez nombreux allèles dont les effets sur la biomasse et la composition du grain ne sont pas les mêmes. Il diminue en général la teneur du grain en protéines, mais on peut y remédier par de plus grandes fumures azotées

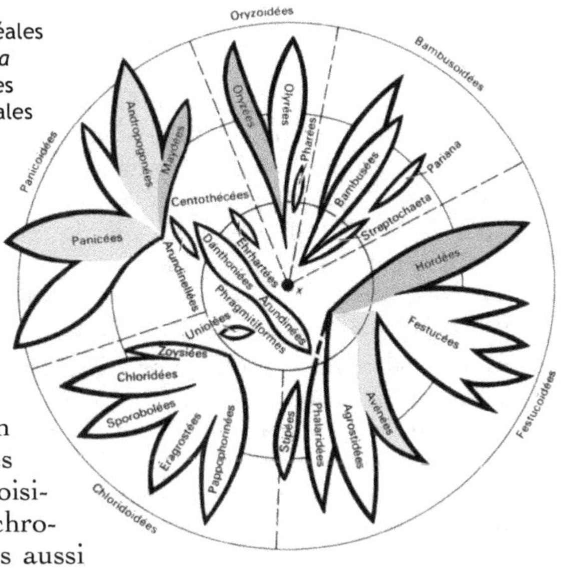

Figure VIII.1. La superclasse des Poales et les rares familles d'où sont issues les céréales (figure de l'article Graminales, *Encyclopædia universalis*, éd. 1968). En gris foncé, céréales de première importance ; en gris clair, céréales d'importance secondaire.

— sans provoquer de verse puisque la longueur de la paille est réduite —, ce qui améliore les rendements. On peut maintenant introduire dans les blés tendres des caractères de très grande importance comme la résistance aux maladies cryptogamiques en réalisant des croisements avec des espèces ancestrales ou sauvages voisines ayant le même nombre de chromosomes : l'égilope (*Aegilops*), mais aussi le chiendent (*Agropyron*) et l'oyat (*Elymus*), qui appartiennent au pool génique tertiaire. Ainsi, on a eu recours au croisement avec l'amidonnier sauvage (*Triticum turgidum* subsp. *dicoccoides*) pour améliorer la résistance à la rouille jaune, à des blés diploïdes pour la résistance à la rouille noire, et à *Aegilops squarosa* (génome D) pour la résistance à la rouille brune. Ces diverses hybridations sont loin d'être simples, les premiers hybrides étant en grande majorité stériles. La fertilité s'améliore cependant avec les générations de rétrocroisement, et une introgression des gènes intéressants dans les blés à haut rendement peut être réalisée. Un exemple classique en France est celui du blé Roazon résistant au piétin-verse (verse du blé due à une attaque du pied par un champignon parasite).

La sélection actuelle s'intéresse aussi beaucoup à la qualité des blés, et tout spécialement à leur valeur boulangère (aptitude à la fabrication de pains bien levés). Les facteurs qui gouvernent cette notion globale sont connus : il s'agit des teneurs en certaines protéines du groupe des glutens, les gluténines, dont le déterminisme génétique est en partie élucidé. Le contrôle des gliadines responsables de l'allergie au gluten fait également partie des préoccupations, bien que les résultats n'aient pas encore pu être transposés à la pratique. Les facteurs responsables de la maladie cœliaque, qui n'est pas une allergie et touche environ 1 % de la population occidentale, sont encore moins pris en compte. Les blés non panifiables alimentent l'industrie amidonnière et sont aussi vendus pour l'alimentation animale. On a découvert récemment que la valeur de ces blés fourragers dépendait beaucoup de composés glucidiques auxquels on n'avait guère prêté attention jusqu'à présent : les arabino-xylanes qui réduisent la digestibilité de la farine entière — donc sa valeur énergétique — chez le poulet (très peu chez l'homme). Le déterminisme génétique de l'abondance de ce composé est simple et permet de mieux sélectionner les blés fourragers. Les blés d'hiver sont les plus connus, mais il existe aussi des blés de printemps dont les emblavures se sont étendues en Europe au cours des dernières décennies.

De grands efforts ont été accomplis pour augmenter les rendements par la création de blés hybrides obtenus selon plusieurs méthodes. Toutes font intervenir une stérilisation des étamines de la lignée femelle ; les pistils deviennent alors réceptifs à une pollinisation allogame, donc par celle de la lignée choisie comme mâle. En conditions de laboratoire et sur des petites surfaces, l'intérêt potentiel de ces hydrides F1 a paru réel. Cependant, la production des semences hybrides peut pâtir sérieusement de la pluviosité au moment de la pollinisation, ce qui fragilise beaucoup la filière. Quoi qu'il en soit, le blé, aujourd'hui cultivé dans toutes les parties du monde, bénéficie encore de recherches très nombreuses dans tous les secteurs. Il a conservé dans les pays consommateurs de pain la place d'honneur parmi les céréales plus ou moins panifiables.

Les blés durs (*Triticum durum*) se distinguent nettement des blés tendres par leur nature tétraploïde où l'on reconnaît les génomes A et B, c'est-à-dire ceux de la très ancienne espèce cultivée *T. dicoccoïdes* (la différence entre les deux taxons se situerait seulement au niveau de la sous-espèce, mais l'ancienne terminologie reste couramment usitée). Ces blés sont plus exigeants en chaleur que les blés tendres, et leur farine convient spécialement à la fabrication des pâtes alimentaires.

L'orge

L'orge, dont l'aperçu ci-dessous est tiré principalement de L. Jestin (1992), est la quatrième céréale la plus cultivée, après le maïs, le blé et le riz, mais elle vient seulement au 5ᵉ rang des plantes qui nourrissent le monde selon Harlan, car elle est devancée par la pomme de terre. Cette céréale de culture extrêmement ancienne au Proche- et au Moyen-Orient ne forme pas, comme le blé, un complexe d'espèces polyploïdes. Le nombre de chromosomes y est de 14 comme chez le blé diploïde. Elle n'a ni pool génique primaire, ni pool génique secondaire, et son pool génique tertiaire ne coïncide que faiblement avec celui du blé, ce qui rend presque impossible son croisement avec des céréales autres que des orges sauvages. Les orges à 2 rangs d'épillets fertiles ont conservé ce caractère de leur ancêtre sauvage alors que chez les orges à 6 rangs, les 4 rangs d'épillets réduits à des vestiges sont redevenus fertiles (cf. chapitre III).

On connaît depuis longtemps les orges d'hiver et les orges de printemps cultivées en proportions variables selon les climats, et il existe aussi des orges à grain nu peu répandues, qui étaient à l'origine toutes asiatiques. Les Occidentaux avaient préféré les orges vêtues, bien mieux adaptées à la brasserie et convenant parfaitement à l'alimentation du porc, alors que les Orientaux avaient préféré les orges nues convenant mieux

Figure VIII.2. Blé en fleur, seigle et avoine. Extrait de Meunier (1870).

Encadré VIII.2. Hiérarchie de valeur des 4 céréales à paille du Proche-Orient.

La valeur des quatre céréales à paille « classiques » est depuis toujours considérée comme inégale. Charlemagne, dans ses capitulaires, en avait fixé le prix du boisseau de la façon suivante : 1 denier pour l'avoine, 2 pour l'orge, 3 pour le seigle et 4 pour le blé. Les tarifs ainsi énoncés étaient faciles à mémoriser ! Douze siècles plus tard, le classement des valeurs énergétiques (mesurées) est le même que les prix de Charlemagne, mais les valeurs se sont considérablement rapprochées : si on donne la valeur 1 à l'avoine, le blé a une valeur de 1,3 seulement ! Toutefois, il faut tenir compte du caractère panifiable des grains. La France, pays aux grandes et riches plaines selon un cliché qui a eu longtemps cours en Europe, a été selon Maurizio le premier pays où la population a pu se nourrir de pain de froment.

Une boutique de boulanger au XVe siècle.
Extrait de Dumas (1978).

Et pourtant, le manuel de leçons de choses pour l'école primaire de G. Colomb, encore réédité en 1921, parlait ainsi des 4 céréales :

Blé : la pâte lève bien et donne un pain léger.
Seigle : pain brunâtre, se conserve longtemps frais.
Orge : pain grossier, compact.
Avoine : pain très grossier, indigeste, d'un goût amer.

Ces jugements qualitatifs augmentent donc les écarts dans l'échelle que l'on déduirait de nos jours de la valeur énergétique ; une pondération de la valeur nutritive par la valeur boulangère *sensu lato* est hasardeuse, mais elle rapprocherait certainement la hiérarchie établie selon les critères scientifiques de celle dictée par le souverain très dirigiste qu'était Charlemagne. On notera au passage que le manuel scolaire cité avait sans doute un certain retard sur son temps — si on en croit les illustrations, non reproduites ici —, mais il semble que le blé ne soit pas devenu la seule céréale panifiée en France aussi rapidement qu'on l'a dit !

à l'homme. L'orge est capable de prospérer dans des conditions extrêmes, des zones sèches d'Afrique ou d'Asie à la Scandinavie ou au Tibet en passant par des régions aux sols salins. Sa résistance au froid n'est pas très grande, mais les variétés de printemps ont une durée de végétation si courte — environ 3 mois —, que leur culture est possible à des latitudes ou des altitudes élevées.

Les variétés vêtues, c'est-à-dire la majorité des orges, sont riches en fibres et en composés de bêta-glucanes donnant des gels visqueux. Elles sont moyennement appréciées par l'homme qui n'en fait sa céréale favorite que dans des situations extrêmes comme les hauts plateaux du Tibet ou certaines régions pauvres d'Éthiopie. En revanche, elle convient très bien aux porcs et c'est surtout par ce biais que l'homme s'en nourrit indirectement. L'autre usage massif de l'orge dans les pays occidentaux est la fabrication de bière, déjà connue des Sumériens. La qualité brassicole, aptitude au maltage, dépend d'un nombre non négligeable de facteurs allant de l'imbibition à l'eau et des activités enzymatiques permettant la dégradation des glucides, aux tannins contenus dans la graine et autres critères liés à la couleur, la saveur, la mousse, etc. La brasserie est actuellement un débouché sûr de l'orge alors que pour l'alimentation animale, elle est fortement concurrencée par les blés fourragers et le maïs.

Le seigle et le triticale

Le seigle est depuis longtemps la céréale des régions pauvres d'Europe, plus spécialement des terrains sablonneux sur lesquels il donne des rendements bien supérieurs aux autres céréales à paille. Il est également doté d'une résistance au froid nettement plus grande que les blés tendres les plus résistants, eux-mêmes très supérieurs de ce point de vue à l'orge, à l'avoine et au blé dur. C'est une céréale considérée aujourd'hui comme non panifiable qui a malgré tout servi à la fabrication du pain dans les régions pauvres, souvent, il est vrai en mélange avec le froment ; c'est pourquoi, comme ce dernier, elle était dénommée « blé » dans les textes français jusqu'à la fin du XVIIIe siècle. De toutes les céréales à paille, c'est celle qui convient le moins bien à la nutrition tant humaine qu'animale (voir encadré VIII.2). La cause en a été attribuée longtemps à des polyphénols dérivés du résorcinol. Il n'est pas impossible que des substances de nature hémicellulosique, qui forment des gels dans l'intestin, contribuent également à diminuer la valeur nutritive de cette céréale.

Une autre particularité du seigle est son caractère allogame, unique parmi les céréales à pailles, qui rend inopérantes les méthodes de sélection par création de lignées pures utilisées depuis des décennies pour les espèces voisines. Il faudrait créer des hybrides selon les méthodes utilisées pour le maïs. Le peu d'intérêt porté à cette céréale des régions tempérées pauvres n'incite pas à entreprendre un tel effort.

Le pool génique du seigle chevauchant en partie celui du blé, des tentatives de croisement entre ces deux céréales ont été effectuées dès le XIXe siècle en vue d'introduire chez le blé des gènes du seigle, et tout spécialement la résistance au froid. L'introgression s'est révélée ardue bien qu'une hybridation spontanée ait été observée une fois en Allemagne. Le travail a été réorienté vers la création d'une véritable espèce nouvelle : le triticale (Bernard, 1992). Elle a mobilisé de nombreux laboratoires d'Europe et d'Amérique qui ont eu recours à des méthodes sophistiquées pour améliorer la fertilité de la plante, réduite chez les premiers hybrides. Il existe de nombreuses variantes résultant de croisements différents qui correspondent à des types tétraploïdes, hexaploïdes et même octoploïdes. Le triticale fait aujourd'hui l'objet de cultures en vraie grandeur mais à une échelle encore très modeste en comparaison des autres céréales à paille. Son atout majeur repose sur des caractères comme la taille de l'épi qui, selon les spécialistes, lui confèrent un potentiel de rendement considérable qu'il reste malgré tout à transformer en réalité. Le triticale reste donc en principe une céréale d'avenir.

L'avoine

L'avoine, céréale moins anciennement domestiquée que le blé, l'orge ou le riz, est encore cultivée sur de grandes étendues et la recherche n'a pas totalement relâché son effort sur cette espèce.

Le grain, originellement vêtu de grandes glumelles, est de prime abord peu attractif pour l'homme alors qu'il convient bien à l'alimentation des porcs et surtout des chevaux. Ces derniers en raffolent, et il leur confère une activité et même un dynamisme particuliers (propriété que l'on a vainement essayé d'attribuer à une substance excitante jamais trouvée et qui pourrait être liée à la richesse du grain en tocophérols — la famille de la vitamine E). C'est sans doute pourquoi la culture de l'avoine a reculé au fur et à mesure que les chevaux de trait et de combat se sont faits plus rares. Les avoines nues, dont certains cultivars existent depuis longtemps, n'ont jamais connu un grand succès ; la raison de ce dédain reste obscure. Si la consommation humaine de farine d'avoine blutée sous forme de bouillie est surtout un souvenir dans les pays occidentaux, elle n'était pas sans intérêt nutritionnel car, une fois débarrassée de son enveloppe, l'avoine est beaucoup plus riche en protéines et en lipides que les autres céréales mais son amertume est peu appréciée. Cependant, la consommation de flocons d'avoines au petit déjeuner est une saine habitude anglo-saxonne qui s'est répandue et représente maintenant une bonne part de la consommation humaine. Une petite quantité d'avoine est utilisée en brasserie. Le développement de l'élevage des chevaux de sport constitue un autre débouché pour cette céréale un peu secondaire.

Le riz

Le riz, céréale typique de l'Asie, est cultivé également dans de nombreuses autres régions de la planète : Afrique (où existe un riz local), Europe et surtout Amérique. Selon les années, sa production mondiale le place avant ou après le blé, mais compte tenu du fait qu'il n'est pratiquement pas utilisé pour l'alimentation animale, il représente de loin la première plante nourricière de l'humanité. Près de deux milliards d'hommes mangent surtout du riz, pour ne pas dire presque que du riz, la consommation annuelle atteignant parfois 120 kg par personne. Contrairement au blé, on cultive séparément deux espèces diploïdes bien distinctes mais aucune forme allopolyploïde : *Oryza glaberrima* en Afrique et *O. sativa* en Asie qui est de très loin, le plus important. L'aire d'origine du riz asiatique s'étire de la vallée du Gange au golfe du Tonkin. On distingue deux espèces sauvages, *O. rufipogon* centrée plutôt sur la Chine et *O. nivara* sur l'Inde. La domestication du riz asiatique s'est révélée facile du fait du petit nombre de gènes de domestication et a certainement eu lieu à 4 ou 5 endroits différents (Pernes, 1983). Elle était certainement achevée plus de 5 000 ans av. JC. L'espèce cultivée se divise en trois sous-espèces : *O. sativa indica, O. sativa japonica* que l'on préfère aujourd'hui nommer *sinica* et *O. sativa javanica*. Le riz a été la première céréale dont le génome

Figure VIII.3. Le riz blond japonais. Extrait de Capus (1930).

a été entièrement séquencé, et les études reposant la biologie moléculaire confortent l'existence de plusieurs foyers de domestication, au moins pour l'espèce asiatique (cf. chapitre III).

Le riz est, de toutes les espèces cultivées, la plus adaptable aux diverses conditions climatiques et écologiques. Sa culture est pratiquée du 53ᵉ degré de latitude N au 40ᵉ degré de latitude S, donc sous des climats tempérés, des climats désertiques (avec irrigation) aux zones de delta inondées une grande partie de l'année, des zones fraîches de montagne (jusqu'à 2 600 m d'altitude dans les régions himalayennes) aux zones équatoriales humides, en passant par de nombreux pays subtropicaux. Il couvre ainsi environ 11 % des terres cultivées. Originellement, le riz *javanica* était cultivé dans les zones équatoriales, *indica* dans les régions tropicales ou subtropicales humides, et *sinica* (ou *japonica*) dans les régions subtropicales plus tempérées, voire tempérées. Ce sont des cultivars de *sinica* qui ont atteint en premier le Moyen-Orient puis l'Europe et, par la suite, l'Amérique. Le nombre de cultivars paraît beaucoup plus considérable encore que pour le blé puisqu'on en compte environ 120 000. Parmi ses atouts, le riz présente l'avantage de se prêter remarquablement à la culture en zone inondée sans être une plante aquatique : il possède un système lui permettant le transport efficace de l'oxygène capté par les feuilles aériennes jusqu'aux racines qui poussent en milieu réduit. Chez les riz dits « flottants », une brusque montée des eaux ne noie pas la plante qui bénéficie alors d'une accélération de la pousse de la tige pouvant alors atteindre 25 cm par jour. Dans les rizières courantes, des bactéries, des algues vert bleu et des fougères flottants (les *Azolla*) assurent une fixation d'azote atmosphérique que le riz récupère ensuite, ce qui présente quelques analogies avec les fabacées qui bénéficient de l'azote de l'air *via* leurs bactéries symbiotiques. Ce phénomène a permis d'assurer un rendement minimal sans fertilisation azotée des rizières pendant des siècles voire des millénaires de monoculture. Le riz bénéficie de ce point de vue d'un avantage considérable et unique parmi les céréales. Les riz de culture sèche se cultivent selon des techniques plus proches de celles connues pour les céréales domestiquées au Proche-Orient ou le maïs.

Des organisations internationales, et en particulier l'Institut international de recherches sur le riz, ont effectué un travail de collecte considérable afin de préserver le patrimoine génétique et commencer une amélioration envisagée à l'échelle globale. La variabilité des caractères apparaît très grande dans les collections et elle est désormais largement exploitée (Swaminatha, 1984 ; Jacquot *et al.*, 1992). Les rizières asiatiques sont attaquées par des insectes, en particulier des cicadelles, et les anciennes variétés étaient déjà relativement résistantes à ces ravageurs. Les gènes responsables ont pu être identifiés et transférés à d'autres cultivars. On a pu travailler de même sur la résistance génétique à plusieurs maladies et obtenir des gains de rendement. Des croisements entre sous-espèces ont abouti à la création de variétés encore mieux adaptées à des contextes déjà très divers, voire à des situations extrêmes. De gros efforts ont également porté sur la qualité du grain, selon les habitudes culinaires des peuples gros consommateurs ou des importateurs occidentaux. Ces propriétés, liées à la forme du grain et la nature de l'amidon, sont aisément sélectionnables. Récemment, des hybrides F1 comparables à ceux de maïs ont pu être obtenus comme chez le blé, autre espèce monogame. Mais les résultats les plus spectaculaires ont résulté de l'obtention des variétés à paille courte. Comme pour le blé, elles ont permis d'apporter à la plante de plus grandes quantités d'engrais azotés et d'augmenter de façon spectaculaire les rendements. Ces cultivars qui avaient par ailleurs un cycle végétatif très court ont été baptisés « riz miracles » et ont incité à modifier les systèmes d'irrigation de façon à obtenir deux récoltes par an — on devine l'ampleur du gain de production qui en a résulté.

La culture du riz africain (*Oryza glaberrima*), domestiqué peut-être deux millénaires après son cousin asiatique dans le delta intérieur du Niger, avait gagné la côte atlantique et l'Est africain avant l'arrivée des Européens. L'espèce comprend également des variétés à paille relativement courte et d'autres « flottantes ». Les croisements entre les riz d'Asie et d'Afrique ne semblent pas avoir présenté d'intérêt majeur et, comme le rendement de l'espèce africaine est sensiblement moindre que celui de l'asiatique, il a été pratiquement supplanté par cette dernière.

Les sorgho, mil, millets et autres céréales mineures

L'Afrique dont le climat présentait des analogies avec maintes régions tropicales d'Amérique et d'Asie a elle aussi fait appel à des graminées assimilables à des céréales sauvages qu'elle devait ou non élever au rang de plantes cultivées. Sa contribution rappelle davantage celle de l'Asie que celle, très spécialisée, de l'Amérique : outre le riz africain déjà mentionné, elle comprend le sorgho et le mil, dont la domestication a été élucidée par Jean Pernes (1983), ainsi que plusieurs millets ou céréales mineures comme le fonio (*Digitaria exilis*) et l'éleusine (*Eleusine coracana*).

Les sorghos forment un groupe assez bien défini, avec le seul genre *Sorghum* qui est une plante en C4 bien adaptée aux climats chauds et secs. Au plan mondial, l'ensemble sorgho, mil et millets occupe dans les statistiques de la FAO la 8e place parmi les plantes nourrissant l'humanité, juste après l'avoine. Le nombre d'espèces qui était naguère de 11 a été réduit à 2 par les systématiciens, mais cela n'empêche pas une confusion avec le mil dans la terminologie triviale puisque *Sorghum bicolor* (ou *S. vulgare*) est souvent appelé « grand mil » ou « mil d'Afrique » en français ; on le confond parfois aussi avec le maïs, comme l'indique l'appellation anglaise, *American broom corn* ! Certaines variétés ('*Sudan grass*') sont utilisées comme fourrage, d'autres comme le sorgho à sucre ou le sorgho des teinturiers connaissent des usages distincts, mais on cultive surtout le « sorgho à grain ». Le sorgho fournit une farine de valeur énergétique comparable à celle du maïs, très digestible si la teneur en tannins est réduite. Ses protéines sont, comme celles de la plupart des céréales, peu abondantes et pauvres en lysine (Adrian, 1954). Dans les plats traditionnels préparés dans certaines régions du Soudan, le sorgho est associé à des fabacées et à du lait qui compensent remarquablement ses carences protéiques.

Figure VIII.4. De gauche à droite : sorgho, millet commun, mil, millet des oiseaux (sétaire). Extraits de Jeanpert (1911) ; Capus (1930) ; Bailly *et al.* (1842).

Il avait été introduit en Europe à la fin de l'Empire romain mais n'y avait jamais vraiment prospéré. Ce n'est que récemment qu'il a suscité un regain d'intérêt du fait de sa résistance à la sécheresse, bien supérieure à celle du maïs. Sa culture s'est depuis longtemps répandue à grande échelle en Inde et en Chine. On suppose que c'est dès le IIe siècle av. J.-C. qu'il a atteint l'Inde, tandis qu'en Chine les premières mentions connues d'un sorgho remontent au IIIe siècle de notre ère seulement ; des doutes subsistent cependant quant à l'identification de la céréale mentionnée à l'époque avec le sorgho chinois actuel (gaoliang) très largement cultivé qui est bien un *S. bicolor*. Le sorgho est la 7e plante qui nourrit l'humanité.

Les mils et millets forment un groupe hétérogène où la distinction entre mils et millets ne correspond à rien de précis. Certains auteurs réservent cependant le terme de « mil » au mil à chandelle (*Pennisetum typhoïdes*) qui mériterait le nom de « grand mil » si le terme n'était donné à tort au sorgho. Les millets ont en commun d'être des graminées à petites graines domestiquées un peu partout où est née l'agriculture, mais qui appartiennent à des genres divers. En fait, le nom de « millet » ne correspond en aucun cas à un groupe taxonomique. Harlan (1987) limite ses informations aux genres *Pennisetum, Bracharia, Panicum, Paspalum, Setaria* et *Echinochloa*. Seuls les deux premiers sont africains, un *Panicum* (*P. sonorum*) est américain et les autres eurasiatiques, *Paspalum* vient du Sud-Est asiatique, *Setaria* (et en particulier *S. italica*) de Chine, ainsi qu'*Echinochloa*. Notons que les millets du genre *Setaria* sont des plantes en C4 comme le sorgho, ce qui leur confère *a priori* un haut potentiel de production dans les régions chaudes et sèches. D'autres auteurs rattachent aux millets deux plantes africaines : les fonios (*Digitaria* sp.), l'éleusine (*Eleusine coracana*) et même le tef éthiopien (*Eragrostis tef*). Pour le fonio, il est parfois difficile de savoir si on a affaire à une espèce domestiquée, une adventice « encouragée » ou à une espèce sauvage. L'importance des millets est mineure, sauf en Chine. L'éleusine est une espèce bien domestiquée (en Éthiopie semble-t-il) à épillets non déhiscents et dont il existe plusieurs cultivars. Elle est cultivée en Afrique comme en Inde, pays qu'elle aurait atteint à peu près à la même époque que le sorgho. Souvent utilisée pour la fabrication de la bière, elle est également appréciée pour son aptitude à la conservation car le grain n'est pas attaqué par les insectes. Le millet des oiseaux, dont les espèces voisines croissent dans tous les pays chauds, fait encore l'objet de cultures non négligeables en Chine. On peut mentionner que le fonio et le tef ont des caractéristiques nutritionnelles intéressantes : le premier a une richesse exceptionnelle en méthionine et le second, proche parent des paturins des pays tempérés, a une graine minuscule mais plus riche en protéines dont la valeur biologique serait supérieure à toutes les autres céréales. Sa culture est rare en dehors de l'Éthiopie, mais on la trouve en Inde et, depuis peu, aux États-Unis. L'ensemble hétérogène des mils et millets se situe au 19e rang mondial des plantes alimentaires.

Le maïs

Le Nouveau Monde, on le sait, n'a domestiqué qu'une « grande » céréale sur laquelle devait reposer l'alimentation des civilisations des deux sous-continents, le maïs. À l'évidence, les premiers agriculteurs du Nouveau Monde n'avaient pas à leur disposition une gamme de graminées à grosses graines méritant la culture. La domestication et les caractéristiques de cette plante qui était devenue une ressource de premier plan pour les peuples amérindiens du Canada aux zones tempérées de l'Amérique du Sud ont déjà été relatées. La plante fait l'objet de recherches très étendue (Anglades *et al.*, 1992). C'est aussi une plante isolée botaniquement, sans pool génique secondaire et avec un pool génique tertiaire qui ne chevauche que faiblement celui du sorgho. D'un point de vue agronomique, comme beaucoup de plantes herbacées tropicales, son mécanisme de photosynthèse est en C4 et non en C3 comme chez les céréales à paille et, de ce fait, il est doué d'un potentiel de rendement considérable. Par ailleurs, l'espèce présente une très grande variabilité permettant la création de cultivars extraordinairement différents. Les lignées pures crées en laboratoires ont une vigueur dérisoire les rendant inexploitables en cultivars, alors que le croisement de ces lignées entre elles manifeste un hétérosis impressionnant. Les premiers maïs hybrides commercialisés étaient des hybrides doubles, assez peu coûteux à produire, qui ont été petit à petit remplacés par des hybrides à 3 voies puis des hybrides simples (cf. chapitre III). La création par les Français d'hybrides franco-américains combinant la résistance au froid des lignées européennes et la productivité des lignées américaines a permis une extension très nette de la zone de culture vers le nord.

D'un point de vue nutritionnel, le maïs, avec sa richesse en amidon et même en huile et sa pauvreté en fibres, est la céréale la plus énergétique qui soit ; il n'est en revanche pas panifiable et ses protéines, très pauvres en lysine, sont de surcroît moins abondantes que dans les céréales à paille. Il n'est pas étonnant que le maïs ait été mangé en galettes (*tortillas*) associé très tôt aux haricots et au piment par les peuples qui l'ont domestiqué. Quand il a été introduit en Europe, il est d'abord devenu un « blé » comme aux États-Unis où il porte toujours ce nom (*corn*), mais l'apparition de la pellagre chez les gros mangeurs de maïs a freiné sa consommation directe par habitants de l'Ancien Monde. En revanche, pour l'alimentation animale — et en particulier celle des volailles et des porcs —, son succès a été immédiat tant il surpassait l'orge et l'avoine par sa faculté à engraisser les animaux. La plante entière de maïs a servi très tôt à l'alimentation des ruminants, et elle l'est maintenant surtout sous forme d'ensilage qui est dans certains pays devenu le fourrage quasi exclusif des bovins. Resté longtemps au 3e rang, le maïs s'est hissé récemment au 1er rang des céréales mondiales mais, contrairement au riz et au blé, il est utilisé bien davantage pour l'alimentation du bétail que directement pour celle de l'homme. Il fournit abondamment l'industrie agro-alimentaire pour l'extraction d'amidon, de protéines appelées improprement « gluten », d'huile et de nombreux autres dérivés. Les maïs portant des gènes modifiant la structure de l'amidon sont utilisés pour l'extraction d'amidons gélifiants (amidons riches en amylopectines) ou de colles (amidons riches en amylose) par exemple, mais les gènes augmentant la teneur en protéines ou en lysine se sont révélés moins intéressants car ils entraînaient des diminutions de rendement.

Il existe quelques autres céréales américaines, toutes secondaires voire anecdotiques. Un millet, *Panicum sonorum*, été cultivé au Mexique il y a environ 6 000 ans. Il semble avoir sombré rapidement au profit du maïs, au point d'être ignoré par beaucoup d'historiens de l'agriculture. Il n'a cependant pas disparu en Amérique centrale. Les populations de l'île de Chiloe, au sud du Chili ont aussi cultivé une céréale mineure, le mango, dont il ne resterait que quelques épis morts depuis des siècles, conservés dans un musée. Il s'agissait vraisemblablement d'un brôme (*Bromus* sp.). Quelques auteurs signalent la récolte d'une autre céréale amérindienne, un oyat, probablement resté à l'état sauvage. Celle-ci est depuis longtemps abandonnée mais, fait remarquable, une dernière céréale de cueillette, le riz sauvage (*Zizania aquatica*), est toujours ramassée et commercialisée aux États-Unis et au Canada, pour deux raisons : les Amérindiens ont conservé le droit exclusif de la récolte et, pour les Blancs, il est devenu avec la dinde un plat traditionnel de la journée d'action de grâces (*Thanksgiving Day*) célébrant l'arrivée des pionniers du *Mayflower*. Les Amérindiens récoltaient également les grains de *Z. palustris*, plus septentrionale, et de *Z. texana*. Depuis la fin du XXe siècle, ce riz sauvage très demandé est cultivé aux États-Unis, au Canada… ainsi qu'en Hongrie et en Australie. En Mandchourie, une espèce voisine, *Z. latifolia*, a été longtemps récoltée ; elle est aujourd'hui menacée, mais elle est devenue une espèce invasive… en Nouvelle-Zélande.

En conclusion sur les céréales

D'un point de vue nutritionnel, les céréales sont avant tout des réserves d'amidon accompagné d'une quantité assez modeste de protéines et de lipides riches en acides gras de la série oméga 6. Elles renferment un solide stock de vitamines du groupe B, de phosphore (malheureusement sous forme phytique, comme dans tous les organes de réserve végétaux). Mais elles sont pauvres en calcium et en lysine, pour limiter l'énumération à ces deux nutriments. Elles demeurent très nettement les premières plantes qui nourrissent l'humanité. Certes, leur rôle est très différent selon le niveau de vie des populations. Les habitants des pays en développement, mais souvent aussi des nouvelles puissances, ont encore un repas quotidien dont la céréale nationale constitue l'essentiel — maïs en Amérique latine, mil en Afrique et riz en Asie. De leur côté, les pays développés consomment toujours du riz ou du pain, mais en quantité plus modeste à côté des légumes et de la viande qui provient de plus en plus de volailles, de porcs mais aussi de bovins qui ont été nourris en partie avec des céréales. Il s'agit donc d'une contribution indirecte mais tout à fait notoire des céréales.

Deux parties du monde n'ont participé que de façon négligeable à la domestication des céréales : l'Australie et l'Europe. Pour l'Australie, on ne peut mentionner pour mémoire que des millets locaux, pas même protodomestiqués. Le cas de l'Europe est évidemment tout différent. Elle a probablement participé à la trans-domestication des deux céréales arrivées sous forme d'adventices, le seigle et l'avoine, et notoirement à la création *de novo* du triticale.

On peut remarquer qu'en dehors des céréales, les graminées n'ont fourni que très peu de plantes alimentaires. Dans ce domaine, on ne peut guère mentionner que l'espèce déjà citée, très voisine du riz américain, *Zizania latifolia*, dont les habitants du Japon, de Chine et de la péninsule indochinoise consomment le pied renflé connu sous des noms variés (*co-ba* en vietnamien). À vrai dire, la partie comestible est l'ensemble de la plante et d'un champignon parasite, *Ustilago esculenta*[1] (Bois, 1927). Par ailleurs, de nombreuses poacées ont été domestiquées pour servir de fourrage. Les sorghos sucriers n'ont jamais concurrencé sérieusement la canne à sucre mais, détail surprenant, certains archéologues pensent que l'homme se serait intéressé au téosinte d'abord pour en récolter la moelle sucrée !

Les autres plantes vivrières

Pseudocéréales et fruits secs

Les Américains appellent « pseudocéréales » des plantes qui ne sont pas des poacées mais jouent un rôle similaire dans l'alimentation de l'homme. Ce sont des plantes vicariantes non dans le sens où l'entendait Harlan, mais dans le sens général car elles remplacent les céréales là ou la production de ces dernières est insuffisante. Dans l'Ancien Monde, le plus connu est le sarrasin, originaire d'une aire allant du Népal à la Sibérie. L'espèce la plus courante, *Fagopyrum esculentum*, a été introduite à la fin du Moyen Âge en Chine et en Europe puis a gagné les régions tempérées des deux Amériques ; *F. tataricum* a été importé plus récemment. Les « grains » des pseudocéréales — comme pour les céréales « vraies », il s'agit de fruits — ont une composition rappelant globalement les céréales. Leurs protéines sont très différentes du gluten et, de ce fait, la farine n'est pas panifiable ; elle sert plutôt à la confection de galettes ou crêpes et de bouilies. Autre inconvénient, la consommation du sarrasin peut entraîner une photosensibilisation chez les animaux qui en consomment beaucoup. Le sarrasin est peu exigeant sur la nature des sols mais ses rendements sont faibles. La mécanisation de sa récolte est difficile car la plante garde ses feuilles vertes quand le grain est mûr. Sa culture décline.

---

1. On peut aussi signaler pour l'anecdote que le charbon du maïs, *Ustilago maydis*, auquel les anciennes variétés populations étaient très sensibles, est également un champignon comestible très recherché par les Mexicains.

Figure VIII.5. Pseudocéréales : de gauche à droite, sarrasin ordinaire, sarrasin de Tartarie et quinoa. Extraits de Bailly *et al.* (1842) ; Bois (1927).

En Amérique, et plus spécialement sur les hauts plateaux andins, plusieurs pseudocéréales sont cultivées de longue date, dont le quinoa et les amarantes à graines. Le quinoa (*Chenopodium quinoa*), de la famille des Chenopodiacées, voisin de nos *Chenopodium* adventices mais beaucoup plus vigoureux, est cultivé dans les Andes au-dessus de 3 000 m d'altitude. Les grains sont désamérisés par trempage dans l'eau avant consommation. Ils connaissent un regain d'intérêt dans les boutiques d'aliments dits « diététiques » d'Occident. On notera que les plantes cultivées aujourd'hui ne peuvent pas toujours être considérées comme domestiquées du fait du mélange avec des graines sauvages (cf. chapitre III). Les feuilles sont comestibles, bien que riches en acide oxalique.

Les amarantes à graines (*Amaranthus paniculatus* et *A. retroflexus*) de la famille des amaranthacées sont plus spécifiquement américaines. Comparées aux céréales, ces « blés incas » sont beaucoup plus riches en protéines (de l'ordre de 20 %), lesquelles ont par surcroît une meilleure valeur biologique, et ils sont dépourvus de saponines contrairement au quinoa. Pour les nutritionnistes modernes, l'équilibre entre protéines et énergie serait plus proche de l'idéal pour l'homme ; leurs feuilles mangées cuites deviennent des « épinards » rarement refusés par les enfants, et sont une source intéressante de fibres, de vitamines et de minéraux ainsi que de protéines.

Les graines de lin (*Linum* sp. et *L. usitatissimun*), plantes dont on cultive surtout les types à fibres, sont oléagineuses et parfois cultivées pour l'obtention d'huiles siccatives parce que très riches en acide linoléique (acide gras précurseur oméga 3). Elles constituent également une pseudocéréale en Éthiopie comme cela a été le cas en Europe centrale. Elles font partie des sources potentielles d'acide cyanhydrique.

Quelques civilisations ont fait des châtaignes, des glands ou même de certains marrons d'Inde l'une de leurs principales nourritures de réserve. Les exemples des Mésolithiques du Japon et des sociétés amérindiennes de la côte ouest des actuels États-Unis ont déjà été cités. Bien qu'elles aient atteint un niveau de civilisation proche du Néolithique, le mode de vie qu'elles avaient inventé n'a pas survécu au contact des peuples d'agriculteurs. En revanche, au sein de ceux-ci, des communautés se sont installées dans des régions où le sol siliceux convenait bien au châtaignier (*Castanea sativa*, de la famille des fagacées) arbre qui formait des peuplements denses. Ces communautés ont perpétué à échelle modeste un mode de vie où la châtaigne remplaçait le blé (dans le sud de la France, on l'appelait « blé des Cévennes »). Celle-ci était séchée, décortiquée et stockée avant d'être mangée, généralement sous forme de bouillie. Des îlots de civilisation du châtaignier ont parsemé l'Europe jusqu'au siècle dernier. Néanmoins, quand les intéressés pouvaient vendre leurs produits (châtaignes ou marrons) peu après la récolte et se procurer du blé en retour, les hommes du châtaignier remplaçaient par du pain la bouillie qui restait amère à cause des cloisons des fruits qu'ils ne pouvaient retirer totalement. À la fin du siècle dernier, les châtaigneraies européennes et américaines ont été pratiquement anéanties par deux maladies cryptogamiques très graves, l'encre et le chancre du châtaignier, mais la production, tournée vers les fruits de consommation, a repris grâce au greffage sur d'espèce japonaise, *C. crenata* (Gloasguen et Gosselin, 1992).

Dans les pays méditerranéens et subtropicaux, deux fruits bien connus, la figue (*Ficus carica* de la famille des moracées) et la datte (*Phoenix dactylifera* de la famille des palmacées), ont été utilisés comme sources majeures de glucides. Le figuier, l'un des tout premiers arbres exploités pour leurs fruits, pousse à l'état sauvage, mais il est surtout cultivé dans une vaste zone des pays méditerranéens. Au Maghreb, et plus spécialement en Kabylie, le couscous, plat de résistance, pouvait être à base de figues sèches aussi bien que de semoule ou de pois chiches.

Le dattier est un palmier des régions chaudes et en particulier des oasis. La datte est surtout commercialisée comme fruit de bonne valeur marchande, mais elle a été la nourriture de base des Bédouins. Des Touareg s'en sont servis pour engraisser les chiens qu'ils mangeaient ensuite malgré l'interdiction de cette viande par le Coran. La production de protéines animales nobles à partir de matières premières pauvres en matières azotées ou difficiles à consommer directement est le but principal des grands élevages modernes ; l'originalité de cet élevage targui vient du choix d'un carnivore sans doute motivé par l'interdiction du porc.

Tubercules et racines amylacées

Les civilisations du Proche-Orient n'ont pas connu de plante amylacée majeure avant plusieurs millénaires. Les quelques racines, tubercules ou bulbes cultivés (radis, navets) étaient pauvres en amidon et peu énergétiques. Seule la carotte, grâce à son apport d'amidon plus élevé, avait une valeur énergétique réellement appréciable. La Chine du Nord ou du Sud (mais non celle du grand Sud) étaient dans une situation similaire, et les civilisations agricoles d'Afrique à l'écart de la grande forêt équatoriale reposaient comme celles du Proche-Orient, d'Europe ou de Chine, sur les grains. Les plantes amylacées que l'on y rencontre aujourd'hui sont toutes d'introduction récente, à l'exception des ignames (*Dioscorea* sp., de la famille des dioscoracées) dans la zone des forêts équatoriales allant de la Côte-d'Ivoire au Cameroun (Schnell, 1957). Des tubercules de plusieurs espèces d'asperges sauvages africaines ont été longtemps collectées dans la brousse et le sont encore parfois, mais on sait peu de choses sur leur valeur nutritive. Il faut noter que les feuilles de la plupart des végétaux amylacés sont consommés cuites de l'Amérique à l'Océanie, même si leur caractère comestible est discutable. De là vient sans doute le nom de « chou » donné par les Antillais aux deux taros, le malanga et le vrai taro. Les feuilles de manioc et même celles de pomme de terre sont assez souvent apprêtées comme des épinards par les paysans pauvres, ce qui n'est pourtant pas sans risque compte tenu de la présence déjà signalée de glycosides cyanogènes et de solanine.

La pomme de terre

La pomme de terre est une plante vivrière de toute première importance. Originaire de la région andine — dont le climat varie avec la latitude et surtout l'altitude —, elle est issue d'hybridations complexes d'espèces voisines et présente une grande souplesse d'adaptation. Elle a pu être cultivée sous de très nombreuses conditions climatiques, des régions polaires à l'équateur. C'est la généralisation de sa culture qui a entraîné la fin des disettes et des famines en Europe. Au plan mondial, la pomme de terre se situe aujourd'hui au 4e rang des plantes nourrissant l'humanité.

Le potentiel de production de cette plante est considérable puisque les rendements peuvent atteindre 40 à 50 t/ha. L'espèce dont seuls les chloroplastes ont été séquencés à ce jour est toujours l'objet de nombreuses recherches appliquées en tant que légume (Rousselle-Bourgeois et Spire, 2003), mais c'est également une culture de plein champ. Les rendements de la pomme de terre ne sont évidemment pas comparables à ceux des céréales qui, pour le blé, sont de 22,5 q/ha en moyenne dans le monde et n'atteignent que rarement 70 à 80 q/ha dans les pays les plus performants ; il faut bien entendu tenir compte de la teneur en eau qui est de l'ordre de 80 % dans le tubercule de pomme de terre et de 12 % dans les grains. Exprimé en matière sèche, ou encore en amidon ou en kcal, un rendement de la pomme de terre de 45 t/ha représente l'équivalent approximatif de 100 q/ha de céréales. Les nutritionnistes font remarquer que l'amidon de pomme de terre (la fécule) se présente sous forme de grains plus gros que celui de céréales et, de ce fait, qu'il demande une cuisson plus longue pour être digestible. En revanche, les protéines du tubercule représentent à peu près le même pourcentage de la matière sèche que dans les céréales et leur valeur biologique est meilleure. Autre point notable, la teneur de la pomme terre en vitamine C est non négligeable. Il faut ajouter que la période de végétation de la culture, 5 mois, est brève comparées à celle des céréales d'hiver. Compte tenu de ces atouts, il ne faut pas s'étonner qu'en Europe, la pomme de terre ait, dès son adoption, remplacé une partie des emblavures. Une des conséquences de cette substitution a été la libération des moulins. Devenant de moins en moins utiles, leur force motrice a dès lors pu servir à d'autres usages. On peut donc dire, point souvent oublié, que l'adoption de la pomme de terre a favorisé la naissance de la révolution industrielle (Weatherford, 1993).

Le genre *Solanum* est très vaste puisqu'il comprend environ 1 000 espèces — soit la moitié de la famille des solanacées —, parmi lesquelles on compte environ 200 tubéreuses. Toutes les espèces sauvages sont diploïdes avec $n = 12$, alors que les cultivars sont généralement tétraploïdes. Les ancêtres sauvages possibles de *S. tuberosum* sont connus et la première hypothèse consiste à admettre que l'espèce est un allotétraploïde issu de l'hybridation entre *S. sparsifilum* et *S. stenomatum* ; la seconde (moins probable) repose sur une possible autotétraploïdie de *S. stenomatum* ou d'une espèce inconnue, voisine et éventuellement disparue. Toutefois, les pommes de terre cultivées dans l'aire d'origine (*S. tuberosum* subsp. *andigena*) tubérisent en jours courts seulement, alors que ceux qui sont cultivés hors de l'aire d'origine (*S. tuberosum* subsp. *tuberosum*) ont acquis la capacité de tubériser en jours longs, c'est-à-dire loin de l'équateur. Des chercheurs américains et écossais ont créé des types à jours longs à partir de *S. tuberosum* subsp. *andigena* en provenance directe des Andes ; ils ont donc, en quelques années, reconstitué en partie *S. tuberosum* subsp. *tuberosum* obtenue par des transformations empiriques étalées sur des siècles ; elle est désormais appelée *S. neotuberosum*. Le recours récent à une espèce sauvage, *S. demissum*, a permis d'obtenir des résistances au mildiou et des gènes présents dans les variétés cultivées proviennent d'introgressions faites à partir d'autres espèces de *Solanum*. Pour la création de variétés modernes, les gènes intéressants sont souvent fixés dans les diploïdes, et il faut alors restaurer la tétraploïdie par formation de diplogamètes.

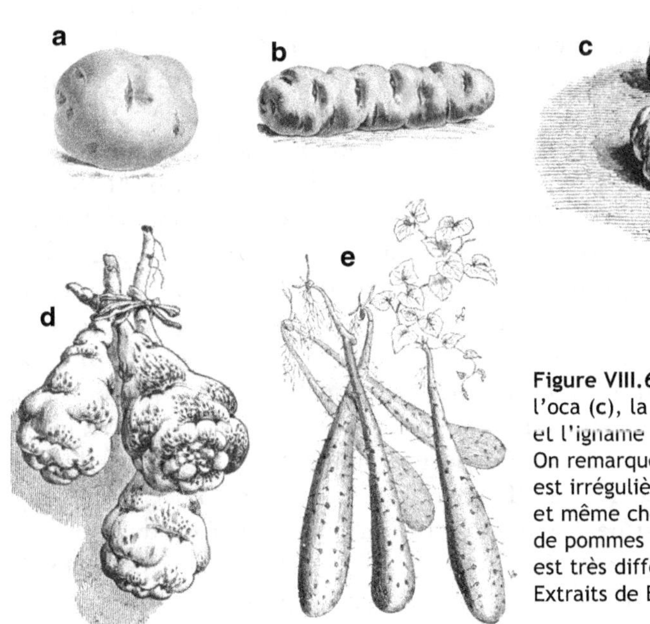

Figure VIII.6. La pomme de terre (**a** et **b**), l'oca (**c**), la capucine tubéreuse (**d**) et l'igname (**e**).
On remarquera que la forme des tubercules est irrégulière chez les espèces peu améliorées, et même chez les anciennes variétés de pommes de terre. Celle de l'igname est très différente.
Extraits de Bailly *et al.* (1842) ; Bois (1927).

Dans les pays développés, la pomme de terre vivrière, stockée pour l'hiver, cède de plus en plus la place à la pomme de terre primeur, plus appréciée. Les critères retenus pour la sélection incluent l'adaptation aux sols et aux climats, la résistance aux parasites mais aussi la qualité du tubercule — sa forme, sa couleur, sa teneur en eau et sa composition en nutriments. Les cultivars destinés à l'alimentation animale sont encore exploités, ainsi que que ceux dont on extrait l'amidon, souvent appelé « fécule » comme pour les autres tubercules.

Le manioc

Autre plante tubéreuse d'origine américaine, le manioc (*Manihot esculenta* ou *M. utilissima*) est un arbrisseau vivace originaire du plateau guyanais dont les volumineuses racines tubéreuses sont des sources d'amidon de première importance dans la ceinture tropicale. On n'a jamais vraiment identifié d'ancêtre du manioc ; l'hypothèse la plus probable est qu'il dérive d'un complexe d'espèces interfertiles voisines. Il est cultivé en plante annuelle et l'était déjà dans le sud du Mexique et dans les Antilles avant l'arrivée des Espagnols. C'est une plante au potentiel considérable, les rendements pouvant atteindre 80 t/ha. Le manioc étant en grande partie cultivé à l'échelle familiale, les statistiques sont peu fiables ; on estime cependant que c'est la 6e plante nourrissant l'humanité et la 3e sous les tropiques après le riz et le maïs. Il a été introduit très tôt en Afrique par les Portugais, sans doute des négriers, et s'y est durablement implanté. Plus tardivement, les Européens ont introduit l'espèce en Asie, où elle est aujourd'hui cultivée à échelle industrielle — la Thaïlande et l'Indonésie sont les 3e et 4e producteurs mondiaux après le Brésil et le Nigeria.

Pendant des siècles, le manioc a été une culture vivrière dont une petite partie seulement était destinée à la production de tapioca exporté vers les pays occidentaux. Le manioc est l'une des plus dangereuses parmi les grandes plantes vivrières du fait de sa teneur en substances cyanogènes (cf. chapitre VII) et les procédés traditionnels de détoxification des Amazoniens, malgré leur grande efficacité, n'ont pas été appliqués correctement — ou ne pouvaient pas l'être — dans le contexte africain. La substitution du manioc doux au manioc amer ou semi-amer est difficilement acceptée parce que ces cultivars — considérés comme appartenant à une espèce voisine par certains botanistes — ont un rendement bien moindre que le manioc amer. Les cultures de manioc à échelle familiale en Afrique ont des rendements qui avoisinent plutôt 8 que 80 t/ha par suite des maladies cryptogamiques, des attaques de parasites et des sécheresses. L'effort des organismes internationaux comme la FAO reste faible par rapport aux besoins. Depuis quelques décennies, de grandes cultures industrielles se sont développées à Madagascar et en Thaïlande, entre autres pays, pour l'exportation de manioc sec destiné à l'alimentation animale en Occident. Cette racine produite à faible coût peut ainsi concurrencer le maïs dans ce secteur, sa très grande pauvreté en protéines devant, il est vrai, être compensée par des tourteaux de protéagineux.

Les ignames

Dans tous les pays tropicaux, on trouvait des ignames cultivées ou de cueillette bien avant les « grandes découvertes ». Toutes appartiennent au genre *Dioscorea*, de la famille des dioscoracées, qui comprend plus de 600 espèces. Bois en décrit 23 qui ont été utilisées par l'homme, sans compter celles de Madagascar dont il parle seulement de façon globale. Certaines sont des plantes sauvages comestibles, souvent amères et plus ou moins toxiques, collectées dans la nature. Quand elles sont franchement toxiques, elles sont en principe exclues du genre *Dioscorea* (concordance rare des points de vue botanique et nutritionnel, mais théorique et floue). À l'opposé, certains cultivars sont recherchés pour leur saveur de châtaigne ou encore pour la taille impressionnante de leurs tubercules qui peuvent largement dépasser 10 kg dans certaines espèces. La culture est très variable d'un continent à l'autre. Dans le Nouveau Monde où l'on cultivait manioc et patate douce, les ignames n'étaient que des plantes de collecte. Dans la partie occidentale de la forêt équatoriale africaine, et surtout au Nigeria, elles constituaient au contraire les premières sources d'amidon (Schnell, 1957). Harlan cite 7 espèces principales : 2 pour l'Asie, 2 pour l'Australie, 2 pour l'Afrique et 1 pour l'Amérique, ainsi que 15 espèces secondaires, toutes parties du monde confondues. Aujourd'hui, la FAO considère que 14 espèces sont encore cultivées, les principales étant *D. alata* et surtout *D. rotundata* (ou *D. rotundata-cayenensis*). En Mélanésie, les espèces cultivées sont *D. esculenta* (igname chinoise) et *D. alata*. Globalement, la culture des ignames est encore surtout africaine, le Nigeria totalisant les deux tiers de la récolte mondiale, mais il existe également de productions d'importance en Colombie et en Papouasie.

La patate douce

La patate douce (*Ipomea batatas*), de la famille des ipomacées comme le liseron, est clairement décrite par les premiers explorateurs du Nouveau Monde. Elle était très populaire dans l'ancien Mexique ainsi que dans les régions septentrionales de l'Amérique du Sud et aux Antilles. Son ancêtre sauvage n'a jamais été clairement identifié, et on a même mis en cause son origine américaine du fait de sa présence en Polynésie bien antérieure à Christophe Colomb. On considère aujourd'hui que ce transfert a bien été effectué de l'Amérique vers l'Océanie par les Polynésiens qui emploient partout pour la désigner un nom voisin du nom quechua. La culture de la patate douce s'est très rapidement répandue dans toute la ceinture tropicale et subtropicale ; elle est courante aux États-Unis et a atteint les pays méditerranéens mais la Chine est, de très loin, le principal producteur. Comparée à la pomme de terre avec laquelle elle a été un temps confondue par les Européens comme l'indiquent le nom de « patate » qui peut souvent désigner l'une ou l'autre espèce. Comparée à la pomme de terre, la patate douce est plus riche en matière sèche et sa teneur en protéine est comparable. Outre l'amidon, elle renferme aussi du saccharose, d'où la saveur sucrée qui lui a donné son nom. Rappelons que les cultivars non sucrés propres à l'Amazonie semblent n'avoir jamais été transférés hors de leur aire d'origine. Quelques autres espèces du genre *Ipomea* sont consommées en Amérique, dans plusieurs pays de la zone intertropicale. Il existe aussi une *Ipomea* aquatique, très fréquente en Asie du Sud-Est, dont les feuilles se mangent à la manière des épinards.

Les racines et tubercules divers

Les civilisations américaines autres que celles de l'Amazonie qui dépendent presque exclusivement du manioc et de leur patate non sucrée ont cultivé très tôt des racines ou des tubercules, diversifiant ainsi leur alimentation énergétique. Les habitants des Antilles connaissaient deux aracées, le chou caraïbe ou « malanga » (*Xanthosoma sagittifolium*), parfois désigné sous le nom de « taro », ce qui prête confusion avec une plante asiatique, le vrai taro ou « madère » (*Colocasia antiquorum*). Les civilisations d'Amérique du Sud vivant sous des climats tempérés dans les plaines de l'actuel Chili et surtout sur les hauts plateaux équatoriaux des Andes ont domestiqué, outre la pomme de terre, trois plantes tubéreuses déjà citées qui, bien qu'importées de longue date, ne se sont jamais adaptées au climat tempéré à jours longs : l'oca (*Oxalis tuberosa*), l'ulluco (*Ullucus tuberosus*), et le maca (*Lepidium Meyenii*) qui appartiennent respectivement à la famille des oxalidacées, des basellacées, et des brassicacées. Le grand nombre d'espèces tubéreuses parmi les cultures vivrières de ces hauts plateaux situés très près de l'équateur n'est pas dû au hasard : ce sont les mieux protégées des gelées qui peuvent survenir tout au long de l'année dans ces régions sans saison bien définie. Dans les zones plus chaudes, les mêmes civilisations ont domestiqué la capucine tubéreuse (*Tropaeolum tuberosum*), une tropaeolacées dont la saveur forte déconcerte les palais des Occidentaux.

Les plantes américaines à racines amylacées d'intérêt secondaires cultivées plus près du tropique du Cancer comprennent l'*arrow-root* (*Maranta arundinacea*) et le topinambour des Antilles (*Calathea allouia*), tous deux de la famille des marantacées ainsi que le balisier comestible (*Canna edulis* famille des cannacées) qui est en fait une simple variété d'un canna décoratif, *C. discolor*. Au Canada et dans le nord des États-Unis, la seconde plante vivrière (après le maïs) était une autre plante tubéreuse, le topinambour (*Heliantus tuberosus*, famille des asteracées) dont les réserves sont constituées d'inuline et non d'amidon. Le pois manioc (*Pachyrhizus tuberosus*), une fabacée américaine, occupe une position à part car outre ses graines, sa racine en forme de navet a une valeur nutritive unique parmi les tubercules du fait de sa richesse en protéine. En Extrême-Orient, les tubercules de plusieurs lys sont encore consommés bien que, au dire des Japonais, ils aient le même goût que la pomme de terre. Parmi les espèces les plus courantes figurent *Lilium spectabile* et *L. tigrinum*.

Les populations du Sud-Est asiatique, de Nouvelle-Guinée et de Polynésie ont toutes fait appel massivement aux racines amylacées de la famille des aracées. Comme celles d'Amazonie et l'Afrique tropicale, elles vivaient sous un climat permettant l'arrachage des tubercules toute l'année ou presque, et où les céréales autres que le riz, longtemps inconnues, étaient plus difficiles à cultiver. Le vrai taro est cultivé depuis plusieurs millénaires dans une aire qui est à cheval sur le Sud-Est asiatique et la Papouasie-Nouvelle-Guinée. Sa valeur alimentaire est renforcée par la finesse de ses grains d'amidon qui le rendent très digestible. Les Océaniens consomment d'autres plantes tubéreuses dont une seule, l'alocase

(*Alocasia macrorrhiza*), est cultivée. Parmi les espèces mineures à racine amylacée des pays chauds figurent celles du genre *Coleus* (famille des lamiacées) dont les représentants les plus connus sont des plantes décoratives. Certains *Coleus* asiatiques et africains sont cultivées de longue date dans les champs ou les potagers. En Inde, *C. rotundifolius* est courant. *C. dazo*, fréquent à Madagascar et en Afrique du Sud, avait été introduit par les Français dans leurs colonies de l'Afrique équatoriale correspondant aux actuelles républiques du Congo-Brazzaville, du Gabon et de Centrafrique. Elle s'y serait répandue très rapidement avant de perdre du terrain au milieu du XXe siècle (Schnell, 1957).

Arbre à pain, sagoutier et bananier plantain

Quelques arbres, producteurs de fruits ou de moelle comestibles, s'ajoutent à la liste des plantes amylacées : l'arbre à pain (*Artocarpus communis* de la famille des moracées) et les palmiers à sagou (*Metroxylon rumphii*, de Malaisie, et *M. sagu*, des Moluques), tous originaires du foyer néoguinéen. Le cas des sagoutiers a déjà été évoqué à propos de la transition entre cueillette et agriculture (chapitre II). Actuellement une exploitation rationnelle demeure en Asie du Sud-Est. Un arbre abattu avant la floraison fournit de l'ordre de 300 kg de sagou, un amidon ne contenant que des traces de lipides et environ 2 % de protéines ; il s'agit donc d'un produit assez comparable au manioc de par sa composition — l'acide cyanhydrique en moins. L'arbre à pain est bien connu pour ses « fruits à pain » de grosse taille, les urus des Tahitiens, dont la récolte peut s'étaler sur 8 mois de l'année, ce qui en faisait une plante merveilleuse aux yeux des Européens. L'échec de l'implantation de l'arbre dans les Antilles anglaises a déjà été relatée au chapitre IV, mais l'uru a conservé une place non négligeable en Polynésie. L'analyse révèle une teneur élevée en amidon, chose assez rare chez les fruits. L'appellation de « fruit à pain » n'est donc pas justifiée seulement par la présence de trous dans le fruit cuit.

Les bananiers appartiennent tous au genre *Musa* et forment un groupe complexe d'espèces et surtout de cultivars dont le caryotype correspond à celui des espèces botaniques déjà citées — soit AA pour l'espèce *M. acuminata*, soit BB pour l'espèce *M. balbisiana* qui comprend 7 sous-espèces. Les bananiers plantains (*Musa* × *paradisiaca* AAB) sont issus du croisement entre *M. acuminata* et *M. balbisiana* ; il en existe de nombreux cultivars parthénocarpiques et par conséquent stériles et reproduits depuis très longtemps de façon végétative. De ce fait, de nombreuses mutations somatiques s'y sont accumulées. Utilisant plusieurs techniques de biologie moléculaire et des analyses statistiques combinant les résultats avec des données quantitatives, Perrier *et al.* (2009) ont pu retrouver le berceau et les migrations des bananes plantains AAB de Nouvelle Guinée (cf. chapitre IV). Ils ont également montré que l'introduction en Inde des bananes desserts AAA venant du nord-est de l'aire de *M. acuminata* est à l'origine de nouveaux triploïdes AAB par suite du contact

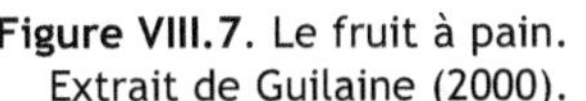

Figure VIII.7. Le fruit à pain.
Extrait de Guilaine (2000).

avec l'ouest de l'aire de *M. balbusiana*. Quant aux triploïdes ABB, ils ont eux aussi une double origine indienne et « orientale » assez peu claire. C'est visiblement la présence du génome B qui confère à la banane plantain sa teneur en amidon qui la rapproche davantage d'un légume que d'un fruit au sens culinaire. Ses fruits au sens botanique sont longs (jusqu'à 40 cm), de consistance et de goût plus farineux que sucrés (sauf à complète maturité) et ils sont consommés cuits à la manière des légumes. Ils sont aujourd'hui répandus aux abords des cases ou dans les vergers de toute la ceinture intertropicale. À l'échelle mondiale, la banane se situe à peu près au même niveau que la tomate dans l'alimentation de l'humanité, mais il faut bien noter que les statistiques de la FAO englobent sous un même vocable les bananes plantains et les bananes desserts, dont il sera question dans le chapitre IX (Perrier *et al.*, 2009).

En conclusion sur les amylacées et autres plantes vivrières

Plus spécialement cultivées dans la ceinture intertropicale, même dans les zones d'altitude élevée, cet ensemble hétéroclite d'espèces botaniquement éloignées témoigne d'une recherche universelle de plantes précieuses parce que nutritives qui pouvaient être récoltées pendant une bonne partie de l'année. Elles n'ont en commun qu'un seul point : toutes permettent de satisfaire efficacement le besoin énergétique de l'homme, et ce presque toujours grâce à un nutriment dominant, l'amidon. Les plantes à réserve d'inuline comme le topinambour ont aujourd'hui été largement remplacées par des céréales ou des tubercules amylacés car l'inuline est nettement moins bien digérée que l'amidon à haute dose et elle engendre une flatulence peu agréable. Le cas des sources d'amidons très pauvres en protéines comme le manioc ou le sagou souligne bien un autre problème majeur, la nécessité impérative de la complémentation en protéines.

Les oléagineux, les oléoprotéagineux et les plantes à sucre

Les oléagineux

Si les amylacées ont été des sources énergétiques fondamentales dans toutes les civilisations agricoles émergentes, leur valeur énergétique était très nettement surpassée par celle des graines ou des fruits riches en huile, c'est-à-dire des oléagineux, que l'on appelle maintenant plutôt « oléoprotéagineux », puisqu'ils contiennent toujours des constituants protéiques. L'huile extraite est bien entendu, comme les graisses pour les aliments d'origine animale, un mélange de lipides dont la valeur énergétique, assez uniforme, est de l'ordre de 37,5 kJ/g (9 kcal/g), soit plus du double de celle des glucides et, à peu de choses près, des protéines. Dans le langage commun, le terme de « gras » était souvent associé non pas seulement à la notion de matière grasse, mais à celles de caractère nourrissant, d'abondance, de richesse. Avant que le corps médical ne mette en évidence le danger des excès de matières grasses dans l'alimentation des gens bien nourris, les lipides étaient recherchés plus que les sucres, les amidons ou les fécules et même que les protéines animales.

Cependant beaucoup de graines oléagineuses sont de conservation relativement difficile, et le problème est plus ardu encore pour les huiles qui rancissent souvent quand elles sont extraites. Les acides gras insaturés et surtout polyinsaturés oméga 3 s'oxydent au contact de l'air, même à l'intérieur des organes végétaux en cas de stockage (rancissement). Dans la très ancienne civilisation de Sumer, les cuisiniers utilisaient déjà une huile dont on ignore l'origine. Les civilisations de tout le Bassin méditerranéen ont porté leur choix sur l'olivier, arbre plus ou moins sacré à leurs yeux dont ils tiraient une huile encore souvent considérée aujourd'hui comme la meilleure de toutes. À partir d'époques plus tardives, les Européens du Nord ont appris à extraire de l'huile (pas forcément alimentaire) d'une multitude de plantes dont le caractère oléagineux est souvent oublié[1]. En Europe, les faines, fruits du hêtre, ont fait l'objet d'une récolte soignée plus ou moins systématique jusqu'au début du XXe siècle : si le résidu servait de nourriture pour les chevaux — bien que toxique en trop grande quantité —, l'huile qu'on en extrayait était très appréciée. On utilisait également de très nombreuses plantes herbacées comme le lin (pour son huile industrielle), le pavot, les graines de chanvre, etc.

Le colza et le tournesol

Une mention plus appuyée doit être faite du chou et de ses parents, c'est-à-dire des brassicacées. On extrait depuis très longtemps l'huile de radis cultivés dans ce but ainsi que de toutes sortes de « graines de choux » (en néerlandais *kool zaad*) qui pouvaient provenir de vrais choux, mais aussi de plantes voisines comme les raves, les navettes ou la moutarde. En France, le mot néerlandais *kool zaad*, déformé en « colza », a fini par désigner la plante utilisée de plus en plus systématiquement dans ce but, un hybride spontané de chou et de navette trouvé à plusieurs reprises ; la navette (*Brassica rapa* subsp. *campestris*, autrefois *B. campestris*) appartient a la même espèce que la rave ; colza et rutabaga forment par conséquent une seule espèce. Nous avons rappelé que l'huile de colza, encore qualifiée aujourd'hui dans un dictionnaire de la langue française de « propre à l'éclairage et au graissage », avait mis du temps pour acquérir les lettres de noblesse parmi les huiles de table. Mais depuis l'obtention des « nouveaux colzas » — cultivars aux lipides pauvres en acide érucique —, elle est couramment consommée en Europe ; les tourteaux contribuent par ailleurs à l'apport de protéines dans les aliments des animaux de ferme (voir chapitre VI). Le colza est aujourd'hui cultivé dans toutes les régions tempérées d'Amérique, d'Europe et d'Asie.

Les Aztèques et d'autres populations d'Amérique du Nord ont consommé l'amande de la graine (en réalité un fruit) de tournesol (*Helianthus annuus*) qui a, soit dit en passant, été domestiqué assez loin de son aire d'origine car ses graines faisaient l'objet de commerce bien avant l'agriculture. L'espèce, voisine du topinambour et parfois cultivée comme plante décorative (« soleil »), a été très

---

1. Qui se souvient qu'on a cultivé en Ukraine des mufliers (*Antirrhinum* sp., aussi appelé « gueules-de-loup ») dont les graines donnaient une huile comparable, paraît-il, à l'huile d'olive ?

tôt importée en Eurasie. Les graines grillées sont couramment consommées au niveau familial comme celles de courges ou d'arachide. Cependant, les cultures industrielles de tournesol et l'extraction d'huile se sont développées d'abord en Amérique du Nord, puis en Europe et tout spécialement dans les pays de l'Est européen. Elles ont connu une expansion rapide à la fin du XXe siècle, soutenue par la vulgarisation des qualités diététiques de l'huile d'autant plus flagrantes que l'on insistait beaucoup à l'époque sur leur richesse en acides gras de la série oméga 6. Le tournesol est aujourd'hui la première plante herbacée cultivée spécialement pour son huile (Vear, 1992).

Autres oléagineux des divers continents

Les Amérindiens avaient domestiqué très tôt des cucurbitacées, plus spécialement des courges dont les plus anciens cultivars avaient une épaisseur minime de chair, par ailleurs amère donc difficilement comestible, mais une grande quantité de pépins. Ces derniers étaient mangés comme de petites amandes dont on tirait parfois de l'huile. Les Incas avaient domestiqué l'arachide appréciée comme une petite noix (la « pistache de terre » des Acadiens) ; elle est aujourd'hui répandue dans de nombreux pays d'Asie — l'Inde en est le premier producteur mondial — et d'Afrique où la graine est souvent consommée après torréfaction. L'huile d'arachide, ou « huile blanche », relativement riche en acides gras saturés, n'a plus le vent en poupe, mais l'amande est incorporée dans les friandises et plats préparés, non sans risque d'allergie d'ailleurs.

Le noyer commun (*Juglans regia*) est cultivé pour ses fruits secs appréciés et commercialisés à grande échelle (cf. chapitre IX) mais les noix abîmées ou non présentables servent à la fabrication d'une huile goûteuse très fine, recherchée malgré son rancissement rapide. Elle a connu un regain de faveur avec l'accent mis récemment sur les acides gras oméga 3.

L'huile de carthame (*Carthamus* sp.), originaire des pays méditerranéens, a une saveur rappelant la noisette. L'industrie agroalimentaire a mis sur le marché des huiles extraites des germes de maïs et de pépins de raisins ou même de pépins de tomates, des coproduits typiques caractérisées par une très grande richesse en acides gras oméga 6 (jusqu'à 75 % de l'huile). La partie orientale de l'Eurasie, c'est-à-dire la Chine, a fourni, comme indiqué dans le chapitre VI, les huiles de soja et de diverses brassicacées — simples variétés de notre navette ou de moutarde brune.

Le sésame (*Sesamum indicum*), considéré pendant longtemps comme d'origine africaine tant sa culture est répandue dans ce continent, est en fait une domestication indienne. Il s'agit d'un oléoprotéagineux aussi apprécié pour son huile que pour sa graine qui est l'ingrédient principal de nombreuses spécialités culinaires orientales. Il a atteint la Mésopotamie au cours du IIIe millénaire av. J.-C. et aurait été connu en Chine un millénaire plus tard. Méconnu en Occident, le sésame serait pourtant, d'après Harlan, la 20e plante qui nourrit l'humanité.

Les Africains ont fait appel à de nombreuses oléagineuses. Si certaines comme *Guizotia abyssinica* sont restées assez anecdotiques, une autre, le palmier à huile, a connu un brillant destin ; dans toute la zone forestière intertropicale, les Africains en tiraient une huile de couleur rouge assez surprenante. L'expansion de ce palmier vers l'Amérique et surtout l'Asie a déjà été relatée. Elle se poursuit à une vitesse spectaculaire aux dépens, il faut le signaler, d'une destruction aussi aveugle que rapide des forêts primaires. L'huile de palme, riche en acides gras saturés, n'est pas du tout de celles que recommandent diététiciens et médecins, mais elle se prête bien à la cuisson et aux fritures. Elle entre dans la composition de nombreuses graisses végétales émulsionnées (margarines). Le palmier à huile est également l'une des espèces les plus efficaces, si ce n'est la plus efficace, pour la production de biocarburants.

Le cocotier (*Cocos nucifera*), un pamier domestiqué par les civilisations du Sud-Est asiatique, a essaimé dans toutes la ceinture intertropicale et plus spéciale-ment dans les plaines de bord de mer. Il fournit le coprah (amande séchée) dont on extrait une huile surtout utilisée, comme celle de palme, pour la fabrication des margarines. L'archipel des Philippines en est aujourd'hui le premier produc-teur, mais la consommation de noix fraîches et d'eau de coco (boisson naturelle stérile facile à boire sans contamination) est répandue partout où pousse le cocotier.

Les protéagineux, fabacées et diverses

Les fabacées

Dans le foyer du Proche-Orient, des fabacées, souvent adventices grimpantes, ont formé la seconde vague de plantes cultivées dont on a retrouvé la trace. Malgré leurs inconvénients comme la nature de leur amidon à gros grains exigeant une plus grande cuisson que les céréales et surtout la présence de facteurs antinutri-tionnels, elles ont été appréciées pour des raisons multiples : aptitude à enrichir les sols grâce à des bactéries symbiotiques fixatrices d'azote atmosphérique vivant en symbiose dans les nodules des racines, qualité des fourrages que constituait les plantes entières, saveur et surtout valeur nutritive des graines. Au Proche-Orient, parmi les fabacées jugées dignes d'être domestiquées, figure le pois. Ce dernier, pourtant presque exempt de facteurs antinutritionnels (du moins dans sa forme horticole), a apparu tardivement, à la fin du Néolithique précéramique B, au Zagros. La gesse s'est longtemps maintenue, malgré sa nocivité. La consommation humaine a surtout porté sur le pois, la lentille, le pois chiche et la fève.

En Europe, à la suite de la hausse des cours du soja et d'un arrêt temporaire des exportations américaines, plusieurs pays ont essayé de promouvoir, vers le milieu du XXe siècle, la culture de protéagineux susceptibles de remplacer le tourteau de soja dans les aliments du bétail. Le pois (*Pisum sativum*) et la féverole (*Vicia faba*) ont donné les résultats les plus encourageants, bien que les emblavures soient restées modestes en comparaison avec celles de céréales et de colza. En Chine, le soja a joué le double rôle d'oléagineux et de protéagineux. Il remplaçait à la fois les fabacées des Occidentaux, toutes pauvres en huile, et les oléagineux (qui n'étaient jamais des fabacées). Toujours en Chine, les autres plantes pourvoyeu-ses de protéines sont de petits haricots asiatiques, l'ambérique vert ou « haricot mongo » (*Vigna radiata*). C'est la plante surtout connue des Occidentaux pour ses germes comestibles, le « soja vert » des Français ainsi nommé par suite d'une erreur de traduction (ce n'est pas un soja). Le haricot azuki, ou « adzuki » (*Vigna angularis*), est un haricot généralement rouge, à petit grain (bien que parfois appelé « gros ambérique »), très populaire au Japon et en Chine. Sa composition n'est pas spécialement différente de celle des haricots américains, et il est souvent mangé avec le riz comme le haricot commun l'est avec le maïs. Plus étonnant pour les Occidentaux, il est parfois servi sucré — c'est l'un des rares desserts des repas d'Extrême-Orient.

En Inde et dans la péninsule du Sud-Est asiatique, l'homme a domestiqué au moins trois légumineuses d'importance : l'ambrévade ou « pois d'Angola » (*Cajanus cajan*), cultivé dans la plupart des pays chauds ; un « pois carré » sans rapport avec la gesse du Moyen-Orient (*Psophocarpus tetragonolobus*), une grande plante de 3 à 4 m de haut que l'on cultive sur de puissantes rames et dont on peut consommer aussi bien la jeune gousse à la manière d'un haricot vert que la graine) ; la dolique lablab (*Dolichos lablab*), originaire de l'Inde, est cultivée sous des noms multiples des pays tropicaux à la zone méditerranéenne. Une 4ᵉ espèce, *Vigna aconitifolia*, est une petite fabacée typique de ce pays, à feuillage fin et découpé, que l'on rencontre aussi bien à l'état sauvage que cultivé. En

Figure VIII.8. Soja, lentille et haricot de Lima.
Extrait de Capus (1930) ; Meunier (1870).

Afrique, le voandzou (*Vigna subterranea*) est une plante des régions sèches qui enterre ses gousses avant la maturité, à la manière de l'arachide. Sa culture est restée cantonnée aux zones suffisamment arides de l'Afrique, contrairement à celle du niebé ou « haricot à œil noir » (*Vigna unguiculata*), la mongette du sud-ouest de la France, cultivé dans de nombreux pays tropicaux de l'Ancien et du Nouveau Monde. C'est le seul haricot connu des hommes de l'Antiquité, il était cultivé en Europe bien avant la découverte de l'Amérique ainsi qu'en Asie. Rappelons que le lupin évoqué à propos de ses alcaloïdes dans le chapitre VI comprend des espèces domestiques eurasiatiques, dont le lupin blanc (*Lupinus albus*) et une espèce américaine (*L. mutabilis*).

Les Amériques sont le berceau de l'arachide et du pois sabre déjà cités, mais aussi et surtout des autres fabacées pour lesquelles les botanistes ont conservé le nom de « *Phaseolus* ». Ce sont les haricots bien connus dont les aires d'origine vont des hauts plateaux des Andes au Mexique et sont pour le moins diffuses. Le plus important est le haricot commun (*P. vulgaris*) dont il existe aujourd'hui une multitude de variétés à longues tiges grimpantes (comme l'espèce type) ou naines, à gousses fibreuses ou sans parchemin, étroites ou larges, vertes, violacées ou dorées, à graines de taille et de couleur très variées, etc. Sa culture et sa consommation sont restées souvent liées à celles du maïs et des cucurbitacées et ces associations empruntées aux Amérindiens se sont répandues, comme déjà mentionné, en Europe, en Afrique et en Asie. Le haricot légume est souvent cultivé pour ses grains mi-secs, et surtout pour sa gousse jeune, le haricot vert, d'autant plus populaire que les sélectionneurs ont depuis des décennies obtenu des variétés à gousse sans parchemin. La popularité du haricot vert surprend beaucoup les Sud-Américains qui l'ignorent totalement alors que l'espèce a été domestiquée par leurs ancêtres. Ce légume est en tous cas devenu quasi indispensable à la cuisine occidentale.

Le haricot de Lima n'a pas connu une expansion aussi universelle. Il a une plus grande exigence en chaleur et souffre parfois de sa teneur trop élevée en composés cyanogènes. L'expansion a été moins spectaculaire pour le haricot d'Espagne (*Phaseolus multiflorus*) et sa sous-espèce, *P. multiflorus* subsp. *coccineus*. Le haricot tépari (*Phaseolus acutifolius*) a connu un succès encore plus limité. Le haricot d'Espagne sert souvent de plante décorative à belles fleurs rouges, le second comme un haricot à petits grains bien adapté aux régions semi-désertiques. Souvent qualifiés de féculents, les haricots contiennent effectivement de l'ordre de 40 % d'amidon, une certaine quantité de polymères non digestibles de sucres et responsables des flatulences, assez peu de fibres et très peu de lipides. Leur intérêt nutritionnel principal réside dans leur teneur en protéines qui représentent de 25 à 30 % de la matière sèche et sont particulièrement riches en lysine, ce qui les rend assez comparables à celles de la viande. Ils ne méritent le nom de « féculent » que parce que, comme les tubercules, le grain d'amidon de grande taille nécessite une cuisson relativement longue pour être digestible. On peut rappeler que les haricots, comme d'autres graines de fabacées renferment généralement de nombreuses substances antinutritionnelles, souvent mais pas toujours thermolabiles.

Le soja

Le soja (*Glycine max*) a déjà été mentionné à propos de sa richesse en huile, du grand intérêt de ses protéines et de la nécessité de détruire ses facteurs antinutritionnels (chapitre VII). On peut rappeler que son huile qui a été parfois utilisée comme huile siccative contient des acides gras des séries oméga 3 et oméga 6 en proportions élevées. Quant aux protéines, une fois bien détoxifiées comme déjà précisé, elles sont précieuses du fait de leur richesse en lysine, aussi bien pour l'alimentation humaine en association avec le riz par exemple que pour l'alimentation animale, le plus souvent en association avec le maïs. Le mélange maïs-soja en proportions adéquates et parfois supplémenté avec de la méthionine pure est devenu la source de protéines idéale pour l'élevage du poulet et du porc ; le tourteau de soja est également donné aux ruminants. Il a très vite dépassé les autres sources de matières azotées végétales comme les tourteaux de lin, de tournesol, de coton, de colza, de coprah ou d'arachide et les a supplantés dans la plupart des contextes économiques.

La demande a cru de façon accélérée avec l'arrivée des pays émergents qui devenaient à leur tour demandeurs de produits carnés. Le Middle West américain ayant rapidement été « saturé », les sociétés américaines ont lancé la production du soja au Brésil puis en Argentine ; l'Inde est également un nouveau grand producteur. Ainsi le soja est-il devenu la source majeure de protéines végétales à l'origine des protéines animales de viande, de lait ou d'œufs. Sa consommation directe s'est maintenue en Asie, elle s'est répandue en Afrique où les ménagères ont recours tantôt à la fabrication d'une sorte de tofou, tantôt à un grillage qui élimine, de manière approximative, les facteurs antinutritionnels. Dans les pays industrialisés, elle suscite un grand intérêt surtout parmi les végétariens, mais aussi les consommateurs soucieux de l'économie des ressources de la planète et de la réduction des pollutions. Les protéines de soja sont alors vendues sous forme de yaourts, de tofou, mélangées à des protéines animales, etc. Le soja est ainsi devenu le premier oléagineux et le premier protéagineux. Il serait la 9e plante nourrissant l'humanité.

On ne soulignera jamais assez le rôle complémentaire joué par les fabacées à l'égard des céréales et des tubercules que l'on trouve dans toutes les sociétés autres que celles de pêcheurs et d'éleveurs. Il est frappant de constater que cette complémentarité a traversé tous les continents. Si la consommation de haricots, de pois ou de fèves a nettement diminué chez les populations des pays développés devenus mangeurs de protéines animales, une bonne partie de celles-ci sont essentiellement des protéines de soja transformées par les animaux d'élevage.

En conclusion sur les protéagineux

Il n'est pas impossible que la recherche de ce que l'on appelle aujourd'hui « les protéagineux » ait été motivée chez les Néolithiques d'abord par l'envie de varier les aliments « secs » très nutritifs. Leur pouvoir énergétique est élevé, comme celui des céréales, même s'ils contiennent moins d'amidon mais, comme déjà souligné à plusieurs reprises, leur richesse en protéines a été le point le plus remarquable de leur valeur nutritionnelle et elle a conféré une saveur particulière aux plats de légumineuses cuites dans les poteries. L'huile, matière grasse autrement énergétique que l'amidon ou les protéines, a probablement été recherchée également à partir du Néolithique avec la poterie qui permettait les balbutiements de l'art culinaire. La valorisation des résidus de l'huilerie — les tourteaux — a été tardive, mais elle s'est traduite par des progrès de l'élevage et, ensuite, de la nutrition humaine.

Les plantes à sucre

La perception de la saveur sucrée est, avec celle du gras, celle qui provoque l'activation la plus grande des cellules du cerveau traduisant les plaisirs gustatifs. L'homme recherche certainement depuis toujours les fruits à saveur douce, mais aussi les jus végétaux, les tiges ou autres organes sucrés. Depuis des millénaires, il a essayé de concentrer cette saveur, d'obtenir des sucres purifiés ou non. On connaît plus de 10 plantes principales dont on a extrait du sucre qui était toujours du saccharose — un sucre à pouvoir sucrant particulièrement prononcé — , parmi lesquelles deux seulement ont une importance non anecdotique. Le fructose, à saveur encore plus sucrée, est difficile à cristalliser. Parmentier n'y était pas parvenu et son sirop de sucre de raisin n'a été commercialisé en France que pendant la Seconde Guerre mondiale et sur une petite échelle. Un procédé belge permet certes d'obtenir du fructose cristallisé à partir de racines de chicorée mais la production, toute récente, est encore très faible.

Tableau VIII.3. Les plantes à sucre secondaires.

Nom français	Nom botanique	Région (caractéristiques)
Sorgho sucrier	*Sorghum bicolor*	États-Unis (expérimental)
Maïs	*Zea mais*	Empire inca (historique)
Borgou	*Panicum stagninum*	Afrique (cueillette)
Érables à sucre	*Acer saccharum,* *A. saccharinum*	Canada (sirop artisanal)
Palmier ronier	*Borassus flabellifer*	Inde, S-E asiatique (artisanal)
Palmier areng	*Arenga saccharifera*	Indonésie (artisanal)
Palmier dattier	*Phoenix dactylifera*	Afrique, Orient, etc. (surtout sirop)
Cocotier du Chili	*Jubaea spectabilis*	Chili (rare)
Nombreux autres palmiers		Pays chauds

La canne à sucre

Ce grand roseau (*Saccharum officinarum*) est une grande poacée vivace dont les ancêtres croissent de la Nouvelle-Guinée à l'Inde. La plante a été domestiquée dans le foyer néo-guinéen depuis le Néolithique local, mais on ignore à partir de quelle espèce précisément ; on retombe sur les hypothèses de l'espèce disparue ou des hybridations possibles entre espèces sauvages voisines avant ou après la domestication. La culture de la canne s'est répandue très tôt vers l'ouest en Indonésie et en Inde, vers le nord en Chine et vers l'est en Polynésie (où Cook la crut sauvage puisqu'elle ne croissait pas dans des plantations) ainsi que, très probablement, en Amérique du Sud. L'extraction du sucre raffiné, connue en Chine 6 siècles av. J.-C., s'est longtemps faite à une échelle artisanale. Le produit obtenu, surtout connu en Europe à la suite des croisades, était alors une épice qui atteignait des prix exorbitants à nos yeux et faisait la fortune des civilisations arabes du Maroc et d'autres pays du monde musulman où, déjà, on n'hésitait pas à faire travailler des esclaves dans les plantations. Les Européens les imitèrent. On connaît les conséquences de l'arrivée des Européens en Amérique : la chute des cours et la popularisation de l'usage du sucre d'une part, le développement de l'esclavage d'autre part. Aujourd'hui, des plantations existent dans toutes les régions tropicales et même subtropicales.

On a recensé une dizaine d'espèces de *Saccharum* sauvages dont plusieurs (parmi lesquelles *S. robustum* et *S. barberi*) ont été croisées avec *S. officinarum* pour améliorer la productivité ainsi que l'adaptation aux contextes agricoles ; à tel point que le terme de « canne à sucre », comme celui de « blé » ou de « pomme de terre », recouvre un ensemble de cultivars fortement marqués par les hybridations anciennes ou récentes ; il ne s'agit plus d'une espèce simplement vraie mais d'un complexe d'espèces. Les cultivars modernes ont des tiges pouvant atteindre 6 m de haut et 6 cm de diamètre. Avec son rendement impressionnant (comme le maïs, la canne à sucre est une plante en C4), elle représente la première culture mondiale en termes de la biomasse totale, assurant 23 % de celle générée par l'agriculture ! Exprimée en tonnage de sucre raffiné, la production, en pleine expansion depuis les années 1980, est de l'ordre de 60 millions de tonnes, soit moins de 10 % de celle du blé ou du riz — mais il s'agit d'un nutriment purifié auquel il faut ajouter de nombreux coproduits comme le sucre brun, les mélasses, le rhum et surtout la bagasse (résidu des tiges). On peut remarquer que l'orientation de la culture vers la production d'énergie verte n'est pas à proprement parler une nouveauté. En effet, si le « carburant vert » aujourd'hui développé, surtout au Brésil, en est une, la bagasse assure le fonctionnement des chaudières dans les sucreries depuis leur création ; elle servait aussi à l'alimentation des bovins. La contribution de la canne à sucre à l'alimentation de l'humanité se situe au 10e rang, derrière le soja.

La betterave sucrière

La bette et les betteraves des jardins et cultures maraîchères, comme les betteraves sucrière ou fourragère, appartiennent à l'espèce *Beta vulgaris* et dérivent de l'espèce sauvage *Beta maritima*. Cette dernière est courante sur les rivages maritimes du Pakistan à l'Ouest européen, mais son centre d'origine serait la Mésopotamie. La betterave cultivée a connu des usages divers au cours du temps. Il semble que les anciens Grecs connaissaient des bettes à feuilles mais aussi, bien qu'ils en parlent peu, des types à racine renflée et sucrée qu'ils réservaient à des usages pharmaceutiques (Pitrat et Foury, 2003). Pourtant, un texte grec ancien précise qu'on offrait à Apollon des navets sur des plateaux en plomb, des betteraves sur des plateaux en argent et des radis sur des plateaux en or (Hedrick, 1976). La racine de bette, future betterave, aurait donc été un légume de grande valeur. Les Romains auraient connu la bette à cardes, mais le cas de la « bette-rave » prête à controverse. Il fallut attendre le XVIIe siècle pour que des variétés nouvelles soient cultivées pour leur racine. Selon Doré et Varoquaux (2006), la culture des betteraves en Europe centrale aurait été importée d'Ukraine par les Khazars, ancêtres des Ashkénazes (actuels juifs d'Europe centrale) fuyant la persécution religieuse. Les premières variétés améliorées de betteraves potagères semblent avoir été obtenues en Allemagne et seraient arrivées en France sous le nom de « bolognes », donc sans doute *via* l'Italie. On sait que le composé sucrant de la betterave a été identifié au saccharose par Margraff à la fin du XVIIIe siècle et que c'est un Allemand descendant de Huguenots nommé Achard qui a réussi à le purifier. C'est cependant en France qu'a fonctionné la première raffinerie de sucre de betterave à l'époque du blocus continental. Aujourd'hui, la production de sucre de betterave classe l'Union européenne au second rang mondial des producteurs de sucre, juste après le Brésil. La quantité totale de sucre produit est cependant répartie de la manière suivante : 2/3 pour le sucre de canne et 1/3 pour celui de betterave.

Avec deux espèces représentant la quasi-totalité de la production mondiale, le monde des plantes à sucre est, botaniquement parlant, d'une diversité infime. Il a atteint un tel degré d'industrialisation que les géographes classent les deux plantes à sucre parmi les cultures industrielles (comme celles des grands oléagineux) et non dans les cultures « alimentaires » ! On notera que, pour une fois, l'une des deux plantes phares provient sinon d'une domestication, du moins d'une transdomestication européenne.

Le sucre est un nutriment purifié ne contenant que peu d'eau et seulement des traces d'impuretés. C'est une source d'énergie alimentaire hautement digestible, mais qui n'apporte rien d'autre, d'où l'expression non scientifique mais imagée de « calories creuses » ; on lui reproche également sa rapidité d'absorption préjudiciable à la santé en cas d'excès, contrairement au glucose qui se forment dans l'intestin par hydrolyse de l'amidon — d'où la qualification de « sucre lent » donnée à ce dernier. Consommé en excès, le saccharose provoque en effet une brusque montée du taux de glucose dans le sang, ce qui favorise le diabète non insulino-dépendant et l'obésité. La consommation de saccharose est également bien connue pour aggraver la survenue des caries dentaires.

Pour pallier les inconvénients du sucre, d'autres substances à saveur très sucrée mais à valeur énergétique nulle ont été proposées. Il s'agit de composés synthétiques comme la saccharine, l'aspartame ou les cyclamates — aujourd'hui souvent interdits en dehors des usages pharmaceutiques —, mais aussi de plantes. L'une d'elles, *Stevia rebaudiana*, une astéracée sud-américaine contenant un glucoside sucrant, est autorisée depuis peu dans la plupart des pays. L'avenir dira jusqu'où elle peut concurrencer le sucre.

Les légumes

Quand on parle de la nourriture d'un peuple, on la réduit volontiers à l'aliment principal : gibier et poisson pour les hommes préhistoriques, lait et fromage pour les pâtres, maïs pour les Amérindiens, pain pour les Français ou riz pour les Chinois. Les menus étaient à l'évidence plus variés et leurs composants le plus souvent oubliés sont les légumes, d'abord sauvages puis cultivés. Produits à l'échelle familiale, ou plus tardivement dans les marais pour l'approvisionnement des villes, les légumes forment un ensemble hétéroclite d'un point de vue botanique comme d'un point de vue alimentaire (légumes à feuilles, tubercules et à bulbes, à fruits charnus, etc.). Avant de se révéler complémentaires sur le plan nutritionnel, ils ont sans doute joué un rôle d'appoint dans la nourriture des Néolithiques. Même pour le foyer de domestication du Proche-Orient où les données archéologiques ont apporté beaucoup d'informations, on est fort mal enseigné sur les légumes récoltés par ces peuples. Pour les périodes plus tardive où les traces archéologiques restent presque inexistantes et les représentations comme les inscriptions épigraphiques assez rares, la linguistique est souvent d'un grand secours, mais par définition elle n'est possible que pour la période historique. L'ouvrage collectif publié sous la direction de Pitrat et Foury (2003) comble largement la lacune qui existait dans ce domaine de l'histoire des plantes alimentaires ; il y sera largement fait référence dans ce chapitre.

Les légumes racines

Les brassicacées

Le radis (*Raphanus sativus*) fait partie des espèces domestiquées en Occident dont l'origine demeure imprécise car, comme d'autres légumes, il existe plusieurs candidats au rôle d'ancêtre, la domestication a certainement été multiple et bien des hybridations sont possibles : selon Pitrat et Foury (2003), il y aurait au moins 4 ancêtres du radis. L'un d'eux, *R. maritimus*, qui croît sur les côtes de Méditerranée orientale, serait l'ancêtre principal du gros radis noir (*R. sativus 'niger'*) tandis que *R. raphanistrum* subsp. *landra* pourrait être à l'origine du petit radis qui est beaucoup plus récent. Les Égyptiens connaissaient un radis dont il est difficile de dire s'il était cultivé pour sa racine, puisqu'on produisait de l'huile de radis et qu'on consommait sans doute ses feuilles — des cultivars de radis dont on ne mangeait que les feuilles ont subsisté au moins jusqu'au XXe siècle, précisément en Égypte. Les radis à grosse racine sont de loin les plus cultivés, surtout en Extrême-Orient où leur origine, peut-être occidentale, est incertaine. Il existe des types à feuilles pleines ou découpées, les daïkons (*R. sativus 'acanthiformis'*), de très grande taille puisqu'ils peuvent atteindre 15 kg dans les riches sols volcaniques japonais ! La culture de ces gros radis a également gagné le Sud-Est asiatique, l'Inde et l'Indonésie où est apparu un autre type, le mougri (*R. sativus 'caudatus'*) dont la partie comestible recherchée est la silique (un fruit au sens botanique). Peu connue en Europe, cette variété est largement consommée dans le nord de l'Inde. Alors que les petits radis européens sont surtout des légumes à croissance très rapide mangés en entrée, les daïkons sont consommés crus en entrée également, mais aussi cuits ou après macération ou fermentation. Les inflorescences et les jeunes pousses sont appréciées en Thaïlande, et les graines germées sont mangées à la manière de celles du cresson alénois, du colza ou de la luzerne en Europe.

Les racines de *Brassica rapa*, appelées « raves » ou « navets » selon qu'elles sont destinées à l'animal ou à l'homme, n'auraient été connues que plus tardivement. Au Proche-Orient et en Europe, le rôle de la rave dans l'alimentation humaine et dans celle des porcs et des bovins, aujourd'hui modeste, a été considérable, surtout pendant l'hiver, et on en faisait de grosses réserves dans des silos appelés « raviers » (mot longtemps utilisé pour désigner les silos en terre pour pommes de terre ou betteraves). Elle était un peu l'équivalent de la pomme de terre, qui l'a supplantée dès son adoption du fait de sa valeur nutritive nettement supérieure. Olivier de Serres précisait qu'on pouvait cultiver le « naveau » aussi bien pour la racine que pour la graine dont on tirait de l'huile. Au cours des siècles qui ont suivi, des cultivars spécialisés pour l'une ou l'autre production ont apparu ; les types oléagineux portent maintenant le nom de « navette ». Par des croisements accidentels déjà signalé avec son proche parent le chou (*Brassica oleracea*), le navet a donné *Brassica napus*, c'est-à-dire le rutabaga, ou « navet jaune » (et le colza). On connaît mal les dates et les lieux approximatifs de ces croisements fortuits (les croisements dirigés sont tardifs). L'un des derniers lieux est peut-être la Scandinavie, le nom anglais du rutabaga étant *swede*. Notons au passage que Bois considérait le rutabaga comme une variété de navet, mais notait très judicieusement que sa saveur rappelait à la fois le navet et le chou.

En Asie, on ne trouve pas une gamme aussi étendue de légumes racines de la famille des brassicacées. Il existe cependant une sorte de navet qui appartient à une espèce voisine du nôtre, la moutarde chinoise (*Brassica juncea*), dont la forme la plus courante est un légume feuilles. La forme « tubéreuse » de l'espèce, la variété *'napiformis'*, est très peu connue en Occident.

Légumes racines de familles diverses

L'Amérique a fourni les espèces à racines ou des tubercules déjà mentionnées (oca, ulluco, capucine tubéreuse, malanga et surtout pomme de terre) qui méritent tout autant l'appellation de légumes que de racines amylacées sous laquelle elles ont été évoquées ci-dessus. Précisons que le maca (*Lepidium meyenii*), légume racine de la taille d'un radis, fut dédaigné par les Espagnols alors qu'il serait un tonique puissant (Bois, 1927). D'aucuns voient en lui une plante miracle stimulante aux nombreuses vertus qui seraient confirmées par des expériences sur animaux. En Asie, on trouve, outre les brassicacées, le pois manioc (*Pachyrhizus erosus*), originaire des Philippines semble-t-il, et les espèces voisines qui sont remarquables par leur richesse en protéines, exceptionnelle pour une racine. Au cours des siècles passés les Européens ont découvert un petit légume très prisé en Chine ainsi qu'au Japon, une lamiacée (*Stachys affinis*) que les Américains appellent « artichaut chinois » du fait de son goût. Bois et son collaborateur Pailleux le cultivèrent dans leur jardin d'acclimatation situé à Crosne puis, à la suite du succès rencontré, le commercialisèrent sous le nom de « crosne ». Il est toujours cultivé comme légume de luxe mais à une échelle très modeste.

La betterave (*Beta maritima*) et sa domestication ont été mentionnées à propos de la production de sucre. Depuis la sélection de bettes méritant le nom de « betterave potagère », de nombreux cultivars à racine de forme et de taille très variables, de couleur jaune, blanche ou plus souvent rouge ont été obtenus. Ce légume racine a une composition originale, ne serait-ce que par sa richesse en fibres.

Carotte et autres légumes racines de la famille des apiacées

La carotte (*Daucus carota*) apparaît à première vue comme une domestication pour partie asiatique et pour partie européenne d'une plante sauvage des plus courantes (Pitrat et Foury, 2003). On n'a pu identifier le ou les légumes racines que les Romains nommaient *daucus* et *carotta*, et on considère généralement que la carotte telle que nous la connaissons est d'origine afghane. Sa racine, d'abord mince, plus ou moins tordue et fibreuse, a été améliorée très progressivement, le cœur dur et fibreux n'ayant disparu des cultivars courants qu'au XXe siècle. Dans les types anciens supposés proches de la carotte afghane, elle avait une couleur rouge à rouge pourpre due à un anthocyane. Ce cultigroupe au feuillage vert glauque et au

Figure VIII.9. Évolution du céleri : à gauche, le type à côtes, au centre le type « à couper », et à droite le type bulbeux. Extraits de Bois (1927).

port peu dressé a été apporté jusqu'en Andalousie par les Arabes. Parmi les carottes blanches ou jaunes cultivées plus tardivement en Europe, est apparu une variété à racine orangée ou rouge orangé à partir du XVIIe siècle. Sa culture s'est répandue très rapidement dans presque tous les pays du monde au détriment des variétés blanches ou jaunes qui ont presque disparu. Elle diffère de la carotte sauvage européenne qui est annuelle et n'aurait donc pu contribuer que faiblement au pool génétique des cultivars modernes, toujours bisannuels. De nombreuses variétés hybrides sont aujourd'hui cultivées en Occident (Doré et Varoquaux, 2006). Ce légume très populaire est un ingrédient pour ainsi dire obligatoire des potages et de nombreux plats. Sa richesse en amidon lui confère une valeur énergétique bien supérieure à celle des raves ou navets mais inférieure à celle de la pomme de terre. Il est parfois consommé cru, la carotte râpée étant la première recette créée ni par l'empirisme des ménagères, ni par un chef cuisinier, mais par un diététicien, en l'occurence Gaylord Hauser (qui n'aurait cependant fait que retrouver une recette d'Apicius). Si les cultivars fourragers, à très grosse racine, souvent destinés aux chevaux, sont devenus rares, on trouve encore au Japon des carottes de taille imposante et de couleur orangée parmi les légumes. La carotte occupe le 10e rang dans les statistiques de production légumière mondiale.

Le panais (*Pastinaca sativa*), d'origine européenne, est un proche parent de la carotte. Les descriptions de légumes racines pouvant correspondre à l'une ou l'autre espèce dans les textes latins, elles ne permettent pas d'attribuer avec certitude un nom à chacun. Cependant, le panais était probablement cultivé à l'époque romaine et il l'était à coup sûr pendant le haut Moyen Âge. Il est aujourd'hui surtout apprécié dans les pays anglo-saxons.

Le céleri (*Apium graveolens*) est une autre apiacée d'origine européenne dont l'ancêtre sauvage, l'ache, assez courant en montagne, se trouve aussi dans quelques potagers à titre d'herbe aromatique. Une forme « tubéreuse » qui n'en est pas une pour les botanistes), le céleri-rave (*Apium graveolens 'rapaceum'*), apparue tardivement sans doute en Allemagne au XVIIe siècle, a été longtemps considérée comme une simple curiosité. Elle ne s'est répandue que lentement en Europe et demeure très peu connue en Amérique du Nord. On peut citer dans la même famille le chervis (*Sium sisarum*) dont les racines assez petites et tortueuses ont un goût de patate douce. Mais c'est aujourd'hui surtout un légume du passé. En revanche, le cerfeuil tubéreux (*Chaerophyllum bulbosum*), bien qu'assez difficile à cultiver, figure toujours parmi les légumes de luxe tant la finesse de sa chair dont le goût rappelle celui de la châtaigne est délicate. C'est une plante dont l'origine et la domestication semblent se situer en Europe de l'Est et qui n'a été connue en Europe occidentale qu'au XIXe siècle seulement (Bois, 1927). La pomme de terre céleri, ou « aracacha » (*Arracacia xanthorrhiza*) semble avoir trouvé peu de conditions de favorables loin de ses Andes natales. La carotte en arbre (*Monizia edulis*), de Madère, est conservée dans quelques jardins botaniques.

Légumes racines de la famille des asteracées

Le salsifis (*Tragopogon porrifolium*) et la scorsonère (*Scorzonera hispanica*) sont deux légumes racines très voisins de domestication récente. Ils sont arrivés à un demi-siècle d'intervalle, le premier d'Italie (Serres, 1600), la seconde peut-être d'Espagne où elle a été recherchée d'abord pour des vertus médicinales supposées. Leur texture plaisante et leur saveur goûteuse sont recherchées, quoique leur teneur élevée en inuline au lieu d'amidon provoque des flatulences. Les deux légumes sont souvent confondus par les consommateurs, bien que le premier ait des racines blanches et la seconde des racines noires plus longues contenant un latex qui tache les mains. La scorsonère est plus fréquemment cultivée (Bois, 1927 ; Pitrat et Foury, 2003).

Légume typiquement japonais, le gobo (*Lappa edulis*) est une bardane très proche des bardanes sauvages japonaises ou européennes. Sa racine atteint une taille imposante mais elle durcit en fin de saison, et son goût particulier explique sans doute le peu de succès qu'il a eu Occident. Une autre astéracée originaire des régions de Colombie, le yakon (*Polymnia edulis*), est cultivée dans les zones subtropicales de la Cordillère des Andes. Sa grosse racine tubéreuse rappelant celle du dahlia contient de l'inuline, et son goût est douceâtre. Sa culture a un temps été envisagée par les Français pour la production d'alcool au Maroc, mais elle est restée au stade de curiosité dans les potagers.

Les légumes bulbes

Dans la catégorie des légumes bulbes figurent d'abord l'oignon, les échalotes et l'ail qui appartiennent au même genre décrit de manière détaillée par Messiaen *et al.* (1993). Les *Allium* alimentaires cultivés — dont la classification botanique a été profondément remaniée — forment une véritable nébuleuse où l'on trouve à la fois des plantes à bulbes et des légumes feuilles. C'est également l'exemple le plus frappant de domestication vicariante fréquente dans les parties occidentales et orientales de l'Eurasie. L'oignon proprement dit (*Allium cepa*) a pour ancêtre le plus probable *A. vavilovii*, qui croît en Asie centrale. Il existe également 4 autres espèces voisines, toutes d'Asie centrale, qui occupent des aires distinctes et qui ont pu contribuer à la genèse de l'espèce cultivée.

Figure VIII.10. L'oignon, le légume bulbe le plus courant. Extraits de Bois (1927).

La plupart des échalotes (*Allium cepa aggregatum*) forment un groupe à part que Linné avait classé dans une espèce distincte de l'oignon alors qu'il s'agit d'oignons à caïeux à reproduction végétative. Il existe cependant une exception au rattachement des échalotes à l'espèce *A. Cepa*, celle déjà mentionnée de l'échalote grise, espèce normalement stérile connue pour ses particularités marquées et qui a pu être récemment identifiée à une espèce connue à l'état sauvage, *A. oschaninii*. L'ail (*A. sativum*) est également d'origine centre-asiatique. Il est très proche de certains poireaux (*A. ampeloprasum*) que l'on multiple par caïeux et qui, eux, sont originaires de la partie occidentale de l'Eurasie ; il existe d'ailleurs des hybrides entre poireaux et ails (Messiaen *et al.*, 1993). Les Chinois ont également un ail, *A. chinense*, d'origine distincte de celui d'Occident et qui croît à l'état sauvage dans leur pays.

Les échalotes cultivées en Europe sont des légumes très aromatiques, des sortes de condiments servant à l'assaisonnement des plats tandis que les variétés cultivées en Afrique ou en Indonésie — sur une très grande échelle — sont accommodés comme des oignons ordinaires. D'autres espèces n'ont jamais atteint le stade de la culture à grande échelle et elles sont restées des légumes ou des condiments appréciés par un petit nombre de personnes, parfois même des curiosités ; tel est le cas de deux alliacées se multipliant ni par graines ni par caïeux mais par bulbilles aériens : l'oignon ou ail rocambole (*Allium scorodoprasum*), d'origine méditerranéenne, et l'oignon de Catawissa » (*A. cepa* var. *'proliferum'*). Leurs bulbilles aériennes peuvent servir à assaisonner des mets comme les échalotes ou être confis dans le vinaigre, donnant alors des produits d'excellente qualité.

La culture de l'ail, de l'oignon et des échalotes, comme celle du poireau et de plantes voisines — ciboule, ciboulette (cf. chapitre IX) — est typique de la cuisine de l'Ancien Monde. L'oignon, au rendement élevé, est cultivé aussi bien à grande échelle que dans les potagers familiaux, aussi bien dans les pays à hivers rudes qu'en Afrique et Asie tropicales ; il s'agit de cultivars à jours longs dans le premier cas et de cultivars à jours courts dans le second. L'oignon est une bonne source de vitamine C, et on a émis l'hypothèse qu'il tenait à ce titre le rôle du citron chez les marins-pêcheurs bretons ; c'est aussi un légume équilibré, assez riche en fibres et en amidon et à teneur en protéines non négligeable. Pour les cuisiniers, c'est un assaisonnement qui relève la saveur de nombreuses préparations. L'ail, connu depuis la haute antiquité, est originaire d'Asie centrale, tout comme l'oignon. La plante semble avoir migré vers l'ouest. Nous avons vu qu'elle était déjà connue et appréciée des Égyptiens. Elle a servi à aromatiser bien des aliments, à commencer par le pain, mais aussi les soupes, les viandes, les sauces, les salades, certaines charcuteries, etc. Ses propriétés médicinales puissantes et nombreuses, en particulier vermifuges et tensioactives, sont connues depuis longtemps par tous les peuples Elle a parfois été considérée comme un véritable remède universel. Les *Allium* servant de condiments sont évoqués dans le chapitre IX.

Les Amérindiens n'ont domestiqué que très peu d'alliacées alors qu'ils en récoltaient beaucoup dans la nature. Le père Jacques Marquette et ses hommes vécurent pendant toute la période où ils explorèrent l'actuelle région de Chicago en ne mangeant presque que des *Allium* sauvages dont *A. cernuum* (un oignon sauvage cultivé pour ses très belles fleurs) et *A. canadense* (le *tree onion* des anglophones). L'« ail de montagne » mangé à Cuba appartiendrait à la même espèce.

Les légumes feuilles

Des feuilles de plantes sauvages, d'adventices ou de plantes cultivées sont mangées par tous les peuples dès lors qu'elles cumulent au moins les qualités suivantes : absence d'amertume et de toxicité, tendreté et faible teneur en fibres coriaces. Dans les pays à saisons bien marquées, elles apparaissent avant les fruits et les racines chargées de réserves. Les feuilles trop petites ou trop minces sont bien entendu écartées de la collecte, à l'inverse de celles qui sont grandes, charnues et de saveur douce, acidulée ou légèrement piquante. Elles sont mangées crues ou cuites, en salade ou en épinards selon les termes de la cuisine actuelle. Leur inventaire exhaustif est impossible à établir. Dans l'Ancien Monde et plus spécialement en Eurasie, une famille domine cependant les légumes feuilles, tout comme elle avait dominé celle des légumes racines : celle des brassicacées.

Le chou

La saveur originale prononcée, parfois piquante, parfois moutardée des brassicacées a certainement contribué à l'intérêt très ancien de l'homme pour cette famille où, par ailleurs, on ne trouve jamais d'alcaloïdes. Les brassicacées doivent aussi une partie de leur succès dans les domestications humaines à leur aptitude très prononcée à l'hybridation interspécifique rappelée dans l'encadré VIII.3. Dans les premiers empires du Moyen-Orient, on a cultivé le cresson alénois (*Lepidium sativum*) dont les graines ont été retrouvées dans les tombeaux de l'époque. Les jeunes pousses de cette plante au goût très relevé peuvent constituer une salade ou un assaisonnement, et jouait peut-être aussi le rôle d'antiscorbutique[1]. Plus tard, le cresson de fontaine (*Nasturtium officinale*), légume sauvage de saveur puissante et plaisante recherché depuis l'Antiquité, est devenu un assaisonnement apprécié et un antiscorbutique dont la culture s'est répandue à partir du XVIIIe siècle dans toute l'Europe, puis bien au-delà.

L'importance des deux cressons est très minime à côté de celle du chou. Cette dernière espèce ne descend pas de *Brassica sylvestris*, ancêtre sauvage bien défini, mais d'un véritable complexe d'espèces toutes côtières et européennes. Ce légume passait chez les Romains, qui ne cultivaient pas encore d'agrumes, pour un véritable légume de santé, une panacée écartant tous les maux, ce que l'on peut expliquer aujourd'hui par son apport de vitamines et en particulier

---

1. Selon une hypothèse personnelle, grâce à sa culture très facile et très rapide (on peut obtenir en quelques jours des pousses comestibles sur simple support d'étoffe mouillée), il pouvait constituer l'antiscorbutique des villes assiégées qui faisaient douter Lind de l'origine purement alimentaire du scorbut. Il a été utilisé de cette façon pendant le siège de Paris en 1870, mais c'était bien après les travaux de Lind.

Encadré VIII.3. L'importance des brassicacées alimentaires.

Les brassicacées forment dans le monde eurasiatique un ensemble unique de légumes, plantes vivrières, oléagineux ou même garnitures et assaisonnements. La partie comestible est ou a été des plus variables : feuilles, racines, tiges, fleurs, graines (oléagineuses) et même fruits (siliques), et ce souvent au sein d'une même espèce. La famille compte des milliers d'espèces réparties dans presque toutes les régions tempérées. Le chou (*Brassica oleracea*) est non seulement doué d'une plasticité exceptionnelle, mais, de surcroît, il a pu se croiser avec plusieurs espèces voisines et engendrer de nouvelles espèces cultivées comme illustré ci-dessous.

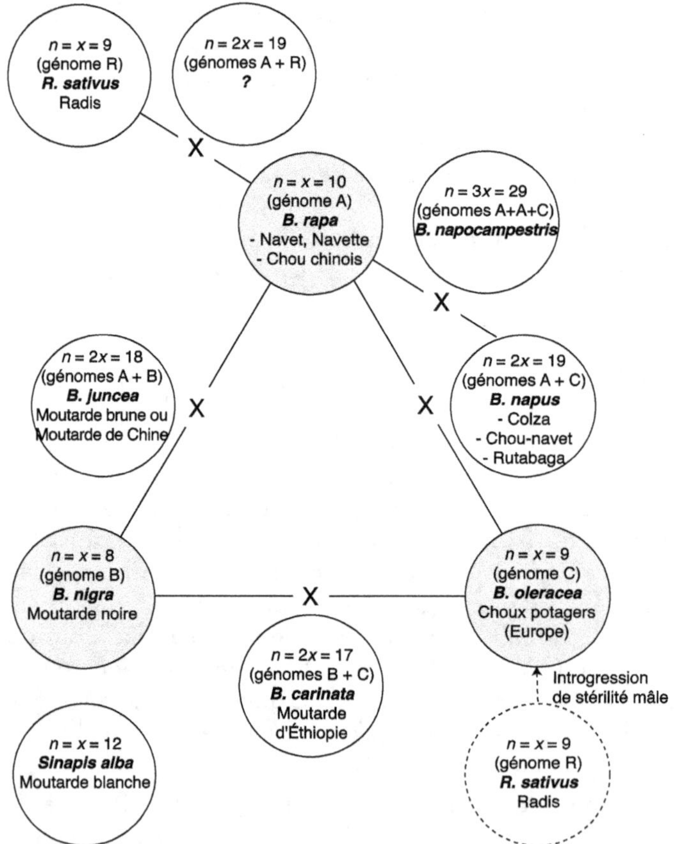

Phylogenèse des brassicacées cultivées (Pitrat et Foury, 2003)

Comme l'hybridation du chou avec le navet (ou navette) a produit le rutabaga (ou colza), avec la moutarde noire elle a donné la moutarde d'Éthiopie tandis que la moutarde brune a résulté de l'hybridation de la moutarde noire avec le navet. Hybridation plus complexe entre colza et navette, *B. napocampestris* porte 2 génomes de la navette et un du chou. On soupçonne également l'existence de croisement du radis avec la rave et on a pu utiliser l'hybridation du radis avec le chou pour introduire la stérilité mâle par introgression en vue de la création d'hybrides.

de vitamine C. On a peine à identifier les variétés de choux cultivés par les Romains, mais à coup sûr ils ne connaissaient pas l'ensemble des cultigroupes qui existent aujourd'hui (figure VIII.11). La variabilité inhabituelle du chou pourrait s'expliquer en partie par des domestications multiples de sous-espèces sauvages distinctes mais interfertiles aboutissant à l'espèce domestique. Ainsi le chou-fleur (*B. oleracea* var. '*botrytis*') dérive-t-il probablement de *B. cretica* et non de *B. sylvestris* de l'Ouest européen. Quoi qu'il en soit, la variabilité de l'espèce cultivée touche aussi bien le développement et la morphologie des organes foliaires ou floraux que ceux des tiges et racines, et elle a donné naissance aux choux fourragers — chou à moëlle, chou cavalier (sans tête) — aux choux frisé, cabus, pommé, au chou-rave, aux choux cauliflores (chou-fleur et brocolis), etc. La divergence entre les cultigroupes est telle que dans les statistiques, le chou et le chou-fleur sont généralement considérés comme des légumes distincts.

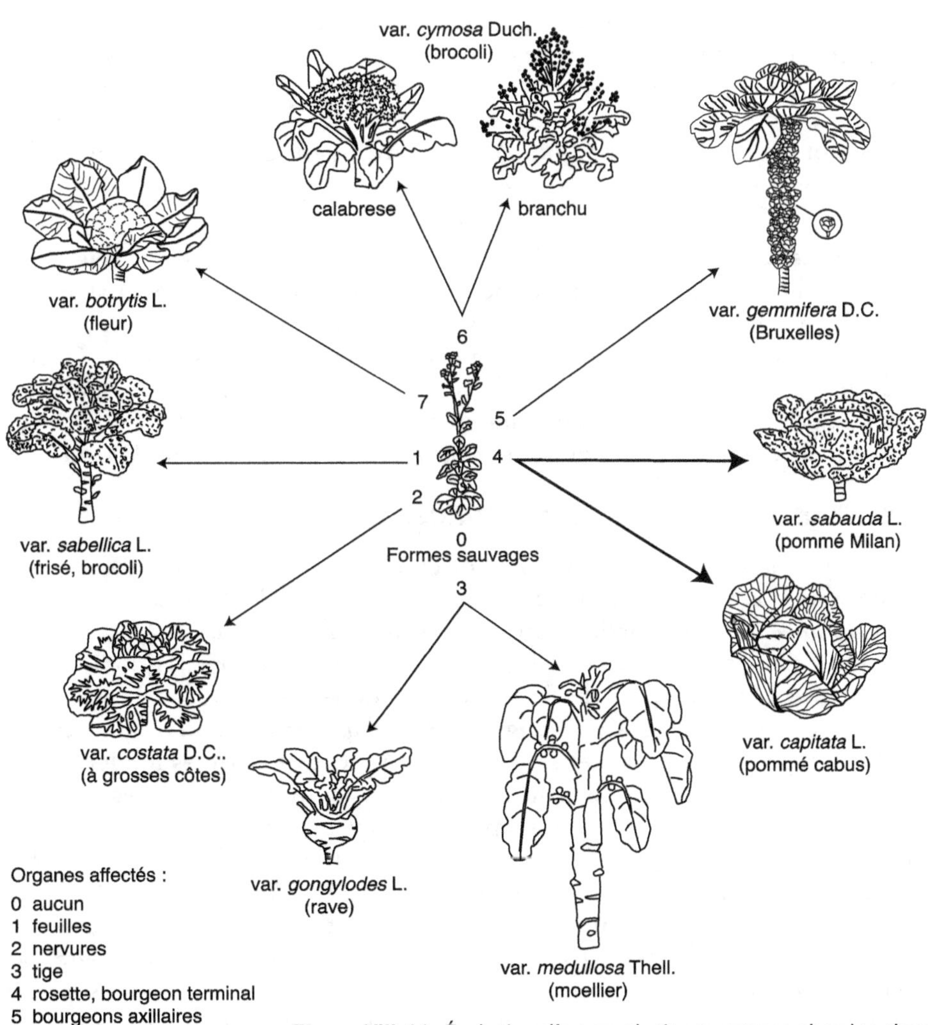

Figure VIII.11. Évolution d'un ou plusieurs organes chez les choux (*Brassica oleracea*). *Source* : Pitrat et Foury (2003).

Les choux branchus sont peu différents des types sauvages et sont encore cultivés au Portugal comme dans une de ses anciennes colonies, la Malaisie. Beaucoup plus courant, le chou pommé et ses multiples variantes ont représenté une part considérable des légumes des Occidentaux pendant des siècles. C'est seulement à partir du XXe siècle que sa consommation a chuté en Europe comme en Amérique du Nord. Cependant la choucroute demeure populaire, de même que le chou pommé apprêté de diverses façons dans les pays d'Europe de l'Est aux hivers rudes. C'est par ailleurs le seul légume feuille que l'on puisse mettre à l'abri du gel et conserver « frais » pendant des mois — en suspendant la plante entière dans des caves, pomme en bas et racines en l'air. Les autres formes de chou, en particulier le chou de Bruxelles, le chou-fleur et le brocolis, ont partiellement compensé le déclin du chou pommé. Le chou-fleur qui est une création italienne déjà ancienne (Olivier de Serres le désignait toujours par son nom italien) n'a pas une valeur nutritive comparable au chou pommé, mais c'est pour les gastronomes un légume plus délicat. Les brocolis, qui sont soit des repousses de choux pommés soit des choux-fleurs verdis par le soleil, sont d'un goût plus prononcé et bénéficient d'une teneur plus élevée en antioxydants et en caroténoïdes. Ils sont de ce fait recommandés par les diététiciens Parmi les autres cultigroupes originaux, le chou-rave, qui est en fait un renflement de la tige, mérite une mention pour sa chair délicate tant qu'il est jeune.

Les Chinois cultivent des brassicacées alimentaires présentant une grande analogie avec les nôtres. Pourtant, comme déjà mentionné, il s'agit de navets sélectionnés pour leurs feuilles qui ont pris l'apparence de choux à pommes lâches (pak choï) ou serrée (pé-tsaï) mais qui ont gardé une saveur bien spécifique. C'est un bel exemple de domestication vicariante. Les Chinois ont beaucoup plus que les Occidentaux conservé l'habitude de manger des moutardes qui correspondent d'ailleurs à la moutarde brune, un hybride de la moutarde noire et de navette. Ce légume est maintenant largement cultivé non seulement en Asie, mais aussi en Afrique.

Autres légumes à feuilles consommées cuites

Des alliacées, et en tout premier le poireau (*Allium ampeloprasum*), occupent également une bonne place parmi les légumes feuilles. Ce légume est assez proche de l'ail quoique d'origine méditerranéenne et non d'Asie centrale et il aurait été domestiqué à trois endroits différents : Égypte, Iran et Europe, la domestication égyptienne précédant de plus de 30 siècles l'européenne (Pitrat et Foury, 2003). Une espèce voisine, le poireau des vignes (*A. polyanthum*), est à l'origine de l'ail à gros caïeux, espèce hexaploïde et stérile. Les poireaux de variétés modernes ne se reproduisent plus que par graines, mais les anciens cultivars multipliés par caïeux sont encore cultivés par des amateurs, parfois pour la seule hampe florale mangée à la manière des asperges. Le poireau, légume très goûteux, est devenu comme la carotte un ingrédient presque indispensable des soupes européennes. Sans nous attarder davantage sur la nébuleuse des *Allium* cultivés, nous mentionnerons la ciboule orientale (*A. fistulosum*) et les deux plantes appelées « ciboulettes », la chinoise (*A. tuberosum*) et l'européenne (*A. schoenoprasum*) qui ne se ressemblent guère tout en ayant à peu près le même usage culinaire. Le poireau n'a pas vraiment d'équivalent en Chine, bien que certains cultivars de ciboulette chinoise à

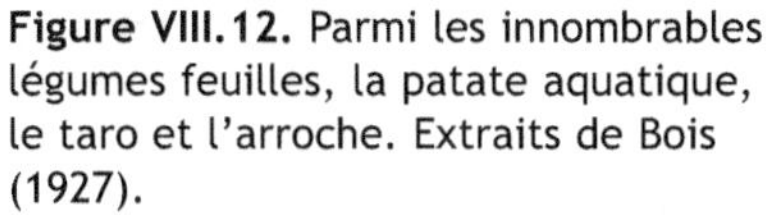

Figure VIII.12. Parmi les innombrables légumes feuilles, la patate aquatique, le taro et l'arroche. Extraits de Bois (1927).

feuilles assez larges aient la même utilisation que nos poireaux : les feuilles sont mises dans les soupes et les hampes florales sont mangées à la manière des asperges, comme l'étaient celles de nos poireaux il fut un temps en France.

Il est illusoire de prétendre à un inventaire exhaustif des plantes dont les feuilles sont ou ont été consommées cuites comme celles du chou ou de l'épinard. Dans l'Antiquité, les feuilles de bette (*Beta maritima*) l'ont été en grandes quantités avant que l'espèce ne donne des cultivars à larges côtes : les bettes à carde, ou « poirées ». On nomme parfois ceux-ci « blette » car ils ont remplacé la vraie blette (*Amarantus blitum*) dont la feuille était autrefois consommée en épinard. Les Romains consommaient aussi des épinards (*spinacia* en latin de l'époque) qui n'étaient pas obligatoirement notre *Spinacia oleracea*, car le plat portant ce nom pouvait être fait avec bien d'autres espèces. Parmi celles que l'on peut qualifier de « vicariantes de l'épinard », on peut citer plusieurs oseilles (dont *Rumex patientia* à larges feuilles) et des mauves (dont *Malva crispa*) qui ont connu le même usage, l'arroche ou « bonne-dame » (*Atriplex hortensis*), mais aussi la laitue, la bourrache, et bien d'autres espèces (cf. encadré VIII.4). Les Chinois, les Japonais et les Coréens font une grande consommation de feuilles de chrysanthèmes qui surprend les Occidentaux. Il s'agit de cultivars de l'espèce *Chrysanthemum coronaria*, celle-là même qui est à l'origine des innombrables formes ornementales. On peut aussi mentionner la tétragone (*Tetragona expansa*), le seul légume importé du continent australien. Il en existe bien d'autres, souvent oubliés et pas nécessairement dépourvus d'intérêt pour autant.

Légumes feuilles consommés crus

La liste des légumes dont les feuilles se mangent crues est moins longue que celles des épinards et de leurs succédanés. Elle correspond à des plantes aux feuilles tendres dont la saveur est quelquefois relevée (choux, moutardes et cressons, oseilles, etc.) mais plus souvent assez neutre, douce comme la laitue, la mâche, la claytone de Cuba (*Claytonia perfoliata*) ou le pourpier[1]. Alexandre Dumas père appréciait les jeunes feuilles d'acanthe (*Acanthus mollis*) qui ont un goût de laitue mais semblent ne jamais figurer dans les ouvrages classiques. La consommation de ces verdures implique aujourd'hui l'assaisonnement avec des sauces, le plus

---

[1] En 1819, un dénommé William Cobbett décrivait le pourpier comme « une adventice nuisible que les cochons et les Français mangent quand ils n'ont rien d'autre » (Hedrick, 1976).

Encadré VIII.4. Quelques légumes feuilles consommés « en épinards ».

Les plantes autrefois transformées en « choucroute » (cf. encadré VI.7) étaient sans doute aussi souvent consommées cuites à la manière des « épinards ». En Europe, aux feuilles déjà citées il faut en ajouter d'autres, très diverses, telles que la laitue, la bourrache d'Orient (*Trachystemon orientale*) aux feuilles immenses et mucilagineuses, la buglose (*Anchusa sempervirens*), la luzerne (*Medicago sativa*), le chénopode Bon-Henri (*Chenopodium bonus-henricus*), d'autres chénopodes adventices, des moutardes, un sarrasin vivace (*Polygonum cymosum*), la claytone de Cuba (*Claytonia perfoliata*) et beaucoup d'autres.

Dans les pays chauds, la liste est longue. Outre les feuilles de taros, de manioc ou la patate aquatique, on peut citer les amaranthes, qui sont fréquemment consommées en Chine, en Inde, en Indonésie, mais aussi aux Antilles et ailleurs. Les Hollandais anciens expatriés en Indonésie ont rapporté *Amaranthus gangeticus* qu'ils cultivent aux Pays-Bas sous le nom de « tampala de Fordhoock », la baselle (*Basella rubra*), le chou des îles mélanésiennes (*Abelmoschus manihot*). Parmi les plantes dont les feuilles sont cultivées pour des raisons diverses, figurent la ketmie comestible (*Corchorus olitoria*) qui produit par ailleurs une fibre textile, le jute, et dont une variété est cultivée en Europe comme arbuste décoratif, la boussaingaultie (*Boussaingaultia baselloïdes*) souvent plantée pour garnir les tonnelles, plusieurs cucurbitacées dont la gourde, la courge cireuse (*Benincasa hispida*), la chayotte et la momordique à feuilles de vigne (*Momordica charantia*)*, le gombo, le papayer, les jeunes pousses de plusieurs fabacées dont le pois de nos jardins, la dolique lablab (*Dolichos purpureus*) et le pois carré (*Psophocarpus tetragonolobus*). Les choux palmistes (nombreuses espèces) fournissent un gros bourgeon mangé à la manière d'un chou**. On peut rappeler les brèdes, ainsi nommées par les Français d'outre-mer, plantes qui n'ont en commun avec les précédents que le fait de pouvoir se manger à la façon des épinards. La brède morelle n'est autre que la forme protodomestique d'une adventice cosmopolite, la morelle noire (*Solanum nigrum*), connue pour ses baies toxiques. La brède mafane, ou « cresson de Para » (*Spilanthes oleracea*), a la curieuse propriété d'endormir momentanément les papilles gustatives.

*Pour cette espèce, seules les feuilles jeunes sont consommées ; plus âgées, elles deviennent amères et même toxiques (Walter et Lebot, 2003).

** Seule la récolte des « choux » des rares palmiers multipliants (drageonnants) comme *Guilielma gasipaes* peut se faire sans entraîner la mort de l'arbre (Le Bellec et Renard, 2002).

souvent à base d'huile et de vinaigre. Ce rôle a été tenu par des garnitures de salade, des plantes à tendance aromatique relevant ou rectifiant le goût. Parmi celles-ci, on peut mentionner la pimprenelle, la roquette, le cresson alénois, la menthe qui rencontre encore la faveur des cuisiniers et cuisinières, mais il en existe encore beaucoup d'autres. On peut noter que la récolte de légumes sauvages ou d'adventices n'a pas disparu dans ce secteur. Le pissenlit est traditionnellement récolté dans de nombreux pays d'Europe ; s'il a acquis le statut de plante cultivée en France au XIXe siècle — ses graines ont été exportées jusqu'aux États-Unis —, il est resté un légume très mineur. La mâche, qui porte le nom de « *corn salad* » en Grande-Bretagne, était avant l'emploi des désherbants sélectifs une adventice des céréales souvent récoltée dans les champs ; on ramassait également des laitues et des chicorées sauvages (Maisonneuve, 2003 ; Bannerot *et al.*, 2003).

Encadré VIII.5. Quelques garnitures de salade.

Dans cette catégorie de plantes très diverses, d'autant plus nombreuses que la cuisine était raffinée, La Quintinie ne cultivait pas moins de 30 espèces environ (aromatiques comprises) pour 50 de légumes. Parmi ces plantes garnitures, on peut citer :
— des brassicacées aromatiques comme le cresson, le cresson alénois, la roquette, la bourse à pasteur, les « nasitors » (*Barbarea* sp. ou espèces voisines) parfois connus sous le nom de « cresson de terre », des moutardes ;
— des alliacées comme la ciboulette, la ciboulette chinoise, la ciboulette du Portugal (*Allium lusitanicum*) voisine de la précédente, l'oignon blanc, l'ail, les échalotes ;
— des plantes diverses comme la pimprenelle, des oseilles pas trop acides, le fenouil, l'aliaire, le persil, l'estragon (*Artemisia dracunculus*), le basilic, l'estragon sauvage (*Achillea millefolium*) ;
— La Quintinie en a planté d'autres plus inattendues au nom souvent oublié : le baume (menthe), l'aleluya (*Oxalis corniculata*) le tripe-madame (*Sedum* sp.), le perce-pierre (*Crithmum maritimum*), l'alfange ou « maceron » (*Smyrnium olusatrum*) ;
— des fleurs comme celle de la capucine, de choux ou d'espèces voisines. En Extrême-Orient, on utilise celles de chrysanthème et de divers *Allium* ;
— les alliacées dont les feuilles sont consommées crues en assaisonnement sont mentionnées dans le chapitre IX.

Les salades produites dans les potagers familiaux ou par les maraîchers des pays tempérés correspondent essentiellement à deux types de plantes : la laitue (*Lactuca sativa*) et les chicorées (*Cichorium* sp.). La culture de la laitue semble avoir été connue des Égyptiens à une époque très reculée mais on ignore l'usage précis qu'ils en faisaient — salade, « épinards », médicament, plante oléagineuse, etc. L'ancêtre sauvage de ces premières laitues pourrait être une plante du genre que l'on trouve aujourd'hui au Kurdistan (*L. serriola*). Cependant, des hybridations avec trois espèces sauvages du genre *Lactuca* (toutes à 18 chromosomes) qui poussent jusqu'en Europe occidentale ont depuis pu être réalisées. Après son introduction en Amérique, des hybridations se sont produites avec des espèces à 16 chromosomes inexistantes en Eurasie : les hybrides à 34 chromosomes ne se croisent plus avec celles de l'Ancien Monde. Il n'est pas certain que le début de la culture de cette plante ait été motivé par l'alimentation ; les vertus dormitives bien connues de la laitue sont due à la présence d'opiacées, et il a existé des feuilles de laitues à fumer. La laitue était devenue une salade cultivée par les Grecs, les Romains et les Perses depuis le milieu du Ier millénaire av. J.-C. Elle semble avoir atteint la Chine tardivement et y a donné naissance à des cultivars très différents de ceux d'Europe, les romaines-asperges (*L. sativa asparagina*) dont on ne consomme que l'épaisse tige cuite. En Europe, le nombre de variétés pommées a commencé à croître à partir du XVIIᵉ siècle. Il est aujourd'hui en pleine explosion en Europe alors qu'une seule variété a pris la part du lion sur le marché des États-Unis et du Canada. De par sa richesse en eau, c'est l'une des plus pauvres en vitamines et en minéraux (Maisonneuve, 2003).

Les chicorées blanche (*Cichorium endivia*) et « sauvage » (*C. intybus*) sont toutes deux des plantes ramassées de longue date. Dès l'époque antique, les Hébreux devaient manger pendant la Pâques du pain azyme et des « herbes amères » qui comprenaient probablement la chicorée et la laitue sauvages. En Europe occidentale, les deux chicorées n'ont sans doute été cultivées que depuis le Moyen Âge, et la chicorée blanche semble provenir du croisement de *C. intybus* avec l'espèce *C. pumilum*. La domestication dans la zone méditerranéenne est probable. En France, on distingue depuis longtemps une chicorée frisée et une scarole qui sont l'une et l'autre des variétés de chicorée blanche. La chicorée dite « sauvage » a été améliorée par les Italiens et la délicatesse des chicorées étiolées était appréciée dès le XVIIᵉ siècle ; on en a tiré la barbe de capucin à feuilles étroites. L'existence de types de chicorée sauvage à grosses racines a petit à petit conduit à la production d'un magnifique légume que les Belges, inventeurs de la phase finale peu avant 1900, nommèrent « chicon » et les Français « endive ». Une amélioration variétale a depuis largement favorisé la production de ce légume aujourd'hui très populaire. La chicorée à café n'est qu'une race de chicorée sauvage, bien que les racines qui ont servi à la production des endives ne soient jamais réutilisées pour la fabrication de chicorée à café (Bannerot *et al.*, 2003).

Les légumes fruits charnus

Dans l'Antiquité méditerranéenne, les légumes fruits ne comprenaient guère que quelques cucurbitacées, mais ni les courges ni les citrouilles (qui n'apparaissent que dans les erreurs de traduction), ni le melon n'en faisaient partie. On ne connaissait aucune des solanacées à fruit ou à tubercule qui ont aujourd'hui pris une telle place dans la cuisine de la plupart des pays qu'ils paraissent indispensables.

La tomate, les piments, l'aubergine et les solanacées secondaires

La tomate (*Lycopersicum esculentum*), originaire des Andes septentrionales, était un légume mineur chez quelques peuples de l'Amérique préhispanique. Elle semble même être restée à l'état d'adventice dans sa zone d'origine, où seule la forme sauvage, *Lycopersicum esculentum 'cerasiforme'*, était récoltée. Sa domestication et sa culture ont été l'œuvre des Aztèques qui cultivaient déjà des coquerets qu'ils appelaient *tomatl*, et ce à plusieurs milliers de kilomètres de l'aire d'origine. La nouvelle solanacée cultivée est devenue *ji tomatl*, d'où les Espagnols ont tiré le mot *tomata*. Ces premières petites tomates cultivées servaient plutôt d'assaisonnement que de légume au sens où nous l'entendons. L'espèce domestique n'est que l'une des 9 espèces sauvages de *Lycopersicon* qui forment un pool génique aujourd'hui précieux pour l'introduction de gènes de résistance à diverses maladies, au froid, à la salinité (Laterrot et Philouze, 2003). Ce seront les Européens, et en premier des Italiens (alors sujets de l'empire espagnol) qui entreprirent les premières cultures en Europe, avec des variétés jaunes qui ont donné le nom de *pomodoro* en italien. Ils développèrent des cultivars à fruits beaucoup plus gros, différant aussi par leur forme, leur couleur, ainsi que leurs aptitudes culturales. Et pourtant, ce légume suscita beaucoup de méfiance et ne s'imposa qu'à la fin du XIXe siècle dans toutes les campagnes européennes. Dès les années 1920, les Américains furent à l'initiative d'un vaste programme d'amélioration rationnelle qui se poursuit dans de nombreux pays. Ce légume fruit alimente aussi bien la consommation familiale, le petit ou le grand commerce de produits frais qu'une importante industrie de conserverie et de fabrication de sauces. Chose assez rare, certaines formes de l'espèce sauvage sont cultivées du fait de leur goût plus prononcé que celui des innombrables cultivars. Il en est de même d'une espèce voisine, *Lycopersicon pimpinellifolium*, qui reçoit alors le nom de « tomate groseille » bien qu'elle ne soit pas une tomate à proprement parler. La tomate occupe aujourd'hui le 2e rang des productions mondiales de légumes, juste après la pomme de terre, et sa consommation est en constante augmentation.

Le piment (*Capsicum* sp.), originaire de régions allant du nord de la Cordillère des Andes au Mexique actuel, est un autre cas où un ensemble d'espèces sauvages forme un vaste pool génique. Les Amérindiens en avaient, dès le Néolothique, tiré des plantes extraordinairement diversifiées à partir de formes domestiquées à deux endroits différents au moins : le Pérou et le Mexique actuels. Les généticiens et les taxonomistes distinguent 22 espèces sauvages et 5 domestiques ! Parmi ces dernières, les plus importantes sont *C. pubescens*, cultivé à l'origine sur le versant est des Andes et *C. baccatum* 'pendulum' sur le versant ouest et un troisième groupe semblant descendre d'espèces sauvages plus nordiques. Il aurait donné naissance à 3 espèces cultivées : *C. chinense, C. frutescens et C. annuum*. De nos jours, malgré la circulation des cultivars récents sur le continent américain, on retrouve une grande persistance des anciennes espèces et cultivars sur les sites présumés de leur domestication. À l'arrivée des Espagnols, le piment était utilisé par les Amérindiens pour relever la saveur du maïs ou d'autres plats, et il existait déjà des cultivars aussi nombreux que variés, dont certains à fruits très petits et très brûlants que les conquérants Espagnols n'ont pas hésité à appeler *pimentos*, c'est-à-dire « poivres mâles ». Le piment qui apportait aussi des vitamines et qui augmente facilement la transpiration a connu une diffusion rapide dans toutes les régions chaudes de l'Ancien Monde. Les Européens ont créé des types à gros fruits et de saveur beaucoup plus douce, les poivrons, qui sont des légumes à peine épicés. Dans les pays chauds, les types à fruits brûlants sont de loin l'épice la plus utilisée, celle que l'on peut cultiver sans difficulté. Les statistiques mondiales qui recouvrent un ensemble hétéroclite de minuscules fruits brûlant et de poivrons « doux » placent le piment en 11e position des légumes produits dans le monde, derrière la carotte.

Autre solanacée à fruit, l'aubergine (*Solanum melongena*) est un légume de l'Ancien Monde, mais il est difficile de trancher entre origine africaine et asiatique. Il existe des aubergines sauvages et cultivées en Afrique, mais ce sont des plantes épineuses produisant des fruits rouges très amers, et rien ne prouve qu'elles appartiennent à la lignée de l'aubergine cultivée actuelle dont l'ancêtre sauvage éloigné est *S. incanum*. On ne sait pas exactement quand ni comment (avec ou sans l'homme ?) cette espèce a migré vers le Sud-Est asiatique, où elle a donné *S. melongena* après domestication quelque part en Inde, en Indochine ou au Myanmar. Les aubergines cultivées dans ces pays se croisent encore fréquemment avec leur ancêtre sauvage. L'aubergine a atteint l'Europe à la fin du Moyen Âge, à peu près en même temps que le sarrasin, introduit comme ce dernier par les Arabes (Palloix et al., 2003). C'est en Inde et en Chine que l'aubergine est le plus cultivée. En Inde, c'est un légume des plus courants et ce dans toutes les classes de la société. Les aubergines africaines, toujours amères, appartiennent aux espèces *S. aethiopicum* et *S. macrocarpum* et sont de qualité très inférieure. L'aubergine se situe au 7ᵉ rang des légumes cultivés dans le monde.

Autres solanacées à fruits : coquerets, lulo et pepino

Au Mexique, les Aztèques ont domestiqué le coqueret violet (*Pysalis philadelphica*, leur *tomatl*). C'est une espèce voisine de la lanterne chinoise (*P. alkekengi*), ainsi appelée du fait que le calice enferme la baie rouge. Le coqueret violet donne des fruits de la taille d'une pêche moyenne, faisant éclater le calice, qui se consomment cuits un peu à la manière de l'aubergine. Le coqueret du Pérou (*P. peruviana*), connu sous les noms de « cerise du Pérou », son pays d'origine, ou de « groseille du Cap » (par suite d'une introduction probable en Afrique du Sud) produit une petite baie de couleur ambrée cultivée comme fruit d'amateur ou parfois pour la confiserie.

L'Amérique du Sud abrite des *Solanum* pas très éloignés de l'aubergine mais mal adaptés à la culture en climat tempéré, parmi lesquels le lulo (*S. quitoense*), le topiro (*S. topiro*) le melon poire ou « pepino » (*S. muricatum*) ; ces espèces donnent des fruits de saveur agréable se consommant un peu à la manière des melons. Une autre solanacée sud-américaine, la tomate en arbre ou *tamarillo* (*Cyphomandra betacea*), est également exigeante en chaleur ; sa culture a été essayée à l'échelle commerciale, mais la qualité de ses fruits ne semble pas rivaliser avec celle des tomates.

Les cucurbitacées

Cette famille vaste et étonnante à plus d'un point de vue a donné des espèces cultivées depuis une époque très ancienne. La gourde (*Lagenaria siceraria*) est incontestablement l'une des premières plantes alimentaires cultivées ou protocultivées et ce sur les continents américain et eurasiatique jusqu'en Océanie. Sa culture remonterait à 13000-11000 av. J.-C. au Pérou et à 11000-6000 en Thaïlande. Ce légume ne peut se consommer qu'avant maturité mais à maturité il donne des graines nourrissantes et non amères comme le reste de la plante. De plus, une fois évidé, le fruit peut servir de récipient (calebasse). Sa culture est encore pratiquée aujourd'hui, par exemple en Extrême-Orient, mais elle est le plus souvent remplacée par celle d'espèces du genre *Cucurbita*.

Quoique originaires de continents différents, le melon et le concombre (*Cucumis sativus*) appartiennent tous deux au genre *Cucumis* ; il s'agit de légumes nettement distincts, bien qu'ils puissent être l'un et l'autre mangés en entrée. Alors que melon et pastèque sont des fruits sucrés, le concombre, qui se consomme immature, a une chair visqueuse assez peu goûteuse. L'ancêtre du concombre (*Cucumis sativus 'harwicki'*) se rencontre dans une vaste zone allant de l'Inde au sud de la Chine. La consommation de ses graines, dépourvues d'amertume, s'est sans doute

Figure VIII.13. Deux légumes fruits charnus : la pastèque et le melon (ancien melon de Cavaillon). Extraits de Bois (1927) ; Dumas (1978).

développée en Inde il y a plus de 2 000 ans, avant l'arrivée des Indo-Européens, ainsi que l'atteste l'existence de plusieurs noms sanscrits et dravidiens. Il a été consommé très tôt dans la péninsule indochinoise et en Chine, et a atteint l'Europe à une période relativement récente, bien qu'Olivier de Serres en ait parlé. Plante consommée le plus souvent à la manière des salades, le concombre jeune est souvent conservé dans une saumure diluée en Europe centrale et outre-Atlantique. Sous le nom de « cornichon », le très jeune concombre confit dans le vinaigre est une garniture des viandes et des charcuteries très appréciée.

Sur le continent africain, le melon (*Cucumis melo*) était connu des Égyptiens. Les Grecs le mentionnent également mais, selon Pitrat et Foury (2003), on ne mangeait alors sans doute que les fruits immatures, tout comme pour les concombres. Il fallut attendre le début de l'ère chrétienne pour que l'homme sélectionne des melons à chair sucrée et parfumée. Olivier de Serres paraissait découvrir ces merveilles et il a décrit les efforts que faisaient certains jardiniers pour améliorer encore leur saveur et leur parfum en trempant les graines dans des mélanges de liqueurs et d'épices avant de les semer ! L'espèce présente un polymorphisme étonnant dont les jardiniers d'Asie centrale ont admirablement tiré parti. Harlan admirait leur travail empirique qui a abouti à la création de ces variétés anciennes à saveur incomparable. C'est aujourd'hui un fruit cultivé le plus souvent pendant la saison chaude partout où le climat le permet. Deux autres espèces de *Cucumis* sont également cultivés : *C. anguria*, le concombre des Antilles — que l'on rencontre effectivement dans ces pays mais aussi en Afrique de l'Ouest qui est sa région d'origine —, épineux comme beaucoup de cucurbitacées sauvages, mais de goût et d'usage voisins du concombre commun, et le métulon (*kiwano* des Anglo-Saxons) *C. metuliferus*, voisin du précédent qui est plus épineux et d'une saleur diversement appréciée.

La pastèque, ou « melon d'eau » (*Citrullus lanatus*), est une autre domestication africaine ancienne. Son aire d'origine est l'Afrique australe mais, comme le melon, elle a atteint très tôt l'Égypte puis le monde méditerranéen ; elle est plus exigeante en chaleur que le melon. C'est un légume assez peu goûteux et peu nourrissant, mais sa chair juteuse et rafraîchissante constitue une véritable source d'eau dépourvue d'agents infectieux, détail d'importance partout où l'eau potable est rare. Les Occidentaux sont toujours impressionnés par les camions ou les amoncellements monumentaux de pastèques que l'on voit dans les pays chauds, surtout ceux de l'Ancien Monde. La pastèque occupe le 3ᵉ rang mondial de la production de légumes, juste après la tomate ; le concombre occupe le 6ᵉ et le melon le 8ᵉ. Pour les trois espèces, le premier producteur est de très loin la Chine, suivie de la Turquie.

Les courges et potirons

Le monde des cucurbitacées à gros ou très gros fruits de formes et de couleurs des plus variables prête à confusion au point que, dans les catalogues des grainetiers, les courges, courges musquées ou potirons sont souvent présentées sous un seul nom vernaculaire alors que, botaniquement parlant, il existe au moins cinq espèces botaniques appartenant au même genre *Cucurbita*, toutes américaines. La courge la plus répandue, *Cucurbita pepo*, a été domestiquée environ 8 000 ans av. J.-C., soit au moment où les descendants de Natoufiens achevaient la domestication du blé. L'espèce moderne dérive non d'un unique ancêtre sauvage, mais de deux espèces interfertiles, *C. fraterna* et *C. texana*, l'une et l'autre adaptées au climat tropical sec. La première avait peut-être été domestiquée au Mexique, la seconde au Texas avant que les deux cultivars ne se fondent en un seul. C'est sans doute aujourd'hui la courge la plus cultivée. En Europe et en Amérique du Nord, on affectionne particulièrement la courgette, un cultivar italien a fruit allongé relativement petit et généralement mangé immature. Il s'agit d'un cas typique de légume très peu nourrissant et recherché précisément pour cette raison : il combat en quelque sorte l'embonpoint ! La courge musquée (*C. moschata*) est originaire de régions plus humides et a été cultivée d'abord au Mexique puis au Pérou. Une troisième, le potiron (*C. maxima*), descendante de *C. andreana*, est originaire d'Amérique du Sud et sa domestication semble plus récente. On distingue également ment deux autres espèces plus secondaires, *C. ficifolia* originaire de zones andines au climat plus frais et *C. argyrosperma* cultivée comme les premières au Mexique et en Amérique centrale depuis des époques datant de 5000-3000 av. J.-C. Les courges sauvages donnent toutes des fruits de la taille d'une orange, à graines nombreuses, nourrissantes et de saveur agréable mais à chair mince et amère. Des cultivars « à graines » — éventuellement nues — existent toujours, mais ils sont très minoritaires par rapport aux variétés à chair comestible. À leur arrivée, les Européens ont été surpris par la diversité des cultivars dont la taille pouvait être imposante et dont l'amertume avait depuis longtemps disparu. Dans l'Ancien Monde, courges, citrouilles et potirons ont connu d'emblée du succès et l'association maïs-haricots-cucurbitacée, habituelle au Mexique, a été reproduite dans l'Ancien Monde jusqu'à l'arrivée des désherbants sélectifs du maïs qui ont rendu impossible la culture des trois plantes en association. La chair des courges, gorgée d'eau, surtout dans les cultivars géants, est peu nourrissante ; il a fallu attendre la sélection par les Américains de types originaires du Japon à fruits beaucoup plus petits mais plus riches en matière sèche pour voir leur valeur nutritionnelle et leur saveur remonter. Les courges et potirons sont cultivés dans le monde entier, surtout en Inde et en Chine, mais les tonnages produits sont bien inférieurs à ceux de la pastèque et même du melon.

Encadré VIII.6. Un retour imprévu de l'amertume chez une courge.

L'élimination de l'amertume de la chair des cucurbitacées sauvages a visiblement été l'un des premiers soucis des hommes qui les ont domestiquées ; elle ne subsiste guère, et de manière atténuée, que dans certains concombres et chez la courge amère chinoise. Elle peut aussi réapparaître comme je peux en témoigner par l'anecdote suivante.

Dans un village de Bresse bourguignonne, on pratiquait depuis des siècles la culture associée maïs-haricots-courge héritée des Amérindiens ; on y ajoutait même la rave en culture dérobée. Tous ces végétaux contribuaient à la nourriture de chacun, y compris, juste après la Seconde Guerre mondiale, au repas, fort simple, servi dans la cantine scolaire. Une fois par semaine, un élève apportait une courge que la cuisinière transformait en une bouillie où le lait améliorait la saveur et la valeur nutritive. Les courges du village appartenaient toutes à une variété-population très hétérogène mais dont la chair était toujours fade... sauf une fois où la courge du jour s'avéra d'une dureté anormale et dégagea à la cuisson une odeur forte et très désagréable. La cantinière se rendit très vite compte que son plat était perdu, mais elle ne pouvait plus le remplacer. Je fis partie des courageux qui acceptèrent de goûter du bout des lèvres : c'était absolument immangeable. Y avait-il eu hybridation avec une cucurbitacée décorative plantée dans les environs ou mutation réverse rétablissant l'amertume éliminée depuis des millénaires par les Amérindiens ? Il va sans dire qu'on ne l'a jamais su !

Parmi les autres cucurbitacées cultivées pour leur consommation figurent la courge chinoise amère (*Benincasa* sp.) et la chayotte (*Sechium edule*, la christophine des Antilles françaises), originaire d'Amérique centrale. Son fruit, petit et aplati, ne contient qu'une graine de grande taille. Sa chair est bien moins aqueuse que celle des courges.

Quelques légumes divers

Le monde des légumes comprend des plantes dont on consomme des parties plus inhabituelles comme les pétioles (rhubarbe, poirée, cardon, céleri à côte), les jeunes tiges ou turions (asperges), le bourgeon (fenouil), la hampe florale (poireau, ciboulette chinoise), le réceptacle de la capitule (artichaut).

Les asperges étaient connues des Anciens, mais celles que les Romains nommaient *asparagus* ne correspondait pas forcément au genre *Asparagus* des botanistes modernes. D'autres jeunes pousses étaient mangées de la même façon et recevaient le même nom, comme celles de *Ruscus*. À l'échelle mondiale, Claire Doré (2006) a recensé 9 espèces sauvages dont le turion est récolté, en Asie, Afrique et en Europe où l'on n'en compte pas moins de 5. L'ancêtre de l'asperge cultivée, *A. officinalis*, était peut-être cultivée en Égypte, à coup sûr dans l'empire Romain où elle était soignée et vendue très chère parce que, comme aujourd'hui, la récolte était faible mais la demande de la part des gourmets était grande. Les traces de sa culture se perdent durant le Moyen Âge, mais Olivier de Serres (1600) la décrit à nouveau et La Quintinie doit une partie de sa célébrité à la mise au point du forçage de cette plante. Cultivée dans de nombreuses régions du monde, l'asperge est le prototype même du légume coûteux, fort peu nourrissant mais très recherché pour ses qualités sensorielles. Il ne faut pas confondre les asperges à turions comestibles avec les asperges tubéreuses. Bois (1927) et Doré (2003) énumèrent les mêmes 5 espèces dont les tubercules sont consommées en Afrique, en Asie et en Australie. Hedrick (1976) précise que les tubercules de deux variétés indiennes sont mangés confits dans le sucre, mais la valeur nutritive des tubercules d'asperge ne paraît pas très documentée.

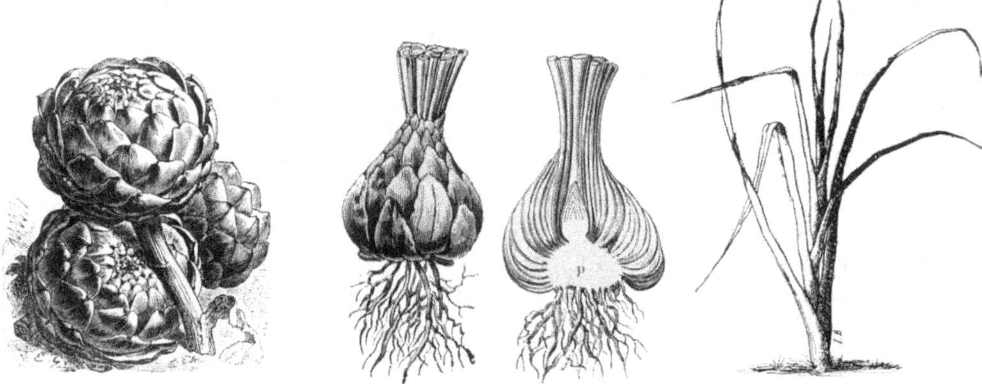

Figure VIII.14. Légumes divers : l'artichaut, le lis, et le coba. Extraits de Bois (1927) ; Parmentier (1924).

Des astéracées voisines de l'artichaut poussant en Afrique du Nord ainsi que sur les côtes nord de la Méditerranée ont donné des capitules et des pétioles consommés dès l'Antiquité romaine, sans que l'on sache s'ils provenaient de plantes sauvages ou cultivées. Elles ont abouti à la création de deux légumes portant un nom vernaculaire distinct selon la sélection subie ou la manière dont on le consomme : l'artichaut et le cardon, tous deux *Cynara cardunculus*. Il existe plusieurs ancêtres possibles de l'espèce et les tentatives d'identification entreprises récemment n'ont pas encore permis de trancher. Les parties comestibles des artichauts sont les bractées et le réceptacle de la capitule (le bourgeon floral) — en termes vernaculaires, les feuilles et le fond ; dans les cardons, ce sont soit les nervures, soit le limbe. Plusieurs variétés d'artichauts et de cardons sont connues et cultivées principalement en Italie et dans les pays européen où les hivers ne sont pas trop rudes, car cette plante vivace craint le gel. Les artichauts sont avant tout un légume délicat : la saveur de l'inuline est appréciée et, contrairement aux topinambours, ils ne sont jamais consommés en quantités suffisantes pour déclencher des troubles intestinaux.

À la limite des légumes et des plantes aromatiques, le céleri (*Apium graveolens*) a déjà été mentionné à propos de la forme tubéreuse qui descend de l'ache, plante vivace des montagnes européennes. Sa forme la plus connue, le céleri à couper ou à côtes (dit « céleri branche »), s'utilise comme légume ou plante aromatique. Elle est encore cultivée en Chine sous une forme très peu modifiée depuis son introduction dans ce pays. Le céleri à côtes, amélioré, est consommé vert ou après étiolement depuis une époque très ancienne. Outre-Atlantique, il est souvent servi parmi les crudités. Le fenouil (*Foeniculum vulgare*) est une grande plante dont la domestication à partir de l'espèce sauvage, courante aux Açores et sur les côtes méditerranéennes, doit beaucoup aux jardiniers italiens. On en consomme le bourgeon hypertrophié, dit « bulbe », qui est très aromatique sous forme crue ou cuite. En dehors de l'Italie, sa culture ne semble avoir atteint un niveau significatif qu'en France et aux Pays-Bas. Il existe d'autres apiacées alimentaires beaucoup plus rares : l'oudo, déjà signalé à propos des légumes typiques du Japon, le mace-ron (*Smyrmium olusatrum*, l'alfange de La Quintinie), qui se mangeait au Moyen Âge comme le céleri à côtes et qui est parvenu à se maintenir des siècles sur ses anciens lieux de culture.

Il existe même des arbres que l'on peut qualifier de légumes au sens habituel, dont les feuilles sont bel et bien mangées comme telles. Les champignons encore souvent classées parmi les légumes sont aujourd'hui reconnus comme appartenant à un règne distinct du règne végétal et du règne animal.

Encadré VIII.7. Les « arbres légumes ».

Les légumes (au sens culinaire, nutritionnel ou agronomique) ne se limitent pas aux plantes herbacées. Plusieurs arbres américains, africains ou eurasiatiques méritent ce titre. Le baobab (*Adansonia digitata*) est un arbre imposant dont le seul nom est, pour les Européens, évocateur de l'Afrique. Il peut atteindre 30 m et haut et son tronc 6 m de diamètre (à un détail inhabituel près, ledit diamètre peut rétré-cir en cas de sécheresse avant de réaugmenter après une pluie). Une fois mort, il ne donne pas de bois, mais un gros tas de matière végétale se transformant en terreau. Les populations africaines tirent parti de ses feuilles qui sont un excellent légume cuit dans les sauces et des jeunes pousses qui se mangent en asperge. Les fruits, dits « pains de singe », sont comestibles quand ils sont jeunes, et la pulpe diluées dans l'eau donne une sorte de lait végétal souvent réservé aux malades. Les graines seraient un oléoprotéagineux intéressant. D'autres parties de cet arbre considéré comme sacré auraient des propriétés médicinales multiples, mais on ne sait si elles sont causes ou conséquences du soi-disant caractère sacré.

Les cédrela, ou « cèdre batard » (*Cedrela sinensis*), est un autre « arbre légumier » que les Parisiens côtoient souvent sans le connaître en bordure des avenues ou dans les parcs. C'est un bel arbre aux branches peu serrées et aux longues feuilles pennées. Contrairement à son proche parent l'acajou de Chine (*C. toona*), son bois n'est pas précieux mais ses jeunes feuilles sont très recherchées en Chine comme légume à la saveur relevée. Les services municipaux réagiraient sans doute vivement si on effeuillait les jeunes rameaux des arbres de la capitale, mais ils ne s'opposent pas à la cueillette de quelques feuilles sur les drageons qui partent des racines au pied des troncs. Ceux qui n'ont pas peur de l'effet des gaz d'échappement peuvent apprécier leur saveur originale rappelant l'oignon.

En Inde, *Moringa* sp. se distingue des précédents par sa partie comestible : les jeunes racines et non les feuilles.

Légumes et nutrition

Une caractéristique générale des légumes est leur richesse en cellulose qui va de paire avec une valeur énergétique assez peu élevée. Mis à part quelques exceptions comme la pomme de terre pelée, ils sont riches en fibres ou en composés cellulosiques, qu'il s'agisse de tiges comme les asperges, de feuilles comme les épinards, les poireaux ou les salades, de bulbes comme les oignons, de gousses comme les haricots verts, de graines comme les haricots secs ou les pois, de pulpe comme les courgettes ou les potirons. Certes, à regarder de près, ces composés cellulosiques sont en concentration très variable, et surtout de nature très diverse. Mais ils ont en commun plusieurs caractéristiques bénéfiques déjà cités : par la dilution de leurs composés énergétiques ils limitent la surconsommation, donc l'obésité, le diabète et les maladies associées. Ils ont un effet bénéfique sur le transit digestif et une action préventive à l'égard de certains cancers, en particulier celui du colon — effet il est vrai assez inégal selon la nature chimique des fibres. Leurs teneurs en protéines, lipides et minéraux sont variables d'un légume à l'autre, mais elles sont loin d'être négligeables. Les protéines des feuilles, des bulbes et des gousses ont généralement des profils d'acides aminés indispensables plus proches des besoins de l'homme que celles des grains de céréales et, bien que faibles en pourcentage du produit frais, les teneurs en protéines sont parfois supérieures à celles des céréales quand elles sont rapportées au produit sec. Les lipides sont peu abondants dans les légumes mais ils sont relativement riches en acides gras oméga 3 (quoique tous à chaîne courte), contrairement aux huiles de céréales et de tournesol dont l'apport d'acides gras oméga 6 est excessif. La richesse des légumes en certains minéraux peut être tout à fait appréciable : leur teneur en calcium rapportée à celle en phosphore est très nettement plus grande que dans les organes de réserve, rééquilibrant en partie l'excès de phosphore apporté par les céréales et les tubercules. Ils sont dans l'ensemble riches en magnésium, et leur apport d'oligoéléments peut être également très notable, bien qu'il soit difficile de porter un jugement général sur un ensemble hétéroclite de ce point de vue. Une autre des grandes qualités des légumes, déjà souvent soulignée, est liée à leur apport de vitamines. La teneur en vitamine C dans les pommes de terre fraîches, les oignons ou les melons est souvent rappelée. Celle en provitamine A (bêta-carotène) est tout aussi notable dans les légumes verts — elle est capitale pour les végétaliens. Les vitamines du groupe B sont dans l'ensemble tout aussi abondantes. On peut se rappeler que le nom de la vitamine B_9 (l'acide folique) vient de ce qu'on trouve sa plus grande concentration dans les feuilles.

Les substances non cellulosiques et non nutritives apportées par les légumes et douées de vertus bénéfiques pour la santé sont trop nombreuses pour pouvoir être énumérées ici — d'autant que la liste des livres traitant du sujet ne cesse de s'allonger. Rappelons seulement les cas les plus frappants, c'est-à-dire ceux des légumes, herbes ou aromates sciemment choisies pour leur double intérêt nutritif et médicamenteux : le poireau et ses propriétés diurétiques, l'ail pour ses très nombreuses vertus allant du pouvoir vermifuge au pouvoir tensioactif (sans compter les supposées vertus aphrodisiaques), le pouvoir cholagogue de l'artichaut, le pouvoir laxatif des choux, etc.

Autre qualité des légumes : leurs qualités sensorielles, aussi variées que recherchées. La diminution de leur consommation dans les pays à niveau de vie élevé, en dehors des classes sociales où la diététique, la santé et le bien-être sont haut placés dans les échelles de valeur, n'est pas le signe d'un désintérêt à proprement parler, mais d'une évolution de la cuisine : il est tellement plus rapide de faire griller une tranche de bœuf que de cuire des légumes à l'eau et les apprêter ensuite ! Et un plat cuisiné rassasie souvent bien mieux et plus rapidement qu'un plat de légumes verts. La gastronomie n'est sûrement pas née avec la dégustation des céréales ou des tubercules qui constituaient l'essentiel du menu monotone des premiers Néolithiques. La viande a certainement été leur premier régal, mais les légumes sauvages puis domestiques, quand ils devaient être cuits, ont permis de concocter des plats de plus en plus savoureux où se mêlaient les saveurs des légumes, les fumets des viandes, les parfums des plantes aromatiques utilisées depuis des périodes très reculées, sans parler de la texture des mets modulée par les apports de graisse ou d'huile ; le stade de développement des légumes, leur mode de cuisson ont joué un rôle tout comme l'âge des animaux abattus. En d'autres termes, les légumes ont contribué autant à la gastronomie qu'à l'équilibre alimentaire.

Conclusion

Si on étudie l'origine des grandes catégories de plantes alimentaires, on note une complémentarité des centres d'origine et, par suite, des différents continents, Australie exceptée. La contribution relativement équilibrée pour les céréales, avec cependant une dominance du Proche-Orient, ne se retrouve plus pour les légumes où les centres américains, avec un petit nombre d'espèces, assurent des tonnages supérieurs à ceux qui proviennent de l'Ancien Monde qui sont pourtant d'une diversité autrement plus grande ; les Amérindiens ont fait don à l'humanité de légumes peu nombreux, mais de quelle qualité ! Une participation assez équilibrée se retrouve pour les oléagineux où les plantes eurasiatiques, américaines et africaines assurent des approvisionnements majeurs assez comparables. Parmi les protéagineux, on a vu récemment l'explosion de la culture du soja, une plante restée très longtemps d'importance assez locale, tandis que les plantes à sucre ont abouti à un schéma original avec deux espèces et deux pôles seulement : la Nouvelle-Guinée et l'Eurasie où une transdomestication européenne a joué un rôle récent mais majeur. Si l'on s'attarde sur la nourriture des hommes, on peut distinguer une liaison nette entre origine des plantes et préférences alimentaires qui traduit un certain attachement aux cultures de base pour ainsi dire nationales comme dans le cas des céréales. En matière de légumes, la mondialisation a répandu partout où ils étaient cultivables aussi bien les espèces américaines majeures comme la tomate ou la pomme de terre que les innombrables légumes potagers de l'Eurasie. En un mot, la mondialisation est plus prononcée malgré une certaine résistance de l'Extrême-Orient.

Chapitre IX

Les fruits, les épices et les plantes à boisson

Comme il est triste de ne boire que de l'eau et que la vigne ne vient point par-tout, la nécessité ingénieuse, ou plutôt l'expérience de l'homme, à qui la Providence a abandonné le soin de faire valoir les différens dons de la nature, a appris à en tirer plusieurs sortes de boissons.

La nouvelle maison rustique ou économie générale de tous les biens de campagne, 1755

Extrait de Dumas, 1978

Les fruits

Les fruits font certainement partie des aliments les plus recherchés par les ancêtres africains de l'homme avant même ce que l'on appelle l'« hominisation ». Si l'on se réfère à des considérations botaniques, il s'agit d'un ensemble à peine moins hétéroclite que celui des légumes. Dans le langage courant, le mot « fruit » peut désigner n'importe quelle partie d'une plante pourvu qu'elle soit de saveur agréable, sucrée, et mangeable en dessert. Avec cette acception, le pétiole d'une feuille de rhubarbe avec lequel on peut faire de la confiture est un fruit, de même que la carotte dans la législation de l'Union européenne ! Même si l'on restreint cet usage, il existe des fruits de composition et de propriétés nutritionnelles extrêmement variées. C'est la raison pour laquelle la châtaigne, le fruit à pain ainsi que la datte et la figue ont été cités parmi les productions vivrières amylacées ou sucrées. Tout en gardant une acception assez proche de celle de Bois (1928), c'est-à-dire en laissant parmi les légumes les melons et les pastèques au même titre que les cucurbitacées ne se mangeant pas en dessert, mais en considérant comme fruits le pédoncule charnu de la noix de cajou ou l'arille de la pomme d'akée appelé aussi « ris de veau », nous avons adopté une classification gardant en mémoire celle des botanistes, avec des rappels réguliers du rôle nutritionnel des fruits en question.

Si en matière de diversité le monde des céréales est très restreint, celui des autres plantes vivrières plus étendu et celui des légumes davantage encore, celui des fruits est le plus vaste de tous. Comme pour les autres plantes alimentaires et en particulier les céréales et la plupart des légumes, on rencontre un contraste entre quelques grandes familles dont l'homme a domestiqué un nombre considérable de plantes de grand intérêt et d'autres qui n'ont fourni qu'un nombre infime d'espèces — dont l'importance peut cependant être capitale. Alors que les légumes sont généralement des herbacées annuelles, les fruits sont presque toujours produits par des espèces arborescentes. Sur le plan des statistiques de géographie économique, on constate que le gros des productions fruitières mondiales provient des régions tropicales et qu'une toute petite famille, celle des musacées, avec le seul genre *Musa*, la banane, rivalise avec le groupe très diversifié des agrumes (famille des rutacées) l'ensemble des deux fournissant 40 % du tonnage mondial de fruits. La famille des rosacées, malgré le très grand nombre d'espèces fruitières qu'elle comprend et malgré les vastes vergers cultivés depuis des siècles dans les pays tempérés, n'arrive que loin derrière. Les familles ne comptant que peu d'espèces cultivées dont aucune d'importance capitale (comme les vacciniacées, les saxifragacées ou les actinidiacées pour les pays tempérés, les oxalidacées, les passifloracées ou les protéacées pour les pays tropicaux) ne seront que brièvement évoquées. Mentionnons au passage que la famille des punicacées, qui ne comprend qu'un seul genre et deux espèces dont le grenadier domestique est sans doute un cas extrême.

Il existe des arbres fruitiers se multipliant toujours par graines, comme les espèces adondantes autour des villages africains qui seraient d'anciennes plantes d'une protoculture pratiquée avant le Néolithique (Schnell, 1957) : baobab (*Adansonia digitata*), karité (*Butyrospermum parkii*), néré (*Parkia biglobosa*). Cependant les espèces fruitières arboricoles sont presque toujours des clones multipliés par greffage, quelquefois par bouturage, le drageonnage n'étant de règle que pour les espèces non arboricoles comme les bananiers, les framboisiers et les fraisiers. Comme déjà signalé, le recours à la reproduction végétative permet une homogénéisation génétique totale du matériel végétal, tempérée seulement par les inévitables mutations somatiques et surtout — dans le cas du greffage — la nature du porte-greffe. En quelque sorte, l'arboriculture de chaque variété greffée a nécessité l'utilisation et parfois la sélection de deux cultivars au lieu d'un. Le choix des combinaisons greffon × porte-greffe permet en effet le contrôle du développement, l'adaptation au sol et aux parasites du système radiculaire ainsi qu'au mode de culture. La compatibilité entre greffons et porte-greffes provoque parfois des rejets comme dans le règne animal, parfois des réactions plus nuancées. Les mécanismes responsables de ces phénomènes demeurent mal connus mais peuvent être testés. Une des caractéristiques essentielles du porte-greffe est la vigueur qu'il confère au greffon, l'adaptation au sol et la résistance aux agresseurs, mais aussi et surtout l'abondance de la récolte et la qualité des fruits. L'homogénéité des porte-greffes est la première condition de l'homogénéité d'un verger et de ce fait, on s'efforce de les multiplier par bouturage ou marcottage, bien que les porte-greffes issus de semis existent encore. Parmi les critères sur lesquels doit porter la sélection des espèces exploitées (greffons), certains sont propres aux espèces arboricoles comme la longueur de la période juvénile précédant la mise à fruit, d'autres plus caractéristiques des rosacées tempérées comme l'exigence de froid hivernal qui permet la levée de dormance des bourgeons ainsi que l'alternance des récoltes abondantes et faibles ou nulles. Ces trois facteurs ont une composante génétique et peuvent être améliorés par la sélection. L'architecture des arbres est également un caractère héréditaire qui impose un type de taille particulier et revêt de grande importance pour l'arboriculture.

Les rosacées, reines des fruits des pays tempérés

Qui ne connaît la rose, souvent qualifiée de « reine des fleurs » ? Dans certaines civilisations, en particulier au Moyen-Orient, on n'hésite pas à confire ses pétales odorants pour en faire un régal aussi noble dans le domaine de la confiserie que la fleur dans celui de la beauté. Dans d'autres pays, son fruit, le cynorrhodon, bien que rempli de graines à poils irritants, sert à faire des confitures au pouvoir antiscorbutique avéré connu de longue date en Alsace. Cependant, la rose n'occupe qu'une place infime parmi les espèces alimentaires alors que sa famille, qui compte 1 500 espèces, apporte à l'homme une gamme impressionnante de saveurs ainsi que de nombreux nutriments précieux.

Les rosacées d'intérêt cultural sont surtout des espèces arborescentes ou arbustives. Quelques-unes seulement sont herbacées, et parmi celles-ci figurent le fraisier dont le « fruit » est en réalité un réceptacle, ou « faux-fruit ». Les arbres ou arbustes de la famille comprennent les espèces fruitières les plus précieuses des pays tempérés. Les espèces sauvages se rencontrent dans toutes les parties tempérées d'Eurasie, d'Amérique du Nord ainsi que dans les zones tempérées d'Afrique ; elles sont toutefois moins nombreuses dans l'hémisphère Sud. On distingue traditionnellement les fruits à noyaux, les fruits à pépins et les baies parmi lesquelles on classe généralement la fraise. Ces catégories correspondent à des tribus distinctes des rosacées.

Les fruits à noyaux

Le genre *Prunus* dont les principaux représentants cultivés sont les pruniers, les abricotiers, les pêchers et les amandiers a maintenant englobé l'ancien genre *Cerasus* (cerisiers).

L'amandier

L'amandier (*Prunus amygdalus*) est un petit arbre originaire des rives orientales de la Méditerranée où sa culture remonte à la fin de la période antique. Il se contente des terrains rocailleux et secs qu'il valorise avantageusement. C'est le noyau du fruit qui constitue l'amande. S'il provient d'un arbre sauvage, il est amer du fait de sa richesse en glycoside cyanogène qui peut entraîner la mort de son consommateur en cas d'hydrolyse par l'enzyme appropriée, l'émulsine (cf. chapitre VI). Les variétés d'amandiers amers servent donc soit de porte-greffes, soit à la production d'huile qui peut être débarrassée de ses principes toxiques. L'amande douce (génétiquement pauvre en glycoside cyanogène), en revanche, est inoffensive et très recherchée comme fruit sec. Sa culture est aujourd'hui pratiquée loin de la Méditerranée en Asie, en Afrique du Sud et en Amérique. C'est la Californie qui fournit la plus grande récolte mondiale grâce à des techniques très intensives où le recours à de nombreuses ruches spécialement posées temporairement dans les vergers permet une pollinisation maximale. On peut noter que, depuis une date récente, les végétariens lui attachent beaucoup d'importance en tant que source précieuse de calcium, et que sa richesse en acide oléique oméga 9 lui confère un certain pouvoir d'abaisser le niveau de cholestérol sanguin. La production d'amandes se situe au 1er rang mondial des fruits secs, devant la noix.

Le pêcher

Le pêcher (*Prunus persica*), voisin de l'amandier, est une vieille domestication de la Chine où l'on trouve encore l'espèce sauvage et une multitude de cultivars. Son arrivée en Europe s'est faite *via* la Perse, considérée par les Romains et très longtemps par les botanistes comme son berceau. Elle n'a été cultivée en Occident qu'au début de l'ère chrétienne. Aujourd'hui le nombre de variétés, difficile à préciser, se compte par milliers. Il est vrai que l'habitude de multiplier les pêchers par semis était courante avant l'apparition des vergers industriels : elle a conduit à l'obtention continue de variétés nouvelles dont les meilleures ont été conservées puis multipliées par greffe à une échelle très variable. On distingue d'ordinaire les pêches proprement dites à peau duveteuse et noyau non adhérent, les pavies qui diffèrent des précédentes par leur noyau adhérent, les nectarines à peau lisse et noyau non adhérent et enfin les brugnons à peau lisse et noyau adhérent[1]. Le caractère « peau lisse » résultant d'une simple mutation observée plusieurs fois sur des pêchers de variétés à peau duveteuse était connu au XVIIIe siècle (La Quintinie, 1730). Il existe des variantes de forme comme le fruit aplati et de nombreuses

---

1. Rappelons que la légende, tenace, selon laquelle brugnons et nectarines seraient des hybrides de pêchers et de pruniers est totalement dénuée de fondement.

autres parmi les variétés chinoises. L'amélioration variétale a porté surtout sur la saveur et la texture de la chair, la couleur qui peut être blanche, rosée, violette ou jaune ; mais un effort soutenu a aussi porté sur la précocité du fruit qui a abouti à la création de variétés d'été et permis d'étendre la culture dans des zones à climat moins chaud. Le porte-greffe le plus employé est un hybride pêcher × amandier reproduit végétativement. La pêche est aujourd'hui un incomparable fruit d'été, de conservation malheureusement difficile, ce qui nuit à la qualité en obligeant les producteurs à le cueillir avant maturité pour qu'il supporte le voyage vers les lieux de vente.

L'abricotier

L'abricotier (*Prunus armeniaca*) tire nom de l'Arménie où il semble avoir été découvert au début de l'ère chrétienne. En fait, les Romains désignaient souvent la pêche et l'abricot par le même nom, considérant qu'il s'agissait seulement de variétés distinctes. L'abricotier comme le pêcher seraient en fait typiquement chinois, même si on le trouve des sujets dans le nord de l'Inde et au pied du Caucase où il peut s'agir de naturalisations. L'abricotier fleurit et fructifie très tôt dans les pays à hivers relativement courts. Son fruit est recherché pour la consommation directe, la conserverie, la confiturerie, le séchage et même l'extraction de jus. Les Soviétiques avaient, il y a quelques décennies, obtenu une innovation originale : une variété d'abricots dont les amandes des noyaux, dépourvues d'esters cyanhydriques, pouvaient se consommer comme des amandes douces. Ils ne commercialisaient ces amandes que sous forme cuite. Au Japon existe une sous-espèce autrefois classée comme espèce distincte, le « prunier » mume (*P. armeniaca* subsp. *mume*), cultivé soit comme arbuste décoratif, soit pour ses fruits servant de condiment après salage et séchage. La production d'abricots se situe au 11e rang mondial des fruits.

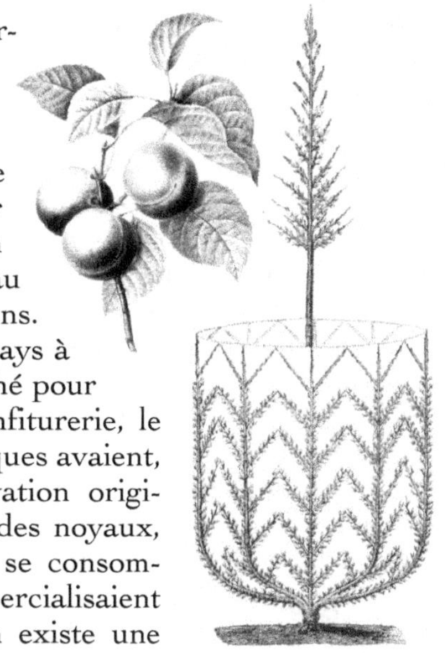

Figure IX.1. Abricots et abricotier quand la taille des arbres fruitiers était un art. Extraits de Dumas (1978) ; anonyme (1850).

Le prunier

Les pruniers cultivés se rattachent à plusieurs espèces. Les pruniers européens (*Prunus domestica*) sont de petits arbres à croissance lente, originaires, pense-t-on, des rives de la mer Caspienne. Les types japonais et américains, à croissance beaucoup plus rapide, ont des ancêtres potentiels croissant respectivement dans la partie orientale de l'Eurasie et dans le Nouveau Monde. Il existe aussi de nombreuses formes subspontanées échappées de culture comme la petite prune jaune du Québec introduite par les Français et bien d'autres. La variabilité des pruniers est grande : Bois en distinguait 8 sous-espèces différentes, les plus importantes commercialement étant la mirabelle (fruit du « faux-abricotiers ») et la Reine-Claude dont le cultivar original a été dédiée à la reine Claude de France (1499-1524) et aurait, selon les spécialistes, une qualité sensorielle encore inégalée. Ces deux types sont recherchés surtout pour la consommation en frais, en conserve ou en confitures. Les prunes de type quetsche, ovoïdes et violettes, sont souvent séchées et transformées en pruneaux. Les prunes de toutes catégories alimentent également la distillerie, l'eau de vie de prune dite « quetsche » étant très parfumée. Les pruniers d'Asie orientale et d'Amérique sont d'obtention récente et dérivent principalement de *P. simonii* pour les types asiatiques et de *P. americana* pour les autres. Ils ont été hybridés entre eux et il existe maintenant des cultivars américano-japonais. Ce sont des arbres plus exigeants en chaleur que les pruniers « traditionnels », qui produisent des fruits nettement plus gros mais de qualité sensorielle bien inférieure.

Il existe de nombreuses rosacées voisines des pruniers, voire des abricotiers et des amandiers qui ont fait l'objet de culture sans atteindre un niveau comparable aux trois espèces citées.

Les cerisiers

Les cerisiers sont d'assez proches parents des pruniers. La cerise douce est une sorte de fruit de luxe, et la culture des variétés améliorées a atteint une fréquence significative dans les vergers ou aux alentours des maisons à une période remontant à quelques siècles seulement. Elle a ensuite connu une grande expansion mais aujourd'hui, dans les pays où le coût de la main-d'œuvre est élevé, elle est freinée par le coût de la cueillette. Il faut faire la distinction entre les différentes espèces de cerises. *Prunus avium*, « merisier » à l'état sauvage, « bigarreautier » ou « guignier » pour les formes domestiques, donne les fruits doux les plus recherchés pour la consommation en frais. Ses noyaux sont aisément transportés par les oiseaux et il est naturalisé là où poussent les variétés cultivées ; son bois est utilisé en ébénisterie sous le nom de « merisier ». Le griottier (*Prunus cerasus*) donne des fruits acides appelés « griottes » ou « cerises aigres » très recherchés pour la confiserie. Les arbres, nettement plus petits et distincts des bigarreautiers, guignier ou merisiers, ne sont jamais confondus par les paysans, mais les fruits de l'une et l'autre espèce sont souvent considérés comme de simples variétés aussi bien par les commerçants que les consommateurs. Il existe une troisième catégorie de cerisiers, les cerisiers anglais ou de montmorency qui sont des hybrides des deux précédents. Les arbres ressemblent aux griottiers mais leurs fruits sont nettement plus doux. On compte un grand nombre de variétés de bigarreaux et de guignes dont les fruits vont du jaune pâle au rouge presque noir en passant par le rose et divers rouges. Les guigniers donnent des fruits à chair plus molle et plus aqueuse. Pendant les XVIIe et XVIIIe siècles, les cerises faisaient figure de dessert de luxe pour les banquets plantureux de l'époque. Elles étaient d'autant plus appréciées que leur maturité était précoce et le summum était obtenu quand les arbres miniaturisés, cultivés en pots, étaient apportés sur les tables du festin ! Il fallait pour cela cultiver en serre les cerisiers, généralement des guigniers, et les nanifier par une taille appropriée. C'était un véritable tour de force car les cerisiers supportent mal la taille. Cette pratique curieuse a disparu de France il y a un demi-siècle seulement ; elle illustre bien les efforts accomplis pour mettre en valeur ce « fruit des rois » comme l'appellent les Arabes.

À côté de ces deux espèces principales, il existe en Asie, en Europe et en Amérique du Nord de nombreux cerisiers restés plus ou moins sauvages parmi lesquels on peut citer quelques cerisiers à grappe. En Amérique du nord, le cerisier de Virginie (*P. virginiana*) donne des fruits petits mais parfois de saveur agréable. Il a fait l'objet de tentatives de domestication récentes aux États-Unis. De l'Amérique centrale au sud des États-Unis pousse le capuli ou « capulin » (*P. capuli*), parfois cultivé, qui est une sorte de prunier supportant les climats tropicaux ou subtropicaux. En Asie centrale poussent divers cerisiers dont les fruits, assez voisins de ceux de .*P. cerasus*, sont dignes d'intérêt, en particulier *P. fruticosus*, bel arbuste dont les fruits ont un pétiole très court, comme les prunes. Les Canadiens l'ont introduit dans leur pays en raison de sa grande résistance au froid.

Les fruits à pépins

Pour les botanistes, la tribu des Pomeae est si vaste que certains en avaient fait une famille à part entière, celle des pomacacées, aujourd'hui abandonnée. Pour les horticulteurs comme pour les consommateurs, cet ensemble est celui des fruits à pépins, qui sont parmi les plus consommés dans les pays tempérés. Ce sont aussi les plus anciens que l'homme occidental ait récoltés.

La pomme (Malus × domestica)

La domestication du pommier pose problème. Les pommiers « sauvages » qui poussent en Europe sont souvent des formes subspontanées ou des hybrides entre types sauvages et cultivés. La classification des pommiers considérés comme réellement sauvages est délicate car, selon les critères morphologiques, on y a dénombré de 70 à 100 espèces, toutes interfertiles. Pour l'espèce cultivée, les botanistes ont d'abord abandonné le nom de *M. communis* pour celui de *M. pumila* (pommier nain), alors que d'autres optent pour *Malus × domestica*, plus réaliste. Les fouilles des palafittes du massif alpin ont livré de très grandes quantités de petites pommes séchées carbonisées parfaitement conservées et on a pu constater qu'il existait déjà deux types homogènes. Ce n'est pas suffisant pour dire qu'il s'agissait de cultivars mais, à l'évidence, elles tenaient une place de choix dans le menu des Néolithiques européens. Dans l'Antiquité classique, les pommiers domestiques étaient connus des Égyptiens et des Hébreux comme des Romains. La pomme était pour ces derniers le fruit par excellence, ils en faisaient les atours favoris de Pomone, la déesse des vergers (Bois, 1928, 1937). Le nombre de variétés est passé d'une vingtaine d'après les descriptions de Pline à plusieurs milliers aujourd'hui. Parmi celles-ci, la plupart sont des obtentions fortuites. Les semis de pépins révèlent toujours une très grande hétérozygotie due à l'existence d'un gène d'auto-incompatibilité aux multiples allèles qui empêche l'auto fécondation. L'exploitation de l'hétérosis plus ou moins prononcé qui en résulte est automatique tant que l'on ne fait appel qu'à la multiplication par greffe. Certains pomologues pensent que des variétés datant des Romains, dont la pomme d'api, existent encore de nos jours.

Pendant une très longue période, seuls les pommiers à couteau étaient cultivés ; le cidre, peut-être connu des Hébreux, ne semble avoir été fabriqué en quantité signi-

Figure IX.2. Pomme Calville blanche.
Source : Bois (1928).

ficative en Europe qu'au début du Moyen Âge, c'est-à-dire à partir du moment où l'on a disposé de fruits suffisamment juteux et sucrés. Les pomologues du siècle dernier, dans le but de réaliser un tri parmi les innombrables variétés à couteau existantes, ont étudié la taille des fruits, leurs qualités sensorielles et leurs aptitudes à la conservation. Aujourd'hui, l'arboriculture industrielle n'exploite plus qu'un nombre limité de cultivars à rendement élevé, à coût de production réduit, à bonne conservation et quelques autres critères attrayants pour le consommateur. La création des variétés n'est plus le fait du hasard : les généticiens sélectionnent des cultivars alliant le rendement des variétés qui ont fait leurs preuves à la saveur des meilleures variétés (souvent anciennes), ainsi que la résistance à certaines maladies dont le traitement demande l'emploi de grandes quantités de pesticides. L'architecture des arbres, la propension à l'alternance des récoltes et la compatibilité avec les porte-greffes sont également prises en compte. La résistance aux attaques en tous genres devient de plus en plus importante puisque pour l'arboriculture, comme pour les autres cultures pérennes, la réduction du nombre de traitements insecticides ou fongicides devient de plus en plus capitale. On a par exemple eu recours à l'hybridation avec des variétés décoratives à fruit minuscule pour obtenir la résistance à la tavelure, maladie cryptogamique que l'on ne peut combattre qu'avec de nombreux traitements. Dans les vergers modernes, on s'efforce de maintenir les arbres à des formats réduits pour faciliter les travaux de taille, de traitement et de cueillette (Lespinasse, 1992). La vigueur du porte-greffe joue dans ce domaine un rôle capital. La station anglaise East Maling a été la première à proposer une gamme de porte-greffes de vigueur graduée.

L'aire de culture de la pomme concerne les zones tempérées de tous les continents et est de loin la plus importante de tous les fruits tempérés. Le pommier s'est implanté de façon spectaculaire dans les pays de l'hémisphère Sud comme le Chili, l'Afrique du Sud, l'Argentine et l'Australie qui exportent de grandes quantités de pommes vers l'Europe et l'Amérique du Nord. Dans la partie tropicale de l'Inde comme en Indonésie, la pomme cultivée dans les régions tempérées des montagnes et des plateaux concurrence les fruits tropicaux. La production de pomme occupe le 4e rang mondial.

La poire (Pyrus communis)

Le poirier appartient au genre *Pyrus* (ou *Pirus*) dans lequel les botanistes ont un temps classé les pommiers. Les vrais poiriers sauvages forment un continuum d'espèces réparties de la Sibérie à l'océan Atlantique dont la diversité est plus grande encore que celle des pommiers. Ce sont tantôt des arbres de belle taille dépassant aisément 15 m, tantôt des arbustes épineux et chétifs. Les fruits peuvent avoir les dimensions d'un pois ou atteindre 700 g, leur forme peut être typiquement pyriforme, sphérique ou intermédiaire. Les fruits cultivés peuvent être tendres et juteux ou au contraire si durs et qu'ils ne deviennent mangeables qu'après cuisson, de préférence après des mois de conservation. Les poires européennes semblent issues de deux domestications distinctes, celle du poirier occidental et celle du poirier du Caucase. La poire sauvage a été trouvée, comme la pomme, lors des fouilles des vestiges des palafittes. Les premières références sûres à la culture du poirier remontent à l'époque hellénique seulement. Les Romains en cultivaient déjà une dizaine de variétés, toujours greffées, et la poire est représentée plusieurs fois sur les fresques de Pompei. Durant le Moyen Âge, les poires n'étaient guère que des fruits « d'hiver » de longue conservation, mais « à cuire » et sans doute très âpres sans cette préparation. Les premières poires fondantes apparurent à la Renaissance et, de même que la cerise est pour les Arabes le fruit des rois dans un sens imagé, la poire l'a été également pour les Français mais dans la réalité : les rois de France fraîchement sacrés recevaient un lot de belles poires — si la saison était propice, peut-on supposer. Ce fruit est bien représenté dans le Potager du Roy (celui de Louis XIV), mais La Quintinie classait encore les fruits des arbres conduits en hautes tiges en bons, médiocres et mauvais ! Bien avant les Occidentaux, les Chinois avaient créé leurs propres variétés, à fruits sphériques très différents de ceux d'Occident, et ils avaient planté les premiers vergers de poiriers et de pommiers plusieurs siècles avant notre ère. La poire japonaise, appelée « pomme-poire » ou *nashi*, dérive de *P. pyrifolia*, et ses équivalents chinois de *P. calleryana*.

La culture du poirier comme celle du pommier a gagné l'ensemble des pays tempérés. Aujourd'hui, en Europe, la poire à cuire (celle qui pouvait être médiocre ou mauvaise !), malgré son aptitude à une longue conservation, est de plus en plus délaissée, celle de la poire à cidre en régression alors que la poire fondante est toujours recherchée aussi bien pour les plantations au voisinage de la maison que les cultures industrielles. Dans les deux cas, le poirier en plein vent a pratiquement cédé la plage aux « basses tiges ». De ce fait, de grands efforts ont été consacrés à la sélection du porte-greffe principal, le cognassier. Sur le poirier lui-même, la création variétale est bien moindre que sur le pommier, mais elle se poursuit dans quelques pays, toujours sur les variétés fondantes. On peut noter que les variétés nouvelles sont parfois parthénocarpiques et que les variétés triploïdes sont déjà anciennes. Un effort particulier vise la résistance à une maladie redoutable, le feu bactérien. Les poires chinoises, peu goûteuses pour les Occidentaux mais très juteuses et rafraîchissantes, sont considérées comme des fruits d'une délicatesse extrême dans leur pays ainsi que dans les communautés d'expatriés chinois.

Cognassiers, Chaenomeles, *cormiers et néfliers*

On a vu que la légende de la pomme d'or du jardin des Hespérides confortait la thèse de l'ancienneté de la culture du cognassier (*Cydonia vulgaris*), parfois considéré comme originaire du Portugal alors qu'il proviendrait plutôt de Perse. Le coing qui développe une magnifique couleur jaune dégage un parfum suave et est également connu pour ses propriétés astringentes ; cependant son goût très âpre le rend fort peu apprécié à l'état cru et, même cuit, il n'est guère recherché que pour la confection de gelées. Assez rarement cultivé, il n'a été que très peu modifié par la domestication, et le nombre de variétés répertoriées dans les ouvrages de pomologie dépasse rarement 4 ou 5. En revanche, comme déjà indiqué, c'est le porte-greffe habituel des poiriers en basses tiges.

On trouve en Extrême-Orient un arbre très épineux à fleurs blanches, le cognassier de Chine, souvent confondu avec les *Chaenomeles* qui sont des arbustes décoratifs connus. Bois l'appelle *Cydonia sinensis*. Ses fruits sont plus petits que ceux du cognassier véritable, parfumés mais très acerbes. On le rencontre quelquefois dans le nord-ouest de l'Europe où le vrai cognassier manque de soleil.

Le néflier (*Mespilus germanica*) a une aire qui va de l'Atlantique à une partie de l'Asie, débordant donc largement l'ancienne Germanie. De culture facile, il est peut-être le seul arbre fruitier européen dont on ne connaît ni maladie, ni parasite. Son fruit, de taille assez modeste, contient 5 pépins de grande taille et sa chair riche en tannins, très âpre, ne devient comestible que quand elle est blette, c'est-à-dire quand les tissus entrent en déliquescence par suite d'une lyse des parois cellulaires. Assez cultivé au Moyen Âge semble-t-il, l'arbuste n'a jamais été beaucoup amélioré (il existe cependant une variété sans pépins) et sa culture n'est plus qu'anecdotique. Une espèce assez voisine, le bibacier ou « néflier du Japon » (*Eriobotrya japonica*), est un arbre originaire de Chine, très populaire au Japon et peu connu en Occident. La nèfle du Japon a une belle couleur orangée mais sa chair devient fade en cas d'ensoleillement insuffisant. Il en existerait pourtant d'excellentes variétés améliorées. Parmi les arbres du genre *Sorbus*, une seule espèce avait été plantée et répandue : le cormier (*Sorbus domestica*). Ses fruits, petits et mangeables à l'état blet comme les nèfles, étaient surtout utilisés pour faire une boisson, le cormé, plus alcoolisée que le cidre ou le poiré. Son bois est apprécié en ébenisterie, mais il n'est plus cultivé.

Les rosacées à petites baies

La framboise et les mûres

Le genre *Rubus* comprend au moins 500 espèces sauvages à baies comestibles souvent récoltées par l'homme. Certaines comme la ronce produisent des fruits appelés « mûres » peut-être du fait de leur ressemblance avec ceux du mûrier (*Morus* sp.), qui sont plus fades. Elles sont le plus souvent restées à l'état sauvage tant elles sont envahissantes aux alentours des cultures, en bordure des haies ou dans les friches. Quelques cultivars inermes à grosses baies existent. D'autres espèces, plus prisées, ont fait l'objet de cultures minutieuses depuis une période relativement récente. C'est surtout le cas du framboisier (*Rubus idaeus*), cultivé en Europe depuis le Moyen Âge. L'espèce sauvage est courante dans les montagnes ou les plaines de l'Eurasie tempérée. Aujourd'hui, il en existe de nombreuses variétés dont les baies, généralement roses ou rouges mais parfois aussi blanches, jaunes ou ambrées, mûrissent au printemps, parfois aussi à l'automne (variétés remontantes). La saveur de la framboise surpasse celle de toutes les mûres et espèces voisines et motive sa culture dans la plupart des pays tempérés. Il s'agit cependant d'une espèce de jour long que les Européens n'ont jamais parvenu à cultiver dans les climats tempérés d'altitude des régions tropicales. Parmi les cultivars voisins, il faut citer le 'Loganberry' obtenu par le pépiniériste californien Logan par croisement entre une framboise et une mûre locale. Il produit des baies beaucoup plus grosses que la framboise mais plus acides et moins parfumées. Les cultures de framboisiers sont surtout tournées vers la vente de fruits frais, mais elles alimentent également la fabrication de jus, la confiserie et la distillerie qui préfère cependant, dit-on, les framboises sauvages.

La fraise

Les fraisiers sauvages (*Fragaria* sp.) poussent de la Chine aux pays de l'Europe occidentale, des côtes atlantiques aux côtes pacifiques de l'Amérique du Nord et de l'Alaska au sud du Chili. La fraise n'était pas cultivée par les peuples antiques. Quelques fraisiers européens à petits fruits (*F. vesca*) l'ont été dans les potagers des nobles ou riches bourgeois européens sans doute à partir de la fin du Moyen Âge, comme la framboise. Il s'agissait peut-être des variétés remontantes ou « sans filets » — qui ne drageonnent pas — mais on plantait aussi une espèce voisine, le capron (*F. moschata*). Il est surprenant de noter que, dans le potager de Louis XIV, si certains fraisiers caprons, ou « fraisiers des bois blanches » étaient certainement issus d'une véritable culture, d'autres provenaient encore d'une semi-culture : les jeunes plants étaient prélevés dans les bois des environs (La Quintinie, 1730 ; Bois, 1928) ! Nous avons vu que c'est l'importation du fraisier du Chili — déjà cultivé dans ce pays — qui, par croisement avec le fraisier de Virginie, a permis la création d'un premier fraisier hybride, *F. ananas*, lequel allait révolutionner la culture de ce légume fruit, d'abord dans les plus célèbres jardins botaniques et potagers d'Europe puis, petit à petit, dans le monde entier.

Plus encore que certains vrais fruits de la même famille comme la pêche ou la cerise, la fraise se conserve difficilement et supporte mal les transports. En revanche, elle présente aussi de nombreux avantages : multiplication spontanée par drageons (sauf les cultivars sans filets), facilité de plantation et production en moins d'un an après la plantation. Il existe des cultivars produisant pendant presque toute la belle saison (fraisiers remontants). La flaveur de la fraise, plus ou moins délicate selon les variétés et due à un équilibre complexe entre acides organiques, sucres et composés aromatiques, est sans nul doute l'une des causes du prix élevé de ce fruit. La teneur en vitamine C est intéressante et les sucres que contient la fraise (du fructose en plus du saccharose) lui donnent un sérieux avantage diététique. La sélection des cultivars est aujourd'hui orientée soit vers la qualité sensorielle des fruits qui a très sensiblement bénéficié de nouveaux croisements avec le fraisier européen, soit vers la fermeté du fruit et sa résistance au transport, soit encore vers l'adaptation à des climats à hivers moins froids. L'amélioration de la texture du fruit et la diminution de sa fragilité ont également beaucoup contribué à la qualité de la fraise de bouche moderne. Comme pour la plupart des autres espèces, la résistance à des parasites fongiques ou à des insectes fait également partie des objectifs. Les fraises d'industrie sont transformées en confitures et sirops ou incorporées dans des pâtisseries ou boissons (Risser, 2003).

Les espèces à fruits secs et les espèces secondaires des pays tempérés

Les fruits secs

Le noyer commun (*Juglans regia*) est un bel arbre dont l'aire d'origine, immense, va des confins de la Chine aux Balkans. Il a été planté dès l'Antiquité dans toute l'Europe, introduit en Amérique du Nord (Californie surtout) et au Chili tandis que sa culture se répandait également dans plusieurs pays d'Asie et tout spécialement en Chine. Les noix ont des caractéristiques nutritionnelles intéressantes de par leur teneur en protéines et surtout en huiles riches en acides gras oméga 3. Elles sont surtout appréciées pour leurs qualités sensorielles et vendues comme fruits sec, mais les noix abîmées ou non présentables servent à la fabrication d'une huile de saveur très fine recherchée malgré son rancissement rapide. Le pacanier et les espèces voisines sont des juglandacées américaines voisines du noyer. Le pacanier (*Carya illinoiensis*), qui produit la noix de pécan — de saveur plus délicate que la noix commune —, a été domestiqué récemment et il est planté partout aux États-Unis alors que les variétés susceptibles de prospérer sous les climats à étés modérément chauds ne sont pas encore plantées en Europe. Les bois de noyer et de pacanier, comme ceux de merisier et de poirier, sont recherchés en ébénisterie. La noix est le 2ᵉ fruit sec le plus cultivé, après l'amande.

Le noisetier (*Corylus avellana*), de la famille des bétulacées, est un arbuste plutôt qu'un arbre et la noisette est un petit fruit à coque plus prisé encore que la noix. Les principaux cultivars se rattachent à l'espèce *C. maxima* domestiquée dès l'Antiquité — on ne sait exactement dans quelle région — ou proviennent de croisements avec les espèces sauvages très voisines, avant d'être introduit en Europe de l'Ouest. Le noisetier n'a de toute façon été que peu modifié par la domestication. La noisette est vendue pour la chocolaterie ainsi que pour la consommation directe. Le noisetier du Chili (*Gevuina avellana*) n'a de noisetier que le nom ; il appartient à une famille endémique à l'hémisphère Sud, celle des potéacées. La qualité de la noisette du Chili torréfiée (elle est toxique à l'état cru) est tout à fait comparable à celle de la noisette commune.

Les grossulariacées

Les groseilles, le cassis et quelques espèces apparentées fournissent des petits fruits cultivés pour des usages souvent familiaux : consommation directe, fabrication de gelées, de confitures ou de boissons alcoolisées (« vins » de groseille des Anglo-Saxons). Les groseilliers à grappes (*Ribes rubrum*), aux baies rouges ou rosées voire blanches, ont longtemps été considérées comme un mélange d'espèces descendant les unes de *R. vulgare*, les autres de *R. rubrum*, toutes deux incontestablement européennes. On pense aujourd'hui que seule la première origine est authentique. Le cassis, ou « groseillier noir » (*R. nigrum*) est une espèce dont la domestication, conduite également en Europe, ne remonte qu'au XVIIIᵉ siècle. Ses baies très parfumées ont d'abord été réservées à la confection familiale de liqueurs et sirops tandis que les feuilles et bourgeons étaient recherchés en pharmacie. À partir du XIXᵉ siècle, le cassis a fait l'objet de culture industrielle pour la fabrication de nouvelles liqueurs.

Le groseillier à maquereau (*R. grossularia* ou *R. uva-ursi*), généralement épineux, est une espèce plus septentrionale que les précédentes (un ensoleillement excessif le rend très sensible à un oïdium) produisant de grosses baies solitaires dont se servent souvent les Britanniques dans les préparations culinaires de poisson. Mais le fruit est également apprécié en gelées ou confitures. Toutes ces petits fruits sont très riches en vitamine C, le cassis ayant presque la teneur du citron et les groseilles presque celle de l'orange. À la suite de toute une série d'expériences, Lind avait mis au point des doses quotidiennes de jus de groseille à maquereau stérilisé au pouvoir antiscorbutique certain (Stewart, 1953), ceci avant Pasteur, et malgré la sensibilité de l'acide ascorbique à la chaleur ! Le procédé méconnu n'a jamais eu d'application pratique, le citron s'étant révélé être une excellente « capsule naturelle » fournissant une dose quotidienne largement suffisante à un homme pour affronter les longues croisières.

Les vacciniacées

Les myrtilles, airelles et espèces apparentées sont des plantes d'ombre croissant sous les futaies et récoltées de longue date pour la consommation en frais ou la fabrication de confitures. Une vingtaine d'espèces font l'objet de cueillette en Amérique du Nord, en Eurasie ainsi que dans les montagnes de plusieurs continents. Une myrtille américaine (*Vaccinium corymbosum*), dont l'arbuste est plus haut et la baie plus grosse que chez la plupart des autres espèces, est cultivée en Amérique et en Europe, bien que de qualité inférieure à celle de la myrtille européenne (*V. myrtillus*) ; il s'agit encore d'une production assez marginale. Dans les zones marécageuses de l'Est canadien et américain ainsi que sur la côte ouest pousse une espèce voisine (*V. oxycoccon*), une canneberge appelée « atoca » par les Canadiens francophones. Sa grosse baie rouge, peu sucrée et un peu amère, se mange cuite à la manière de la groseille à maquereau. Elle sert aussi à la préparation d'un jus auquel on a reconnu d'indiscutables qualités pharmaceutiques. La plante est maintenant cultivée dans les régions au climat suffisamment frais d'Amérique du Nord, ainsi qu'en Europe, en particulier en Finlande.

Notons que les vacciniacées font partie, avec certains *Rubus*, des rares plantes qui poussent dans le grand Nord, jusque dans la zone des toundras. Avant l'arrivée des Européens, elles constituaient avec les rares légumes sauvages la seule source concentrée de vitamine C. Les Canadiens français qui ne disposaient pas d'un grand éventail de fruits récoltaient eux aussi soigneusement les myrtilles, qu'ils nomment toujours « bleuets ».

Les agrumes

Les rutacées sont un peu aux zones tropicales ou subtropicales ce que sont les rosacées aux pays tempérés. Les principales espèces de la famille, les agrumes — que les Anglo-Saxons nomment *citrus* — ont fourni un ensemble de fruits au parfum et à la saveur incomparables, apportant une touche d'exotisme aux habitudes alimentaires des pays tempérés. Le genre *Citrus* occupe à lui seul la première place mondiale parmi les fruits et son importance ne cesse de croître. Toutes ses espèces sont originaires d'Extrême-Orient, plus précisément du sud-est de l'Himalaya et des régions voisines (actuelles Inde, Chine, Mayanmar) mais des zones d'expansion secondaires atteignent le Japon, la péninsule indochinoise et l'Indonésie. Ce sont des arbres souvent assez petits et épineux à l'état sauvage. Tous les fruits ont une écorce composée de l'épicarpe et du mésocarpe externe colorés riches en glandes qui recouvrent le mésocarpe interne, blanchâtre, sans saveur ni parfum et d'épaisseur variable. L'endocarpe — la partie comestible — est compartimenté en quartiers typiques du genre. Fruits juteux, parfumés, le plus souvent sucrés et plus ou moins acides selon les variétés cultivées, ils sont également très riches en vitamine C. Cette dernière est plus concentrée dans les fruits à l'acidité marquée, condition idéale pour sa stabilité. L'écorce et les feuilles (persistantes) des agrumes contiennent des huiles essentielles typiques de la famille et recherchées pour la parfumerie, la confiserie ou la cuisine ; leurs fleurs très odorantes sont également utilisées en parfumerie et sont extrêmement mellifères. Les espèces du genre *Citrus* ne sont pas très nombreuses, mais elles ont une grande propension à s'hybrider entre elles, rendant difficile la classification et l'identification des types ancestraux ou des croisements effectués volontairement ou involontairement par l'homme. De ce fait, la systématique des agrumes a changé plusieurs fois et est encore discutée. Nous limiterons notre description à quelques espèces principales de ce groupe qui, dans son ensemble, donne de loin la plus grande production mondiale de fruits en retenant la classification de Jean Pasquier (1992).

Le bigaradier et l'oranger

Rien ne permet d'affirmer que la domestication des rutacées soit aussi ancienne que celle des rosacées ; elle remonterait au I[e] millénaire av. J.-C. en Chine. Bien que le mot « orange » (en espagnol *naranja*) dérive *via* l'arabe du sanscrit *nagarunga* ou *nagrunga*, les compagnons d'Alexandre n'ont sans doute pas vu d'orangers vrais (*Citrus sinensis*) dans l'ouest de l'Inde, mais des bigaradiers (*C. aurantium*) ou « orangers amers » qui devaient donner leur nom à l'orange. Le bigaradier a été introduit en Occident par les Arabes vers le XIe siècle, avant le citronnier et l'oranger (respectivement XIIe et XVe siècles) et il a été très cultivé dans les orangeries des châteaux, surtout à partir du XVIIe siècle. Son fruit très amer n'est apprécié que pour la fabrication de compotes ou de confitures d'orange amère ainsi que pour l'extraction, à partir de l'écorce des fruits et des feuilles, d'huiles essentielles largement employées en cuisine, et surtout en parfumerie — elles entrent par exemple dans la composition de l'eau de Cologne. Du fait de sa résistance au froid, le bigaradier est souvent utilisé comme porte-greffe pour d'autres agrumes.

L'oranger vrai (*C. sinensis*) est, de loin, l'agrume le plus connu et le plus répandu dans le monde. Sa production représente environ 70 % des agrumes. Il est parvenu en Occident soit directement grâce aux Arabes, soit grâce aux navigateurs portugais qui l'avaient trouvé sur la côte orientale de l'Afrique où il avait été introduit, par les Arabes également. Il a, comme la canne à sucre, été apporté en Amérique par Colomb lors de son second voyage.

L'oranger s'adapte à des climats bien différents de ceux de son aire d'origine et c'est l'agrume qui supporte la plus grande gamme de climats. Seules les gelées légères sont toutefois supportées et les températures excédant 36 °C arrêtent sa croissance. Cependant les hivers relativement froids induisent une plus belle coloration des fruits. L'oranger est aujourd'hui attaqué par de très nombreuses maladies fongiques ainsi que par de multiples insectes. Il existe des centaines de variétés, souvent créées dans les pays méditerranéens (Espagne, Malte, Italie, Algérie) ou américains. On dispose maintenant de cultivars dont la maturité des fruits déborde largement la saison hivernale. La sélection a modifié également la couleur de la pulpe (pour les oranges sanguines en particulier), la saveur, la teneur en sucre et en eau. En Amérique du Nord, la moitié de la production repose sur des variétés aux fruits très juteux destinés à la transformation en boissons (voir plus loin). Les variétés de fruits destinés à la consommation en frais les plus prisées sont moins juteuses et n'ont souvent qu'un nombre réduit de pépins ; elles sont alors dites « sans pépins ».

Encadré IX.1. Fruits et légumes fruits, une question de définition.

Dans le langage courant, le mot « fruit » s'applique aux organes reproducteurs des plantes ou plus exactement à leur seule partie comestible, généralement sucrée ou mangeable en dessert. Pour un botaniste, le fruit correspond à l'organe issu de la transformation de l'ovaire après la fécondation et qui contient les graines. Ainsi, le grain de blé ou la graine de carotte sont des fruits alors que la châtaigne est une graine. Dans le domaine des légumes, la gousse de haricot est un fruit, de même que le concombre ou la silique du radis indien, mais l'acception courante ne leur confère pas l'appartenance au monde vaste des fruits de dessert, où figurent le melon et exceptionnellement la tomate qui sont des légumes fruits. En revanche dans le langage courant, la pomme cajou (ex-pomme d'acajou) est un fruit dont la graine (noix de cajou) est suspendue en dessous alors que, botaniquement parlant, c'est la « noix » qui est le vrai fruit, le « fruit » n'étant que son pétiole hypertrophié. Le pétiole de la feuille de rhubarbe est également appelé « fruit », de même que, depuis une directive récente de l'Union européenne, la racine de carotte puisque l'une et l'autre sont transformées en confitures dans certains pays de l'Union européenne et que légalement les confitures doivent être à base de fruits ! Il n'est peut-être pas inutile de rappeler que dans la pomme et la poire, le vrai fruit qui entoure les pépins est lui-même entouré du faux fruit (péricarpe), provenant de l'excroissance du support de l'ovaire, qui est de plus en plus hypertrophié par la sélection car c'est pratiquement la seule partie comestible.

Le citronnier et le limettier

Le citronnier (*C. limon*) est arrivé en Occident avant l'oranger et n'a jamais été cultivé sur une échelle aussi grande. Sa richesse en acide ascorbique qui lui a valu son heure de gloire doit être relativisée : elle ne dépasse celle de l'orange que de 20 % environ et est comparable à celle du pamplemousse. Le citron est devenu aujourd'hui un ingrédient presque indispensable pour les cuisiniers qui font appel tantôt à son acidité et à sa richesse en vitamines, tantôt à son parfum qui sied aussi bien à une tasse de thé qu'à une tranche de poisson frit. Pour cet usage, il a remplacé depuis longtemps le jus de raisin vert, ou « verjus ». Son écorce (zeste) est d'un usage courant dans de nombreuses recettes de pâtisserie et de viande ainsi qu'en parfumerie. La récolte du citron, autrefois limitée à l'hiver, peut maintenant être étalée sur toute l'année par des soins appropriés et en particulier par le contrôle de l'irrigation.

Le limon, « lime » ou « citron vert » (*C. aurantifolia*), tire son nom populaire de sa belle couleur verte qu'il garde très longtemps puisqu'il ne devient jaune qu'à complète maturité. Il se consomme un peu comme le citron dont il n'est cependant pas une variété, mais est plus acide et d'une flaveur incomparable. Le limonier est un petit arbre exigeant des climats plus chauds que le citronnier. Il est utilisé à grande échelle pour la fabrication de sirops ou d'autres boissons.

Le pamplemoussier et le pomélo

Le pamplemoussier (*C. grandis*) et le pomélo (*C. paradisi*) produisent de très gros fruits, souvent confondus. En France, le pomélo est le plus souvent appelé « pamplemousse rose » et en Asie du Sud-Est, le pamplemousse est appelé par les anglophones *pumello* que les francophones traduisent par « pomélo » ! Le pamplemoussier donne des fruits énormes approchant souvent 20 cm de diamètre non dépourvus d'amertume. Cette espèce n'est plus cultivée que dans des contextes parfois assez marginaux tels que celui de Tahiti où une variété de pamplemousses introduite des Philippines par un botaniste américain est encore, avec le citron vert, l'agrume le plus populaire. Les fruits du pomélo sont plus petits et groupés par grappes (*grape fruit* en anglais). Leur pulpe jaune ou rose sucrée mais non dépourvus d'acidité voire d'un peu d'amertume en fait plus souvent une entrée qu'un dessert. L'origine du pomélo est curieuse : elle se situerait aux Antilles et serait due à une mutation de bourgeon d'un pamplemoussier ou bien d'une hybridation. Bien qu'admis, le classement de l'espèce *C. paradisi* parmi les espèces authentiques paraît donc contestable. Les deux fruits occupent une place importante dans le commerce mondial pour la consommation en frais et la fabrication de jus.

Les autres agrumes

Le cédratier (*C. medica*) est probablement le premier arbre de la famille à avoir atteint l'Occident. Il serait arrivé par la Perse, *medica* signifiant « médique », des Mèdes. Les Hébreux l'offraient à Yahvé lors de la fête des tabernacles en − 136. Au tout début de l'ère chrétienne, il a été planté en Grèce et enfin dans les provinces romaines, dont la Corse où il toujours cultivé. Il ressemble à un citron géant mais c'est le mésocarpe interne qui lui confère cette taille. Son nom vernaculaire vient de l'odeur de cèdre dégagée par le fruit qui sert surtout à la fabrication de confiseries et de liqueurs.

Le mandarinier n'est plus considéré comme une espèce vraie mais plutôt comme un petit groupe d'espèces ou hybrides comprenant le mandarinier « méditerranéen » (*C. nobilis*), et un mandarinier japonais, le satsuma (*Citrus × unshiu*), les autres étant regroupés au sein de l'espèce *C. reticulata*. comme les autres *Citrus*, les mandariniers s'hybrident facilement et un exemple souvent cité en France est celui de la clémentine, sorte de belle mandarine sans pépin qui aurait été obtenue en 1906 dans un semis du moine Clément, en terre algérienne. On avait cru à une hybridation entre un mandarinier et un bigaradier, ce qui expliquait sa stérilité… jusqu'au jour où on trouva en Extrême-Orient un arbre quasi identique ne donnant des fruits fertiles que dans des conditions climatiques bien particulières. Parmi les nombreux hybrides avérés, bien peu ont connu à ce jour un grand succès commercial. On peut citer cependant le tangelos, hybride de mandarine (*tangerine* en anglais) et de pomélo ainsi que le tangor, hybride de mandarine et d'orange découvert par hasard à la Jamaïque. D'autres hybrides ont peut-être de l'avenir.

Les kumquats (*C. japonica* et *C. margarita*), souvent classés dans le genre voisin *Fortunella*, sont des arbustes dont les fruits sont de très petite taille et n'ont que 4 à 5 quartiers. Leur écorce est peu amère, ce qui en fait les seuls agrumes à pouvoir se manger en entier. Ils apparaissent aujourd'hui sur les marchés d'Occident.

> ### Encadré IX.2. Les espèces fruitières secondaires des pays tempérés.
>
> La vaste famille des rosacées comprend de nombreuses espèces à fruits comestibles qui ont été cultivées à des échelles variables après avoir subi ou non un début de domestication, et qui sont le plus souvent presque oubliées de nos jours. En se limitant aux pays tempérés, on peut citer plusieurs fruits à pépins. Une espèce très proche de l'aubépine, l'azérolier (*Crataegus azarolus*), avait encore l'honneur des vergers du roi Louis XIV, et Leclerc (1930) le mentionnait encore pendant l'entre-deux-guerres ; mais son fruit, petit et assez fade, n'attire plus les consommateurs. Une espèce nord-américaine, *C. mexicana*, donne un fruit rouge et jaune de belle apparence mais de texture cotonneuse ; il est consommé sous forme de compote très liquide tenant lieu de boisson.
>
> Parmi les autres familles qui ont fourni des fruits aujourd'hui secondaires figurent les éricacées avec l'arbousier, ou « arbre aux fraises » (*Arbutus unedo*), les cornacées avec le cornouiller (*Cornus mas*) et les berbéridacées avec l'épine-vinette (*Berberis* sp.). L'arbousier est un arbuste dont les fruits rouges rappelant les fraises sont du plus bel effet car ils mûrissent en hiver. Mais ceux des types décoratifs sont très fades, et il semble que les sujets à fruit goûteux, très rares dans la nature, ne soient plus cultivés. Il n'en est pas de même du cornouiller (*Cornus mas*), qui a été, comme la nèfle, très cultivé en Europe occidentale au Moyen Âge et qui l'est encore dans les pays du sud de la CEI, généralement sous le nom de « datte de Trébizonde ». L'arbuste est à nouveau aujourd'hui proposé par des pépiniéristes pour la production de ce fruit savoureux bien que légèrement astringent.

La mangue et autres anacardiacées

Le manguier (*Mangifera indica*) produit un fruit assez peu commercialisé dans les pays tempérés et qui est pourtant le 5ᵉ fruit le plus consommé au monde, après la pomme mais avant la pêche. Il s'agit d'une vieille domestication du non-centre Indien qui remonte au moins au IIᵉ millénaire avant notre ère. Déjà très répandu dans les régions tropicales d'Asie avant l'arrivée des Européens, le manguier a été rapidement introduit aux Antilles, puis en Afrique et enfin dans les autres pays chauds. Il se reproduit aisément par semis de son volumineux noyau, mais on obtient alors soit des plants identiques au pied mère, soit des arbres donnant des fruits de qualité variable, généralement inférieure et au goût de térébenthine prononcé (c'est un proche parent du térébinthe). Ce phénomène inhabituel s'explique par l'existence de deux sortes d'embryons ; les uns, dits « nucellaires », sont génétiquement identiques au pied mère, et les autres proviennent d'une fécondation. Il existe de très nombreuses variétés obtenues en Inde ou dans les anciens empires coloniaux qui doivent être greffées. Le manguier demande une saison sèche de plusieurs mois et il prospère sous les climats semi-arides. Sa chair est très parfumée et d'une richesse en vitamine C assez proche de celle des agrumes, ce qui la rend précieuse dans les régions sahéliennes où le scorbut a longtemps sévi. C'est le type même de fruit rendant de grands services aux populations locales ; son exportation vers les pays tempérés est en plein développement.

Parmi les autres anacardiacées, l'anacardier (*Anacardium occidentale*) donne la pomme cajou. Originaire du nord-est du Brésil, c'est un arbre qui exige un sol profond mais qui est capable, comme le manguier, de prospérer en conditions sahéliennes. Le pédoncule charnu fournit un jus très parfumé, il est aussi mangé frais ou sec. Dans beaucoup de pays, l'anacardier est cultivé surtout pour sa « noix » qui est appréciée mais qui doit être décortiquée et cuite car son écorce est très irritante.

Les mombins (*Spondias purpurea* et *S. lutea*) sont originaires d'Amérique, mais il existe des espèces provenant d'autres pays de la ceinture tropicale. Leurs fruits ressemblent à des prunes, ce qui leur vaut souvent le nom de « prunes mombins », mais leur chair, de saveur agréable, ne forme qu'une mince couche recouvrant un gros noyau. La domestication, toute récente, mériterait des efforts supplémentaires.

Des familles peu connues hors de la ceinture intertropicale

Les annonacées

Cette assez grande famille comprend plusieurs espèces fruitières, toutes sud-américaines, faciles à reconnaître car il s'agit toujours de syncarpes, c'est-à-dire d'une juxtaposition des fruits issus d'ovaires multiples d'une seule fleur dont chacune contient un noyau. Les espèces domestiquées appartiennent pour la plupart au genre *Annona*. Les fruits de texture parfois onctueuse, très sucrés et très parfumés peuvent atteindre une taille assez conséquente : 2 kg pour la chérimoile (*A. cherimola*), 3 kg pour le corrosol (*A. muricata*) tandis que le cœur de bœuf (*A. reticulata*) ressemble à une petite chérimoile. La pomme cannelle, fruit de l'attier (*A. squamosa*), est une autre espèce également très appréciée dans les pays tropicaux, qui doit se manger après complète maturité, ce qui freine son commerce. Ces fruits délicieux sont encore peu exportés mais sont souvent considérées comme de pures merveilles gustatives comme les melons, les ananas, les cerises ou les framboises.

Les sapotacées

Cette famille typiquement tropicale renferme comme la précédente des espèces fruitières très appréciées dans les pays chauds, mais peu connues dans les pays plus tempérés. Le caïnitier (*Chrysophyllum cainito*), originaire d'Amérique centrale, produit des fruits de la taille d'une petite orange dont la chair blanche et un peu visqueuse lui a valu le nom de « pomme de lait ». Sa section transversale fait apparaître une disposition des pépins en étoile à 8 branches, d'où l'autre nom de « pomme étoile ». Les fruits ne sont comestibles qu'à complète maturité ; il faut alors les cueillir car ils ne tombent pas de l'arbre. Assez fades, ils sont souvent consommés cuits avec du jus d'orange qui relève son goût.

Beaucoup plus connu est le sapotillier (*Manilkara zapota*), grand arbre originaire d'Amérique centrale. Son fruit a une texture un peu comparable à la pomme de lait, mais il peut être dépourvu de graines et sa chair à complète maturité est délicieuse, du moins certaines variétés. Le sapotillier est généralement planté dans un tout autre but : son latex fournit une gomme qui, une fois traité n'est rien d'autre que du chewing-gum.

Les ébénacées

Cette famille comprend d'abord des fruits de grande importance, notamme en Extrême-Orient. Le plaqueminier (*Diospyros kaki*) produit le kaki, un beau fruit d'aspect rappelant la tomate. Dans les variétés anciennes, la chair est toujours astringente avant complète maturité du fait de la présence de tannins qui se dénaturent tardivement. Il existe également des variétés récentes non astringentes, mais encore peu connues en Occident où l'arbre est assez rarement cultivé. Il prospère sous les climats subtropicaux mais aussi tempérés.

Les myrtacées

Cette très vaste famille regroupe 3 000 espèces parmi lesquelles plusieurs arbres ou arbustes fruitiers américains aujourd'hui répandus dans tous les pays tropicaux : les goyaves dont la plus connue est la goyave pomme (*Psidium guajava*), au fruit de belle couleur jaune, sphérique ou légèrement allongé renfermant de très nombreux pépins. Sa chair acidulée est parfumée mais souvent plus appréciée sous forme de pâte de fruits. L'espèce s'est révélée extrêmement envahissante en Polynésie. Il existe des espèces voisines intéressantes comme la goyave fraise (*P. cattleianum*), que l'on peut cultiver jusque dans les climats méditerranéens, et le goyavier du Chili (*Myrtus ugni*). Cette espèce, carrément tempérée, donne de petits fruits connus sous le nom de « myrtilles » dont les confitures sont très renommées. Le *Feijoa sellowiana*, du sud du Brésil, est une espèce que les Néo-Zélandais envisagent de promouvoir sur les marchés occidentaux et qui, elle aussi, peut fructifier en Europe.

Les sapindacées

Une espèce fruitière parmi la douzaine que compte la famille a acquis récemment une grande réputation : le litchi (*Litchi chinensis*). En effet, cultivé à Madagascar, il peut arriver sur les marchés de l'hémisphère Nord juste avant Noël, et les Occidentaux ont tout de suite apprécié ce petit fruit à chair mince mais juteuse et délicatement parfumée. L'arbre, de petite taille, est originaire du sud de la Chine où il est cultivé depuis au moins 2 000 ans. Il est capable de fructifier pendant plus d'un siècle, mais il est exigeant en matière de sol et de climat. Parmi les espèces voisines, seul le ramboutan (*Nephelium lapaceum*) donne des fruits de qualité assez comparable.

Les clusiacées

Cette famille comprend le mangoustanier (*Garcinia mangostana*), arbre de l'Asie du Sud-Est et de la Malaisie qui ne prospère que dans les plaines des régions équatoriales. Son fruit, le mangoustan ou « mangouste », qui a la taille d'une petite orange de couleur violette, est l'un des plus savoureux qui soient au dire de ceux qui l'ont mangé quand il était mûr à point et fraîchement cueilli ; il porte alors, lui aussi le nom de « fruit des rois ». C'est aussi l'un des fruits les plus riches en antioxydants. L'abricotier de Saint-Domingue (*Mammea americana*) est un arbre de la même famille, originaire des grandes Antilles et dont le fruit, qui peut atteindre 4 kg, n'a de commun avec l'abricot que la couleur de la pulpe. Ce grand arbre à pousse lente est surtout cultivé dans sa région d'origine.

Les bombacées

Cette famille a fourni une espèce peu connue et peu appréciée des Occidentaux mais très populaire en Indonésie et en Asie du Sud-Est, le durian (*Durio zibethinus*). C'est un fruit garni de grosses épines qui peut atteindre 5 kg. Sa particularité principale est une odeur repoussante pour ceux qui n'ont jamais goûté le fruit. Sa chair a une texture et une saveur très désagréables et ce fruit a souvent été comparé aux fromages dégageant une puissante odeur putride et qui sont néanmoins jugés délicieux par les Occidentaux.

Les familles petites mais d'importance majeure

Le bananier

Les bananiers autres que les plantains sont cultivés sur d'immenses superficies pour la production de bananes desserts généralement destinés à l'exportation. Ces bananiers, qui sont souvent les seuls connus des Occidentaux, partagent un génome dérivé de *Musa acuminata*, mais ils peuvent être di- ou triploïdes. Les types diploïdes à graines donnent des fruits très peu appréciés bien qu'encore récoltés en Indonésie, alors que des cultivars diploïdes stériles ont été introduits depuis une période reculée jusqu'en Inde et à Madagascar. Les types sans graine sont forcément parthénocarpiques tout comme les types triploïdes toujours stériles. Les uns et les autres dont donc reproduits végétativement. Les triploïdes AAA résultent certainement d'un croisement entre des gamètes non réduits — donc diploïdes — et des gamètes normaux. Les bananiers de génome AAA englobent les cultivars les plus productifs, parmi lesquels la 'Gros-Michel' et surtout la 'Cavendish' dont l'origine n'est ni française ni anglaise, mais chinoise. Leur supériorité s'explique par le caractère triploïde qui confère à la plante une plus grande vigueur et une grande rapidité de développement du fruit. Toutefois, cette supériorité sur les diploïdes n'est manifeste qu'en dehors de l'aire d'origine de l'espèce (Perrier *et al.*, 2009). Parmi les avantages de la banane figurent le rendement élevé et la rapidité de récolte de la plante et la grande facilité d'épluchage qui permet aisément de consommer la pulpe sans la toucher avec les doigts. Cependant, l'exportation qui a débuté entre la Jamaïque les États-Unis en 1870 n'a pu s'étendre aux transports sur de très longues distances qu'après la compréhension du processus de mûrissement qui s'accélère dès que l'atmosphère dépasse un seuil de teneur en éthylène, un gaz à action hormonale émis par les fruits. Le phénomène n'est pas propre à la banane, mais celle-ci y est très sensible : il suffit d'un seul régime très mûr dans une cale de bateau pour déclencher la maturation du reste de la cargaison et la rendre invendable. Aujourd'hui, les recherches se poursuivent dans de nombreux pays en vue du recensement et du testage des variétés, du séquençage du génome, de la lutte contre les parasites et les maladies. La production mondiale est toujours très nettement dominée par la seule variété 'Cavendish'.

Le papayer

Le papayer (*Carica papaya*), de la famille des caricacées, est généralement classé parmi les arbres bien que Bois (1928) l'ait considéré comme un intermédiaire entre les arbres et les herbacées. En effet, il se présente comme une sorte d'arbuste à allure de palmier mal lignifié et qui ne vit qu'une douzaine d'années. Il est originaire du nord de l'Amérique

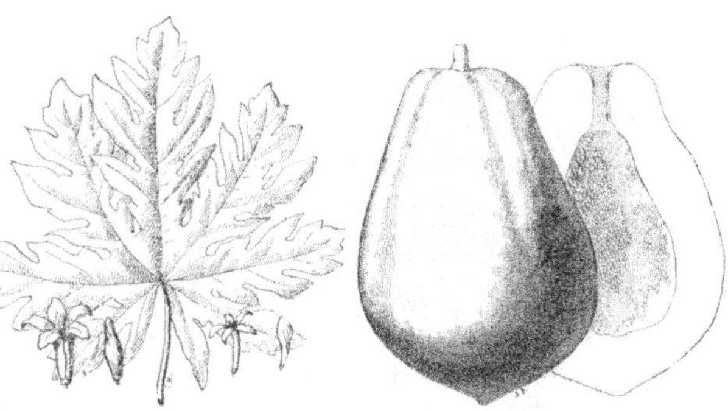

Figure IX.3. Un des fruits les plus cultivés au monde : la papaye. Extrait de Bois (1928).

du Sud, mais la multitude de petites graines contenues dans les fruits assure une propagation si efficace qu'on le trouve maintenant dans tous les pays tropicaux. L'espèce est généralement dioïque, mais on peut rendre un pied mâle monoïque en l'étêtant avant la floraison, ce qui induit l'apparition d'inflorescences femelles. Les plantes femelles ou monoïques donnent des fruits de taille imposante (jusqu'à 10 kg) souvent assez fades, sauf pour les cultivars américains récents dont les fruits, plus petits, sont beaucoup plus parfumés. La papaye verte se mange aussi comme légume.

Les autres parties de la plantes ont des usages variés : les feuilles se mangent en épinards et les graines, à saveur poivrée et brûlante, ont des propriétés vermifuges ; toutes les parties de la plante laissent couler après blessure un suc contenant une enzyme protéolytique, la papaïne, utilisée à une échelle industrielle dans de nombreux pays pour attendrir la viande. La papaye serait le 9e fruit le plus consommé dans le monde.

L'ananas

Les broméliacées forment une grande famille à laquelle appartient l'ananas (*Ananas comosus*). Les autres espèces surtout communes en Amérique du Sud sont souvent des épiphytes reconnaissables, comme les espèces herbacées, à leurs rosettes de feuilles pointues. Ce caractère herbacé a un temps valu à l'ananas d'être classé parmi les légumes, comme les melons et les fraises, alors que ce n'était pas le cas du bananier, herbe géante souvent prise pour un arbre. C'est une plante pérenne que l'on multiplie par bouturage. Son fruit est un syncarpe de belle taille terminé par une rosette de feuilles, et il est dépourvu de graines dans les cultivars courants. L'ananas est originaire des confins du Paraguay et de l'Uruguay. C'était déjà un fruit hautement recherché chez les Guaranis, le mot « ananas » signifierait dans leur langue « le meilleur des fruits ». Les Espagnols l'apprécièrent à leur tour et se hâtèrent d'en envoyer à leur roi (qui les reçut pourris). Sur la fin de sa vie, Louis XIV eut l'opportunité de goûter les premiers ananas cultivés en France ; il les trouva plus parfumés que les fraises. L'ananas dont il existe de nombreuses variétés est maintenant cultivé dans toutes les régions tropicales. Une partie de la production est mise en conserve et les débris de fruits servent à la fabrication de jus très sucré et très parfumé. Il reste un fruit exotique de prestige.

L'avocatier

L'avocatier (*Persea gratissima*), de la famille des lauracées, a été domestiqué par les Aztèques qui le cultivaient à grande échelle. Il donne un fruit de couleur verte, généralement pyriforme. Sa chair n'est ni sucrée ni aqueuse, contrairement à celle de la plupart des fruits cultivés ; elle est onctueuse comme le beurre et sa saveur rappelle plutôt celle des fruits oléagineux comme la noix ou la noisette.

L'analyse révèle une richesse en protéines et surtout en lipides ainsi que d'intéressantes teneurs en oligoéléments et en vitamines. Les Européens qui n'arrivaient pas à comparer ce fruit aux leurs en ont fait une entrée particulièrement nourrissante. Cet arbre est maintenant cultivé dans la plupart des régions tropicales ou subtropicales.

Figure IX.4. Avocatier et avocat. Extrait de Bois (1928).

Les noix des pays chauds

Le pistachier (*Pistacia vera*), petit arbre de la famille du manguier, est originaire du Proche- et du Moyen-Orient. Il prospère sous les mêmes climats que l'olivier mais a été cultivé plus au nord, c'est-à-dire sous abri ou là où les hivers n'étaient pas trop rigoureux. L'espèce est dioïque, la femelle donne une noix en forme de petit coquillage bivalve de saveur légendaire en Orient.

Parmi les autre noix des pays chauds, on peut citer la noix du Brésil (*Bertholletia excelsa*), de la famille des myrtacées et dont le fruit est une énorme capsule renfermant des graines anguleuses entourées d'une coque ligneuse épaisse et dont la saveur rappelle celle des noix proprement dites. On les consomme comme fruits de dessert ou on en extrait l'huile dont ils sont très riches. Mais l'arbre, imposant — sa hauteur atteindrait 50 m —, est demeuré sauvage.

Le macadamier (*Macadamia ternifolia*), de la famille des protéacées, provient du sud de l'Australie. Il donne des « noix » ou « noisettes » très appréciées et fait depuis peu l'objet de plantations bien au-delà de l'Australie. C'est donc l'une des rares domestications du continent australien.

Autres espèces fruitières tropicales

Les pays chauds — et en particulier ceux de la ceinture intertropicale — ont une flore beaucoup plus diversifiée que les pays tempérés, et les espèces fruitières d'intérêt apparemment secondaire y sont si nombreuses qu'il est illusoire d'en donner une liste dans cet ouvrage. Le survol ici proposé, fortement inspiré du livre de Fabrice Le Bellec et Valérie Renard (2002), est centré sur quelques familles exotiques ou sur des familles répandues dans les pays tempérés où elles ne donnent cependant pas de fruit comestible.

Apocynacées — Le prunier de Natal (*Carissa macrocarpa*) appartient à la famille de la pervenche. C'est un arbuste épineux africain dont les fruits se mangent crus ou cuits à la manière des prunes.

Cactacées — Cette famille typiquement américaine est bien connue dans l'Ancien Monde : dans les pays tempérés, on cultive souvent des formes décoratives en pots ou en serre tandis que dans les régions chaudes et sèches, elle est devenue envahissante au point d'être souvent prise pour une plante autochtone. En Amérique, une espèce relativement inerme, le figuier de Barbarie (*Opuntia ficus-indica*), fournit des pousses (raquettes tendres) qui sont très recherchées comme « légume ». Mais elle est surtout cultivée pour ses fruits comestibles, les figues de Barbarie aussi bien dans les pays du Nouveau Monde que dans la zone méditerranéenne et en Extrême-Orient.

Caesalpiniacées — Le tamarin (*Tamarindus indica*), de la superfamille des fabacées, est cultivé pour ses gousses contenant une pulpe entourant des graines coriaces. Cette pulpe est sucrée et par ailleurs laxative.

Moracées — Le jacquier (*Artocarpus heterophyllus*) est une espèce voisine de l'arbre à pain originaire de l'Inde où sa culture est ancienne. Les fruits ne se forment que sur le tronc et les grosses branches et atteignent une longueur de 70 cm et une masse de 12 kg.

Oxalidacées — À cette famille connue pour ses espèces herbacées dans les pays tempérés se rattachent le bilimbi et le carambolier, déjà été signalés le premier pour sa reproduction apomictique et le second pour sa teneur en acide oxalique.

Polygonacées — Le raisinnier des bords de mer (*Coccobola uvifera*) est un arbuste croissant à la limite des plages. Il porte de longues grappes de gros fruits qui peuvent servir à la confection de gelées ou d'une sorte de vin.

Fabacées — une légumineuse arborescente, le châtaignier d'Australie (*Castanospermum australe*), donne des graines dépassant la taille d'une châtaigne qui sont consommables bien mûres (auparavant, ils sont toxiques).

En conclusion sur les fruits

L'ensemble des espèces fruitières comme celui des légumes subit une incontestable érosion marquée dans les pays occidentaux par le quasi-abandon des rosacées secondaires ou d'espèces comme la cornouille ou l'épine-vinette. Mais cette érosion est masquée par la diversité immense des espèces fruitières exploitées et l'arrivée régulière d'espèces exotiques « nouvelles » sur les marchés ou dans les vergers. Ce remaniement n'est encore que superficiel mais bien réel, et rien ne permet de dire qu'il s'arrêtera prochainement.

La contribution des différents centres d'origine reflète une très nette influence du climat. Les pays de la ceinture intertropicale, avec leurs forêts abritant une flore très diversifiée, ont permis la récolte d'un nombre inégalé de fruits parmi lesquels beaucoup ont subi une domestication plus ou moins poussée. De ce point de vue, l'humanité est particulièrement redevable aux régions allant du sud de la Chine au non-centre indien qui nous ont fourni les rutacées et les bananiers pour ne citer que les principales ; l'Amérique du Sud a également fourni à l'humanité des espèces plus secondaires mais nombreuses.

La situation des fruits parmi les plantes alimentaires revêt un certain nombre de particularités dont la plus notable est le caractère de friandises naturelles pour les enfants et les adultes. Depuis que l'influence italienne sur la cuisine française a, il y a près de quatre siècles, imposé le dessert, le fruit remplit souvent cette fonction à lui tout seul. Poussant dans les airs, le fruit possède également une sorte de noblesse aux antipodes du statut des racines ou tubercules, comme le rappelle Montanari (1995) à propos des réactions d'un bourgeois dont on volait les fruits. Les capitulaires de Charlemagne fixant la liste des plantes à cultiver dans ses villas énumère les principaux arbres fruitiers toujours cultivés de nos jours en Europe, en précisant bien que les fruits sont réservés aux intendants.

Beaucoup plus tard, au moins jusqu'au XVIIIe siècle, on trouve de doctes médecins ou autres savantes gens qui non seulement prônaient une nourriture fine pour l'estomac délicat des gens de qualité, mais allaient jusqu'à déconseiller la nourriture fine aux gens du bas peuple qui ne supportent bien que les aliments grossiers ! On peut supposer que les fruits à chair trop délicate leur étaient déconseillés ; peut-être pouvait-on leur laisser les poires « mauvaises » restées dures, âpres et presque imputrescibles dont parlait La Quintinie ? Une opposition catégorique à la consommation des fruits avait été formulée dès la premier siècle de notre ère par Galien : il accusait cette « piètre nourriture de charger inutilement l'estomac, d'engendre la corruption et la putréfaction. » (Leclerc, sans date). Un virage aurait pu être pris après la découverte du rôle des fruits dans la prévention du scorbut chez les marins et la démonstration magistrale de Lind ou *a fortiori* avec la découverte progressive des vitamines à partir de la fin du XIXe siècle. Le corps médical dans son ensemble a cependant continué de recommander une alimentation riche en protéines, en glucides et en lipides sans accorder beaucoup d'égards aux légumes et aux fruits (Pascault, vers 1910) ; de nombreux praticiens étaient restés méfiant envers les fruits pauvres en nutriments et souvent riches en acides organiques aux effets douteux ; peu après cette date, un courant de réhabilitation s'est enfin manifesté, et pas seulement pour combattre les effets des excès de protéines et de graisses animales : le rôle des vitamines désormais connu, et dans une moindre mesure celui des oligoéléments, permettaient enfin un revirement complet du jugement envers les fruits.

Aujourd'hui, les fruits sont perçus comme des sources incomparables de « vitamines » (sans plus de précision) et des aliments de santé ; beaucoup de gens ont peine à croire qu'un plat de pommes de terre puisse apporter plus de vitamine C qu'une pomme ou une pêche et s'étonnent quand on leur dit qu'une orange n'apporte pas toutes les vitamines. Pourtant, la consommation de fruits et de légumes reste souvent insuffisante chez de nombreuses personnes se contentant d'une cuisine simplifiée alors que des études récentes ont montré que les vitamines à actions antioxydantes telles que les vitamines C et E, les antioxydants naturels non vitaminiques ainsi que certains oligoéléments avaient un effet favorable sur le ralentissement du vieillissement, la prévention des cancers et parfois l'immunité. Les cinq « doses » quotidiennes de fruits ou de légumes par jour aujourd'hui préconisées ne sont évidemment qu'une recommandation imprécise compte tenu de la variation des teneurs de ces aliments en vitamines, cellulose et oligoéléments. Leclerc, qui ne connaissait pourtant que de façon très incomplète les variations des teneurs des fruits en nutriments, affirmait qu'il fallait les choisir avec « un judicieux éclectisme ». On ne saurait mieux dire. Les fruits, et en particuliers ceux de la ceinture intertropicale, sont d'authentiques représentants de la nourriture des ancêtres de l'homme moderne ; c'est peut-être ce caractère qui explique qu'ils soient restés un aliment de santé incontestable.

Les épices et autres plantes aromatiques

Herbes et épices : un monde vaste et envoûtant

Les épices ont, pour les civilisations occidentales, un relent de senteurs, d'exotisme, de mystère. Historiquement, elles ont suscité un engouement sans pareil. Avant d'être redistribuées dans toute l'Europe, elles y ont longtemps parvenu *via* le monde arabe, drapé de la légende des *Mille et Unes Nuits* en transitant par Venise et ses richesses somptueuses. Les senteurs et les saveurs qu'elles apportaient étaient inconnues dans les aliments et les plantes aromatiques de l'Occident. Les Européens n'avaient pas à chercher bien loin pour trouver du thym, du romarin, des baies de genièvre, du carvi, etc., mais, dans le langage commun, ce n'étaient pas des épices dont l'appellation, sans doute depuis l'époque romaine, était réservée à des produits importés des lointaines Indes. Leur nom évoquait le soleil, une végétation à n'en pas douter luxuriante, à coup sûr différente de la nôtre, généreuse, apte à engendrer des saveurs qui ne verraient jamais le jour dans les terres froides du nord, pas même sans doute sur les rives de la Méditerranée. Dès l'Antiquité gréco-latine, donc, le poivre, la cannelle et le gingembre étaient importés à prix d'or. Les écrits ainsi que les traces archéologiques témoignent de leur valeur comparable à celle des perles ou des pierres précieuses. Les peuples antiques ignoraient la muscade et le clou de girofle, mais ils avaient inventé de belles légendes relatant l'origine divine ou magique des épices qu'ils connaissaient.

Au Moyen Âge, malgré un incontestable recul du niveau de vie depuis l'époque romaine, les commerçants européens avaient réussi à maintenir les importations de poivre, de cubèbe, de gingembre, de galanga et de quelques autres épices que recommandaient les médecins comme Hildegarde de Bingen. Le commerce des épices devait donner un nouvel élan au commerce européen. Les pauvres gens, de leur côté, se contentaient de succédanés locaux comme les diverses plantes piquantes qui devenaient des poivres de rechange, des ersatz. On faisait aussi venir d'Afrique un poivre jusqu'alors inconnu, la maniguette. Les Européens auraient utilisé les vraies épices en guise de monnaies d'or ou d'argent, rares avant l'arrivée des Européens en Amérique, comme les citoyens des empereurs aztèques le faisaient avec la fève de cacao. Une étymologie, suggérée, veut que l'expression française « payer en espèces » (en monnaie fiduciaire) dérive de « payer en épices » ; elle serait erronée, mais cela n'enlève rien au rôle majeur des épices dans l'essor économique des XIIIe et XIVe siècles européens — leur recherche fut d'ailleurs à l'origine du voyage de Colomb. Peu après vinrent la création des premières colonies portugaises, espagnoles et hollandaises, en un mot du début de la mondialisation. L'accès direct des Européens aux sources des épices a démystifié l'origine des précieuses denrées, mais sans nuire ni à leur prestige ni à leur consommation qui s'est petit à petit démocratisée.

Encadré IX.3. Des alliacées ou des aromatiques dans le rôle de légumes épices.

À côté des légumes racines de la famille des alliacées, dont certains comme l'oignon et les échalotes sont souvent utilisés en tant qu'assortiments dans le langage des cuisiniers, l'ail, la ciboule, la ciboulette et quelques autres ont vite conquis une place irremplaçable dans les potagers des seigneurs comme des gens modestes. On aurait pu penser que, compte tenu de leur origine asiatique, oignon et ail auraient fini par migrer à la fois à l'ouest et a l'est ; or ce n'est pas vraiment le cas. L'ail chinois appartient à une espèce distincte de celui d'Occident et quand les Chinois parlent de leur oignons, ils commettent un faux-sens : ils veulent en fait parler de leur ciboulette *Allium tuberosum*, mal nommée car peu tubéreuse, qui joue à la fois le rôle de la ciboule, de la ciboulette et du poireau des Occidentaux selon les variétés et les saisons. Dans leur propension à tirer le profit maximal des plantes cultivées, les Chinois et les Japonais ajoutent parfois à leurs plats des fleurs par ailleurs décoratives comme celles de plusieurs *Allium*, de chrysanthèmes légumes et aussi d'hémérocalles comme assaisonnement décoratif. Ces dernières, qui rappellent le lys aux Occidentaux — en particulier *Hemerocallis fulva* —, servent de condiment. C'est la « fleur jaune » des restaurants chinois d'Occident.

Le persil (*Petroselinum sativum*), originaire des rives de la mer Noire, a été utilisé comme plante aromatique dès l'Antiquité et cultivé au moins dès l'époque romaine. Comme le céleri, il a donné deux races horticoles, le persil à racines comestibles, dit « persil à grosses racines », surtout cultivé en Europe centrale, et le persil ordinaire dont on utilise les feuilles comme assaisonnement[*]. Plante de petites dimensions, très recherchée, le persil est cultivé dans les moindres potagers et même sur les balcons de bien des appartements. Le cerfeuil (*Anthriscus cerefolium*) s'utilise un peu comme le persil. Son goût est différent, peut-être moins recherché, mais il est souvent écarté des jardins en raison des possibilités de confusion avec la ciguë.

Parmi les apiacées cultivées dans nos jardins, une mention spéciale revient à l'angélique (*Angelica archangelica*). Cette grande plante, bisannuelle comme le panais, originaire des zones fraîches de l'hémisphère Nord (ainsi que de la Nouvelle-Zélande), est avant tout une plante médicinale et une plante aromatique utilisée en confiserie. Ses jeunes pousses sont mangées comme des légumes en Scandinavie et au Groenland où c'est la seule plante cultivable en plein air et méritant ce nom.

[*] Les feuilles composées de persil et du céleri sont couramment appelées « branches », le nom de « feuilles » étant attribué aux pétioles. Le céleri à côtes est le céleri branche des commerçants et consommateurs français.

Les épices appartiennent à des familles végétales moins nombreuses que les légumes et les fruits. Leur diversité surprend surtout parce qu'on a affaire à des plantes tropicales dont les habitants des pays tempérés sont peu familiers. Ainsi Bois (1934) passe-t-il en revue une douzaine de familles dans lesquelles existent un petit nombre d'espèces identifiables à une épice dont on ne peut que rarement identifier plusieurs variétés. Les épices ont en quelque sorte conservé leur individualité, leur originalité, parfois leur caractère sauvage. L'homme n'a réalisé que bien peu de transformations successives, et on est en tout état de cause très loin des profondes modifications fixées dans les cultivars de blés, de radis, de poires ou d'oranges par exemple.

Le poivre et ses succédanés

Le poivre est l'épice la plus recherchée au monde, même par les gens les plus modestes. Il est le fruit de plusieurs plantes originaires de l'Inde et du Sud-Est asiatique appartenant au genre *Piper*, qui sont presque toujours des lianes. Le vrai poivre — le plus connu — est le poivrier commun (*Piper nigrum*), cultivé depuis plus de 2 000 ans. Mais le premier poivre arrivé dans le monde méditerranéen, quelque 6 siècles av. J.-C., était l'un de ses proches parents, le poivre long (*Piper longum*) dont le nom sanscrit a donné le mot « poivre » dans toutes les langues européennes. Le poivrier commun est une liane qui affectionne la mi-ombre, ce qui explique qu'on le plante au pied d'arbres supports auxquels il s'accroche par ses racines aériennes. La culture du poivre est maintenant pratiquée dans plusieurs pays tropicaux de l'Ancien et du Nouveau Monde, mais le gros de la production vient toujours du sud de l'Inde où existent plusieurs variétés, sans compter les appellations commerciales que l'on obtient avec n'importe quel cultivar. Les baies de poivre noir sont récoltées quand elles approchent de la maturité et sont aussitôt séchées ; le poivre blanc est obtenu à partir de fruits mûrs dont la pulpe est enlevée et le grain décapé par friction après trempage. Le « poivre des oiseaux » est un produit de luxe nécessitant l'ingestion du fruit par un oiseau. Le grain est décapé dans le gésier et, bien entendu, recueilli dans ses fientes. On dit qu'aujourd'hui un traitement à l'acide remplace le tube digestif de l'avifaune !

On connaît plusieurs autres espèces de vrais poivriers. Le poivre long doit son nom au fait que les grains restent groupés en longs épis compacts. Le cubèbe, ou « poivre à queue » (*Piper cubeba*), reconnaissable à son petit pédoncule restant attaché au grain, a été beaucoup plus connu en Europe au Moyen Âge qu'il ne l'est de nos jours. Ces deux poivres sont cultivés en Inde, mais surtout en Indonésie. D'autres espèces du genre *Piper* poussent dans la péninsule indochinoise et d'autres encore, peu connues, dans le nord de l'Australie et aux Mascareignes. Une espèce vietnamienne non grimpante, *P. saigonense*, est cultivée pour sa feuille qui a la saveur brûlante du grain de poivre. Le genre *Piper* est également représenté dans les forêts équatoriales d'Afrique où pousse le poivre du Kissi (*P. guineense*) qui a le même usage que le poivre classique et dont la domestication a été entreprise récemment.

Il existe surtout un grand nombre de succédanés, c'est-à-dire de graines, fruits ou autres organes des plantes dont la saveur âcre rappelle, le plus souvent de loin, celle du poivre. En Europe, les graines de myrte étaient utilisées à la façon

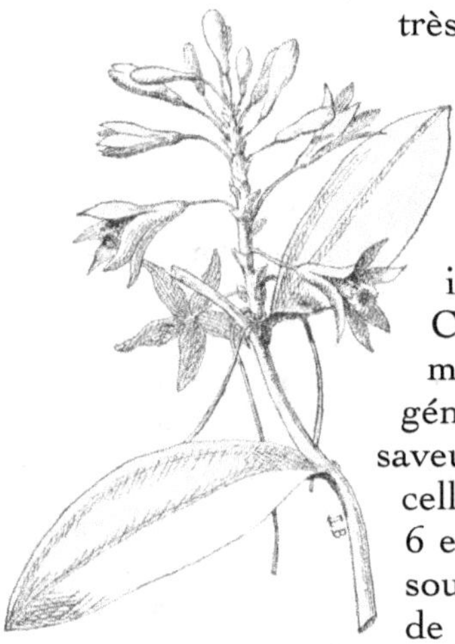

Figure IX.5. Deux épices exotiques : le poivre noir et la vanille. Extrait de Bois (1934).

du poivre. À la fin du Moyen Âge, un « poivre » africain a été importé, la maniguette ou « graine de paradis » (*Aframomum melegueta*). Ces deux épices ont une saveur brûlante mais un goût bien différent du poivre.

Le poivre de Guinée, peu connu des Européens mais très populaire dans la cuisine africaine, est le fruit de *Xylopia aethiopica*, de la famille des anacardiacées. La pulpe entourant la graine a, selon Bois (1934), « un goût aromatique, piquant, légèrement musqué rappelant à la fois le gingembre, le poivre et le curcuma », bref, de quoi se demander pourquoi il n'a pas aiguisé les appétits des Européens. Les Chinois utilisent à la façon du poivre les graines, et même les capsules de fruits d'arbres que l'on nomme généralement « clavaliers » (*Zanthoxylum* sp.). Leur saveur est assez puissante mais plus aromatique que celle du poivre et rappelle parfois le citron. Il en existe 6 espèces dont *Z. piperatum*, *Z. bungei* et *Z. planispinum*, souvent confondues et vendues en France sous le nom de « poivre de Sichuan ». Ces arbres ou arbustes sont tous très épineux ; la dernière espèce peut être cultivée sans problème en France, la seconde au moins sur la côte ouest.

Un autre faux poivrier est *Schinus molle*, originaire d'Amérique du Sud, arbre aux élégantes feuilles laciniées qui porte de longues panicules de fruits roses dont la taille, l'odeur et la saveur rappellent beaucoup le poivre. Ils sont connus sous le nom de « mollés » en Amérique du Sud, de « baies roses » en Europe. Leur culture est pratiquée sur les rives de la Méditerranée, en particulier en Turquie. Le gatillier (*Vitex agnus-castus*) est un arbuste de la famille des verbénacées dont la graine évoque elle aussi le poivre, de façon atténuée. On l'appelle souvent « poivre des moines » car on lui attribue des propriétés anaphrodisiaques. Une plante du sud de l'Australie, *Tasmania lanceolata*, donne un grain utilisé comme le poivre et très apprécié dans son pays. Il devrait être également cultivable en pays tempérés.

La liste des succédanés du poivre ne s'arrête pas là. Les Européens peu fortunés ont longtemps eu recours au « poivre des murailles » qui n'est autre que le sédum âcre ; des mycologues vont jusqu'à récolter des champignons à saveur très piquante comme *Marasmius peronatus* pour les sécher et les utiliser sous forme de poudre en guise de poivre.

Le clou de girofle, la muscade et la cannelle

Le clou de girofle et la muscade dont il a déjà été question à propos des voyages des plantes (chapitre IV) n'ont en commun que leur origine, leur statut « d'épice nouvelle » et leur migration vers les Mascareignes à la suite du rapt de Pierre

Poivre, puis vers les Antilles après la conquête de l'île de France par les Anglais qui la baptisèrent « Mauritius Island ». Le giroflier (*Eugenia caryophyllata*), de la famille des myrtacées, est un arbre de dimension moyenne. Ses fleurs ont un calice tubuleux terminé par 4 sépales charnus et, avant l'éclosion des pétales, les boutons floraux ont la forme de clous, ce qui a donné le nom français de l'épice. Cueillis et séchés à ce stade, ils exhalent un parfum puissant dû à une huile essentielle contenue en très grande proportion. C'est cette huile aux propriétés aromatiques et pharmaceutiques qui est la principale responsable de la saveur de l'épice.

Le muscadier (*Myristica fragrans*), de la famille des myristacées qui ne comprend que le seul genre *Myristica*, est un arbre dont l'ancêtre sauvage semble avoir été exterminé par les extirpateurs hollandais. Le fruit qui a la forme et la couleur d'un abricot s'ouvre à maturité, laissant apparaître la graine (la « noix ») partiellement recouverte d'une arille (le macis). La noix est parfois considérée comme la plus précieuse des épices et le snobisme autant que ses qualités sensorielles expliquent le succès qu'elle a jadis connu en Europe. Il faut noter qu'elle fait partie des quelques épices dont l'abus n'est pas sans danger : elle a une action narcotique à fortes doses.

On appelle « cannelle » l'écorce aromatique d'au moins deux espèces de lauracées d'Extrême-Orient. La cannelle de Ceylan (*Cinnamomum zeylanicum*) dérive d'un ancêtre sauvage que l'on trouve de l'Inde à la Malaisie. On la qualifie de plus ancienne des épices car elle parvenue dans le monde méditerranéen antique *via* l'Éthiopie et l'Arabie avant les autres épices, et il en est souvent question dans la Bible. Les Chinois utilisent l'écorce du cassia (*C. obtusifolium 'cassia'*), cultivé dans le sud du pays et qui semble descendre de la forme sauvage *C. obtusifolium* encore abondante dans les montagnes du Vietnam. Comme la cannelle de Ceylan, celle de Chine est obtenue par écorçage des jeunes rameaux au moment de la montée de la sève. La cannelle de Ceylan est nettement plus appréciée des Occidentaux que celle de Chine. Cette dernière, qui jouit d'un prestige considérable dans son pays, n'est pas dépourvue de toxicité par suite de la présence de coumarine. Au Vietnam, la cannelle sauvage faisait encore au début du siècle dernier l'objet d'une récolte organisée. Les chercheurs de canneliers parcouraient la forêt et des équipes d'ouvriers écorçaient les arbres de la base du tronc aux brindilles. Selon Bois (1934), il existe au moins 8 autres espèces croissant à l'état sauvage de la Malaisie aux îles Fidji ; elles sont peu connues, mais leur écorce est parfois récoltée. Il ne faut pas confondre ces espèces avec les fausses cannelles, toute américaines, dont l'une, *Cannella alba* (famille des cannellacées), est originaire des Antilles et est commercialisée sous le nom de « cannelle blanche ». Une autre, la cannelle de Magellan ou « écorce de Winter » (*Drimys winteri*), de la famille des magnoliacées (proche des cannellacées) est originaire du Chili et peut être cultivée dans l'ouest de la France. Signalons enfin qu'une lauracées, la cannelle giroflée du Brésil (*Dicypellium caryophylatum*), a non seulement une écorce aromatique à dominante poivrée, mais un bois qui exhale un parfum de rose.

Le gingembre et les autres Zingibéracées

Le gingembre (*Zinziger officinale*) est une vivace aromatique originaire d'une zone allant de l'Inde à la Malaisie, dont le rhizome est commercialisé frais ou sec. Sa consommation est très inégalement répartie selon les pays, sans doute du fait d'habitudes alimentaires bien ancrées. Elle est très répandues dans sa zone d'origine, mais aussi en Chine et dans des pays d'Europe vieux importateurs d'épices, Grande-Bretagne et Pays-Bas par exemple. Le gingembre sert d'aromate pour les confiseries, les boissons et de nombreuses préparations culinaires. Les Anglais l'avaient introduit à la Jamaïque pour remplacer le poivre et ce pays est resté un grand producteur de gingembre. Sa culture, facile, est aujourd'hui courante dans tous les pays tropicaux pourvu que la pluviométrie soit suffisante ; il prospère encore à plus de 2 000 m sur les flancs des montagnes de la ceinture intertropicale. Le gingembre fait partie des épices les plus recherchées pour leur propriétés pharmaceutiques : c'est une matière médicale des plus employés pour les Chinois, et d'abord un puissant stimulant à la réputation aphrodisiaque pour les Occidentaux.

Un autre gingembre, le mioga (*Zinziber mioga*), est originaire du Japon. C'est sa fleur apparaissant sur de courtes hampes florales au ras du sol qui est utilisée en cuisine ; sa saveur est délicate et non brûlante comme celle du gingembre courant. La plante est parfaitement rustique en France mais ne semble être cultivée que par des amateurs.

L'ancêtre sauvage du curcuma (*Curcuma longa*) est demeuré inconnu. On suppose cependant qu'il est originaire à peu près de la même région que le gingembre. Parfois cultivé comme plante décorative, il possède un rhizome dont la chair d'une belle couleur jaune a de multiples usages : elle donne une fécule comparable à l'*arrow-root*, on en extrait un colorant pour les étoffes, elle sert d'épice sous le nom de « safran bâtard » et rentre aussi dans la composition de nombreux médicaments, surtout en Inde.

Il existe plusieurs espèces de galangas, toutes originaires du Sud-Est asiatique. La principale, *Alpinia officinarum*, était, comme le cubèbe, une épice bien connue des Européens au Moyen Âge. Hildegarde de Bingen vantait les nombreuses vertus médicinales de sa racine. Son usage n'est resté populaire que dans les pays baltes et la Russie.

Les cardamomes sont également originaires du Sud-Est asiatique. La partie utilisée n'est cependant pas le rhizome mais les graines qui sont vendues dans leurs petites gousses. Ces grandes plantes dont les tiges atteignent 3 m ont besoin d'une certaine fraîcheur et croissent généralement en altitude et à mi-ombre. Il existe deux monts des Cardamomes, l'un en Inde, l'autre au Cambodge. La cardamome de ce dernier pays, *Elletaria cardamomum*, était encore exploitée en semi-culture d'une manière proche de celle que l'on imagine chez les Néolithiques : quand les collecteurs producteurs repéraient un peuplement assez dense de plants sauvages, ils éliminaient une partie des arbres alentour puis entretenaient le site en élaguant les arbres restants pour contrôler l'ombrage et désherbaient leurs pieds de cardamome. Ils récoltaient des graines au bout de 4 ans et pendant une dizaine d'années (Bois, 1934). Mais il existe aussi depuis longtemps des plantations de cardamome en Asie et en Amérique centrale. Une grande partie de la production est vendue en Chine comme matière médicale. L'épice est employée pour aromatiser des desserts ou les cafés turc ou libanais.

La maniguette, ou « graine de paradis » (cf. « Le poivre et ses succédanés »), est une proche parente africaine de la cardamome. Il existe des espèces voisines de la maniguette en Afrique comme il existe des cardamomes voisines d'*E. cardamomum* dans la péninsule indochinoise.

Les anis et les autres apiacées

Si on accorde le nom d'« épices », à certaines graines aromatiques européennes, la famille des apiacées apparaît au premier plan. Elle comprend, outre les nombreux et importants légumes racines (cf. chapitre VIII), des plantes utilisées comme herbes aromatiques (persil, angélique) ainsi que de véritables épices : le carvi, le vrai cumin, la coriandre, l'aneth, et surtout l'anis (*Pimpinella anisum*). Cette plante annuelle, très cultivée autour de la Méditerranée, est réputée depuis l'Antiquité pour ses graines — des fruits pour les botanistes — d'un parfum agréable et très particulier qui provient d'une huile essentielle, l'anéthol. Elle est également connue pour ses vertus médicinales depuis cette époque, mais elle est surtout recherchée pour son parfum dont l'usage allant de la confiserie à la liquoristerie est particulièrement enraciné dans les pays méditerranéens. L'anis était inconnu en Extrême-Orient avant que les navigateurs européens ne viennent y chercher les épices. Quand ils ont proposé des échanges, l'anis a tout de suite connu un grand succès et la plante est maintenant largement cultivée en Inde. Ce serait, avec le safran, la seule épice majeure d'origine occidentale introduite dans ces pays qui nous en ont donné tant.

L'anis connaît cependant un concurrent sérieux, l'anis étoilé ou « badiane » qui est le fruit d'un arbre chinois de la famille des magnoliacées (*Illicium verum*), bien éloigné des apiacées. Ses graines contenues dans une capsule en forme d'étoile à 8 branches renferment, elles aussi, de l'anéthol. Son essence a été largement utilisée dans la fabrication des boissons anisées françaises. Depuis l'abandon des plantations du Nord-Vietnam, la Chine détient le monopole de cette production, ce qui a poussé les Français à extraire l'anethol d'une autre apiacées non exotique, le fenouil. Il s'agit d'une sorte de grande d'herbe aromatique qui servait de garniture de salade avant que les Italiens n'en fassent un véritable légume. Ses gaines étaient plus rarement consommées. L'extraction d'anéthol est en quelque sorte sa 3e ou 4e utilisation.

Les autres apiacées dont les graines connaissent des usages moins généralisés que l'anis sont nombreuses. Le cumin (*Cuminum cyminum*) et le carvi (*Carum carvi*) développent un parfum similaire et sont souvent

Figure IX.6. Deux épices occidentales : le safran et l'anis.
Extrait de Bois (1934).

confondus. Le premier est typiquement méditerranéen, le second pousse également en Europe centrale et même nordique. Le premier est surtout utilisé en cuisine et en pâtisserie, le second en pâtisserie et en boulangerie, mais aussi en fromagerie. L'aneth (*Peucedanum graveolens*) est une petite plante annuelle dont la zone d'origine semble couvrir une vaste partie de l'Ancien Monde, de l'Europe à l'Éthiopie et à l'Inde. Ce serait une des plus anciennes plantes aromatiques des pays méditerranéens et d'Asie occidentale. Son parfum délicat permet d'assaisonner des mets variés et des liqueurs. La coriandre (*Coriandrum sativum*) est une petite apiacée originaire d'Europe méridionale et d'Orient dont on utilise les feuilles à la façon du persil, et les graines comme des épices. Le goût de la feuille est de prime abord assez déconcertant, mais il paraît délicat après accoutumance. La coriandre est fréquemment utilisée en Afrique, en Amérique latine, en Asie, et assez peu en Europe. Ses « graines » globuleuses servent de condiments pour certains plats et sont utilisées à des fins médicales. On pourrait citer une dizaine d'autres apiacées d'usage généralement moins répandu, plus local ou plus ancien (cf. Bois, 1934).

Le safran

Le safran (*Crocus sativus*), de la famille des liliacées, est une espèce très voisine des crocus décoratifs ou sauvages et fournit l'une des épices les plus coûteuses au monde. Son ancêtre est resté douteux jusqu'à une date très récente ; il s'agit d'un crocus à floraison automnale poussant en Crète, *C. cartwrightianus*. L'espèce domestique a pu s'hybrider avec deux espèces voisines, mais sa caractéristique essentielle est la longueur anormalement grande des stigmates du style, c'est-à-dire de la partie de la plante qui sert d'épice. On comprend que le caractère « très long stigmate » ait donné un avantage décisif aux crocus qui le portaient ; à lui seul, il a sans doute permis la domestication de l'espèce. Le rendement en épice est extrêmement faible, et à ce premier handicap s'ajoute le coût de la récolte. Le safran, aujourd'hui cultivée et apprécié en Occident comme en Orient, n'est pas sans dangers. Parmi les nombreuses substances que les chimistes y ont détectées, l'une d'elle au moins a de puissantes propriétés emménagogues. Sa consommation à forte dose par les femmes enceintes serait sans doute risquée, mais sa saveur prononcée et son prix élevé incitent fort heureusement à un usage parcimonieux.

Les épices particulières de l'Amérique

L'Amérique, on le sait, n'a livré que peu d'épices. Outre les fausses cannelles et la baie rose déjà évoquées, on ne peut guère mentionner que le quatre-épices (*Pimenta officinalis*), trouvé par les Espagnols aux Antilles et qui doit son nom à l'odeur de son fruit une fois desséché. Cette dernière rappelle en effet à la fois celles du poivre, du clou de girofle, de la muscade et de la cannelle. On tend aujourd'hui à l'appeler « piment de la Jamaïque » pour le distinguer des mélanges des quatre épices citées qu'on trouve dans le commerce sous le nom de « quatre épices » et qui devrait en principe être réservé à *P. officinalis*. Le quatre-épices a été planté en Indonésie par les Hollandais, mais son usage est surtout populaire dans son pays d'origine.

La vanille (*Vanilla planifolia*) est l'apport de l'Amérique le plus original et le plus précieux dans le domaine des plantes aromatiques. Elle est classée parmi les épices bien qu'elle soit bien différente de ce qu'évoque ce mot, son parfum suave étant aux antipodes de celui du poivre ou du gingembre par exemple. On peut seulement rapprocher l'usage que l'on en fait en cuisine de celui de la cardamome, de l'anis et de quelques autres apiacées. L'origine et les voyages de la plante ont déjà été évoqués, de même que le démarrage de sa culture, rentable à la suite de l'initiative du jeune esclave réunionnais Edmond Albius. Une autre espèce, le vanillon (*V. pompona*), est également cultivé tandis qu'une troisième, *V. tahitensis*, apparue à Tahiti après l'introduction des deux premières, provient très certainement de leur hybridation. Aujourd'hui, la production dans la zone de l'océan Indien voisine de l'île Maurice s'est étendue à Madagascar et a gagné l'Indonésie — qui concurrence le Mexique, pourtant grand producteur depuis l'époque préhispanique. On peut noter que, malgré sa position très nettement dominante dans le secteur des épices douces pour dessert, la vanille n'a jamais engendré un chiffre d'affaire comparable à celui du poivre, peut-être simplement parce qu'elle convient aux plats raffinés et non à la quasi-totalité des cuisines.

Les herbes aromatiques

La cuisine fait depuis un temps immémorial appel à des « herbes », généralement des feuilles ou de jeunes tiges, des sommités florales, quelquefois les racines, pour parfumer les mets. La distinction entre herbes et épices ou légumes est évidemment théorique. Pourquoi les fragments de feuilles, de fleurs ou de jeunes tiges de thym ou de romarin conservés secs n'auraient-ils pas droit au même statut d'épices que l'écorce de cannelle ou le clou de girofle ? La graine de fenouil peut être assimilée à une épice. Le persil est l'une des herbes aromatiques les plus connues mais les racines de certains cultivars sont d'authentiques légumes. La coriandre fournit à la fois des fines herbes et des épices. L'encadré IX.4 présente quelques-une des herbes ou des plantes aromatiques les plus fréquentes. Il ne faut pas oublier que certaines de ces plantes ont des propriétés médicinales bien connues et sont souvent utilisées en infusions ou en décoctions. Ces mêmes propriétés sont souvent oubliées dans leur usage culinaire, ce qui peut avoir des conséquences inattendues. Chacun se voit rappeler que les médicaments sont des agents de guérison à la dose prescrite et des poisons à des doses excessives. L'ail a de nombreuses vertus allant des propriétés vermifuges bien connues à une action hypotensive prononcée en passant par des actions bactéricides qui le faisaient rentrer dans la tisane des quatre voleurs ; l'abus de pain frotté à l'ail chez de pauvres gens n'ayant rien d'autre à manger pouvait ainsi être fatal il n'y a pas si longtemps en Europe. Le persil passe aux yeux de tous pour une herbe très riche en vitamine C — ce qui est exact — mais, pour en profiter, il faudrait en ingurgiter une telle quantité que l'agent toxique du persil, l'apiol, pourrait avoir de graves conséquences (les décoctions de persil ont servi à provoquer des avortements). Les infusions de thym et l'huile essentielle de thym à doses non contrôlées peuvent provoquer des troubles non négligeables.

En conclusion sur les épices et plantes aromatiques

Si l'érosion du nombre d'espèces cultivées, constatée pour les légumes, les fruits et même les céréales, existe également pour les épices, elle est peu visible car elle affecte plutôt les ersatz d'épices que les épices elles-mêmes. Les épices représentent également le secteur où la contribution des différentes paries du monde est extrêmement inégale, l'Extrême-Orient conservant sa domination massive et ancienne, ce qui n'empêche pas quelques apports notables de l'Europe et de l'Amérique ainsi que celles encore assez modestes mais croissantes de l'Afrique et de l'Australie.

En règle générale, les épices et plantes aromatiques n'apportent à l'homme que des quantités nulles ou négligeables des nutriments dont il a besoin. L'attrait que ces plantes exercent sur l'homme, la persistance de leur cueillette ou de leur culture à toute petite échelle familiale ainsi que leur commerce très ancien montre cependant qu'elles correspondent à un besoin évident de la gastronomie, pour ne pas dire à une aspiration profonde de l'humanité. Cette aspiration recouvre parfois des préoccupations sanitaires. Indépendamment de l'homme, les animaux recherchent des plantes susceptibles de soigner des maux qu'ils ressentent. Les mécanismes qui les poussent restent obscurs pour ne pas dire inconnus — l'« instinct » fournit une explication facile qui offusque les éthologistes. Et les épices ainsi que de nombreuses plantes aromatiques ont des actions pharmaceutiques certaines, bien qu'il ne faille pas généraliser. La bibliographie sur le sujet est immense : Leclerc (1983) énumérait des vertus nombreuses mais sommaires et aujourd'hui souvent dépassées aux dires des pharmaciens.

On a voulu expliquer le summmum de la vogue des épices au Moyen Âge européen par des préoccupations sanitaires tournée vers une « désinfection » inconsciente des aliments, et en particulier de la viande gardée dans des conditions douteuses. C'est oublier qu'en Europe à cette époque comme dans les pays en voie de développement aujourd'hui, les animaux étaient abattus et mangés ou tout au moins cuits dans la journée. Les préoccupations sensorielles, gastronomiques au sens large, ont joué un rôle probablement sous-estimé. La monotonie des plats chez les pauvres et le désir d'affiner les mets dans les classes plus aisées ont certainement poussé à la recherche de plantes relevant les saveurs et en apportant de nouvelles. Les réflexes pavloviens provoqués par les odeurs déclenchent des secrétions enzymatiques stomacales dont les effets bénéfiques sur la digestion sont bien connus ; les habitudes, l'envie de nouvelles découvertes sensorielles exotiques, la mode et le snobisme ont fait le reste. Les épices, en relevant la saveur des plats, permettaient de diminuer la quantité de sel ajouté, lequel, faisant l'objet de lourdes taxes, était un ingrédient coûteux à la Renaissance. Il est difficile de préciser le rôle de la substitution d'épices au sel dans le passé mais, comme l'excès de sel est aujourd'hui une cause de l'hypertension artérielle, les diététiciens la recommandent.

Les plantes à boisson

Le nombre de boissons élaborées par l'homme selon les civilisations, les climats et les époques est immense. Si l'on excepte le lait et ses dérivés (comme le koumys, lait de jument fermenté qui fut très populaire dans toute l'Asie centrale), très rares sont celles qui sont fournies par les animaux. On ne peut guère citer que l'hydromel à base de miel — donc de sucres végétaux récoltés et transformés par les abeilles avant de l'être par l'homme — et à la limite la frênette, obtenue par fermentation d'une solution diluée d'eau sucrée par le miellat des pucerons se trouvant sur les feuilles de frêne. Le reste des boissons (eau gazéifiées ou minéralisées exceptées) provient de plantes quelquefois cultivées à ces fins (elles sont très peu nombreuses, moins d'une dizaine sans aucun doute) ou le plus souvent dans d'autres buts : céréales ou tubercules riches en amidon pouvant subir une fermentation, fruits dont on extrait le jus consommé frais ou après fermentation. Il existe aussi toute une catégorie de boissons qui dérivent de feuilles ou d'autres organes végétaux : les infusions et décoctions.

Sans parler du lait bien évidemment, certaines boissons peuvent entrer dans la catégorie des aliments. Le cas du lait de soja qui a séduit l'Occident et qui est toujours d'actualité est un cas particulier d'aliment liquide source de nutriments. Les autres boissons sont surtout nutritives grâce aux sucres et vitamines qu'elles contiennent. D'autres sont des boissons stimulantes (excitantes selon d'autres auteurs) quand elles renferment des alcaloïdes. Les boissons alcoolisées sont à elles seules un cas particulier dont le classement dépend de l'usage que l'on en fait. Qu'on le veuille ou non, elles ont joué dans l'histoire de l'humanité un rôle tantôt positif, tantôt négatif. Dès la haute Antiquité, le dieu du vin, Dionysos pour les Grecs (qui l'avaient emprunté aux Thraces), Bacchus pour les Romains, était l'objet d'un culte comparable à celui rendu à Déméter (ou Cérès), déesse des moissons. Le prestige, la littérature, la poésie, et même la vénération qui entourent les grands crus de vins n'ont pas d'égal dans les autres productions agricoles. Parmi les boissons stimulantes, le thé, infusion inventée des millénaires après le vin, typique de l'Extrême-Orient, a créé une habitude quotidienne et un véritable rite que la mondialisation a généralisés loin de son berceau, la Chine. Sans avoir un passé aussi prestigieux que le vin, il voit les grands crus s'affirmer et sa réputation progresser grâce aux nombreuses vertus qu'on lui prête. Le café, comparable au thé par ses arômes et ses crus, tient le 2ᵉ rang dans le commerce mondial, juste après le pétrole et un peu avant le blé.

Encadré IX.4. Des plantes inclassables.

Selon un certain Adam Smith (1870), les colons britanniques de l'Afrique orientale avaient remarqué au XIXᵉ siècle que s'ils mangeaient des fruits de *Sideroxylon dulcificum* avant de consommer des aliments particulièrement acides, ils ressentaient une impression persistante de sucré dominant l'acidité de l'aliment suivant. Cette sensation persistante est peut-être voisine de celle que procure la mastication d'une tige de la toxique douce-amère (*Solanum dulcamara*) autrefois recherchée par les enfants européens ; cette plante modifiant la perception des sensations gustatives n'est pas unique. Une composée consommée en Afrique soit crue, soit cuite sous le nom de « brède mafane » (*Spilanthes oleracea*) a la propriété d'endormir les muqueuses de la bouche, créant une curieuse sensation de vide gustatif. Le kawa, boisson particulière à l'Océanie provoque dit-on, des sensations voisines.

Si la diversité des fruits tient avant tout au nombre d'espèces botaniques et à leur amélioration génétique et si celle des légumes est amplifiée par le nombre de recettes qui permettent de les apprêter, celle des boissons provient presque uniquement de l'imagination et des inventions de l'homme. Aucune boisson, à l'exception de l'eau, du lait ou de l'eau de coco, n'est naturelle. On attribue à l'homme politique, humaniste et philosophe français Jean Jaurès la phrase suivante : « Il n'y a pas de pain naturel ni de vin naturel, tous deux sont des inventions de l'homme. » Cette vision est peu répandue en comparaison avec les allégations de certains producteurs ou militants qui prônent les vertus de leur jus de fruit, de leur vin ou de leur cidre « naturels », et pourtant le point de vue de Jaurès est scientifiquement incontestable.

La classification des boissons

On peut classer de façon simple les boissons en 3 catégories :
— sucrées et non fermentées telles que sèves, jus de fruits ou sirops ;
— non fermentées et obtenues par infusion ou décoctions ;
— fermentées. Dans cette troisième catégorie, dominent bien sûr les boissons alcoolisées, mais il en existe également d'autres résultant d'une fermentation non alcoolique, principalement lactique, : les boissons aigres. La fermentation acétique peut prendre le relais de la fermentation alcoolique et conduire au vinaigre (autrefois consommé comme boisson rafraîchissante après forte dilution).

Le cocotier (*Cocos nucifera*) produit une drupe (la noix dans le langage commun) dont le noyau, qui peut peser plusieurs kilogrammes, contient avant maturité un liquide limpide quoique un peu laiteux, l'eau de coco, qu'il ne faut pas confondre avec le lait de coco, obtenu par pressage de l'amande immature. Cette eau, stérile (les Japonais l'ont utilisée pour faire des transfusions à leurs blessés pendant la dernière guerre mondiale), est une boisson légèrement sucrée, très agréable sous les climats chauds et qui se boit directement après mise en perce de la volumineuse noix. La noix de coco est cependant l'exemple pour ainsi dire unique de fruit donnant directement une boisson abondante sans la moindre transformation par l'homme, extraction comprise.

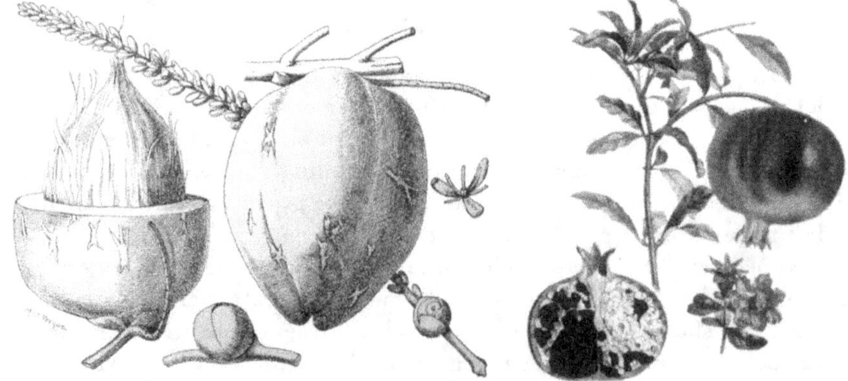

Figure IX.7. La noix de coco qui contient l'une des très rares boissons vraiment naturelles, et la grenade qui fut très utilisée pour la fabrication de sirops. Extraits de Bois (1928) ; Dumas (1978).

Les jus de certains fruits faciles à extraire par pression manuelle ont une origine certainement très ancienne qui ne suppose pas obligatoirement l'invention de la poterie, puisque l'homme a pu les recueillir directement au-dessus de sa bouche ou utiliser des coques végétales (calebasses par exemple), des coquilles de mollusques ou d'autres récipients naturels improvisés. On peut extraire avec un minimum de vaisselle des jus de fruits très aqueux comme celui des raisins ou des groseilles sous les climats tempérés, des agrumes, des grenades ou des cajous sous les climats plus chauds. C'est dans les pays de religion islamique que la tradition des jus de fruits s'est le mieux conservée ; on y boit du jus d'agrume, de raisin et de grenade. Selon la Bible, le grenadier (*Punica granatum*), originaire de Perse, abondait sur la terre promise aux Hébreux. Son jus de belle couleur rouge a longtemps été transformé en sirop, la grenadine, en Andalousie ou encore de la région de Tunis, l'ancien pays des Puniques — bel exemple de persistance de traditions agricoles et culturales. Le prestige de la grenadine a de nos jours fortement chuté car on sait fabriquer des jus et des sirops beaucoup plus parfumés avec de nombreux fruits, seuls ou en mélange, qui surpassent la grenadine : framboise, groseille, cassis, myrtille, etc. L'industrie a mis à la disposition du public des jus que l'on n'avait pas l'habitude de stériliser comme le jus de pomme, ou d'extraire comme ceux d'abricots ou de pêche. Ainsi sont apparues sur le marché des boissons plus ou moins riches en vitamine C comme le jus de cassis, en provitamines comme celui de myrtilles ou en substances antibactériennes comme celui de canneberges. Ces boissons ont mis à la portée de chacun toute une palette de saveurs natives ou modifiées par le traitement, l'addition de sucre ou les mélanges avec une acidité dosée que l'on ne pouvait auparavant savourer que ponctuellement.

Mais les jus de fruit qui ont remporté le plus grand succès et connu la plus grande extension sont sans conteste ceux d'agrumes. Les Arabes utilisaient déjà les jus d'orange ou de citron, très faciles à presser, pour guérir les scorbutiques à l'époque des croisades. Ce sont cependant les Américains qui, avec des plants de tous les pays possibles, ont commencé la sélection de variétés distinctes pour les fruits améliorés à consommer frais ou sous forme de jus. Ils ont été les premiers à planter de vastes vergers gérés souvent par une compagnie agroalimentaire et fabriqué le jus d'orange à une échelle industrielle. Cette boisson très parfumée, avec des saveurs sucrées et acidulées modulées à l'infini, parfois enrichie de parfums provenant d'autres agrumes, préparée juste avant la consommation ou conservée, est devenue une composante obligatoire des petits déjeuners américains avant de se populariser dans le monde entier. Elle bénéficie toujours d'un jugement favorable de la part des diététiciens qui la recommandent avant tout pour son apport de vitamine C. Petit à petit, cette boisson saine s'est diversifiée avec des jus de pomélos, de clémentines et des mélanges. Le citron et la lime ont été plutôt exploités pour des sirops à diluer.

Le jus de tomate est un produit de goût très différent de celui d'agrume. Extrait comme ce dernier avec une certaine quantité de pulpe, il est généralement vendu comme apéritif sans alcool et non consommé comme désaltérant.

Parmi les fruits dont on peut facilement extraire un jus désaltérant, il faut rappeler la curieuse pomme de cajou dont il a déjà été question. Le jus du pédoncule hypertrophié est très populaire au Brésil ; sa teneur en vitamine C équivaut en outre à 5 fois celle du citron, surpassant également nettement celle du kiwi.

Les techniques de pressage vigoureux ont permis l'extraction du jus des fruits moins riches en eau et la commercialisation de produits dérivés de haute valeur. Le cas le plus démonstratif est peut-être celui de l'ananas. Comme déjà signalé, c'est la partie du fruit ne rentrant pas dans le cylindre la boîte de conserve qui est transformé en boisson. Apparu avec la conserverie d'ananas, ce jus a connu un succès immédiat et il est maintenant aussi demandé que l'ananas en boîte[1]. Dans d'autres cas comme la pomme ou le raisin, le pressage des fruits alimente principalement la transformation en boissons alcoolisées, mais on a pu détourner une partie de la production pour créer d'autres débouchés. Les jus de pomme et de raisin, éventuellement dérivés de pommes à couteau ou de raisins de table excédentaires, ont conquis un marché plus modeste que celui des jus d'agrumes, mais non négligeable. Le pressage de la canne à sucre donne également une grande quantité de liquide très sucré. Il est assez rarement pasteurisé et mis en bouteilles ou en cannettes, mais dans les pays tropicaux il est très souvent fabriqué avec une presse rustique et bu sur place. Il s'agit alors non plus d'un jus au sens strict, mais d'une sève.

Les sèves d'arbres, plus riches en eau, sont connues et recueillies dans plusieurs pays, en particulier pour l'extraction de sucre au moment de la montée de sève, c'est-à-dire à la fin de l'hiver. Au Canada, la sève des érables à sucre (*Acer saccharum* en particulier) est prélevée par saignée modérée des arbres ; la « tire » peut être bue telle quelle ou transformée en sirop ou en sucre. Dans la vieille Europe, la récolte de sève (souvent de bouleaux) servait surtout à faire un vinaigre léger. Même de « vulgaires » peupliers, abattus au moment voulu, fournissent une grande quantité de sève qui était bue sur place par les bûcherons il y a quelques décennies. La récolte de sève est également pratiquée loin du Canada, dans les pays brûlés par le soleil ainsi que sous les tropiques et toujours à partir de palmiers. Nous les avons signalés à propos des plantes à sucre.

Les sirops sont des extraits de fruits ou d'autres parties des végétaux, stabilisés par de fortes concentrations de sucre et que l'on boit après dilution avec de l'eau. On les fabrique à l'échelle familiale ou industrielle à partir de très nombreux fruits comme le citron et la lime, le cassis et la framboise, mais aussi les fraises, les pêches ou les abricots ou de grenadilles (*Passiflora* sp.). Les sirops d'herbes très aromatiques comme la menthe sont également populaires, mais ils sont obtenus par distillation. Certains sirops sont réputés pour leurs propriétés médicinales et peuvent être classés aussi bien comme boissons d'agrément que comme remèdes populaires pour la santé.

L'orgeat proprement dit est une boisson aujourd'hui délaissée fabriquée à partir d'orge maltée, broyée, mélangée à un grand volume d'eau et bue avant fermentation. Parmi les boissons végétales hors catégorie, il en est de très particulières comme l'*horchata de chufa* des Espagnols, l'orgeat de souchet (*Cyperus esculentus*)

---

1. À Hawaï, où la production industrielle et la conserverie d'ananas ont conservé un temps la première place mondiale, certains halls d'hôtels ou de lieux publics étaient équipés de petites fontaines ou l'on pouvait déguster gratuitement ce fameux nectar.

de la famille des cypéracées. La partie utilisée est le petit tubercule, la « noix de terre », qui a un délicieux goût de noisette ; la boisson qu'on en tire est tout autant parfumée. On obtient également des boissons rafraîchissantes à partir de pulpe diluée de fruits variés, comme celle qui est dans la gousse du tamarinier ou de la pulpe des gros fruits du baobab, appelés « pains de singes ». Plus connue en Europe, en Asie et en Amérique, la réglisse (*Glycyrrhiza glabra*) et les espèces voisines sont des plantes herbacées de la famille des fabacées dont il existe plusieurs sous-espèces assez communes à l'état sauvage dans une zone allant de l'Afghanistan à l'Europe occidentale. Elle est également cultivée, principalement en Asie centrale et orientale. Son rhizome contient une substance aromatique particulière de saveur sucrée. On la consomme de manière diverse depuis les « bâtons » (tronçons de racines ou de rhizomes) qui sont mâchés et les sirops jusqu'aux « boissons brunes » américaines enrichies en extraits de cola qui absorbent, de loin, la plus grande partie de la production mondiale.

Les boissons à alcaloïdes

Les tisanes et infusions connaissent depuis de nombreux siècles un succès qui ne peut guère s'expliquer que par un effet d'addiction. La dangerosité des substances responsables n'a cependant rien de comparable à celles d'autres substances végétales comme les opiacées ; les boissons qui les renferment ne sont pas des drogues, ce sont seulement des excitants et le composé responsable est presque toujours la caféine.

Figure IX.8. Plantation de thé aux Indes, XIXᵉ siècle. *Source* : Dumas (1978).

Le thé et le maté

L'origine de l'infusion de feuilles de théier est auréolée d'une légende dont l'origine serait située en Chine : la feuille de thé serait la réincarnation végétale des paupières d'un brahmane venu d'Inde pour prêcher le bouddhisme en Chine en 519 de notre ère. Le récit est ignoré des Chinois, qui buvaient du thé au moins deux siècles avant cette date. Récemment, des historiens ont émis l'hypothèse que les vertus médicinales du thé étaient connues de la médecine chinoise plusieurs millénaires av. J.-C. La tasse de thé aurait ainsi d'abord été un médicament ! Pour illustrer le prestige du thé dans la civilisation japonaise, on évoque souvent le caractère solennel de la cérémonie du thé, très ancienne selon la théorie classique, fortement enjolivée pour impressionner les Occidentaux aux dires de Japonais se voulant objectifs.

Le genre *Camellia*, auquel est rattaché le théier (*C. sinensis*), est bien connu pour l'arbuste ornemental, le camélia[1]. Le théier est un arbuste croissant spontanément du Japon à la péninsule indochinoise et même jusque sur le versant sud de l'Himalaya. On a décrit un certain nombre d'espèces ou de sous-espèces de théiers que l'on continue parfois à classer dans l'ancien genre *Thea*. La consommation de tisanes de feuilles de théiers sauvages en Chine remonte à une période inconnue mais très ancienne. Sa culture s'est répandue dans une vaste zone correspondant *grosso modo* aux pays des peuples vassaux de l'empereur de Chine. Après l'arrivée des navigateurs européens, le succès de la nouvelle boisson fut si rapide que les commerçants hollandais, trouvant cette nouvelle importation coûteuse, essayèrent d'échanger le thé contre une plante européenne dont les infusions étaient, à leur dire, à la fois délicieuses et souveraine contre de nombreux maux : la sauge. Les Chinois ne furent pas dupes longtemps. On sait que le théier fut l'une des rares acquisitions anglaises résultant de l'expédition de Macartney en Chine sous la Révolution française. Les Anglais ne firent pas de tapage autour de leurs premières plantations en Inde, et Bois (1937) écrivit que la première importation de théiers chinois en Inde a eu lieu en 1823. Il s'agissait au moins de la seconde. À l'époque coloniale, les plantations de thé ont rapidement prospéré dans de vastes provinces de l'Inde, mais aussi des Indes Néerlandaise, l'Indonésie actuelle. Le théier a aussi été planté à plus petite échelle, en Afrique méridionale et orientale, apporté semble-t-il par les migrants indiens plutôt que par les colonisateurs. Les Français ont essayé de planter des théiers en Afrique du Nord où l'on buvait du thé depuis l'occupation ottomane ; la qualité des produits obtenus s'est révélée médiocre et les résultats furent encore plus désastreux en Europe où ne subsistent que quelques arbres témoins des tentatives de plantations bien oubliées. Une nouvelle vague de plantation en Afrique a récemment suivi l'arrivée de coopérants chinois à la fin du XXe siècle.

Il existe plusieurs sortes de thé correspondant d'abord à des modes de préparation. Les feuilles servant à l'élaboration du thé vert sont simplement séchées, celles destinées aux thés noirs subissent une fermentation préalable. Il existe également des thés de fleurs, peu connus, les fleurs de l'arbuste étant le plus souvent ajoutées aux feuilles pour modifier le parfum de thés particuliers. Bien entendu, le parfum des thés dépend aussi de la variété, du terroir et du stade de développement des feuilles cueillies.

---

1. La suppression d'un « l » est due à Alexandre Dumas fils qui fit une faute d'orthographe en écrivant son roman *La dame aux camélias*. Pour les botanistes, le camélia est un *Camellia*.

L'alcaloïde présent dans les feuilles de thé a d'abord été appelé « théine » ; il s'agissait en fait de la caféine découverte auparavant dans le café. Aujourd'hui encore, beaucoup d'articles de vulgarisation parlent de la théine du thé qui serait moins dangereuse que la caféine. De fait, la caféine du thé est moins active sur l'organisme car, au fur et à mesure que la boisson infuse, elle est complexée par les tannins et devient de moins en moins absorbable par l'intestin. On reconnaît au thé, et particulièrement au thé vert, des vertus bénéfiques, la moindre n'étant pas la présence de phénols dotés de propriétés antioxydantes qui contribuent à la lutte contre les radicaux libres. Mais les analyses fines ont démontré l'existence de très nombreux composés allant des vitamines (en quantités minimes) ou des oligoéléments à la théophyline et la théobromine. L'élucidation des propriétés pharmacodynamiques d'un tel cocktail demandera sans doute quelque temps. Le thé est d'ores et déjà la boisson chaude la plus consommée au monde.

Pendant leur conquête de l'Amérique du Sud, les Espagnols et les Portugais ont rencontré dans plusieurs pays assez éloignés les uns des autres des populations qui buvaient une infusion assez comparable au thé : le maté. Elle était préparée les feuilles d'un arbre de la famille des illicinées, le maté (*Ilex paraguariensis*), originaire de l'actuel Paraguay. L'arbre à maté est un proche parent des houx européens bien connus pour leurs feuilles persistantes d'un beau vert sombre armées d'aiguillons acérés ; le maté a cependant des feuilles inermes et peut atteindre une taille bien plus grande. On sait que les jésuites tentèrent de créer au Paraguay un État où la religion serait omniprésente et où les Amérindiens seraient à même de défendre l'indépendance de leur pays en résistant aussi bien aux forces armées qu'aux pressions des exploiteurs blancs. Dans le but de leur donner des moyens de subsistance, ils aidèrent les populations locales à rationaliser leur agriculture et, dans cet esprit, les poussèrent à cultiver des arbres à maté. Quand les jésuites cessèrent d'encadrer les Amérindiens, les plantations périclitèrent et les arbres sauvages redevinrent la principale source de maté. Les essais de reconstitution des plantations réalisés par la suite échouèrent. Ainsi que déjà relaté, c'est le naturaliste français Aimé Bonpland, célèbre pour son expédition en Amérique du Sud avec Humboldt, qui aurait redécouvert le secret des jésuites quand, émigré en Argentine, il s'était demandé pourquoi ces derniers avaient élevé des dindons. Finalement, il avait supposé que c'est la trituration des graines coriaces de maté dans le gésier des volailles qui pouvait les rendre aptes à germer. Son hypothèse a depuis été avérée. On peut noter que la littérature horticole anglaise décrit le même recours aux dindons pour lever la dormance des graines d'aubépine. Des auteurs se sont-ils inspiré de l'histoire du maté, ou est-ce Bonpland qui connaissait les techniques anglaises ?

Le maté contient lui aussi de la caféine ainsi que des tannins qui ne sont peut-être pas de même nature que ceux du thé mais qui sont présents à une concentration élevée également. La famille du maté est fort éloignée de celles du caféier et du théier ; il s'agit d'une convergence de propriétés biochimiques étonnante sans être exceptionnelle. Consommé couramment dans une grande partie de l'Amérique du Sud, le maté est exporté en Amérique du Nord, en Europe et dans d'autres pays où il concurrence le thé sans toutefois bénéficier du même prestige. Don des grandes civilisations de l'Amérique au même titre que le cacao, la pomme de terre ou le quinquina, il est resté un parent pauvre de la grande boisson asiatique.

Le café, la chicorée et autres succédanés du café

Les caféiers, de la famille des rubiacées, sont tous des espèces africaines. Ils sont bien connus par l'infusion noire que l'on en tire, consommée tantôt pour le seul plaisir des sens, tantôt pour lutter contre le sommeil. Cette boisson n'est pas très ancienne et est restée très longtemps inconnue en Afrique. Certes, les propriétés de la caféine étaient connues de certaines tribus africaines : les Ugundis mâchaient la graine crue comme stimulant mais ne l'utilisaient jamais autrement ; d'autres tribus consommaient la baie (« cerise »). Bois (1937) parle aussi d'infusions de feuilles de café comparables à du thé, permettant de tirer parti du pouvoir excitant de la caféine. La consommation de celui que nous appelons « arabica » (*Coffea arabica*), partie des plateaux de l'ouest éthiopien, remonterait au Ve siècle de notre ère selon une estimation récente. Il s'agissait alors d'une boisson faite avec le fruit entier et servant de médicament. Sa découverte ou sa redécouverte ont déjà été évoquées. Il est certain que la culture du caféier est d'abord passée d'Éthiopie à l'Arabie, mais on dispose de peu de renseignements historiques sur ce point. Les premiers écrits relatifs à la consommation de café remontent au XVe siècle seulement, à une époque où le café torréfié était déjà connu en Égypte. Une polémique s'était élevée dans le monde religieux pour savoir si cette boisson dont n'avait pas parlé le Prophète pouvait être bue par les musulmans. Un émir avait tranché en leur faveur. Le succès de la nouvelle boisson fut très rapide. Le « vin de l'Islam » gagna le Liban, l'Égypte et la Turquie, pays qui commerçaient avec Venise, puis, *via* la cité des Doges, la France et l'Angleterre. La première cargaison parvenue à Marseille avait été destinée uniquement aux apothicaires, mais un voyageur du nom de Thévenot expliqua aux Français qu'ils pouvaient en tirer une boisson. Une polémique (qui agita les milieux médicaux cette fois) fut également tranchée en faveur du café dont la consommation gagna l'Europe entière. Comme déjà mentionné, la production se centra sur l'Amérique dès le début du XIXe siècle (Bois, 1937 ; Jacob, 1953).

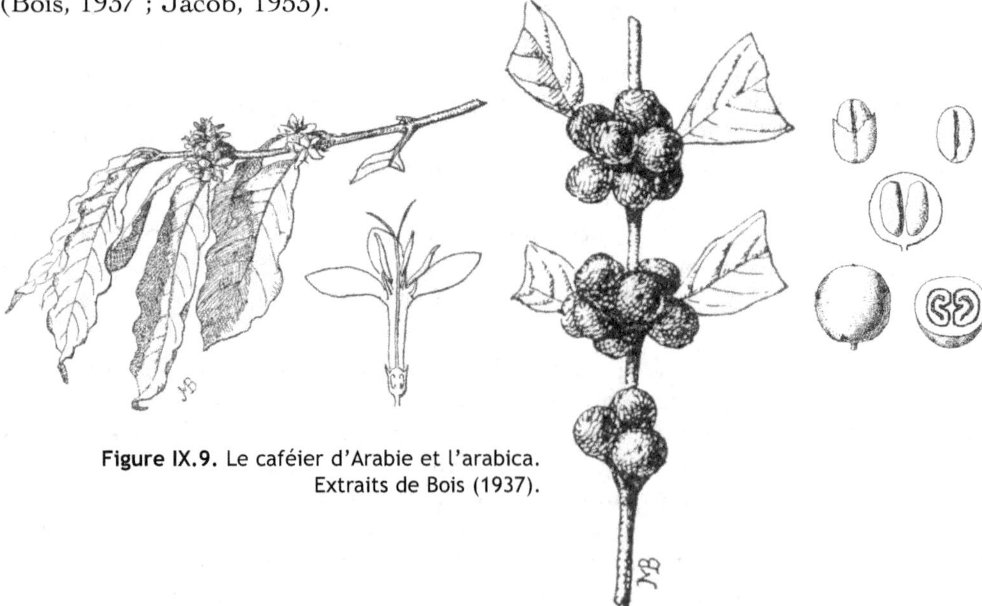

Figure IX.9. Le caféier d'Arabie et l'arabica.
Extraits de Bois (1937).

Des études génétiques toutes récentes conduites à l'IRD montrent que si la variabilité des caféiers sauvages arabica est non négligeable, celle des plants introduits au Yémen — apparentés aux caféiers de l'ouest de l'Éthiopie — est extraordinairement réduite, tout comme celle des variétés cultivées. Ces résultats accréditent la thèse d'un ancêtre unique non seulement pour les caféiers du Brésil et des Antilles françaises, mais aussi pour beaucoup d'autres : tous descendraient du fameux pied planté au jardin botanique d'Amsterdam (voir chapitre IV). D'autres caféiers, un peu différents, descendraient de quelques pieds introduit à l'île Bourbon (la Réunion) par les Français en 1715 et 1718. On connaît parfaitement leur origine : il s'agit d'un achat ou d'un échange négocié en bonne et due forme entre le roi de France et un souverain d'Arabie. L'intérêt de la diversité génétique n'avait semble-t-il pas paru évident aux planteurs jusqu'aux recherches récentes des généticiens.

Les autres espèces de caféiers, toutes africaines, ont été considérées comme sans intérêt jusqu'au XIXe siècle. Parmi elles, *C. canephora*, aujourd'hui connu sous le nom de « robusta », est cultivé dans les régions chaudes et humides que ne supportent pas *C. arabica*. Cette espèce est diploïde, contrairement à *C. arabica* qui est un allotétraploïde dont l'un des génomes n'est autre que *C. canephora*. Le caféier robusta est très productif et donne un café corsé, riche en caféine mais peu parfumé. *C. liberica* et *C. excelsa* se sont révélés précieux pour leur résistance aux maladies cryptogamiques. Quant aux cafés naturellement dépourvus de caféine (*C. humboltiana* et *C. mauritiana*), endémiques à Madagascar et aux Mascareignes, on a dû renoncer à les cultiver tant leur amertume était prononcée, le second ayant même de surcroît des propriétés enivrantes. Des généticiens français ont obtenu un hybride de *C. arabica* et de *C. robusta* dit « Arabusta » qui n'est guère cultivé qu'en Côte-d'Ivoire car les commerçants préfèrent en général faire leurs propres dosages de caféine et d'aromes par des mélanges appropriés de graines des deux espèces courantes.

Dans le commerce international, les cafés arabica et robusta représentent respectivement 70 et 30 % de la production mondiale environ. Toutes espèces confondues, le café s'est hissé au 1er rang mondial du commerce agricole et au 2e rang du commerce global.

Au début du XIXe siècle, le café tenait déjà en Europe une place telle que les ruptures d'approvisionnement marquaient les esprits. La conquête des Pays-Bas par la France républicaine, suivie de l'occupation des colonies hollandaises par les Anglais puis de la défaite complète de la marine française à Trafalgar, amenèrent l'Europe continentale à une dépendance complète à l'égard de l'Angleterre en matière de sucre et de café. Les Anglais, en premiers, essayèrent de priver leurs adversaires de ces deux produits. Quand, en retour, Napoléon décréta le blocus continental afin de ruiner l'Angleterre, l'histoire a montré qu'il n'avait pas été bien inspiré. Plus que tout autre, il avait besoin de café : « Il est dur de tenir un siège sans café. », lui fait dire Jacob (1953). Essayant de résoudre le problème avec les ressources propres de son très vaste empire, il lança un appel au plus imaginatif pour trouver un succédané de la tisane noire. On torréfia un peu toutes les graines possibles, mais c'est finalement une veille recette de médecine populaire, trouvée pense-t-on en Hollande, qui l'emporta : la décoction de racines de chicorée (*Cichorium intybus*) torréfiées. La boisson est noire et amère, comme le café. Son « inventeur », un dénommé Williot, sera proclamé bienfaiteur de l'humanité, par les Français bien sûr — qui avaient sans doute fait preuve d'un chauvinisme exagéré puisque des ateliers de torréfaction ont fonctionné en Hollande et en Prusse dès le XVIIIe siècle. La fabrication serait passée au stade industriel dans une usine fondée par deux associés prussiens au début du XIXe siècle. Après la chute de Napoléon et le retour en force du café, la chicorée conserva cependant des adeptes. Au cours des deux guerres mondiales, des pénuries de café réapparurent. Pendant la première, les Allemands, touchés eux aussi par un blocus, recensèrent tous les ersatz possibles. Jacob (1953), dans une liste non limitative, en cite une quarantaine où l'on trouve des racines de dahlia, des rhizomes de roseau, des glands et des marrons d'Inde, des graines de tilleul, d'asperge et de chrysanthème, des pépins de concombre et le caille-lait, ou « gaillet », ou encore « grateron ». Ce dernier (*Galium* sp.) appartient à la famille des rutacées comme le café. Bois (1937) cite, parmi les meilleurs succédanés du café, le malt d'orge, le gland doux, la figue (et surtout la figue de Kabylie, riche en « graines »), le « café nègre » (*Cassia occidentalis*) qui est une fabacée du Sénégal, le pois chiche, l'iris des marais (*Iris pseudacorus*) — la fleur de lys des rois de France —, le gombo (*Hibiscus esculentus*), un légume africain cultivé en Amérique et le caille-lait. Pendant la Seconde Guerre mondiale, la crise du café fut encore plus générale ; elle avait cependant été prévue car dès 1941, les Allemands firent main-basse sur les stocks de café de tous les pays qu'ils occupaient. C'était une matière stratégique au même titre que les métaux de tous genres ou le pétrole ! Les Français, comme les civils Allemands, torréfièrent à nouveau de nombreux ersatz avec une prédilection pour le gland et l'iris des marais. Ils cultivèrent des lupins amers, des pois chiches et divers autres succédanés, avant de se rabattre sur la chicorée, l'orge ou le malt grillés quand ils pouvaient s'en procurer. La graine de gaillet, qui contient de la caféine, fut sans aucun doute privilégiée par les botanistes amateurs de café, mais c'est une mauvaise herbe plus souvent combattue que recherchée par les jardiniers ou agriculteurs ! Aujourd'hui, pour fuir la caféine et les produits décaféinés de l'industrie ainsi que l'amertume de la chicorée, une petite minorité de consommateurs se rabattent sur du « café » de gland ou de malt et, dans certaines régions reculées des Andes, on déguste une infusion de graines torréfiées de gombo. L'étonnant est que les Amérindiens lui donnent le nom de « nescafé » (sic) ! La chicorée reste le succédané le plus apprécié en Europe.

L'acharnement mis à rechercher des substituts de café en cas de disette de ce produit importé si prisé provient d'abord d'une habitude prise dans les classes aisées dès le milieu du XIXe siècle, voire avant, qui avait progressivement gagné presque toutes les populations européennes : le petit déjeuner occidental comprenant au moins une tasse de café ou de thé facilitant le réveil complet. On ne peut cependant s'empêcher de penser que des millions de consommateurs auraient acquis une addiction à la caféine en buvant du thé et du café bien après le petit déjeuner. Pourtant l'expérience prouve que les habitués du café, à l'exclusion de ceux qui recherchaient avant tout un moyen de lutter contre le sommeil, buvaient bon gré mal gré des boissons noires sans caféine dont l'amertume était le seul point commun avec le café. Il est alors difficile alors de parler seulement d'une simple addiction à un alcaloïde ! L'ersatz comblerait-il une addiction psychique ?

Le cacao

Le cacao est pour l'Amérique ce que sont le théier pour l'Asie et le caféier pour l'Afrique : un don providentiel qui a profondément agrémenté les boissons et la nourriture de l'humanité. Les fèves (graines) de l'espèce principale (*Theobroma cacao*) de la famille des sterculiacées, étaient bien connues des Aztèques. Avant l'arrivée des Espagnols, elles servaient de monnaie, et les sacs contenant un nombre donné de douzaines de fèves jouaient le rôle de nos billets de banque. L'arbre ne poussait pas sur les plateaux du Mexique mais plus au sud, la limite septentrionale correspondant au Guatemala, pays des Mayas. Il donne des fruits appelés « cabosses », poussant sur le tronc et les grosses branches. Chacun contient de 20 à 40 fèves enveloppées d'une pulpe sucrée et parfumée qui n'a qu'un usage local. Il existe une dizaine d'autres espèces de cacaoyers dont les zones d'origine vont de la région de l'Amazone ou de l'Orénoque à l'isthme d'Amérique centrale. Plusieurs d'entre elles produisent des fèves récoltées sur les arbres sauvages. Contrairement au café où les types sauvages sont rarement collectés, elles sont recherchées pour la fabrication des cacaos de haut de gamme.

Avant traitement, les fèves sont impropres à la consommation directe ou à la fabrication du fameux cacao. Elles doivent d'abord subir une fermentation, suivie d'une légère torréfaction avant d'exhaler leur odeur si caractéristique. Les Aztèques connaissaient plusieurs manières d'en tirer parti. Le récit de la conquête nous a livré un compte-rendu précis de la cérémonie à laquelle furent invités les Espagnols et au cours de laquelle on leur servit une boisson mousseuse dégageant un parfum suave inconnu ; c'était la « boisson divine », expression traduite par *theobroma*. La recette préférée des Aztèques impliquait un mélange avec du miel et un soupçon de piment, souvent aussi de la vanille. Les nouveaux maîtres de l'empire des Aztèques apprécièrent à sa juste mesure le divin breuvage et le firent aussitôt connaître à leurs compatriotes. On raconte que sa vogue était telle que de nobles dames en buvaient pendant la messe. Ce à quoi un évêque réagit en interdisant le cacao pendant les offices divins. La petite histoire, ou une légende, ajoute qu'il serait mort après avoir bu une tasse de cacao… empoisonné.

En Europe, le tégument enveloppant les fèves a été quelquefois utilisé pour faire une boisson infusée à la manière du thé, mais seule l'amande est généralement traitée ; elle contient un peu plus de 50 % de matière grasse, de l'amidon, une dose non négligeable de tannin, ainsi que des alcaloïdes : la théobromine (de 0,3 à 0,8 %) mais aussi la caféine. La matière grasse, appelée « beurre de cacao » en raison de sa consistance, est en grande partie extraite des poudres de cacaos pour boissons, tandis qu'elle est fondamentale pour la fabrication du chocolat auquel elle donne sa consistance et l'essentiel de sa valeur nutritive. Bien entendu, il existe des variations de composition aussi bien en fonction de la variété, du lieu que du mode de culture. En remplaçant le miel par le sucre, les Espagnols avaient inventé le chocolat. En rationalisant la fermentation et la technologie, les Hollandais ont grandement contribué à la naissance des poudres de cacao et des chocolats modernes. L'invention postérieure des chocolats au lait, à la noisette et à bien d'autres ingrédients a suivi, faisant du chocolat une friandise sans égal, appréciée dans le monde entier.

Aujourd'hui, le gros de la production mondiale vient de quelques pays d'Amérique centrale et méridionale et, surtout, d'Afrique. En effet, de même que le café africain a surtout prospéré sur le sol américain (du moins jusqu'au début du XXe siècle), le cacao a connu un très grand essor sur le sol africain. Les plantations du Ghana puis de Côte-d'Ivoire ont rapidement fourni une grande partie de la production mondiale. Il faut cependant ajouter que les cacaos de grande qualité proviennent encore le plus souvent d'Amérique et non d'Afrique.

Les boissons brunes américaines et le kawa

Le thé, le maté et le café qui appartiennent tous trois à des familles distinctes ont en commun une certaine teneur en caféine. Ce même alcaloïde se retrouve également dans une autre plante africaine de la famille du cacaoyer, le colatier (*Cola acuminata*). Les noix du colatier et de plusieurs de ses proches parents en sont riches et fréquemment mâchées par les Africains pour leurs vertus stimulantes ; leur action sur le système nerveux, entre autres un effet de coupe-faim, sont bien connues. Les Américains ont eu l'idée d'introduire des extraits de noix de cola dans leurs boissons brunes, Coca Cola et Pepsi Cola. La formule de ces sortes de soda est tenue secrète, mais leur teneur en caféine, facilement dosable, explique une bonne part de leurs propriétés.

Le kawa, ou « kawa-kawa », est une boisson inclassable propre à l'Océanie. Elle est tirée des racines d'une plante qui n'est autre, botaniquement parlant, qu'un poivrier, *Piper methysticum*, qui croît dans de nombreuses îles de Mélanésie et de Polynésie. La boisson est obtenue à partir du jus de racines fraîches. Euphorisante à dose modérée, elle provoque une sorte de torpeur à dose plus élevée. Interdite par les missionnaires, elle a été réhabilitée dans certains pays comme le Vanuatu où elle donne lieu à un commerce légal.

Les boissons fermentées, les boissons alcoolisées

L'homme a quelquefois eu recours à des fermentations autres qu'alcooliques. La fermentation lactique, qui produit l'acide lactique, est surtout utile en fromagerie où son usage était systématique et obligatoire avant la découverte de la présure qui permet de coaguler la caséine sans acidification du lait par l'acide lactique. Elle est également à la base de la transformation du chou en choucroute. Il fut un temps où elle servait à la fabrication de boissons légèrement aigres jugées très désaltérantes. Les plus connues sont le *kwass* des pays slaves, le *braga* des paysans de Roumanie, de Bulgarie, d'Albanie, du Caucase et d'Asie Mineure, et le *barszcz* qui se buvait de la pointe orientale de la Sibérie à la Pologne. Ces trois boissons avaient des formules assez fluctuantes où l'on trouvait surtout des céréales ou du sarrasin concassés parfois remplacés par des restes de pain. Des fruits ou des herbes étaient souvent ajoutés pour agrémenter la saveur : pommes ou baies diverses dans le *kwass*, grande berce, trèfle ou bourrache pour le *barszcz*. Le principe de fabrication était le suivant : on ensemençait le produit avec de la levure, on soumettait les récipients à une chaleur douce et on arrêtait la fermentation au bout d'une journée, sauf si on désirait que l'alcool prenne le dessus par rapport à l'acide lactique. Il existe des *kwass* aussi alcoolisés qu'une bière légère (Aubert, 1985).

Il s'agit donc en fait de boissons artisanales obtenues grâce à deux fermentations contrôlées de manière très approximative.

La fermentation alcoolique seule est cependant la plus connue et la plus utilisée, et de loin. Celle du jus de raisin a sans doute été observée la première fois sur du jus entreposé par l'homme dans l'intention de le boire plus tard, ce qui a eu de bonnes chances de s'être produit après l'invention de la poterie, c'est-à-dire à partir du Néolithique. La consommation des boissons alcoolisées est un vaste secteur de l'histoire de l'humanité où sont intervenus l'ivresse permettant aux prêtres de communiquer avec les dieux, la recherche de boissons désaltérantes, la recherche d'euphorisants, l'ivrognerie et l'alcoolisme, les interdits religieux, la réprobation sociale ou médicale ou, à l'inverse, un rôle social prestigieux, la gastronomie, etc. Dans les sociétés antiques, les boissons alcoolisées ont été interdites aux femmes jusqu'à la période « décadente » de l'empire Romain ; elles sont interdites pour tous les fidèles par l'Islam ; chez les Aztèques, l'ivresse était punie de mort. Jusqu'au XVIIIe siècle, en Europe, on fabriquait en France du « bouillon », une sorte de bière très légère obtenue par fermentation de son et d'un peu de remoulage de blé : une « petite boisson fort saine et très propre aux femmes, aux enfants, aux domestiques et aux pauvres gens. » (Anonyme, 1755) Aujourd'hui aux États-Unis, l'alcool est formellement interdit aux enfants dans la plupart des États. Partout ailleurs, il est clairement déconseillé par le corps médical aux enfants ainsi qu'aux femmes enceintes, Les boissons alcoolisées sont nombreuses, mais de degré alcoolique variable et elles n'ont pas forcément été à l'origine de beuveries dont la signification sociale ancienne est par ailleurs oubliée[1]. Leur consommation modérée ou leur usage festif exceptionnel est acceptée dans la plupart des sociétés occidentales. La brève revue des boissons alcoolisées énumérées ci-dessous est évidemment indépendante de ces considérations.

Le vin

Parmi les légendes relatant l'origine du vin, la version biblique est certainement la plus connue mais la version persane est peut-être la plus suggestive. Selon elle, le vin aurait été découvert par une princesse qui avait apporté une coupe remplie de magnifiques raisins pour en offrir à son prince bien aimé après leur nuit de noce ; il fallut trois jours pour que l'ivresse amoureuse de la princesse soit assoupie et qu'elle pense aux raisins. Ils avaient fermenté et la coupe contenait une boisson inconnue que les jeunes époux partagèrent. Une autre ivresse s'empara alors d'eux... On aurait tendance à situer l'invention du vin après la domestication de la vigne, mais rien n'est sûr à ce propos. Les premières traces de vin (des cristaux de tartrate colorés en rouge) ont été trouvées en Iran et dateraient de − 5000 environ alors que les premiers pépins de vigne apparemment cultivée remontent au IVe millénaire av. J.-C. La domestication aurait eu lieu au sud du Caucase, mais plusieurs archéologues penchent pour une domestication secondaire dans l'ouest de la zone méditerranéenne, où la vigne sauvage croissait également à

---

1. Dans les anciennes sociétés gauloises, les grands travaux étaient réalisés par de véritables corvées d'hommes non payés et récompensés seulement à l'achèvement du chantier par un grand banquet si possible arrosé avec de nombreuses amphores de vin dont les vestiges impressionnent les archéologues.

l'époque. Par la suite, sa culture a fait tache d'huile dans les anciennes civilisations du Proche-Orient puis sur tout le pourtour méditerranéen. Les cités lacustres de la zone alpine ont livré des pépins de raisins qui, à coup sûr ne provenaient pas de vigne spontanée — inexistante dans la région. Rien ne prouve cependant que ces hommes buvaient du vin dont la fabrication, à cette époque, était le fait des civilisations plus méridionales. En Égypte, des documents évoquent la distribution d'une ration quotidienne de vin à chaque soldat. Chez les Gaulois, le vin était très prisé mais, avant l'arrivée des colonisateurs grecs sur la côte méditerranéenne et plus précisément semble-t-il des Phocéens à Massilia (Marseille), c'était un produit d'importation. À partir de leur introduction par les Grecs, la vigne se répandit en Gaule durant la domination romaine, à tel point que l'empereur Domitien ordonna l'arrachage de nombreux vignobles gaulois pour maintenir le cours des vins italiens. Son successeur Probus les fit replanter avec l'aide des légions romaines dans les régions que nous appelons aujourd'hui Champagne et Bourgogne.

La vigne se reproduit aisément par bouturage, mais aussi par semis de pépins. Il est donc facile de cloner les sujets de qualité, mais aussi de laisser pousser un nouveau plant issu d'un pépin. Ainsi est née l'incomparable gamme de cépages qui sont à l'origine des crus plus ou moins nobles, et dont les plus prestigieux sont maintenant cultivés dans différentes régions de la planète, sans oublier les raisins de table ou ceux que l'on fait sécher. Ce processus d'obtention de nouveaux cultivars dont la qualité dépend du hasard rappelle le cas de la pomme, mais il est plus ancien et plus facile puisqu'il est plus aisé d'enfoncer une bouture dans le sol que de greffer un arbre. Rappelons qu'à côté des vins bus comme tels, d'autres sont destinés à la distillation et à la fabrication des cognacs ou armagnacs par exemple, à la fermentation acétique pour l'obtention du vinaigre, sans parler des cépages oubliés qui servaient à la fabrication du verjus, lesquels pouvaient être cultivés sous des climats où le raisin mûrit mal. La production de raisin est considérable puisqu'elle se situe au 2ᵉ rang des productions mondiales de fruits, un peu avant la banane.

Si la production de vin repose pour plus de 99 % sur l'unique espèce de l'Ancien Monde *Vitis vinifera*, les espèces du Nouveau Monde ont tout de même joué un rôle majeur comme porte-greffes, et l'hybridation interspécifique a donné des cultivars assez nombreux mais peu appréciés, et cultivés — de moins en moins — pour la seule fabrication de vins sans prétention de qualité. Quant aux vignes sauvages des autres pays de l'Ancien Monde (Afrique, Extrême-Orient et Australie), elles sont sans intérêt. Les différents cépages de *V. vinifera*, les clones, sont innombrables. Beaucoup portent des noms différents dans plusieurs pays ou plusieurs provinces et, réciproquement, il est fréquent de voir des cépages portant le même nom mais génétiquement bien distincts. Certains pays comme les Balkans ou l'ex-URSS n'ont jamais vraiment recensé les leurs et même un grand pays viticole comme l'Italie a dans ce domaine des statistiques d'une fiabilité très douteuse.

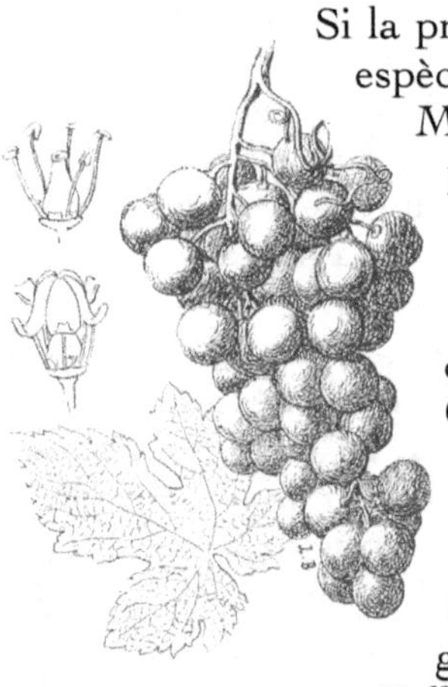

Figure IX.10. La vigne et ses fleurs. Extrait de Bois (1928).

Les grands crus français sont définis par la législation propre, celle des appellations contrôlées. Ils doivent être produits sur un territoire bien délimité, un terroir dont les caractéristiques ont été précisées, avec des cépages autorisés (facteur essentiel pour le bouquet), et avec des méthodes de vinification encadrées — même l'irrigation éventuelle et la période de vendange sont réglementées. Mais tous les grands vins ne sont pas régis par une législation similaire. Les premiers vignobles du Nouveau Monde, avant que les colons d'origine huguenote ou italienne ne plantent les leurs, étaient d'origine espagnole. Les vignobles sud-africains et australiens doivent beaucoup aux cépages et à la technologie vinicole françaises. Un vignoble est en cours de création en Chine selon le savoir-faire espagnol, des vignobles nouveaux sont actuellement plantés en Nouvelle-Zélande, en Inde et ailleurs et le prestige des vins californiens, chiliens, sud-africains et australiens est croissant. Rappelons que le champagne ainsi que les autres vins mousseux sont des vins mis en bouteille avant la fin de la fermentation, laquelle se poursuit pendant une longue période.

Le cidre, le poiré et le cormé

Le cidre dérive de la fermentation du jus de pomme, à l'instar du vin dérivant de celle du raisin. Son invention serait le fait des Basques qui désignent le cidre par un terme signifiant « vin de pomme ». Les pommes à cidre, particulièrement juteuses, proviennent de variétés distinctes des pommiers à couteau. À la différence des cépages, il n'existe aucune variété porteuse d'une notoriété suffisante pour tenir une place dominante ou simplement reconnue dans une région cidricole. En France, on a compté 360 variétés de pommes à cidre, après élimination des moins bonnes. Bois (1937), plus sévère, n'en compte que 75. Chaque village produisait son cidre avec les pommes de son choix, y compris celles d'arbres reproduits par semis. En France, le cidre a été la boisson courante, surtout pour les paysans, dans les provinces du nord-ouest et quelques zones montagnardes où le raisin ne mûrissait pas. Insuffisamment alcoolisé, le cidre ne se conserve en tonneau que pendant 6 mois environ, se transformant petit à petit en une boisson aigre où l'acide acétique finit par remplacer l'alcool. Les cidres de qualité sont mis en bouteilles et donnent une boisson gazeuse légère et appréciée. Une partie des cidres est transformée en alcool par distillation (calvados) et en vinaigre de cidre qui est produit à l'échelle commerciale depuis quelques décennies seulement. Le cidre est toujours resté un parent pauvre du vin : il n'a été produit qu'à une échelle modeste et son prestige n'a rien de comparable.

Le poiré est quant à lui une sorte de cidre tiré des poires. La spécialisation des variétés à boisson semble plus poussée que dans le cas des pommiers. Bois pensait que ces « poiriers à cidre » dérivaient d'un type particulier propre à l'ouest de la France, *Pyrus cordata*, qui serait une espèce particulière ou une sous-espèce selon les définitions. Il en a cité une trentaine de variétés, les unes à petits fruits assez semblables à ceux de l'espèce sauvage indiquée, les autres de taille nettement plus grande. Le poirier à cidre a une production plus grande et plus régulière que le pommier et peut produire pendant plus d'un siècle ; son bois est en outre recherché. Malgré ces avantages, le poiré est moins apprécié que le cidre, son arôme étant moins plaisant. Le cormier (*Sorbus domestica*) est un bel arbre qui était toujours cultivé en plein vent. Ses fruits qui ressemblent à de petite poires sauvages sont riches en sucres, donc aptes à donner une boisson relativement alcoolisée, le cormé. Le cormier, plus exigeant en chaleur, était surtout cultivé dans la partie sud de la France et en Alsace. Sa plantation est aujourd'hui abandonnée, seul son bois est valorisé. On peut rapprocher de ces boissons le vin de banane, mais plus difficilement le vin de palme qui dérive de la fermentation de la sève de plusieurs palmiers africains, le plus apprécié étant celui du palmier à huile ou du raphia à vin (*Raphia* sp.).

La fermentation des céréales : les bières

Dans une vaste zone de l'Europe où le raisin ne mûrit pas, la préférence des consommateurs a porté sur la bière. Les céréales ont de grosses réserves d'amidon, mais ne contiennent que des quantités très minimes de sucre. C'est seulement pendant la germination que l'activité d'une enzyme, l'amylase, transforme l'amidon en un sucre fermentescible, le maltose. La fabrication de la bière consiste à provoquer cette hydrolyse de l'amidon puis à installer la fermentation alcoolique. Ce procédé est extrêmement ancien puisque des documents sumériens décrivent les techniques employées à l'époque : on confectionnait d'abord des galettes de céréales qui étaient légèrement cuites puis plongées dans de l'eau où la fermentation se produisait. On devine ainsi quel genre d'incident avait mis les hommes sur la voie de la « découverte » de la bière. Les techniques ont été transmises ou retrouvées, modifiées et perfectionnées. L'analyse de résidus déposés au fond d'un récipient trouvé dans un tombeau égyptien a montré qu'ils provenaient de l'évaporation d'une bière obtenue selon un procédé déjà très élaboré. La brasserie mise au point dans les monastères s'est développée en Europe à partir du Moyen Âge puis s'est généralisée dans les pays ne produisant ni vin, ni cidre. On a alors vu apparaître les diverses catégories de bières blondes ou brunes différant les unes des autres avant tout par la technologie. Les céréales ont été quelque peu diversifiées, l'orge restant la matière première largement dominante bien qu'il existe des bières de blé, de maïs, de mélanges de céréales etc.

Figure IX.11. L'orge et le houblon. *Source* : Bois (1937).

Sans aromate ajouté, comme c'était le cas de la bière sumérienne, la boisson obtenue est une cervoise. Pour la transformer en bière, il faut lui adjoindre une plante aromatique comme le houblon (*Humulus lupulus*), qui a supplanté pratiquement toutes ses concurrentes. C'est une liane vivace grimpante, dioïque, dont les fleurs femelles formant des chatons globuleux dégagent un parfum âcre particulier. Il n'y a plus guère qu'une autre plante aromatique, le baume-coq (*Chrysanthemum balsamita*), qui aromatise les bières anglaises nommées *ales*. Des « bières » aromatisées aux épices, il ne reste que celle de gingembre appréciée par les Anglais. En dehors de l'Europe, de nombreuses techniques de brassage de céréales locales existent. Les plus connues sont celles de sorgho, de mil et de millet en Afrique, et de riz en Asie. Ces boissons souvent fabriquées à une échelle artisanale sont des cervoises. Elles sont parfois dangereuses à cause d'un mauvais contrôle de la fermentation qui peut produire de l'alcool méthylique, très toxique.

Les autres boissons alcoolisées

La fermentation ne produit pas de boisson à plus de 16 ° car au-delà de ce seuil, la levure est tuée par l'alcool. Cependant, la distillation, technique apportée en Occident par les Arabes qui la tenaient peut-être des Chinois, permet d'obtenir des boissons dont la teneur en alcool peut dépasser largement 50 %. Elle est utilisée pour valoriser les marcs, résidus de la production de vin, de cidre ou de bière, mais aussi certains vins, cidres ou bières ainsi que des produits de fermentations conduites à cette fin. Dans cette dernière catégorie rentrent des résidus de sucrerie et toutes sortes de fruits sucrés ainsi que des produits amylacés (céréales et tubercules). Les eaux-de-vie sont des distillats additionnés d'eau afin de standardiser et surtout limiter la teneur en alcool éthylique. Il est hors de question de les passer en revue tant leur liste est longue. À titre d'exemple, on peut citer les plus connus comme la quetsche, le kirsch, le whisky, la vodka, le saké, le marc, le calvados, le rhum et la tequila, tirés respectivement de la prune, de la cerise, de céréales, de pomme de terre, de riz, de marc de raisin, de marc de pomme, de canne à sucre et d'agaves diverses. Rares sont les fruits sucrés dont l'eau de vie n'est pas appréciée (cucurbitacées, tomates). Notons au passage que les « vins » de Chine peuvent être aussi bien d'authentiques vins que des boissons distillées, souvent apparentées au saké japonais, mais d'origines très diverses. Les liqueurs sont des eaux-de-vie sucrées et aromatisées. Les spiritueux sont des liqueurs auxquelles sont ajoutés des extraits végétaux possédant des propriétés pharmaceutiques comme l'écorce de quinquina, la gentiane, le génépi. A l'origine, il s'agissait donc d'une catégorie de médicament dont l'usage a bien dévié.

En conclusion sur les boissons

Les boissons non alcoolisées autres que le lait, bien que non considérées comme des aliments, peuvent être des sources de sucre, de vitamines ainsi que de minéraux — composants notables des jus de fruits. Le glucose et le fructose y sont rarement en quantités excessives, alors qu'il peut en être tout autrement du saccharose rajouté dans les sirops, les sodas ou certains jus de fruits édulcorés. D'une manière générale, les jus de fruits ont des propriétés diététiques voisines des fruits euxmêmes, sauf en ce qui concerne l'apport de pectines ou de composés de type cellulosique (fibres). Beaucoup de substances phénoliques (tannins) ou antioxydantes des fruits se retrouvent dans les jus et leurs confèrent des vertus similaire à celles des fruits. L'alcool des boissons fermentées, lorsque celles-ci sont prises à doses modérées, est un nutriment énergétique, plus exactement cétogène. L'homme fait partie des espèces assez rares qui ont une alcool-oxydase, tout comme la drosophile et d'autres insectes se nourrissant de fruits en décomposition qui sont souvent le siège d'une fermentation alcoolique. Mais l'activité de cette oxydase est globalement limitée tout en variant beaucoup d'un individu à l'autre, et il est bien connu qu'une ingestion excessive d'alcool est extrêmement préjudiciable à l'organisme. En d'autres termes, bien avant de devenir la drogue dure que l'on sait, l'alcool est un nutriment énergétique particulier, toléré seulement à des doses très raisonnables et variable selon les individus.

La notion de « boisson saine » est revendiquée par de nombreux producteurs pour des produits variés : thé, jus de fruits, bière ou vin. Elle recouvre des phénomènes distincts : le thé est préparé à partir d'eau très chaude approximativement pasteurisée, les jus de fruits du commerce sont généralement stérilisés, tandis que le vin doit son pouvoir microbicide, vertu parfois exagérée mais réelle, à l'alcool et aux pro-anthocyanes proches des tannins. Selon Vallee (1998), le vin et la bière ont été des boissons utiles pendant une grande partie de l'histoire de l'Occident. Les propriétés pharmaceutiques qui leur étaient attribuées, comme aux légumes, aux épices ou aux fruits, étaient certainement réelles mais de faible importance comparées au fait qu'elles sont à peu près dépourvues de germes dangereux. De là vient la recommandation, toujours à doses modérées, du vin ou de la bière en Occident. Certes, la modération n'était pas l'apanage de tout le monde et l'alcoolisme existait parmi les buveurs de vin et de bière, mais il était visiblement considéré comme un moindre mal tant que les réseaux d'adduction d'eau potable n'étaient pas généralisés. On ne

Figure IX.12. Le vin, du foudre imposant des vignerons à l'usage modéré ou immodéré du vin. Extraits de Dumas (1978).

peut en dire autant des eaux-de-vie, des liqueurs et surtout des spiritueux qui ont eux aussi été recommandés par le corps médical il fut un temps, mais seulement dans le but de soulager les souffrances des malades incurables.

Dans le domaine des dangers, les épices ne peuvent être comparées aux boissons : quelques-unes présentent, à forte ou très forte dose, une toxicité réelle. On a cependant affaire à une toxicité bien différente de celle des aliments comme le manioc, la fève ou la gesse, où celui qui refuse de prendre des risques se prive d'une nourriture essentielle. Comme l'a fait remarquer Hervé Thys, la connaissance du danger ne l'emporte pas forcément sur la recherche du plaisir. Ce raisonnement s'applique à plus forte raison aux infusions excitantes et surtout aux boissons alcoolisées ; les inconvénients des excès de caféine et surtout d'alcool ne sont plus ignorés des consommateurs qui succombent facilement à la tentation d'une seconde tasse ou d'un second verre. De ce point de vue, il est vrai, les boissons diffèrent grandement des aliments au sens strict.

Conclusion

La situation au début du XXe siècle... et demain ?

La diminution du nombre d'espèces cultivées pour l'alimentation et des usages de chacune d'elles s'est affirmée dans tous les secteurs, sauf peut-être dans celui des épices et des plantes à boissons. En contrepartie, la spécialisation des variétés à l'intérieur des espèces, amorcée depuis des époques reculées, ne cesse de s'accentuer. Pour prendre un cas extrême illustrant l'ancienne polyvalence des espèces cultivées, les Polynésiens vivant sur de minuscules atolls dont la flore était extrêmement pauvre plantaient un palmier providentiel, le cocotier, dont ils avaient 93 manières de tirer parti. Aujourd'hui, une dizaine seulement ont résisté à l'arrivée du mode de vie occidental. À l'opposé de cet usage multiple d'une espèce encore uniforme, on a aujourd'hui recours pour une espèce donnée à un nombre considérable de cultivars ayant chacun une utilisation propre, parfois limitée dans le temps pour des raisons de demande ou de progrès génétique. Dans le cas d'une céréale moderne, ces cultivars peuvent avoir comme utilité une adaptation aux conditions de culture ou à des filières bien précises de l'alimentation humaine, animale ou de l'industrie agroalimentaire pour ne citer que les principales. Dans le cas des plantes en général, les sélectionneurs s'efforcent surtout d'améliorer le rendement, la précocité et l'adaptation au climat, la résistance aux agents pathogènes, l'aptitude à valoriser les fertilisants, tout comme dans les productions animales ils privilégient la prolificité des lignées, la qualité de la laine, la solidité des coquilles d'œufs voire la nature de la caséine convenant à un type donné de fromage. Les critères d'ordre sensoriel ou nutritionnel, l'aptitude à la récolte (ou à la traite) mécanique et à la transformation industrielle sont pris en compte dans la sélection des plantes comme des animaux, et on s'oriente vers des lignées animales ou des cultivars non seulement très spécialisés, mais aussi de plus en plus adaptés aux usages que l'homme en fait et à la manière dont il réalise certaines phases de l'exploitation. Ces modifications, c'est-à-dire ces améliorations du point de vue de l'homme, ne se font pas sans une perte, inéluctable, de rusticité et de souplesse d'adaptation à des contextes autres que ceux pour lesquels ils sont destinés. Si on replace le problème au niveau mondial, les espèces et les variétés du Vieux Monde introduites d'abord par les colons européens puis par les coopérants ou les commerçants ont souvent fait figure de plantes supérieures (elles avaient de fait été l'objet de nombreuses améliorations, parfois anciennes), pourvu qu'elles s'adaptent au climat. Malgré l'attachement des populations à certaines espèces qui étaient symboliques de leur culture ou qui tout simplement avaient fait leurs preuves, l'arrivée des plantes « supérieures » a été une cause d'abandon de plantes locales qui a parfois paru inéluctable. Maurizio (1932) a écrit que le quinoa connaîtrait bientôt le destin du mango, céréale des Amérindiens du Chili supplantée en quelques décennies par celles de l'Ancien Monde, tout comme, dans le règne animal, le jaguarondi domestique des Aztèques l'a été par le chat européen.

Or le quinoa n'a pas disparu, il a résisté et il bénéficie aujourd'hui d'un marché en Occident alimenté par la paysannerie traditionnelle andine mieux organisée que du temps de Maurizio. Il y a donc un renversement de tendance. Le sort du « blé inca », une amaranthe de grande taille à graines comestibles, a été différent puisqu'il s'est maintenu sous forme d'adventice alors que des chercheurs américains croient à son intérêt nutritionnel. À propos des légumes tropicaux décrits par Bois et apparemment disparus des marchés urbains, beaucoup de gens se posent également des questions sur la supériorité apparente des légumes « occidentaux » vis-à-vis des anciens légumes locaux. Plus que l'ultraspécialisation des nouveaux cultivars, l'abandon d'espèces ou de variétés anciennes est régulièrement remis en question. La critique est souvent peu justifiée car de très nombreux cultivars et espèces sont maintenus dans les conservatoires ou les *germplasms* des instituts de recherche, des firmes privées ou des organismes internationaux. Et, depuis une période récente, des espèces sauvages susceptibles d'être utilisées pour des croisements particuliers s'ajoutent en nombre croissant aux espèces domestiquées. Il n'empêche que les problèmes de surpopulation, de conflits ethniques et de changements climatiques remettent en question la concentration des moyens sur un petit nombre d'espèces jugées importantes et le dédain à l'égard des nombreuses espèces mineures qui pourraient très bien avoir leur place dans certains contextes.

Les avancées des techniques d'amélioration des plantes et des animaux

Les généticiens travaillant sur les plantes alimentaires ou les animaux domestiques disposent depuis des décennies de modèles de sélection adaptés aux diverses espèces compte tenu de leur biologie (allogamie ou autogamie, cycle végétatif annuel, bisannuel vivace…), du nombre des descendants par individu, de l'intervalle séparant les générations, etc. Dans le domaine végétal, les sélectionneurs ont recours à une dizaine de modèles de sélection différents (Gallais et Bannerot, 1992 ; Doré et Varoquaux, 2006). Les zootechniciens en utilisent un plus petit nombre et font apparemment plus souvent appel à la notion d'héritabilité qui, pour un caractère quantitatif donné, traduit le rapport entre le gain génétique obtenu en une génération et l'écart qui séparait les meilleurs individus retenus de la moyenne de leur groupe dans la génération antérieure. Dans les deux secteurs (la recherche génétique végétale et animale), les généticiens qui disposaient, pour les espèces les plus connues, de distances géniques entre gènes sur un chromosome (obtenues selon la méthode de Morgan) ont maintenant de plus en plus fréquemment accès à des séquençages d'ADN leur précisant la position des gènes sur un génome. Le recours aux QTL ouvre l'ère de la génomique. Les génomes de quelques espèces de grande importance sont entièrement séquencés ; c'est déjà le cas du riz depuis 2009, du sorgho, de la papaye et de la vigne, mais pas du blé ni de l'orge, qui, du fait de leur très gros génome, sont incomplètement séquencés. L'amélioration des espèces dispose ainsi d'un outil d'une efficacité dont n'auraient pas rêvé les généticiens du début du siècle dernier. Les hybridations difficiles mais réalisables en laboratoire permettent maintenant de tirer parti des pools géniques tertiaires des espèces, et de réaliser des hybridations entre espèces peu éloignées mais séparées par des « barrières génétiques » dans la nature. Les créations de nouvelles variétés de blé, de pomme de terre ou de canne à sucre s'appuient sur des croisements interspécifiques ; en un sens, la différence entre amélioration variétale et domestication des espèces a été quelque peu vidée de son sens.

La dernière technique possible d'amélioration consiste à prélever un gène intéressant dans une espèce qui n'a d'autre intérêt que de le posséder et de l'introduire dans l'espèce sur laquelle on travaille en vue de lui conférer des caractères héréditaires nouveaux. Les gènes peuvent être prélevés sur des espèces appartenant à des classes, des embranchements ou même des règnes différents. Ce genre de manipulation, la transgénèse, permet de créer des organismes génétiquement modifiés, les fameux OGM. Le terme est mal choisi car les individus d'une espèce sauvage qui a été domestiquée puis améliorée, parfois sur des millénaires, ont vu leur patrimoine génétique modifié sans que l'on ait eu recours à autre chose que des croisements semblables à ceux qui ont lieu au cours de la reproduction naturelle et le choix des descendants porteurs d'allèles intéressants comme on sait le faire depuis Mendel — et même avant lui. Il s'agissait déjà d'organismes génétiquement modifiés au sens propre de la formule et non au sens malencontreusement choisi ; mais en l'espace de quelques années, le sens du sigle OGM tel qu'on le connaît a été adopté. Sa seule évocation provoque aujourd'hui méfiance, critique et même révolte parmi une partie non négligeable de la population. Il semble que tout soit parti d'un article d'un journaliste anglais qui, au moment de la crise de la vache folle, avait fait un amalgame entre prions, OGM et autres créations de la biotechnologie moderne. Pour les observateurs objectifs, le recours aux OGM n'apporte aucun danger particulier pour la qualité nutritionnelle ou sanitaire des plantes ou des animaux obtenus par transgénèse, à condition qu'ils soient correctement testés. Les scientifiques des pays développés qui ont autorisé la culture des OGM et par conséquent la consommation des PGM (produits génétiquement modifiés) ne sont certainement pas des irresponsables. La transgénèse peut parfois, il est vrai, comporter une certaine opacité liée à la technique elle-même, en ce sens que le brin d'ADN transféré peut comporter des gènes autres que celui que l'on désirait introduire, et l'ensemble de ses effets est souvent difficile à prévoir. Une variété OGM doit de ce fait nécessiter un contrôle plus long et plus complet que des variétés classiques. Les séquençages d'ADN montrent cependant qu'il existe des plantes « banales » comportant des séquences venant visiblement d'espèces éloignées. Il y a eu des transgénèses assurées par le biais de virus, de bactéries ou d'autres vecteurs naturels, et nul ne leur a jamais attribué d'effets catastrophiques ou tout simplement défavorables. L'exemple du soja résistant à un herbicide puissant, le Roundup®, a certes provoqué des craintes justifiées car si l'emploi massif de ce désherbant permettrait une simplification certaine de la culture du soja, il provoquerait aussi une contamination massive de l'environnement. Cet aspect d'importance capitale n'a cependant pas de relation avec la nutrition.

De la nostalgie des plantes du passé à l'attrait de l'exotisme

Il est difficile de se faire une idée objective de l'intérêt des légumes ou des fruits autrefois cultivés, perdus ou abandonnés depuis — oubliés ou non. Plusieurs d'entre eux suscitent pourtant régulièrement l'attention des nostalgiques. On a ainsi vu un amateur remettre dans son « catalogue » la dangereuse gesse respon sable du lathyrisme, d'autres essayer de réhabiliter l'ortie aux prétendues vertus bénéfiques encore inexpliquées. Il ne s'agit pas toujours de rêve : l'engrain est à nouveau vendu (à prix d'or) en Europe sous le nom de « petit épeautre ». Le topinambour est parfois disponible sur les marchés au prix d'un légume de luxe ; on attribue alors la cause de son abandon au seul souvenir douloureux de l'aliment de disette qu'il était pendant la dernière guerre mondiale. En revanche, la relance du crambé, ou « chou marin », a échoué malgré les améliorations culturales dont avait bénéficié l'espèce. Parmi les fruits du passé, d'anciennes variétés bénéficient toujours d'une certaine popularité bien qu'elles ne dépassent guère les conservatoires de variétés et les vergers d'amateurs.

La consommation de bananes, d'agrumes, de café et de sucre de canne est devenue si banale dans les pays tempérés que ces marchandises ne font plus figure de produits exotiques. Les légumes exotiques qui n'ont pas encore tenté les importateurs jugeant les marchés insuffisants font parfois saliver les anciens expatriés ou les immigrants de fraîche date ainsi que les botanistes ou les amateurs de nouveauté en tous genres. L'oca, dont la saveur délicate peut virer de l'acidulé au sucré par simple exposition au soleil, est un légume de luxe ; si d'autres comme la capucine tubéreuse, le gobo ou la bardane japonaise déconcertent les papilles gustatives des Européens, les amateurs d'orientalisme sont attirés par la riche palette de légumes chinois ou japonais : oudo, moutarde brune, chrysanthèmes à fleurs comestibles, pe-tsaï et pak choï, wasabi, etc., sans parler des légumes feuilles inhabituels comme la brède mafane. En un siècle, on a déjà vu l'essor de l'endive, l'implantation de la ciboulette chinoise et la culture du cerfeuil tubéreux et du crosne du Japon parmi les légumes de luxe. Le Centre technique interprofessionnel des fruits et légumes a publié un mémento sur les nouvelles espèces légumières où il énumère plusieurs centaines de légumes « nouveaux », c'est-à-dire non commercialisés mais cultivables en France et qui vont de plantes sauvages parfois collectées dans quelque partie du monde à des légumes d'amateurs (Zuang, 1991).

Le monde des fruits paraît le plus propice aux innovations. Il vu la création de plusieurs agrumes hybrides que l'on trouve sur nos marchés, l'implantation du kiwi et celle (encore timide) du nashi ou « pomme-poire japonaise », la relance (pas uniquement pour les amateurs) du coqueret du Pérou et les tentatives de promotion de *Feijoa*, de plusieurs solanacées et cucurbitacées fruitières. L'espoir de trouver de nouvelles espèces susceptibles de s'ajouter à la liste des classiques de nos champs, vergers ou potagers reste réel, mais il est irréaliste d'en attendre des révolutions : tout au plus peut-on en espérer des innovations pour la plupart modestes.

Au niveau global, les efforts des obtenteurs continueront à l'évidence encore longtemps à se concentrer sur l'amélioration variétale des 30 plantes qui nourrissent l'humanité et de quelques dizaines d'autres dont la gamme satisfait la demande des consommateurs et les prescriptions du corps médical.

Vers des aliments plus nourrissants ou plus diététiques

L'amélioration rationnelle de la valeur nutritive de la trentaine de plantes « qui nourrissent l'humanité » est un objectif déjà ancien. Il a porté, selon les cas, sur les teneurs en protéines ou en huile, l'équilibre des acides aminés, l'élimination d'acides gras indésirables, les apports de vitamines, voire sur l'atténuation des effets indésirables de l'augmentation des rendements sur les teneurs en nutriments. Pour les céréales destinées à la consommation directe, on s'est préoccupé d'abord des teneurs en protéines et en acides aminés indispensables, toujours trop faible aux yeux de nutritionnistes, surtout dans les populations ne disposant pas de quantités suffisantes de légumineuses ou de produits carnés ou lactés. Les variétés de maïs enrichis en nutriments azotés ont été favorablement accueillies par les médecins et les nutritionnistes s'occupant de populations du tiers-monde car, si la ration était inchangée, la consommation de nutriments protéiques était bien évidemment accrue. Mais si la superficie cultivée n'était pas agrandie, la récolte d'amidon — donc d'énergie alimentaire — était moindre. Selon les agronomes, d'autres solutions pourraient être préférables, comme la culture de céréales en assiociation avec les fabacées. Dans le domaine des lipides, la sélection du colza zéro-érucique a écarté un risque d'effet néfaste pour la santé de cet acide gras particulier, et la promotion de l'huile de tournesol riche en acide gras oméga 6 a été présentée comme un grand progrès.

Depuis la fin de la Seconde Guerre mondiale, les pays dits développés ont vu une augmentation générale de la taille des enfants et des jeunes adultes ainsi que et la quasi-disparition des déficiences nutritionnelles manifestes. Ce sont des signes incontestables d'une alimentation plus abondante et dépourvue, sauf exceptions, de carences prononcées. Mais ces évolutions positives se sont accompagnées d'une montée spectaculaire de l'obésité et de maladies qui lui sont liées comme le diabète non insulinodépendant, les maladies cardio- ou cérébro-vasculaires et certains cancers. Les médecins attribuent certes aux deux dernières catégories de pathologies un caractère plurifactoriel où l'alimentation n'est pas la seule responsable, mais l'obésité découle à l'évidence d'une suralimentation.

Que l'on invoque un dérèglement du comportement alimentaire ou le manque d'exercice, voire la sédentarité, on a affaire à un déséquilibre entre besoins et ingestion excessive de nutriments énergétiques due à une addiction au sucre et aux matières grasses. À l'échelle de la planète, ces maladies non transmissibles liées à l'alimentation (MNTA) coexistent avec la sous-nutrition, et leur émergence dans certains pays est aussi impressionnante que leur extension dans d'autres. Leur cause peut être assimilée à un excès de protéines, de lipides, d'acides gras saturés, de sucre, de cholestérol et à un manque de fibres et parfois aussi de certaines vitamines et de minéraux. Puisque l'ensemble agriculture-élevage fournit maintenant des sources de protéines, de fibres, de vitamines et de minéraux suffisamment abondantes et diversifiées, la solution du problème repose, en théorie, sur l'éducation. Toute personne ayant les connaissances nécessaires devrait pouvoir faire un bon choix. Dans la réalité, les légumes et les fruits sont visiblement trop peu consommés alors que les viandes et graisses animales occupent une trop grande part du menu quotidien. En France, des enquêtes et des suivis ont révélé que malgré l'abondance des aliments riches en vitamines, des subcarences demeurent chez les adeptes de la cuisine simplifiée et rapide et elles peuvent augmenter la survenue de plusieurs maladies. L'intérêt du régime crétois a été démontré par les études épidémiologiques et a été popularisé. Il devrait ralentir l'engouement pour la cuisine riche en lipides saturés et en sucres et pauvre en fibres. La fameuse recommandation « cinq fruits et légumes par jour » encourage fortement une démarche bénéfique, même si à elle ne garantit pas à elle seule le « judicieux éclectisme » dont Leclerc rappelait la nécessité. Des listes d'aliments de santé sont régulièrement publiées.

Classement des 10 meilleurs aliments santé d'après la clinique Mayo (États-Unis).

Les critères retenus étaient, par ordre décroissant : leur disponibilité, leur richesse en vitamines, en fibres ou en minéraux, leurs teneurs élevées en nutriments et en antioxydants, leur capacité à réduire les risques de maladies cardio-vasculaires et autres, et leur faible valeur énergétique.

De ces critères (pas totalement indépendants) ressortait le classement suivant :

1 – **Amande :** riche en AGMI, réduit le cholestérol LDL.

2 – **Brocoli :** riche en calcium, potassium, folates et fibres. Favorable à la prévention de diverses maladies chroniques.

3 – **Myrtille :** riche en antioxydants. Favorable à la prévention des infections urinaires, améliore la mémoire à court terme et réduit les dommages liés au vieillissement.

4 – **Épinard :** riche en vitamines A et C et en folates. Entraîne une stimulation du système immunitaire.

5 – **Haricot rouge :** « Peu énergétique » (sic), peu gras, excellente source de protéines.

6 – **Germes de blé :** riche en vitamines B_1, folates, magnésium, phosphore fer et zinc.

7 – **Jus de légumes :** « Contiennent à peu près les mêmes vitamines, minéraux et nutriments (sic) que les légumes frais. »

8 – **Patate douce :** riche en bêta-carotène, active pour la prévention des cancers.

Au premier rang des produits animaux arrive le saumon (sauvage de préférence), riche en acides gras oméga 3 actifs pour la prévention des maladies cardio-vasculaires.

D'après *Plantes et santé* n° 86, octobre 2006

Les raisons de ces choix peuvent paraître surprenantes, peut-être en partie du fait du caractère indirect de la source. Ce tableau a cependant l'avantage d'éclairer le consommateur sur des propriétés peu connues des aliments.

La composition de nombreux aliments pourrait être modifiée par le mode de culture mais aussi par le choix et l'amélioration des cultivars dans le sens d'une augmentation de leurs teneurs en nutriments, antioxydants ou autres composés favorables à la santé. Pour l'augmentation en fibres, le problème est plus délicat car une marche arrière vers des aliments riches en cellulose — plus coriaces — serait peu appréciée des consommateurs. Il s'agira peut-être de s'orienter vers la richesse en fibres relativement solubles, mais encore faudra-t-il faire le bon choix dans cette nébuleuse mal définie sur le plan chimique où l'effet médicalement bénéfique des divers composés reste mal connu. On peut rappeler que les teneurs en substances antinutritionnelles ont effectivement été diminuées, bien que des problèmes demeurent. L'amélioration de la qualité diététique — tout en préservant la qualité sensorielle — doit donc être et rester un objectif majeur pour que l'agriculture et l'élevage jouent pleinement leur rôle.

Vers des cultures et des élevages plus adaptés au monde de demain

Jusqu'à une époque récente et dans les pays développés, les spécialistes de la prospective ont misé avant tout sur les rendements élevés dans un contexte de culture intensive. Dans cette vision aujourd'hui considérée comme dépassée, ils pensaient que l'augmentation de la production agricole obtenue grâce à la mécanisation poussée, l'emploi massif d'engrais minéraux ainsi que de pesticides allaient résoudre le problème de la faim dans le monde. L'exemple des blés courts qui ont partout supplanté les blés à paille longue parce qu'ils supportaient des apports élevés de nitrates sans risque de verse est un exemple éclairant où la génétique appliquée, alliée à des connaissances déjà anciennes sur la nutrition azotée de la plante, ont permis une augmentation générale des rendements sans diminution sensible de la teneur du grain en protéines, alors que les gènes « paille courte » appauvrissaient le grain en protéines, *à fumure azotée égale*. Mais il ne s'agit pas d'un cas général. On a eu partout recours aux traitements herbicides, insecticides ou fongiques pour régulariser et augmenter les rendements.

Aujourd'hui, l'objectif final n'a pas varié : il s'agit toujours de nourrir 9 milliards d'hommes dans un proche avenir ; mais les moyens d'y parvenir ne sont plus vus sous les mêmes angles. Personne ne conteste la nécessité d'améliorer la distribution des aliments sur la planète, de diminuer le gaspillage et d'améliorer l'éducation. La production agricole demeure une composante fondamentale, mais l'augmentation des rendements quel que soit le coût de la pollution qui résulte des excès de nitrates et de l'usage des pesticides n'est absolument plus de mise. Les excédents agricoles étaient devenus une charge pour l'Union européenne qui devait subventionner les exportations. La toute-puissance du rendement maximal ayant perdu de sa vigueur, les sélectionneurs ont pu mettre moins de pression sur ce vieux critère et davantage sur d'autres dont l'importance ne peut être contestée : résistance aux maladies et aux parasites permettant des économies de pesticides, meilleure qualité organoleptique ou nutritionnelle par exemple.

Et puis est venue la vogue des carburants verts. L'éthanol tiré de la canne à sucre et le diester tiré de l'huile de colza n'ont pas subi de critiques trop sévères, mais il n'en a pas été de même de l'alcool obtenu à partir des céréales, compte tenu du rendement énergétique net du processus qui est très faible après déduction de l'énergie fossile nécessaire à sa fabrication. Quant à la culture du palmier à l'huile qui produit une très grande quantité de carburant vert, elle présente le défaut majeur de causer des dégâts considérables à la forêt primaire. Le détournement des céréales qui sont, de loin, la première source d'énergie alimentaire pour l'homme vers les moteurs a redonné de l'importance à leur culture et la sélection variétale.

L'orientation des productions agricoles au cours du XXIe siècle devra en effet répondre non pas au seul défit de l'alimentation de la population humaine, mais aussi à ceux de la pollution, de la dégradation du milieu et du réchauffement climatique. Pour ce qui est de la France, la *priorité* répond au Grenelle de l'environnement et peut se résumer à un objectif de réduction de 50 % des intrants. L'accent est mis sur l'amélioration des résistances aux pathogènes (de préférence *via* des déterminismes polygéniques moins facilement contournables par les agents infectieux que les déterminismes monogéniques), sur l'aptitude à valoriser l'azote, sur la capacité de récupération après les stress et sur l'aptitude à résister aux adventices. Le changement climatique n'a pas encore été pris en compte, du moins directement. Les espèces privilégiées sont le blé tendre, un protéagineux, le pois et un oléoprotéagineux, le colza. On notera que ces objectifs vont dans le sens de ce que préconisent les tenants de l'agriculture biologique, mais sans aller jusqu'à envisager la suppression brutale de certains engrais minéraux dits « chimiques » et de la totalité des pesticides qui se traduit par une diminution globale des rendements de 25 à 30 %. Le recours systématique à la fumure organique sans faire appel aux engrais minéraux conduirait inévitablement aux transferts de fertilité qui caractérisaient la période précédant l'emploi des engrais phosphatés et potassiques. Bien peu de « spécialistes » osent prétendre qu'une telle chute de la production est compatible avec une population de 9 milliards d'êtres humains au milieu du siècle !

L'agriculture n'est que l'une des activités humaines qui créent un danger potentiel pour l'évolution de la vie sur la planète, certes, mais on ne prenait guère en compte jusqu'à présent que l'érosion des sols et la désertification. La sauvegarde de l'environnement impose désormais un objectif plus large et d'une importance toute autre que l'amélioration de la gamme de plantes cultivables et de leur valeur diététique.

L'équilibre à repenser
entre agriculture et élevage

L'augmentation du nombre d'humains demandera sans doute la mise en valeur de nouvelles terres, mais aussi un équilibre planifié au niveau mondial des productions les plus intéressantes en ce qui concerne les nutriments énergétiques et protéiques destinés à l'homme, sans parler des vitamines et des acides gras essentiels. Les coûts de production de protéines, ou plus précisément des acides aminés essentiels, de lait, d'œufs et de viande comparés à celles des produits végétaux entraîneront inévitablement un rééquilibrage des secondes au profit des premières. On sait que les nutriments énergétiques d'origine animale (les « calories animales ») sont beaucoup plus coûteux à produire que les nutriments équivalents d'origine végétale avec lesquels les animaux synthétisent les leurs — 7 fois plus, affirmait le professeur René Dumont. Ce coefficient est encore quelquefois employé aujourd'hui pour calculer la perte énergétique qui correspond au recours à l'animal pour obtenir des protéines aussi riches qu'appétissantes en comparaison de la consommation directe des végétaux. Dans la réalité, le problème est complexe : ce coefficient n'a guère de portée quand on considère les animaux qui se nourrissent d'herbe et de coproduits non comestibles pour l'homme ; il varie très sensiblement selon les espèces qui se rangent par ordre d'efficacité croissante de la manière suivante : ruminants, porcs, volaille, poissons ; ce coefficient dépend aussi de la part que l'homme prélève pour manger dans la carcasse de l'animal, etc. Mais, de façon certaine, les ruminants nourris de céréales et de tourteau de soja sont de piètres transformateurs des nutriments. Il leur faut beaucoup plus d'énergie d'origine végétale (de « calories » primaires) pour produire celles que l'on retrouve dans la viande ou la graisse que pour les monogastriques et en particulier les poissons, qui sont des ectothermes donc qui dépensent très peu pour leur propre métabolisme énergétique. Il faut aussi rappeler que les ruminants, de par le fonctionnement de leur rumen, rejettent du méthane, un gaz dont l'effet de serre est autrement plus puissant que le dioxyde de carbone, ce qui accroît encore les griefs émis à leur égard. Au niveau de la planète, l'effet de serre dû à l'élevage des ruminants surpasserait celui qui provient des seuls moyens de transport.

Il est donc impossible de ne pas envisager que les proportions de végétaux destinés à l'alimentation animale, et en premier des ruminants, devront diminuer au profit des céréales et protéagineux consommés directement par l'homme. En d'autres termes, l'agriculture fournisseuse de produits rentrant directement dans les assiettes au lieu de n'y être acceptés qu'après leur très couteuse et très néfaste transformation en viande, en lait ou en œufs devra être réhabilitée aux côtés des fruits et surtout des légumes trop délaissés par les peuples nantis.

La lutte contre les conséquences du réchauffement climatique aura des répercussions qu'il est encore difficile de prévoir car, selon le succès des réductions des dégagements de gaz à effet de serre, on assistera à des déplacements des populations fuyant les zones en voie de désertification ou d'inondation et se rapprochant des pôles avec leurs cultures et leurs élevages. Le changement de politique énergétique déjà très sérieusement envisagée avec prise en compte du coût des transports aura de grandes répercussions sur la répartition des productions vivrières dans le monde, tous points sortant largement du sujet ici évoqué. L'agriculture de demain fera sans doute appel à des plantes résistant mieux à la sécheresse ou à la salinité, mais peut-être aussi à bien d'autres modifications.

On peut imaginer une agriculture où les productions agricoles seront réparties sur la planète de manière encore inédite, où l'équilibre entre cultures et élevage sera profondément repensé. On peut penser que l'agriculture du XXIe siècle reposera essentiellement sur des variétés résistant bien mieux qu'aujourd'hui aux principaux ennemis des cultures et que la lutte contre ces derniers sera d'abord biologique (au sens strict du terme) ou se fera à l'aide de produits biodégradables sans rémanence à moyen terme. Les nouveaux moyens dont disposent maintenant les généticiens devraient permettre des avancées sensibles dans ces directions. Bref, l'agriculture sans laquelle l'homme ne saurait se maintenir sur la planète devra connaître de profondes mutations, et la modification des espèces et des variétés cultivées demeurera un secteur crucial de ce qu'il convient d'appeler l'« agriculture durable ».

Références bibliographiques

Abeele (van den) M., Vandenput R., 1956. *Les principales cultures du Congo belge* (3e édition), direction de l'Agriculture et des Forêts, Bruxelles, 936 p.

Adrian J., 1994. *Les pionniers français de la science alimentaire — Leur vie, leurs découvertes*. Lavoisier, Paris, 234 p.

Adrian J., 1954. *Les plantes alimentaires de l'Ouest africain*. I : Les mils et les sorghos. Valeur alimentaire — Usages. II : Composition des mils et sorghos du Sénégal. Direction générale de la santé publique, Dakar.

Allorge L., Ikor O., 2003. *La fabuleuse odyssée des plantes. Les botanistes voyageurs, les jardins des plantes, les herbiers*. J.-C. Lattès, Paris, 727 p.

Anderson P., 2000, La tracéologie comme révélateur des débuts de l'agriculture. *In* Guilaine *et al.*, 2000, *op. cit.*, 99-119.

Anonyme, 1755. *La Nouvelle Maison rustique ou économie générale de campagne*, 7e édition, S. Saugrain fils, Paris, 784 p.

Anonyme (M. D…, laboureur), 1840. Dictionnaire usuel d'agriculture pratique. Paul Dupont, Paris, 834 p.

Aumassip G., 1997. L'émergence précoce du néolithique au Sahara, *Pour la science*, 234, 56-62.

Arbogast R.-M., Meniel P., Yvinec J.-P., 1987. *Une histoire de l'élevage*, Errance, Paris, 104 p.

Aubert C., 1985. *Les aliments fermentés traditionnels. Une richesse méconnue*. Terre vivante, Paris, 261 p.

Augé-Laribé M., 1955. *La révolution agricole*. Albin Michel, Paris, 437 p.

Auriau P., Doussinault G., Jahier J., Lecomte C., Pierre J., Pluchard P., Rousset M., Saur L., Trottet M., 1992. Le blé tendre. *In* Gallais et Bannerot, 1992, *op. cit.*, 22-38.

Baillargé E., 1942. *Le topinambour. Ses usages, sa culture*. Flammarion, Paris, 187 p.

Bailly M.C. *et al.*, 1842. *Maison rustique du xixe siècle*, tome premier, 568 p.

Baltet C., 1895. *L'horticulture dans les cinq parties du monde*. Société nationale d'horticulture, Paris, 776 p.

Bannerot H., 1986. L'évolution de l'amélioration des variétés de légumes. *In La diversité des plantes légumières : hier, aujourd'hui et demain*, actes du symposium organisé à Angers du 17 au 19 octobre 1985, éd. BRG, Paris, 53-64.

Bannerot H., Foury C., Breuils G., 2003. Chicorées. *In* Pitrat et Foury, 2003, *op. cit.*, 235-247.

Barrau J., 1983. *Les hommes et leurs aliments. Esquisse d'une histoire écologique et ethnologique de l'alimentation humaine*. Temps Actuels, Paris, 159 p.

Bedi R., 1989. *Sikkim*, Olizane, Genève.

Bernard M., 1992. Le triticale. *In Gallais et Bannerot, 1992, op. cit.*, 39-54.

Biedermann H., 1996. *Encyclopédie des symboles* (*Knaurs Lexikon der Symbole*, trad. M. Cazenave), Librairie générale de France, Paris, 816 p.

Bilimoff M., 2006. *Les plantes des hommes et des dieux. Mémoires*. Éd. Ouest-France, Rennes, 126 p.

Bois D., 1927. *Les plantes cultivées chez tous les peuples et à travers les âges — Histoire, utilisation, culture. I : Phanérogames légumières*. P. Lechevalier éditeur, Paris, 598 p.

Bois D., 1928. *Les plantes cultivées chez tous les peuples et à travers les âges — Histoire, utilisation, culture. II : Phanérogames fruitières*. P. Lechevalier Paris. (Réédition par les éditions Rive Droite, Paris 1996), 640 p.

Bois D., 1934. *Les plantes cultivées chez tous les peuples et à travers les âges — Histoire, utilisation, culture. III : Plantes à épices, aromates et condiments*. P. Lechevalier Paris. (Réédition par Comedit, 1995), 292 p.

Bois D., 1937. *Les plantes cultivées chez tous les peuples et à travers les âges — Histoire, utilisation, culture. IV : Les plantes à boisson*. P. Lechevalier éditeur, Paris, 604 p.

Bois D., Gadeceau G., 1910. *Les végétaux, leur rôle dans la vie quotidienne*. Pierre Roger et Cie, Paris, 366 p.

Boissy A., Pham-Delègue M., Baudoin C., 2009. *Éthologie appliquée : comportements animaux et humains, questions de société*, éditions Quæ, Versailles, 264 p.

Bökönyi S., 1983. Domestication, dispersal and use in Europe. *In* Neimann-Sorrensen et Tribe, 1983, *op. cit.*

Bottero J., 2002. *La plus vieille cuisine du monde*. Louis Audibert, Paris, 199 p.

Bougainville L.-A., 1982. Voyage autour du Monde (réédition de l'ouvrage de 1771). Gallimard, Paris, 477 p.

Boulnois L., 2001. *La route de la soie. Dieux, guerriers et marchands*. Éditions Olizane, Genève, 558 p.

Boussingault J.B., 1825. Sur l'existence de l'iode dans l'eau d'une saline de la province d'Antioqua, *Ann. Chim. Phys.*

Bouvier R., 1946. *Les migrations végétales*. Flammarion, Paris, 309 p.

Brocchi P., 1886. *Traité de zoologie agricole*. J.-B. Baillière et fils, Paris, 984 p.

Burgos E., 1983. *Moi, Rigoberta Menchu. Une vie et une voix, la révolution au Guatemala* (traduit de l'espagnol par E. Goldstein). Gallimard, Paris, 330 p.

Burr G.O., Burr M.M., 1929. *Journal of biological chemistry*, 2, 345-367.

Callou C., 2005. Encadré 5. Le transfert des lapins dans les zones méditerranéennes. *In* Horard-Herbin et Vigne, 2005, *op. cit.*

Candolle (de) A., 1896. *Origine des plantes cultivées*. Félix Alcan, Paris, 488 p.

Capus G., 1930. *Les produits coloniaux d'origine végétale*, Larose, 500 p.

Cartier J., 1968. *Voyages de découverte au Canada entre les années 1534 et 1542*. Anthropos, Paris, 208 p.

Cassels R., 1983. Prehistoric man and animals in Australia and Oceania. *In* Neimann-Sorrensen et Tribe, 1983, *op. cit.*

Cauvin J., 1994. *La naissance des divinités, la naissance de l'agriculture, la naissance des symboles au néolithique*. CNRS éditions, Paris, 304 p.

Chaix L., 2004. L'Europe a-t-elle contribué à la domestication animale ? *In* Guilaine, 2004, *op. cit.*, 239-280.

Chauvet M., 1986. Histoire des légumes. *In La diversité des plantes légumières : hier, aujourd'hui et demain*, actes du symposium organisé à Angers du 17 au 19 octobre 1985, éd. BRG, paris.

Childe V.G., 1925. *The dawn of European civilisation*, Alfred A. Knopf , New York, 392 p.

Claudian J., Trémolières J., 1978. Psychologie de l'alimentation. *In Encyclopédie l'univers de la psychologie*, Lidis, tome 5, 67-97.

Colomb C., 2002. *La découverte de l'Amérique*. Tomes I (1492-1493) et II (1494-1505), Paris, La Découverte, 251 et 433 p.

Combs G.F., 1992. *The vitamins. Fundamental aspects in nutrition and health*. Academic press.

Cook J., 1951. *Voyages autour du monde* (réimpression des notes originales de 1779 traduites de l'anglais par G. Rives). Julliard, Paris, Édito-Service, Genève, 403 p.

Coquerelle G., 2000. *Les poules — diversité génétique visible, INRA Éditions, 184 p.*

Corbet G.B., Clutton-Brock J., 1984. *Appendix: taxonomy and nomenclature*. In Mason,1984, *opus cit.*

Coupé C., 2005. L'impossible quête de la langue mère. *In* Hombert, 2005, *op. cit.*

Crawford R.D, 1984a. *Domestic fowl*. In Mason, 1984, *op. cit.*, 298-318.

Crawford R.D. 1984b. *Goose*. In Mason, 1984, *op. cit.*, 345-349.

Croston R.P., Williams J.J., 1981. *A world survey of wheat genetic resources.* International board of plant genetics resources (IBPGR), Rome, Italie, 58 p.

D... (sic) M., laboureur, 1840. *Dictionnaire usuel d'agriculture pratique*, Paul Dupont et Cie, 836 p.

Darwin C., 1897. *Voyage aux origines de l'espèce* (trad. par E. Barbier), Cercle du bibliophile, 588 p.

Debaine-Francfort C., 2000. La néolithisation de la Chine. *In* Guillaine, 2000, *op. cit.*

Demoule J.-P., 2004. Aux marges du néolithique : le Japon préhistorique et le paradoxe Jomon. *In* Guilaine, 2004, *op. cit.*, 175-202.

Descola P., 2009. L'ethnologue, l'Amazonie et les bêtes sauvages. *L'Histoire*, 338, 88-91.

Doré C., Varoquaux F., 2006. *Histoire et amélioration de cinquante plantes cultivées*, Versailles, INRA Editions, coéd. Cemagref, Cirad, Ifremer, 816 p.

Dumas A., 1978. *Le grand dictionnaire de cuisine* (éd. orig. 1873), Henri Veyrier, 570 p.

Espanet A., 1870. *Éducation des poules et poulets, dindons, oies et canards*, Auguste Goin, 144 p.

Evans Schultes R., Hoffmann A., 1981. *Les plantes des dieux. Les plantes hallucinogènes, botanique et ethnologie (Plants of gods*, Mc graw-Hill Book Company, Maidenhead, GB), Berger-Levrault, Paris, 192 p.

Falk P., 1994. Conjurer les périls à venir : le monde magique des vitamines. *Pensées magique et alimentation aujourd'hui*, colloque transdisciplinaire, 19-20 octobre, Observatoire de l'harmonie alimentaire, Paris (résumés).

Faure J.-M., Le Neindre P., 2009. Domestication des espèces animales. *In* Boissy *et al.*, 2009, *op. cit.*

Ferlus M., 1996. Du taro au riz en Asie du sud-est, petite histoire d'un glissement sémantique. *Mon-Khmer Studies Journal*, 39-49.

Finkelstein I., Silberman N.A., 2002. *La Bible dévoilée. Les nouvelles révélations de l'archéologie* (traduit de l'anglais par P. Ghirardi). Bayard, Paris.

Fischler C., 1993. *L'Homnivore — Le goût, la cuisine et le corps*. Odile Jacob, Paris, 440 p.

Frohne D., Pfänder H.J., 1984. *A colour atlas of poisonous plants* (traduit de l'allemand par N.G. Bisset). Wolfe Publishing, Londres, 292 p.

Gallais A., Bannerot H. (éd.), 1992. *Amélioration des espèces cultivées — Objectifs et critères de sélection*, INRA Editions, Versailles, 768 p.

Garine (de) I. 1990. Les modes alimentaires : histoire de l'alimentation et des manières de table. *In Histoire des mœurs, I — Les coordonnées de l'homme et la culture matérielle* (Jean Poirier dir.), Gallimard, 1447-1627.

Gidon F., 1940. Cité par Bouvier, 1946, *op. cit.*

Goasguen J.-C., Gosselin H.-J., 1992. *Castanea* Mill. (Fagacées). *In Le Bon Jardinier* (153e édition), tome II, 1475-1770.

Grahame I., 1984. *Peafowl*. In Mason, 1984, *op. cit.*, 315-318.

Guilaine J., 2000. *Premiers paysans du monde. Naissance des agricultures.* (ouvrage collectif). Éditions Errance, Paris, 320 p.

Guilaine J., 2004. *Aux marges des grands foyers du néolithique. Périphéries débitrices ou créatives ?* Éditions Errance, Paris, 294 p.

Guillaume J., Kaushik S., Bergot P., Métailler R. (éd.), 1999. *Nutrition et alimentation des poissons et crustacés*, coéd. INRA Editions, Ifremer, 492 p.

Guillaumin A., 1946. *Les plantes cultivées – Histoire – Économie*. Payot, Paris, 349 p.

Gutherz X., Joussaume R., 2000. Le néolithique de la corne de l'Afrique, *in* J. Guilaine, 2000, *op. cit.*, 291-320

Harlan J.R., 1987. *Les plantes cultivées et l'homme*. Coéd. Agence de coopération culturelle et technique, Conseil international de la langue française et PUF, 414 p.

Haudricourt A.G., Hédin L., 1943. L'homme et les plantes cultivées, Gallimard, Paris, 290 p.

Haudricourt A.G., 1962. *Domestication des animaux, culture des plantes et traitement d'autrui*, cité par Descola, 2009, *op. cit.*

Hedrick U.P., 1972. *Sturtevant's edible plants of the word*. General Publishing Company, Toronto, 686 p.

Helmer D., 1992. *La domestication des animaux par les hommes préhistoriques*, Dunod, Paris, 184 p.

Hobhouse P., 1994. *L'histoire des plantes et des jardins* (traduit de l'anglais par M-F. Valéry). Bordas, Paris, 336 p.

Hombert J.-M., 2005. *Aux origines des langues et du langage*. Fayard, Paris, 514 p.

Horard-Herbain M.-P., Vigne J.-D., 2005. *Animaux, environnements et société*. Errance, Paris, 191 p.

Huot J.-L., 1989. *Les Sumériens*. Errance, Paris.

Jacob H.E., 1953. *L'épopée du café*, traduit de l'allemand, Seuil, Paris, 320 p.

Jacquot M., Clément G., Guiderdoni E., Pons B., 1992. Le riz. *In* Gallais et Bannerot, 1992, *op. cit.*, 71-88.

Jahier J., Challoub B., Charcosset A., 2006. La domestication des plantes : de la cueillette à la post-génomique, *Biofutur*, 266, 28-33.

Jeanpert H.-E., 1911. *Vade-mecum du botaniste*, Librairie des sciences naturelles, 242 p.

Jestin L., 1992. L'orge. *In Gallais et Bannerot, 1992, op. cit.*, 55-70.

Jigmei N.N., Choddra K., Zhen N., Sheng C.X., Chinlei J., Luosantselie D., 1989. *Tibet* (trad. M. Milon de l'édition yougoslave d'un ouvrage chinois publié par Edition d'Art du Peuple de Shangaï), PLM Editions.

Joigneaux P., sans date. *Les arbres fruitiers*, Librairie agricole d'Émile Tarlier, 195 p.

Keller W., 1955. *La Bible arrachée aux sables* (trad. M. Muller-Strauss), Paris, Presses de la Cité, 331 p.

Labadie H ., 1991. Vitamine C. Du scorbut à l'équilibre vitaminique idéal. *Presse médicale*, 20, 2156-2158.

La Pérouse J.-F. (comte de Galaup) (date inconnue). *Voyage de La Pérouse autour du Monde pendant les années 1785, 1786, 1787 et 1788* (réédition de l'édition originale de 1797). Julliard, Paris, Édito-Service, Genève, 437 p.

La Quintinie (de) J.-B., 1730. *Instructions pour les jardins fruitiers et potagers. Avec un traité des orangers. Et des réflexions sur l'agriculture*. Nouvelle édition de l'originale (1690) revue, corrigée et augmentée. Compagnie des libraires, Paris.

Laterrot H., Philouze J., 2003. Tomates. *In* Pitrat et Foury, 2003, *op. cit.*, 266-277.

Lavallée D., 2000. Les premiers producteurs de l'Amérique du Sud. *In* Guilaine, 2000, *opus cit.*

Le Bellec F., Renard V., 2002. *Le grand livre des fruits tropicaux*. Coédition Orphie-Cirad, Montpellier, 189 p.

Lebedynsky I., 2009. *Les Indo-Européens — Faits, débats, solutions* (2e édition revue et corrigée), coll. « Civilisations et cultures », éditions Errance, Paris, 224 p.

Leclerc H., 1925. *Les fruits de France et les principaux fruits des colonies. Historique, diététique et thérapeutique*, 2e édition Legrand, 1948, Paris.

Leclerc H., 1927. *Les légumes de France. Leur histoire, leurs usages alimentaires, leurs vertus thérapeutiques*, 3e édition Legrand et Bertrand, 1941, Paris.

Leclerc H., 1929. *Les épices*. Masson, Paris, 134 p.

Le Grusse J., Watier B., 1993. *Les vitamines. Données biochimiques, nutritionnelles et cliniques*. Centre d'études et d'information sur les vitamines, Neuilly-sur-Seine, 303 p.

Liener I.E., 1980, *Toxic constituents of plant feedstuffs*. Academic Press, New York, 502 p.

Liener I.E., Kakade M.L., 1980. Protease inhibitors. *In* Liener, 1980, *op. cit.*

Lind J., 1762. *A treatise on the scurvy. In three parts. An Inquiry into the nature, causes and cure, of the desease*. A. Millar, Londres.

Livingstone D., 1865. Narrative of an expedition to the Zambesi and its tributaries (traduction de H. Loreau) *in* A. Gheerbrant, *David Livingstone – Henry Morton Stanley - Du Zambèze au Tanganyika*. Club des libraires de France, 1990.

Loret, V., 1887 (ou réimpression de 1892). *La flore pharaonique d'après les documents hiéroglyphiques et les documents découverts dans les tombes*. Leroux, Paris, 64 p.

McCollum E.V., 1957. *A history of nutrition. The sequence of ideas-investigations*. Houghton Mifflin Company, Boston, 451 p.

Magendie F., 1816. Mémoire sur les propriétés nutritives des substances qui ne contiennent pas d'azote. *In Annales de chimie et de physique*, 1830, 3, 66-77.

Magendie M.F., 1830. Lettre à MM. Gay-Lussac et Arago, rédacteurs des Annales de Chimie et de Physique. *In Annales de chimie et de physique*, 3, 407-410.

Mager J., Chevion Glaser G., 1980. Favism. *In* Liener, 1980, *op. cit.*

Maisonneuve B., 2003. *Laitues. In Pitrat et Foury, 2003, op. cit.*, 213-221.

Mallory J.-P., 1997. *À la recherche des Indo-Européens. Langue, archéologie, mythe.* (traduit de *In search of the Indo-Europeans. Language, archeology and myth* par J.-L. Giribone). Seuil, Paris, 357 p.

Manta D., Semolli D., 1977. *Nos amies les plantes*, Farmot, 256 p.

Mason I.L. (ed.), 1984. *Evolution of domesticated animals*. Longman, Harlow (GB), 468 p.

Matsukoa Y., 2005. Origin matters: lessons from the search for wild ancestors of maize. *Breeding Sience*, 55, 383-390.

Mathon C.-C., 1981. *Phytogéographie appliquée*. Masson, Paris, 182 p.

Maurizio A., 1932. *Histoire de l'alimentation végétale depuis la préhistoire jusqu'à nos jours* (traduit par F. Gidon), Payot, Paris, 663 p.

Mazoyer M., Roudart L., 1997. *Histoire des agricultures du Monde du néolithique à la crise contemporaine*, Seuil, Paris, 705 p.

Mazurié de Keroulan K., 2003. *Genèse et diffusion de l'agriculture en Europe. Agriculteurs, chasseurs, pasteurs*. Errance, Paris, 184 p.

Messiaen C.-M., Cohat J., Leroux J.-P., Pichon M., Beyries A., 1993. *Les allium alimentaires reproduits par voie végétative*. Inra Editions, Versailles, 224 p.

Meunier H., 1870. *Le docteur au village*, Hachette, 276 p.

Michelet D., 2000 Les premières communautés agricoles de l'Amérique moyenne. *In* Guilaine J., 2000, *opus cit.*

Midant-Reynes B., 2003. *Aux origines de l'Égypte*. Fayard, Paris, 441 p.

Montanari M., 1995. *La faim et l'abondance. Histoire de l'alimentation en Europe* (*La fame e l'abbondanza. Storia dell'alimentazione in Europa*, trad. M. Aymard), Belin, Paris, 289 p.

Montgomery R.D., 1980. Cyanogens. *In* Liener, 1980, *op. cit.*

Morlon P., 1992. *Comprendre l'agriculture paysanne dans les Andes centrales, Pérou-Bolivie*. Inra Editions, Versailles, 522 p.

Nantet B., Ribaut J.-C., Viard M., 1992. *Les jardins des épices*. Du May, Paris, 179 p.

Neimann-Sorensen A., Tribe D.E., 1983. *Word Animal Science. A. Basic information*. Elsevier, Amsterdam, Oxford, New York, Tokyo, 358 p.

Nespoulos L., 2008. Une civilisation sans agriculture. *L'Histoire*, n° 333, 14-17.

Orel V., Armogathe J.-R., 1985. *Mendel, un inconnu célèbre*. Belin, Paris, 191 p.

Orliac M., 2000. Horticulture et conquête maritime en Océanie. *In* Guilaine, 2000, *op. cit.*, 229-240.

Padmanaban G., 1980. Lathyrogens. *In* Liener, 1980, *op. cit.*

Pailleux A., Bois D., 1982. *Le potager d'un curieux — Histoire, culture et usages de 200 plantes comestibles* (réimpression de l'édition originale de 1892, Paris). Jeanne Laffitte, Marseille, 589 p.

Palloix A., Daubèze A.-M., Pochard E., 2003. Piments. *In* Pitrat et Foury, 2003, *op. cit.*, 278-290.

Parmentier A.A., 1781. Recherches sur les végétaux nourrissans. Imprimerie royale, Paris.

Parmentier P., 1924. *Leçons de botanique*, Vigot Frères, 392 p.

Paroy P., 1978. *Les navigateurs héroïques de l'Antiquité*, Idégraf, Genève, 252 p.

Pascault L., vers 1910. *Précis d'alimentation rationnelle*. Larousse, Paris. 156 p.

Pasquier J., 1992. Citrus (rutacées). *In Le bon jardinier* (153e édition), La Maison rustique, Paris, 1534-1542.

Pastoureau M., 2009. Le bestiaire symbolique du Moyen Âge. *L'Histoire*, 338, 70-75.

Peel L., Tribe D.E., 1983. Domestication, conservation and use of animal ressources A basic information. *In* Neimann-Sorrensen et Tribe, 1983, *op. cit.*

Perrier X., Bakry F., Carreel F., Jenny C., Horry J.-P., Lebot V., Hippolite I., 2009. Combining biological approaches to shed light on the evolution of edible bananas. *Ethnobot. Res. Appl.*, 7, 199-216.

Pitrat M., Foury C., 2003. *Histoires de légumes des origines à l'orée du xxie siècle*, Versailles, INRA Editions, 412 p.

Postel-Vinay O., 2004. Le chien, une énigme biologique. *La Recherche*, 375, 30-37.

Planhol (de) X., 2009. Un partage du monde ? *L'Histoire*, 338, 50-55.

Plouzeau M., Mongin P., 1984. Guinea-fowl. *In* Mason, 1984, *op. cit.*, 322-325.

Proust de la Giraunière M., 2002. *La France en Nouvelle-Zélande 1840-1846 — Un vaudeville colonial*, éditions du Gerfaut, Paris, 302 p.

Rachet G., 1999. *Dictionnaire des civilisations de l'Orient ancien*, Larousse, Paris, 394 p.

Richard H., 2004. *Néolithisation précoce. Premières traces d'anthropisation du couvert végétal à partir des données polliniques*. Presses universitaires de Franche-Comté, Besançon, 219 p.

Riquet R., 1971. Néolithiques. *In Encyclopædia universalis*, 11, 670-579.

Risser G., 2003. Fraisiers. *In* Pitrat et Foury, 2003, *op. cit.*, 324-337.

Roche D., 2009. Comment on a domestiqué le cheval. *L'Histoire*, 338, 56-59.

Rouest L., 1921. *Le soja et son lait végétal. Applications agricoles et industrielles*. Carcassonne, 157 p.

Rousselle-Bourgeois F., Spire D., 1993. *Pommes de terre*. *In* Pitrat et Foury, 2003, *op. cit.*, 160-177.

Ruano-Borbalan J.-C., 2001. Peut-on appliquer la théorie de l'évolution aux sociétés ? *Sciences humaines*, n° 119, 38-41.

Rubin J., 1997. *Le maïs de Bresse*, Société des amis de l'instruction et de l'agriculture de Sagy et Saint-Martin-du-Mont, 158 p.

Ruchpaul E., 1965. *Hatha yoga. Connaissances et techniques*. Denoël, Paris, 205 p.

Sahlins M., 1968. *Notes on the original affluent society*, cité par J.R. Harlan, 1987, *op. cit.*

Sang T., 2009. Genes and mutations underlaying domestication transitions in grasses, *Plant Physiol.*, 149, 63-70.

Sauer C.O., 1952. *Agricultural origin and dispersal*, MIT Press, Cambridge (Mass.), Cité par J.R. Harlan, *Les plantes cultivées et l'homme, op. cit.*

Schnell R., 1957. *Plantes alimentaires et vie agricole de l'Afrique noire. Essai de phytogéographie humaine*, Paris, Larose, 223 p.

Serres (de) O., 1600. *Théatre d'agriculture et mesnage des champs*. 22ᵉ édition, 1973, Éditions Dardelet, Grenoble, 1092 p.

Smith A., 1870. *Treas. Bot.*, 2, 1057. Rapporté par Hedrick, 1972, *op. cit.*

Smith B.D., 1997. The initial domestication of *Cucurbita pepo* in the Americas 10,000 years ago, *Science*, 276, 932-934.

Smith B.D., 2007. Niche construction and the behavioral context of plant and animal domestication, *Evolut. Anthrop.*, 16, 188-199.

Smith R., 2007. Plus loin que l'horizon. La conquête du Pacifique par les Lapita, lointains ancêtres des Polynésiens. *National Geographic*, mars 2008, 86-109.

Swaminathan M., 1984. Le riz. *Pour la Science*, mars 1984.

T'Serstevens A., 1949. *Les précurseurs de Marco Polo — Textes intégraux établis, traduits et commentés par A. T'Sterstevens avec une introduction sur la géographie de l'Asie avant Marco Polo*. Arthaud, Paris, 362 p.

Tanaka T., 1976. *Tanaka's cyclopedia of edible plants of the world*. Yugaku-sha, Tokyo.

Testart A., 1982. Les chasseurs-cueilleurs ou l'origine des inégalités, *Mémoires de la Société d'ethnographie*, 26, université Paris-X, 245 p.

Thodhunter E.N., 1965. Some aspects of history of dietetics. *World Rev. Nutr. Diet.*, 32-78.

Valla F., 2000. La sédentarisation au Proche-Orient : la culture natoufienne. *In* J. Guilaine (dir.), *op. cit.*

Vallee B., 1998. L'histoire des boissons alcoolisées, *Pour la science*, 250, 10-12.

Vavilov N.I., 1951. *The origin, variation, immunity and breeding of cultivated plants (selected writings)*. Traduit du russe par K.S. Cheter. Chronica botanica, 13, 1-366.

Vear F., 1992. Le tournesol. *In* Gallais et Bannerot, 1992, *op. cit.*

Vigne J.-D., 2000. *Les débuts néolithiques de l'élevage des ongulés au Proche-Orient et en Méditerranée : acquis récents et questions*, *In* J. Guilaine, 2000, *op. cit.*, 143-168.

Vilmorin (de) J.B., 1991. *Le jardin des hommes*. Le pré aux Clercs.

Walter A., Lebot V., 2003. *Jardins d'Océanie*, IRD Éditions, Paris, 320 p.

Weatherford J., 1993. *Ce que nous devons aux Indiens d'Amérique et comment ils ont transformé le monde* (trad. Albin Michel), Albin Michel, Paris, 302 p.

Wilcox G., 2000. Nouvelles données sur l'origine de la domestication des plantes au Proche-Orient. *In* Guilaine, 2004, *op. cit.*

Wing E.S., 1983. Domestication and use of animals in the Americas. *In* Neimann-Sorensen et Tribe, 1983, *op. cit.*

Zuang H., 1991. *Mémento des nouvelles espèces légumières*. Éditions du Centre interprofessionnel des fruits et légumes, Paris, 360 p.

Zuylen (van) G., 1994. *Tous les jardins du monde*. Gallimard, Paris, 176 p.

Glossaire

Absorption. Passage des nutriments du tube digestif vers le milieu interne. Ne pas confondre avec l'ingestion. Correspond à peu près au terme d'« assimilation », beaucoup plus vague, encore employé en médecine.

Allèle. Forme possible d'un gène.

Allogame. Système de reproduction préférentiel par fécondation entre individus distincts.

Allopolyploïdie. État de polyploïdie dans lequel les génomes de base proviennent d'espèces ou de genres différents et s'excluent à la méiose ; le comportement d'un allopolyploïde est donc celui d'un diploïde.

Apiacées. Nouveau nom des labiacées.

Appétence. Attraction ressentie par un humain ou un animal vers un aliment.

Appétibilité. Caractère d'un aliment se traduisant par une appétence pour cet aliment. Équivalent à « appétissant » en gastronomie.

Autogamie. Système de reproduction préférentiel par autofécondation.

Autopolyploïde. État d'un génome formé par répétitions du génome de base, ce qui entraîne des possibilités d'appariement des chromosomes homologues.

Banal. Se dit d'un nutriment nécessaire à la vie mais qui est synthétisable par l'organisme à partir d'autres nutriments. Antonyme : indispensable.

Brassicacées. Nouveau nom des crucifères.

Caractère monogénique. Déterminé par un seul locus.

Caryopse. Fruit — comme le grain des poacées — composé de la graine et du péricarpe adhérant.

Centre d'origine. Zone géographique d'origine d'une espèce cultivée. Souvent confondue avec le centre de diversité.

Centre de diversité. Zone géographique de diversité maximale pour une espèce.

Cultivar. Variété cultivée.

Dépression de consanguinité. Baisse de résistance, perte de vigueur du fait de la consanguinité.

Digeste. Notion employée en médecine et traduisant la vitesse de transit du bol alimentaire.

Digestibilité. Notion très employée en nutrition et traduisant le rendement des processus digestifs. « Digestible » n'a que de vagues rapports avec « digeste ».

Digestion. Hydrolyse des aliments en nutriments absorbables ; dans le tube digestif, c'est la deuxième étape de l'utilisation des aliments après l'ingestion et avant l'absorption, mais on parle également de « processus digestif », regroupant digestion et absorption.

Diploïde. État d'un génome où le nombre de chromosomes est égal à deux fois le nombre génique, un stock étant d'origine maternelle et un autre d'origine paternelle dans le cas le plus courant.

Dispensable. En nutrition, synonyme de « banal ».

Disponible. En nutrition, aptitude d'un nutriment, autre que sa digestibilité, à être utilisé par l'organisme. S'applique à des cas très variables, par exemple à des molécules, voire des éléments minéraux, ne subissant pas de digestion, mais aussi à des molécules organiques comme certaines vitamines présentes sous forme de complexes indigestibles dans les aliments. Dans le langage courant, la disponibilité est souvent nommée « assimilation », terme très vague en nutrition.

Écotype. Population occupant un milieu et adaptée à celui-ci, aussi bien dans les populations sauvages que cultivées.

Ectotherme. Se dit d'un animal dont la température interne est voisine de celle du milieu extérieur ; tend à remplacer celui de « poecilotherme » qui qualifie les animaux à basse température interne (animaux « à sang froid »).

Énergie, nutriment énergétique. Nutriment dont l'oxydation dans l'organisme aboutit à la production de chaleur et d'énergie nécessaires à la vie. Correspond à l'expression vernaculaire « calorique » et non à la prétendue propriété de rendre les consommateurs énergiques.

Facteur limitant. Au sein d'une famille de composés indispensables comme les acides aminés indispensables, se dit de celui qui est le moins abondant par rapport au besoin.

Fibre. Terme anglais ayant depuis peu remplacé l'expression « cellulose brute » longtemps utilisée en français. Désigne plusieurs familles de composés glucidiques non digestibles ou très peu digestibles chez les monogastriques, de nature chimique très variable, comme la cellulose, les hémicelluloses, les pentosanes, les pectines, etc. À dose modérée, bien que relativement inertes, ces composés jouent un rôle positif pour le transit digestif, le développement de la flore digestive, l'absorption du cholestérol, etc.

Fibre soluble. Composé dont la nature physique ne correspond pas à des fibres, parfois doué d'une certaine valeur alimentaire comme les pectines ou des composants cellulosiques peu polymérisés.

Gène. Séquence d'ADN constituant une unité d'information génétique.

Gène mitochondrial. Gène porté par le chromosome en boucle de la mitochondrie et qui est transmis uniquement par la mère. Les gènes mitochondriaux ne subissent pas de ségrégation lors de la méiose.

Gène nucléaire. Gène porté par les chromosomes du noyau, lesquels ségrègent à chaque méiose.

Haploïdie. État d'un génome réduit au nombre gamétique.

Héritabilité. Au sens large, part de la variation génétique additive dans la variation phénotypique ou rapport de la valeur génotypique (additive) par la valeur phénotypique.

Hétérosis. Accroissement de la vigueur des hybrides de première génération par rapport à leurs parents.

Homéotherme. S'applique aux animaux capables de maintenir leur température interne relativement constante, comme les mammifères et les oiseaux.

Hybride. Au sens strict — en biologie —, individu issu du croisement de parents d'espèces différentes. Il s'agit généralement d'espèces de même genre (hybrides interspécifiques), mais parfois de genres différents (hybrides intergénériques). Du fait des différentes définitions de l'espèce, tous les hybrides ne sont pas stériles. En agronomie, désigne aussi un individu issu du croisement de variétés ou de lignées différentes (voir ci-dessous).

Hybride à 3 voies. Croisement entre un hybride simple et une lignée.

Hybride double. Résultat du croisement entre deux hybrides simples.

Hybride simple. Résultat du croisement entre deux lignées pures (homozygotes).

Indispensable. En nutrition, se dit des nutriments d'une part indispensables à la vie et d'autre part non synthétisables à partir d'autres nutriments, donc devant être obligatoirement apportés par l'alimentation, à moins qu'ils ne soient synthétisés par la flore bactérienne du tube digestif.

Ingestion. Équivalent de « consommation » en langage vernaculaire.

Lignée. En général, ensemble d'individus issus d'un cultivar ou d'une race animale et rendus homozygotes pour un grand nombre de caractères. Synonymes : lignée pure, lignée fixée.

Locus. Emplacement occupé par un gène sur un chromosome.

Mitochondrie. Organite cellulaire résultant d'une très ancienne symbiose entre eucaryotes et protocaryotes.

Oligoélément. Élément minéral indispensable à la vie, aussi bien dans le règne végétal que dans le règne animal, mais nécessaire en très petite quantité.

Parthénocarpie. Développement d'un fruit sans graine (exemple : banane).

Parthénogénèse. Mode de reproduction sans fécondation conduisant à une descendance purement maternelle voire paternelle. La parthénogénèse est rarissime chez les vertébrés ; elle est assez fréquente dans le règne végétal et dans certains taxons animaux.

Polygénique. Se dit d'un caractère déterminé par un grand nombre de gènes.

Polyploïdie. Se dit d'un gènome possédant plus de deux génomes de base.

Poacées. Nouveau nom des graminées.

QTL (*quantitative trait locus*). Locus determinant un caractère génétique quantitatif. En général il existe plus d'un locus par caractère.

Race. Dans le règne animal, à peu près synonyme de « variété » dans le règne végétal.

Semi-indispensable. Se dit d'un nutriment indispensable à la vie et synthétisable seulement à partir de nutriments indispensables. Le terme est également employé pour un nutriment dont la synthèse est possible mais généralement insuffisante dans les conditions courantes.

Stérilité mâle. Dans le règne végétal, se subdivise en deux types :
– cytoplasmique ou nucléocytoplasmique : stérilité mettant en cause à la fois le cytoplasme (gènes mitochondriaux) et des gènes nucléaires particuliers (gènes de stérilité ou de restauration de la fertilité) ;

— génique : stérilité mâle déterminée uniquement par un ou plusieurs gènes nucléaires.

Taxon. Unité de classification : genre, espèce, variété, etc.

Transit digestif. Cinétique de passage du bol alimentaire le long du tube digestif.

Valeur biologique (des protéines). Notion reflétant l'aptitude d'une protéine à promouvoir la croissance ou une autre production chez l'animal, indépendamment de la digestibilité. Elle s'applique à des sources de protéines alimentaires plutôt qu'à des protéines purifiées et résulte de l'équilibre des acides aminées indispensables dans celles-ci.

Variété population. Chez les plantes allogames, variété constituée par une population à large spectre et résultant en général d'une sélection peu sophistiquée (sélection massale) à partir d'écotypes.

Vigueur hybride. Synonyme d'hétérosis.

Annexes

Principales plantes cultivées

1. Céréales

Nom français	Nom scientifique	Nom anglais	Aire d'origine
Avoine cultivée	*Avena sativa*	*oats*	Proche-Orient, Europe
Blé amidonnier	*Triticum dicoccum*	*emmer*	Proche-Orient
Blés hexaploïdes	*Triticum* spp	*bread wheat*	Proche-Orient
Blés tétraploïdes	*Triticum* spp	*hard wheat*	Asie du Sud-Est
Coix, larme de Job	*Coix lacryma-jobi*	*Job's tears*	Asie du Sud-Est
Éleusine	*Eleusine caracana*	*finger millet*	Afrique
Engrain	*Triticum monococcum*	*einkorn*	Proche-Orient
Maïs	*Zea mays*	*Indian corn, maize*	Asie
Mil	*Pennisetum typhoides*	*pearl millet*	Afrique
Millet américain	*Panicum sonorum*	*millet*	Amérique centrale
Millet des oiseaux	*Setaria italica*	*Italian millet, foxtail millet*	Chine, zones tropicales
Millet panic	*Panicum milliaceum*	*millet*	Chine
Orge	*Hordeum vulgare*	*barley*	Proche- et Moyen-Orient
Riz (asiatique)	*Oryza sativa*	*(Asian) rice*	Asie
Riz africain	*Oryza glaberrima*	*African rice*	Afrique
Riz sauvage américain	*Zizania aquatica*	*wild or Indian rice*	Amérique du Nord
Seigle	*Secale cereale*	*rye*	Proche-Orient
Sorgho	*Sorghum bicolor*	*sorghum*	Afrique
Teff	*Eragrostis ethiopica*	*tef*	Afrique
Triticale	*Triticale* ×	*triticale*	Europe, Amérique du Nord

2. Pseudocéréales et fruits secs de réserve

Nom français	Nom botanique	Nom anglais	Aire d'origine
Amaranthe à graines	*Amaranthus cruentus, Amaranthus* sp.	*amaranth*	Amérique du Sud et centrale
Châtaignier	*Castanea vulgaris et* sp.	*chestnut*	Europe, Asie
Châtaignier de Chine	*Castanea henryi*	*Chinese chestnut*	Chine
Figuier	*Ficus carica*	*figtree*	Proche-Orient
Lin	*Linum usitatissimum*	*flax*	Proche-Orient
Palmier dattier	*Phoenix dactylifera*	*date palm*	Afrique
Quinoa	*Chenopodium quinoa*	*quinoa*	Amérique du Sud
Sarrasin	*Fagopyrum esculentum*	*buckwheat*	Asie centrale

3. Racines amylacées

Nom français	Nom botanique	Nom anglais	Aire d'origine
Capucine tubéreuse	*Tropeolum tuberosum*	*Peruvian nasturtium*	Andes
Ignames (nombreuses epèces)	*Dioscorea* sp.	*yams*	ceinture intertroicale
Madère faux taro	*Xanthosoma sagitifollium*	*malanga*	Amérique tropicale
Manioc	*Manihot esculenta*	*manioc*	Amérique du Sud
Oca	*Oxalis crenata*	*oca*	Andes
Patate douce	*Ipomaea batatas*	*sweet potato*	Amérique tropicale
Pomme de terre	*Solanum tuberosum*	*potato*	Amérique du Sud
Taro	*Colocassia antiquorum*	*taro, dasheen*	Asie du Sud-Est
Topinambour	*Helianthus tuberosus*	*Jerusalem artichoke*	Amérique du Nord
Ulluco	*Ullucus tuberosus*	*ulluco*	Andes
Yacon, poire de terre	*Polymnia edulis*	*yacon*	Amérique du Sud

4. Arbres à fruits amylacés ou production amylacée

Nom français	Nom botanique	Nom anglais	Aire d'origine
Arbre à pain	*Artocarpus communis*	*bread fruit*	Papouasie, Océanie
Bananier dessert	*Musa acuminata*	*banana*	Asie du Sud-Est
Bananier plantain	*Musa balbisiana*	*plantain*	Asie du Sud et du Sud-Est
Ensete	*Ensete ventricosa*	*ensete*	Afrique de l'Ouest
Palmier à sagou	*Metroxylon sagu*	*sago palm*	Asie du Sud-Est

5. Oléoprotéagineux

Nom français	Nom botanique	Nom anglais	Aire d'origine
Carthame	*Carthamus tinctotius*	*safflower*	Inde
Colza	*Brassica napus*	*rape seed, colza*	Europe
Navette	*Brassica rapa oleifera*	*rape seed*	Moyen-Orient, Europe
Palmier à huile	*Eleais guineensis*	*oilpalm*	Afrique
Sésame	*Sesamum indicume*	*sesame*	Inde
Soja	*Glycine max*	*soybean*	Chine
Tournesol	*Heliantus annuus*	*sunflower*	Amérique du Nord

6. Protéagineux

Nom français	Nom botanique	Nom anglais	Aire d'origine
Ambrévade	*Cajanus cajang*	*pigeon pea*	Inde
Arachide	*Arachis hypogea*	*peanut, groundnut*	Brésil
Fève, féverole	*Vicia faba*	*field bean*	Proche-Orient
Gesse	*Lathyrus* sp.	*grasspea*	Proche-Orient
Haricot adzuki	*Vigna angularis*	*adzuki bean*	Asie
Haricot commun	*Phaseolus vulgaris*	*common bean*	Amérique moyenne
Haricot de Lima	*Phaseolus lunatus*	*Lima bean*	Amérique
Haricot d'Espagne	*Phaseolus multiflorus*	*scarlet runner bean*	Amérique
Haricot mungo	*Vigna radiata*	*mung bean*	Chine
Haricot tépary	*Phaseolus acutifolius*	*tepary bean*	Mexique, Amérique du Nord
Lentille	*Lens esculenta*	*lentil*	Proche-Orient
Lupin blanc	*Lupinus albus*	*white lupine*	pays méditerranéens
Lupin changeant	*Lupinus mutabilis*	*changing lupine*	Andes
Niébé	*Vigna unguiculata*	*cow pea*	Afrique
Pois	*Pisum sativum*	*pea*	Proche-Orient
Pois carré	*Psophocarpus tetragonolobus*	*winged, four-angled bean*	Asie du Sud-Est
Pois chiche	*Cicer arietinum*	*chickpea*	Proche-Orient
Pois sabre	*Canacallia ensiformis*	*sword bean*	Amérique centrale
Voandzou	*Vigna subterranea*	*bambara groundnut*	Afrique

7. Plantes saccharifères

Nom français	Nom botanique	Nom anglais	Aire d'origine
Betterave sucrière	*Beta vulgaris*	*sugar beet*	Asie, Europe
Canne à sucre	*Sacharum officinarum*	*sugar cane*	Indonésie, Asie, Océanie

8. Légumes feuilles, fleurs et tiges

Nom français	Nom botanique	Nom anglais	Aire d'origine
Amaranthes	*Amaranthus* sp.	*amaranth*	tous continents
Bette	*Betta vulgaris*	*beet*	Europe, Asie
Brocoli	*Brassica oleracea italica*	*brocoli*	Europe
Chicorées	*Cichorium* sp.	*endive, chicory*	Moyen-Orient, Europe
Chou fleur	*Brassica oleracea botrytis*	*cauliflower*	Europe
Choux	*Brassica oleracea*	*cabbage*	Europe
Choux chinois	*Brassica rapa*	*Chinese cabbage*	Moyen-Orient (?)
Ciboulette chinoise	*Allium tuberosum*	*Chinese chive*	Extrême-Orient
Corette potagère	*Corchorus olitoarius*	*jute*	Inde
Épinard	*Spinacia oleracea*	*spinach*	Europe
Fenouil	*Foeniculum vulgare*	*fennel*	pays méditerranéens
Laitue	*Lactuca sativa*	*lettuce*	Proche-Orient
Liseron d'eau	*Ipomea aquatica*	*water potato*	Extrême-Orient
Mâche	*Valerianella olitoria*	*corn salad*	Europe
Oseilles	*Rumex* sp.	*sorrel*	Europe
Poireau	*Allium porrum*	*leek*	Europe

9. Légumes fruits

Nom français	Nom botanique	Nom anglais	Aire d'origine
Aubergine	*Solanum melongena*	*egg plant*	Afrique, Asie
Calebasse	*Lagenaria siceraria*	*gourd*	ceinture intertropicale
Chayotte	*Sechium edule*	*chayote*	Amérique centrale, Antilles
Concombre	*Cucumis sativus*	*cucumber*	Afrique du Sud
Coqueret tomate	*Physalis ixocarpa*	*tomatillo*	Amérique
Courge	*Cucurbita pepo*	*gourd, squash*	Amérique du Nord
Courge cireuse	*Benincasa hispida*	*wax gourd*	Asie, Nouvelle-Guinée
Courge musquée	*Cucurbita moschata*	*squash*	Amérique du Sud
Fraise ananas	*Fragaria ananas* ×	*strawberry*	Chili, Amérique du Nord
Melon	*Cucumis melo*	*melon, cantaloup*	Afrique
Pastèque	*Citrulus vulgaris*	*water melon*	Afrique, Amérique du Sud, Asie du Sud-Est
Piment	*Capsicum* sp.	*pepper, capsicum*	Amérique du Nord, Mexique
Potiron	*Cucurbita maxima*	*pumpkin, squash*	Amérique du Sud
Tomate	*Lycopersicon esculentum*	*tomato*	Amérique du Sud

10. Légumes racines, tubercules et bulbes

Nom français	Nom botanique	Nom anglais	Aire d'origine
Bardane	*Lappa edulis*	*burdock*	Eurasie, Japon
Betterave potagère	*Betta maritima*	*beet*	Proche-Orient
Carotte	*Daucus carotta*	*carott*	Orient, Europe
Échalote grise	*Allium oschanini*	*garlick*	Moyen-Orient
Oignon	*Allium cepa*	*leek*	Asie centrale
Panais	*Peucedanum sativum*	*parnship*	Europe,
Pomme de terre céleri	*Arracacia xanthorrhiza*	*arracacha*	Amérique du Sud
Radis	*Raphanus sativus*	*radish*	Orient, Europe
Salsifis	*Tragopogon porrifolius*	*oysterplant*	Europe
Scorsonère	*Scorzonera hispanica*	*Spanish oysterplant*	Europe

11. Rosacées fruitières

Nom français	Nom botanique	Nom anglais	Aire d'origine
Abricotier	*Prunus armeniaca*	*apricot*	Chine
Amandier	*Prunus amygdalus*	*almond*	Proche-Orient
Bibassier	*Eriobotrya japonica*	*loquat*	Chine
Cerisier bigarautier	*Prunus avium*	*cherry*	Proche-Orient
Cerisier hybride (anglais)	*Prunus avium* × *P. cerasus*	*pie cherry*	Europe
Cerisier griottier	*Prunus cerasus*	*sour cherry*	Europe, Orient
Cognassier	*Cydonia vulgaris*	*quince*	Europe
Néflier	*Mespilus germanica*	*medlar*	Europe du Sud
Pêcher	*Prunus persica*	*peach*	Chine
Poirier	*Pyrus domestica*	*pear*	Eurasie
Poirier nashi	*Pyrus pyrifolia*	*nashi*	Extrême-Orient
Pommier	*Malus* × *domestica*	*apple*	Eurasie
Prunier américano-japonais	*Prunus simoni, P. americana*	*American-Japanese plum*	Extrême-Orient, Amérique du Nord
Prunier mume	*Prunus mume*	*Japanese apricot*	Chine
Prunier occidental	*Prunus domestica*	*plum*	Eurasie

12. Petits fruits et fruits tempérés divers

Nom français	Nom botanique	Nom anglais	Aire d'origine
Canneberge	*Vaccinium macrocarpum*	*cranberry*	Amérique du Nord
Cassis	*Ribes nigrum*	*black currant*	Eurasie tempérée
Framboisier	*Rubus idaeus*	*raspberry*	Europe, Asie
Groseillier à grappes	*Ribes*	*currant*	Eurasie tempérée
Goseillier à maquereau	*Ribes grossularia*	*gooseberry*	Eurasie tempérée
Kaki	*Diospyros kaki*	*kaki*	Extrême-Orient
Kiwi	*Actinidia sinensis*	*kiwi*	Chine
Myrtillier	*Vaccinium corymbosum*	*blueberry*	Amérique du Nord

13. Fruits secs

Nom français	Nom botanique	Nom anglais	Aire d'origine
Amandier	*Prunus amydalus*	*almond*	pays méditerranéens
Noisetier	*Corylus spp*	*hazel nut*	Eurasie
Noyer	*Juglans regia*	*nut*	Eurasie
Noyer du Qeensland	*Macadamia ternifolia*	*Queensland nut*	Australie
Pécanier	*Carya illinoensis*	*pecan*	Amérique du Nord
Pistachier	*Pistacia vera*	*pistachio*	Moyen-Orient

14. Agrumes

Nom français	Nom botanique	Nom anglais	Aire d'origine
Bigaradier	*Citrus aurantiaca*	*sour orange*	Extrême-Orient
Cédratier	*Citrus medica*	*citron*	Extrême-Orient
Citronnier	*Citrus limon*	*lemon*	Extrême-Orient
Limonier	*Citrus aurantifolia*	*lime*	Extrême-Orient, Antilles
Mandarinier	*Citrus* sp.	*mandarin, tangerin*	Extrême-Orient
Oranger	*Citrus sinensis*	*orange*	Extrême-Orient
Pamplemoussier	*Citrus grandis*	*shaddock*	Extrême-Orient
Pomelo	*Citrus Paradisi*	*grapefruit*	Extrême-Orient
Qumquat	*C. japonica, C. margarita*	*kumquat*	Extrême-Orient

15. Fruits tropicaux divers

Nom français	Nom botanique	Nom anglais	Aire d'origine
Abricotier de Saint-Domingue	*Mammea americana*	*mamee apple*	Antilles
Anacardier	*Anacardium occidentale*	*cashew*	Brésil, Antilles
Ananas	*Ananas comosus*	*pineapple*	Amérique du Sud
Attier, pomme cannelle	*Annona squarosa*	*sweet sopid*	Amérique
Avocatier	*Persea gratissima*	*avocado apple*	Mexique
Bananier dessert	*Musa acacuminata*	*banana*	Asie du Sud-Est
Caïmitier	*Chrysophyllum cainito*	*star apple*	Antilles
Cocotier	*Cocos nucifera*	*coconut*	Asie du Sud-Est
Cœur de bœuf	*Annona reticulata*	*anona*	Amérique
Corrosol	*Annona muricata*	*sour sop, guanabaya*	Amérique
Durian	*Durio zibetinus*	*durian*	Indonésie
Goyavier	*Psidium goyava*	*guava*	Amérique
Goyavier de Chine	*Psidium cattleyana*	*guaval*	Brésil
Litchi	*Litchi sinensis*	*litchi*	Chine
Mangue	*Manguifera indica*	*mango*	Inde
Papayer	*Carica papaya*	*papaya*	Amérique
Pitaya	*Holycereus* sp.	*pitaya*	Amérique
Sapotillier	*Manilkara zapota*	*black sapote*	Amérique centrale
Tamarinier	*Tararindus indica*	*sweet pod tree*	Inde

16. Épices

Nom français	Nom botanique	Nom anglais	Origine
Anis	*Pimpinella anisum*	*anise*	Orient
Anis étoilé	*Illicium verum*	*star-anise*	Extrême-Orient
Cannelier de Ceylan	*Cinnamomun zeylanicum*	*Ceylon cinnamon*	Inde
Cannelle de Chine	*Cinnamomun obtusifolium*	*China cinnamomum*	Chine
Cardamome	*Ellettaria* sp., *Amomum* spp	*cardamon*	Asie du Sud-Est
Carvi	*Carum carvi*	*common caraway*	Europe
Cubèbe	*Piper cubeba*	*cubeb pepper*	Asie du Sud-Est
Cumin	*Cuminum cymosum*	*cumin*	pays méditerranéens
Curcuma	*Curcuma longa*	*turmeric*	Inde, Malaisie
Fenouil	*Foeniculum vulgare*	*fennel*	Europe, Afrique
Galanga	*Alpinia officinarum*	*galanga* (?)	Asie tropicale
Gingembre	*Zingiber officinale*	*ginger*	Inde
Giroflier	*Eugenia cayophyllata*	*clove tree*	Indonésie
Maniguette	*Aframomum melegueta*	*maleguetta pepper*	Afrique
Mioga	*Zingiber mioga*	*wild ginger*	Chine, Japon
Moutarde	*Sinapis alba, S. nigra*	*mustard*	Eurasie
Muscadier	*Myristica fragans*	*nutmeg*	Indonésie
Nigelle de Crète	*Nigella sativa*	*black cumin*	Orient
Poivre	*Piper nigrum*	*black peper*	Asie Sud-Est
Poivre de Cayenne	*Capsicum* sp.	*chilies*	Amérique
Poivre de Chine	*Zanthoxylum* spp	*Chinese pepper*	Chine
Poivre long	*Piper longum*	*long pepper*	Indonésie
Quatre-épices	*Pimenta officinalis*	*allspice*	Antilles
Safran	*Crocus sativus*	*saffron*	Crète
Vanillier	*Vanillia planifolia*	*vanilla*	Amérique tropicale

17. Plantes aromatiques

Nom français	Nom botanique	Nom anglais	Aire d'origine
Ail	*Allium sativum*	*garlic*	Asie centrale
Aneth	*Peucedanum graveolens*	*dill*	Eurasie
Ciboulette	*Allium schoenoprasum*	*chive*	Eurasie
Ciboulette chinoise	*Allium tuberosum*	*Chinese chive*	Extrême-Orient
Coriandre	*Coriandrum sativum*	*coriander*	Europe du Sud, Orient
Cumin	*Cuminum cymosum*	*cumin*	pays méditerranéens
Curcuma	*Curcuma longa*	*turmeric*	Asie tropicale
Estragon	*Artemisia dracunculus*	*tarragon*	Europe, Orient
Laurier (d'Apollon)	*Laurus nobilis*	*laurel*	Europe du Sud
Origan	*Origanum vulgare*	*sweet marjoram*	Pays méditerranéens
Persil	*Petroselinum sativum*	*parsley*	Eurasie
Sariette	*Satureia hortensis*	*summer savoryi*	Europe du Sud
Thym	*Thymus vulgaris*	*thyme*	Europe du Sud
Wasabi	*Eutrema wasabi*	*Japanese horseradish*	Japon

18. Plantes à boisson

Nom français	Nom botanique	Nom anglais	Origine
Agave	*Agave tequilana*	*agave*	Mexique
Cacaoyer	*Theobroma cacao*	*cavao tree*	Amérique du Sud et centrale
Café arabica	*Coffea arabica*	*coffee (arabica)*	Éthiopie
Café robusta	*Coffea canephora*	*coffee (robusta)*	Congo
Chicorée	*Cichorium* sp.	*chicory*	Eurasie
Cola	*Cola acuminata*	*cola*	Afrique
Grenade	*Punica granatum*	*pomegranate*	Proche-Orient
Houblon	*Humulus lupulus*	*hops*	Eurasie, Amérique du Nord
Kawa	*Piper methysticum*	*kawa*	Océanie
Maté	*Ilex paraguensis*	*mate*	Amérique du Sud
Thé	*Camellia sinensis*	*thea*	Chine, Inde
Vigne	*Vitis vinifera*	*grape*	Proche Orient